节能减排技术丛书

工程机械节能技术及应用

林添良 编著

机械工业出版社

本书从工程应用角度对工程机械节能与能量回收技术进行了系统的、深入浅出的详细介绍，全面总结了作者及国内外工程机械节能与能量回收技术研制的最新成果、典型案例，并对其优缺点进行分析比较，是目前国内较为完善和系统介绍工程机械节能与能量回收技术的书籍。全书共分八章，首先分析了工程机械的主要能耗与节能途径，随后介绍了工程机械的动力节能技术和液压节能技术，然后对能量回收技术进行简要介绍，重点对电气式能量回收系统、液压式能量回收系统及能量回收技术在非负负载的应用等进行了详细阐述，最后总结了能量回收技术的关键技术与发展趋势。

本书为有志于提高工程机械能量利用率的技术人员提供了研究方向、目标、方法和案例，可作为机械工程类专业本科生、研究生的教材或主要参考书，也可作为专业技术人员和管理人员的专业培训用书。

图书在版编目（CIP）数据

工程机械节能技术及应用/林添良编著. —北京：机械工业出版社，2017.9

（节能减排技术丛书）

ISBN 978-7-111-58291-5

Ⅰ.①工…　Ⅱ.①林…　Ⅲ.①工程机械-节能　Ⅳ.①TH2

中国版本图书馆 CIP 数据核字（2017）第 253785 号

机械工业出版社（北京市百万庄大街 22 号　邮政编码 100037）

策划编辑：张秀恩　　责任编辑：张秀恩

责任校对：刘志文　肖　琳　封面设计：陈　沛

责任印制：常天培

唐山三艺印务有限公司印刷

2018 年 1 月第 1 版第 1 次印刷

169mm×239mm · 26.25 印张 · 534 千字

标准书号：ISBN 978-7-111-58291-5

定价：89.00 元

前　言

随着经济的发展，全球变暖和能源问题日益突出，日趋严格的工程机械排放法规促使工程机械行业必须解决目前油耗大、排放差的问题。针对工程机械的节能和能量回收技术，国内外众多学者和研究机构都进行了相关的研究，也取得了一定的成果，但没有一本专业书籍将这些技术进行总结。受限于资源获取途径和从事专业的限制，从事工程机械节能和能量回收的研究人员一方面不能全面获取相关资料，另一方面，对于所获取的资料不能进行全面的评价。本书作者自2006年开始，在国内进行了工程节能和能量回收的研究，与日本小松，国内的三一、中联、徐工、厦工、力士德等著名工程机械生产厂家进行了深入的合作，与国内外的研究机构也有技术方面的深入交流。作者总结了十余年的研究心得，并对当前的研究现状、关键技术、未来发展趋势进行了全面分析，编著了《工程机械节能技术及应用》一书，以期为从事工程机械节能和能量回收技术的科研人员和技术人员提供参考，并提供新的研究思路。

本书按照工程机械的节能途径展开，力求全面、系统地分析工程机械的能耗、可回收的能量及节能的途径，介绍节能的基本理论与方法，分析能量回收的各种结构方案、应用实例及系统优缺点。第1章对工程机械的节能技术进行了概述，主要介绍了工程机械节能的意义，以挖掘机为例，分析了工程机械的能量流和可回收的能量，并对工程机械的节能技术进行了总体介绍；第2章重点对动力系统的节能技术进行了详细介绍，主要阐述了传统发动机的功率匹配技术、油电混合动力技术、液压混合动力技术、纯电驱动技术、电喷发动机等技术，尤其对各种技术的结构方案、特点、典型应用及各技术之间的异同等进行了详细的阐述，并对天然气发动机和氢气发动机等新兴技术进行了介绍；第3章介绍了液压节能技术，主要阐述了正流量、负流量、恒功率控制、负载敏感系统、负载口独立调节系统、基于二次调节技术和变压器的节能系统、多泵系统、基于高速开关阀的系统和基于二通矩阵的工程机械液压系统等各种技术的工作原理、节能特性，并介绍了主要的研究进展和应用；第4章对能量回收系统进行简要介绍，主要介绍了能量回收对象的类型、储能元件的特性、能量转换单元的工作原理、能量回收系统的分类等，重点阐述了汽车能量回收技术在工程机械上进行移植的可行性及作业型挖掘机和行走型装载机的能量回收技术异同点等；第5章对电气式能量回收系统进行介绍，重点分析了电气式回收系统的特性和能量转换单元的效率特性等，着重阐述了电气式能量回收系统的关键技术、动臂势能和回转制动能量的电气式能量回收的研究进展；第6章对液压式能量回收系统进行了简单介绍，深刻剖析了液压式能量回收技术的难点和再利用技术的分类与研究进展；第 7 章重点讨论了能量回收技术在非负负载上的应用，创新性地提出了对溢流损耗能量进行回收的可行性和实现方案、节流阀口的压差损耗能量回收及自动怠速能量回收的工作原理、控制策略，并针对闲散动能的能量回收技术进行了简单介绍；第 8 章重点讨论了能量回收技术的关键技术和发展趋势，对能量回收技术的未来发展进行了深刻的思考和积极的探索。

本书虽然是对现有节能技术和能量回收技术的总结，但融合了作者十余年从事该领域研究的经验和思考，对于很多现有的技术方案，并不是一味地简单照搬，而是进行了有意义的评析，分析了方案的优缺点、应用场合及与其他方案的对比，力求使读者能够通过阅读本书，选择合适的技术方案进行工程机械节能与能量回收的技术方案选择。而且，本书中的一些方案和结构属于作者的原创性成果，是首次见诸于中文资料，也希望与读者共同探讨。

浙江大学王庆丰教授团队为本书提供了翔实的资料；太原理工大学权龙教授细致地审阅了全书初稿，并给予了中肯的修改意见；哈尔滨工业大学姜继海教授对本文的一些观点给予了中肯的评价。

感谢所有从事工程机械节能与能量回收研究的学者，尤其是本书所有引用的参考文献的作者，为本书的写作提供的基本素材。感谢作者所有课题组的老师和研究生为本书的初稿提出的一些具有建设性的意见，并绘制部分插图和对本书的文字工作所做的基本修订。由于本书的字数较多，参考文献众多，对一些相近的研究，只给出了一部分的参考文献，没有在书中进行详细的罗列，还有一部分参考文献可能存在漏注现象，恳请相关作者的谅解。

作者

目　　录

第1章　工程机械能耗分析与节能途径

1.1　工程机械节能的意义

（1）能源危机和大气污染

自1993年以来，中国便成为石油净进口国，2013年原油净进口达2.92亿t，对外依存度高达58%[1]。BP石油公司发布的《BP世界能源统计2011》调查报告指出，2010年中国一次能源消费总量为24.32亿t标准油，超过美国的22.86亿t标准油，已经成为世界第一大能源消费国。研究数据显示，一方面新发现储油地的进程较为缓慢，而另一方面，石油消耗量则呈现出较高的增长率；如果新发现的石油存储量及其消耗量依照现在的趋势，则全世界石油资源只可用到2038年。我国由于地理位置特殊，石油问题相对于其他发达国家更加严重。

从环境保护的角度来看，发动机排放物的数量与燃油消耗呈正相关关系，燃油内燃机车辆在大量消耗石油资源的同时又污染了环境，所排放的碳、氮、硫的氧化物及其他有害排放物已成为城市空气的主要污染源。

（2）日益严格的排放标准

放眼国际，美国已经对非道路排放标准实施了Tier4排放标准，欧盟也执行了欧Ⅳ排放标准。我国环境保护部也于2014年5月发布了《非道路移动机械用柴油机排气污染物排放限值及测量方法（中国第三、四阶段）》（GB20891—2014）[2]，并规定自2014年10月1日起实行第三阶段排放要求，进一步减轻因为此类机械设备不断增长的保有量和使用量给环境带来的压力。

（3）工程机械油耗大和排放差

工程机械作为内燃机产品除汽车行业之外的第二大用户，由于所用发动机排量大、油耗高，排放标准与汽车行业相比更为宽松，对环境的污染比其他内燃机使用行业更为严重。统计数据表明，全国以工程机械为主的非道路机械柴油机污染物排放量占总排放量的38%[3]。以某型号20t挖掘机为例，一个小时耗油量在20～30L左右，相当于一辆小汽车行驶300～450km的耗油量；在正常工作相同时间内，一台20t挖掘机的废气排放量相当于30辆小型汽车的废气排放量。因此，工程机械行业节能减排的责任格外重大。

结合国务院办公厅2013年出台的《关于加强内燃机工业节能减排的意见》中针对内燃机发展趋势和目标，两年以后，内燃机产品中60%以上需使用环保节能型内燃机，比目前使用的内燃机油耗下降6%以上，噪声降低到一定程度。

（4）节能减排符合国家发展规划

中国工程机械行业协会发布的“十二五”产业发展规划中，将“开展工程机械产品节能技术研究和工程机械产品能源多样性技术研究”作为“十二五”期间有所突破的重要发展目标。在“十二五”期间，节能减排，绿色制造成果丰硕。在节能技术方面实现轮式装载机节能5%～12%，液压挖掘机节能5%。减量化技术方面装载机、叉车等产品取得降低整机重量5%～8%的科研成果。减振降噪的科技攻关取得重大突破，装载机整机噪声降到72dB，液压挖掘机整机噪声降到71dB，达到了国际先进水平。全行业单位工业增加值综合能耗从2010年的0.0758t标煤/万元，到2014年下降为0.0688t标煤/万元，整体保持下降趋势。因此2016年3月28日发布的“十三五”产业发展规划中将绿色节能产品继续列为“十三五”期间行业需要重点开发的九大类创新产品之一，力争在“十三五”期间实现我国工程机械提质增效升级，产业能耗强度下降，综合利用率大幅提升。因此，从长远来看，工程机械节能环保型将是其进入市场的基本要素，工程机械节能技术给国家、社会乃至用户带来显著的经济社会效益。

（5）液压挖掘机在工程机械行业的重要性

液压挖掘机作为工程建设中最主要的工程机械，承担的工种多，工作时间长。液压挖掘机作为国家基础建设的重要工程机械之一，已经广泛应用于建筑、交通、水利、矿山以及军事领域中。世界上各种土方工程约有65%～70%的土方量是由液压挖掘机来完成的。故无论从挖掘机强大的多功能适应性，还是在世界范围内的巨大发展潜力来看，均体现出其在建筑施工机械中的重要地位。因此，液压挖掘机的节能与减排已引起了人们的广泛关注与重视。液压挖掘机的工况复杂，负载变化剧烈，据研究报告，液压挖掘机中，发动机的输出能量的利用率大约只有20%。液压挖掘机作为一种工况最为复杂的典型工程机械，其各种节能技术给其他工程机械的节能研究和应用提供借鉴。故本书将重点介绍液压挖掘机，交叉介绍装载机、叉车、起重机等其他工程机械。

综上所述，工程机械节能技术已成为衡量其先进性的一项重要指标，在未来相当长的一段时间内，节能减排将成为工程机械行业的重要研究方向。在此背景下，国家在环保方面对工程机械企业实施一些技术整改制度，主要集中在排放标准的升级和新能源使用两个方面。环保型产品的研发已经关系到企业的生存与发展，工程机械企业纷纷围绕节能减排开始了技术升级。与此同时，中国工程机械行业开始了技术升级和创新，环保节能型产品是未来的发展方向。

此外，许多工程机械的共同特点是用一定重量的工作装置，将物料举升到指定高度后卸载，采用多路阀控制工作装置频繁地举升和下降会浪费许多能量，还有一些机构，如挖掘机的上车机构频繁地加速起动和减速制动，如果能够回收与利用工作机构举升后积累的势能和转台制动的动能，对提高工程机械的能量效率将非常有益，是当前工程机械节能技术研究的热点方向。研究工程机械的动力节能技术、液压节能技术辅以能量回收技术可以全面提高整机的节能性，对整机的节能研究具有非常重要的实际意义。

1.2　液压挖掘机液压系统概述

液压挖掘机作为国家基础建设的重要工程机械之一，已经广泛应用于建筑、交通、水利、矿山以及军事领域中，是工程机械的主力机种。挖掘机的类型很多，按土方斗数，可分为单斗挖掘机和多斗挖掘机；按结构特性，可分为正铲式、反铲式、拉铲式等。其中，单斗液压挖掘机是一种采用液压传动并以一个铲斗进行挖掘作业的机械，是目前挖掘机械中最重要的品种。单斗液压挖掘机由工作装置、回转机构及行走机构三部分组成。工作装置包括动臂、斗杆及铲斗，若更换工作装置，还可进行正铲、抓斗及装载作业。上述所有机构的动作均由液压驱动。

如图 1-1 所示，以日立 ZAXIS200 中型液压挖掘机为例说明液压挖掘机的工作原理及特点。液压挖掘机的执行机构包括行走机构、回转机构、动臂、斗杆和铲斗等，分别由左行走液压马达、右行走液压马达、回转液压马达、动臂液压缸、斗杆液压缸和铲斗液压缸驱动。由发动机驱动两个液压泵，并将压力油输送到两组多路阀中，操纵多路阀，将压力油送往直线与旋转运动的元件，以完成挖掘、回转、卸载、返回及行走等动作。其工作循环主要包括以下 4 种动作。

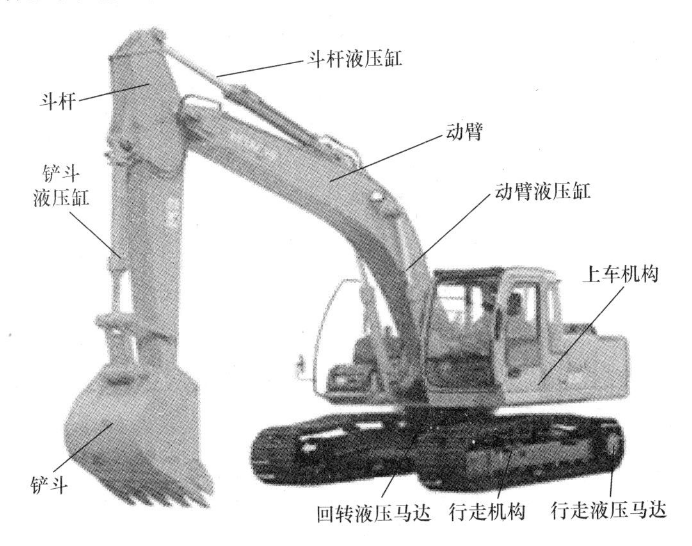

图 1-1　日立 ZAXIS200 中型液压挖掘机

（1）挖掘

一般以斗杆液压缸动作为主，用铲斗液压缸调整切削角度，配合挖掘。必要时（如铲平基坑底面或修整斜坡等有特殊要求的挖掘动作），铲斗、斗杆、动臂三个液压缸须根据作业要求复合动作，以保证铲斗按特定轨迹运动。

（2）满斗提升及回转

挖掘结束时，铲斗液压缸推出，动臂液压缸顶起，满斗提升。同时，回转液压马达转动，驱动转台向卸载位置旋转。

（3）卸载

当转台回转到卸载位置时，回转停止。通过动臂液压缸和铲斗液压缸配合动作调整铲斗卸载位置。然后，铲斗液压缸内缩，铲斗向上翻转卸载。

（4）返回

卸载结束后，转台反转，配以动臂液压缸、斗杆液压缸及铲斗液压缸的复合动作，将空斗返回到新的挖掘位置，开始下一个工作循环。

1.2.1　液压系统工作原理

1. 液压系统概述

液压挖掘机液压系统的类型很多。按主液压泵的数量、功率调节方式和回路的数量可分为单泵或双泵单路定量系统、双泵双路定量系统、多泵多路定量系统、双泵双路分功率调节变量系统、双泵双路全功率调节变量系统等；按液流循环方式可分为开式系统、闭式系统。日立 ZAXIS200 中型液压挖掘机的先导控制油路如图 1-2 所示，整体的液压原理图如图 1-3 所示。

为了简化液压系统，本书不介绍先导控制油路，直接给出主油路中各控制油路的含义。该系统的主要配置如下。

- 发动机采用了五十铃发动机 AA－6BG1TRA，功率输出为 110kW/2100r/min。
- 该系统为高压双泵双路全功率调节变量开式系统，该系统由主泵、先导泵、控制阀、两个动臂液压缸、斗杆液压缸、铲斗液压缸、回转液压马达、两个行走液压马达、液压油箱、压力传感器以及一些管道辅件组成。
- 主泵 1、2 均为斜轴式变量轴向柱塞泵，型号为 HPV102GW－RH23A，其排量为 2×102mL/r，最大流量为 2×198.9L/min，变量方式通过比例电磁阀控制泵的斜盘倾角实现。
- 先导泵为齿轮定量泵，型号为 HY/ZFS 11/16.8，最大流量为 32.8L/min。
- 多路阀型号为 KVMG－270－HE，先导控制式（4 阀柱＋5 阀柱），系统油路中有主溢流阀和带有补油功能的过载溢流阀。主溢流阀具有两级压力溢流功能。当先导压力油不供给油口 SG 时，执行元件例如液压马达和液压缸工作时，主溢流阀防止主油路内的压力升高到设定压力以上从而防止管路泄漏和执行元件的损坏，此时系统最高压力为 34.3MPa（流量为 110L/min）；当动力加力开关打开后 8s 内 MC 连续激励将先导压力油传送到油口 SG 通过活塞压缩弹簧，然后弹簧的力增加，使溢流阀的设定压力增加，此时系统压力为 36.3MPa，当挖掘过程中碰到大的石块或树根时，可以使用该功能。
- 动臂、斗杆、铲斗和回转驱动油路都装有补油功能过载溢流阀。其中动臂、

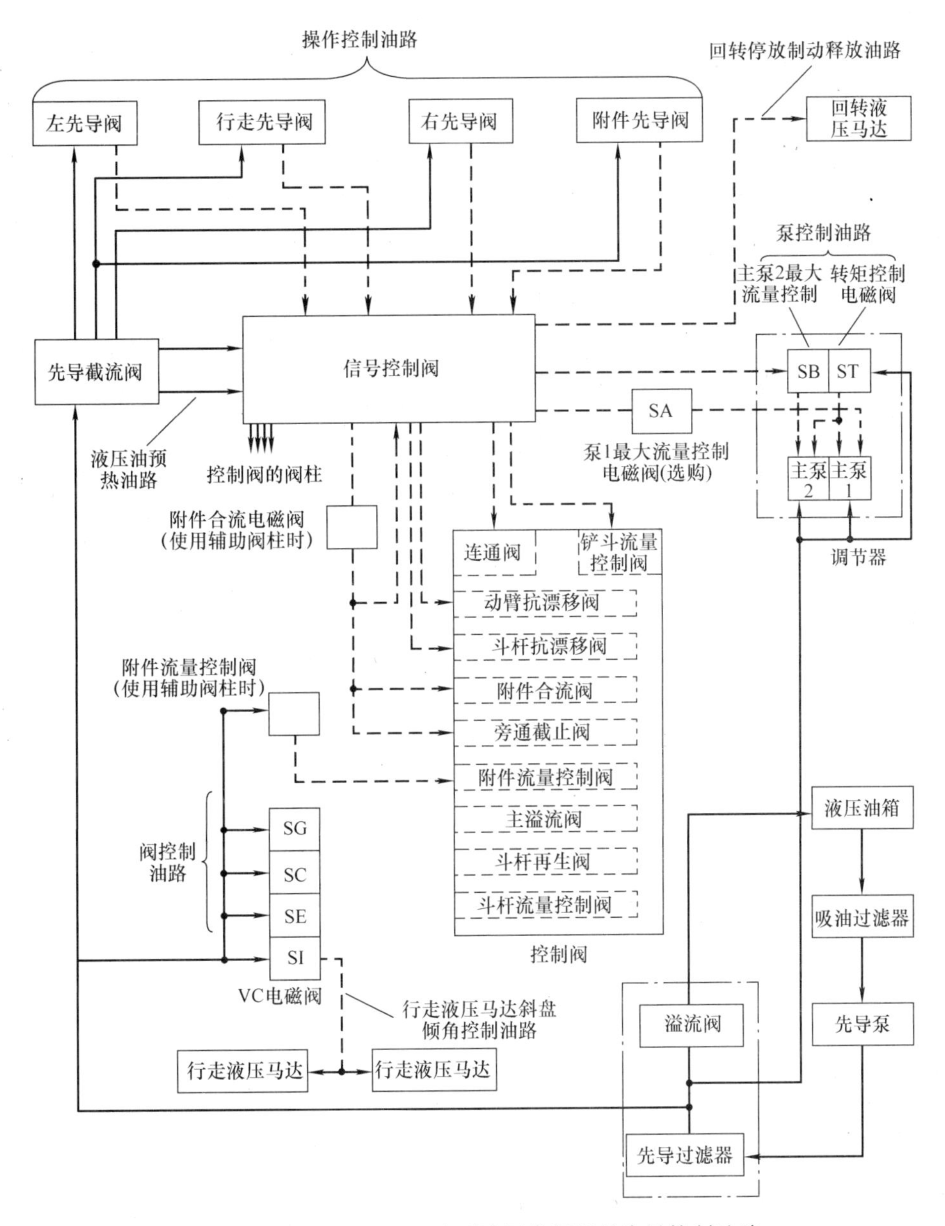

图 1-2　日立 ZAXIS200 中型液压挖掘机的先导控制油路

斗杆收回、铲斗翻入的过载压力为 37.3MPa（50L/min），斗杆伸出和铲斗翻出的过载压力为 39.2MPa（50L/min）。当执行元件被外部负荷移动时，过载溢流阀控制执行元件油路的压力不会异常增高，另外当执行元件油路的压力降低时，过载溢流阀补油防止产生气穴。

- 回转装置为两级行星齿轮减速，减速比为 13.385；回转液压马达为斜盘式定量轴向柱塞马达，型号为 M5X130C；回转制动溢流阀采用非平衡阀式，设定压

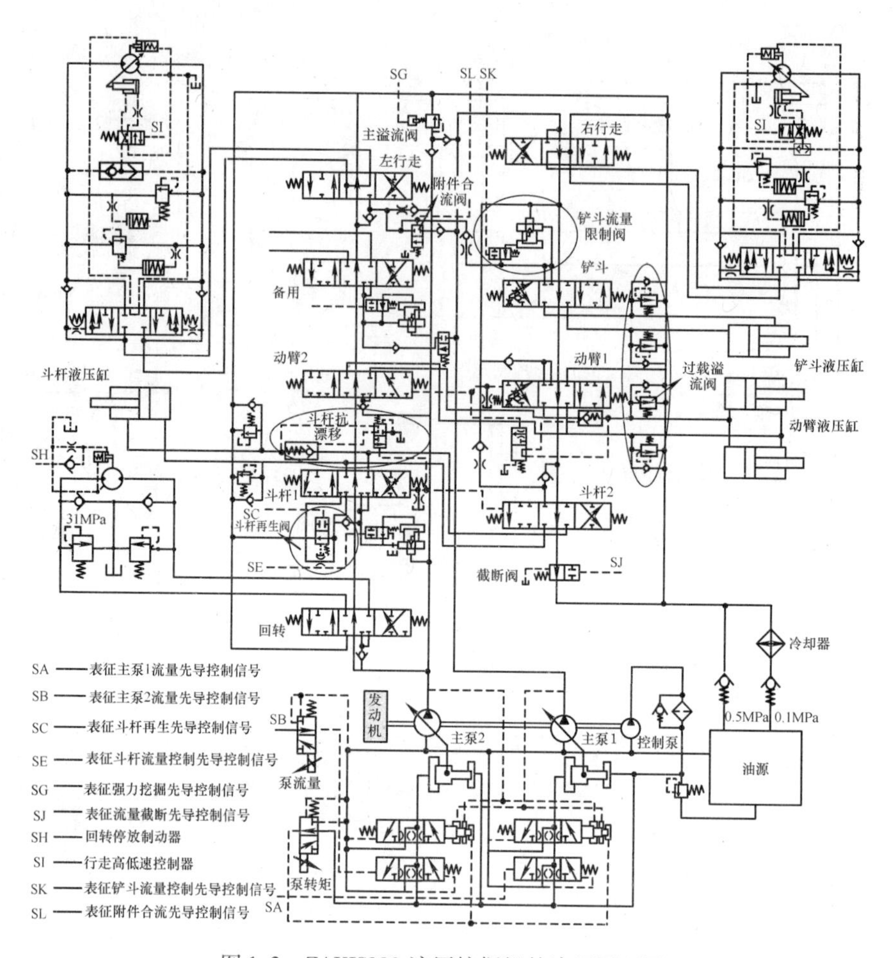

图 1-3　ZAXIS200 液压挖掘机的液压原理图

力在 140L/min 时为 30.9 MPa；回转停放制动器采用多盘湿式常闭型，释放压力为 1.96 ~ 2.64MPa。

• 行走装置为三级行星齿轮减速器，减速比为 53.285，行走液压马达为斜盘式变量轴向柱塞马达；行走制动溢流阀采用平衡阀式、设定压力为 34.8MPa，回转停放制动器采用多盘湿式常闭型，释放压力为 0.95 到 1.02MPa。

• 冷却器旁通单向阀开启压力在 5L/min 时为 0.5MPa；该单向阀的作用是当液压油温较高时，液压油的粘度降低，经过散热器的压差损耗较小，低于单向阀的开启压力，液压油经过散热器回油箱，液压油的温度也可以得到降低；反之，当液压油的温度较低时，液压油的粘度升高，经过散热器的压差损耗较高，高于单向阀的开启压力时，液压油通过单向阀回油箱；当液压油温度介于两者之间时，液压油可以根据油温自动分配进入散热器和单向阀的油量。但目前通过单向阀进行分流的方案很难根据温度自动准确分配油量，有些大型挖掘机采用比例溢流阀代替单向阀进行主动控制。

2. 主油路概述

当一个泵供多个执行元件同时动作时，因液压油首先向负载轻的执行元件流动，导致高负载的执行元件动作困难，因此需要对负载轻的执行元件控制阀杆进行节流。此外，液压挖掘机工况各种各样，复合动作较多，如掘削装载工况、平整地面工况、沟槽侧边掘削工况、双泵合流问题、直线行走问题等。在这样的要求下，如何向各执行元件供油，向哪个执行元件优先供油，如何实现合流，如何实现在作业装置同时动作时保持直线行走等，这些都需要对多路阀进行控制。多路阀内部流道构成了一个非常庞大且复杂的液压回路。主要回路如下。

（1）中位油路

当先导操作手柄在中位时，来自主泵的压力油通过多路阀和液压冷却器流回液压油箱。当液压油温度较低时，液压油粘度高，液压冷却器内液压油的流动阻力增大，进而打开旁通单向阀（有些挖掘机采用溢流阀）使液压油绕过液压冷却器直接流回液压油箱。当液压油的温度较高时，液压油的粘度降低，液压冷却器内液压油的流动阻力较小，冷却器的前后压差小于旁通单向阀的开启压力，高温液压油基本都通过冷却器进行散热后回油箱。当液压油温在较低和较高之间时，液压油根据油温动态分配通过旁通单向阀和冷却器的流量大小。但目前的油温冷却系统仍然是液压挖掘机一个重要难点。包括瞬时冷却功率的大小，回油流量的自动分配等都还没有得到较好的解决。

（2）单一作业油路

来自主泵 1 的压力油先后通过各单向阀、流量限制阀后分别流到右行走、铲斗、动臂 1 和斗杆 2 的各个阀柱；来自主泵 2 的压力油先后通过各单向阀、流量限制阀后流到回转、斗杆 1、动臂 2、附件和左行走的各个阀柱；动臂和斗杆由来自两个主泵的压力油经过合流后同时供给。

（3）复合作业油路

当回转和动臂提升同时作业时，动臂提升先导压力油移动动臂 1 和 2 的阀柱，主泵 1 的压力油经并联油路和动臂 1 阀柱流入动臂液压缸升起动臂；主泵 2 的压力油经回转阀柱流进回转液压马达，同时泵 2 的压力油流经并联油路与泵 1 的压力油合流流进动臂液压缸升起动臂。

当行走和斗杆收回同时作业时，收回斗杆先导压力油移动行走斗杆 1 和斗杆 2 的阀柱，来自先导控制阀组内的压力油通过油口 SL 流到连通阀控制腔打开连通阀；来自主泵 1 的压力油流经右行走阀柱驱动右行走液压马达，同时来自主泵 1 的压力油流经连通阀和左行走阀柱并驱动左行走液压马达；来自 2 的压力油通过斗杆 1 阀柱流进斗杆液压缸收回斗杆。因此只用主泵 2 的压力油收回斗杆，来自主泵 1 的压力油均衡地流到左右行走液压马达以确保挖掘机能直线行走。

1.2.2 功能控制油路

1. 主变量泵控制回路

该系统是由两台轴向变量活塞泵、先导泵及各控制阀组成的。变量泵中的伺服阀由伺服活塞和导向滑阀组成，其作用是增大或减小变量泵的输出流量。主泵的控制回路如图 1-4 所示，该系统变量泵采用了正流量控制、全功率控制、速度传感控制和慢速转矩增加控制等。

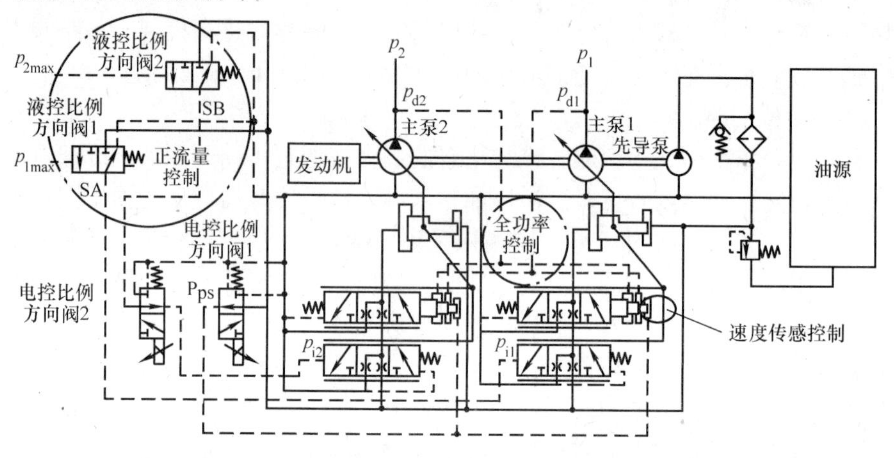

图 1-4 ZAXIS200 液压挖掘机主泵排量控制回路

（1）正流量控制

正流量控制是利用操纵手柄的先导压力对泵排量直接控制。用六通多路阀控制液压缸的速度和方向。通过梭阀组将最大先导压力选择出来，用以控制液压泵排量。主泵 1 由梭阀选择表征动臂提升和下降、斗杆收回和伸出、铲斗翻入和翻出以及右行走的先导操作最大压力 p_{1max}，主泵 2 由梭阀选择表征动臂提升、斗杆收回和伸出、左回转和右回转、附件操作以及左行走的先导操作最大压力 p_{2max}；然后被选择的压力油流向主泵 1 流量控制阀（液控比例方向阀 1）或主泵 2 流量控制阀（液控比例方向阀 2）移动流量控制阀阀芯；当主泵 1 流量控制阀或主泵 2 流量控制阀移动时，来自先导泵的先导压力油流向主泵 1 或主泵 2 的调节器，此时的主泵控制压力称为 p_i。如图 1-5 所示，当先导手柄操作时，泵流量控制阀根据先导操作手柄的行程调节主泵的控制压力 p_i；然后当调节器收到泵的控制压力 p_i时，调节器依照泵控制压力 p_i的大小调整泵的流量；当先导操作手柄操作时泵控制压力 p_i 增

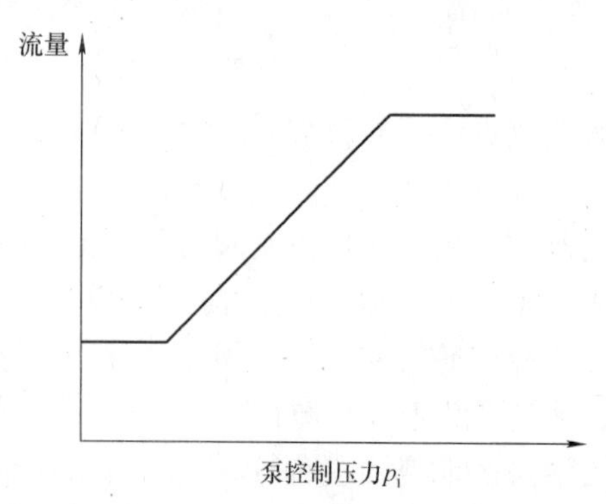

图 1-5 正流量控制系统 $p-q$ 示意图

加，调节器增加泵流量；当先导操作手柄返回中位时泵控制压力 p_i 减小，使调节器减小泵的流量。

（2）全功率控制

全功率控制系统中调节器以自身的泵输出压力 p_{d1} 和相应的泵输出压力 p_{d2} 作为控制信号压力。如图 1-6 所示，如果平均输出压力超过设定的 $p-q$ 曲线调节器，根据超过 $p-q$ 曲线的压力减小泵的流量以使泵的总输出功率回到设定的 $p-q$ 曲线，避免发动机过载。$p-q$ 曲线是根据两个泵同时作业来制定的，两个泵的流量也调整得近似相等。因此尽管高压侧泵的负载比低压侧的大，但是泵的总输出与发动机的输出是一致的。

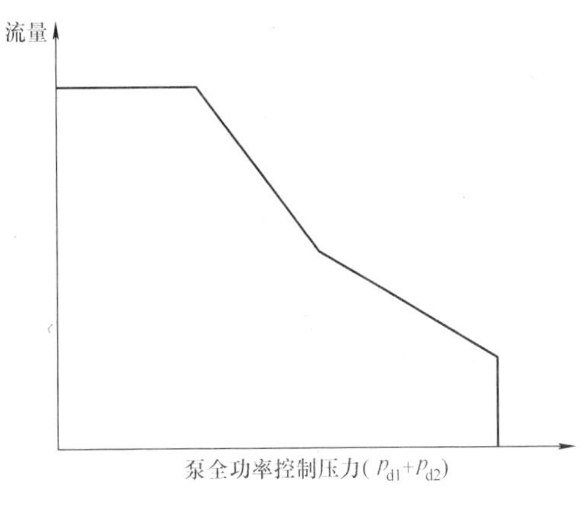

图 1-6　全功率控制系统 $p-q$ 示意图

2. 回转驱动控制回路

如图 1-7 所示，回转装置由制动阀单元、回转液压马达和回转减速装置组成。制动阀单元可以防止回转油路产生空穴和过载。回转液压马达是斜盘式轴向柱塞马达，内装回转停放制动器，由主泵输出的压力油驱动，从而使回转减速装置转动。回转减速装置利用低速大转矩使轴转动，从而使上部回转平台转动。回转减速装置为两级行星齿轮式。回转停放制动器是湿式多盘制动器。当制动释放压力进入制动活塞油腔时制动器释放（常闭式制动器），具体工作如下。

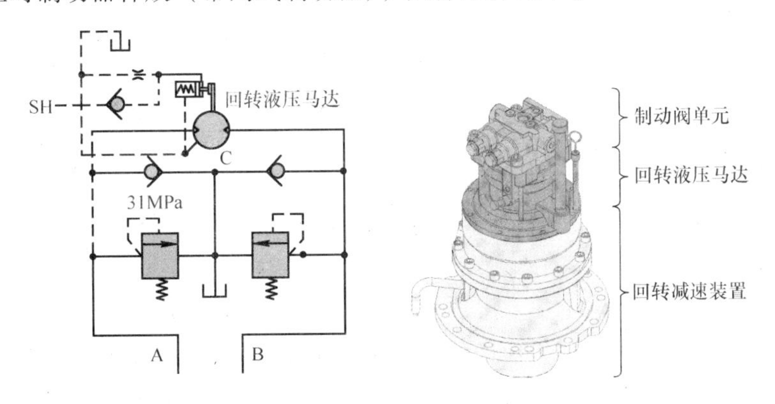

图 1-7　回转驱动液压原理图（无防反转阀）

（1）制动器工作原理

1）制动器释放。回转或斗杆收回先导操作手柄操作时，先导泵内的先导压力油进入油口 SH，油口 SH 的先导压力推开单向阀进入制动活塞腔，制动活塞上升分开固定板和摩擦板，从而使制动器释放。

2）制动器制动。当回转或者杆收回先导操作手柄松开时，油口 SH 的先导压力油逐渐减少，制动器释放压力通过节流孔进入回转液压马达壳体；弹簧力施加给固定板和摩擦板，这些板通过制动活塞分别与液压缸体的外径和壳体的内径啮合，利用摩擦力使液压缸体制动；同理，当发动机停止时，没有先导压力油进入油口 SH，制动器自动制动。

3）制动延时。由于上车机构的惯性力，如果当回转先导操作手柄从转台回转回到中位时，立刻对转台实施制动，会产生很大的冲击载荷，可能会损坏零件。为了防止损害零件，系统设置了一个阻尼孔用于延长制动的时间，确保上车机构施加制动之前已经停止。

（2）补油阀

在回转停止期间，回转液压马达被上部回转平台的惯性力推动，液压马达的转动由惯性力推动比由主泵输出的压力油推动快，所以在油路内产生空穴。为了防止空穴，在回转油路内的压力比回油路油口 C 内的压力小时，单向阀打开，液压油从回油路补油以消除回转油路内的缺油状态。

3. 动臂、铲斗、斗杆再生回路

该系统采用了两种再生回路：动臂（铲斗）再生回路和斗杆再生回路。

安装在动臂下降斗杆收回和铲斗翻入油路的再生阀主要用于提高液压缸的速度、防止液压缸停顿、改善挖掘机的可控制性。动臂再生阀的操作原理与铲斗再生阀相同，因此以铲斗再生阀为例加以介绍。如图 1-8 所示，铲斗翻入（挖掘）时，液压缸有杆腔的回油通过阀柱的 A 孔作用于单向阀，这时如果液压缸无杆腔的压力比有杆腔低，单向阀打开；液压缸有杆腔的回油与主泵输出的压力油一起流进无杆腔共同提高液压缸的速度；当液压缸移动到全行程位置或挖掘负荷增加时，液压缸底侧油路的压力将增加到有杆腔压力之上，使单向阀关闭停止再生作业。

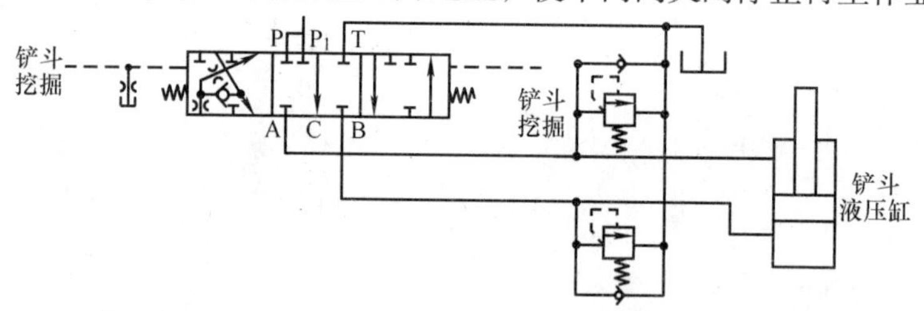

图 1-8 铲斗再生回路原理图

斗杆再生阀用于提高斗杆收回速度并防止斗杆收回作业时发生停留。如图 1-9 所示，一般情况下，斗杆收回作业时，液压缸有杆腔的回油通过斗杆再生阀阀柱的节流孔流回液压油箱；当主泵 2 输油压力传感器低压（负荷较低时）、斗杆收回压力传感器高输出（斗杆先导操作手柄行程大）、回转或动臂提升压力传感器输出信号时，来自电磁阀单元 SC 的先导压力油推动斗杆再生阀阀柱堵住液压缸有杆腔的回油油路，从而液压缸杆侧的回油与泵输出的压力油一起流进液压缸底侧共同提高液压缸的速度。

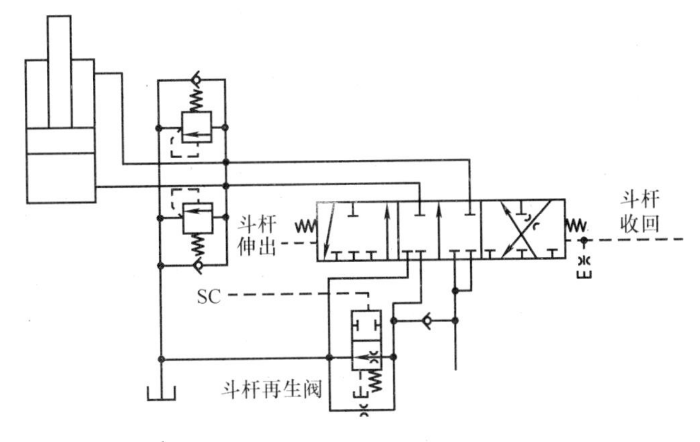

图 1-9　斗杆再生回路原理图

4. 抗漂移油路

抗漂移阀安装在动臂液压缸底侧和斗杆液压缸杆侧油路上防止液压缸漂移。动臂抗漂移阀的操作原理与斗杆抗漂移阀相同，因此以动臂抗漂移阀为例加以介绍。如图 1-10 所示，先导操作手柄在中位时，表征动臂下降的先导压力为零，抗漂移阀内的开关阀不能移动，因此动臂无杆腔的压力油通过开关阀施加到抗漂移阀内的单向阀弹簧侧（这里的抗漂移阀不能简单地认为是液控单向阀，图上的抗漂移阀上的控制油口是和单向阀的弹簧腔相通），因此单向阀关闭使动臂液压缸的回油堵塞减小液压缸的漂移。动臂下降时，来自先导阀的先导压力油推动抗漂移阀的柱塞使开关阀移动，然后单向阀弹簧腔内的油通过开关阀流回液压油箱，因此单向阀打开使回油从动臂液压缸底侧流到动臂阀柱后回油箱。

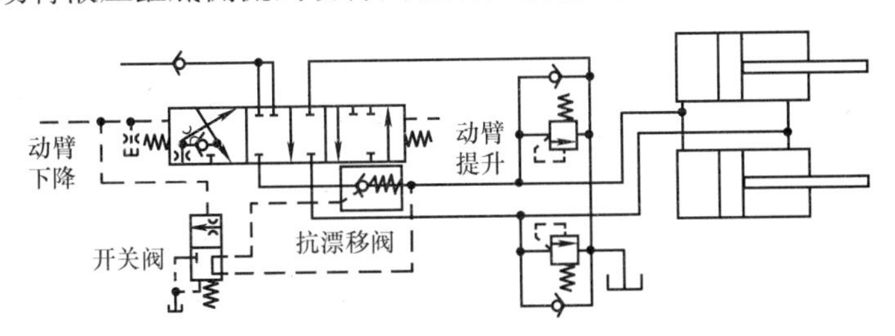

图 1-10　动臂抗漂移油路原理图

5. 流量控制油路

流量控制阀安装在斗杆、铲斗和辅助油路上，其作用是在进行复合作业时限制该油路的流量，使其他执行元件优先动作。以回转和斗杆收回复合作业时为例说明流量控制油路的功能，如图 1-11 所示。主要功能限制斗杆液压缸的流量，进而保证主泵 2 的压力油优先流入回转液压马达以确保回转力。

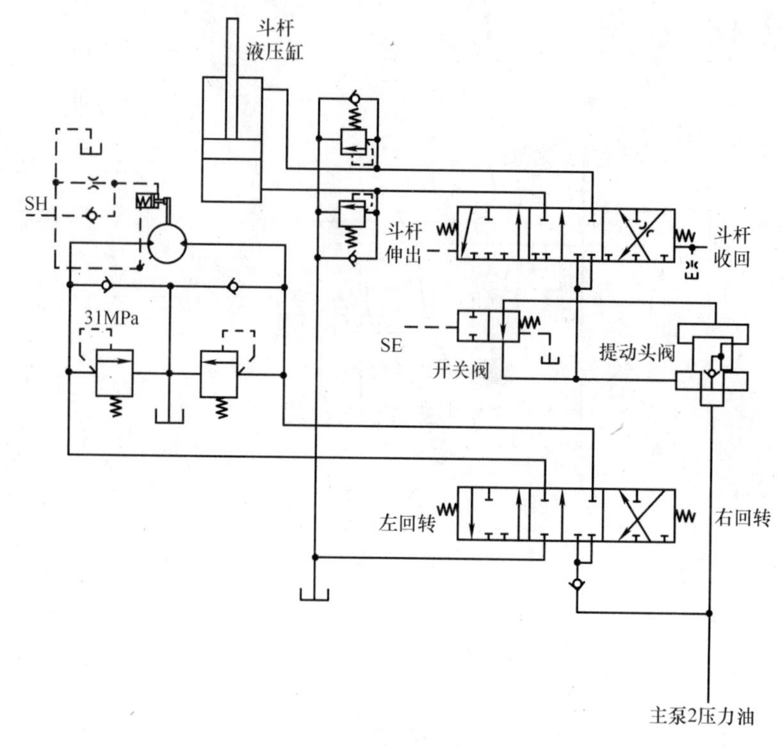

图 1-11 回转相对斗杆优先原理

（1）正常作业

来自主泵 2 的压力油施加于提动头阀内的单向阀，正常情况下开关阀处于打开状态，然后来自主泵 2 的压力油打开单向阀经开关阀流到斗杆多路阀的主阀芯，因此提动头阀打开，使来自主泵 2 的压力油流非常顺畅的流到斗杆多路阀主阀芯。

（2）流量控制作业

来自电磁阀单元 SE 的先导压力油推动斗杆流量控制阀内的开关阀，当开关阀被关闭时压力油被封闭在提动头阀之后限制提动头阀打开，因而提动头阀限制流向斗杆多路阀的主阀芯的流量，使压力油优先供给比斗杆负荷更大的回转液压马达，即为回转相对斗杆优先。

6. 行走驱动油路

如图 1-12 所示，行走装置由行走液压马达、行走减速装置和行走制动阀组成。行走马达是斜盘式变量轴向柱塞马达，装有停放制动器。行走液压马达被泵的压力油驱动，把旋转力传递给行走减速装置。行走减速装置是三级行星齿轮式，它把从行走马达传来的旋转力转换成低速大转矩动力带动驱动轮和履带转动。行走制动阀防止行走油路过载和防止出现空穴。

该系统具有慢速方式和快速方式两种方式。高速低转矩时，双速液压马达调节阀根据行走速度控制阀的作用，使调节活塞推动斜盘至最小角度，行走液压马达排量最小，系统处于高速状态。低速大转矩时，SI 行走高低速控制阀不起作用，此时系统处于低速状态。

行走系统中的驻车制动器采用的是湿式多盘制动。在行走先导操作手柄处于中位时，行走制动阀内的平衡阀柱返回中位，然后作用在制动活塞上的压力油通过节流孔回到泄漏油路，因此制动活塞被碟形弹簧慢慢地向后推，结果弹簧力通过制动活塞施加给予液压缸体啮合的固定板和与壳体啮合的摩擦板，液压缸缸体利用摩擦板和制动板之间的摩擦力制动；起步行走时，来自主泵的压力油经控制阀流进油口 AM 或 BM，压力油推动平衡阀阀柱并通过阀柱上的油道作用于制动活塞，然后制动活塞被推向碟形弹簧使固定板和摩擦板互相脱开，制动器释放。

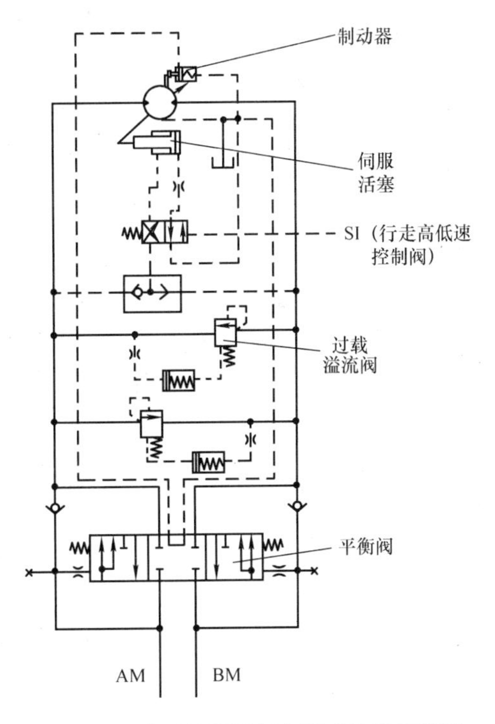

图 1-12　液压挖掘机行走驱动油路原理图

平衡阀的作用是，使行走平稳起动和停止、防止下坡时失控，使行走液压马达高压油口 AM 或 BM 的压力油流进停放制动器。安全阀的作用是在马达出油口油路被关闭或节流时，压力急剧增高，促使安全阀卸压以保证系统安全。阻尼孔的作用是平稳的改变行走方式。

1.3　液压挖掘机能耗分析

为研究液压挖掘机能量损耗，目前的方法一般是基于计算机仿真模型和实验样机测试两种方法。由于实验样机只能为某种类型的动力系统 - 液压系统的典型代表，其测试结果具有一定的局限性，且部分实验结果难以重复。为此实验和仿真相结合是深刻理解液压挖掘机能耗的最有效途径。

1.3.1　仿真模型法

系统仿真技术是以相似原理、控制理论、计算机技术、信息技术及其应用领域的专业技术为基础，以计算机和各种物理效应设备为工具，利用系统模型对实际系统进行动态试验研究的一门综合技术。仿真技术涉及控制理论建模、计算机软件、数值方法、嵌入式系统、网络、工程设计和有关专业领域知识等方面的基础，是学科交叉发展的结果。从更一般的意义上来讲，系统仿真可以理解为是对一个已经存在或尚不存在但正在开发的系统进行系统特性研究的综合科学。对于实际系统不存在或已经存在但无法在现有系统上直接进行研究的情况，只能设法构造既能反映系统特征又能符合系统研究要求的系统模型，并在该系统模型上进行所关心的问题研究，揭示已有系统和未来系统的内在特性、运行规律、分系统之间的关系并预测未来。

依据不同的分类标准，可将系统仿真进行如下分类：①根据被研究系统的特征可分为两大类，连续系统仿真和离散事件系统仿真；②按仿真试验中所取的模型时间标尺与自然时间标尺之间的关系可将仿真分为实时仿真和非实时仿真两大类；③按照参与仿真的模型的种类不同，将系统仿真分为物理仿真、数字仿真及半物理仿真。

一般，动态仿真系统指的都是非实时仿真系统。非实时仿真系统通常用动态方程来描述，即建立系统的数学模型，采用离线方式与系统内部数据进行交互。这种传统的纯数学建模与仿真，模型中的硬件环节由数学模型所代替，往往达不到预期的理想控制效果。加上离线仿真不能对内存、接口和通信等实时参量进行评价，因而设计者必须不断地对自身的设计做出调整，开发周期相对过长。

与非实时仿真系统相对应的称为实时仿真系统。实时仿真理论与技术多年来一直是系统仿真领域的重点研究课题之一。在对系统进行仿真时，若有实物介入整个仿真系统，必须要求仿真时间标尺与实际系统时间标尺相同，这种仿真称为实时仿真。它的主要研究内容包括：系统实时建模和模型验证，实时仿真计算机，实时仿真算法，实时仿真软件，实时仿真的时间控制等等。半物理（或称硬件在回路，Hardware－in－the－loop，HIL）仿真系统是实时仿真最典型的代表。所谓半物理仿真是指在仿真实验系统的仿真回路中接入部分实物的实时仿真。它是目前仿真技术中置信度最高的仿真方法。

液压挖掘机系统是一个综合了液压、机械、控制等多方面的复杂系统，要建立其仿真模型，需要仿真软件具有上述多领域的协同仿真功能。下面本书推荐几个建立液压挖掘机模型的常用仿真软件及方法。

1. AMEsim 仿真软件

AMESim 软件是由法国 IMAGINE 公司于 1995 年推出的专门用于液压/机械系统建模、仿真及动力学分析的优秀软件[5]。该软件为用户提供了丰富的应用元件库，包含流体动力、车辆和信号控制等多种仿真环境，可进行系统级或元件级的仿真研究。该软件具有如下主要特点：①拥有丰富的模型库；②采用 C 或 FORTRAN 编程，元件代码底层开放，用户可自行开发或构建符合个人需求的元件；③拥有与 Matlab/Simulink、Adams 等软件的接口，可方便地与这些软件进行联合仿真。AMESim 采用图形化的建模方式，用户可以根据实际的物理模型和系统结构从元件库中提取基本单元来建立仿真模型，不需要书写复杂的程序代码，对于一个复杂的工程系统，往往涉及多个领域，AMESim 则突破性地实现了多个领域仿真，使工程人员从繁琐的数学建模中解放出来，将更多精力投入到系统的研究。

因此，选择 AMESim 作为液压挖掘机的仿真软件，所建立的模型如图 1-13 所示。模型中，机构部分的旋转体、动臂、斗杆、铲斗等由 AMESim 的机构库提供，由于 AMESim 只能进行二维的机构仿真，机构中的旋转部分与其他机构分开，其转动惯量由实测的旋转马达的数据反算得到；液压系统则由液压库所提供的元件构成，在仿真中，方向阀 V1、V2、V3、V4 用来控制油路的方向，而通流面积则由节流阀组 01、02、03 和 04 来控制，以实现与实际挖掘机主阀相同的阀芯位移 - 通流面积特性，主阀的旁路由两个等效节流口来替代，两个主泵的排量由给定的信号和反馈的主泵出口压力计算得到。

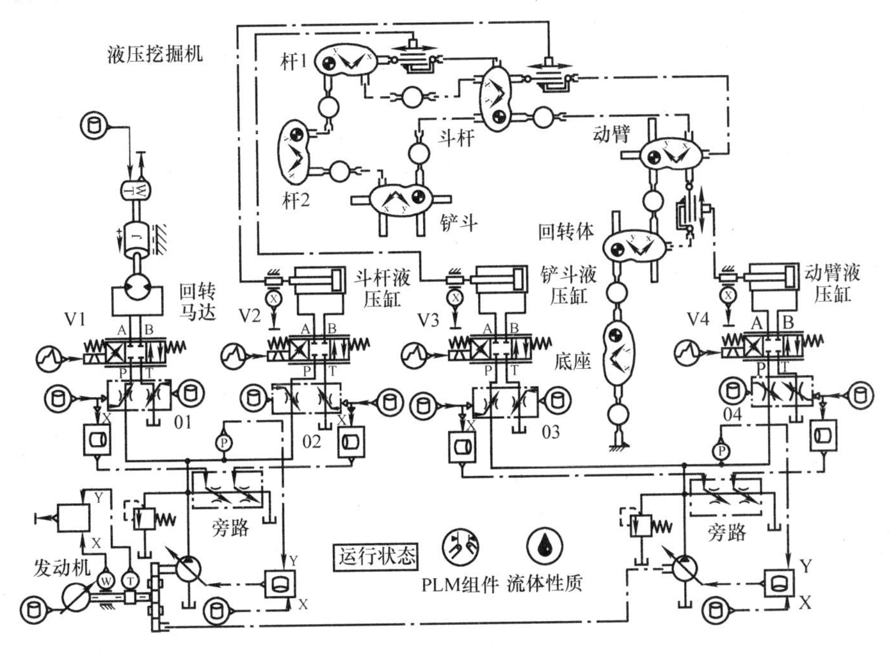

图 1-13　液压挖掘机仿真模型

2. MATLAB 仿真软件

MATLAB 是 MathWorks 公司于 1982 年推出的一套高性能的数值计算和可视化数学软件。它集数值分析、矩阵运算、信号处理和图形显示于一体，构成了一个方便的、界面友好的用户环境。在这个环境下，对所要求解的问题，用户只需简单地列出数学表达式，其结果便以数值或图形方式显示出来。

3. Simulink 仿真软件

Simulink 是一个用来对动态系统进行建模、仿真和分析的软件包。它和 MATLAB 的无缝结合使得用户可以利用 MATALB 的丰富资源建立仿真模型，监控仿真过程，分析仿真结果。使用 Simulink 可以方便地进行控制系统、DSP 系统、通信系统以及其他系统的仿真分析和原型设计。但是对于工程机械中常用的机构之间的相对运动的仿真计算还只能通过对各元件进行详细的数学建模来实现，不仅建模复杂，而且计算量非常大。

在 MATLAB 系统 12.1 及其以后版本当中，引进了基于 Simulink 环境的 SimMechanics 工具箱，大大简化了机构之间相对运动的仿真计算，为液压挖掘机的机械执行结构和液压驱动系统之间联合工作的研究提供了方便快捷的仿真手段。

因此，以 MATLAB 系统作为系统的仿真工具，同样也可以作为液压挖掘机的仿真工具。

4. 联合仿真

（1） AMESim 与 MATLAB 联合仿真

AMESim 采用物理模型的图形化建模方式，软件中提供了丰富的应用元件库，为流体动力、机械、热流体和控制系统提供一个完善、优越的仿真环境及最灵活的解决方案，AMESim 还提供了与 MATLAB、ADAMS 等软件的接口，可方便地与这些软件进行联合仿真。Simulink 借助于 MATLAB 强大的数值计算能力，能够在 MATLAB 下建立系统框图和仿真环境，可处理包括线性、非线性系统；离散、连续及混合系统；单任务、多任务离散事件系统等，但 MATLAB 存在不能有效地处理代数环等缺点。因此，在 AMESim 中对液压伺服系统建模，在 MATLAB/Simulink 中采用方块图的模式对控制系统的数学模型进行建模，实现两个软件的联合仿真，既能充分利用 AMESim 智能求解器的优越积分功能以及齐全的分析工具，又能借助 MATLAB/Simulink 强大的数值处理能力，减小建模的工作量，同时用户可自行确定 AMESim 与 MATLAB/Simulink 两部分模型的仿真算法类型，从而可以由用户确定仿真计算的速度与精确程度。

（2） ADAMS 和 MATLAB 的联合仿真

ADAMS 是美国 MDI 公司开发的软件，它为用户提供了强大的建模、仿真环境，使用户能够对各种机械系统进行建模、仿真和分析，具有十分强大的运动学和动力学分析功能，广泛应用于世界各国的工程领域。ADAMS 是一种虚拟样机分析应用软件，为用户提供了强大的建模和仿真环境，使用户能够对各种机械系统进行建模、仿真和分析，具有十分强大的静力学、运动学和动力学分析功能，广泛地应用于世界各国的工程领域；MATLAB 以其强大的计算功能，计算结果和编程的可视化以及极高的编程效率，迅速成为从事科学研究和工程设计不可缺少的工具软件，而把 ADAMS 和 MATLAB 联合起来仿真，可以将机械系统仿真分析同控制计算仿真有机地连接起来，实现机电一体化的联合分析。其中，ADAMS 建立联合仿真系统的机械模型并添加外部载荷及约束，MATLAB/Simulink 为机械系统建立控制程序分析。ADAMS/Controls 将两者连接起来，利用 MATLAB/Simulink 的控制输出来驱动机械模型，并将 ADAMS 中机械模型的位移、速度和加速度等输出参数反馈给控制模型，实现在控制系统软件环境下进行交互式仿真。

5. 半物理实时仿真

半物理实时仿真技术发展到现在已经非常成熟，市场上也出现了许多优秀的实时仿真系统产品，它们一般都具有实时性好、可靠性高、开发方便等特点。使用这些实时仿真系统产品，可以方便地进行实时仿真设计和实验。

半物理实时仿真技术在国外起步比较早，发展也很迅速，产业化和市场化的程度高。就目前来讲，国外市场上出现的实时仿真系统主要有德国dSPACE公司的dSPACE实时仿真系统，美国国家仪器公司的LabVIEW实时仿真平台，加拿大Opal-RT Technologies公司、Quanser公司和荷兰的Dutch Space公司等也都开发了自己的商业化仿真系统。

Opal-RT Technologies公司的RT-Lab实时仿真系统是一个可扩充的分布式实时平台。RT-Lab实时仿真系统着重于让使用者可进行实时的计算机并行处理。它采用COTS技术，软硬件都支持多种工业标准；采用Host/Target结构，便于扩充；仿真处理器之间采用FireWire总线连接；仿真运行在QNX实时操作系统。软件系统能与MATLAB/Simulink、MATRIXx/SystemBuild无缝连接，具有仿真过程中在线修改参数的功能，便于逆向测试，支持大量第三方工具。产品的缺点是，针对专用设备，需要手工修改适应于RT-Lab编译的接口模块。

Dutch Space公司的EuroSim可应用于从系统建模、分析、离线仿真到实时仿真的全过程；可以对仿真系统进行模块化设计，具有较强的可重用性；采用C/S结构，便于将仿真系统扩充成分布式实时网络系统；支持MATLAB等第三方工具。但是该系统不支持仿真过程的在线修改，对硬件直接操作困难。

国内的实时仿真平台有国防科学技术大学计算机学院自主创建的YH-Astar。该平台是基于Intel平台和Windows NT操作系统的，建模使用自主研制的仿真语言YHSim++，支持连续系统和离散事件建模仿真；支持以太网，能够支持分布式半实物实时仿真的构建，为大型复杂系统提供强有力的分布式仿真平台。同时此平台提供了一体化的建模、仿真与人机交互环境、直观的用户界面、直观的实时曲线显示和事后分析与处理能力。但由于YH-AStar建模采用自己研制的YHSIM++语言和语言编译器，用户需要学习YHSIH++语言，建模不如MATLAB直观。

还有应用于各个专业领域的仿真系统，如加拿大Quanser公司的三自由度直升机控制系统实时仿真平台，德国ETAS公司用于汽车动力传动系统应用领域的ECU开环和闭环测试的PT-LABCAR半物理仿真系统以及各类用于军事领域的包括航空航天、导弹火炮等的实时仿真系统。专业领域的仿真平台软硬件接口扩展比较困难，系统特性比较单一，不具备通用性，灵活性比较差。

此外还有不少基于实时操作系统的实时仿真系统，如面向VxWorks的半物理仿真平台，新墨西哥理工学院开发的基于标准Linux的具有硬实时特性的RTLinux仿真平台以及基于Ctask、pDOS和Digital UNIX的实时仿真系统。但是，实时操作系统一般都具有市场占有率低、应用开发环境及支持软件缺乏、开发难度大等诸多缺点。面对PC机市场占有率高、技术发展迅速的情况，有部分研究者开始关注基于PC机的Windows操作系统的实时仿真系统，如xPC目标系统。但是Windows操作系统其本身是多任务的非实时系统，对系统的改造复杂，硬件接口的实时性也很难满足许多场合的要求。也有研究人员采用DSP等搭建专用的小型实时仿真系统。此类系统体积小、成本低，一般适合某些对实时性要求不高的专用场合，系统的可靠性和实时性较难保证。

dSPACE实时仿真系统是由德国dSPACE公司开发的一套用于控制系统开发及半物理实时仿真的工作平台。dSPACE实时系统主要包括dSPACE的硬件系统和dSPACE的软件系统。硬件系统包括核心的智能化的单板系统、处理器板、I/O板卡等；软件系统主要有ControlDesk、AutoMationDesk和MotionDesk等。

dSPACE实时仿真系统具有众多优点：系统硬件接口和软件环境基于PC机的Windows操作系统，便于用户掌握和使用；组合性强，可以根据不同用户的要求对系统进行多种组合，包括对处理器和I/O的组合，来组成不同的应用系统；系统过渡性好，易于掌握和使用；对产品型实时控制器的支持性强；快速性好，大大节省了时间和费用；性能价格比高，系统能在众多不同场合使用；保证代码本身的独立运行，实时性好；可靠性高，兼容性好，灵活性强。目前，dSPACE实时仿真系统已经广泛运用于航空航天、汽车发动机及工业控制等领域。

1.3.2 测试样机法

液压挖掘机综合性能测试系统通过对整机节能性、动力性、操控性、稳定性等指标进行测试，给出系统的综合性能评价，为整机的设计、集成、控制和优化提供可靠依据。

1. 液压挖掘机性能评价指标

目前，国内外对液压挖掘机尤其是各种新型液压挖掘机性能尚无统一、标准的评判准则。为了对其进行综合评价，依据科学、合理地反映动力系统和部件主要性能的原则，提出若干性能指标，构成液压挖掘机的评价体系，主要包括以下几类。

（1）主动力系统指标

1）主动力单元转速控制稳定度。工作点稳定是表征先进发动机控制技术、液压混合动力技术或者油电混合动力技术等对主动力单元工作点的改善效果的重要评价指标，具体如下式。

$$\alpha = \frac{1}{T}\int_{0}^{T} | n(t) - n_{ave} | \mathrm{d}t \tag{1-1}$$

式中 $n(t)$——主动力单元的瞬时转速；

n_{ave}——主动力单元的平均转速。

对于发动机驱动型工程机械，主动力单元即为发动机，电控式发动机的转速传感器一般作为一个配件安装在发动机上，发动机的转速信号可以通过发动机控制单元ECU读出；而机械式调速发动机需要单独安装转速传感器。如图1-14所示，安装在变速箱上的转速传感器通过齿数转换成脉冲信号有效地检测发动机的转速。

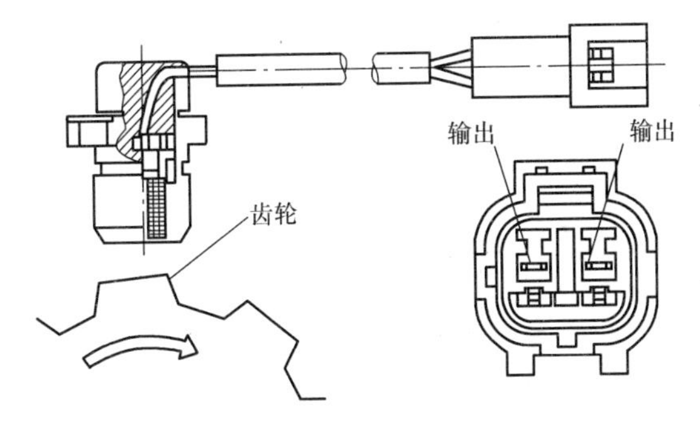

图1-14　测量发动机转速的转速传感器安装示意图

而对于纯电驱动工程机械，主动力单元为电动机，目前新能源电动机几乎都安装了转速传感器（旋转变压器、光电编码器），电动机的转速信号也可以通过电动机控制器读出。目前新能源电动机应用较多的是旋转变压器，主要旋转变压器具有和电动机相似的结构（绕组、叠片、轴承和支架），可用于超重载应用。因为不带电路硬件，它能够在更加极端的温度下运行。因为不带光学元件以及不需精密对准，它能耐受更大的冲击和振动。因为不带光学元件和电路硬件，它能够用于高辐射环境。旋转变压器已经过时间的考验，但是模拟信号输出限制了其使用范围。

旋转变压器属于一种特殊功能的电动机，由定子和转子组成，主要用于回转电动机运动中的转角和转速测试。在安装结构上，根据安装位置不同可分为电动机同轴安装和最终传动环节同轴安装。目前，普遍使用的安装方式是采用电动机同轴安装的方式。旋转变压器的转子安装在电动机的轴上，旋转变压器的定子安装在电动机的外壳或端盖上。旋转变压器通过电动机轴的旋转带动旋转变压器的转子在旋转变压器的定子中旋转，进而在旋转变压器的定子中产生相关的AC信号，该AC信号的相位特征通过数学变化可及时地反馈出电动机转子的角位置变化。在带反馈控制的电动机中，定子所产生的AC信号用于使定子绕组的电流将在定子中旋转的磁场和由转子两极之间所产生的磁场中的空间保持在最佳的角空间（通常为正交）。

2）油耗。主要针对发动机驱动型工程机械，表征发动机的燃油消耗，具体如下式。

$$f = \frac{1}{T}\int_{0}^{T} O(t)\,\mathrm{d}t \tag{1-2}$$

式中　$O(t)$——发动机的瞬时油耗。

目前，测定发动机耗油率的方法通常有容积法、重量法、流量计法、流速计法和碳平衡法。目前，汽车即时油耗是以某一个时间段（10s 或 15s）内油耗的平均值作为计算显示结果，一般利用涡轮流量传感器来测量进、回油管道的燃油流量的差值。国外一些燃油即时显示系统一般采取在某一时间段的基本喷射时间作为采样标准来估算燃油消耗，并不是真正定义上的即时油耗。容积法、重量法、流量计法、流速计法和碳平衡法这些测量方法的基本形式相同，即将测试仪器串接到发动机供油系统中，普遍存在以下问题。

- 油耗仪串入到油路中后会影响到发动机燃油的供给，影响燃油消耗的测试精度，如测试管路中的气泡、泄漏。
- 油耗仪的安装连接十分不便，首先必须弄清不同机型的油路，连接管路的孔径和长度也有可能不匹配，当有回油管路时，其安装更加麻烦。
- 单车测量过程时间长，影响了检测线上所有检测车辆的检测时间。
- 安全问题，尤其是燃油的挥发造成污染和易燃安全隐患。
- 基于容积法的油耗检测液面传感器大多是利用光在空气和油介质中折射率变化理论检测油面信号，对油管与液面传感器的相对位置要求较为严格，且容易受到不稳定光源及环境光源的干扰。此外，测量容器的内外壁表面均易产生油污，当光源较弱时，液面传感器因光线无法穿透油污检测不到测量开始信号，同时还会受到较强光源的非测量信号干扰，影响油耗检测系统的使用重复性及可靠性，最终降低整个系统的测量精度，尤其在柴油发动机运行环境中，这种方法不可取。
- 采用重量法检测燃油消耗量，每一次检测时，储油箱中的油液都不能被全部放掉，总会存在一些残油液，存在这样一个弊端，必然会影响测量的精度。因此，这种方法普遍用于检测精度要求不高的大型机组或工程机械的油耗测量。
- 流量计法和流速计法可以测量瞬时耗油率，但由于单位时间燃油的流量很小，因此测量的精度较低。

目前，碳平衡法是根据质量守恒定律，汽（柴）油经过发动机燃烧后，排气中碳质量总和与燃烧前的燃油中碳质量总和相等。碳平衡检测方法在实验室内检测车辆工况油耗的方法国际上是通用的，虽然在各国的标准或法规中表达形式略有不同，但是仍在不断的修正中。虽然，碳平衡法可以不破坏车辆发动机油路原有结构，快速测量燃油消耗量，但其测试结果精度主要取决于试验中所用废气分析仪器的测量精度，实际操作中考虑到检测设备的成本问题，检测环境的噪声干扰问题，使油耗测量过程很难达到理论状态。因此油耗检测计算结果与实际的油耗往往有较大的偏差。此种方法只适用于实验室，产品不够成熟并不适用于推广应用。

美国、日本等发达国家在 20 世纪 70 年代中期就对基于碳平衡法理论的汽车油耗检测系统进行了大量的研究，并取得了一些成果及试验数据，结果表明，该方法检测汽车油耗是完全可行的，并且可以在检测汽车尾气排放时进行，但该检测系统设备庞大、复杂，而且无法实现快速检测。采用这种检测系统进行油耗量检测仅仅局限于实验室中。难以在实际中广泛应用。

当前典型油耗仪的基本参数如下。

- 日本小野公司的 FP－214 型活塞式流量传感器、涡轮流量仪、数字式油耗仪及四活塞式流量计等。FP－214 型活塞式流量传感器的最低采样时间为 0.1s，最小油量分辨率为 1mL，传感器量程为 0.3～120L/h。
- 涡轮流量仪具有瞬时油耗测量和累计油耗测量功能，目前已经被普遍采用，在测量流量为 0.05～20L/h 的液体时，在正常条件下，其油耗量测量的准确度可以达到 ±0.5%，平均响应时间约为 2～10ms 的极高水平。中小功率发动机燃油消耗量较小，一般在 10～3000mL/min，如果继续使用这样的涡轮流量计测量，其结果的准确度会因为此值已经超出一般涡轮流量计的测量下限而不能保证，因此其测量结果亦没有参考性及可比性，为此国内研制出不同大小的涡轮流量计以满足汽油发动机小流量测量的需要。以上两种流量仪均用于汽车道路试验，只能测量体积流量。
- 美国 Pier burg 仪器公司的流量计为涡轮流量仪的改进型，流量范围最低可达 1L/h，响应时间为 200ms，精度可达 ±0.1%。
- 奥地利 AVL 公司研制的台架试验中发动机燃油消耗的精确测量仪，在油耗量为 25g 左右时精度较高，台架试验测量范围为 0～150kg/h。尽管该油耗仪可进行动态测试，但由于其原理仍是静态对燃油测量秤的改进而达到的，其动态响应时间大于 200ms。不能满足对油耗的实时测量，就无法得到影响油耗的实时因素，无法为设计者提供理论及实践依据。

（2）辅助动力系统指标

1）混合度。

表征辅助动力驱动时，辅助动力源功率与总功率的比值，具体如下式。

$$HF=\frac{P_e}{P_t} \tag{1-3}$$

式中　P_e，P_t——分别为辅助动力源功率和系统总功率。

根据混合度，混合动力系统大致可以分成轻度混合动力系统、中度混合动力柜和强混合动力系统。

2）效率。表征辅助动力元件的工作效率，如电动机、变频器、液压泵/马达等，具体如下式。

$$\eta=\frac{\int_0^T P_o(t)\,dt}{\int_0^T P_i(t)\,dt}\times 100\% \tag{1-4}$$

式中 $P_o(t)$，$P_i(t)$——分别为辅助动力系统的输出、输入功率。

功率的计算方法一般分成机械功率和液压功率两种，其中机械功率的计算方法如下式。

$$P(t)=\frac{Tn}{9550} \tag{1-5}$$

式中 $P(t)$——机械功率（kW）；

T——转矩（N·m）；

n——转速（r/min）。

液压系统的功率计算如下。

$$P(t)=\frac{pq}{60} \tag{1-6}$$

式中 $P(t)$——液压功率（kW）；

p——液压状态压力参数（MPa）；

q——液压状态流量参数（L/min）。

（3）整机指标

1）噪声水平。表征系统正常作业过程中的噪声平均值，具体如下式。

$$c=\frac{1}{T}\int_0^T C(t)\mathrm{d}t \tag{1-7}$$

式中 $C(t)$——发动机的瞬时噪声值。

发动机的型式不同，其各噪声源所占发动机总噪声的比例也不同。工程机械驱动用柴油机的主要噪声源是燃烧噪声。噪声的测量与测量环境、测量方法、测量仪器等都有很大的关系，这些因素将直接影响到测量结果的可信度。测量过程中，根据测量的目的不同，测量的方法也不一样。常用的测量方法有声压级测量和声强级测量两种。

- 声压测量

其基本原理是指声波传播时，在垂直于其传播方向的单位面积上引起的大气压的变化，用符号 p 表示，单位为 Pa 或 N/m^2。声压测量系统主要由传声器、放大器、滤波或计权器、记录仪、分析仪、检波器和显示器或表头等组成。测量得声压或声压级后，可以计算得到声强、声强级和声功率、声功率级。在工程测量中，可以测得传声器的声压信号，利用声强互谱关系式，使用信号分析仪求其互谱，再经过频域代数运算即可得到声强及其频谱。

优点：声压测量的原理简单，方法简便，测量仪器也比较成熟，并且不会引起相位失配误差。

缺点：由于声压测量依赖于测点离声源的距离以及周围的环境，所以如果测量点位置选择不当、测试环境的本底噪声很高、环境风速很大、传声器和噪声源附近有较大反射物时都会在一定程度上影响测量结果，不同的传声器取向也会给测量结果带来一定的误差。欲提高测量精度，测量工作需要在消声室或混响室中进行，试验成本很高；对于一些大型的难以移动的发动机，将其放入消声室或混响室进行测量几乎不可能。

- 声强测量

声强测量有两种基本方法，一种是将传声器和测量质点速度的传感器相结合，简称 p－u 法；另一种是双传声器法，简称 p－p 法。p－p 法是基于两个传声器测得声压的互谱关系得到的。由于质点振速的测量较为复杂且精度易受环境影响，因此工程中 p－p 法的应用更加广泛。该方法采用两支性能相同声强探头来获取声信号，经前置放大、信号转换及滤波后，使之相加得到平均声压，使之相减并积分则得到质点速度；再将二者相乘并对时间求平均即得声强。

优点：声强测量结果基本不受环境噪声的影响，不用作环境修正，适用于近场测量。具有较好的频谱特性、灵敏度和方向特性。

缺点：声强测量系统复杂，且必须两个声强探头，易引起相位失配误差。

- 几种特殊的发动机噪声测量方法

① 针对发动机排气噪声的测量：将排气管引入隔声罩内，直接测量排气口噪声或者测量总噪声及背景噪声然后计算出排气噪声。

② 针对航空发动机燃烧噪声的测量：受测发动机燃烧室内燃气温度高达1000℃以上。燃气压力随发动机工作状态变化，在 0.1～0.2MPa 或更高。普通的动压传感器无法直接安装在燃烧室内进行动压测量，需要用声波导管将被测声压传播至传感器所在位置进行测量。

③ 一种新型的声源检测方法：由 64 个传声器阵元组成平面螺旋阵列。

④ 采用虚拟测量仪器测量：采用虚拟仪器代替传统仪器，虚拟仪器的功能可以由用户自己定义，它的关键是软件，是一种基于计算机的开放系统，具有价格低，软件结构可节省开发维护费用，技术更新快（周期短）的特点，具有友好的中英文图形界面，以及仪器通用化和网络化的优势。

⑤ 近场声全息 NAH（near－field acoustical holography）技术：该技术可通过实际测量较为准确地获得被测对象的声学信息。

2）废气排放水平。表征系统正常作业过程中的各种废气排放平均值，具体如下式。

$$g = \frac{1}{T}\int_0^T G(t)\,\mathrm{d}t \tag{1-8}$$

式中　$G(t)$——发动机的瞬时废气排放量。

发动机排放的废气种类主要有：一氧化碳（CO）、二氧化碳（CO_2）、氮氧化物（NO_X）、碳氢化合物（HC）、二氧化硫（SO_2）和颗粒（PM）等。目前发动机废气检测的方法主要有三种，即：用不分光红外分析（NDIR）测量 CO、HC 和

NO；用氢气火焰离子分析仪（FDI）测量HC；用电化学原理测量NO_X和O_2。世界各国在工况法检测标准中都严格规定必须采用上述测量方法，但怠速法检测标准略有不同。

- 不分光红外线分析仪（NDIR）

不分光型（非扩散型）红外线分析仪用来测定废气中CO、NO、HC、CO_2的浓度（主要测量CO的浓度）。它使用非扩散型红外线即NDIR光。当红外线穿透CO_2、CO、NO和HC与其他气体的混合物时，特定波长的红外线被各种气体吸收，吸收程度与CO、CO_2、NO、HC及其他气体的浓度成正比。

不分光红外线分析装置的结构原理如图1-15所示，它由两相同的红外线光源1、滤波室3、基准室9、分析室4、检测室7、信号放大器6及记录显示仪8等组成。在基准室9内封入对红外线不吸收的气体如氮气，在分析室4内测定气体，检测室7内装有可变电容器，其动极为铝薄膜5把检测室7分成左、右两个辐射接收室。来自光源的红外线由反射镜聚成平行光束，遮光板2又把连续的光束调制成一定频率的光信号。当红外线通过分析室4和基准室9时，由于分析室4内的一部分红外线被式样气体吸收，结果检测室7左、右两接收室接收的红外辐射能不同，而转换为压力作用于铝薄膜5上。随红外线断断续续地被遮光板2阻挡，铝薄膜5振动，这一振动又转换为交流电信号，传送到记录显示仪8。

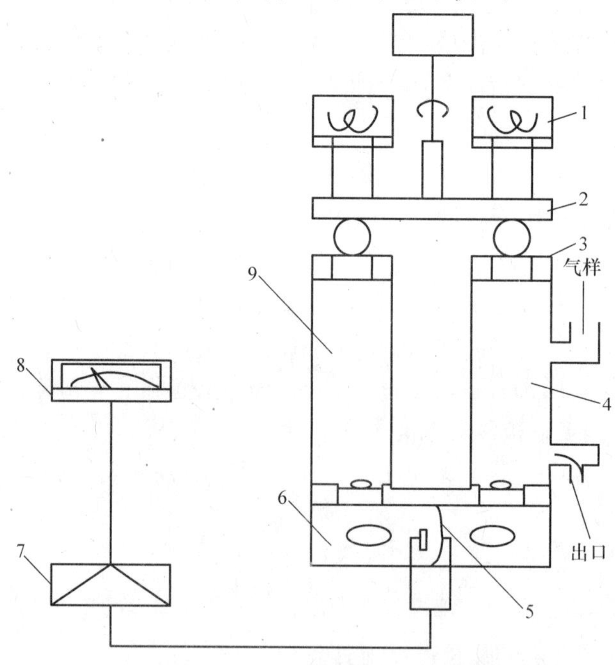

图1-15 不分光红外线分析仪的结构原理图

1—红外线光源 2—遮光板 3—滤波室 4—分析室 5—铝薄膜 6—信号放大器 7—检测室 8—记录显示仪 9—基准室

● 氢火焰离子型分析仪（FD）

氢火焰离子型分析仪（Flame lonization Defector）用来分析 HC。由于对 HC 中的烯烃和芳香族烃感度低，所以在 CVS 取样测定中改用 FID 分析 HC。FID 可以测到极小浓度的 HC。FID 的测量原理是：碳氢化合物在氢火焰中燃烧时，火焰的高温（2000℃）会使其分解产生离子，这些离子的产生和 HC 浓度成正比。

图 1-16 为氢火焰离子型分析仪的结构原理图，它由喷嘴 6、燃烧室 1、收集器 2、传感器 3 等组成。取样气体和燃烧气体在喷嘴处混合，然后这一混合气体又在燃烧室 1 和空气混合。在喷嘴 6 和收集器 2 间加一高电压，传感器 3 计算火焰中产生离子的数目，探测在喷嘴 6 和收集器 2 这两个电极之间流动的离子流大小，依此计算出 HC 浓度，其结果被输出至记录器。

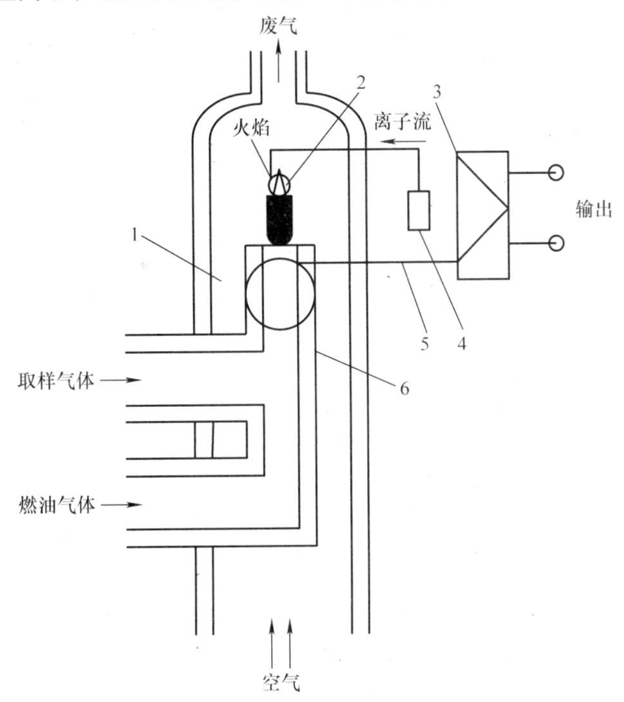

图 1-16　氢火焰离子型分析仪结构原理图
1—燃烧室　2—收集器　3—传感器
4—高电阻　5—电源　6—喷嘴

● 化学发光法分析仪（CLD）

化学发光法分析仪（Chemical Luminscence Detector）用来测量 NO_X 的浓度，其优点是感度高、应答性好，在 0.01 浓度范围内输出特性呈线性关系，适合连续分析。在排气成分中，其他产生化学发光的物质有 CO、烯烃等，它们都以比 59mm 短的波长发光，为了消除它们的影响，可用滤波器将这些光波滤除。NO 和 O_2 进入反应器内，发生化学反应，所发出的光通过滤波器，由光电倍增管检出、放大并测量，这样就确定了废气中 NO_X 的浓度。

（4）对比指标

1）节能率。表征节能型挖掘机与传统挖掘机相比的能源节约程度，具体如下式。

$$\sigma = \frac{O_N - O_H}{O_N} \times 100\% \qquad (1\text{-}9)$$

式中　O_N，O_H——分别为传统挖掘机和节能型挖掘机的油耗。

2）减排率。表征节能型挖掘机与传统挖掘机相比的废气排放降低程度，具体如下式。

$$\tau = \frac{A_{\mathrm{N}} - A_{\mathrm{H}}}{A_{\mathrm{N}}} \times 100\% \tag{1-10}$$

式中 A_{N}，A_{H}——分别为传统挖掘机和节能型挖掘机的废气排放量。

（5）能量回收系统指标

1）能量回收效率。表征能量回收系统的整体能量回收过程中的效率，具体如下式。

$$\eta = \frac{\int_0^T P_{\mathrm{oe}}(t)\mathrm{d}t}{\int_0^T P_{\mathrm{ie}}(t)\mathrm{d}t} \times 100\% \tag{1-11}$$

式中 $P_{\mathrm{oe}}(t)$，$P_{\mathrm{ie}}(t)$——分别为能量回收系统的输出、输入功率。

当前衡量能量回收系统的输入功率和输出功率并没有统一的计算公式。以液压挖掘机动臂势能电气式能量回收系统为例，一般以液压缸无杆腔的液压功率为能量回收系统的输入功率，实际上这种计算方法忽略了在可回收能量通过液压缸转换成无杆腔的液压能的能量损耗。而输出功率应该以电池或电容的输入功率计算更为准确，即电压和电流的乘积。

2）能量回收和再利用整体效率。目前，大多数能量回收技术的研究者很少关注回收能量的释放效率，实际上能量回收研究也应该重视能量的再利用效率，一般情况下能量的释放有多种途径，需要综合考虑不同释放途径的再利用效率。

3）能量回收对整机的节能效果。当前，由于商业炒作的缘故，很多主机厂的能量回收单元对整机的节能效果大多根据自己的规则去制定，因此很多用户使用后，发现工程机械的节能效果并没有那么理想。比如某些厂家采用回转制动能量回收系统，为了验证其对整机的节能效果，在测试时频繁的做回转加速和减速工况，而其他执行元件不工作。这种测试当然可以提高能量回收系统对整机的效果，但这种测试结果最多只能算是就单一的回转执行元件而言的节能效果。实际上整机在每个作业周期的回转次数不会那么频繁，而且多个执行元件也是同时参与作业过程的。

（6）储能单元指标

储能单元主要包括蓄电池、超级电容和液压蓄能器。其中蓄电池和超级电容一般采用荷电状态（*SOC*）表征，*SOC* 表示电池或超级电容使用一段时间或长期搁置不用后的剩余容量与其完全充电状态的容量的比值，常用百分数表示。液压蓄能器一般用 *SOP* 来表示其剩余能量和充到最高工作压力储存的能量的比值。下面来分别介绍蓄电池 *SOC*、超级电容 *SOC* 和液压蓄能器 *SOP* 的算法。

1）蓄电池 *SOC* 算法。*SOC* 是电池状态的主要参数之一，为整车控制提供判断标准。因此，准确估算蓄电池的 *SOC* 也是新能源汽车和工程机械必不可缺少的条件之一。

一般认为，在一定温度下，当充电进行到电池不能再充电时定义其 *SOC* 为100；相反，当放电进行到电池不能进行再放出电量时定义其 *SOC* 为0。需要注意的是，蓄电池的 *SOC* 受放电倍率、电池温度以及电池电压等多方面因素的影响，因此要充分考虑各方面的因素才能实现精准的 *SOC* 在线计算。

作为当前的研究热点，*SOC* 估算方法多种多样，大致可划分为两大类，一类是比较传统的 *SOC* 估算方法，如负载放电法、安时计量法和电动势法等；另一类则结合较新颖的高级算法对 *SOC* 进行估算，比较典型的包括卡尔曼滤波法、神经网络法以及基于模糊理论的 *SOC* 估算方法等。实际上，由于 *SOC* 估算难度大，单纯采用某一种方法估算出的 *SOC* 往往并不是很理想，因此目前的很多研究都倾向于将多种方法结合起来对 *SOC* 进行估算，从而达到各取所长，优势互补的效果。以下针对几种常见的 *SOC* 估算方法进行简要介绍。

① 负载放电法。此方法即采用恒定的电流对当前蓄电池进行放电，直到电池到达截止电压。用放电电流值乘以时间即可得放出的电量，此电量与电池在对应电流下总的可用容量的比值即为电池放电前的 *SOC*。此方法被视作最可靠的 *SOC* 估算方法，而且适用于各种不同类型的蓄电池，但由于放电过程一般持续的时间较长，而且放电时电池一般要停止正常工作，因此在实际的电池应用系统中不适合采用这种方法。目前负载放电法主要作为蓄电池的分析、测试和研究手段，多用于实验室。

② 安时计量法。安时计量法也简称安时法，是最常用的 *SOC* 估算手段，其基本思想是把蓄电池视为一个黑箱，电池输入和输出的电量可以通过充放电电流在时间上的积分来计算，而不再考虑电池内部结构和化学状态的变化。采用安时计量法估算 *SOC* 的表达式可描述为如下形式。

$$SOC(t)=\frac{Q(t_0)-\int_0^t i\eta \mathrm{d}t}{Q_0}\times 100\%=SOC(t_0)-\frac{\int_0^t i\eta \mathrm{d}t}{Q_0}\times 100\%=SOC(t_0)-\Delta SOC \tag{1-12}$$

其中，$SOC(t)$为电池在t时刻的 *SOC*；$Q(t_0)$为电池在初始t_0时刻的剩余电量；i为电池工作电流的瞬时值，一般放电取正，充电取负；η为电流i对应的充放电效率，与蓄电池的容量特性有关；Q_0为电池的额定容量；$SOC(t_0)$为初始t_0时刻电池的 *SOC*；ΔSOC表示t_0到t时刻电池 *SOC* 的变化量。

③ 电动势法。从充放电状态切换到静置状态以后，蓄电池内部电化学反应会逐渐趋于平衡，其开路电压也会趋于稳定，这一稳定的电压即可视作蓄电池的等效电动势，对于电池而言，静置时间达到8～12h以上即认为电池内部反应达到平衡。

电动势法的基本思想是认为电池 *SOC* 与其电动势 E 之间存在一个相对稳定的对应关系，简称 $E-SOC$ 关系，在此基础上通过对电池电动势的估算即可实现 *SOC* 的估算。

④ 卡曼滤波法。卡尔曼滤波用于电池 *SOC* 估算时，结合特定的电池模型，一般是将电池充放电电流作为系统输入，而将电池端电压作为系统输出，两者都是可检测的量，而需要估算的 *SOC* 则视作系统的内部状态，这样通过卡尔曼递推算法即可实现 *SOC* 的最优估计。卡尔曼滤波法具有较强的初始误差修正能力，并且对噪声信号也有很强的抑制作用，因此在电池负载波动频繁、工作电流变化迅速的应用场合具有很大的优势。但另一方面，卡尔曼滤波法的状态估计精度也依赖于系统模型的准确性，尤其对于蓄电池而言，由于其本身工作特性呈高度非线性，因此如果采用传统的卡尔曼滤波法就必然会引入线性化误差。

⑤ 神经网络法。图 1-17 描述的就是一种典型的以 *SOC* 为网络输出的反馈神经网络模型，整个网络系统分为输入层、隐含层和输出层三部分，反馈信息由隐含层引出，并返回输入层作为系统输入，这种结构的网络属于一种局部递归网络。神经网络法的缺点在于它需要大量的、全面的样本数据对系统进行训练，而且估计误差在很大程度上受所选训练数据和训练方法的影响。

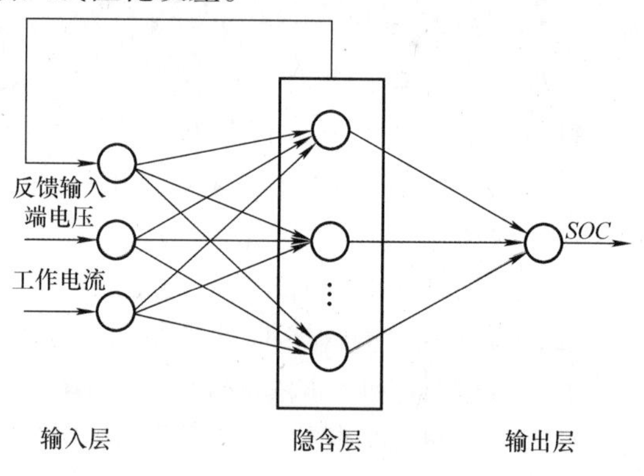

图 1-17 直接输出 *SOC* 的反馈神经网络模型

⑥ 模糊法。采用模糊法进行 *SOC* 估算的思路就是根据专业从事电池测试技术人员的知识和经验，再结合电池的工作特性，通过模糊逻辑来实现对电池 *SOC* 的估算。常见的步骤是首先将检测到的电池电压、工作电流及温度信号进行模糊化处理，模糊化处理的结果进一步进行模糊推理，然后将模糊推理后的输出再进行反模糊化处理即可得到电池 *SOC* 的预测值。为了进行必要的修正，在系统中通常还需一个闭环反馈环节对 *SOC* 进行调整。

2）超级电容 *SOC* 算法。超级电容同样采用 *SOC* 反映充放电程度。一般可以从电量比的角度进行定义，也可以从能量比的角度进行定义。由于充放电电流大小不同，因而引起的充放电效率差别很大，导致充放的电量差别很大。所以，从能量守恒的角度进行定义，则会更加清晰和容易理解。下面来介绍基于参数动态补偿的开路电压法。

由于 *SOC* 是一个实时变化的指标，在测量上往往会带来一定的困难和误差。尤其在大电流快速变化充放电的场合，这种估算就更加不准确。从超级电容的物理原理来说，由于其不存在化学变化，用稳定的开路电压来表征超级电容的 *SOC* 状态是一个简单而准确的方法。但由于在实时工作过程中，无法得到稳定的开路电压，因此需要对实时采集到的工作电压进行动态补偿。补偿主要来自于以下方面，首先是对内阻上分压的补偿，内阻是随电流、*SOC*、温度变化的函数，且测得的内阻值一定是在开路电压稳定的情况下得到的；其次要根据电流、*SOC*、温度的变化对有效电容 C 进行补偿和修正。此外，由于存在寿命和使用上引起的性能变化，应定期修正参数值。

$$SOC_n = \frac{0.5CV_{\mathrm{C}}^2}{0.5C_{\mathrm{m}}V_{\mathrm{cm}}^2} \tag{1-13}$$

$$V_{\mathrm{w}} = V_{\mathrm{C}}\ IR_{\mathrm{S}} \tag{1-14}$$

$$C = f(I, SOC_{n-1}, T) \tag{1-15}$$

$$R_{\mathrm{S}} = f(I, SOCC_{n-1}, T) \tag{1-16}$$

式（1-13）~式（1-16）中，*SOC* 表示当前状态超级电容中所存储的能量值与超级电容能量充满时的能量值之比；V_{cm}，C_{m}表示在室温下测得的超级电容模块的电压最大值和此时的等效电容值；V_{w}代表实测工作电压值。R_{S} 表示超级电容内阻。I 表示充放电电流。

3）液压蓄能器 *SOP* 算法。由于反映液压蓄能器的能量储存的主要参数是压力，因此可以直接用压力表征其剩余能量储存状态，即为

$$SOP = \frac{p_x - p_1}{p_2 - p_1} \tag{1-17}$$

其中，p_x为液压蓄能器的实际工作压力，p_1为液压蓄能器的最低工作压力；p_2为液压蓄能器的最高工作压力。

2. 液压挖掘机整机测试系统方案

工程机械综合性能测试系统主要围绕动力系统、液压系统和控制系统，对整机节能性、动力性、操纵性、稳定性等多个指标进行测试，给出系统的综合性能评价，为整机系统的设计、集成、控制和优化提供可靠依据。测试系统一般主要包括以下测试单元。

1）整机和关键部件的能耗测试单元。

2）动力源与能量回收单元的能量分配。

3）操作性能测试单元。

4）节能性测试单元。

考虑到整机测试系统对数据采集的要求以及为了降低数据传输对整机作业的影响，采用基于嵌入式的综合采集模块和无线数据传输等测试技术是对一种整机进行测试的比较理想的测试方法，其综合性能测试系统拓扑图大致如图 1-18 所示。其硬件部分主要包括测试数据传感器和嵌入式数据采集系统，软件部分由数据采集软

件和测试系统软件构成。其中嵌入式数据采集系统是整个测试系统硬件的核心，实现的功能包括：

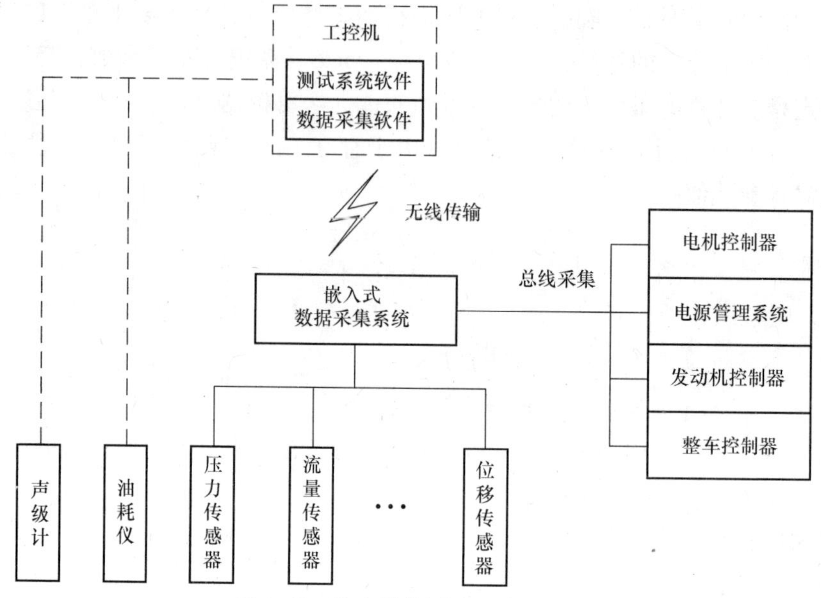

图 1-18　综合性能测试系统拓扑图

1）各种传感器数据的实时采集。

2）总线数据的采集。

3）采集数据的整理以及无线发射。

为了实现测试系统的全部功能，需要对测试点进行全面的设计和安装。测试系统包括多个相对独立又相辅相成的测试单元，各单元的测试内容以及对数据的要求分析如下。

（1）整机和关键部件的能耗测试单元

1）测试各主要部件的输入、输出功率，评价主要部件在各种工况下的功率损耗和工作效率。主要部件包括：主动力单元、辅助动力单元、电量储存单元、液压储能单元、液压主泵、多路阀、执行机构、回转机构、行走机构。

2）绘制挖掘机在各种工况下的功率谱，掌握挖掘机在作业状态下的能量消耗情况，为挖掘机的系统设计提供理论依据。

（2）动力源与能量回收单元的能量分配（以油电混合动力挖掘机为例）

1）在挖掘－提升－带载回转－卸载－空载回转等作业过程中，测试发动机对负载和电池/超级电容的功率分配比例及发动机转速，评价发动机和动力电动机的装机功率是否符合需求。

2）在上述作业过程中，测试电池/超级电容的充放电深度和次数，评价超级电容的使用寿命。

3）在上述作业过程中，测试发动机和回转动能的能量回收率（回收率为回收能量和总输出能量之比），评价电池/超级电容的充放电控制策略是否满足系统动力需求；能否确保挖掘机在轻载工况下完全吸收剩余能量，重载工况下及时提供动力；评价超级电容的装机容量是否符合需求。

（3）操作性能测试单元

1）测试动臂、斗杆、铲斗、行走机构的先导压力变化范围和机构的响应情况，评价控制系统的控制精度、响应速度和稳定性；尤其是当执行元件采用容积调速后，执行元件的速度控制阻尼发生了变化，如何评价其操控性的优劣目前并没有统一的评价体系。本书提供一种方法供大家借鉴：和传统控制模式一样，在相同的输入信号下测试执行元件的速度，对比两种控制模式的执行元件速度，如果速度的最大变化量不大（小于 10% 以内）时，系统的操控性未受到影响。该方案的关键是相同的输入信号，由于传统挖掘机采用手动操作手柄，靠驾驶人操作，难以保证相同的输入信号，因此必须单独设计一套电控先导级，采用程控方式即可保证相同的电输出信号，通过电控先导级模拟 0～4MPa 的先导压力信号。

2）测试回转机构的响应情况和回转加速度，评价回转系统的控制精度、响应速度和稳定性，评价回转驱动单元的装机功率是否符合需求、防反转功能是否合理、冲击加速度如何等。

3）测试挖掘机驾驶室的噪声，评价操作舒适性以及对环境的噪声污染度。

（4）节能性测试单元

以油电混合动力挖掘机为例，根据上述分析，设计了系统的测试内容，如表 1-1 所示。油电混合动力挖掘机测试点分布示意图如图 1-19 所示。

表 1-1　油电混合动力挖掘机和传统挖掘机测试内容汇总

测试对象	测试项	测试内容
油电混合动力挖掘机	发动机	转矩、转速
	动力/回转电动机	相电流、电压、输入转矩、转速
	超级电容	*SOC*、温度、充放电次数、充放电时间、充放电电压、充放电电流
油电混合动力挖掘机/传统挖掘机	前泵/后泵/先导泵	前泵出口流量、后泵出口流量、前泵出口压力、后泵出口压力、前泵负流量压力、后泵负流量压力、主泵控制口压力、吸油压力、先导泵出口压力
	动臂/斗杆/挖斗	液压缸有杆腔压力、液压缸无杆腔压力、液压缸伸出先导压力、液压缸收缩先导压力、液压缸行程
	行走机构	左马达正转流量、左马达反转流量、右马达正转流量、右马达反转流量、马达 A 口压力、马达 B 口压力、马达正转先导压力、马达反转先导压力、马达泄油压力
	冷却系统	冷却器进油流量、回油压力、冷却器进油油温、冷却器出油油温
	比例阀电流	比例阀电流
	耗油测试	发动机油耗
	噪声测试	整车噪声

（续）

测试对象	测试项	测试内容
传统挖掘机	回转机构	马达正转流量、马达反转流量、马达 A 口压力、马达 B 口压力、马达正转先导压力、马达反转先导压力、马达 M 口压力
	发动机	发动机转速
	油门位置	油门电位计
		电动机反馈电位计

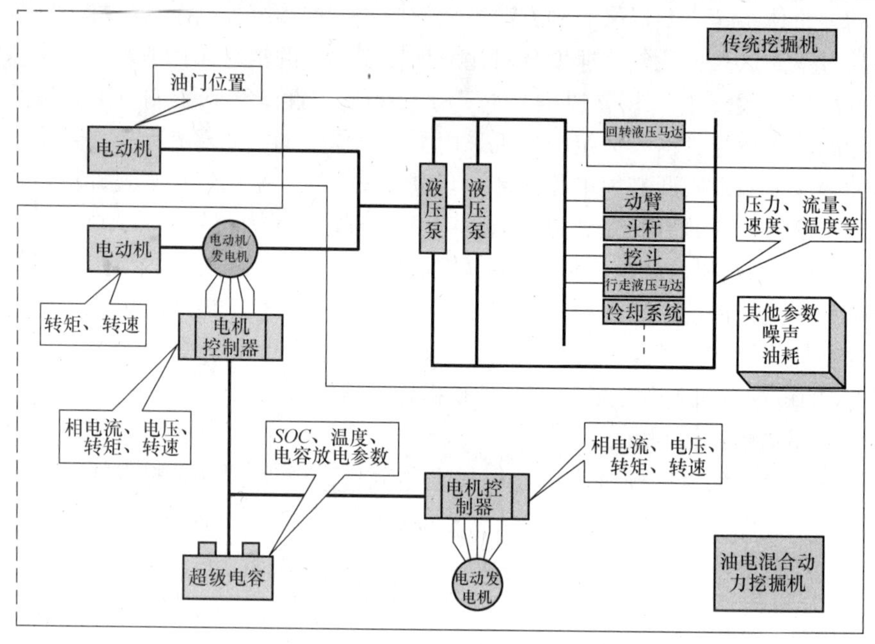

图 1-19　油电混合动力挖掘机测试点分布示意图

3. 液压挖掘机整机测试的关键技术

（1）负载模拟单元

为了使该平台可以对液压系统和液压元件进行测试，同时保证测试负载的重复性，必须建立液压系统综合试验平台的物理加载系统，进一步提升试验平台的创新开发能力。加载系统主要包括大功率加载单元和先导控制加载单元。

大功率加载单元主要通过对电控液压泵排量、电控驱动电动机转速、比例溢流阀压力、比例节流阀开口面积以及快速切换单元的控制，实现对不同类型的工程机械在不同工况下的动力源负载转矩模拟，以及对不同类型的工程机械液压驱动系统的电控液压模拟。由于比例溢流阀的输出压力对输入电信号阶跃响应时间比较慢（一般在 80 ~ 300ms），达不到快速切换单元的切换速度（小于 10ms），因此研究一种快速切换阀和比例阀组合可以实现压力阶跃功能。由于油液的运动粘度比较大，其流速比较慢（2 ~ 10m/s），因此加载阀单元通过油液的流量变化就比较慢，再加上机械式的动态流量传感器的频响也没有压力传感器高，因此电液测试系统的负载流量阶跃响应的品质不尽如人意，必须从系统结构参数优化方面实现流量的阶跃变化。

先导控制加载单元主要模拟驾驶员操作手柄，进而使得测试各项技术参数时可以忽略驾驶员的主观因素对参数测试的影响，先导控制加载单元在模拟阶跃信号时，可对上升时间进行调整，进而最大程度地实现加载功能。

（2）动态流量如何测量

动态流量的测量是目前液压系统中测试的难点，油液的运动粘度大、流速慢，当前所有流量计本身的频响不高，最大不会高于4Hz，一般只能作为稳态流量的检测之用，而不能作为瞬态流量的检测。目前，可用于动态流量检测的方式一般采用高频液压缸间接测量。

（3）系统传感信号检测点的设置

国际标准ISO6403和国家标准GB7935—2005和GB/T 8105—1987中对进口压力检测点、出口压力检测点和扰动源（阀、弯头）的位置关系都作了明确的规定，同时对测压孔的尺寸、形状也作了相应的规定。

标准对温度检测点的布置也作了规定，液压工作者往往将油箱的温度作为被试元件的试验温度。实际上两者是有区别的，油箱体积大、油量多，热容量惯性大。此外温度控制装置一般设置于油箱中或油箱附近的管路中，为此标准规定温度的检测点，应位于被测元件进口压力检测点上游15倍的管道直径。

流量的检测位置也做了规定，而现有平台的设计提到流量的稳态检测采用在高压侧装高压流量计或在油箱前接低压流量计，其实这两种方案的测量值是不同的，因为油液具有可压缩性的特点。

（4）系统效率试验

现有平台原来采用的方案为：将被试液压系统所有元件连接好，多路阀回油口接入试验台的背压回油路。被试对象固定在试验平台上。在被试系统的工作执行元件（液压缸）的出油口接上压力传感器和流量传感器（高压，或在背压阀后，油箱前接低压流量计）。连接好采集系统。该方案主要存在以下几个问题。

- 忽略了目前工程机械采用的多路阀具有流量微调和压力微调特性。也就是说，该多路阀的阀芯在打开的过程中，进油口和工作油口逐渐打开，而进油口和回油口是逐渐关闭的。调速采用旁路回油节流和进油节流的组合，通过阀芯节流，控制液压缸和回油箱的节流阀开口量来实现，由于是靠回油节流建立的压力克服负载压力，因此调速特性受负载压力和液压泵流量的影响。因此采用测量回油口的功率来表征液压系统的输出功率不是特别合理。一般采用直接检测驱动液压缸的两侧压力和位置（速度）来计算输出功率。
- 当前的控制阀一般难以适应出口压力为高压的特殊工况。
- 目前的多路阀有些具有再生功能。比如目前某型号的工程机械再生功能直接利用一个单向阀实现再生功能，必然造成回油口的加载压力油始终流向液压缸有杆腔。

（5）系统内外泄漏实验

利用回油口测量内泄漏的方案也忽略了当前液压效率的影响之一旁路节流损耗，即执行机构伸出的某个过程时，一部分液压油直接从回油口回油箱，因此针对这种系统采用回油口测量系统内泄漏是不可取的。

因此，当前系统内泄漏的测量包括中立位置和换向位置的内泄漏两种，中立位置内泄漏是使多路阀处于中立位置，从多路阀各工作油口进油，并将系统压力调至被试多路阀的公称压力，由回油口测量相应的泄漏量。而换向位置内泄漏是使多路阀处于各最大换向位置，此时进油口和回油口不同，从多路阀 P 口进油，压力也是被试阀的公称压力，由回油口测量其泄漏量。

1.3.3 能量流分析法

1. 整体能耗概述

日本神钢机械公司对某液压挖掘机的能量利用率做了如下统计：挖掘机最终对能量的利用率只有 20%[1]。机构系统能耗较小，能量大部分都损耗在液压系统之中，液压系统的能量利用率只有 30% 左右，这也是导致挖掘机效率低下的一个重要原因。因此液压系统具有较大的节能空间，同时也是挖掘机节能发展的一个重要方向。下面分析液压系统常见的能耗现象。

（1）液压泵、液压执行元件的能量损耗

液压泵、液压缸和液压马达的能量损耗不仅与元件的性能有关，而且与工作条件有关。由于液压挖掘机的负载工况，元件的工作条件很难得到改善；元件的工作性能受到工作原理、材料性能和加工工艺的限制，能量利用率提高的幅度也比较有限。在仿真建模时，目前大多采用查表法获得液压元件的效率。

（2）多路阀节流损耗

以六通型多路阀为例，多路阀上的能量损耗由进油节流损耗、回油节流损耗和旁路节流损耗三部分组成。

1）进油和回油节流损耗。多路阀的进油和回油节流损耗主要有如下 3 方面组成。

◆ 液压缸稳定工作所必须的节流损耗。一方面为了防止进油腔出现空穴现象而保持其拥有一最小允许压力，此压力在多路阀回油阀口上产生一额外的压力损耗；另一方面，为保证液压缸以设定的速度稳定工作，液压缸的回油腔也应保持其拥有一定的背压，此压力也会在多路阀回油阀口上产生额外的压力损耗。进回油口节流有助于提高系统的稳定性、可靠性和可控性，是不可以完全消除的。只能通过能量回收的方法在液压缸的回油腔建立所需的压力，把原本消耗在节流阀口上的液压能通过能量回收系统转化为机械能并储存在储能元件当中。

◆ 多路阀进回油口联动产生的节流损耗。多路阀的阀芯同时控制着液压缸进油和回油的通流面积。当液压缸开始加速或精细操作时，由于阀口开度较小，进油、回油阀口上会产生较大的节流损耗。进出口联动损耗可以采用进出口独立调节，即按照适当的控制策略，由单独的比例节流阀分别调节进油和回油的通流面积，可以最大程度上消除进油节流损耗，其中一部分会转化为回油节流损耗。因此单纯用进出口独立调节还无法获得最佳效果，为了最大程度地减少能量损耗，应当再配以能量回收系统来消除回油节流损耗。

◆ 工作负载差异产生的压力补偿节流损耗。液压挖掘机工作过程当中，其中一台液压泵同时驱动动臂和铲斗液压缸，另一台液压泵同时驱动回转液压马达和斗杆液压缸。由于存在着单泵驱动多执行元件的情况，液压泵的压力应高于最大负载压力，而对于小负载执行元件需要的压力，其多余的压力能就会消耗在多路阀的进、回油节流口上，从而产生较大的节流损耗。由于负载的差异造成的压力补偿节流损耗可以通过液压马达能量回收来消除，但由于回收的能量经过液压能—机械能—电能—机械能—液压能这些多环节转化之后，回收效果较差。采用单独驱动方案，即每个执行元件都由单独的液压泵驱动，则可以消除这部分节流损耗。

◆ 动能和势能损耗。动能和势能损耗主要体现在液压挖掘机的转台制动和动臂下放工作过程中，尤其是大型液压挖掘机，其蕴含的动能和惯性能大，节能效果非常可观，无能量回收系统时，都转换成回油节流损耗。为了尽可能减小或消除液压挖掘机回油节流损耗，采用能量回收是当前一种较为有效的节能措施。

2）旁路节流损耗。多路阀的旁路损耗产生的主要原因是，由于传统液压挖掘机采用的是开中心控制系统，当多路阀阀芯接近中位时，旁路通道打开，液压泵的部分流量通过旁路通道流回油箱。由于其压降就是泵压，因此损耗的能量所占比例较高。详细介绍可以参考第 3 章液压节能技术。

（3）溢流损耗

液压挖掘机系统中溢流现象一般出现在过载工况下，此时泵的输出压力超出安全阀的设定压力，液压系统就会出现溢流现象；安全阀的溢流损耗与工作过程中的实际工况和操作人员的操作方式有关。

挖掘机工作过程中，主泵的出口压力随负载压力的增大而增大，如果负载过大会导致执行机构停止动作。为防止过载损坏挖掘机，液压系统中设有安全阀。当负载压力大于溢流阀的设定压力时，溢流阀打开，油液溢流回油箱，此时，发动机的输出能量全部转化成热能损耗掉，并造成系统温度升高。由于挖掘机作业工况复杂，尤其在重载挖掘工况下，系统由于过载造成的溢流损耗非常大。

挖掘机工作过程中，除过载造成溢流损耗外，回转过程中也会造成溢流损耗。由于上车机构具有很大的转动惯量，为防止系统压力过大不平稳，常设计回转平衡阀，一方面限制回转起动压力过大而溢流，另一方面在回转制动中将多余的流量溢流，从而造成大量的能量损耗。

（4）沿程压力损耗和局部压力损耗

沿程压力损耗主要是因为粘性摩擦产生的压力损耗。挖掘机液压系统中油液在油管中流动，将变量泵的输出功率传递给执行机构。油液在管道、管接口、阀口等处流动过程中，液压系统的压力损耗不可避免。压力损耗包括沿程压力损耗和局部压力损耗。其中，为减少沿程压力损耗，应合理地加大液压管道的直径。而局部压力损耗是液压系统中主要的压力损耗，应合理布置液压管道的走向，尽可能地减少弯道、管接头及管道截面突变，减少局部压力损耗。

综上所述，液压挖掘机的能量流示意图如图 1-20 所示。图中由于发动机的能量转化损耗，燃料的一部分燃烧能在发动机的内部被消耗了，剩余部分能量以机械能的形式驱动液压泵，去除掉液压泵、溢流阀、液压执行元件以及驱动外载所消耗的能量，其他能量主要消耗在多路阀上。因此发动机和多路阀阀口上的节流损耗是液压挖掘机节能研究的重要方向。

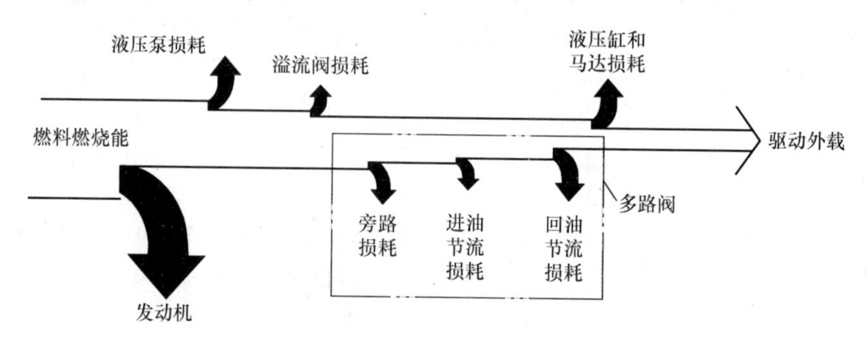

图 1-20 液压挖掘机的能量流示意图[7]

2. 发动机的工况与能耗分析

液压挖掘机的发动机工作效率比较低。这一方面与其本身的性能有关，另一方面与液压挖掘机的工作条件有关。由于发动机技术发展已经比较成熟，大幅度地提高工作性能比较困难；发动机的工作条件主要表现在工作点的变化，因此提高发动机工作效率的一个有效方法就是通过工作点的控制来改善发动机的工作条件。发动机通常只能在一定的转矩和转速范围内高效工作，而由图 1-21 ~ 图 1-23 可知，其工作点的变化范围较大。因此在实际工作过程中，发动机经常会远离最佳工作点，这是其工作效率低下的原因之一。

液压挖掘机在工作中通常重复地进行同样的动作，其工作具有周期性的特点。由图 1-24 和图 1-25 可以看出，工作过程中发动机的输出功率波动非常大，并且也具有周期性的特点，工作周期大约为 20s，这就表明液压挖掘机的工况具有强变的特点。

3. 多路阀的能耗计算分析

为了便于分析和比较，选取液压泵的总输出能量为基准值，计算得到的各部分

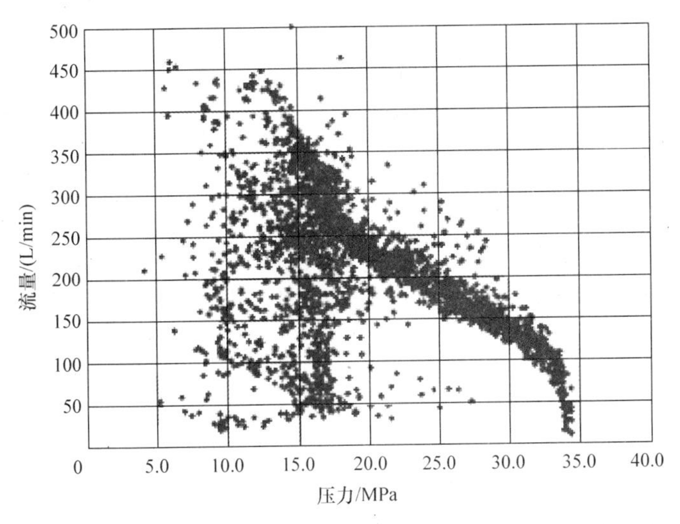

图1-21　某20t液压挖掘机双液压泵的工作压力和流量的关系

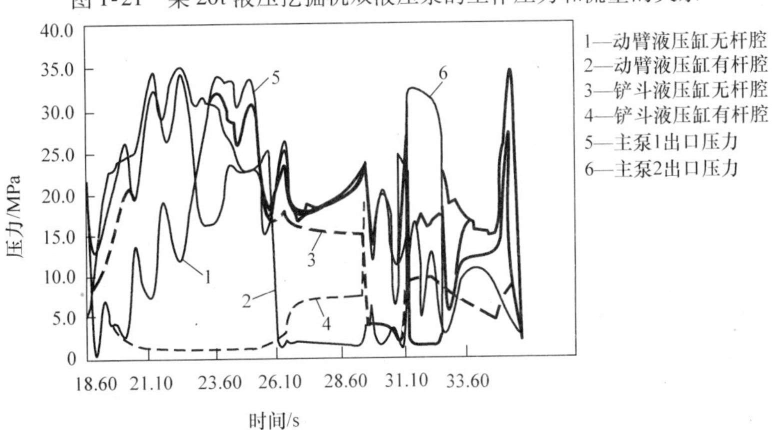

图1-22　某20t液压挖掘机液压泵出口、动臂液压缸和铲斗液压缸两腔压力实验曲线

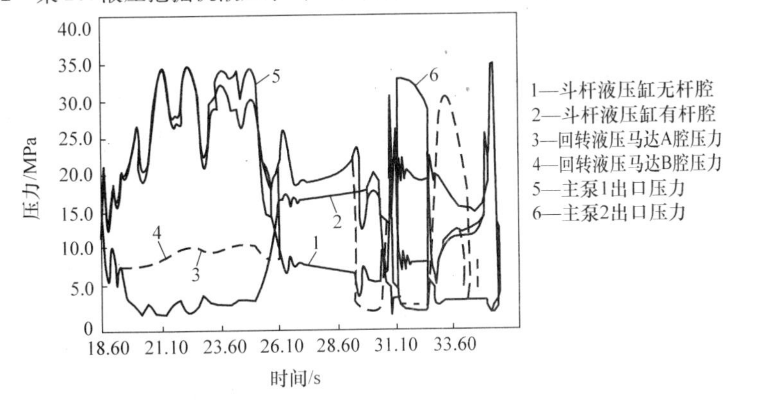

图1-23　某20t液压挖掘机液压泵出口、斗杆液压缸和回转液压马达两腔压力实验曲线

能量损耗均取此基准值的其相对值。在一个工作周期中，液压泵所作的总功如下。

$$E_{p} = \int P_{pout} dt \quad (1\text{-}18)$$

式中 P_{pout}——液压泵的输出功率。

液压挖掘机多路阀的能量损耗主要分3部分：进油节流损耗、回油节流损耗和旁路节流损耗。

1）进油节流损耗

$$E_{Lini} = \frac{1}{E_{p}} \sum_{i=1}^{4} \int [(p_{pi} - p_{ai}) q_{pai} + (p_{pi} - p_{bi}) q_{pbi}] dt \quad (1\text{-}19)$$

2）回油节流损耗

$$E_{Louti} = \frac{1}{E_{p}} \sum_{i=1}^{4} \int [(p_{ai} - p_{ti}) q_{ati} + (p_{bi} - p_{ti}) q_{bti}] dt \quad (1\text{-}20)$$

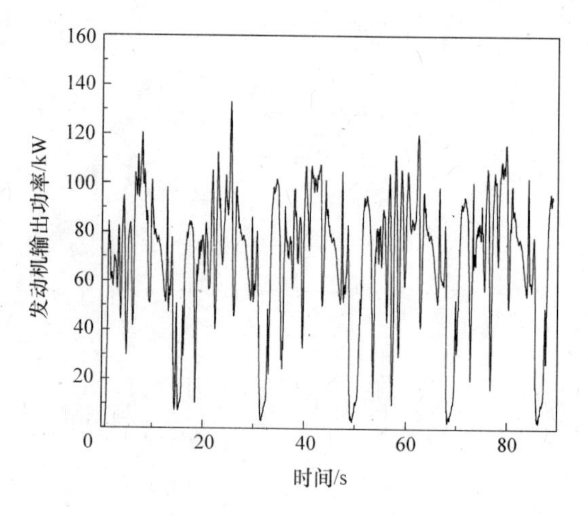

图1-24 发动机的输出功率仿真曲线

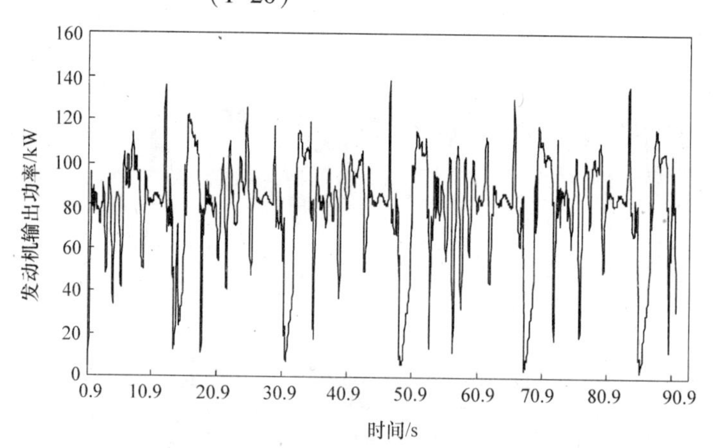

图1-25 发动机的输出功率实测曲线

3）旁路节流损耗

$$E_{Lby} = \frac{1}{E_{p}} \int (p_{p1} q_{by1} + p_{p2} q_{by2}) dt \quad (1\text{-}21)$$

式中 下标 $i=1$、2、3、4分别代表回转马达、斗杆、动臂和铲斗液压缸。

p_{p1}、p_{p2}——两液压泵的出口压力（Pa）；

p_{pi}——$i=1$ 或 2，$p_{pi}=p_{p1}$；$i=3$ 或 4，$p_{pi}=p_{p2}$（Pa）；

p_{ai}、p_{bi}——各执行元件的驱动腔压力（Pa）；

q_{pai}、q_{pbi}——进入各执行元件驱动腔的流量（m^3/s）；

q_{ati}、q_{bti}——各执行元件回油腔进入油箱的流量（m^3/s）；

q_{by1}、q_{by2}——多路阀左联和右联的中路回油流量（m^3/s）。

液压挖掘机标准挖掘工况下多路阀能量损耗的仿真结果如表 1-2 所示。

表 1-2　标准挖掘工况下多路阀能量损耗的仿真结果[7]

<table>
<tr><th colspan="2">研究对象</th><th colspan="2">能量损耗率（%）</th></tr>
<tr><td rowspan="4">进油节流损耗</td><td>回转液压马达</td><td>0.49</td><td rowspan="4">10.37</td></tr>
<tr><td>斗杆液压缸</td><td>4.04</td></tr>
<tr><td>动臂液压缸</td><td>1.44</td></tr>
<tr><td>铲斗液压缸</td><td>4.40</td></tr>
<tr><td rowspan="4">回油节流损耗</td><td>回转液压马达</td><td>1.15</td><td rowspan="4">41.19</td></tr>
<tr><td>斗杆液压缸</td><td>10.18</td></tr>
<tr><td>动臂液压缸</td><td>22.41</td></tr>
<tr><td>铲斗液压缸</td><td>7.45</td></tr>
<tr><td colspan="2">回转、斗杆旁路损耗</td><td>16.07</td><td rowspan="2">37.86</td></tr>
<tr><td colspan="2">动臂、铲斗旁路损耗</td><td>21.79</td></tr>
<tr><td colspan="2">合计</td><td colspan="2">89.4</td></tr>
</table>

由于仿真过程中没有对执行机构施加外载，溢流损耗并不存在，实际工况中溢流阀的溢流损耗应该要考虑。因此液压泵的输出能量全部损耗在液压控制阀和执行元件（液压缸和液压马达）上了。由上述仿真结果分析可知，液压泵输出能量的 89.4% 都损耗在多路阀上，执行元件的能量损耗所占比例很小。

如表 1-2 所示，多路阀上的能量损耗由进油节流损耗、回油节流损耗和旁路节流损耗 3 部分组成，各自所占比例分别为 10.37%、41.19% 和 37.86%。可见，回油节流损耗和旁路节流损耗所占比例较大（79.05%），应该作为液压挖掘机节能研究的主要对象。

4. 多路阀节能方法的研究

由上述仿真结果可以看出，多路阀的能耗主要是以节流损耗的形式出现的，在整个液压系统所传递的能量当中占有很大比例，是液压系统效率低下的主要原因。多路阀的能耗从整个工作周期来看，其来源都是液压泵。但从能耗的实时性来看，它可以分为两部分，一部分来自液压泵，另一部分来自系统外部执行机构。从节能的角度来看，来自液压泵部分的能耗如进油节流损耗、旁路节流损耗和压力补偿损耗，是可以通过系统结构的调整和控制策略的改进来降低的；而来自系统外部执行机构的能耗，如动臂下放势能或制动能耗，则不能降低，而只能通过系统结构改造进行能量回收，将这部分能量重新利用从而达到节能的目的。

1.4　液压挖掘机各执行机构的可回收能量和工况分析

1.4.1　各执行机构的可回收能量分析

1. 可回收能量的计算

液压挖掘机是一种多用途的工程机械，可进行挖掘、平地、破碎等多种工作，为分析液压挖掘机的工况特点，选取了液压挖掘机最常用的挖掘工况作为研究对象。挖掘工况是指液压挖掘机进行挖掘－提升－旋转90°－放铲－旋转回位－下放的工作过程。各执行机构可回收能量计算如下。

（1）动臂液压缸可回收能量

动臂上升时，来自变量泵出口的压力油经过主控制阀后进入动臂液压缸的无杆腔，而动臂液压缸的有杆腔的液压油通过主控制阀后直接回油箱，由于动臂上升时，其有杆腔具有一定的压力，因此在动臂上升时，也具有一定的可回收能量。而动臂下放时，大量的动臂势能转化成液压能储存在动臂液压缸无杆腔。假设动臂上升时，其速度为正，动臂下降时，其速度为负。动臂液压缸的可回收能量的计算式为

$$E_{\mathrm{hbm}}=E_{\mathrm{hbm1}}+E_{\mathrm{hbm2}} \tag{1-22}$$

$$E_{\mathrm{hbm1}}=\frac{1}{C_1}\int p_{\mathrm{bm2}}q_{\mathrm{bm}}\mathrm{d}t \tag{1-23}$$

$$E_{\mathrm{hbm2}}=\frac{1}{C_1}\int p_{\mathrm{bm1}}q_{\mathrm{bm}}\mathrm{d}t \tag{1-24}$$

$$q_{\mathrm{bm}}=\begin{cases}C_2v_{\mathrm{bm}}A_{\mathrm{bm2}} & v_{\mathrm{bm}}\geqslant 0\\ -C_2v_{\mathrm{bm}}A_{\mathrm{bm1}} & v_{\mathrm{bm}}<0\end{cases} \tag{1-25}$$

式中 E_{hbm1}——动臂液压缸伸出时即动臂上升时的可回收能量（J）；

E_{hbm2}——动臂液压缸回缩时即动臂下放时的可回收能量（J）；

p_{bm1}——动臂液压缸无杆腔压力（MPa）；

p_{bm2}——动臂液压缸有杆腔压力（MPa）；

q_{bm}——动臂液压缸可回收流量（L/min）；

A_{bm1}——动臂液压缸无杆腔面积（m^2）；

A_{bm2}——动臂液压缸有杆腔面积（m^2）；

v_{bm}——动臂速度（m/s）；

C_1，C_2——常数，分别为16.7和60000。

（2）斗杆液压缸可回收能量

同理，斗杆液压缸的可回收能量和动臂液压缸的计算相类似，其计算式为

$$E_{\mathrm{ham}}=E_{\mathrm{ham1}}+E_{\mathrm{ham2}} \tag{1-26}$$

$$E_{\mathrm{ham1}}=\frac{1}{C_1}\int p_{\mathrm{am2}}q_{\mathrm{am}}\mathrm{d}t \tag{1-27}$$

$$E_{\mathrm{ham2}}=\frac{1}{C_1}\int p_{\mathrm{am1}}q_{\mathrm{am}}\mathrm{d}t \tag{1-28}$$

$$q_{\mathrm{am}}=\begin{cases}C_2v_{\mathrm{am}}A_{\mathrm{am2}} & v_{\mathrm{am}}\geqslant 0\\ -C_2v_{\mathrm{am}}A_{\mathrm{am1}} & v_{\mathrm{am}}<0\end{cases} \tag{1-29}$$

式中 E_{ham1}——斗杆液压缸伸出时可回收能量（J）；

E_{ham1}——斗杆液压缸回缩时可回收能量（J）；
p_{am1}——斗杆液压缸无杆腔压力（MPa）；
p_{am2}——斗杆液压缸有杆腔压力（MPa）；
q_{am}——斗杆液压缸可回收流量（L/min）；
A_{am1}——斗杆液压缸无杆腔面积（m^2）；
A_{am2}——斗杆液压缸有杆腔面积（m^2）；
v_{am}——斗杆速度（m/s）。

（3）铲斗液压缸可回收能量

同理，铲斗液压缸的可回收能量和动臂液压缸的计算相类似，其计算式为

$$E_{hbt}=E_{hbt1}+E_{hbt2} \tag{1-30}$$

$$E_{hbt1}=\frac{1}{C_1}\int p_{bt2}q_{bt}\mathrm{d}t \tag{1-31}$$

$$E_{hbt2}=\frac{1}{C_1}\int p_{bt1}q_{bt}\mathrm{d}t \tag{1-32}$$

$$q_{bt}=\begin{cases}C_2v_{bt}\cdot A_{bt2} & v_{bt}\geqslant 0\\ -C_2v_{bt}\cdot A_{bt1} & v_{bt}<0\end{cases} \tag{1-33}$$

式中　E_{hbt1}——铲斗液压缸伸出时可回收能量（J）；
E_{hbt2}——铲斗液压缸回缩时可回收能量（J）；
p_{bt1}——铲斗液压缸无杆腔压力（MPa）；
p_{bt2}——铲斗液压缸有杆腔压力（MPa）；
q_{bt}——铲斗液压缸可回收流量（L/min）；
A_{bt1}——铲斗液压缸无杆腔面积（m^2）；
A_{bt2}——铲斗液压缸有杆腔面积（m^2）；
v_{bt}——铲斗速度（m/s）。

（4）上车机构回转的可回收能量

上车机构回转的可回收能量由两部分组成。一部分为上车机构在加速或匀速旋转时，其液压马达进油侧的压力较大，回油侧的压力较小，但仍然具有一定的压力，因此也具有一定的可回收能量。另外一部分能量为上车机构减速制动时，其进油侧的压力较小，但回油侧的压力较大，其可回收能量较大。同时，在一个工作周期内，上车机构包括满载加速、匀速和减速以及空载加速、匀速和减速两个过程。假设逆时针旋转时其转速为正，顺时针旋转其转速为负，其上车机构回转可回收能量的计算式为

$$E_{hsw}=E_{hsw11}+E_{hsw12}+E_{hsw21}+E_{hsw22} \tag{1-34}$$

$$E_{hsw11}=\frac{1}{C_3}\int p_{sw1}n_{sw}q_{sw}\mathrm{d}t \tag{1-35}$$

$$E_{\mathrm{hsw12}} = \frac{1}{C_3}\int p_{\mathrm{sw1}} n_{\mathrm{sw}} q_{\mathrm{sw}} \mathrm{d}t \tag{1-36}$$

$$E_{\mathrm{hsw21}} = -\frac{1}{C_3}\int p_{\mathrm{sw2}} n_{\mathrm{sw}} q_{\mathrm{sw}} \mathrm{d}t \tag{1-37}$$

$$E_{\mathrm{hsw22}} = -\frac{1}{C_3}\int p_{\mathrm{sw2}} n_{\mathrm{sw}} q_{\mathrm{sw}} \mathrm{d}t \tag{1-38}$$

式中　E_{hsw11}——满载时回转加速或匀速时的可回收流量（假设逆时针旋转）(J)；

E_{hsw12}——满载时回转制动的可回收流量（假设逆时针旋转）(J)；

E_{hsw21}——空载时回转加速或匀速时的可回收流量（假设顺时针旋转）(J)；

E_{hsw22}——空载时回转制动的可回收流量（假设顺时针旋转）(J)；

p_{sw1}——回转液压马达一腔压力（用于驱动逆时针回转）(MPa)；

p_{sw2}——回转液压马达另一腔压力（用于驱动顺时针针回转）(MPa)；

q_{sw}——液压马达排量（mL/r)；

n_{sw}——转速（r/min)；

C_3——常数，60。

2. 各执行机构回收能量的意义

针对各执行机构中的回收节流损耗，由式（1-22）~式（1-38）可计算出液压挖掘机各执行机构的可回收能量，测量计算结果如图 1-26 所示。在一个标准挖掘工作周期中，对各执行机构可回收能量的测量和计算结果进行分析，可以得到如下结论。

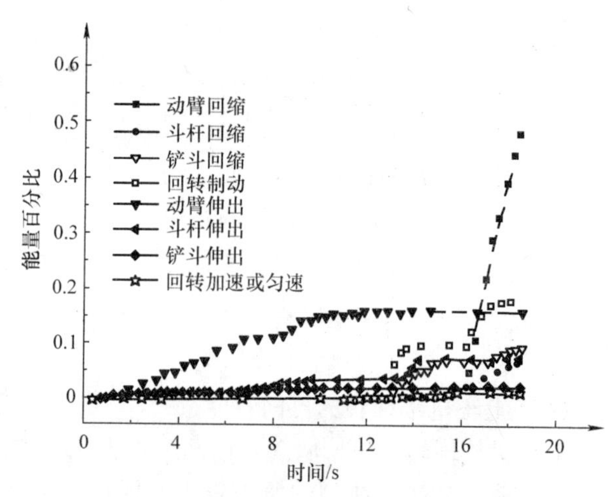

图 1-26　标准挖掘工作周期各执行机构可回收能量归一化曲线

1）在所有可回收能量中，动臂的可回收能量约占总可回收能量的 66%，其中动臂下放过程中可回收能量约占总可回收能量的 50%；在所研究的挖掘机液压系统中，在动臂上升时，动臂液压缸的有杆腔也具有一定的液压能；随着液压系统的不断改进，在动臂上升时，其回油侧的背压可以设计成很小，因此在动臂上升时，其有杆腔可回收能量不在本书的研究范围之内。因此，本书的主要研究对象为动臂下放时动臂液压缸无杆腔的可回收能量。

2）由于整机上车机构的回转转动惯量比较大，因此在上车机构回转制动时，会释放大量的动能，回转液压马达的可回收能量占总回收能量的 18%，其中 17%

来自于回转制动过程，而回转加速或匀速过程中，液压马达回油腔的压力已经很小，几乎没有可回收能量（大约只有 1%）。实际上，作者在后续的章节中会介绍在回转加速过程中液压马达进油腔的溢流损耗也可以作为能量回收的对象，由于该能量不是传统意义的负载，本节可回收能量主要针对转台的制动动能，因此，上车机构回转制动时释放的大量制动动能可作为液压挖掘机能量回收的研究对象。

3）斗杆和铲斗的可回收能量较少，对系统的节能效果影响不是很明显，考虑到回收系统的附加成本，可以不回收这部分能量。

在此需要提到一种特殊工况：当先导操作手柄表征斗杆伸出时，在铲斗触地之前，在斗杆及铲斗（含斗内物料）的自重作用及斗杆无杆腔的液压油共同作用下，由于传统的多路阀只具有微调特性，当多路阀阀芯越过调速区域后，如果斗杆有杆腔回油畅通，往往会造成斗杆超速下降，引起大腔压力迅速降低。此时必须在斗杆液压缸的无杆腔建立一定的背压，阻碍斗杆的超速下降。传统的液压挖掘机中直接切断斗杆液压缸的有杆腔与油箱之间的回路，在防止斗杆超速下降的同时，使小腔压力急剧升高。此时，斗杆和铲斗势能在下降过程中经动能转化成斗杆液压缸有杆腔的压力能。因此，对于液压挖掘机来说，斗杆的有杆腔在这种工况下也具有一定的可回收能量，但由于在传统液压挖掘机中，已经采用了斗杆再生回路，使得斗杆有杆腔的高压油向无杆腔补油的同时继续保持斗杆缸向外伸出运动，使斗杆、铲斗继续下降，从而将势能经动能转化的液压能回收利用。因此，本书对在此种工况时斗杆有杆腔的可回收能量不进行介绍。

1.4.2　动臂驱动液压缸可回收工况的特性分析

1. 标准下放动臂液压缸可回收能量和可回收功率

试验测试时，某 7t 液压挖掘机动臂液压缸回缩的距离大约为 430mm，下放时间大约为 4s。动臂在标准工况下放时，在铲斗空斗时，可回收能量大约为 27000J，如图 1-27a 所示；在铲斗满斗时，可回收能量大约为 42500J，如图 1-28b 所示。在标准工况模式时，铲斗空斗时，可回收平均功率大约 6.75kW，峰值功率大约为

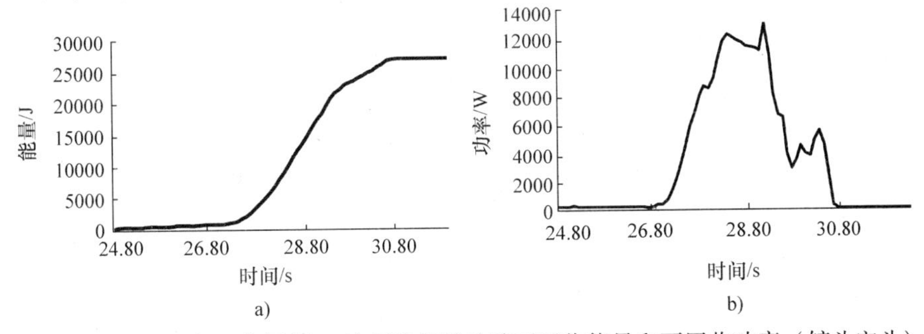

图 1-27　标准挖掘工作周期 7t 液压挖掘机动臂可回收能量和可回收功率（铲斗空斗）

a）可回收能量　b）可回收功率

13.5kW，如图1-27b所示；铲斗满斗时，可回收平均功率为11kW，而峰值功率大约为28kW，如图1-28b所示。

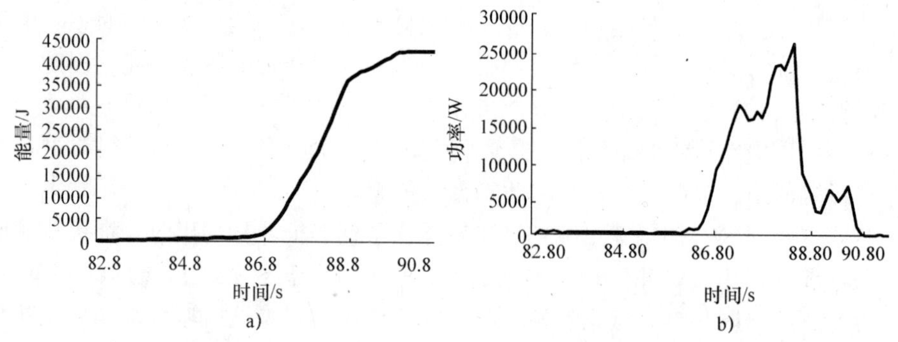

图1-28 标准挖掘工作周期7t液压挖掘机动臂可回收能量和可回收功率（铲斗满斗）

a）可回收能量 b）可回收功率

2. 动臂势能回收负载的特性分析

液压挖掘机在工作中通常重复地进行同样的动作，其工作具有周期性的特点。由图1-29和图1-30所示可以看出，液压挖掘机的动臂下放时可回收工况具有以下特性。

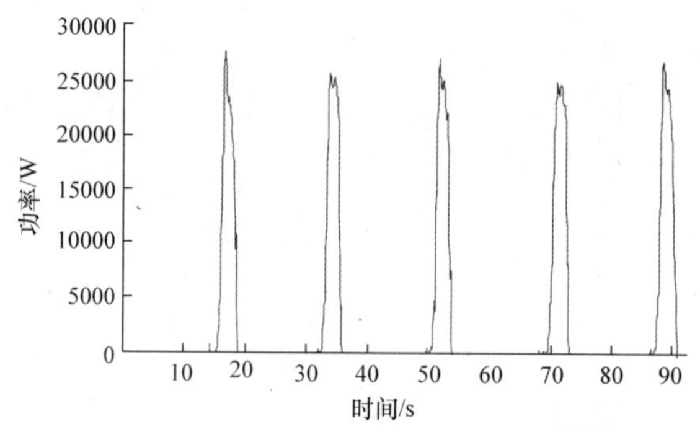

图1-29 7t液压挖掘机动臂势能回收功率（标准挖掘工况）

1）可回收工况具有一定的周期性且周期短：挖掘机整个标准工作周期大约为20s，能量回收时间只有2～3s的时间。

2）回收功率波动大，可回收功率在0～28kW之间剧烈波动，具有强变特性。

3）挖掘机为一个速度控制系统，挖掘机下放时，其速度先以一个逐渐变大的加速度

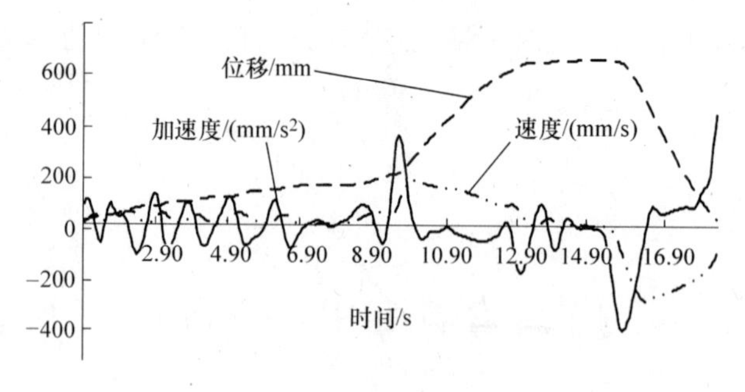

图1-30 7t液压挖掘机动臂位移、速度和加速度曲线（标准挖掘工况）

加速下降，然后以一个逐渐减少的加速度加速下降，最后以一个非恒定的减速度减速下降，在整个工作周期内无平稳下降的过程。

1.4.3　上车机构可回收工况的特性分析

液压挖掘机上车机构各部件的重量占挖掘机总质量的 60% 以上，所以当转台转动时会产生较大的惯量转矩。考虑挖掘机在整个工作循环时间中有 50% ~70% 用于回转，且能耗的 25% ~40% 用于回转，来源于回转系统的发热量占总发热量的 30% ~40%。挖掘机在回转过程中，上车机构的重心会发生变化，从而使得上车机构的转动惯量发生巨大变化。且在作业过程中，受到如摩擦转矩、风阻等阻力矩的作用，此外考虑到载荷突变或冲击的作用。可见，上车机构的受力十分恶劣且复杂，机械方面，对于机械结构形式、强度及刚度等有严格要求，液压系统方面，对于系统的控制性能有更高的要求。

图 1-31 为实测 90°回转作业时的转台转速和回转马达两腔压力曲线。挖掘机挖掘模式时，回转动作频繁，起动和制动时间短，大约为 1 ~3s，转台的总回转时间约占整个工作循环的 50% ~70%。转台转角较小时，回转过程只有加速和减速两个阶段；转角较大时，回转过程包括加速、匀速和减速三个阶段。从图 1-32 中可以看出，转台加速和减速制动时液压马达两腔压力的变化规律较为明显，为后面的转台工作模式的辨别提供了依据。

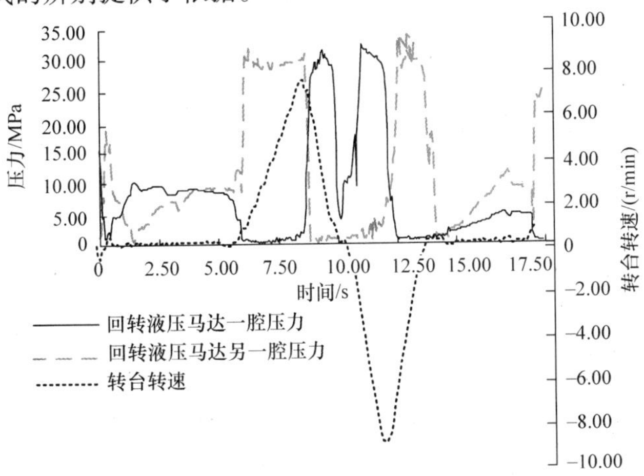

图 1-31　某 20t 挖掘机挖掘模式时转台转速、回转液压马达进出口压力曲线

为了制定液压挖掘机回转制动能量回收方案，有必要分析可回收负载工况的特点。从图 1-32 和图 1-33 可以分析并总结出液压挖掘机可回收工况的以下特点。

- 周期性：挖掘机整个标准工作周期大约为 20s，回转制动的时间大约只有 1s。
- 回收功率波动大，具有强变特性，回收功率在 0 ~70kW 之间剧烈波动。

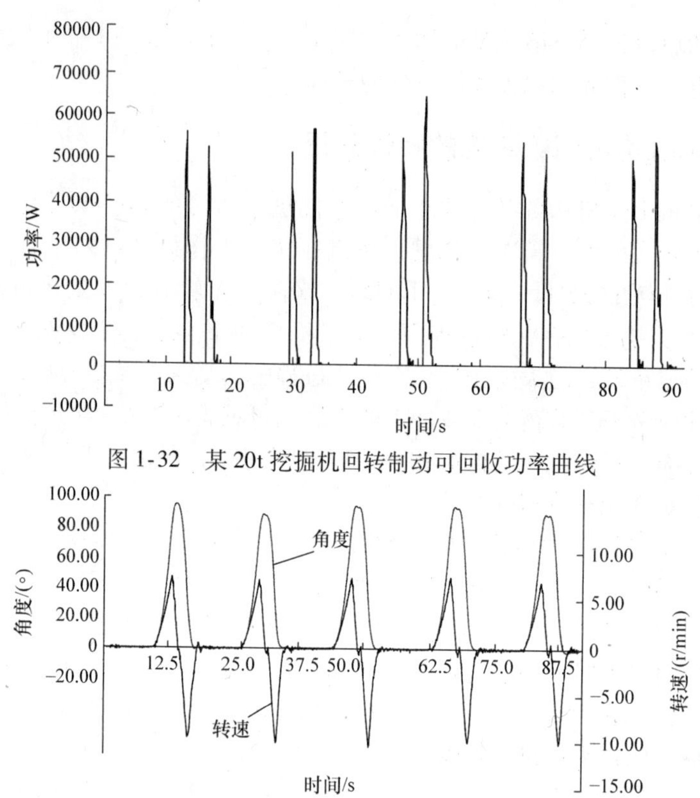

图 1-32　某 20t 挖掘机回转制动可回收功率曲线

图 1-33　某 20t 挖掘机在某工作周期内上车机构的回转转速和角度曲线

- 工作周期内无匀速回转过程。

1.5　工程机械节能途径

1.5.1　动力节能技术

液压挖掘机作为工程建设中最主要的工程机械，承担的工种多，工作时间长。为了适应其工作内容和环境，目前主要以机械式柴油发动机作为主动力源，以液压传动为主要的动力传递方式。受制于负载工况的剧变特性，动力源、液压系统和负载较难完全匹配，能量损耗十分严重。随着电喷发动机的装机，高效率液压柱塞泵、马达以及其他液压元器件的应用，液压挖掘机的能量损失得到了一定的改进。而正流量、负流量、负荷敏感、压力切断、恒功率控制、恒压力控制等一系列液压系统的控制方案出现，进一步提升了液压挖掘机的操作性和节能性。但是动力源、液压系统、负载三者之间的功率匹配损耗始终是液压挖掘机上难以克服的难点，且该项难点造成的发动机和液压系统的能量损耗各占传统挖掘机总能量损耗的 35%左右。

在传统工程机械功率匹配控制中，发动机的油门位置由驾驶人根据负载的类型按重载、中载和轻载等设定，功率匹配主要通过调整液压泵的排量来最大程度地吸收发动机的输出功率以及防止发动机熄火。因此只有在最大负载功率下，柴油机与液压泵的功率才能匹配得较好，使柴油机工作点位于经济工作区。但由于挖掘机工况复杂，负载剧烈波动，在实际工作中，最大和最小负载功率是交替变化的，大部分场合，虽然液压泵吸收了发动机在其工作模式所对应的最大输出功率，但液压系统所需功率远远小于发动机的输出功率，所以柴油机输出轴上的转矩也剧烈波动，使柴油机在小负载时工作点严重偏离经济工作区，因此这种传统的功率匹配是不完全的。另外，为满足最大负载工况的要求，在挖掘机的设计中必须按照工作过程中的峰值功率来选择柴油机，因此柴油机装机功率普遍偏大，燃油经济性差。如果按平均功率选择柴油机，容易造成发动机过载，柴油机经常过热。

为了解决负载波动对发动机效率的影响，混合动力技术是国际上公认的节能的最佳方案之一[8]。混合动力系统利用电动机/发电机或者液压泵/马达的削峰填谷作用，对发动机输出转矩进行均衡控制，降低发动机的功率等级，也使发动机工作点始终位于经济工作区。虽然混合动力技术在发动机的节能方面取得了一定的效果，但由于工程机械大都为单泵多执行元件的系统，发动机功率并不能轻易地降低，同时负载的波动需要通过液压系统后才能传递到液压泵，负载的波动并不能实时传递到液压泵，同时由于混合动力单元的动态响应问题，混合动力单元难以实时动态补偿负载的波动。因此当前的混合动力技术对发动机油耗的降低有限。

当前，除了混合动力技术之外，本书将在第 2 章中介绍纯电驱动系统、电喷发动机技术、自由活塞发动机、天然气发动机、氢发动机等新型动力节能技术。

1.5.2　液压节能技术

液压系统的能量损耗主要包括溢流损耗和节流损耗等。节流损耗主要分成进口节流损耗、出口节流损耗，进出口联动节流损耗以及旁路节流损耗等。诸如负流量系统，正流量系统、新型流量匹配系统、负载敏感系统、负载口独立控制系统、基于高速开关阀的液压控制技术等各种节能技术在降低节流损耗上取得了一定的效果，而液压泵出口的溢流损耗也更多是基于泵和负载之间的流量匹配来降低通过溢流阀阀口的流量，并未从根本上解决溢流损耗问题。而泵控技术、变频调速技术、二次调节技术等容积节能技术虽然基本解决了节流损耗问题，但目前该方案对速度控制比较粗糙，在精细操作时无法满足操作精度要求。同时在某些工况下，作为安全阀功能的溢流阀仍然会起作用，依然存在溢流损耗。液压节能技术将会在第 3 章详细介绍。

1.5.3　能量回收技术

液压挖掘机在工作过程中，动臂、斗杆和铲斗的上下摆动以及回转机构的回转运动比较频繁，又由于各运动部件惯性都比较大，在有些场合，动臂自身的质量超过了负载的质量，在动臂下放或制动时会释放出大量的能量[9]。负负载的存在使系统易产生超速情况，对传动系统的控制性能产生不利影响。从能量流的角度出发，解决带有负负载的问题有两种方法，一种方法是把负负载所提供的机械能转化为其他形式的能量无偿地消耗掉，不仅浪费了能量，还会导致系统发热和元件寿命的降低。比如液压挖掘机为了防止动臂下降过快，在动臂上装有单向节流阀，因此动臂下降过程中，势能转化为热能而损耗掉；另一种方法是把这些能量回收起来以备再利用。用能量回收方法解决负负载问题不但能节约能源，还可以减少系统的发热和磨损，提高设备的使用寿命，并对液压挖掘机的节能产生显著的效果。

参考文献

[1] 龚金双．中国石油市场2012年回顾与2013年前瞻［J］．中国石油和化工经济分析，2013，(2)：29-32.

[2] 环境保护部国家质量监督检验检疫总局．GB 20891—2014 非道路移动机械用柴油机排气污染物排放限值及测量方法（中国第三、四阶段）［S］．北京：中国环境科学出版社，2014.

[3] 袁宁，张国宁．环境污染物排放关键技术标准研制［J］．中国科技成果，2011（9）：23-24.

[4] Abolhassani M，Acharya P，Asadi P，et al. Impact of hybrid electric vehicles on the world's petroleum consumption and supply［R］. SAE technical paper，2003.

[5] 付永领，祁晓野．LMS imagine LAB AMEsim 系统建模和仿真参考手册［M］．北京：北京航空航天大学出版社，2011.

[6] KAGOSHIMA M，KOMIYAMA M，NANJO T，et al. Development of new hybrid excavator［J］. Kobelco Technology Review，2007（27）：39-42.

[7] 张彦庭．基于混合动力与能量回收的液压挖掘机节能研究［D］．杭州：浙江大学，2006.

[8] 王庆丰，油电混合动力挖掘机的关键技术研究［J］．机械工程学报，2013.

[9] Wei Sun. On study of Energy regeneration system for hydraulic manipulators［D］. Tampere：Tampere Universty of Technology 2004：519，207.

第2章　工程机械动力节能技术

为了适应其工作内容和环境，工程机械主要以机械式柴油发动机作为主动力源，以液压传动为主要的动力传递方式。受制于负载工况的剧变特性，动力源、液压系统和负载较难完全匹配，能量损耗十分严重。随着电喷发动机的装机，高效率液压柱塞泵、马达以及其他液压元器件的应用，工程机械的能量损耗得到了一部分的改进。但动力源、液压系统和负载三者之间的功率匹配损耗始终是液压挖掘机上难以克服的难点，且该项难点造成的发动机和液压系统的能量损耗各占传统挖掘机总能量损耗的35%左右[1]。

2.1　基于传统发动机功率匹配的控制技术

影响工程机械系统燃油经济性的主要因素之一是系统的功率匹配。功率匹配主要是采用先进的控制技术，如分工况控制、转速感应控制、自动怠速控制、恒功率控制以及变功率控制等来降低燃油消耗率。这些控制技术在一定程度上提高了动力系统的节能效果，已经被用户和制造商广泛应用于传统工程机械产品中。

2.1.1　分工况控制

液压挖掘机是工程机械中的一种典型机械，能完成多种作业内容：挖掘、装载、破碎、整修和平地等。不同的作业和使用工况中液压泵对功率的需求是不一样的，为了根据实际使用要求来对发动机和液压泵进行优化匹配，需要进行分工况控制。目前的挖掘机都有不同的动力模式选择，如怠速工况、轻载工况、经济工况和重载工况等，保证系统既节能高效，又能够满足不同的功能需要。

以国内某厂家的传统20t级液压挖掘机为例，发动机的档位通过旋钮分成十个档位，驾驶人可以通过显示屏设定负载模式（重载、中载和轻载）。不同档位、不同负载模式时变量泵的比例电磁铁线圈控制电流的对应关系如表2-1～表2-3所示。分工况控制实际上就是发动机输出功率的分段输出，因此也必须限制变量泵的最大输出电流来调整变量泵的吸收功率。

传统的工程机械功率匹配控制中，发动机的油门位置由驾驶人根据负载的类型按重载、中载和轻载等设定，功率匹配主要通过调整液压泵的排量来最大程度地吸收发动机的输出功率以及防止发动机熄火，因此分工况控制具有以下特点。

1）只有在最大负载功率下，发动机－液压泵－负载的功率才能匹配得较好，使发动机工作点位于经济工作区。

表 2-1 重载模式（H 模式）下不同档位和发动机转速、变量泵的比例电磁铁线圈控制电流的关系

转速范围（r/min）：1000～2150

比例阀电流（mA）：380±15～635±15（根据负载的不同而变化）

档位	1	2	3	4	5	6	7	8	9	10
转速/(r/min)	1000	1200	1350	1500	1600	1700	1800	1900	2000	2150
电流/mA	0	0	0	380	420	430	450	500	580	635

表 2-2 中载模式（S 模式）下不同档位和发动机转速、变量泵的比例电磁铁线圈控制电流的关系

转速范围（r/min）：1000～2100

比例阀电流（mA）：300±15～485±15（根据负载的不同而变化）

档位	1	2	3	4	5	6	7	8	9	10
转速/(r/min)	1000	1200	1350	1500	1600	1700	1800	1900	2000	2000
电流/mA	0	0	0	300	360	410	430	450	485	485

表 2-3 轻载模式（L 模式）下不同档位和发动机转速、变量泵的比例电磁铁线圈控制电流的关系

转速范围（r/min）：1000～1800

比例阀电流（mA）：0（根据负载的不同而变化）

档位	1	2	3	4	5	6	7	8	9	10
转速/(r/min)	1000	1200	1350	1500	1600	1700	1800	1800	1800	1800
电流/mA	0	0	0	0	0	0	0	0	0	0

2）由于挖掘机工况复杂，负载剧烈波动，在实际工作中，最大和最小负载功率是交替变化的。大部分场合，虽然液压泵吸收了发动机在其工作模式所对应的最大输出功率，但负载所需功率远远小于发动机的输出功率，所以发动机输出轴上的转矩也会剧烈波动，使发动机在小负载时工作点严重偏离经济工作区，因此这种传统的功率匹配是不完全的。

3）为了满足最大负载工况的要求，在挖掘机的设计中必须按照工作过程中的峰值功率来选择发动机，因此发动机装机功率普遍偏大，燃油经济性差。如果按平均功率选择发动机，容易造成发动机过载，发动机经常过热。

2.1.2 转速感应控制

当发动机运行在最大功率点时出现过载，其转速会急剧下降直至熄火。转速感应控制实时检测发动机转速，若发现失速，控制器立刻发出控制信号降低液压泵的排量，进而降低液压泵的吸收功率，可以有效防止发动机失速停车的现象发生。转速感应控制更多是基于发动机的熄火保护，而不是节能优化。转速感应控制曲线如图 2-1 所示，具体工作原理如下。

1）发动机的目标转速通过发动机控制表盘控制。

2）整机控制器计算出转速传感器检测出的实际转速和发动机的目标转速的差值，然后整机控制器根据一定的算法产生输出信号，并将控制信号发送到转矩控制电磁阀。

3）转矩控制电磁阀根据整机控制器的信号将先导压力油供给液压泵调节器控制液压泵流量。

4）如果发动机的负荷增加且实际转速比目标转速慢，液压泵的斜盘倾角减小，液压泵流量将减小，从而发动机的负荷减小防止发动机失速。

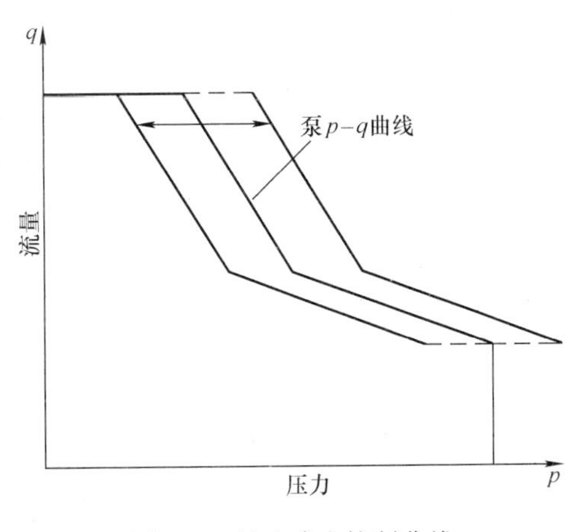

图 2-1　转速感应控制曲线

5）如果发动机的实际转速比目标转速快，泵斜盘角加大，使泵流量增加，这样可以更有效地利用发动机的输出。

2.1.3　自动怠速控制

工程机械在作业过程中往往会根据工作需要处于停止工作等待状态，此时为了减少发动机不必要的能量损耗，系统会进入自动怠速状态，降低油耗。当接到重新作业指令后，发动机迅速恢复到怠速前的工作状态。新能源工程机械的自动怠速控制可以参考文献[2]-[4]。

以某液压挖掘机为例描述两级自动怠速工作原理：自动怠速功能在显示屏上设置，系统上电默认为自动怠速功能。当油门档位对应的转速大于 1350r/min 时，系统控制发动机在 1350r/min 起动；当系统检测到操作手柄工作时，通过整机控制器给发动机控制器发出一个油门档位对应的转速信号；系统启动后且发动机实际转速大于 1350r/min 时，当系统检测到操作手柄不工作的时间超过 5s（自动怠速时间显示屏可以设置成 3～7s）时，通过整机控制器给发动机控制器发出一个1350r/min对应的转速信号，自动将发动机转速降低到 1350r/min，此时，油门旋钮的调节不能调节发动机转速；当系统检测到操作手柄不工作的时间超过 90s（程序可以调整）时，通过整机控制器给发动机控制器发出一个 1000r/min 对应的转速信号，自动将发动机转速降低到 1000r/min，此时，油门旋钮的调节不能调节发动机转速。

2.1.4　恒功率控制

在实际操作中，操作人员不可能根据实际工作情况随时调节发动机的调速拉杆，只能对当前工作进行经验判断，将调速拉杆固定在某一位置来完成工作。因此，发动机只有一个最大功率点。为了保证发动机的输出功率得到充分利用，需要对液压泵进行相应的恒功率控制。如图 2-2 所示，目前液压挖掘机等多执行元件复合控制的工程机械一般采用双泵双回路系统（例如，神钢 SK 动力控制模式），在这种回路中分别对两个液压泵进行全功率控制、分功率控制以及交叉传感控制（详细参见第 3 章液压节能技术），保证发动机处于最大功率点时输出的功率被液压泵充分吸收，提高工作效率。但是恒功率控制只保证了发动机 - 液压泵之间的功率匹配，而忽视了液压泵 - 执行元件之间的功率匹配，因此仍然会存在总功率损耗。

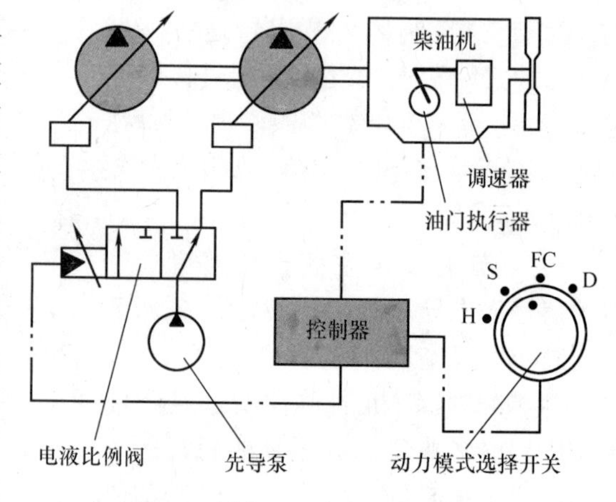

图 2-2　神钢 SK200 动力控制模式

2.1.5　变功率控制

针对恒功率控制的缺点，很多学者重视起发动机 - 液压泵 - 执行元件联合功率匹配控制的研究。高峰等学者提出一种挖掘机负载自适应节能控制方案，由于负载的波动经液压系统传递后表现为液压泵出口压力的波动，因此通过实时检测液压泵出口压力的变化来控制发动机调速拉杆位置，使得发动机输出功率与系统实际所需功率相匹配，从而提高能量利用率。但是由于反馈信号只有压力，并不是真正意义上的功率反馈，因此无法实现发动机功率完全匹配。如果需要完全匹配，需要通过改造液压泵，对液压泵的排量进行检测。

负载变化具有复杂性和多样性，为了进一步提高燃油利用率和整机效率，往往需要综合以上两种或者几种功率匹配控制方法。图 2-3 为中南大学研发的恒功率与变功率联合控制策略，控制器综合各种反馈信号，同时对发动机和液压泵进行控制，使发动机 - 泵 - 负载达到良好的匹配。

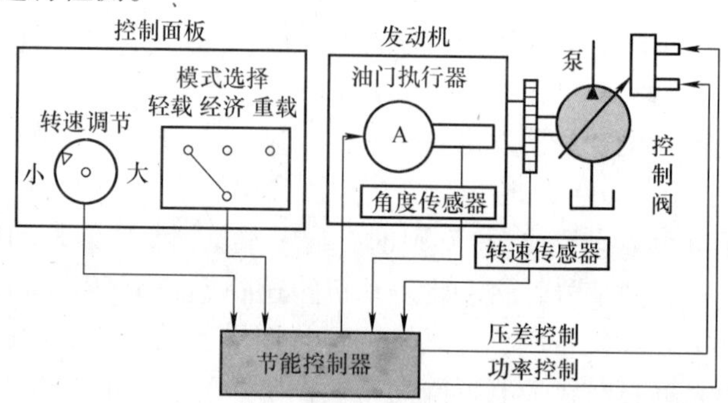

图 2-3　中南大学研发的恒功率与变功率联合控制策略

2.1.6　发动机的停缸控制

因为工程机械在一个作业循环中，液压泵的瞬时功率较大而输出功率平均值较小、发动机的负荷变化剧烈，为了动态地匹配发动机和液压系统的功率，在分功率控制的基础上，太原理工大学权龙教授团队进一步提出采用发动机停缸控制的方法，并建立了相应的实验平台，如图 2-4 所示。在小负荷或怠速时切断部分气缸的供油进行发动机停缸控制，提高发动机的负荷率。在大负荷时恢复供油，使发动机跟踪负载工作在高效区域，降低燃油消耗，减少排放，提高发动机在工程机械整个工作循环中的燃油经济性，并保证整机的动力性和较低的制造成本。图 2-5 为两种模式的实验对比曲线。图 2-6 为试验测试挖掘机重载模式下（发动机转速 2200r/min），发动机全部气缸工作和发动机第 1 缸断油停缸时油耗对比曲线，可知在重载工作模式下，采用停缸技术每个工作循环油耗量平均下降 13%。发动机转速越高，部分负载工况越是偏离其高效区，停缸节能效果越明显。试验测试也表明，当发动机工作在 2000r/min

图 2-4　太原理工大学研发的发动机停缸控制实验样机

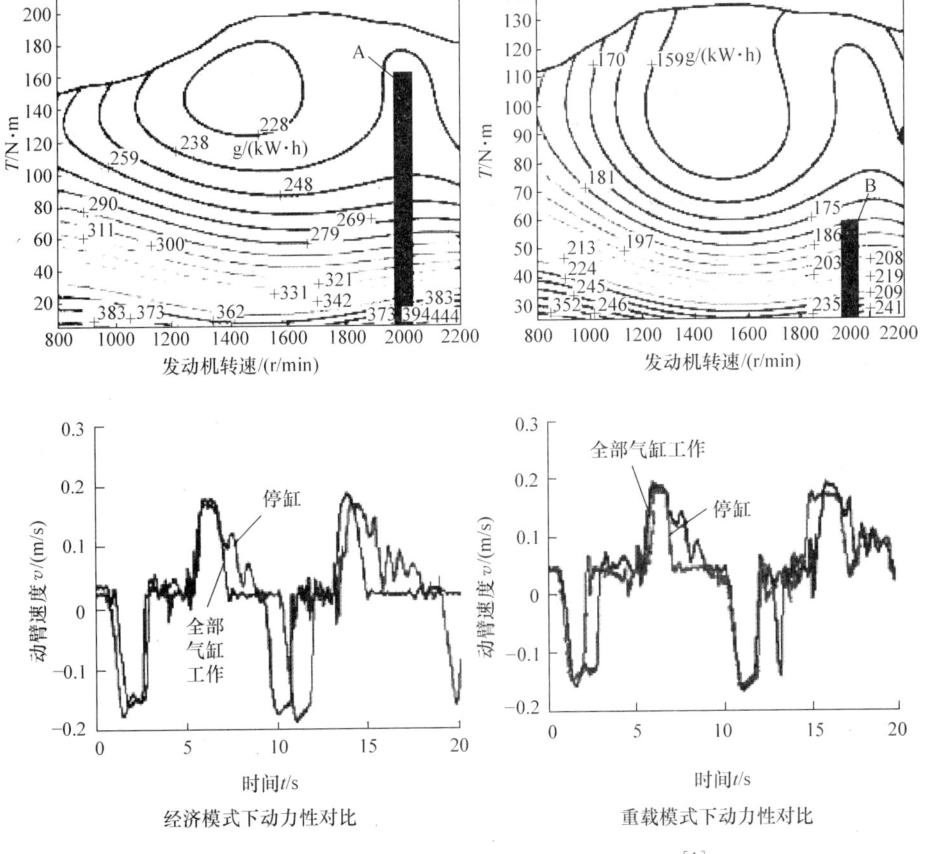

图 2-5　传统发动机和单缸断油实验对比曲线[1]

的经济模式下，停缸技术每个工作循环油耗量平均下降11%。

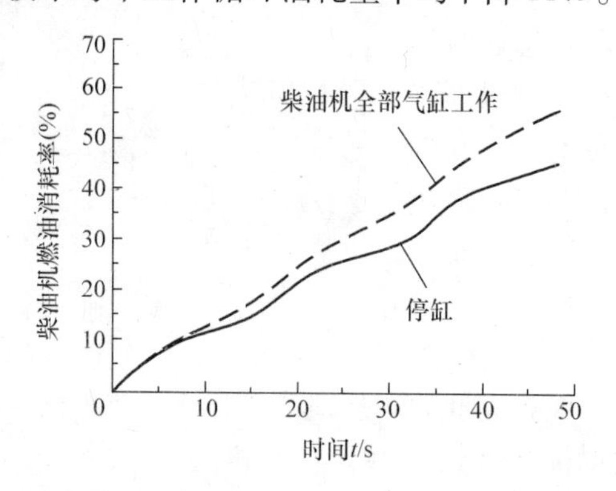

图2-6　重载模式下传统发动机和单缸断油工作节能对比曲线

2.2　油电混合动力技术

2.2.1　油电混合动力技术概述

混合动力系统产生于19世纪末20世纪初。目前对混合动力工程机械的定义尚无通用标准，只有国际机电委员会下属的电力机动车技术委员会对混合动力电动汽车定义为：混合动力电动汽车是指有两种或两种以上的储能器、能源或转换装置作为驱动能源，其中至少有一种能提供电能的车辆称为混合动力电动车辆。在这种系统中，有两个以上（包括两个）的不同类型的动力发生装置，一个（包括一个）以上的能量存储装置。在目前的混合动力系统中，动力发生装置一般为发动机、电动机，能量存储装置则种类较多。油电混合动力系统原则上应该是指采用电动机/发电机或者其他电气式能量转换单元辅助原动力驱动单元（发动机或者电动机等）驱动负载。根据能源或转换装置的类型，发动机驱动型工程机械可以分为发动机单独驱动型、油电混合动力、液压混合动力、油电液混合动力；电动机驱动型工程机械分为纯电动驱动和电液混合动力。为了描述方面，本书指的混合动力系统都是针对发动机驱动型工程机械。

油电混合动力系统的分类根据其分类标准的不同而种类繁多，不同形式的混合动力系统其参数匹配和控制策略差异较大。其中根据结构分类是最基本的分类依据，各结构的原理如图2-7～和图2-11所示。

（1）串联式混合动力系统（见图2-7）

发动机输出的机械能都通过发电机转化为电能储存在电量储存单元（电池、电容等）、电能输送到电动机，由电动机产生驱动转矩驱动负载工作。电量储存单元的作用主要在于平衡发动机的输出功率和电动机的输入功率：当发动机的输出功率大于电动机所需要的功率时，多余的能量存储在电量储存单元中；而当发动机的输出功率小于电动机的所需功率时，电量储存单元输出电能以补充不足的部分。另外电量储存单元还可以存储系统回收的势能和制动能。这种结构的优点是发动机和负载之间无机械连接，发动机工作不受负载波动的影响，燃油经济性和排放好，但能量转换环节多，所有的能量都必须通过机械能－电能－机械能的转换，整体效率不高。另外电动机和发电机的功率必须和负载相匹配，需要配备大功率的发电机和电动机。

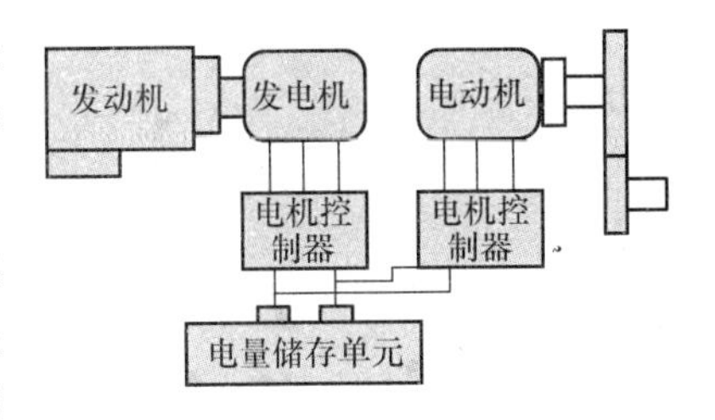

图 2-7　串联式混合动力系统

（2）并联式混合动力系统（见图 2-8 和图 2-9）

负载可由发动机和电动机共同驱动或各自单独驱动。电量储存单元可以补充发动机能量的不足，也可以吸收发动机多余的能量，更多的是起到辅助驱动的作用，所以可以选择较小功率的电动机。并联式混合动力系统根据发动机和电动机/发电机的机械连接方式分为同轴连接和非同轴连接。目前，常用的并联式混合动力系统为同轴式，该方案避开了较为复杂的机械耦合单元，但电动机/发电机一端和发动机相连，另一端还必须承受变量泵的质量，这样发动机、电动机、变量泵装置作为一个整体，质量大约有 1000kg，长度大约 2m，因此要改变原来发动机单元的抗振支撑结构。

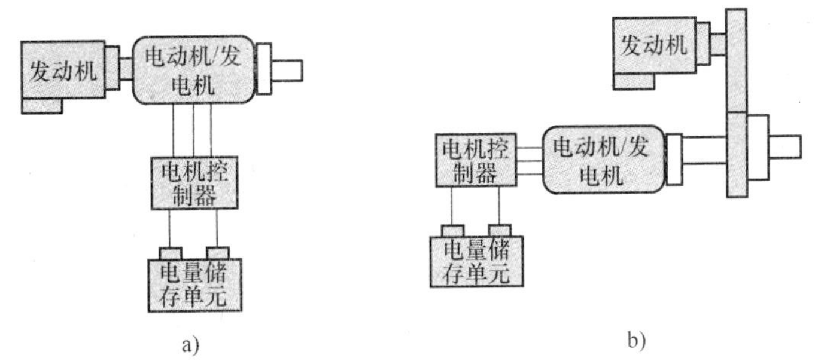

图 2-8　并联式混合动力系统

a）同轴并联式　b）不同轴并联式

与串联式结构相比，并联式混合动力系统无需单独配备发电机，并且由于发动机可以直接驱动负载，所以能量利用率较高。其缺点是发动机仍然会受负载影响大，发动机和电动机/发电机为机械连接，布置不灵活，控制复杂。

图 2-9　同轴式并联式混合动力系统结构

（3）混联式混合动力系统

图 2-10 所示为混联式混合动力系统。混联式混合动力系统是串联式与并联式的综合。发动机的输出功率一部分直接驱动负载，另外一部分通过发电机转化为电能存储在电池中或输出给电动机。这种结构形式集中了串联式和并联式的优点，控制灵活，发动机、发电机和电动机等元件能够进行更多的优化匹配。缺点是部件多，布置困难，控制复杂。

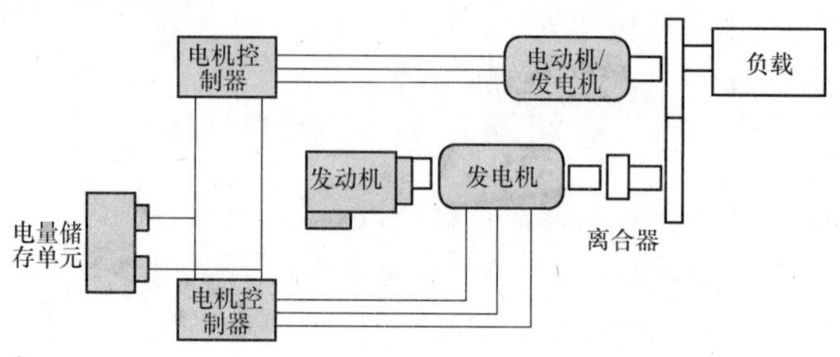

图 2-10　混联式混合动力系统

当前对混联式混合动力系统的定义较为混乱，混合动力系统工作者往往认为一台机器有并联式混合动力系统和串联式混合动力系统应该就是混连式混合动力系统。但笔者认为，混联式混合动力系统可以工作在并联式和串联式模式应该是针对同一种执行元件。因此，图 2-11 所示的常被认为是混联式混合动力系统应该不属于混联式，严格意义上应该为回转串联式驱动和液压泵为并联式驱动。造成定义混乱的主要因素是目前的定义只有针对汽车，而汽车的混合动力单元的驱动对象只有一个，而工程机械是多执行元件系统。

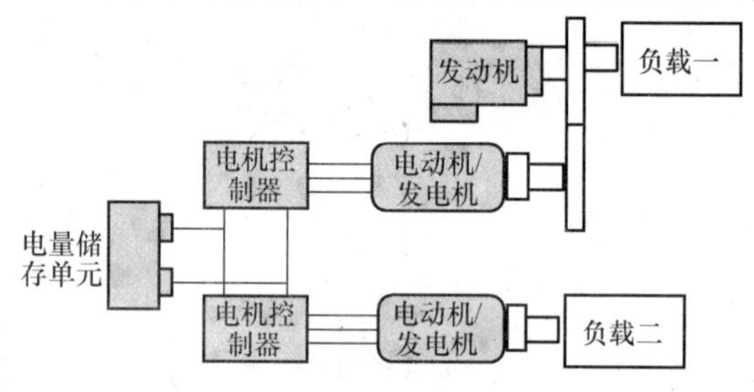

图 2-11　一种有争议的常用混联式混合动力系统

2.2.2　油电混合动力系统的优点

油电混合动力系统的优点主要体现在以下三个方面。

1）利用电动机/发电机的削峰填谷作用，对发动机输出转矩进行均衡控制，不仅可以降低发动机的功率等级，也使发动机工作点始终位于经济工作区；由于目前的发动机效率已经得到了较大的提高，因此在讨论油电混合动力对整机的节能效果时，要根据发动机的类型不同而不同，对于一个常规机械调速式柴油机，单独采用混合动力技术的节能效果可以达到 15% 以上，对于一个电喷式柴油机，自身效率已经很高了，采用混合动机技术的节能效果约在 8% ~15% 之间。

2）基于油电混合动力系统中电量储存单元，对回转动能和动臂的重力势能等进行回收；采用能量回收系统对整机的节能效果究竟可以达到多少，比如回转制动动能回收是否可以使整机节能 30% 以上，实际上根本不可能。每种执行机构可回收能量对整机的节能效果大致可以参考表 2-4。

表 2-4　各执行机构可回收能量和比例

对象	可回收能量/J	占总回收能量的比例（%）	对整机的节能效果（%）
动臂	132809	50.61	10.41
斗杆	28456	17.84	2.23
铲斗	34704	13.22	2.72
回转	66472	25.33	5.21
发动机输出功	1275663J		

3）利用电驱动代替原有的液压驱动，由于电驱动的行程效率比液压驱动效率更高，即使不能量回收，也可以进一步节能，比如采用电动机代替液压马达驱动转台，无能量回收时，就转台驱动来说，其效率可以提高 10%。

油电混合动力系统的优势如图 2-12 所示。

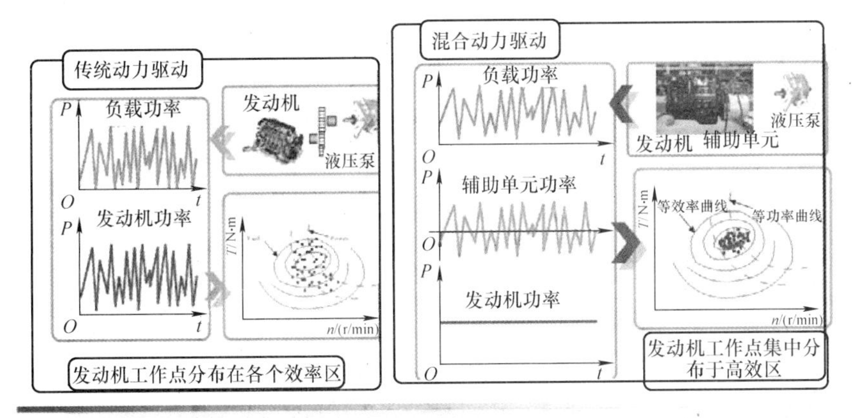

图 2-12　油电混合动力系统的优势

2.2.3　油电混合动力技术的特点

1. 动力复合结构特点

综合考虑了系统的节能、排放、布局和成本等因素的基础上，工程机械上应用的混合动力驱动方式主要有两种：串联混合动力驱动方式和并联混合动力驱动方式，而结构设计更加复杂的混联式混合动力系统还没有成熟应用。如表 2-5 所示，就目前的超级电容、电动机/发电机和发动机的效率特性而言，并联式混合动力系统在节能效果上具备了一定的优势。

表 2-5 油电混合动力的节能对比

动力系统方式	传统动力系统	串联混合动力系统	并联混合动力系统
峰值功率	1	0.84	0.76
消耗能量	1	1.24	1.12
油耗率	0.54～1	0.55	0.534
油耗	1	1.05	0.89

2. 电量储存单元

电量储存单元包括超级电容、电池或者复合储存单元。如图 2-13 所示，假设混合动力单元可以完全对负载的波动进行削峰填谷，那么，根据图 2-13 功率和时间的积分，可以得到超级电容的充放电储存或释放的能量最大为 80kJ，超级电容在一个工作周期（18.5s）充放电次数大约 4 次。就目前电量储存单元技术而言，小型工程机械的油电混合动力系统采用电池，中型工程机械必须采用超级电容储存单元或者超级电容和电池的复合储存单元，才能同时满足最大充放电电流和循环寿命的要求。

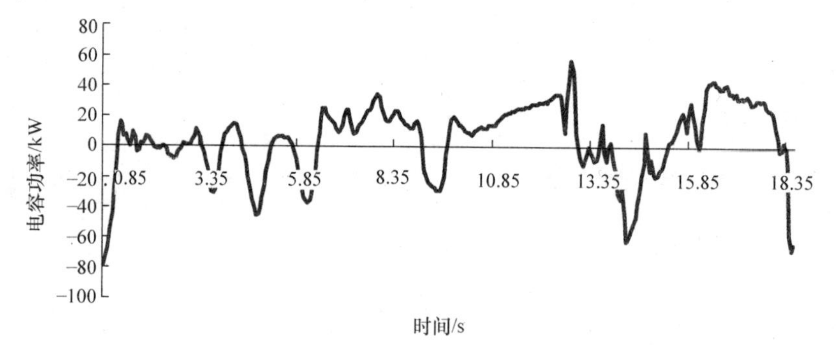

图 2-13 发动机单工作点控制策略时超级电容的充放电功率

3. 发动机功率不能轻易降低

当前采用油电混合动力技术的主要目标是利用电动机/发电机的削峰填谷作用，对发动机输出转矩进行均衡控制，降低发动机的功率等级，也使发动机工作点始终位于经济工作区，但实际上与混合动力汽车不同，大多数油电混合动力挖掘机的发动机的功率并不能按负载平均功率去选择，发动机功率降低的幅度大约为原来功率的 20% 以内。主要原因如下。

1）工程机械大都为单泵多执行元件的系统且工况也较为复杂，油电混合动力系统特别适合在本书第 1 章描述的工况，但挖掘机作业模式也多种多样，比如做吊装操作时，发动机的工况并没有波动的非常剧烈，那么如果发动机功率降的太低，必然会影响吊装的最大负载。

2）油电混合动力单元由电动机/发电机－电量储存单元组成。永磁同步电动机的转矩响应时间大约为 10ms 级到 100ms 左右，再加上电池难以快速释放和吸收大功率，超级电容相对电池可以更快地补偿功率。因此油电混合动力单元并不能理想地补偿负载的剧烈波动，从而发动机的功率等级也不能轻易降低。

4. 整机的液压驱动系统并没有根据混合动力的特点单独设计

研制油电混合动力样机时，大多厂家更多是为了炒作，对油电混合系统的特性并不是太熟悉，大多停留在油电混合动力“削峰填谷”等概念上，甚至对整机原有液压系统的特性也大多停留在定性分析上，因此基本不敢对整机的液压系统进行优化。

从研究的内容来看，国内外对混合动力液压挖掘机的研究主要集中在动力系统，包括动力系统的结构模式、参数匹配及控制策略。而对采用混合动力系统后的电液控制技术的研究较少。目前，混合动力液压挖掘机样机和传统液压挖掘机液压驱动系统的主要不同点主要是，采用电动机驱动替代传统液压马达驱动，而对于动臂、斗杆、铲斗等其他执行机构的液压驱动控制方法则几乎没有研究，这也制约着混合动力液压挖掘机的节能效果和操作性能。实际上采用油电混合动力系统后，只有结合液压系统的优化才能更好地发挥混合动力的优势。采用油电混合动力系统，电液控制系统需要做出改进，编者认为至少要从以下几个方面改进。

（1）液压泵的类型

以 20t 液压挖掘机为例，目前的油电混合动力挖掘机基本还是采用了 K3V112 的川崎泵，如图 2-14 所示。该泵按总功率恒定进行变量、总功率分段控制、高压切断、中位负流量控制。当泵的出口压力低于恒功率初始弹簧压力时，泵排量由负流量控制系统决定；当泵出口压力高于恒功率初始弹簧力时，且多路阀的阀芯越过调速区域时，泵排量由恒功率系统决定；当泵出口压力高于恒功率初始弹簧力时，且多路阀的阀芯未越过调速区域时，泵排量遵循最小原则。实际上，编者认为该类型的液压泵并不适用于油电混合动力单元。

首先，油电混合动力单元的控制策略依赖于负载功率的反馈，液压泵的功率等于压力乘以流量，压力可以通过压力传感器测量，且压力传感器有响应也足够满足控制器的要求，但由于流量传感器有动态响应较慢以及成本较高等不足之处，液压泵流量无法通过安装流量传感器反馈，一般通过检测液压泵的转速和排量后计算得到液压泵的流量。但目前川崎 K3V112 液压泵的排量不仅取决于比例减压阀的电流信号，而且还取决于恒功率控制、负流量控制等复合控制，实际上，很难知道液压泵的具体排量多大？因此需要选择一种至少液压泵的排量可以反馈的类型，一种理想的液压泵便是智能电控泵。或者对原有的泵进行改造安装相应的位移传感器进行检测。

其次，负流量、恒功率、分工况控制等也并不完全适用于油电混合动力单元。比如分工况控制，比例减压阀如果还是根据重载、中载和轻载模式以及油门档位来设定其电流，其实这根本没有意义。在油电混合动力单元中，液压泵的最大作用应该就是根据负载的需求提供功率，而不是吸收发动机在分工况下的最大输出功率。

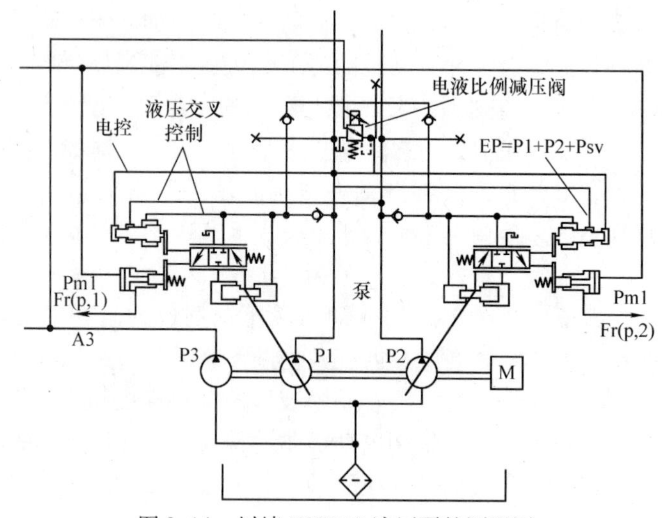

图 2-14 川崎 K3V112 液压泵的原理图

（2）各执行元件的液压控制

采用油电混合动力系统后，已经具备了电池/电容电量储存单元，是否可以充分利用电机控制技术，对每一个执行机构都采用闭式传动方案，从而取消多路阀控制，彻底消除阀内的节流损耗。本书认为油电混合动力系统结合多泵系统，能更好地发挥其优势。

因此针对液压挖掘机采用混合动力系统后的特点，对液压控制方法的基础研究是一项很有意义的研究内容。

5. 油电混合动力技术的不足之处

当前，油电混合动力系统已经处于样机研制阶段，主要采取并联式动力系统和上车机构回转电驱动方案，整机的节能效果大约在 10% ~20% 之间。但仍然存在以下不足之处。

（1）油电混合动力系统的功率等级较大，导致整机的装机功率较大

图 2-15 为某型号的 20t 液压挖掘机的发动机输出功率曲线。从图中可以看出，发动机的输出平均功率大约为 70kW。为了满足整机的驱动性能和发挥混合动力电动机的负载平衡能力，即混合动力电动机在任何转速区域均具有较大的负载平衡能力，混合动力电动机/

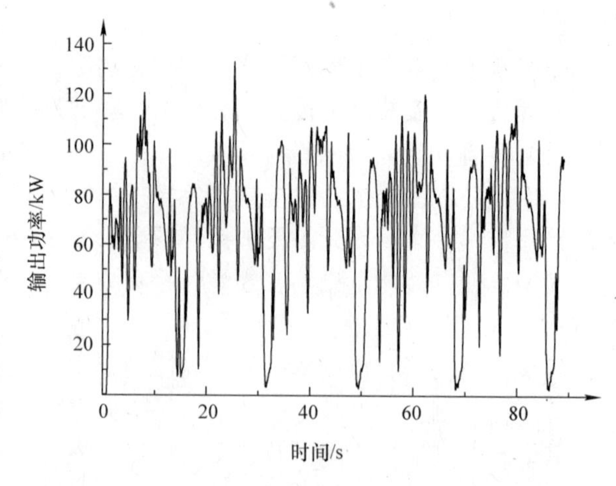

图 2-15 20t 液压挖掘机的发动机输出功率曲线

发电机的功率等级大约为60kW，同时对电量储存单元的最大充放电电流的要求也较高。因此，油电混合动力系统的整机功率等级较大。因此，如何通过系统优化，使变量泵的出口压力和流量波动更为平缓，进而降低对动力电动机和动力电池或电容的要求，是进一步提高油电混合动力系统节能效果和降低装机功率等级的关键技术。

（2）成本高

油电混合动力技术使工程机械动力系统从结构上发生了根本变化，对整机制造体系影响巨大，从而造成生产成本的上升，尤其油电混合动力系统中的电动机/发电机、电量储存单元等价格居高不降，这些缺点无疑严重制约了油电混合动力技术在工程机械上的应用。近年来，随着新能源汽车行业的快速发展，成本已经开始逐渐下降，油电混合动力的整机成本相对原有机型增加幅度可以控制在15%以内时，将会具有一定的应用前景。

（3）能量转换环节较多导致效率不高

由于能量转换经历了发动机、发电机、电量储存单元、电动机、液压泵、液压缸、液压马达等多个环节，每一个环节都存在能量损耗，因此导致整个转换过程中的能量损耗较大，从而在一定程度上抵消了采用这种技术所能取得的节能效果。同时由于能量存储装置（电池）功率较小，短时间无法接收和释放较大的能量。因此所吸收的制动能量小（对于制动能量的回收效率只有20%左右），效率低。工程机械本身是一个十分庞大的液压系统，采用油电混合动力需要液压能－电能－机械能－液压能的多次转换，降低了系统的整体效率。

（4）使用寿命难以保证

目前，主流镍氢电池的使用寿命深度充放电次数只有1000次左右，超级电容的可充放电次数虽然达到了100万次，但成本较高。相对而言，液压蓄能器的循环寿命达到了十几万次。一种理想的油电混合动力系统，油电混合动力单元每20s左右就需要充放电4次，每年工作按1000h计算，则一年的充放电次数为72万次，那么超级电容的寿命也最多1～2年。因此，现有的油电混合动力控制策略根据不能按照理想的控制策略去控制，必然又会降低其节能效果。

（5）储能单元特性难以适应工程机械工况

油电混合方案中电动机电池能量转换系统的高能量密度、低功率密度的特性在液压挖掘机这一高功率密度机械上的应用会影响到挖掘机的作业能力，同时，当前还欠发达的电池技术也制约着油电混合动力方案的实际使用。虽然超级电容可以取代电池作为能量存储单元，但是超级电容价格昂贵，且该技术掌握在发达国家手中，目前难以获得稳定的产品供货。

2.2.4 车辆混合动力技术在工程机械领域的移植性

混合动力系统在车辆领域的应用较为成功，然而工程机械和车辆在运行工况、功能、操作等诸多方面存在显著差别。为了考察车辆混合动力技术在工程机械领域的移植性，对两者所需的混合动力系统进行了对比分析，主要区别体现于以下方面。

（1）系统负载特性

挖掘机是一种多用途的工程机械，可进行挖掘、平地、装载、破碎等多种工作，作业工况较为复杂，一般根据载荷大小分为重载、中载、轻载三种。挖掘机在工作中经常重复执行相同动作，具有较强的周期性。传统挖掘机的发动机和负载机械相连，输出功率波动剧烈，各执行机构制动、下放过程的可回收功率较多，且也呈现一定周期性。因此，与车辆较为平稳的负载特性相比，工程机械的负载具有冲击大、强时变、周期性等特点。

与挖掘机不同，车辆的发动机与负载直接通过变速箱相连，在大多数平稳行驶过程中，负载保持稳定，可通过相应的控制策略使得发动机稳定地运行在理想工作区；车辆通常在起动、制动及上下坡时，进行混合动力的状态切换；而工程机械在工作过程中，负载处于波动状态，混合动力系统各部件需要随负载变化而不停地进行调整以匹配负载。

（2）混合动力电机

首先，工程机械对混合动力电动机的性能要求较为苛刻。以 20t 挖掘机为例，混合动力电动机的输出功率在正负数十千瓦内剧烈变化，且运行环境恶劣，需要较高的动态响应和过载能力。

其次，工程机械和车辆所需的混合动力电动机外特性不同。混合动力车辆用电机通过发挥电机的低速大转矩特性，在车辆起动、低速时辅助发动机加速，克服发动机在低转速时输出转矩较小的特点；在车辆高速运行时，发动机的输出转矩较大，而负载转矩较小，此时电动机需要通过弱磁控制，扩大电动机的工作范围。混合动力挖掘机用电动机主要负责在挖掘机正常作业时平衡负载波动，保证发动机的工作点集中分布于高效作业区。挖掘机的发动机转速范围通常较低，因此与发动机同轴连接的混合动力电动机转速也较低，通常为 1500～2000r/min，且为了保证电动机的波动平衡能力，不能采用弱磁控制降低电动机输出转矩。图 2-16 所示分别为车辆和工程机械所需的混合动力电机的外特性曲线，可见车辆用电动机在高速区进入恒功率模式，而工程机械用电动机需要在全转速范围内基本保持最大转矩输出能力。

再次，工程机械对混合动力电动机的结构设计和安装提出了更高的要求。混合动力挖掘机的振动频率相比车辆从 3g 左右增大到 10g 左右，同时挖掘机用混合动力电动机安装于发动机与变量泵之间，为了保证挖掘机底盘的变形不影响动力系统元件的安装，发动机、电动机和变量泵通过四个支撑点一体化地固定于底盘。以中型液压挖掘机为例，此时电动机和变量泵组合成长约 1m，重约 600kg 的整体，需要电动机具有高强度结构和良好的散热能力。

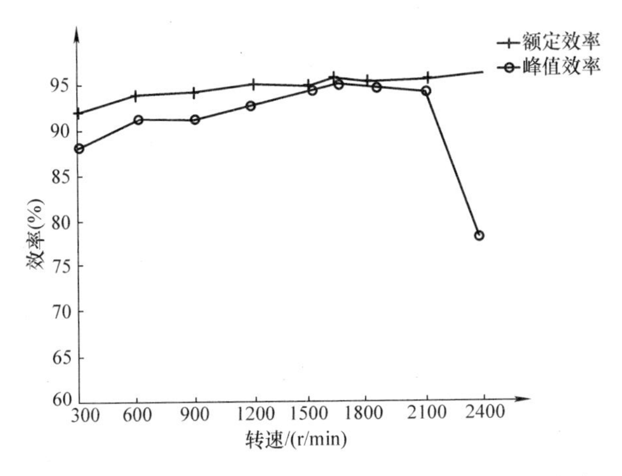

图 2-16　车辆和挖掘机的混合动力电机的外特性曲线

（3）电量储存单元

混合动力车辆在设计电量储存单元时主要考虑两方面因素，一是单次充电的续航里程尽可能长，要求电量储存单元的比能量越高越好；二是良好的加速性能，要求整车质量在同等功率下越小越好。综合考虑，混合动力车辆用电量储存单元的关键影响参数为单位质量的比能量。而混合动力挖掘机可以通过配重的合理设计忽略电量储存单元质量的增加。同时由于挖掘机工况波动剧烈，要求电量储存单元可以快速吸收负载波动，即电量储存单元具有大电流充放电能力，因此在电量储存单元的参数设计上需要考虑单位体积的比功率以及大电流工作时的散热条件。同时由于混合动力挖掘机负载具有一定周期性，作业周期约为 20s，而理论上在单位作业周期内电量储存单元需要充放电 2 ~ 3 次，即充放电周期约为 7s，对电量储存单元的使用寿命也即可充放电次数要求严格。

（4）动力协调控制

混合动力系统通过对各部件的协调控制维持电量储存单元的荷电状态（*SOC*）平衡并将发动机工作点优化在高效作业区。对于混合动力车辆，执行机构和工作模式均相对简单；而混合动力挖掘机执行机构多、工况复杂，且负载波动剧烈、周期性强，对控制策略的设计和实施形成较大的挑战。混合动力挖掘机控制系统的能量输入输出部件包括发动机、动力电动机、回转电动机、回收电动机、电量储存单元等，各部件的相互耦合及干扰对能量流动路径规划和管理要求严格。另外，即使实现发动机工作点的综合优化和能量的有效管理，还需考虑各个电动机、电量储存单元等在宽工作范围内的寿命、可靠性等实际应用中备受关注的问题。因此，混合动力工程机械的控制复杂度和难度均不小于混合动力车辆。

根据上述分析，可见针对车辆的特性而研究开发的混合动力系统和技术直接移植到工程机械上是不可行的。为了通过混合动力技术实现工程机械的节能减排目标，必须针对工程机械的实际作业特点，开展一系列新的研究工作，包括混合动力系统的共性关键技术、能量回收及电液控制技术、关键元器件研制技术、整机研制及测评技术等，并以相应的研究成果为基础开发出高效高性能的新型混合动力工程机械。

2.2.5 油电混合动力技术的研究进展

近年来，采用发动机和电动机进行复合驱动的油电混合动力挖掘机成为国内外的研究热点之一。目前，国外采用这一方法的主要有小松、日立建机、神钢、卡特彼勒、凯斯、早稻田大学、首尔大学、蔚山大学等，在国内有浙江大学、三一重工、中联重科、山河智能、柳工、徐工、江麓机电、吉林大学、中南大学、华侨大学等。其关键技术包括动力复合模式、参数匹配、动力系统控制、能量综合管理等方面[6]。国内外研制的样机主要如图 2-17 和图 2-18 所示。

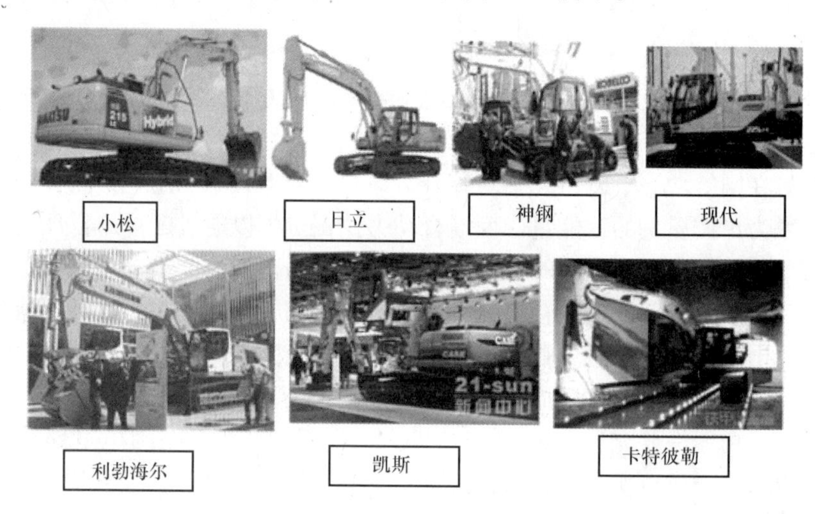

图 2-17 国外混合动力液压挖掘机样机

1. 国外研究现状

国外在混合动力工程机械研发方面起步较早，而且发展较快。一些研究机构和工程机械制造商如：日本早稻田大学、卡特彼勒、小松、日立建机、住友建机、新卡特彼勒－三菱、神户制钢及沃尔沃等已对混合动力工程机械进行了不同程度的研究工作。上述大企业致力于开发具备混合动力的下一代工程机械，正是因为看到了它的远期竞争优势。近几年来，以挖掘机和装载机生产企业为代表的工程机械企业已经在混合动力新产品的研发上取得了一定的成绩。

（1）日立建机

2003 年，日立建机首次开发了能够降低大量燃油消耗的并联式混合动力装载机，如图 2-19 所示，其采用混合动力技术后的节能原理主要就是利用能量回收系

图 2-18　国内各油电混合动力挖掘机样机

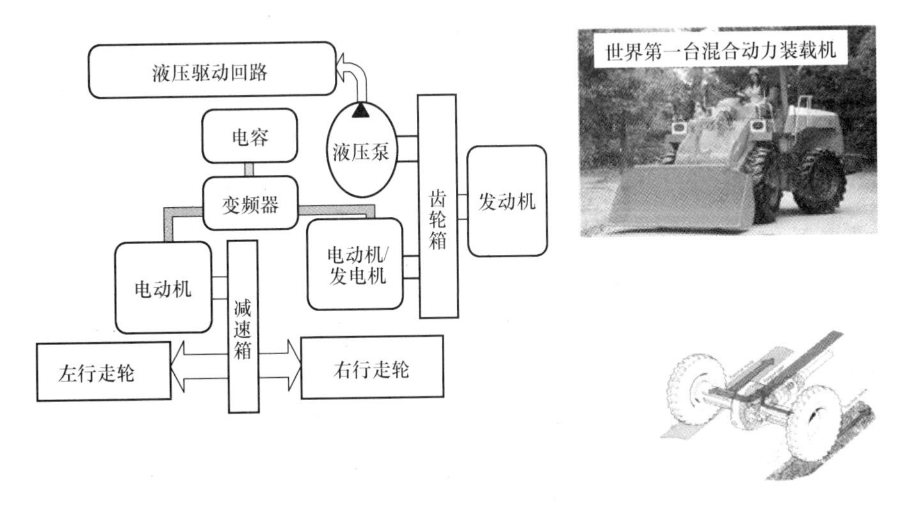

图 2-19　并联式混合动力装载机

统回收装载机刹车制动时释放的大量动能。该系统主要是采用一个电动机替代原来的液压马达驱动行走机械，在加速起动时，电动机工作在电动模式下驱动行走机构，在行走机构驻车时，大量的动能通过工作在发电机模式下的电动机被回收利用储存在电池中。这种系统节省燃料最高可达 40%。

2007 年 5 月，比小松慢半个月左右，日立建机也研制出了 20t 的 ZX200 混合动力挖掘机。如图 2-20 所示，该系统采用了并联式混合动力系统，其能量回收系统分为两部分，回转制动动能回收和动臂下放势能回收，其转台采用一个电动机/发电机驱动，当转台制动时，电动机/发电机处于发电状态，当转台加速时，电动机/发电机处于电动状态。动臂势能回收采用了一个定量液压马达、发电机及相关电磁换向阀等，当动臂下放时，其动臂液压缸无杆腔的液压油驱动液压马达 - 发电机回收能量，动臂下降的速度靠调节发电机的速度来调节。整机的节能效果大约为

20%，但动臂势能回收效果并不理想。

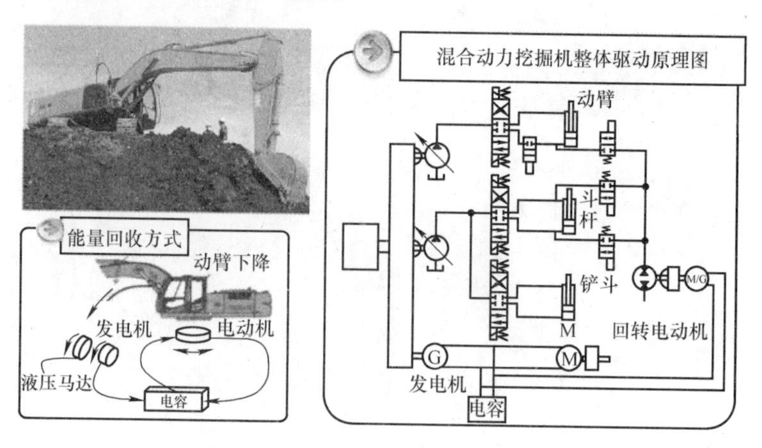

图 2-20 日立建机 ZX200 混合动力挖掘机

2015 年，日立建机又推出了一款混合动力挖掘机 ZH200－5A 如图 2-21 所示，动力系统采用了发动机和混合动力电动机不同轴的并联系统，而上车机构采用了电动机/发电机代替液压马达驱动，电量储存单元采用了超级电容和电池组成的复合能源，如图 2-22 所示。这种挖掘机可减少燃料消耗和二氧化碳排放约 20% 以上，4～5 年可收回成本。ZH200 采用五十铃 AI－4HK1X 发动机，功率并未降低，功率 113kW，4 缸 5.193L 排量。操作质量 20.9t。

图 2-21 日立建机混合动力挖掘机整机及关键元件

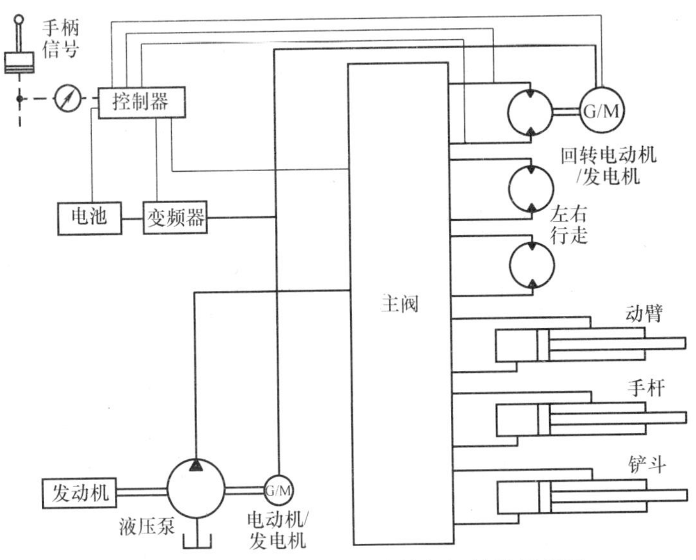

图 2-22　日立建机混合动力挖掘机整机原理图

（2）小松

2006 年，小松研制出世界上第一台混合动力电动叉车 AE50。该叉车采用并联式油电混合模式，拥有两种以上不同制动原理的制动源，运行时根据情况改变动力源，其混合动力源为发动机 + 蓄电池 + 电容器的组合，与标准电动叉车相比可以节能 20%。

2007 年 5 月，小松研制成功了世界上第一台混合动力液压挖掘机的试验机型 PC200 - 8 - Eo，可节油 25%[7]。如图 2-23 所示，该样机采用了并联式混合动力系统，发动机、电动机和变量泵同轴相连，发动机输出的能量主要用于驱动液压泵，多余或不足的部分由电动机通过发电、电动状态的切换来吸收或补充。液压系

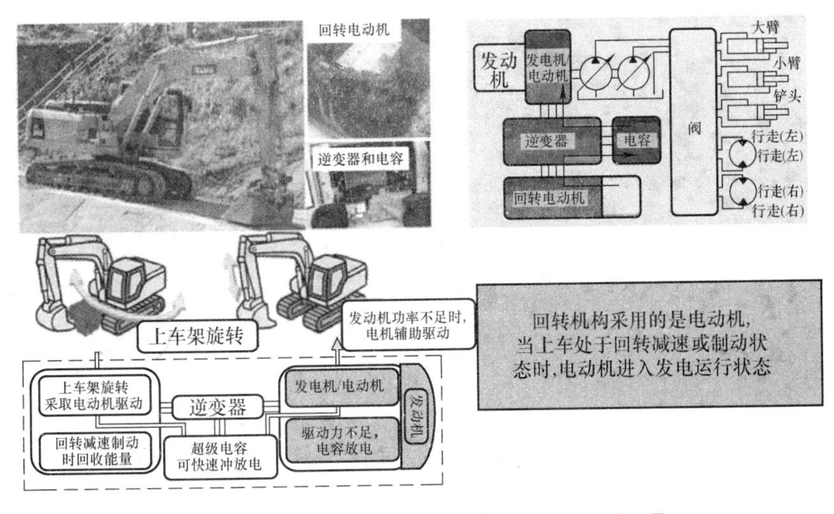

图 2-23　小松混合动力液压挖掘机 PC200 - 8 - Eo

统方面的改进主要是用直流电动机驱动上车机构进行回转动作。上车回转起动时，由直流电动机驱动来起动，回转停止时利用惯性来发电，储存到电容里再利用。该机型包括后面的几款小松升级版的机型实际上也只是回转液压马达改成了电动机，其他的部分还是用液压马达。柴油机还是主要的动力源，带一个大的发电机发电，供电给回转电动机，别的部分还是用发动机带液压泵，经控制阀到液压缸和行走液压马达。发动机并没有采用电动机/发电机对波动负载进行削峰填谷。

2011 年 10 月，在北京的 BICES 工程机械展上，小松推出了混合动力挖掘机 HB205 - 1（图 2-24 和图 2-25），此款挖掘机是 PC200 - 8 Hybrid 的升级版，提供四种动力输出模式，可以安装液压破碎锤等液压附件。HB205 - 1 配备新型 0.9m^3 铲斗，采用了 60A 发电机，已实现批量生产。这种挖掘机节能效果约为 20%，购机时 HB205 - 1 的实际成本只比 PC200 - 8 高 53517 元，HB205 - 1 比 PC200 - 8 每小时节约 3 ~ 5L 柴油，因此基本工作 1783h 即可收回成本。

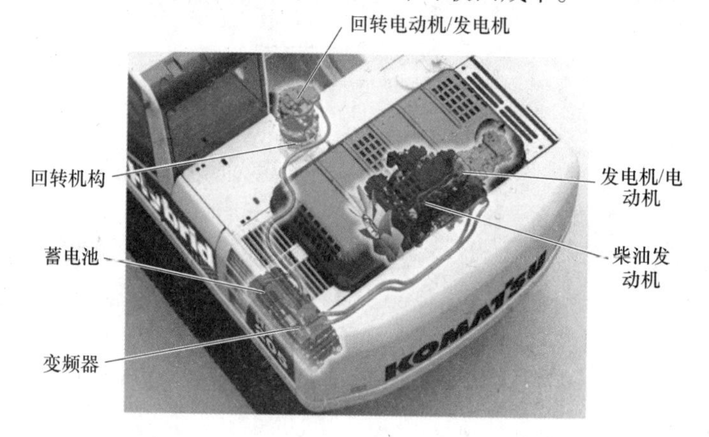

图 2-24　小松混合动力挖掘机元件布局

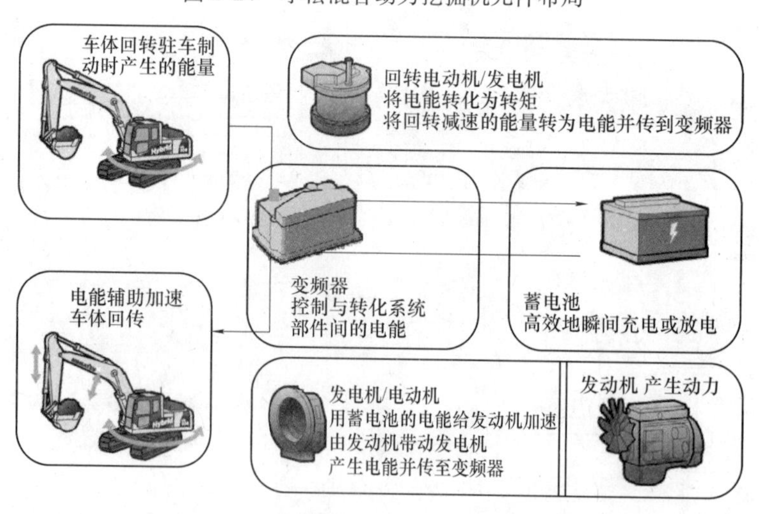

图 2-25　小松混合动力挖掘机能量转换图

2012年4月，在法国巴黎的Intermat工程机械展上，小松推出了第二代混合动力挖掘机HB215LC－1，此款挖掘机是全世界仅有的最大吨位级别的混合动力产品。HB215LC－1配备了小松先进的电动机、动力发电机、超级电容和141hp（104kW）的柴油发动机，同常规产品相比实现节能25%，并且具有较大的动力，额定功率、挖掘力和爬坡力也有所提高。2011年3月以后，有超过2500台HB215LC－1混合动力挖掘机销往世界各地。

在30t级别以上，目前只有小松推出了油电混合动力挖掘机，早在2013年，36t级的HB335/HB365－1就已经在澳洲小规模投入市场。经过试用和改进，2015年小松向中国推出了HB335/365－1M0两种机型，如图2-26和图2-27所示，其采用的混合动力柜技术方案和20t级别几乎完全一样。布置在发动机和液压泵之间的发电机/电动机改用开关磁阻（SR）电动机，SR电动机的好处是结构简单、不使用永磁体，以及耐热性好，同时发动机带动转子消耗的能量也更小。电流转换器和电容器的位置发生变化，由于功率更大，尺寸也有所增加，因此安装位置从发动机散热器位置改到工具箱的位置。主液压泵上安装有一个润滑油泵，用于给发电机/电动机进行润滑，以保证其可靠运行。

小松油电混合动力挖掘机HB365－1M0外形如图2-26所示，HB335－1M0的整机混合动力布置如图2-27所示。

图2-26　小松油电混合动力挖掘机HB365－1M0外形

（3）神钢

2006年4月，在法国巴黎的Intermat工程机械展上，纽荷兰与神户制钢联合研制推出了7t混合动力液压挖掘机样机SK70H，引起了广泛的关注，并于2007年1－5月在日本投入使用。发动机输出的动力完全用于驱动发电机发电，电能以直流电的形式储存在电池和电容当中。如图2-28所示，该系统也采用了电动机取代液压马达驱动转台的方式。在液压系统方面，动臂单元采用液压泵/马达的驱动方式，在动臂下降时，液压马达将回油的液压能转化为机械能直接用来与电动机共同驱动泵，若回收功率超出了液压泵的需求，则多余的机械能通过电动机（此时工作于

图 2-27　小松油电混合动力挖掘机 HB335－1M0 的整机混合动力系统布置

发电状态）转化为电能存储在蓄能装置中，从而实现了动能和重力势能的回收。该回收方法的优点是采用液压泵/马达的驱动方式，缩短了能量回收流程，但由于液压缸的频繁换向，需要电动机频繁正反转驱动，造成能量的额外损耗，而且还会影响电动机的寿命，同时液压泵/马达的进出油流方向频繁变化需单独设置过滤设备。

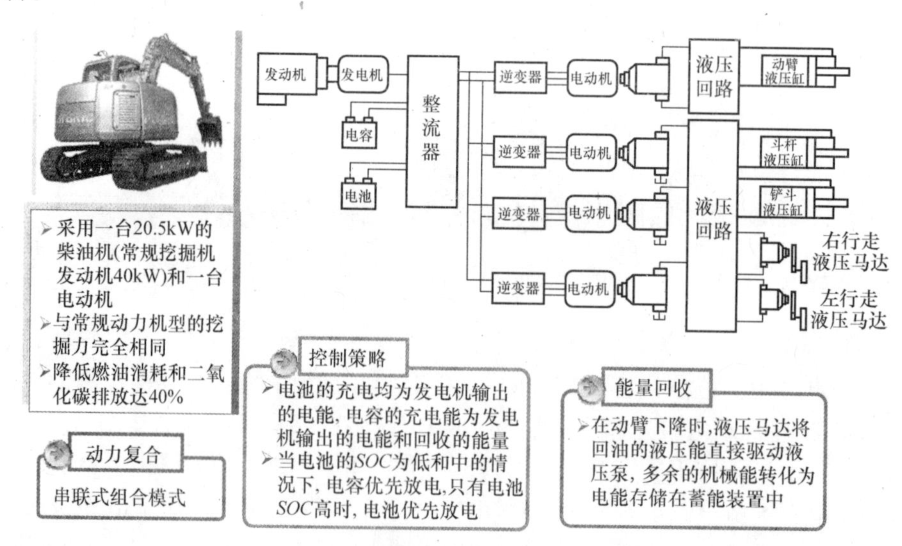

图 2-28　串联式混合动力挖掘机

2011年10月，在北京的BICES工程机械展上，神户制钢发布了SK80H型混合动力挖掘机。实际上该机型是2008年夏天，完成对第一代混合动力挖掘机样机SK70H的验收评价后，神钢确定第二代样机的量产技术，并在日本国内2009年推出。目前神钢混合动力挖掘机产品已经包括了8t级的“SK80H”和20t级的“SK200H”两种机型。以SK80H为例，神钢的混合动力系统如图2-29和图2-30所示，在液压驱动系统上采用并联式混合动力系统，回转系统上采用了串联式混合动力系统，与非混合动力同一级别机型相比，洋马发动机（4TNV84T）功率为27kW/（1800r/min），发动机功率从传统机型的41kW降低了1/3，两种电动机都采用了三相交流同步型永磁电动机，混合动力电动机的功率大约为20kW，储能单元采用了镍氢电池。无负载或轻负载时所剩余的发动机输出和停止回转时的惯性动能转换成电能，并储存到电池，当重负载时，通过发电机/电动机，发动机输出补充来自电池电能的输出。利用发电机/电动机的辅助效果，可以实现发动机负载的平衡化，还可以采用小型发动机。储存到动力电池中的电能来自两个系统。其一是来自发动机输出的剩余部分，利用发电机/电动机而产生的电能，还有一个是停止回转时的惯性动能被再生转换成电能。这些电能是作为重负载时的辅助动力，被加以利用。该机型获得的优势如下。

1）跟本公司同级别非混合动力挖掘机SK70SR相比，传统机型每小时消耗柴油8.1L，通过首次采用混合动力系统、能源浪费降低到最小程度的高效率动力输出，混合动力机型每小时消耗柴油4.9L，降低燃料消耗量约40%。

2）因降低燃料消耗量，还延长加油间隔。跟同级发动机相比，相当于采用了105L的大容量油箱，通过一次加油，可以实现连续工作时间约26h。跟本公司同级别挖掘机SK70SR相比，还延长了约8h的加油间隔。

3）降低燃料消耗量归根结底就是能降低CO_2排放量。还有，同时也与降低颗粒状物质（PM）和氮氧化物（NO_X）的排放量有关。传统机型SK70R-2每年排出CO_2达到了17t，而该机型每年只排出10.2t，降低排放20%。

4）发动机小型化的低噪声运行是混合动力系统的优势。SK80H达到了90dB（A）的噪声，大幅度超过了日本国土交通省的超静音型建设机械的标准指标。更为惊人的是其数据指标与本公司1.5t级小型挖掘机的数据相同。但是，驾驶室内部实际实现了64dB（A）的静音效果。

（4）国外其他典型产品

2008年3月，在美国拉斯维加斯的Conexpo工程机械展上，沃尔沃展出了采用混合动力技术的L220F轮式装载机。如图2-31所示，该机型重30t、功率为260kW，节油率达10%；协助发动机工作的电力系统在装载机的常规作业中不运转，电动机只在发动机工作效率最低的低转速运转时提供辅助动力；首批产品于2009年底交付使用。同样阿特拉斯ATLAS也研制出了混合动力装载机AR65，如图2-32所示，其系统直接采用了Deutz研制的混合动力驱动总成，原来51kW的内

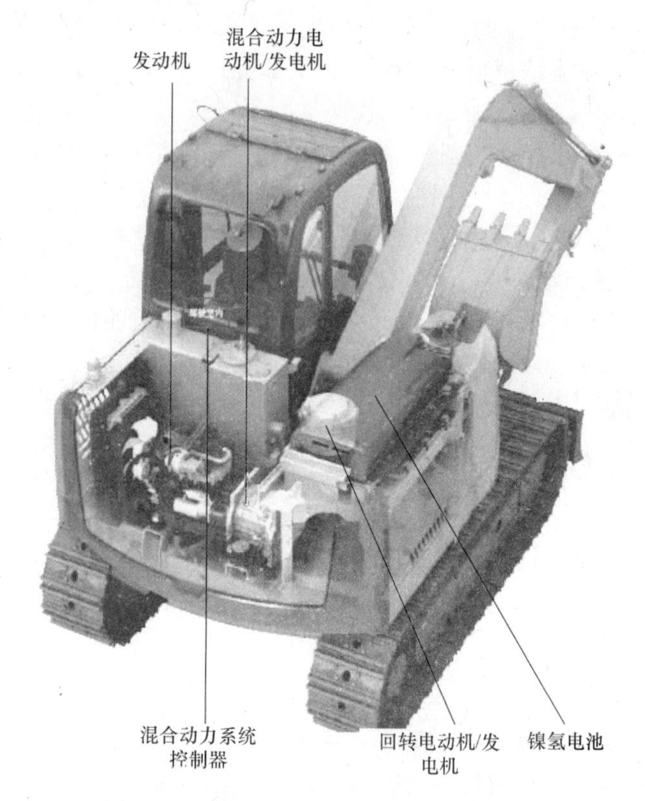

图 2-29 SK80H 混合动力挖掘机整机布置图

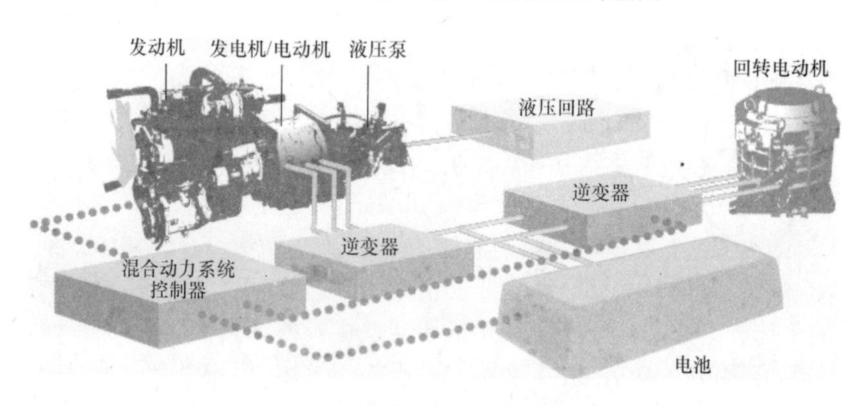

图 2-30 SK80H 混合动力挖掘机能量转换图

燃机被 37kW 内燃机和额定/峰值为 15/30kW 的电动机取代，其能量回收主要来源于行走机构。

卡特彼勒在 2008 年 3 月的美国拉斯维加斯的 Conexpo 展会上展出了世界上第一台推土机样机 D7E 系列 27t 串联混合动力，如图 2-33 所示。该样机系统采用串联结构，采用卡特 C9 发动机（175kW，Tier3 发动机），驱动一个发电机产生电能，

图2-31 L220F型油电混合动力装载机

图2-32 AR65混合动力装载机

驱动两个交流电动机控制动力转向系统，发动机与发电机一起工作，没有机械变速器，用交流变速电动机驱动推土机，取代了原来的液力机械传动方式，可减少60%的机械传动部件，达到Tier4排放要求。

图2-33 卡特彼勒推出的D7E系列27t串联混合动力推土机样机

2008年6月，住友建机株式会社发售了世界首创的SH200混合动力磁盘起吊式挖掘机。20t LEGEST Hybrid磁盘起吊式挖掘机主要用于处理碎钢铁作业。由于挖掘机工作时间长，用于能量回收的转台转速频率高，适合混合动力技术的采用，该挖掘机可节省燃料40%。2013年12月，住友建机株式会社开始在日本国内销售混合动力挖掘机SH200HB-6，如图2-34所示。该机型不仅油耗低，还实现了超越一般液压挖掘机的动力顺畅运作的功能。住友建机SH200HB-6混合动力挖掘机采用电动机驱动的方式，通过使用高输出/高效率的电动机，从而实现了超越一般液压挖掘机的强大动力及低油耗性能。该机型降低燃油消耗和降低排放达到15%以上。此外，还具备同级别中0.9m^3超大容量的铲斗。

2009年2月，斗山重工开始研发新型混合动力挖掘机，与标准的DX225型挖掘机相比，该混合动力型挖掘机的二氧化碳排放量将减少35%，节约35%的燃料，每台挖掘机一年节省约9万人民币。

2009年4月，在法国巴黎的Intermat工程机械展上，美国凯斯公司展出了与日本住友公司合作研制的CX210B混合动力挖掘机，该挖掘机的转台采用电动机驱动，连接可储存电能的超级电容器。与传统的蓄电池相比，超级电容器可直接储存电能，从而达到了节能的目的。小松在该展会上宣布，在国际范围内推出PC200－8 Hybrid油电混合动力型挖掘机。该款挖掘机早在2008年6月已在日本市场开始销售，采用了并联式油电混合动力，平均耗油比标准的PC200－8挖掘机低25%左右，最大油耗降低可达41%，节能降耗的效果十分明显。

图2-34　住友建机SH200HB－6混合动力挖掘机

2009年10月，三菱重工推出自主开发的混合动力叉车，该设备同时配备了燃油发动机和锂电池，其燃油效率比普通叉车高40%，且行驶性能优越。小松电机则在2009—2010年间推出了适用于混合动力叉车的发电机，供生产新一代叉车的子公司使用。

2009年12月，世界第一大叉车生产商丰田公司开始生产使用镍氢电池的混合动力叉车，如图2-35所示。丰田普锐斯所搭载的电池已被改良，并用在叉车上。FCHV－F项目从2004年开始，在叉车中所用的许多部件也用于FCHV轿车中，丰田公司期待其叉车用户将会受益于由于部件的通用性而带来的成本降低。

在2011年3月的美国拉斯维加斯博览会上，老牌日本工程机械制造商川崎（Kawasaki）推出了旗下的第一款混合动力装载机65ZHybrid，如图2-36所示。该混合动力装载机采用了电容作为电量储存单元，同时采用了一种由行星齿轮、电动机/发电机构成的结构，使得能量在变量泵、发动机、电动机/发电机之间完全匹配，将浪费在液力耦合器中的能量收集起来，在工作的时候释放电能，驱动装载机工作。该系统还可以将装载机制动时的能量收集起来，在装载机工作时，作为发动机的补充动力释放出来。川崎65ZHybrid混合动力装载机可以比同级别普通装载机节省燃油35%以上。该系统的能量回收系统主要是针对行走机构制动时的制动动能。

图2-35　丰田公司的混合动力叉车

2013年，慕尼黑宝马展上利勃海尔首推油电混合动力挖掘机概念机，R9XX。这款工作质量为40t的R9XX机型（图2-37）配备一款160kW的发动机，以及液

图 2-36　川崎 65ZHybrid 混合动力装载机

压和电能储备模块，工作原理主要包括回转电驱动和动臂泵阀复合驱动，和其他制造商的油电混合动力一样，将挖掘机回转时的能量收集并储存在能量收集模块中，然后在工作时释放出去；另外还在其动臂位置做了特殊液压改良设计，可将大臂下降中的部分重力势能转化为液压能；并将同多余未用尽的液压能一起储存起来，供下次动臂提升使用。通常 40t 级别挖掘机需配备 200kW 的发动机来提供动力。也是在 2013 年的慕尼黑宝马展上，特雷克斯和道依茨一起开发的一款油电混合动力挖掘机首次亮相。这款挖掘机的核心部件，由道依茨和博世集团提供，两家公司都是德国非常著名的发动机、电子器件领域的制造商，整个研发项目也受到了德国经济技术管理署的大力支持。

图 2-37　利勃海尔首推油电混合动力挖掘机概念机 R9XX

2. 国内研究现状

国内进行混合动力工程机械研究的生产厂商和研究机构还不多。近年来，国内各工程机械生产厂商积极与高校科研机构或国外大型工程机械公司联合，在原有工程机械的基础上进行改进，在一定程度上提高了工程机械的效率，但是在新产品的研发上却投入较少。主要工程机械制造企业詹阳动力、三一重机、柳工、江麓建机和徐工等已经实质性进入了混合动力工程机械的研究与开发，并取得了一定成果。混合动力在工程机械上的技术应用已经引起了国家科技部的重视，科技部已经将“新型混合动力工程机械关键技术及系统”项目列入2009年国家高技术研究发展计划（“863”计划）先进制造技术领域的重点项目，已有多家工程机械生产厂家联合高校积极参与，首批承担混合动力工程机械863科研攻关计划的有浙江大学、柳工和江麓建机等。

国内浙江大学流体动力与机电系统国家重点实验室自2003年开始油电混合动力挖掘机的研究工作，在动力复合模式与参数优化、动力系统控制、电动回转及制动能量回收、动臂势能回收等关键技术方面进行了系统性的研究，并成功研制集成了整机能量管理与控制、发动机工作点动态优化、电动回转制动能量回收、动臂势能回收等技术为一体的油电混合动力挖掘机综合试验样机，详细介绍参见2.2.6小节。

2007年10月，在北京的BICES工程机械展上，与新加坡新科动力合资重组后的贵州詹阳动力重工推出了JYL621H混合动力环保型轮胎式液压挖掘机样机，开创了我国混合动力工程机械的先河。其系统采用串联式混合动力技术，实现了工作装置平稳、高效工作，可以实现20%的节能目标。

2008年11月，在上海的Bauma工程机械展上，贵州詹阳动力重工又推出了JYL020H混合动力牵引车，采用串联式混合动力技术，发动机与电能自动切换功能配置，四轮制动外加再生能量制动，可以节油20%。

2008年12月，武汉理工大学对轮式起重机UC－25进行了混合动力改造。分析了超级电容器的原理、电特性及应用关键技术，仿真验证了超级电容器的电特性。建立了轮式起重机的混合动力系统数学模型。模型显示同比条件下，采用混合动力技术轮胎起重机可节约柴油40%左右。

2009年11月，在北京的BICES工程机械展上，三一重机推出了SY215C型混合动力液压挖掘机。该机采用了油电混合动力，即在回转部分采用了电动机和液压马达共同驱动，可以回收回转制动时的能量。该液压挖掘机做复合动作时，回转部分不会与其他执行元件分争液压能，减少了能量消耗。该液压挖掘机可节能30%，效率可提高25%。

2010年8月，山河智能推出了国内首台自主研发的商品化混合动力挖掘机SWE210，该挖掘机采用并联混合动力系统，完成相同的工作量，发动机所需输出的功率大大减少，在节能的同时更降低了排放，整体节能效果在20%以上，整机回转动作时的噪声指标降低50%以上。

2010年11月，在上海的Bauma工程机械展上，柳工机械股份有限公司推出了混合动力装载机CLG862和CLG922D混合动力挖掘机。CLG862混合动力装载机利用发动机和先进的超级电容ISG电动机共同为装载机提供动力，可实现高低负载工况下的转矩合成及平均化，可以省油至少10.5%。混合动力挖掘机CLG922D应用了具有自主知识产权的新一代CAPC系统（微型计算机全功率控制系统），CAPC系统是机电液一体化的完美结合。该款挖掘机较原有机型节能20%左右。

2010年，中联重科推出了与浙江大学共同研发的具有国内自主知识产权的混合动力挖掘机ZE205E-H，在秉承中联ZE205E挖掘机整体优点的基础上，通过不同动力源的联合工作，使整体各执行元件充分发挥各自的优越性以提高能量的利用率，降低油耗，减少有害气体排放，是一款新型节能环保型挖掘机。

工程机械产品都是耗油大户，每一次生产企业在“省油”方面的技术进步，都成为产品推向市场的巨大卖点。混合动力工程机械的研发与应用需要技术的不断完善。相对于传统产品，混合动力工程机械的售价较高，其发展需要一个漫长的过程，但伴随着全球环保节能理念的深入，混合动力将成为未来行业生产的一种趋势。对于正在谋求实现从制造大国向制造强国转变的中国工程机械行业来说，无论是主机企业还是配套企业，提前把握市场未来的发展趋势，率先开展先进技术的研发是十分必要的。

2.2.6　油电混合动力技术的应用实例

1. 油电混合动力挖掘机的应用实例

对油电混合动力技术研究的典型代表为浙江大学王庆丰教授课题组[8][9][10]。如图2-38所示，其课题组提出了发动机动态工作点控制策略，经过一代样机（图

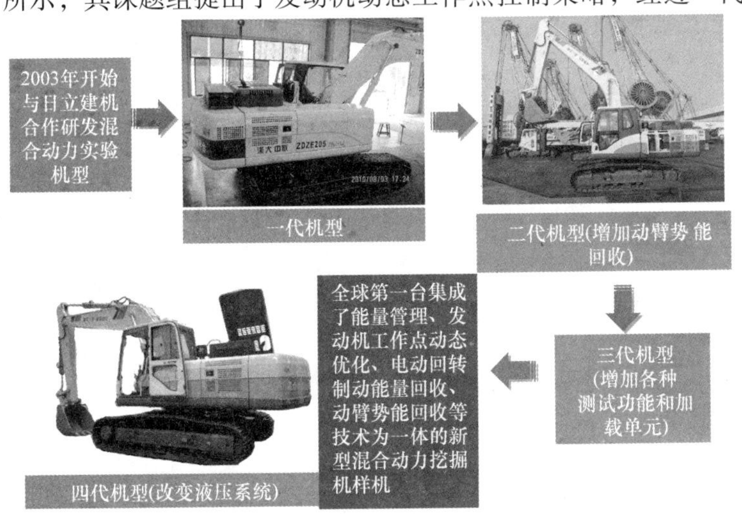

图2-38　浙江大学油电混合动力挖掘机研发历程

2-39)、二代样机（图2-40）、三代机型、四代机型的不断研制，最终研制出了全球第一台集成了能量管理、发动机工作点动态优化、电动回转制动能量回收、动臂势能回收等技术为一体的新型混合动力挖掘机样机。该油电混合动力挖掘机主要由以下5个子系统组成。

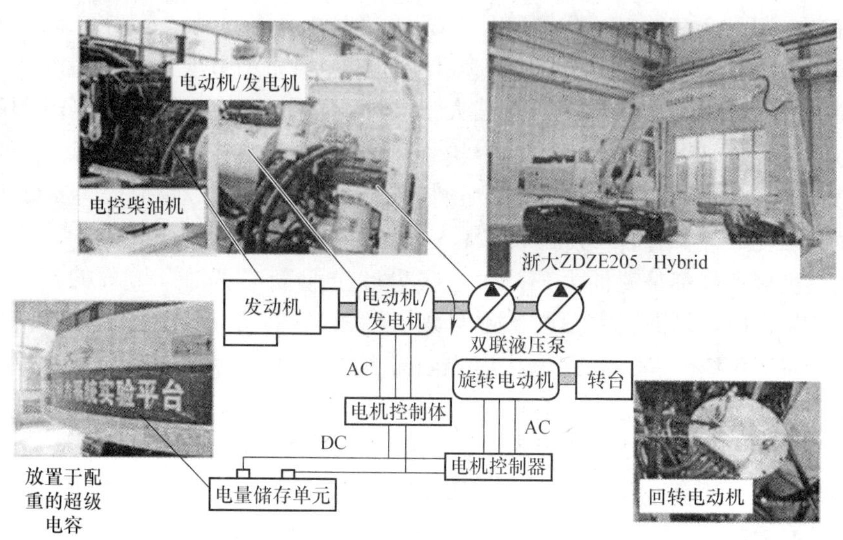

图2-39 浙江大学第一代油电混合动力挖掘机样机结构方案

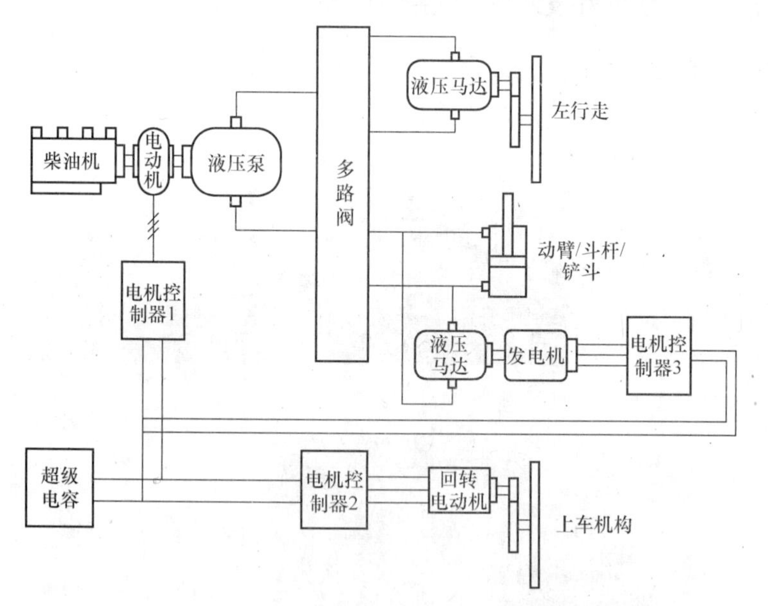

图2-40 浙江大学第二代油电混合动力挖掘机样机

1）动力系统（发动机和电动机/发电机同轴相连的并联式混合动力系统）。

2）液压系统（国内唯一的针对混合动力改进液压系统）。

3）电驱动回转系统。

4）势能能量回收系统（全球第一台）。

5）电控系统（基于 CAN 总线的故障诊断）。

混合动力挖掘机发动机动态工作点控制策略的系统框图如图 2-41 所示，具体实现如下：通过检测负载压力对作业工况进行实时识别；根据工况等级和储能元件 *SOC*，通过一系列逻辑判断规则给出发动机的最佳油门位置控制信号，并结合发动机的机械特性确定其目标转速；当发动机油门位置不变时，构建闭环反馈控制，通过控制电动机/发电机的电磁转矩，补偿发动机和负载之间的波动，保证发动机实际转速稳定于目标转速；当发动机油门位置切换时，通过比较实时检测的喷油量和控制器预存的稳态喷油量，主动预测需求补偿转矩并由电动机输出，从而对油门位置的切换过程进行协调控制，实现油门切换时的快速响应和平稳过渡。

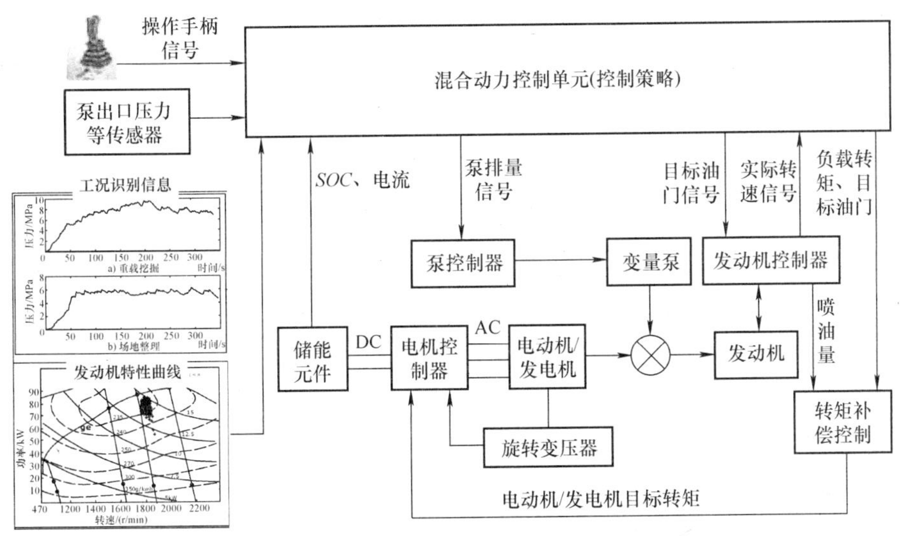

图 2-41　混合动力挖掘机发动机动态工作点控制策略的系统框图

如图 2-42 所示，为了验证采用混合动力辅助驱动单元电动机/发电机能否通过其对负载的削峰填谷，实验中假设发动机工作在某个经济工作档位，从图中可以看出虽然变量泵的输出功率动态变化，但发动机的输出功率基本不变。

动态工作点控制策略保证了发动机油门位置不变时的工作点优化，也保证了油门位置切换的快速性和动力系统输出的平稳过渡，同时使得储能元件 *SOC* 处于平衡状态。试验结果表明，采用该控制策略后，发动机工作点和储能元件 *SOC* 均处于稳定的工作状态，相比于传统动力系统节省燃油消耗超过 15%；不同油门切换模式下，系统响应具有预期的快速性和稳定性，如图 2-43 所示。

2. 油电混合动力装载机的应用实例

以常林 ZLM15B 轮式装载机为原型，进行了相应的轮边电力驱动系统研究，其整体改造方案如图 2-44 所示。

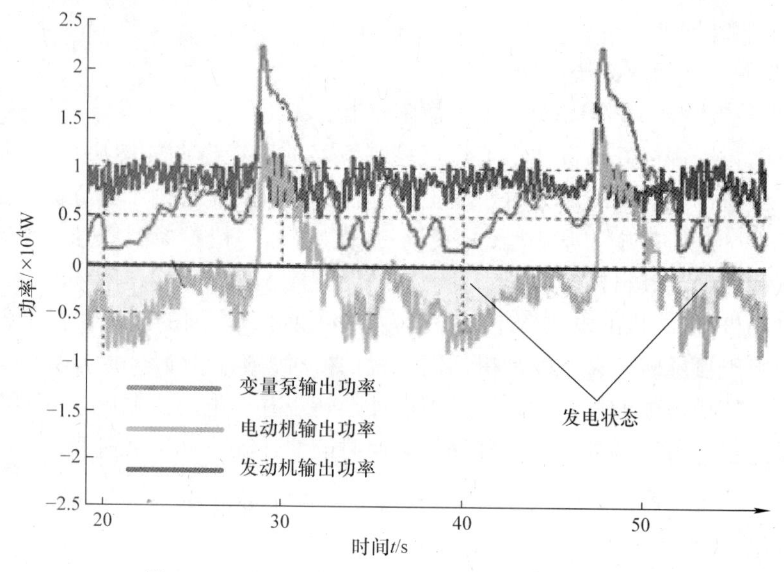

图 2-42 油电混合动力系统的功率分配实验曲线

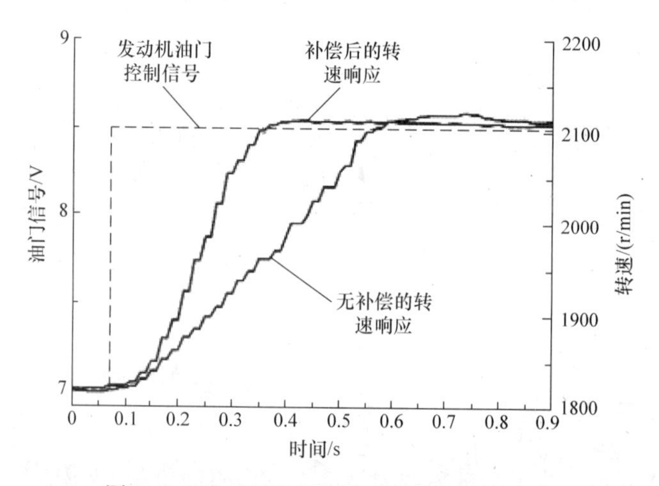

图 2-43 发动机油门切换时的转速响应曲线

行走驱动系统取消了液力变矩器和变速箱等机械部件，改由 2 个固定传动比的永磁同步电动轮前轮驱动，动力源为柴油发动机，由发动机驱动发电机，为永磁同步电动机提供电源。工作装置也改由异步电动机串联液压齿轮泵来驱动。2 个永磁同步电动轮除能实现行走功能外，也能完成制动功能，包括行车制动和驻车制动，行车制动能量由一个超级电容回收。

永磁同步电动轮集永磁同步电动机、制动器和行走减速器三种功能模块于一体。永磁同步电动机选用永磁体内置结构形式，并采用转矩控制，可实现弱磁扩速自适应路面变化。制动器选用湿式多盘结构形式，并采用电液线控技术，布置灵活，响应快，可实现防滑牵引力控制。行走减速器选用多级行星减速结构形式，可变速比，以满足轮式工程机械不同工况之间的转换。三种功能模块分体安装，可根据不同需求选配相应型号，具有结构简单、组合灵活、维修方便等特点。

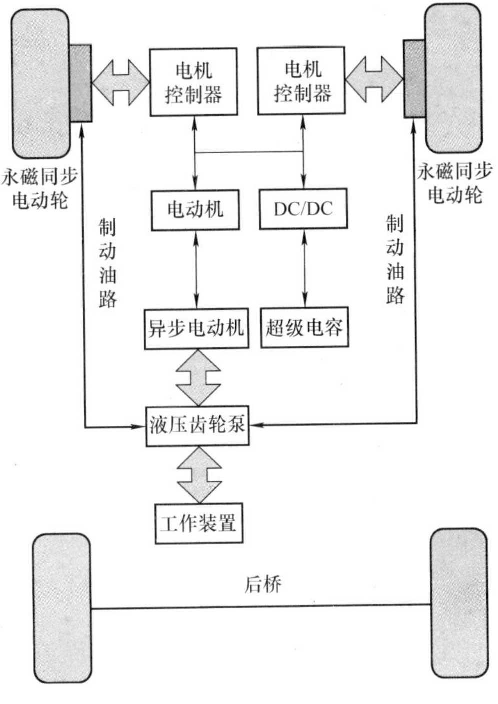

图 2-44　ZLM15B 总体改造方案

通过 ZLM15B 整机试验，对轮边电力驱动系统的关键技术的性能进行了综合实验分析。通过空载、重载的直线行驶实验，可知电力驱动装载机具有良好的加速特性；通过空载、重载转向实验，外侧车轮没有出现滑移，并且内、外侧驱动轮的滑转率较小，可知电力驱动装载机具有良好的差速特性；再生能量回收效率可达 67.9%，控制策略作用明显；通过空载、重载牵引实验，验证了电力驱动系统的牵引特性。从而，验证了油电混合动力系统的可靠性和良好的操控性。

2.3　液压混合动力技术

2.3.1　液压混合动力技术概述

对于液压驱动的工程机械来说，若直接以液压蓄能器回收系统回转的制动能量，不仅遵循能量流程环节最小原则，而且不存在能量形式的转换而带来的功率损耗，同时蓄能器具有功率密度大的特点，更能满足挖掘机某瞬间对大功率需求的工况；另外，相较于蓄电池或者超级电容，蓄能器本身具有使用寿命长、成本低、质量轻等优势。因此，基于液压蓄能器的混合动力技术和以液压储能式能量回收系统进行工作装置下降势能与回转制动能量的回收，是实现工程机械高效节能的有效途径之一。

与油电混合动力相类似，液压混合动力系统的辅助动力装置由液压泵/马达和液压蓄能器组成，利用液压蓄能器能量暂存特性和液压泵/马达可工作于四象限的特点，对发动机进行功率调峰和再生制动。系统工作时，液压辅助动力装置主动调节发动机工作于燃油经济性较高区域，根据控制策略可以单独或与发动机一起输出动力；制动时，液压泵/马达将制动能转换成液压能，储存在液压蓄能器中，在随后的起动、加速或正常运行工况，制动过程中回收的液压能通过液压马达释放出来，辅助发动机或者单独驱动整机行驶。

2.3.2 工程机械液压混合技术和油电混合动力技术的异同点

（1）两种混合动力技术的节能减排控制方法相同

两种混合动力技术节能的主要途径主要包括，运用再生制动技术回收制动动能，减少了能量损耗；通过“削峰填谷”的作用，以使发动机保持运行在高效区域；降低了发动机的装机功率，提高了经济性；通过自动怠速优化控制降低燃油消耗。

两种混合动力技术改善发动机尾气排放的途径主要包括，混合动力整机的经济性提高，直接降低了排放量；优化后的柴油机工作点，降低了污染物排放的强度；柴油机动态过程相对稳定，为发动机排放的后处理降低了技术难度。

（2）能量回收方式具有一定相似性又有所不同

对传统装载机、推土机、压路机等行走驱动型工程机械来说，在减速或者制动时，大部分的动能都以制动蹄片的摩擦、发动机的机械摩擦、泵损耗等形式消耗掉了。由于制动动能在系统中是以机械能的形式存在，而不是电能或者是液压能，因此油电和液压混合动力系统都是采用电动机/发电机或者液压泵/马达对制动动能进行回收。

然而对于液压挖掘机来说，液压挖掘机在动臂下放和转台制动时也存在大量的负负载，由于这部分可回收能量在系统中已经以液压能的形式存在，比如动臂势能以动臂液压缸无杆腔的压力和流量表征，转台制动动能以液压马达制动腔的压力和流量表征。因此，如果采用油电混合动力技术，必须通过发电机把以液压能存在的可回收能量转换成电能储存在电量储存单元中；而如果采用液压混合动力技术，由于系统能量的储存单元本身可以直接储存液压能，所以可回收能量能通过储存单元直接回收，无需通过能量转换单元转换。

（3）辅助单元控制技术具有一定相似性又有所不同

油电混合动力系统采用了电动机/发电机作为发动机的辅助单元，液压混合动力系统采用液压泵/马达作为发动机的辅助单元。电动机/发电机和液压泵/马达都要实现“削峰填谷”的功能，都可以通过转矩耦合的方式把发动机、辅助单元和负载耦合在一起。但两者又具有明显的不同：电动机/发电机可以在开环控制模式时控制其转速，而液压泵/马达和液压蓄能器必须通过安装一个转速传感器，利用闭环控制实现转速控制。此外，液压泵/马达可以实现在近零转速下实现大转矩输出，而电动机在近零转速时很难实现大转矩输出。

2.3.3 工程机械液压混合技术的瓶颈

目前，大多学者认为泵的排量响应已经足够快了，排量从零变到最大的时间可以在0.5s以内，但这个响应时间的前提是，必须把控制泵排量的油路上的阻尼孔去掉，但实际应用时为了延长泵的使用寿命，阻尼孔原则上不能去掉，泵的排量响应更慢，从图2-45可以看出，液压泵/马达的排量从负的最大排量到正的最大排量大约需要 1.4s，而一般仿真时假设时间为 1s，同样在零排量时，具有一定的死区，且排量从大变到零的响应速率比从零变大更快。因此采用液压泵/马达－液压蓄能器的液压混合动力难以快速储存和释放液压蓄能器的能量，并不能快速且准确地补偿剧变负载。

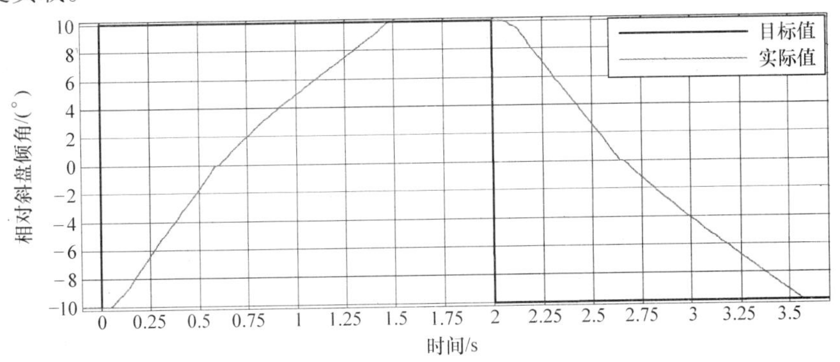

图 2-45　液压泵/马达的排量的动态响应曲线

2.3.4　液压混合动力技术的研究进展

2012 年在上海 bauma 展上，博世力士乐推出了一种新型液压飞轮（Hydraulic Fly Wheel，HFW）技术，其原理如图 2-46 所示，当主泵压力较小发动机工作在低负载时，液压泵/马达运行在泵工况，向液压蓄能器充压力油，液压蓄能器成为系统的负载；当主泵压力较大发动机工作在高负载时，液压蓄能器输出压力油，液压泵/马达运行在马达工况，辅助发动机助力驱动主泵。通过 HFW 的作用，使发动

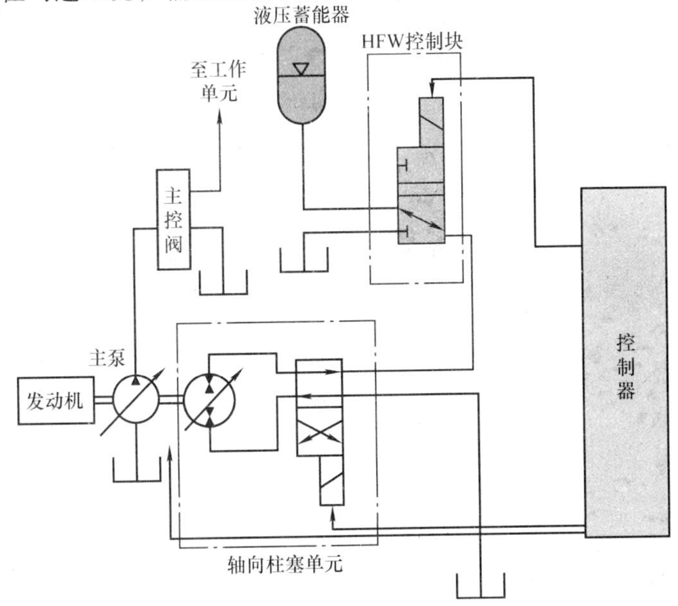

图 2-46　博世力士乐的液压混合动力单元

机的装机功率大大降低，使系统获得较为理想的燃油经济性。除了对负载的“瘦身”和对发动机的助力功能外，HFW 也使实现能量回收成为了可能。在工作装置下放和车体制动时，制动能量被转换成液压能储存在液压蓄能器中。当动力不足时，蓄能器输出能量，此时轴向柱塞单元工作在马达状态，起协助发动机的作用，从而解决了回收的能量得以重新利用。

同理，林德公司也开发了一款进油口可以承受高压的液压泵 MPR50，如图 2-47所示，但该液压泵主要用于起停系统，发动机起动时，液压蓄能器的液压油释放到液压泵的进油口，辅助发动机驱动，进而提高了动力源的加速性能。

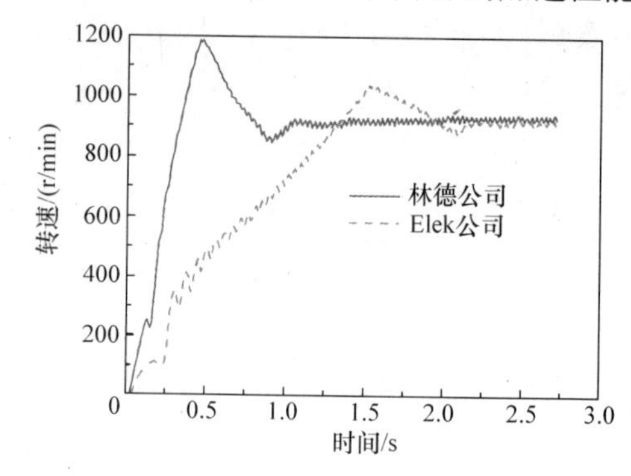

图 2-47　林德公司研制的液压泵 MPR50

美国普渡大学 Monika 教授提出了消除泵系统阀口上的节流损耗和分合流损耗，节能效果明显，但是动臂、斗杆和铲斗的势能及转台的动能都不能回收利用，当这些执行机构在负负载工况下，只是减小了发动机的负载，能节省部分能耗，但并没有能量回收并储存，也没有混合动力的运行机制，因此不能减小发动机的装机功率和调节发动机的工作点来提高发动机效率。该研究小组在前面研究的基础上做了巧妙的改动，将原来的回转液压马达和驱动回转液压马达的双向液压泵/马达都改为单向液压泵/液压马达，并在回转油路的高压侧增加了一个高压蓄能器，这样就构成了排量控制且具有能量回收功能的串并联液压混合动力挖掘机，其结构原理图如图 2-48 所示。液压混合动力单元采用转矩耦联方式接入系统。

2012 年 10 月 16 日，卡特彼勒在位于莫斯维尔的工业设计中心发布了其第一款液压混合动力挖掘机 Cat336E H，它不同于其他混合动力产品，该机搭载的是卡特彼勒新开发的液压混合动力系统，该系统以回转能量回收系统为主要节能途径，其工作原理如图 2-49 ~ 图 2-51 所示。该系统采用电子可编程液压泵实现发动机与液压系统的匹配，回转采用开式液压混合动力系统再生制动动能，回转采用进出口独立的自适应控制阀进行控制。在一个典型的 15s 装载和卸载循环中有两次起动和停止。当回转减速时，液压系统储存能量，再次开始回转时能量被重新利用。相比于普通机型，搭载回转能量回收系统的 Cat336E H 的油耗降低约 25%。2015 年 3 月 4 日，卡特彼勒又推出了 Cat336D2 – XE 液压混合动力挖掘机，如图 2-49 ~

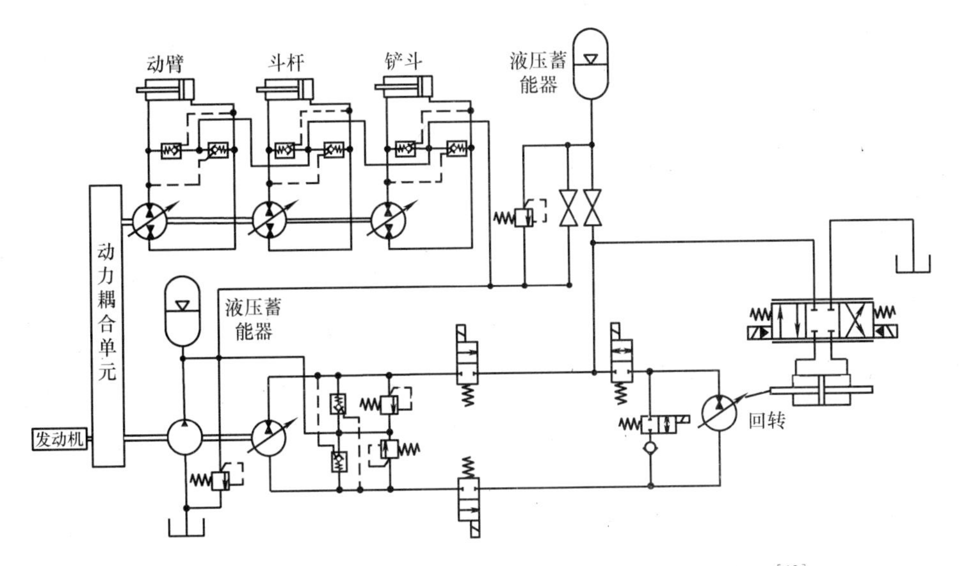

图 2-48　美国普渡大学排量控制串并联液压混合动力挖掘机[12]

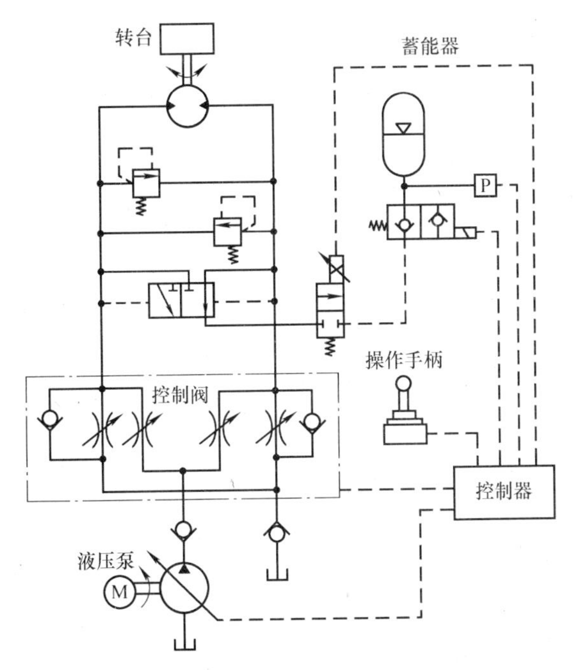

图 2-49　卡特彼勒液压混合动力挖掘机及其能量回收系统原理图

图 2-51所示，可减少高达 25% 的燃油消耗，同时保持与 336D2 相同水准的挖掘力或提升力，降低机器对燃油质量要求，同时具有强力模式及省油模式。

针对伐木机，芬兰 Ponsse 公司在 2013 年推出了一款液压混合动力伐木机的实验机型，如图 2-52 所示。发现该机型的不足之处是，液压混合单元中液压泵/马达的动态响应较慢，又在 2015 年提出了一种改进型的液压混合动力单元，如图 2-52

图 2-50　卡特彼勒液压混合动力挖掘机

图 2-51　卡特彼勒液压混合动力挖掘机液压蓄能器

所示，在液压泵/马达－液压蓄能器单元后又增加了一个两位两通的开关阀 13 和调速阀 14，实现了液压蓄能器和液压泵 1 出口的互通，可以满足剧变负载的补偿。该系统中，液压泵 1 的排量和原机型不变，液压泵/马达的排量为 100mL/r，液压蓄能器采用了囊式，额定体积为 50L，液压蓄能器的直径为 230mm，长度为 1930mm，质量为 120kg。实验测试表明，最大的混合动力单元的释放功率为 71kW，而由液压泵/马达释放的功率为 33kW。在负载突变时，液压混合动力单元可以在 100ms 以内实现对负载的补偿。

图 2-52　芬兰液压混合动力伐木机外形

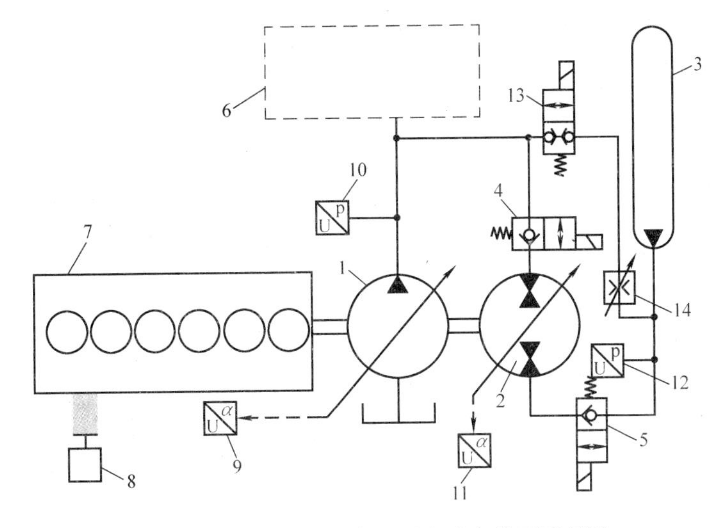

图 2-53　芬兰伐木机液压混合动力单元原理图

1—变量液压泵　2—变量液压泵/马达　3—液压蓄能器　4、5、13—电磁换向阀　6—伐机工作液压系统　7—柴油机　8—柴油机控制器 ECU　9、11—倾角传感器　10、12—压力传感器　14—调速阀

2010 年在德国慕尼黑国际工程机械展会上，美国卡特彼勒公司展出了 966K XE 混合动力轮式装载机。该机在原机 966K 的基础上采用了先进的动力总成 CVT 全自动变速器，发动机的动力通过两条路径传递，一路通过机械方式传递，一路通过液压泵和液压马达传递。

国内液压挖掘机的整机液压混合动力研究主要有，浙江大学、哈尔滨工业大学和华侨大学等高校以及和徐工、三一等主机厂。其中浙江大学、华侨大学、厦工、山东力士德等主要以转矩耦联方式为主，哈尔滨工业大学则以压力耦联方式为主。

（1）压力耦联系统

压力耦联系统中各工作装置并联于恒压网络，需要将液压系统中的回转液压马达用二次元件代替，这种类型的液压混合动力系统的优势在于可以彻底解决阀控系统中控制阀的节流损耗，同时利用蓄能器的作用来调节负载对液压系统网络的影响，作为动力源的发动机可以稳定工作于恒功率曲线中的最优工作区间，只需与恒压变量泵进行一个功率匹配即可。如图 2-54 所示，哈尔滨工业大学姜继海教授等主要针对回转制动提出了将液压混合动力系统以并联方式植入挖掘机中，并联在发动机一侧的液压泵/马达根据挖掘机的负载情况，吸收和补偿发动机的输出功率与负载功率的差值，从而可保证发动机工作于最佳燃油工作区域，利用回转驱动的液压泵/马达存储回转制动过程中的动能。该系统在发动机优化和回转制动动能回收方面取得了一定的成就，但在传统液压挖掘机回转驱动系统中，其机械制动和缓冲溢流阀制动在时间上不同步，通过阻尼孔实现一定延时后直接实施机械制动。该系统增加了一套机械比例制动单元，通过调节电液伺服阀实施机械制动，不仅增加了机械制动能量的损耗，同时对挖掘机的液压系统带来较大的改动。

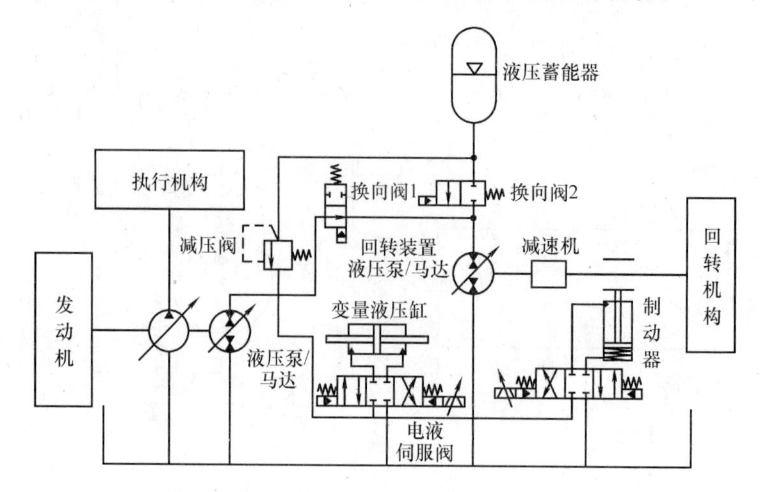

图2-54　压力耦联液压混合动力挖掘机系统

（2）转矩耦联系统

如图2-55所示，该系统是一种并联形式，保留了液压挖掘机的原有液压系统，在动力总成上加入液压混合动力辅助系统，将发动机、原有液压系统、液压辅助系统的转矩进行耦合。该系统不能减少原挖掘机液压系统上的能量损耗，但可以优化发动机的工作环境，从而提高挖掘机的整机效率。与电动机/发电机的结构不同，目前液压泵/马达或者其代替元件——双向闭式泵的结构为斜轴式柱塞泵/马达，不能和发动机、液压泵同轴安装，因此，一般利用一个转矩耦合器把发动机、液压泵/马达和液压泵的转矩耦合在一起。

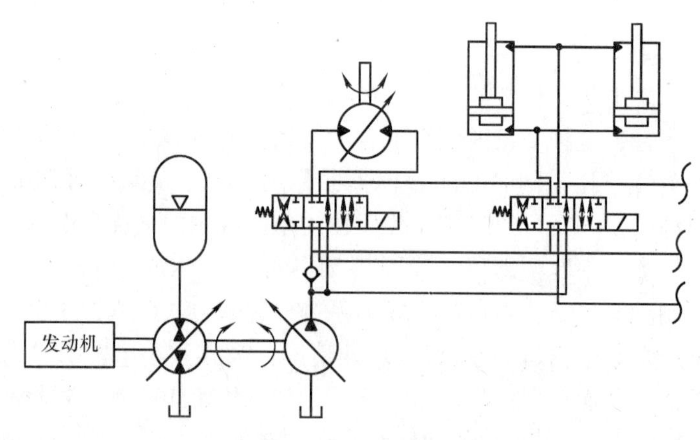

图2-55　转矩耦联液压混合动力挖掘机系统

将四象限泵应用在油液并联混合动力方案中，也存在一些不足：①由于挖掘机的发动机只在一个旋向，因此四象限泵在应用时往往只使用到了两个象限的功能；

②四象限二次调节泵相比于普通的液压泵、液压马达，成本较高，价格可以达到3 ~4 倍，在实际应用中是一个不容忽视的问题。基于以上考虑，浙江大学来晓靓博士利用进出口都能承受高压的双向液压马达代替，结合开关阀组的不同启闭组合，来实现并联油液混合动力方案的功能。如图 2-56 所示，其原理描述如下。

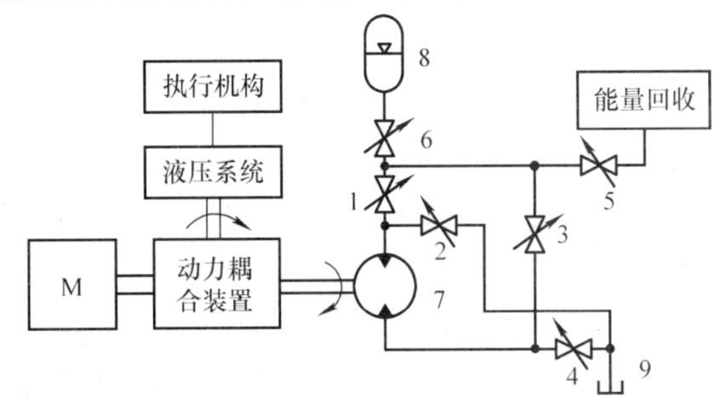

图 2-56　采用双向液压马达的并联式液压混合动力方案

1）当开关阀 1、4、6 开启，2、3 关闭时，油液由蓄能器 8 经开关阀 1，马达7，开关阀 4 流回油箱 9，液压马达 7 保持原有的液压马达功能，向动力耦合装置提供能量。

2）当开关阀 2、3、6 开启，1、4 关闭时，油液由油箱 9 经开关阀 2，液压马达7，开关阀 3 充入蓄能器，液压马达 7 起到泵的功能，从动力耦合装置吸收能量。

开关阀 5 控制能量回收系统与油液混合动力系统的结合状态。该方案中，辅助马达旋向始终和发动机旋向一致，便于机构的设计，同时用液压马达代替四象限泵大幅缩减了并联系统的实际应用成本。但该方案也存在一个致命的不足之处，由于液压马达的两端油口为对称结构，必须保证两端的最低压力，当液压马达作为泵模式时，液压油箱经过开关阀 4 后不能保证液压马达的最低压力，容易吸空。

在国内样机方面，2010 年 10 月，徐工集团推出 ZL50G 液压混合动力装载机，该款装载机的动力传动采用并联式液压混合动力技术，高效回收制动能，明显降低燃油消耗和尾气排放。整机动力性能强，作业效率高，制动安全可靠。工作装置采用电液比例控制技术，操作轻便灵活，控制精确。智能监视系统准确监控整机的运行状态，系统可靠性高。整机节能高达 25%，有效降低尾气排放。此外，徐工还联合吉林大学研制了液压混合动力起重机。

2010 年，在上海工程机械宝马展，徐州恒天德尔重工推出了液压混合动力挖掘机 DER323 – 8H，该款履带式挖掘机配有世界最尖端配件，远程技术支持系统、智能电控节油系统、整车全自动润滑系统和驾驶室生态环保系统。

2012 年 10 月，力士德 23t 液压混合动力挖掘机（图 2-57）下线。力士德 23t 混合动力挖掘机是同浙江大学合作开发的新型节能产品。该机型采用液压储能技术进行能量回收，并作为辅助动力源与主动力源共同向负载提供能量，形成一种新型的液压混合驱动系统，显著提高挖掘机的燃油经济性和操控性，和同吨位的常规挖掘机相比，节能15% ~20%。

在国家支撑计划项目的资助下，徐工、三一、天津工程机械研究院、浙江大学和哈尔滨工业大学等将会进一步研究液压混合动力技术在工程机械的应用。

图2-57 力士德23t液压混合动力挖掘机

2.3.5 液压混合动力装载机技术分析

1. 整体结构方案

装载机是集铲、装、运、卸作业于一体的自行式机械，作业时空载驶向料堆、铲斗装满物料后倒退，然后转向驶向运输车辆，同时提升动臂至卸载高度卸料，行走与作业同时进行。装载机行走部分需求的功率较大。考虑到采用液压驱动需要多泵和多马达系统，会增大系统的成本，因此采用液压驱动与机械驱动相结合的方法，即功率分流驱动。如图2-58所示，柴油机的动力有两部分流向：一部分通过液力变矩器和变速器驱动行驶机构，实现装载机行驶；另一部分通过液压泵驱动液压缸，实现转向和装载工作。液压泵/马达、液压蓄能器等构成液压混合动力系统，与柴油机一起构成双动力源驱动。当装载机制动时，离合器断开，液压泵/马达工作于“泵”工况，提供再生制动转矩，同时吸收制动能，并存储于蓄能器中；当装载机起动时，液压泵/马达则工作于“马达”工况，释放液压能为装载机提供辅助功率，实现回收能量的再次利用；当装载机铲掘时，液压泵/马达工作于“马达”工况，提供辅助牵引功率，避免发动机掉转现象，使其工作于最佳燃油经济区。

2. 装载机液压混合动力系统控制策略

常用的能量控制策略开发主要有三种方法：逻辑门限控制策略、瞬时优化控制策略和基于模糊逻辑或神经网络的智能控制策略。瞬时优化控制策略实时计算燃油消耗和排放，确定最佳的液压混合动力系统工作模式和工作点，但计算量大，实用性不强；模糊控制策略需要根据专家经验制定出相应的隶属度函数和模糊控制规则，存在较大的主观性和随意性，很难准确地确定出各项参数，并且效果改善不大。逻辑门限控制策略快速简单、实用性强，而被普遍采用。传统的静态逻辑门限控制策略是根据原定的规则通过固定门限参数，对液压混合动力系统的工作模式进行判断，简单实用；但固定的门限参数不能适应动态的工况，为此，本书介绍通过设置一组动态的门限参数值来限定发动机和液压泵/马达的工作区域，能量控制策略根据实时门限参数和控制规则来合理控制各种工作模式间的平稳切换。

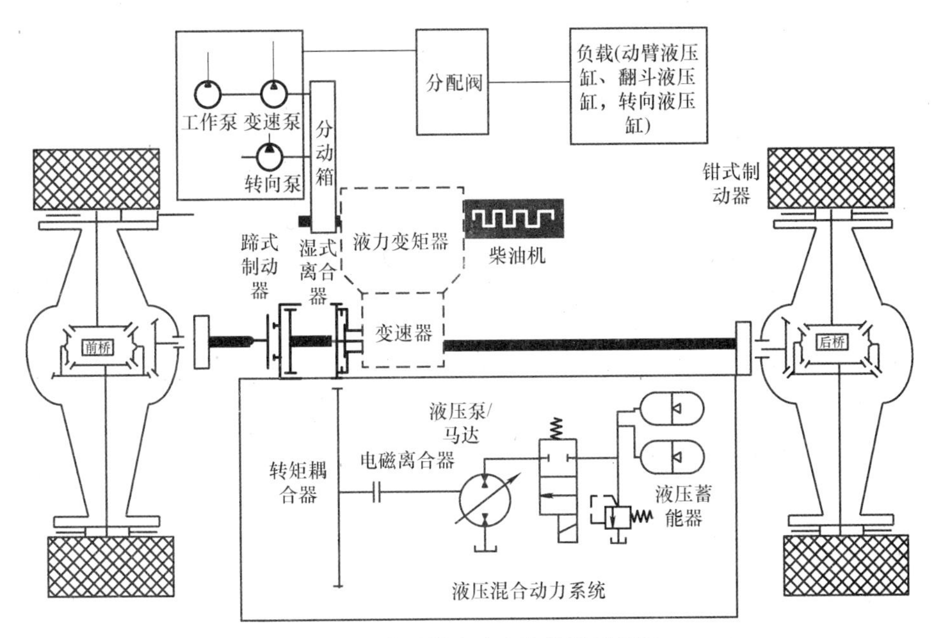

图 2-58　液压混合动力装载机原理图

（1）总体控制规则

对于装载机来说，发动机的动力有两部分流向：一部分通过液力变矩器和变速器驱动行驶机构，实现装载机行驶；另一部分通过液压泵驱动液压缸，实现转向和装载工作。液压泵/马达、液压蓄能器等构成液压混合动力系统，与发动机一起构成双动力源驱动。当装载机制动时，离合器断开，液压泵/马达工作于“泵”工况，提供再生制动转矩，同时吸收制动能，并存储于蓄能器中；当装载机起动时，液压泵/马达则工作于“马达”工况，释放液压能为装载机提供辅助功率，实现回收能量的再次利用；当装载机铲掘时，液压泵/马达工作于“马达”工况，提供辅助牵引功率，避免发动机掉转现象，使其工作于最佳燃油经济区。

如图 2-59 所示，在并联式液压混合动力装载机中，发动机和液压泵/马达有多个工作状态，同时离合器和变速器可连接或中断动力传递路线，构成系统的多个运行模式。液压混合动力装载机的运行模式分为：发动机驱动模式、蓄能器主动充油模式、液压蓄能器驱动模式、复合驱动模式、液压再生制动模式和复合制动模式。如图 2-60 所示，首先根据车速和驾驶人的操作意图，将加速踏板、变速箱档位等信号转换为需求转矩；根据蓄能器的压力值、液压泵出口压力、车速等实时参数判定整机的工作模式（发动机驱动模式、蓄能器主动充油模式、蓄能器驱动模式、复合驱动模式、液压再生制动模式和复合制动模式）；根据不同工作模式选择不同的控制策略将需求转矩在发动机、蓄能器两套动力系统之间进行合理的分配，在较好满足车辆动力性能的同时降低燃油消耗。

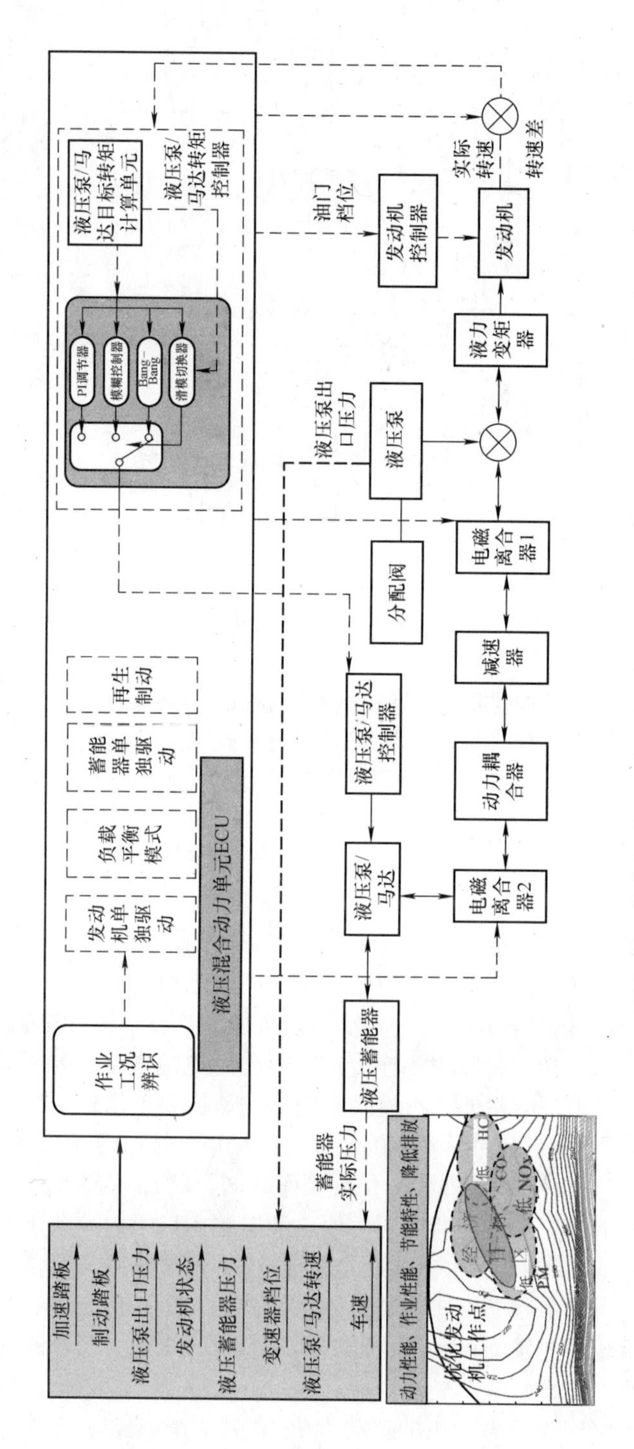

图 2-59　装载机液压混合动力系统动力总成控制方法

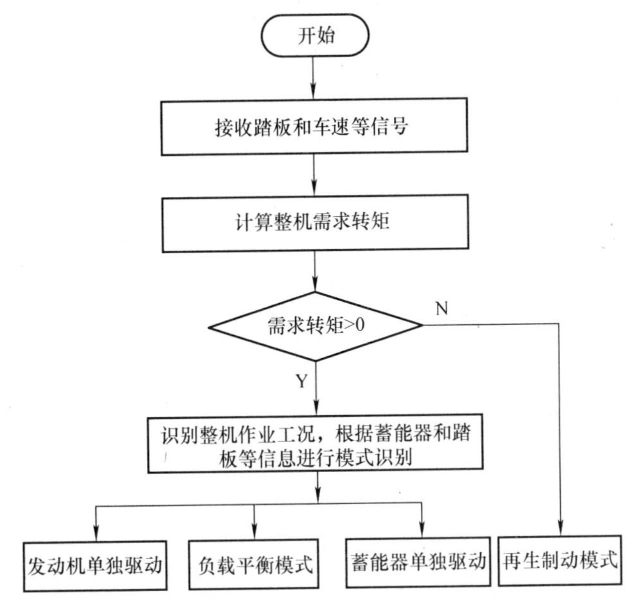

图 2-60　装载机液压混合动力系统动力控制流程图

（2）不同工作模式的优化控制

1）蓄能器单独驱动模式。此模式主要用于装载机起步阶段。起动时，发动机的动力性和燃油经济性较差，液压混合动力系统中的液压泵/马达首先起动，利用其低速大转矩的特点，使车速达到一定值后，发动机起动，并迅速进入高效区工作。当液压蓄能器压力高于最低工作压力时，整车采用液压蓄能器驱动模式，发动机只为转向和装载装置提供必要的动力，整车全部牵引驱动能量由液压蓄能器和液压泵/马达提供，避免发动机在起动过程工作于高油耗、低效区。当液压蓄能器压力低于最低工作压力时，发动机为整机提供驱动能量。

2）发动机单独驱动模式。此模式是在装载机进入正常中高速的行驶时采用。发动机驱动模式下，转速稳定在一定范围内，发动机工作于最佳燃油经济区，液压混合动力系统不工作。

3）负载平衡模式。此模式主要是在发动机加速到高转速区域时，负载转矩波动较大，使得发动机的工作点偏离其高效区域。当装载处于轻负载时，此时发动机工作在高速低转矩区域；当装载处于加速、爬坡或铲掘等大负载情况时，整机所需的动力超过发动机工作范围或高效区时，由液压泵/马达提供辅助动力，协同发动机一起驱动车辆。此时发动机和液压混合动力系统联合驱动负载。通过液压泵/马达的削峰填谷功能，实现稳定发动机的工作点在高效区域，同时在填谷时，实现蓄能器主动充油，在削峰时，液压蓄能器通过泵马达提供辅助动力。

在装载机作业工况下，发动机的负载变化明显，如果泵模式时的吸收转矩为定值，很难保证实现燃油经济最大化；同理在马达模式时，如果输出转矩为恒定值也很难保证实现燃油经济最大化。因此，本书编者提出一种基于蓄能器压力的液压泵/马达排量动态调整的方式，根据发动机负载和蓄能器的能量存储状况，合理地选择液压泵/马达目标排量。在工作在负载平衡模式时，将构建发动机档位与工况等级的对应表，对应不同油门位置，查发动机万有特性曲线确定对应的最佳转速作为动力系统的目标转速，控制液压泵/马达的吸收转矩使系统转速稳定在该目标转速，此时液压泵/马达工作在转矩模式；通过检测系统的发动机的实际转速并通过 PID 算法控制液压泵/马达的吸收转矩或者提供转矩，将发动机转速稳定在目标转速，负载平衡模式时液压泵/马达的控制流程如图 2-61 所示。

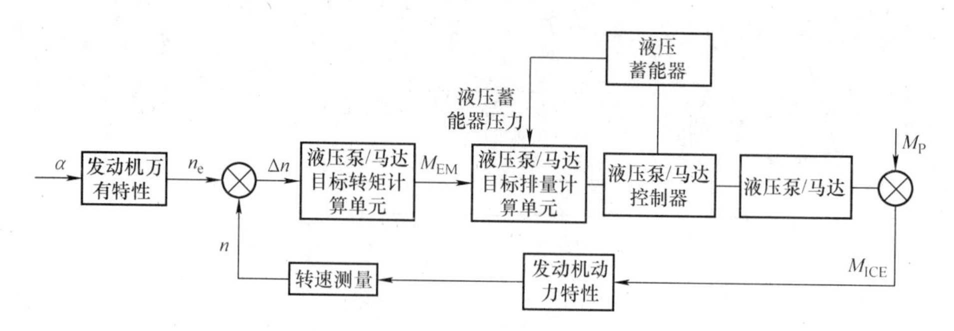

图 2-61 液压混合动力装载机负载平衡模式时动力总成控制框图

4）再生制动模式。在装载机制动时，由液压混合动力制动系统提供部分或全部转矩，同时将一部分制动能转为液压能进行储存。根据驾驶人的制动意图，如为轻度制动，整车进入液压再生制动模式，传统的摩擦制动系统不工作，全部制动转矩由液压蓄能器和液压泵/马达提供，非轻度制动时，整车进入复合制动模式，整车制动转矩由液压泵/马达和摩擦制动系统提供，液压泵/马达提供最大制动转矩，不足的由摩擦制动系统提供。再生制动控制策略如下。

3. 再生制动控制策略

如图 2-62 所示，再生制动是液压混合动力行走工程机械提高燃油经济性的重要途径，制动时需要协调再生制动与摩擦制动的关系，保证整车制动性能安全性，避免再生制动过程中因天气原因、路面状况、制动深度变化引起的制动跑偏、驱动轮抱死等危险。由于液压再生制动系统具有强非线性、参数大范围摄动及存在严重外界干扰等问题，严重影响到行车安全。

（1）装载机驱动转矩和制动转矩识别

混合动力系统能量管理的首要任务是识别需求转矩。液压混合动力装载机的需求转矩主要由两部分组成：加速踏板处的驱动转矩需求和制动踏板处的制动转矩需求。在混合动力装载机中，驾驶人通过加速踏板和制动踏板来控制系统转矩的输出。当加速踏板下行时，发动机输出转矩驱动行走装置和液压执行元件。加速踏板的行程和驱动转矩可以表示为简单的线性关系，加速踏板行程为 100% 时，驱动转

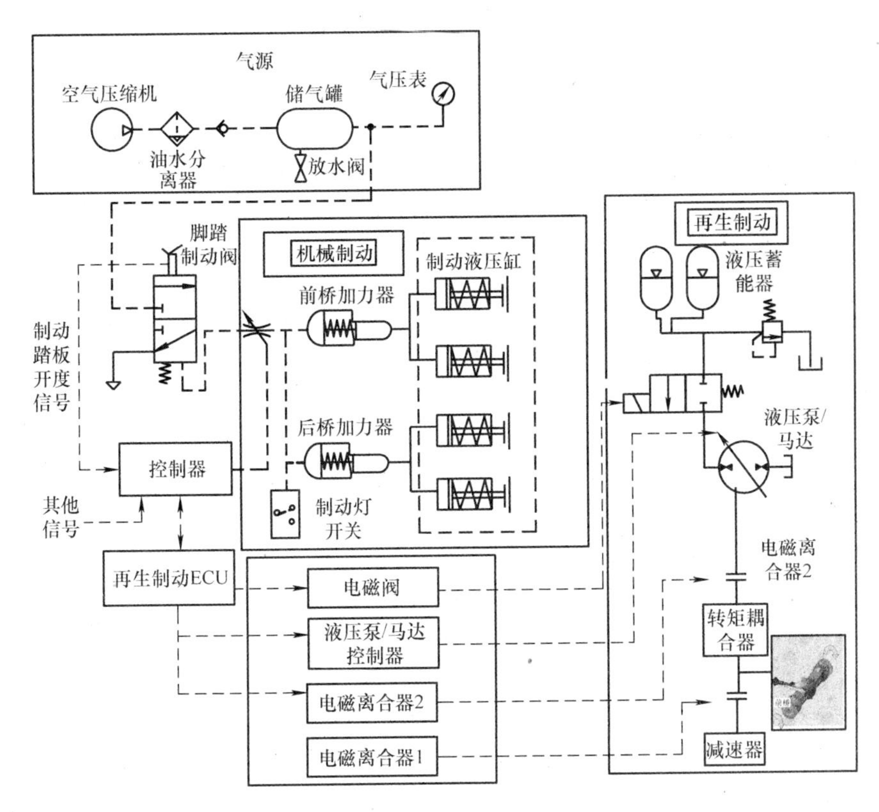

图 2-62　装载机基于液压蓄能器的再生制动控制策略

矩为车轮提供最大驱动转矩。

（2）装载机的制动意图识别准则

装载机在制动或滑行过程中，根据制动踏板开度来判断驾驶人的制动意图，确定制动转矩的大小。不同的制动意图要求不同的制动性能，制动意图识别是开展复合制动系统制动力分配策略的基础。目前，踏板行程与制动目标转矩一般表示为简单的线性关系，该办法在制动踏板开度较小时存在冲击较大和调速区间小等不足之处，为此本书编者提出一条非线性曲线代替线性曲线表征驾驶人的目标转矩。如图 2-63所示，根据制动踏板开度和制动的初始速度，驾驶人的制动意图分为轻度制动、中等制动和紧急制动三类。

1）轻度制动：轻度制动时制动踏板的下行幅度较小，踏板下行速度变化小，制动强度上升缓慢，制动的方向稳定性要求较低。

2）中等制动：中度制动时制动踏板的下行幅度和速度变化较大，制动强度较大。常出现在需要尽快驻车的情况，制动时的方向稳定性要求较高，制动距离短。

3）紧急制动：紧急制动是指驾驶人采取的迅速驻车措施，制动会持续到车辆驻车时为止。

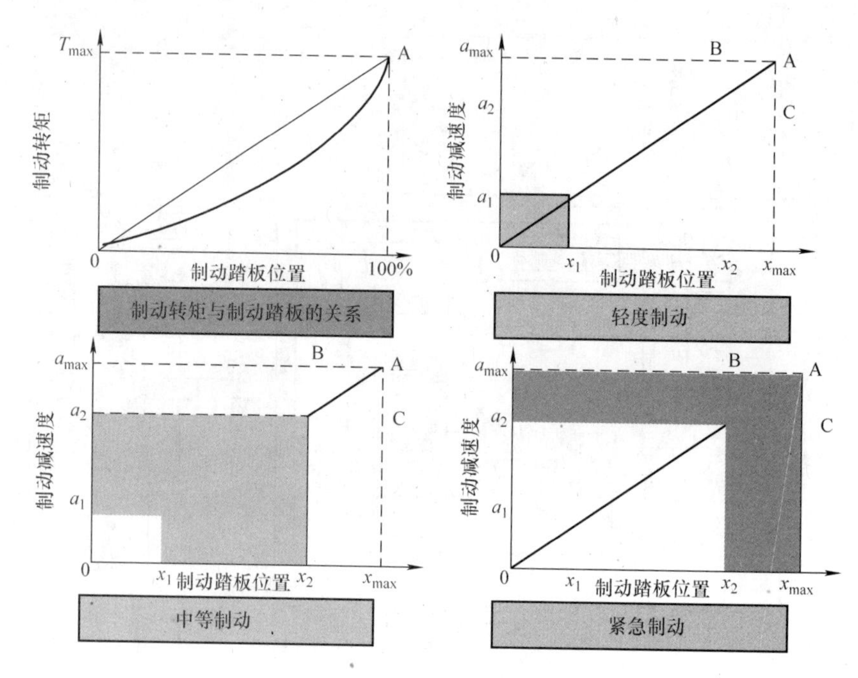

图 2-63　制动意图识别示意图

（3）再生制动转矩分配策略

液压混合动力装载机制动时，机械式摩擦制动器和液压泵/马达同时对车轮施加再生制动力，复合制动系统应满足以下功能。

1）制动安全性：在相同的制动强度需求输入下，保证制动时方向的稳定性，确保装载机的安全性。

2）回收制动能量：在安全制动的前提下，最大限度地回收装载机的制动能量和下坡惯性能。

3）制动踏板感觉：不同制动模式及模式切换过程中，保证驾驶人有相同的制动踏板感觉，同时完成两种制动形式的平稳切换。

根据制动意图、蓄能器储能状态、液压泵/马达最大输出转矩等参数的具体情况进行分析计算，决定再生制动转矩和摩擦制动转矩的比例关系，在驱动轮所允许的制动力矩范围内最大限度的应用再生制动转矩，不足的制动转矩由摩擦制动系统提供。为此研究不同蓄能器压力时的液压泵/马达制动力矩和机械摩擦制动力矩的最优分配比，在最大限度回收制动能量和保证制动安全之间取得平衡。考虑到装载机行走装置制动减速度通常集中在 $3m/s^2$，制动减速度小，但制动频率高的特点。提出一种基于制动意图的以制动减速度为依据的再制动转矩分配策略。如图 2-64 所示，考虑到车速较低时，由于液压泵/马达具有最低稳定转速，低于此转速，泄漏、阻尼因素等对系统影响所占比重较大，系统转速的稳定性极差。同时，这时道路阻力较大，因此能量回收率几乎为零，此时即使在轻度制动时，也采用传统的机械制动。此外，装载机负载占车重的1/3左右，因此负载变化明显。如果在空载和满载采用同一制动减速度界限来实施液压再生制动，会造成制动能量回收率的降低，因此，需要根据按装载机负载工况来动态调整液压制动力分配。紧急制动时，考虑到安全性，采用传统的摩擦制动。中等制动时，需要根据制动减速度来分配再生制动和摩擦制动的分配比，不同减速度，计算得到允许的最大再生制动力，再判断再生制动力是否满足需求的制动力，如果不满足，则辅以摩擦制动。

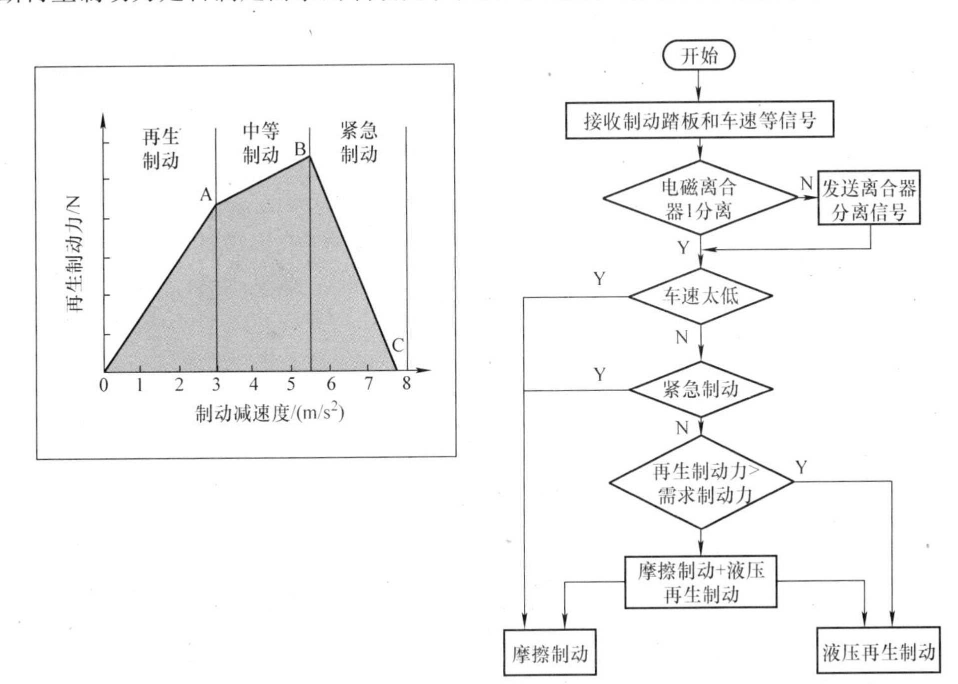

图 2-64　不同制动意图时液压再生最大转矩计算曲线

2.4　纯电驱动技术

2.4.1　纯电动的优点

当前混合动力技术是提高动力系统节能效果的方案之一。但混合动力并不真正适用于小型工程机械，主要原因为：①混合动力技术虽然在传统内燃机的基础上有效地减少了排放，但是在其运行的过程中，依然会起动发动机，因此仍然存在一定量的温室气体排放，不能应用于要求零排放的场合；②混合动力系统结构复杂，难以适应安装空间非常有限的小型液压挖掘机；③由于液压挖掘机的工况较为复杂，某些场合，液压挖掘机并不适合采用混合动力技术，为了保证在这些工况时的作业性能，液压挖掘机的混合动力系统中发动机功率降低的幅度不大，而为了满足辅助单元的削峰填谷作用，混合动力单元的功率等级又必须较大，因此，相对传统发动机功率，混合动力系统的总功率等级较大，对于总价不高的小型工程机械，混合动力系统增加的成本用户难以接受，经济性较差。与发动机驱动和混合动力驱动相比，纯电动驱动是一种真正意义上的零排放驱动系统。当前工程机械采用的纯电驱动技术具有以下特点。

（1）零排放、零污染、切断传统工程机械对石油的依赖

纯电动工程机械在行驶及工作过程中没有废气及有害气体排放，对环境保护具有重大意义。纯电动工程机械的电能从多种途径获得，如：太阳能、地热能、生物能、潮汐能、水能、核能等，有的为可再生能源，彻底切断对石油的依赖。

（2）效率更高

目前而言，与发动机相比，电动机的热效率高出50%左右，电动机的效率在80%～95%之间，而内燃机效率低，仅有30%的燃料燃烧释放的能量转化为有效的机械功，其余70%的能量转换为热量而消散。因此，纯电动系统相比汽柴油机更加高效节能。

（3）更适用于小型工程机械

不同于混合动力技术，纯电驱动系统中电量储存单元是动力系统能量的唯一来源，对储能单元一次充满电工作时间的要求较高，对能量密度的要求更高。考虑到电池功率密度较低和超级电容能量密度较低的不足之处，一般纯电驱动系统中采用电池作为电量储存单元。但目前电池功率密度低、使用寿命短、成本高等问题仍然没有得到很好的解决。因此，纯电动驱动主要应用于容易取电的场合（城市公交车、城市轿车、电动叉车等）和功率等级较小的场合（小型通勤车辆、小型工程机械）。相对中型或者大型工程机械，小型工程机械具有以下典型几个特征：①功率等级较小；②安装空间较小；③大多工作场合在室内，不仅充电方便，同时一般要求低噪声，零排放。以上要求都决定了小型工程机械特别适合采用纯电驱动系统。

（4）成本收回时间短

随着油价的上涨，用户逐渐越来越容易接受使用成本较低的产品。以6t级发动机驱动液压挖掘机为例，耗油约为7L/h，按柴油8元/L计算，每小时需要56元；采用纯电驱动后，可以充分发挥电动机在大范围内具有较高工作效率的特点，每小时大约耗电30千瓦时，每千瓦时按1元计算，则纯电驱动挖掘机每小时耗费30元。由此可以看出，纯电动工程机械耗费大约为传统工程机械耗费的二分之一。即使和混合动力工程机械相比，目前采用混合动力技术后的节能效果大约为15%，因此每小时耗油6L，即每小时耗费48元，相对混合动力，纯电驱动系统仍然可以节省耗费40%左右。

（5）低噪声

动力部分引起的噪声和振动，特别是在加速时，纯电动工程机械的噪声和振动要比传统工程机械低得多。

（6）智能化程度高

纯电动工程机械机电一体化程度更高，纯电动工程机械更利于采用先进的电子信息技术，提高工程机械智能化程度。实际上传统的发动机驱动型工程机械往智能化转型并不是那么容易。但电动型工程机械实际上非常容易往智能化转型。

（7）安全性更高

纯电动工程机械在一些特殊应用场合更具优势。比如，在有易燃易爆气体的场所作业时，燃油型工程机械有引爆的隐患；在海拔较高或空气流通不畅的场合，燃油型工程机械容易产生发动机工作效率低，使用寿命大大缩短的风险。

2.4.2　纯电动结构方案

纯电驱动系统采用动力电动机代替发动机驱动液压泵，辅以先进的液压驱动系统，并基于电量储存单元对各种负负载进行能量回收，同时系统采用变频调速，达到全功率匹配的调整，能够充分发挥挖掘机效能并且实现零排放的节能环保效果，对于节约能源以及减少整机的污染物排放具有重要意义。

目前市场上应用较多的储能单元有：镍氢电池、铅酸电池、动力锂电池、超级电容和某些工程机械上用作辅助能源的液压蓄能器等，而动力电动机主要有异步电动机和同步电动机两种。按能源和动力电动机的组合数量分成各种动力复合模式，并从成本、功率匹配以及控制系统复杂程度等对各种模式的性能特点进行分析，如表 2-6 所示。纯电动工程机械具有以下特点。

（1）单一的储能单元难以适应纯电驱动系统

纯电驱动既要保证每次充满电后的工作时间，又要保证挖掘重载时的爆发力，此外，由于纯电驱动工程机械中，储能单元工作在深度充放电，对储能单元的充放电次数提出了较为苛刻的要求。

（2）多电动机驱动代替发动机

在发动机驱动型工程机械中，几乎全部只有一个发动机驱动，但采用电动机驱动后，只采用一个电动机未必是一个理想的选择，毕竟工程机械的负载波动剧烈，平均功率为峰值功率的 50% 左右，对于单个电动机来说，其工作点分布在一个较大的区域，要求一个电动机的高效区域占 85% 以上较为苛刻。而采用双电动机驱动后，首先可以根据负载功率大小，合理优化电动机的工作模式，甚至可以借鉴油电混合动力技术的削峰填谷原理，一个为主电动机，另外一个辅助电动机，通过辅助电动机负载波动的补偿，使得主电动机消耗能量较小，延长储能单元的工作时间。因此多电动机驱动方式比单电动机驱动方式更为优越。

（3）控制策略

采用电动机代替发动机驱动后，电动机相对发动机在转速控制特性以及效率特性等方面均具有一定的优势，那么如何发挥电动机的优势是控制策略需要考虑的问题。包括流量如何匹配、自动怠速控制、多电动机协调控制等。

表 2-6 纯电驱动系统动力复合模式分类

动力复合模式	特　点
单能源单电动机	能源与动力电动机的装机功率较高
单能源双电动机	对能源的能量密度要求非常高，工作时间很短
单能源多电动机	
双能源单电动机	动力电动机装机功率较高
双能源双电动机	能实现能量优化管理，电动机负载功率合理匹配
双能源多电动机	系统较复杂，成本较高，工作时间较短
多能源单电动机	能源成本较高，动力电动机装机功率较高
多能源双电动机	能源成本较高，控制系统较复杂
多能源多电动机	系统总成本非常高且结构很复杂，控制要求高

2.4.3 纯电动工程机械的关键技术

1. 电动机及其驱动技术

工业用电动机一般直接从电网取电，而纯电动工程机械采用电量储能单元供电，同时工程机械运行工况复杂。因此，与工业用电动机控制系统相比，工程机械电驱动系统对驱动电动机、用电安全及控制系统要求更高。

1）电动工程机械为了动态匹配液压泵和负载的流量，在一个标准工作周期（大约 15 ~ 20s）能够频繁加速/减速，加速性能好。

2）电动工程机械采用调速电动机后，为了发挥电动机的优势和简化液压系统，可采用定量泵代替原来的变量泵，必然要求电动机有较宽的调速范围（由液压泵的工作转速范围决定）。

3）电动挖掘机需要长时间工作在挖掘模式，过载能量强。

4）为了提高蓄电池一次充满电后的工作时间，要求动力系统效率高。

5）电动工程机械需要户外作业，对整机用电安全性、可靠性要求更高。因此，工业用电动机驱动系统相关技术不能完全移植到电动工程机械。

2. 储能单元及管理技术

储能单元为纯电动工程机械提供能量，是目前制约纯电动工程机械发展的最为关键因素。纯电动工程机械能与传统柴油机驱动相竞争，必须要研究开发出比功率大、比能量高、使用寿命长的高效动力储能单元。到目前为止，纯电动汽车上使用的动力电池经过了三代的发展。第一代是铅酸电池，目前主要是阀控铅酸电池，由于其比能量较高、价格低和能高倍率放电，因此是目前唯一能大批量生产的纯电动汽车用电池。第二代是碱性电池，主要有镍氢（Ni - MH）、镍镉（NJ - Cd）、钠硫

(Na/S)、锂离子（Li - ion）和锌空气（Zn/Air）等多种动力电池，其比功率和比能量都比铅酸电池高，因此此类动力电池在纯电动系统上使用，可以大大提高纯电动系统的动力性能和工作时间，但是此类电池价格却比铅酸电池要高出许多，并且锂离子电池等对环境的安全条件要求比较高。第三代是以燃料电池为代表的动力电池。燃料电池可以直接将燃料的化学能转变为电能，能量转变效率高，比能量和比功率都比前两代电池高，并且反应过程可以进行控制，能量转化过程可以连续进行，因此是理想的动力电池，但目前还处于研制阶段，一些关键技术还有待突破。

3. 能量管理技术

纯电动工程机械要获得良好的动力特性，必须装备比能量高、使用寿命长、比功率大的动力电池作为动力源。然而，性能再好的动力电池，其储存的能量也是有限的。因此要对动力电池有限的能量进行合理的分配，提高整机的能量利用率和作业时间。这就必须对动力电池进行系统管理。能量管理系统是纯电动工程机械的智能核心。一辆设计优良的纯电动工程机械，除了有良好的机械性能、电驱动性能、选择适当的动力电池外，还应该有一套协调纯电动工程机械各个功能部件工作的能量管理系统，它的作用是检测单个电池或电池组的工作状态，并根据各种传感信息，包括先导压力信号、液压泵出口压力信号、负载压力信号、动力电池工况、环境温度等，以及空调等用电设备工作状况，合理地调配和使用有限的能量；它还能够根据电池组的使用情况和充放电历史选择最佳充电方式，以便尽可能延长电池的寿命。

4. 整机节能技术的突破

纯电动工程机械采用变频电动机代替传统的柴油机驱动后，再结合工程机械自身为液压驱动的特点，应该在电液融合方向挖掘节能的新途径，至少可以在以下几个方面实现突破。

1）电动机的调速特性与发动机调速不同。随着新能源电动机的飞速发展，电动机的调速特性已经得到了较大的发展，因此应该充分发挥电动机的调速特性来实现节能。比如是否还有必要采用变量泵，如果采用定量泵代替变量泵后，整机动力 - 液压泵 - 负载的全局功率匹配大多通过变转速来实现。那么基于变转速的负载敏感、负流量、正流量等各种传统的液压驱动系统如何实现？这些都会给纯电动挖掘机带来较大的改变。

2）能量回收。当整机有电储能单元，而液压系统中也已经配置液压蓄能器后，能量回收必须和再利用结合在一起，必须在操控性和节能性的整体效果上实现最优化。必须充分分析几个可回收能量的工况特点，获得最优的能量回收和释放的方案。

3）采用纯电驱动后，整机的液压系统如何改进？这点恰恰是目前在整机节能改进时很容易被忽略的地方。主要原因在于我国的液压水平不高，整机的高端液压元件基本依赖进口，自身并不敢轻易改进液压系统。但液压系统必须结合动力系统在一起，才能全面提高整机的节能效果。以纯电动挖掘机为例，回转是采用电动机驱动、液压马达驱动还是液压马达-电动机的复合驱动都值得去研究。同样对于动臂、斗杆和铲斗是否可以采用电动机-闭式泵的闭式驱动系统等。

2.4.4 纯电动挖掘机的研究进展

在工程机械领域，目前应用最为广泛的是电动叉车，丹麦奥尔堡大学的Andersen等提出了一种电动叉车的驱动系统。当动臂下放时，电动机-液压泵工作于液压马达-发电机状态，利用动臂液压缸负载腔的压力油驱动液压马达-发电机对蓄电池充电，回收的能量可用于动臂提升等耗能型动作。对于垂直升降的叉车动臂机构，运动过程中负载和速度均较为稳定，因此蓄电池的充放电电流波动较小。仿真和试验结果表明，该系统的能量回收效率为40%左右。

芬兰拉普兰塔理工大学的Minav等对电动叉车的动臂能量回收进行了大量研究。首先从系统原理出发，通过与传统电动叉车的比较，探讨引入能量回收后对系统效率的提高程度，并对各个能量转换环节进行了建模分析；其次，研究了能量回收系统中电动机的类型、大小对回收效率的影响，并采用不同功率等级的感应电动机和永磁同步电动机进行了试验验证；此外还分析比较了采用不同储能元件时的能量回收效率，为总体方案的制定提供了充分依据，研究表明该系统的最高回收效率可达66%。国内同济大学的萧子渊等也进行了类似研究并研制了节能型电动叉车样机，测试结果表明约20%左右的动臂能量可被有效回收。但叉车的工况较为平稳，和液压挖掘机的工况显著不同。

在电动挖掘机领域，目前的研究较少，主要集中于少数公司和高校，且多以专利形式发布。当前纯电动驱动的液压挖掘机专利主要包括：2007年，日本的竹内申请了名称为“Electrically-Driven Service Vehicle”，电动挖掘机的欧洲专利（EP I 985 767 Al），其发明点就是用一台变转速驱动的电动机替代现有液压挖掘机中的内燃发动机，驱动一台主液压泵，通过控制阀控制动臂、斗杆、铲斗和回转机构的运动；2009年，日立建机申请了类似的专利（JP 2009-114653 A），电动挖掘机工作过程中通过外部电源对机器上带有的蓄电池充电，蓄电池提供机器工作过程的动力，而其余组成部分与现有液压挖掘机一样；同年，日立建机又公开了一种名称为“電動式作業機械”的电动液压挖掘机专利（JP 2009-256988 A），采用主电动机同轴驱动两台主液压泵和一台先导液压泵，进一步降低节流损耗。同样日立建机申请的“電気駆動式作業機械”的电动液压挖掘机专利（JP 2009-197514A），又将回转机构改为电动机直接驱动，降低了节流损耗；日本竹内又在2012年申请公开的一个关于电动挖掘机的发明专利（WO 2012/049812 Al），将先导液压泵独立用一台变速电动机驱动，并在主液压泵和先导液压泵的出油口设置了蓄能器。

国内也有许多企业申请了类似的实用新型专利和发明专利，如实用新型专利“电动挖掘机”，专利号ZL 200620120546.1；“电动液压挖掘机”，专利号ZL

200720139425.6；“立井施工用电动挖掘机”，专利号 ZL200820004895.6；“电动液压挖掘机”，专利号为 200820113727.0；一种新型电动液压挖掘机，申请号 201120263102.4；申请的国家发明专利主要包括：“一种电动液压挖掘机”，申请号 20111044296；“一种电动挖掘机的动力系统”，申请号 201110074783.4；2013 年，太原理工大学申请了名称为“共用直流母线的电动液压挖掘机”的电动液压挖掘机专利（CN 103255790 A），结构如图 2-65 所示，该专利侧重于对液压系统的优化，将单泵多执行元件系统变成多泵系统，系统用了 4 个逆变器，2 个闭式泵，1 个开式泵，经济性较差。总体上，这些专利技术，只是用电动机取代了内燃发动机，并没有针对工程机械的工况对动力电动机和整机的电液控制技术开展相关研究。

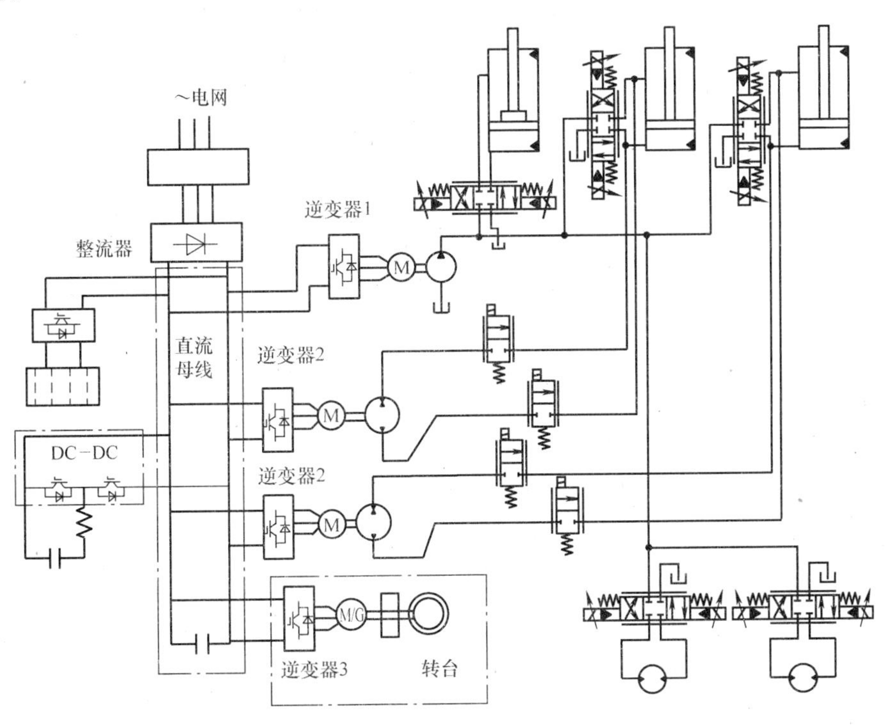

图 2-65　共用直流母线的电动液压挖掘机原理图

在整机方面，推出相关机型的有日本的日立建机、竹内，美国卡特，中国的三一、山河智能、玉柴、华侨大学等。典型的代表是日本竹内公司在 2011 年的美国 CONEXPO－CON/AGG 2011 展会上推出的世界上第一台全电力式锂电池供电的微型挖掘机 TB117e。如图 2-66 所示，整机质量仅为 1720kg。设备充电时间在 220 ~ 240V 电压下大约需要 6h，如果使用 110V 电压的电源，则需要 12h 才可以充满。完全充电后设备可连续运转 6h。但该机型除了以电为动力以外，液压部分与 TB016 相近。依据竹内初步试验，电动挖掘机运行费用可较传统液压挖掘机减少

80%，排碳量减少55%。全电动挖掘机不需要柴油燃料、也不需要更换机油、机油滤清器以及冷却剂。日本日立建机公司从2009年5月9日开始致力于以锂电池为动力的7t级挖掘机的研制。日立建机、利勃海尔、卡特彼勒等国际巨头以及国内不少主机厂都有电动液压挖掘机产品。电动液压挖掘机的前端工作装置、上部旋转体回转装置以及下部行走体的行走装置都是由电源驱动液压泵作业，电源靠车体外部电线提供，由车体内部控制装置控制。其主要特性是，在保证高作业效率同时，减少客户的运行成本，并实现零废气排放。但该电动挖掘机直接从电网取电，而不是动力电池，液压系统除了部分机型在上车机构采用回转电动机驱动外和传统挖掘机基本一致。

图2-66　日本竹内的电动液压挖掘机

2010年，三一重工在上海工程机械宝马展会上推出了一台远程遥控7t电动液压挖掘机，动力电动机约为30kW，电量储存单元采用了锂电池，采用电动机替代原有的发动机及燃油系统，使挖掘机更节能、更环保、更安静，适应性更强。并且和远程无线遥控功能相结合，实现动臂、斗杆、铲斗（液压剪）、行走动作、回转等所有动作的遥控操作，在一些危险工况操作时，更好地确保驾驶人的安全。此外，山河智能、玉柴等也研制了电驱动液压挖掘机，如图2-67所示。2011年，山重建机在BICES2011展会上推出了一台JCM921D电动液压挖掘机产品，该电动挖掘机并没有采用蓄电池作为动力源，而是采用电网电能作为动力源，以当今最为先进的稀土永磁同步电动机作为主电动机和回转电动机，代替了普通挖掘机的柴油发动机和液压回转马达，并应用了国际领先的无PG矢量变频调速技术，使用了回转制动能量回收技术，有效地节省了电能，使电能消耗成本降低40%以上。采用电网驱动的电动挖掘机国内还有部分企业推出整机，比如四川邦立重机有限责任公司等。总体上，当前的机型基本都是采用电动机代替发动机驱动液压泵，在动力系统上主要模拟原发动机的功能，整机的液压系统也基本没有改进，电机控制器的控制策略和方法没有结合液压挖掘机液压系统的工作特点，电动机调速性能未能得到充分发挥。

三一重工

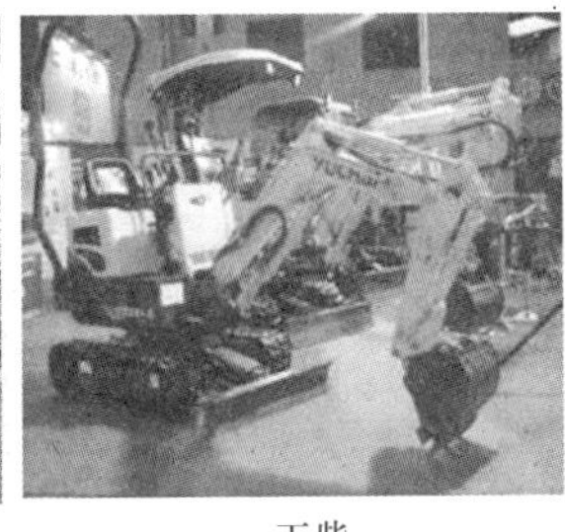
玉柴

山河智能

图 2-67　国内各电驱动液压挖掘机样机

2.4.5　纯电动挖掘机典型案例

目前，华侨大学、浙江大学、福工、玉柴等均致力于小型纯电驱动工程机械的研究。目前关于纯电动挖掘机的研究仅采用电动机来模拟发动机的功能，并没有充分发挥出电动机相对发动机具有良好的转速控制特性的优点，同时对整机的电液控制也没有专门设计。在纯电动挖掘机研究方面的典型代表是华侨大学。自 2011 年起，华侨大学开始致力于纯电驱动挖掘机的关键技术突破及样机的研制。目前已经申请或授权了相关专利 20 项以上，研制了纯电动挖掘机专用电动机及电机控制器，并在 2013 年研制了一台 6t 型纯电驱动液压挖掘机，如图 2-68 所示。考虑到纯电驱动系统对能量密度的要求和能量回收工况对充电速度的要求，该机型的能量储存单元采用了电池和超级电容的复合储能单元。该机型每小时大约耗电 30kW · h，每千瓦时按 1 元计算，则纯电驱动挖掘机每小时耗费 30 元，传统工程机械每小时耗费 60 元左右。由此可以看出，纯电动工程机械耗费大约为传统工程机械的 50%。

图 2-68　华侨大学研制电驱动液压挖掘机样机

1. 整体特点

考虑到目前动力电池的能量密度难以保证纯电动挖掘机长时间工作的不足，且动力电池也难以快速储存能量，同时考虑到超级电容成本较高的缺点，华侨大学提出了一种基于动力电池和液压蓄能器的双动力电动机驱动的纯电驱动挖掘机，并研制出国内第一台采用液压蓄能器和动力电池的新型电液混合驱动挖掘机，如图2-69所示。

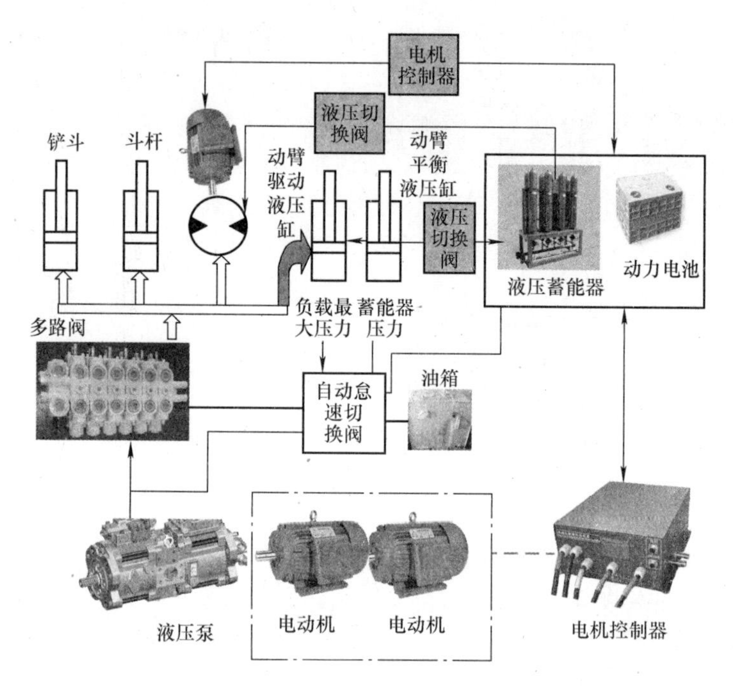

图 2-69　华侨大学 1.5t 纯电驱动挖掘机原理图

1）采用双电机复合驱动。由于液压挖掘机的动力系统功率的峰值功率和平均功率差值较大。平均功率基本在峰值功率的 50% ~70% 之间。通过双电机 - 双泵的全局功率匹配，保证电动机的高效工作，进而延长了动力电池充满电后的作业时间。

2）采用功率密度高的液压蓄能器和能量密度高的动力电池作为复合能源。液压蓄能器用来满足工程机械的剧变工况，动力电池用以保证整机的最小作业时间。

3）动臂势能采用了液压蓄能器和平衡液压缸的方案，解决了液压蓄能器压力对执行机构操控性影响的问题，具体原理参考第 4 章。

4）转台驱动采用液压蓄能器 - 液压马达和动力电池 - 电动机的双动力驱动方案。用液压马达保证转台制动和起动所需要的瞬时大功率，解决了动力电池难以快速储存和释放功率的不足之处；用电动机保证良好的转速控制特性，克服了液压马达难以精确控制转台速度的不足之处。

5）通过调整电动机的转速来优化液压泵流量与负载所需流量的匹配，采用定量泵代替变量泵。

6）自动怠速时，对液压蓄能器充油以建立起克服负载所需的压力，电动机的转速可降到液压泵允许的最低转速，从而实现节能、减噪，同时又保证了取消自动怠速时，依靠蓄能器的压力可以快速建立起负载所需压力。

2. 新型电驱动液压挖掘机电动机驱动控制策略

针对工程机械的工况特点，作业要求，以及电动机及液压系统的工作参数等，研究动力系统工作于转矩模式、转速模式时的性能参数及动态特性，以及实现转矩、转速模式平滑切换的先进控制策略，同时提高动力系统的效率，达到优良的动态响应性能。采用基于主动负载预测的综合控制策略，即电动机转矩控制、转速控制相结合的复合控制策略，实现电驱动工程机械系统的协同优化控制，具体实施如下。

（1）转矩控制

根据液压挖掘机的作业要求，在不同工况下，为了实现良好的操控性，提高工作效率，需要液压泵的出口压力主动匹配负载的压力，由于定量泵的排量已知，即动力系统对电动机输出转矩值的大小以及动态性能要求苛刻。因此，课题在转矩控制环节以动力系统输出转矩为控制对象，根据液压挖掘机不同工作模式下对转矩输出的需求，结合负载转矩观测器输出量、先导压力信号等控制信息，转矩控制分为转矩加速模式和转矩恒定模式；采用 PID 控制来实现转矩的动态控制与双电动机转矩分配。为改善驱动系统的动态特性，根据转矩观测器目标值与电动机当前输出转矩值的偏差对 PID 参数在线整定，即在不同控制论域内设定不同的 PID 参数，实现输出转矩分段精确控制，改善转矩瞬态特性。

（2）转速控制

当液压挖掘机工作在诸如吊装、平整等精细操作模式时需要液压泵流量保持恒定而且流量较小，对定量泵而言即保持电动机一个较小的恒定转速。为提高液压挖掘机性能，避免液压系统发生抖动等不良现象的产生，动力系统期望电动机输出转速在无超调的前提下，快速、精确地逼近目标值，因此，考虑到纯电驱动动力系统和液压系统具有非线性、强耦合性、参数时变等特点，为了获得动力系统良好的转速特性，采用组合非线性反馈控制（CNF）策略实现转速的精确控制。CNF 控制系统的跟踪过程快速、平滑且没有太大的超调，甚至无超调，且线性反馈控制和非线性反馈控制无需转换，能充分利用动力系统的控制能力。电驱动液压挖掘机控制策略原理图如图 2-70 所示。

3. 动力总成控制方法

如图 2-71 所示。以工程机械装备中小型液压挖掘机为控制对象，研究电动机动态特性、过零死区、模式切换等对整机控制性能的影响；针对小型液压挖掘机具有工作模式多和负载复杂的特点，研究基于工况和模式识别的动力总成控制方法，包括基于电动机－定量泵流量控制代替传统变量泵控制的全局功率匹配控制策略，

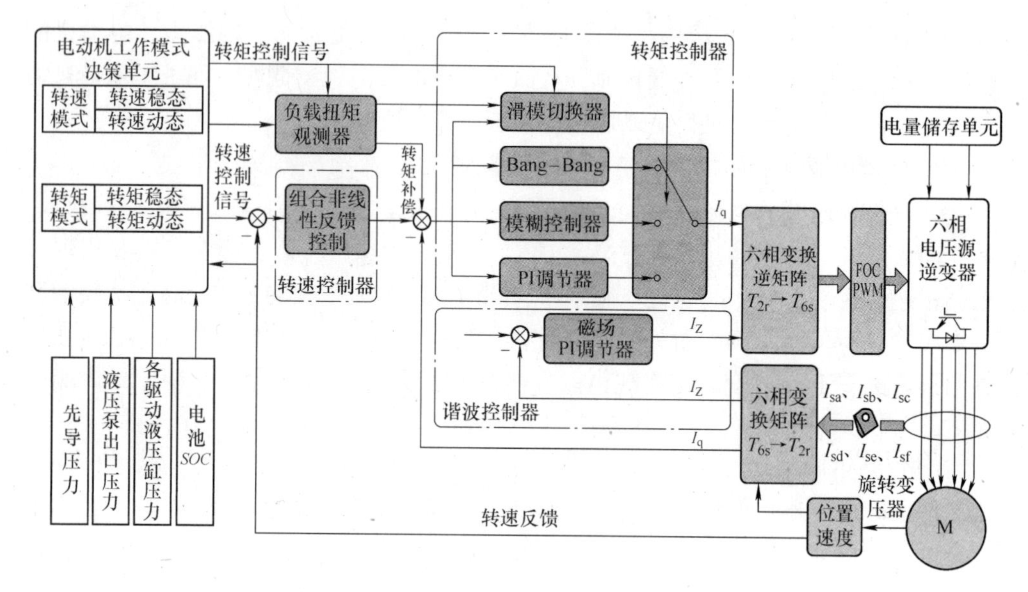

图 2-70 电驱动液压挖掘机控制策略原理图

挖掘转矩控制、新型自动怠速控制，基于负载最大压力的压力加速优化控制等；研究基于压力反馈及控制信号输入等相关信息识别执行元件工作模式（自动怠速模式、功率匹配模式、精细操作模式、能量再生模式、挖掘模式、压力加速模式、行走优先模式）等的方法；根据不同工况时和动力源多目标的特点，研究不同工况模式下电动机与之匹配的目标信号。

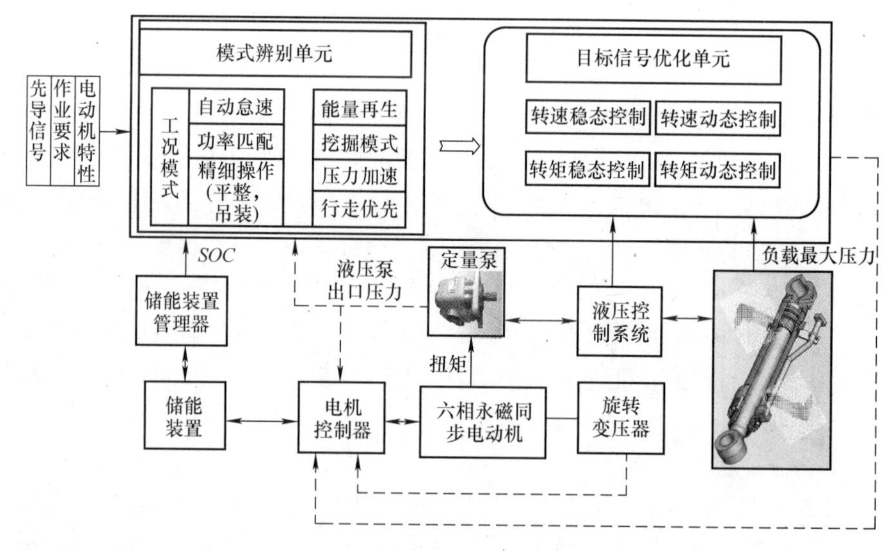

图 2-71 纯电驱动动力总成控制方法

2.5　电喷发动机应用技术

柴油发动机作为液压挖掘机最主要的动力源，其性能的好坏是直接影响挖掘机动力性、经济性以及使用寿命等性能的一个重要因素。柴油发动机因具有大转矩、高功率等优点，其在挖掘机上的应用已久。目前，传统的机械调速式发动机在国内挖掘机上仍然有较广泛的使用，然而随着节能排放要求的不断提高，机械调速式发动机已经越来越不能满足这些要求。

为满足节能排放要求，采用燃油经济性良好、动力性能优越的电喷柴油发动机是顺应节能减排要求和发展趋势的必然选择。浙江大学分析了挖掘机动力系统中变量泵 K3V112 的节能特性及电喷发动机的特性与优势，并通过加载试验研究了电喷发动机动态工况响应特性，验证了采用电喷发动机的挖掘机仍需进行功率匹配的必要性[11]。从负载和发动机两个角度分析了动力系统功率匹配的原理，通过双闭环转速感应控制来进行动力系统的功率匹配，采用模糊控制算法来实现节能控制。在此基础上，设计了液压挖掘机三种功率模式的分工况控制及发动机自动怠速控制策略，以适应不同工况负载的要求，并在重载和经济模式下均采取极限功率控制，以充分利用发动机的功率。

2.5.1　电喷发动机与传统发动机调速特性的不同点

在调速特性方面，电喷发动机与传统的机械式调速发动机不同。机械式调速发动机通过调节调速手柄的位置来调节发动机的转速，当调速手柄位置一定时，调速器根据外界负载的变化，自动调节供油量，使发动机在较小的转速变化范围内，输出较大的转矩变化。而电喷发动机采用电子控制系统代替机械式调速器机构，可以更为精确地控制发动机的转速。采用电子调速器的发动机可以实现零调速率，即其调速特性曲线为无数条垂直于转速的直线，有利于发动机转速的稳定。机械式发动机与电喷发动机的调速特性曲线如图 2-72 所示。由调速特性曲线可以看出，当负载变化时，电喷发动机的转矩随负载发生变化，但稳定后转速可以保持为定值。

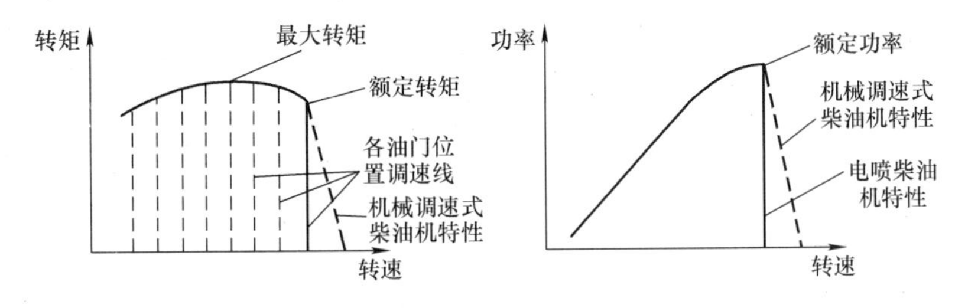

图 2-72　机械式发动机和电喷发动机的调速特性曲线

2.5.2 电喷发动机阶跃加载试验及分析

对所用的康明斯 QSB6.7 电喷柴油发动机进行阶跃加载试验，分析其适应波动负载的能力。分析该发动机的万有特性曲线可知，其最佳工作区域为高速大转矩区域，因此挖掘机正常工作时，应尽量将发动机的工作点匹配在该区域。试验中，在发动机 $n=1700\text{r/min}$ 和 $n=1800\text{r/min}$ 两种转速下进行试验，加载使发动机转矩百分比达到100%，即负载转矩达到甚至超过发动机的额定转矩。实验得到发动机转速波动及转矩曲线，如图2-73所示。

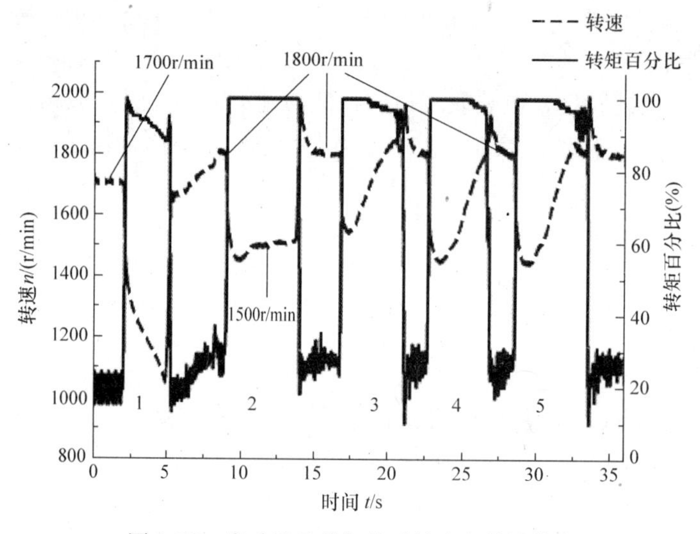

图2-73 发动机重载加载时的响应特性曲线

由图2-73中曲线可以看出，在第一次加载过程中，发动机设定转速为1700r/min时，重载加载情况下，发动机转速迅速降低，有熄火倾向，发动机不能克服负载转矩。在第2~5次加载实验时，发动机的转速均为1800r/min。在第二次加载中，负载转矩始终保持使得发动机转矩百分比为100%，发动机转速迅速降低，并最终稳定在1500r/min左右，不能恢复到目标转速值，转速差为300r/min。在后面的几次实验中，将负载转矩降低，使发动机的转矩低于其额定转矩，发动机转速在迅速降低后能逐渐恢复到目标转速，但其调节时间较长，达到5s。显然，这不能满足挖掘机的作业要求。因此，在采用电喷发动机的液压挖掘机中，电喷发动机自身不能完全适应挖掘机的作业工况，仍需要进行功率匹配。

2.6 液压自由活塞发动机技术

液压自由活塞发动机是将内燃机活塞与液压泵活塞刚性连接，使活塞在液压缸体和内燃机缸体内做往复直线运动对外输出液压油的一种新型的动力装置。如图2-74所示，液压自由活塞发动机将传统内燃机的直线-旋转-直线运动转化为直线-直线运动，省却了中间的连接机构和转换装置，具有结构简单、零件数目少、功率质量比大、寿命长等优点。尤其是活塞不与外界任何机构相连，运动的止点位置只与作用于其上的液压力、气体压力、摩擦力等有关，因此具有可变的止点位置，这意味着发动机具有可变的压缩比。可变的压缩比可以使发动机在任何工况下都能处于最佳燃油消耗点或最低排放点，从而能从源头上降低发动机的燃料消耗和排放。对于单活塞式液压自由活塞发动机而言，由于其每一个发动机冲程都是一个全新的过程，因此，可以通过改变两个冲程之间的时间间隔来调整输出流量，而不需要改变每一个冲程的运动特性，从而简化了控制过程；另外，液压自由活塞发动机一般与蓄能器配合使用，一方面可以储存液压自由活塞发动机输出的多余能量，另一方面，当负载制动时，能方便地吸收负载制动能量；因此，对于频繁起停、工况多变和需要能量回收和再生的场合，都是液压自由活塞发动机的潜在应用领域。对于液压自由活塞发动机的研究始于 20 世纪 80 年代，荷兰的 INNAS BV 公司将所研制的液压自由活塞发动机应用于液压叉车上，获得了不错的应用效果[13]，其整机效率比传统方式提高 15%，零件数目减少到 40%，质量减少超过 45%，被誉为“21 世纪最有希望的动力之星”。对于工程机械而言，除了直接降低能耗外，提高整机的功率密度也是降低能耗的一个重要举措。由于液压自由活塞发动机降低零件数目和体积，因此，在同样输出功率下，动力系统的质量减小，即在相同功率条件下，工程机械本身的质量减小，从而降低了各种过程中因驱动自身而消耗的能量。

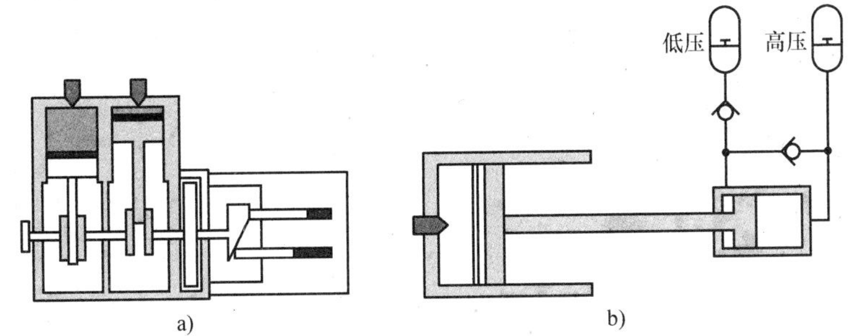

图 2-74　液压自由活塞发动机与传统内燃机驱动液压泵结构示意图

a）内燃机 + 液压泵　b）液压自由活塞发动机

国内的浙江大学、北京理工大学、天津大学和华侨大学等都对液压自由活塞发动机展开了较为深入的研究。

由于液压自由活塞发动机的输出流量是脉动的，因此为保证负载获得比较稳定的流量，一般蓄能器与液压泵的出口相连。蓄能器体积的大小与液压泵输出的流量脉动率相关。一般将流量脉动率作为流量脉动程度的评价指标，也称为流量不均匀系数 δ_q：

$$\delta_q = \frac{q_{max} - q_{min}}{q_t} \tag{2-1}$$

式中，q_{max}，q_{min}，q_t 分别为瞬时流量的最大值、最小值和理论流量，且 $q_t = nV$，n 为液压泵往复运动的次数；V 为液压泵往复运动一次的排量。

由式（2-1）可以看出，当液压泵输出的最大最小流量差越小或理论流量越大，则输出的流量脉动越小。为此，浙江大学提出从液压泵的结构设计出发，并设定合理的运行参数，保证液压泵在压缩冲程和膨胀冲程中对外输出的液压油的平均流量近似相等，从而降低流量脉动，进而降低蓄能器的体积，提高整机功率密度的目的。图2-75为浙江大学研制的液压自由活塞发动机的输出流量与某研究机构输出流量的对比。从图中可以看出，平均流量明显减小，因而液压泵输出的瞬时流量也随之间小，从而减小了蓄能器的体积，且减小了压力冲击对蓄能器使用和寿命的影响。

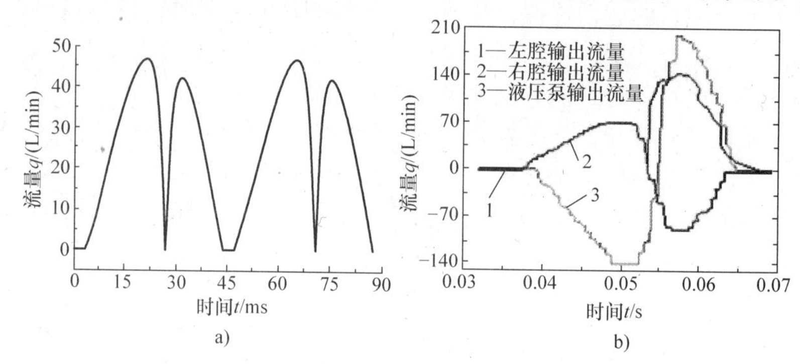

图2-75 液压自由活塞发动机输出流量对比

a）输出流量曲线 b）某研究机构的输出流量曲线

2.7 天然气发动机技术

压缩天然气（CNG）、液化天然气（LNG）等气体燃料相对于其他传统燃料来说，具有较好的动力性、经济性和排放性。因此CNG发动机和LNG发动机的研发工作对人类的可持续发展具有重大意义，同时由于CNG和LNG自身的优势，决定了它们成为今后发动机的主要发展方向。

2.7.1 CNG发动机

CNG指的是经过干燥、净化后压缩到压力在10～25MPa之间的气态天然气，通常储存在专用的CNG储气瓶中。所谓的CNG发动机指的是以CNG作燃料的压缩天然气发动机，图2-76所示为CNG发动机的实物图。

图2-76 CNG发动机

CNG 发动机的工作原理如图 2-77 所示。高压的压缩天然气从储气瓶出来，经过滤清器过滤后，经高压电磁阀进入高压减压器，高压电磁阀的开合由 ECM（电控模块）控制，高压减压器的作用是将高压的压缩天然气经减压加热将压力调整至目标值；高压天然气在减压过程中由于减压膨胀，需要吸收大量的热量。为防止减压器结冰，从发动机将发动机冷却机冷却液引出到减压器对燃气进行加热；经减压后的天然气进入电控调压器，电控调压器的作用是根据发动机运行工况精确控制天然气喷量；天然气与空气在混合器内充分混合，进入发动机缸内，经火花塞点燃进行燃烧，火花塞的点火时刻有 ECM 控制，氧传感器即时监控燃烧后的尾气的氧浓度，推算出空燃比，ECM 根据氧传感器的反馈信号和控制 MAP 及时修正天然气喷射量。

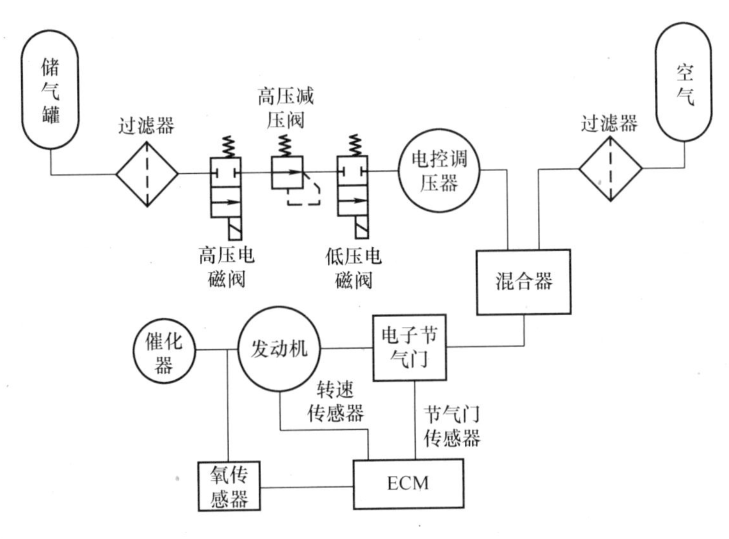

图 2-77　CNG 发动机的工作原理

目前 CNG 发动机按其使用燃料的类别主要分成三种类型：CNG/汽油两用燃料发动机、CNG/柴油双燃料发动机和 CNG 单燃料发动机。

1）CNG/汽油两用燃料发动机，通过对汽油机的改装，保留原有的汽油供给系统，增加一套天然气供给系统，形成汽油和天然气两个相互独立的燃料供给系统。通过切换开关实现燃油供给和燃气供给的手动或者自动控制，两种供给系统不能同时工作。这种发动机相对传统发动机变动小、成本低、适应性强，是市场上的主流汽车燃用天然气的改装方式，缺点是动力性和排放性能较差。

2）CNG/柴油双燃料发动机，主要应用在压燃式发动机上，主燃料是天然气，柴油起到火花塞作用。天然气和空气在气缸外或者气缸内形成可燃混合气，在压缩行程末期喷入燃烧室内一定的柴油，并依靠高温的压缩空气加热着火，产生的火焰能量引燃可燃混合气。这种在一个工作循环，两种燃料同时燃烧的发动机叫双燃料发动机。双燃料发动机按其天然气的供给方式又可分为缸外混合供气和缸内直接供气。

3）CNG 单燃料发动机，主要为点燃式发动机。为了充分发挥天然气的特性，专门设计燃用天然气的发动机。在发动机压缩行程末期利用火花塞点燃可燃混合气做功，工作原理与汽油发动机相同。优点是有效降低了排放，缺点是由于可燃混合气能量密度低，天然气消耗率较大，经济性明显下降。由于发动机的各项参数密度大，因而需要开发专用的燃气 ECM 控制喷气。使用条件受到较大限制，因此多用于气源充足的地区或者作为大型固定式发动机来使用。

在 CNG 发动机的发展和应用中，一个关键的技术就是天然气的供给方式，它在很大程度上影响发动机的动力性、经济性、安全性以及排放性能。天然气供气系统经历了三个阶段：第一阶段是机械式混合器，第二代为电控混合器，第三代为电控喷射。

1）机械式混合器。利用发动机的真空度供气，使用化油器式发动机。结构简单、价格便宜、技术难度低、容易改装。但其主要问题是替代率较低，排放性能较差。

2）电控式混合器。在开环供给系统的基础上增加控制系统而成，应用在电喷发动机上。它能根据发动机的最佳性能要求利用 ECM 灵活调整引燃油量和天然气量的比例，因此它更能满足双燃料发动机在不同的工况下空燃比的控制要求，可以实现稀薄燃烧技术。它的缺点是动态响应迟缓、耗气量大、结构复杂、安全要求高。

3）电控喷射。利用天然气的压力主动供气，电控喷射系统控制非常灵活，可以根据实际情况进行单点喷射和多点喷射控制。与混合式相比，可实现定量供气，具有良好的节能和排放净化效果。系统结构布置简单灵活，系统稳定可靠，易产品化，价格低，从长远看，电控喷射相比前两代更有发展前景[14]。

按照喷射方式又可以分为从缸外预混合、复合供气和缸内直接喷射。

1）缸外预混合。CNG 气体燃料挤占进气空气体积，造成了充气效率下降的问题。

2）复合供气。为满足 CNG 发动机点火能量的要求，除采用高能点火或双火花塞点火外，对预燃式燃烧室发动机，可采用复合供气，其改善了 CNG 发动机部分负载和全负载下的性能。

3）直接喷射。综合了发动机和汽油机的优势，从根本上解决了预混合方式中，天然气燃料挤占进气空气体积，造成充气效率下降的问题，实现了 CNG 非均质混合气扩散燃烧，燃烧效率高，能有效提高天然气发动机的动力性。

2.7.2　LNG 发动机

LNG 指的是液化天然气，主要由甲烷构成。通过在常压下气态的天然气冷却至－162℃，使之凝结成液体。天然气液化后可以大大节约储运空间，而且具有热值大、性能高等特点。所谓的 LNG 发动机就是以 LNG 燃料为动力的发动机。其实物如图 2-78 所示。

图 2-78　LNG 发动机实物图

LNG 发动机的工作原理如图 2-79所示。LNG 发动机的工作原理与 CNG 发动机的工作原理差别不大。LNG 从储气罐通过管路进入汽化器加热气化，经过稳压罐稳压后由燃气滤清器滤清，之后能过电磁切断阀控制进入减压阀稳压，减压后的燃气进入热交换器。燃气经计量阀后进入混合器与空气混合，燃气混合后经节气阀进入发动机。ECM（电控模块）则通过采集燃气流量和转速等，通过闭环反馈对整个发动机系统进行控制。

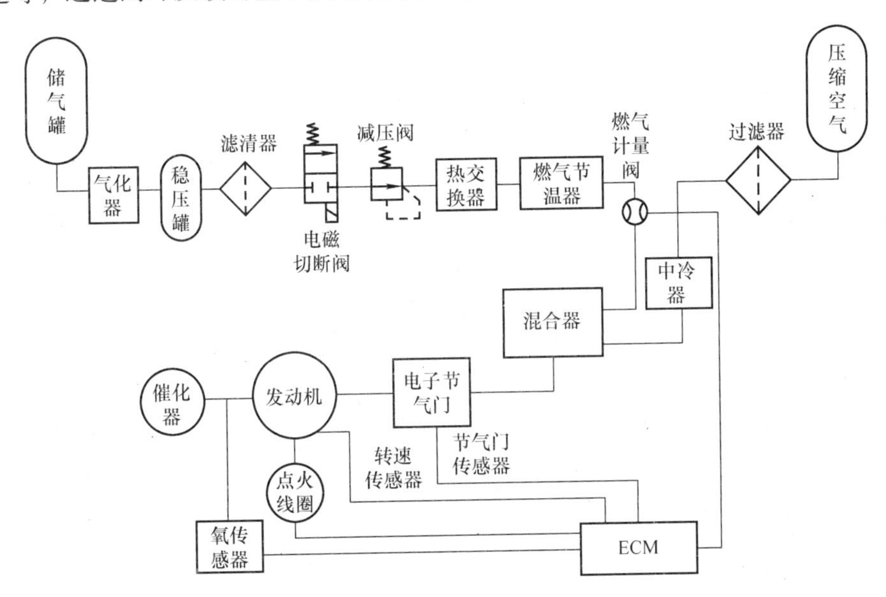

图 2-79　LNG 发动机原理图

目前，在天然气汽车开发中，CNG 发动机还是占主体地位的。但是车辆行驶里程短、动力性、经济性不够理想，同时安全性能较差等问题逐渐暴露，为此 LNG 发动机逐渐显露其优点。

1）LNG 的能量密度大，是 CNG 的3.5 倍。存储效率更高，便于运输，发动机有效工作时间长，与 CNG 比较有更好的燃料经济性。

2）LNG 的成分主要为甲烷，在通过深冷前的净化处理几乎除去了天然气中的全部杂质，因此纯度高。同时 LNG 燃料的单一性和一致性有利于发动机压缩比等参数的确定，避免了乙烷、丙烷等成分的爆燃导致发动机的不正常工作。

3）相比于储存在高压气瓶中的 CNG，存储在具有绝热夹层的压力储气罐具有更高的安全性。

4）使用 LNG 可以充分利用其低温特性效率混合气的温度，从而降低燃烧温度，提高发动机的热效率，降低 NO_X 排放。

5）LNG 发动机对负载变化可以获得更好的响应性。

6）LNG 发动机在冷能回收利用方面，比如冷藏车和空调车的应用上具有其他燃料不可比拟的优势[2]。

相对于 CNG 燃料而言，LNG 具有无可比拟的优势，是今后天然气发动机的主要发展方向。

虽然 LNG 相对于其他燃料发动机而言具有无可比拟的优势，但是现在市面上投放使用量却只占天然气发动机的极少部分，主要原因是，目前存在的一些技术方面的难题。

1）天然气常温下难以液化，因此 LNG 的制取比 CNG 要复杂，而且 LNG 在常压下只有保持在 -162℃以下才能呈现为液态，LNG 的储气瓶和传输管路需要具有良好的绝热性能，其设计制造相当复杂，成本较高。

2）LNG 发动机在补给上也存在一个比较重大的问题，对使用 LNG 发动机的机动车而言需要建设专门的加气站，加气站建设的投资巨大，对于 LNG 的大范围推广应用来说是个重大的难题。

3）LNG 发动机的燃气系统改装费用较高。

4）LNG 的自气化引起的问题还没有得到有效解决。

2.7.3 天然气发动机的应用

能耗高、排放量大是燃油工程机械的特点，然而使用天然气为动力的工程机械不仅不排放氮氧化物，而且，在和工程机械作业效率相当的情况下，LNG 天然气的使用成本是柴油的 70%，节能 30%。

徐工集团在 2009 年试制出第一台 LNG 发动机，通过近四五年的投放使用，其产品的表现可圈可点，总体来说还是受到用户的普遍好评。

1）首先产品的使用成本低，节能性突出，使用经济性相比发动机有大幅度提升。

2）其次工作效率也有大幅度的提升，无论在装卸工作、爬坡能力以及动力性能与燃油发动机相比都有过之而无不及，而且动作更加灵活。

3）产品的故障率低，因为天然气作为动力源、很洁净，是切实可行的燃料，可以有效减少杂质对发动机缸体的磨损，延长发动机的使用寿命。

4）动力强劲，无论是港口还是矿市场，产品都能“通吃”[15]。

但是目前也有制约徐工自主研发的LNG天然气装载机的发展问题，其中最大的问题就是设备的移动性能差，加气站的分散式分布导致加气成本上升，很难满足用户续能的需求，这也是目前制约国内乃至国外天然气发动机发展的主要难题。

目前在国内除徐工外，临工、柳工、斗山、厦工等众多装载机生产厂家也陆续推出使用LNG天然气发动机装载机为主的节能产品。

在国外，美国的卡特彼勒公司——世界上最大的工程机械和矿山设备生产厂家、燃气发动机和工业用燃气轮机生产厂家之一，在其“天然气战略”中，将大型发动机全面转向天然气，并将自主研发的天然气发动机投入到大型矿用卡车和铁路机车中，并将生产更多的天然气发动机及使用天然气的设备，这一举措看似是一场博弈，实则是对天然气发动机未来发展的把握。

虽然已有部分大中型企业推出了天燃气装载机，但目前未形成规模。总的来讲，工程机械完全依赖柴油动力。

为什么天然气这么好的替代能源在工程机械领域难以推广，有多方面的原因，一方面和汽车相比，工程机械采用履带式居多，不适合天然气集中加注的特点，即使是轮式车辆也往往因为工作场地的因素而远离商用加注站，有时需要自行建设加注站，而这需要设备达到一定规模。另一方面，工程机械对动力的要求比汽车要高，现在主流的天然气发动机技术在热效率、动力性、转矩等方面较同等排量的发动机仍有差距。

如果解决上述技术难题，相信天然气发动机一定会抢占工程机械发动机的主体地位，成为主流产品。

2.8 氢气发动机

毫无疑问，环境污染和资源短缺是21世纪各国共同面对的最严重问题之一，各国都在极尽所能发展低污染、节能的新能源技术。氢气是一种最清洁、资源最广泛的燃料之一，因此以氢气为燃料的发动机是未来取代传统汽油、柴油等发动机的替代产品，也是发动机技术的最新趋势。氢气发动机实物如图2-80

图2-80 氢气发动机

所示。

氢气发动机属于点燃式发动机，可由汽油机改造而成，也可由柴油机改造而成。其原理同内燃机几近相同，分为进气（吸气）冲程、压缩冲程、做工冲程和排气冲程，不同的是它以氢气为燃料，其中工作过程如图 2-81 所示。

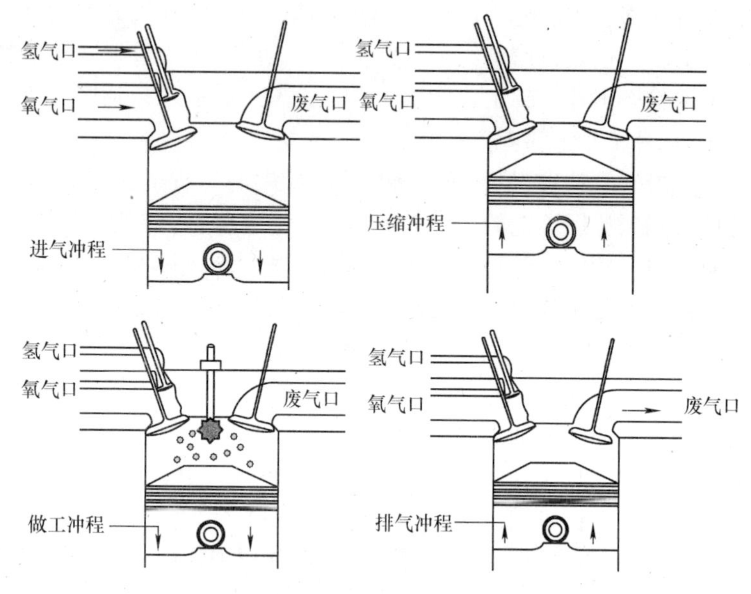

图 2-81　氢气发动机的工作原理

目前各国大中型汽车企业都不惜花大量人力物力研发氢气发动机，主要原因还是由于其以氢作为燃料，因此氢气发动机的优点主要体现在氢燃料上。

1）氢资源丰富，制取方法也多样化。如可在天然气中提取，也通过电解水等制取。

2）氢作为最为清洁的燃料之一，燃烧后的产物主要为水，其次在空气中燃烧生成微量的 NO_X，对空气几乎没有污染。

3）氢气单位质量的热值高，与其他燃料相比能量密度相对来说较高。

4）自燃点较高。有利于提高压缩比，提高氢气发动机的热效率。这一特性也决定了氢气发动机难以像发动机那样采用高压燃点火，而适宜火花塞点火。

5）氢气点火能量很低。虽然自燃点相比天然气等燃料都要高，但是所需的点火能量低，因此氢气发动机在工作时几乎从不失火，具有良好的起动性。

6）氢气发动机同时具有发动机的高热效率和汽油发动机的高转速，是一个非常理想的系统。

7）氢气发动机可以靠空气－燃料混合比的浓度调节动力输出，不需要节流阀，同时提高了经济性。这样做的好处是提高了发动机的整机效率，因为不存在燃料泵中的能量损耗，稀薄燃烧的效率较高也起了一定的作用。

目前氢气发动机还没有进入实用化的阶段，只是处于研发和少部分投放试用阶段，主因为氢气发动机其自身存在如下问题。

1）使用氢能的设备价格太昂贵，同时制取氢的成本太高。

2）回火与早燃。由于氢燃料的特殊性质，使得作为发动机燃料时会出现氢燃料低点火能量所导致的进气管回火和缸内早燃。当发生回火和早燃时，由于以浓混合气工作，且火焰的传播速度极快容易造成强烈的噪声和压力的急剧升高，导致发动机的正常工作遭到破坏。

3）爆燃与爆炸。由于氢气燃烧时火焰传播速度极快，易于导致缸内燃气压力急剧升高，燃烧过早结束；以及经由活塞环渗漏到曲柄箱的氢气产生爆炸，使得发动机正常工作遭到破坏。

4）由于氢气是空气中密度最小的气体成分，考虑到氢气的储存问题和工作混合气的配制问题，投放使用在汽车上目前还是有困难的。因为气态储氢能量密度低，体积大，占据车上大量空间，若使用液态储氢，要求超低温、储氢成本高，且蒸发损耗大。

随着资源的日益短缺和环境压力的逐渐增大，“节能减排”越来越成为当今时代的主旋律。为此大力发展排放低的新能源刻不容缓。目前，工程机械多采用“发动机 - 液压系统 - 多执行元件”驱动方案，其存在着耗油大和排放性能差等缺点，与“节能减排”的主旋律背道而驰。氢气发动机的出现或许可以改变这一现状。

为发动机加注少量氢气，即所谓的氢气发动机，改善排放降低油耗。2013 年，三一重工曾试用该项新技术，以降低排放。三一重工将氢气发动机安装在水泥砂浆设备上后，经检测后表明，油耗下降了 5%，尾气排放也下降了 78.8%，并且能够有效提高效率，节约人力。

虽然推广应用氢气燃料发动机还要解决一系列技术问题，但是氢气以其优异的物理化学性能必定会成为当之无愧的发动机的理想燃料，相信氢气发动机在不久的将来会主导工程机械的潮流。

参考文献

[1] KAGOSHIMA M, KOMIYAMA M, NANJO T, et al. Development of new hybrid excavator [J]. Kobelco Technology Review, 2007 (27): 39 - 42.

[2] 林添良，黄伟平，周圣炎，等．一种基于多液压蓄能器的自动怠速系统及控制方法：中国，2016106216155 [P]. 2016. 10. 26.

[3] 林添良，黄伟平，付胜杰，等．一种电液混合驱动工程机械的自动怠速系统及方法：中国，2014101518126 [P]. 2014. 07. 16.

[4] 王庆丰，姚洪．混合动力挖掘机的自动怠速控制方法：中国，2011102343591 [P]. 2013. 06. 05.

[5] 杨敬．具有可停缸动力系统的液压挖掘机功率匹配及节能研究 [D]. 太原：太原理工大

学，2013.
[6] LIN Tianliang，WANG Qingfeng，HU Baozan，et al. Development of hybrid powered hydraulic construction machinery [J]. Automation in Construction，2010，19 (1)：11 - 19.
[7] Hiroaki I. Introduction of PC200 - 8 hybrid hydraulic excavators [M]. Tokyo：KOMATSU TECHNIC，2007.
[8] 王庆丰. 油电混合动力挖掘机的关键技术研究 [J]. 机械工程学报，2013.
[9] 张彦廷. 基于混合动力与能量回收的液压挖掘机节能研究 [D]. 杭州：浙江大学，2006.
[10] 肖清. 液压挖掘机混合动力系统的控制策略与参数匹配研究 [D]. 杭州：浙江大学，2008.
[11] 关秀雨. 基于电喷发动机的液压挖掘机动力系统节能控制研究 [D]. 杭州：浙江大学，2013.
[12] Zimmerman J，Ivantysynova M. Hybrid displacement controlled multi - actuator hydraulic systems [C] //The Twelfth Scandinavian International Conference on Fluid Power，Tampere，Finland (May 18 - 20，2011) . 2011.
[13] Mikalsen R，Roskilly AP. A review of free - piston engine history and applications [J]. Applied Thermal Engineering，2007，27：2339 - 2352.
[14] 张俊超. CNG/柴油双燃料发动机的开发与试验研究 [D]. 昆明：昆明理工大学，2015.
[15] 曹祥，董超. 成本“无底价”徐工 LNG 装载机使用报告 [J]. 工程机械与维修，2013 (8)：176 - 180.

第3章 液压节能技术

在20世纪50年代初，所有的挖掘机都是缆绳驱动。但20世纪60年代后，缆绳驱动挖掘机就被液压挖掘机所取代。目前，工程机械基本采用液压系统进行驱动，液压传动具有功率密度大，元件布置灵活等特点，但液压驱动技术同样具有效率低下的不足之处。工程机械中发动机输出能量大约有35%消耗在液压系统中。作为液压工作者，未来的汽车也将会逐渐采用液压驱动，但在大范围应用之前，必须解决液压元件及系统的效率、噪声、振动、平顺性以及成本等问题。因此，液压系统的节能研究和动力系统的节能技术一样引起了广大学者、专家和企业的重视。

目前应用在液压挖掘机的液压系统主要有三种类型：一种是在国内比较多见的负流量系统，还有一种就是正流量系统，另外一种就是欧州最为常用的负载敏感系统。正流量系统与负流量系统一般都是开中心，负载敏感系统一般为闭中心。

在操控性方面，因欧美发达国家的生活水平较高，整机的操作人员对整机的可操作性要求高，因此，动作具有可预测性且与负载无关的负载敏感系统在欧州最为常用，但其价格比负流量系统高。在我国，由于很长一段时间劳动力相对便宜且劳动力充足，因此，更偏向于采用需要比较丰富经验才能开好的动作与负载压力有关的负流量系统。目前，国内一般在5～12t小型液压挖掘机上会采用负载敏感系统。但随着生活水平的提高，负载敏感系统将会逐渐代替传统的负流量系统或正流量系统。

在节能性方面，正如第1章分析，工程机械液压系统的能量损耗主要包括溢流、液压缸、液压马达、多路阀的损耗等。在各部分能量损耗当中，溢流阀的溢流损耗与工作过程中的实际工况和操作人员的操作方式有关，再加上溢流阀的传统使用问题，溢流损耗一直被认为是不可能解决的问题，因此溢流损耗问题的研究较少。液压泵、液压缸和液压马达的能量损耗不仅与元件的性能有关，而且与工作条件有关。由于液压挖掘机的负载工况，元件的工作条件很难得到改善；元件的工作性能受到工作原理、材料性能和加工工艺的限制，提高的幅度也比较有限，因此主控阀的阀口上的节流损耗是液压系统节能研究的重要方向。根据不同的液压系统类型，主控阀的节流损耗主要分成进口节流损耗、出口节流损耗，进出口联动节流损耗以及旁路节流损耗等。不同类型的液压系统所包含的节流损耗不同。

3.1 基于液压元件效率优化

液压元件包括液压泵、液压控制元件和液压执行元件三大类。其中液压执行元件主要包括液压缸和液压马达。液压控制元件按功能分为方向控制阀、压力控制阀、流量控制阀、单向阀和梭阀。以上各类液压元件中，液压缸是比较定型的产品，对提高整个系统的节能影响相对较小。另外从节能角度考虑，自行设计液压缸时应注意选用低阻力材料的密封件。选取液压缸时，注意改善其密封条件。液压缸的效率已经达到了95%以上，很难再提高。

3.1.1 液压泵的效率优化

目前常用液压泵的节能优化设计工作已经比较完善，由于原理结构的限制，未见突破性的进步，效率几乎都达到了极限。例如，应用十分广泛的轴向柱塞泵和轴向柱塞马达的效率达到了85%～95%，效率的进一步提高十分有限。就效率而言，目前，液压泵效率最高的为柱塞泵，其次为叶片泵，最后为齿轮泵。

应用于工程机械的液压泵主要为柱塞泵。柱塞泵的效率主要包括容积效率和机械效率。柱塞泵能量损耗主要包括容积损耗和机械损耗。以斜盘式柱塞泵为例，引起容积损耗的主因是轴向柱塞泵的柱塞副、配流副和柱塞与斜盘的接触副（滑靴）间隙之间的泄漏和油液的弹性；而引起机械损耗的主因是柱塞泵各运动副的摩擦阻力和黏性油液在泵内流动时产生黏滞阻力。降低容积损耗的根本措施是减少运动副之间的泄漏量，同时兼顾机械效率和润滑，相关的研究工作一直是液压技术领域国内外的研究重点。

美国普渡大学和德国亚琛工业大学都开展了轴向柱塞泵关键摩擦副的润滑特性、泄漏特性、抗磨特性和减阻特性等相关的研究工作。通过研究，已经在柱塞表面形状设计和配流盘表面的设计方面取得重要进展。美国普渡大学提出通过波浪形表面形状改善柱塞泵效率原理，同时提高了泵的容积效率和机械效率，研究工作使柱塞泵在低压工作的效率提高10%[1,2]。德国亚琛工业大学液压研究所通过对柱塞两端形状的修改，对柱塞表面的微结构，柱塞和缸体、滑靴配合的研究，提高了泵的工作效率[3]。浙江大学流体动力与机电系统国家重点实验室杨华勇教授团队也做了一定的研究。2005年，Y Inaguma对提高叶片泵的机械效率进行了研究，并通过实验分析提出了如何选定影响机械效率的叶片厚度和摩擦转矩等参数的设计方法[4,5]。

目前，在结构上较为创新的是荷兰的innas公司提出的一种浮杯式斜盘柱塞泵（见图3-1），其工作效率达到了97%，但斜盘倾角只有8°，这也间接推翻了传统上认为柱塞泵/马达的摆角越大，效率越高的基本规则。浮杯原理的特性是由一组相似的镜像结构构成。它有两个斜盘，按照相反的方向摆动。斜盘几乎达到100%的轴向静压力平衡。因此，和滑动轴承间的摩擦力很小。在新设计中，阻尼和控制功能是分开的。只需对控制功能进行优化，而无需考虑阻尼结构影响。如图3-2所示，在极低转速（1r/min）和压力为30MPa时，浮杯式柱塞泵的输出转矩基本接近理论的最大转矩，而传统的轴向柱塞泵的输出转矩降低了20%，径向柱塞泵的输出转矩降低了 55%。此外，从图 3-2 中也可以看出，浮杯式斜盘柱塞泵的输出转矩也更为平滑。

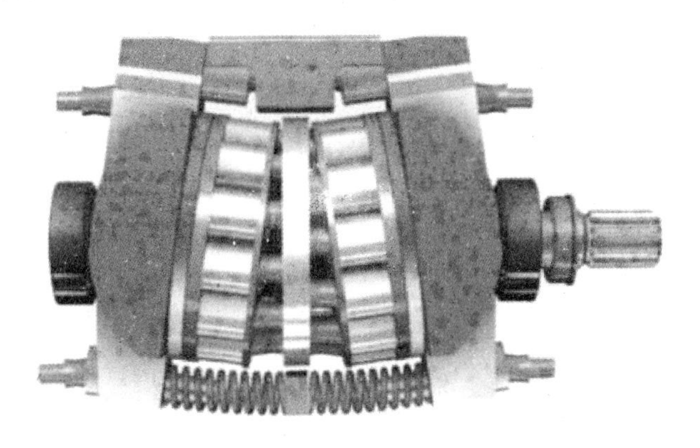

图 3-1　浮杯式斜盘柱塞泵

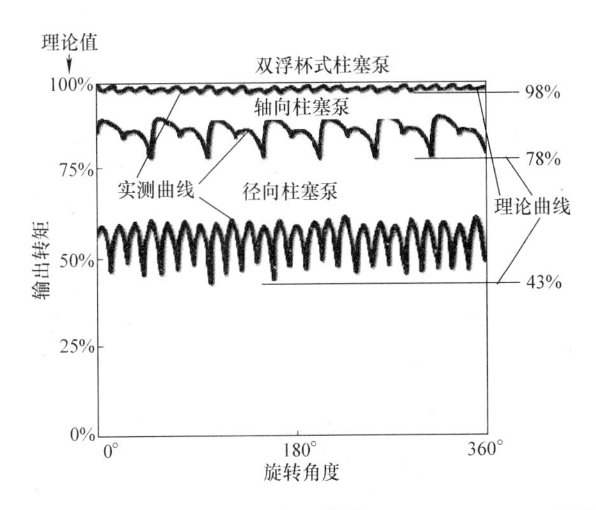

图 3-2　浮杯式柱塞泵理论和实测曲线（$n=1\text{r/min}$，$p=300\text{MPa}$）

3.1.2　液压控制元件的节能

液压控制阀节能设计的关键是减小其压力损耗、泄漏损耗，为此液压控制元件的节能方向主要有以下几种方法。

1）基于 CFD 仿真优化阀内流道、阀口形状并研究其铸造技术，以减小局部压力损耗；对于流量控制阀来说，如果在流量可控的前提下，能以更小的压差实现流量控制，就是节能的体现。

2）采用合理的密封结构及材料以减少泄漏损耗。目前，进口的液压控制元件，其泄漏量已经非常小。实际上，现有一般的液压元件泄漏量测试方法也是采用量杯测量，用流量计基本测不出来。但部分国产的液压阀的泄漏量仍然较大，需要进一步降低泄漏量。

3）原理的创新。比如高速开关阀，详细参见本章3.10节；再如，压力控制阀和流量控制阀等液压控制类元件阀口压差的节能技术将在第7章详细介绍，这里不再阐述。

3.2 负流量、正流量系统

液压挖掘机采用负流量和正流量系统的多路阀都是开式的六通多路阀，其微调特性见参考文献［8］。这里只简述其工作原理。

如图3-3所示，多路阀入口压力油经一条专用的直通油道，即中位回油通道回油箱（$P \rightarrow P_1 \rightarrow C \rightarrow T$）。该回油通道由每联方向控制阀的两个腔（E，F）组成，当各联阀均在中位时，每联方向控制阀的这两个腔都是连通的，从而使整个中位回油通道通畅，液压泵来的油液直接经此通道回油箱。当多路阀任何一联方向控制阀换向时，都会把此通道切断，液压泵来的油液就从该联阀经已接通的工作油口进入所控制的执行元件。

在方向控制多路阀阀杆的移动过程中，中位回油通道是逐渐减小最后被切断的，从此阀口回油箱的流量逐渐减小，并一直减小到零；而进入执行元件的流量，则从零逐渐增加并一直增大到液压泵的供油量。

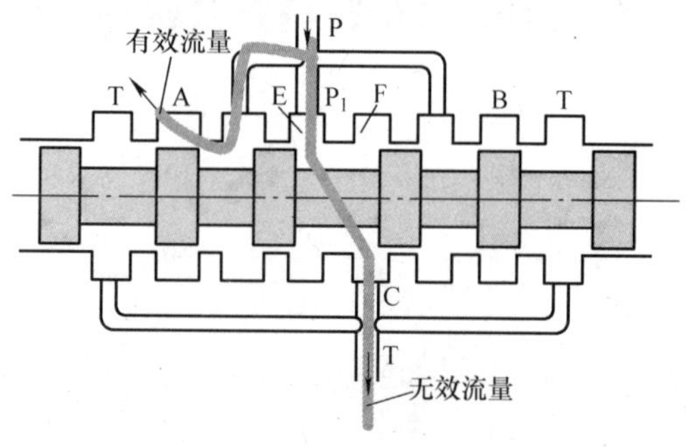

图3-3 六通多路阀的结构原理图

因此，采用六通多路阀的液压挖掘机，其液压泵输出的油液被分成两部分：一部分用来驱动液压缸或液压马达工作，属于有效流量；另一部分通过多路阀的中位回到油箱，属于无效流量。要提高系统工作效率，就需要减小无效流量，让无效流量占总输入流量的比例越小越好。

3.2.1 负流量系统

1. 工作原理分析

在挖掘机等工程机械领域，为了减少六通多路阀中产生的旁路回油损耗，目前广泛应用于中型液压挖掘机的是负流量系统。如图 3-4 所示，在多路阀的最后一联和油箱之间设置流量检测装置，主控阀中有一条中心通道 P_1-C，当主控阀各阀芯处于中位时（手柄无操作时）或者阀芯微动时（手柄微操作时），液压泵的液压油通过多路阀中心通道 P_1-C 到达主控阀底部流量检测装置，经过底部流量检测装置节流口的增压产生方向流。当回路中所有换向阀阀芯处于中位，泵的全部流量卸荷时，通过节流口的流量 q 达到最大值，负流量控制压力 Δp 也最大。负流量控制压力 $\Delta p=\Delta p_{max}$（Δp_{max}由与 NR1 或 NR2 并联的溢流阀调定）。由 FR 或 FL 取出的信号控制液压泵的排量与旁路回油流量成负线性关系，从而降低旁路回油功率损耗。当多路阀任意一联处于最大开度时，液压泵输出流量几乎全部进入相应的执行元件，通过节流口的回油量很小（接近于零），负流量控制压力 Δp 最小，几乎为零，此时主液压泵的排量自动增加到最大以满足作业速度的需要。当多路阀的开度在中位和最大开度之间微动时，变量泵的控制压力 Δp 在 $\Delta p_{max}\sim\Delta p_{min}$之间，而液压泵的排量也在最小和最大排量之间变化，且 p_i 越大，液压泵的排量越小，即液压泵的控制压力与液压泵的排量成反比。

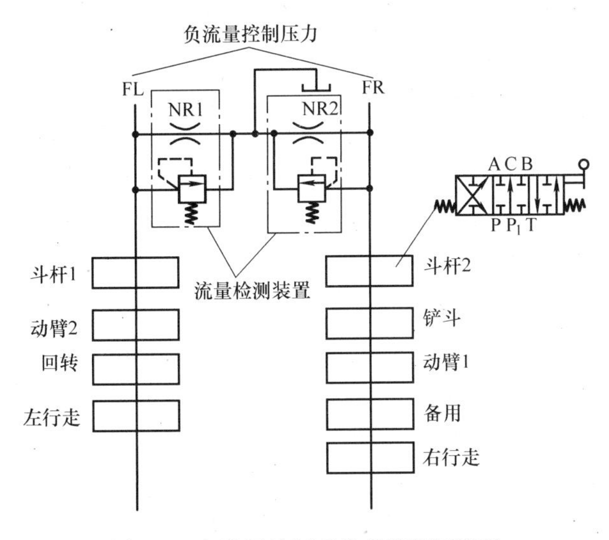

图 3-4　负流量控制系统多路阀原理图

具体操作过程为，手柄行程越大，对应的二次先导压力也会越大，由二次先导压力控制的主阀芯的开启度也会越大，与之对应，主阀芯的开启度越大，主油路分向执行元件的油越多，执行元件的速度就会越快，通过中位流经流量检测装置的油越少，负流量控制压力就会越小；反之如果手柄行程越小，对应的二次先导压力也会越小，由二次先导压力控制的主阀芯的开启度也会越小，与之对应，主阀芯的开启度越小，主油路分向执行元件的油越少，执行元件的速度就会越慢，通过中位流经流量检测装置的油就越多，负流量控制压力就会越大。如图 3-5 所示，液压泵根据负流量控制压力的大小对其排量进行控制。负流量控制压力越大，液压泵排量控制伺服活塞的大腔压力降低，排量减小；反之，负流量控制压力越小，液压泵排量控制伺服活塞的大腔压力升高，排量增大，这就是负流量控制系统输出特性，如图3-6所示。

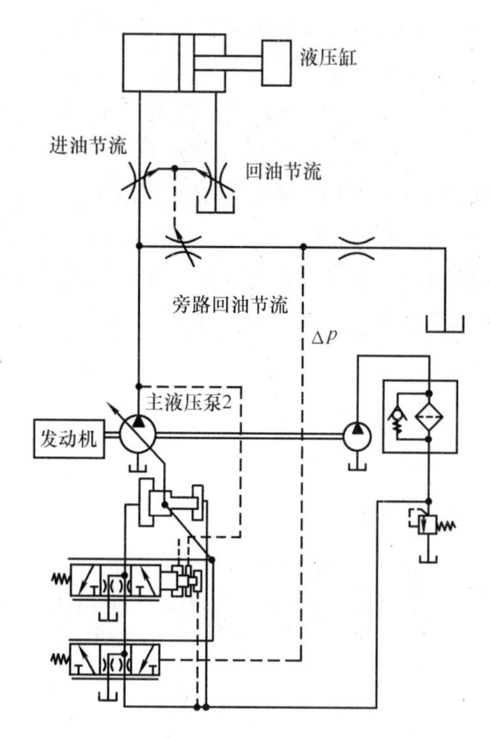

图3-5　负流量控制系统多路阀-液压泵原理图

2. 节能特性分析

负流量控制系统本质上是一个恒流量控制，通过在多路阀旁路回油通道上设置流量检测装置，从而达到控制旁路回油流量为一个较小的恒定值，最终转换成旁路回油节流口处的恒压控制。负流量控制系统的关键难点是旁路回油压力如何设定。旁路回油设定压力高，则泵的输出压力也高，系统可以迅速建立起克服负载所需要的压力，系统的调速性较好，驾驶人操作时无滞后感，但旁路损耗功率增大，尤其是当驱动轻负载时，旁路回油设定压力过高时并无实际意义，反之，旁路回油设定压力低时，系统调速性能会变差，但更为节能。当前，旁路回油设定压力一般为3~5MPa。下面分析负流量系统能耗不高的主要原因。

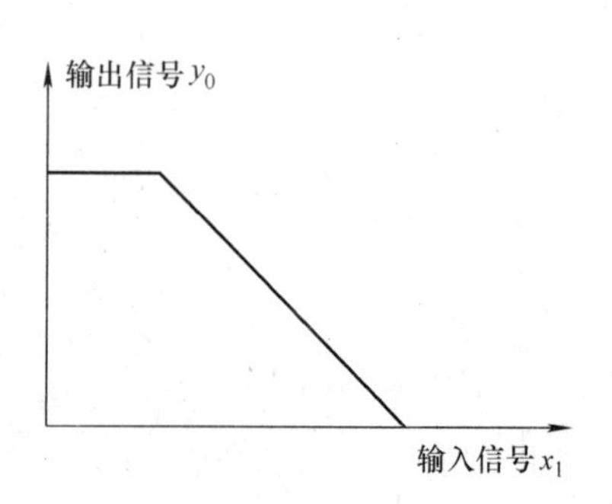

图3-6　负流量控制系统输出特性

（1）液压挖掘机不工作时能量损耗

以川崎中型挖掘机用负流量系统为例，即使操作手柄处于中位，一个变量泵仍然有20～30L/min的流量通过多路阀中位进入油箱，双泵系统则大约有60L/min的流量损耗，按当前的旁路回油设定压力为5MPa，即使挖掘机不工作，其旁路损耗功率也有5kW。如果把负流量的中位流量30L/min调小，又会造成执行器工作时的响应速度变慢。

（2）挖掘机实际作业工况能量损耗

轻负载移动时，一般速度较快，系统压力较小，液压泵的大部分流量进入液压缸或液压马达的驱动腔，而通过多路阀中路进入油箱的流量较少，负流量控制压力较小，液压泵的排量增大；但当负载增加到很大，执行元件的速度较小，一般情况下先导操作压力也较小，多路阀并没有越过调速区域，驱动负载的液压缸或液压马达的驱动腔的流量较小，通过多路阀中位进入油箱的流量会增大，然后液压泵排量逐渐减小，当旁路流量到达近30L/min后，液压泵的排量也基本降到最小了，负载可以说动作降到非常慢，系统压力基本在30MPa，由此可以计算这种工况时的旁路节流损耗大约为30kW（双泵）。

3. 操控性分析

（1）调速特性不好

六通多路阀的比例调节区域，是指多路阀的旁路通道P_1-C逐渐关闭，而P－A或P－B逐渐打开的过程，此时驾驶人会感觉负载速度会随着先导手柄的行程变化而变化；一旦旁路通道P_1-C关阀，不管操作手柄的行程如何变化，泵的流量全部进入负载或者在超载时通过安全阀回油箱，负载的速度不受手柄控制；但实际上，多路阀的旁路通道P_1-C关闭时阀芯位移很小，相当于阀口打开的初始阶段，同时还受到负载压力和液压泵流量的影响。

如图3-5所示，负流量系统的调速是采用旁路回油节流和进油节流的组合，通过阀芯节流，控制进入液压缸或液压马达的流量。由于是靠旁路回油节流建立的压力克服负载压力，因此调速特性受负载压力和液压泵流量的影响。如图3-7所示，在轻负载时，克服负载所需要的压力较小，多路阀工作时，旁路节流从全开逐渐过渡到关闭，由于靠旁路回油节流建立的压力不大，因此多路阀的阀芯并不需要越过一个很大的行程，因此，多路阀有效的调速行程范围大，死区小，多路阀比例调节区域可调行程大，操纵性能好；随着负载压力升高，需要旁路回油节流建立的压力较大，多路阀的行程需要越过一个较大的行程，甚至越过了整个比例调节区域（旁路节流口完全关闭）后才能建立起克服负载所需要的压力，因此，阀杆调速的死区（空行程）增大，有效的调速范围行程减小，调速特性曲线（流量随行程变化）变陡，导致阀杆行程稍有变化，流量变化就很大，阀的调速性能变差。

（2）流量波动较大

开中心油路操纵性能的另一缺点是流量波动大。挖掘机在工作过程中，其负载压力是不断变化的，加之液压泵的流量也在不断变化，速度调整操纵不稳定。虽然阀杆操纵行程不变，但是随着负载和液压泵流量的变化，液压缸的速度会产生变化，因此开式油路的调速性能不稳定，这是开式油路的缺点之一。

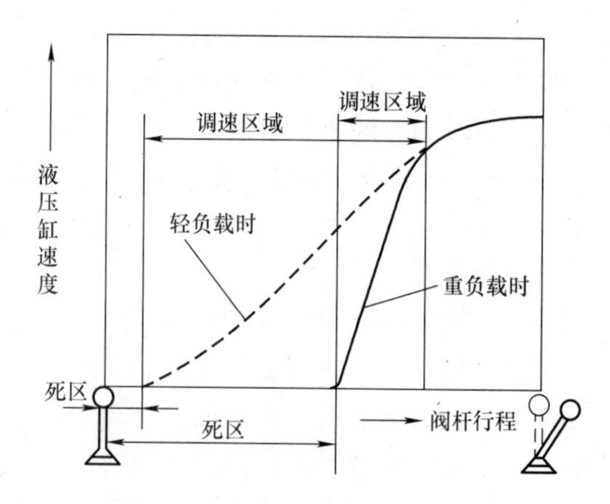

图 3-7　负流量控制系统的调速特性

由于工程机械大多为多执行元件系统，当一个液压泵供多个执行元件同时动作时，因液压油是向负载轻的执行元件流动，故需要对负载轻的执行元件控制阀进行节流，特别是像挖掘机这类机械，各执行元件的负载时刻在变化，但又要合理地分配流量，以便相互配合实现所要求的复合动作，这是很难控制的。

既要满足液压挖掘机各种作业工况的要求，又要同时实现理想的复合动作是很困难的。例如，双泵合流问题：挖掘机实际工作中，动臂、斗杆、铲斗都要求能合流，但有时却不要求合流，但对开中心油路来说，要实现有时合流，有时不合流是很困难的。又如各种作业工况复合动作问题：掘削装载工况、平整地面工况、沟槽侧边掘削工况等，如何向各执行元件供油，向哪个执行元件优先供油，如何按操作人的愿望实现理想的配油关系也是很困难的。还有作业装置同时动作时行走直线性等问题。对于开中心油路，光靠操纵多路阀阀杆来实现挖掘机作业动作要求是不可行的。为此设计师在开中心系统的设计上动足了脑筋，想了许多办法，采用了不少通断型二位二通阀和插装阀来改变供油，在油路上通过设置节流孔和节流阀来实现优先供油关系。但是可以这样说，采用了这些措施，开中心油路仍然是不理想的，仍不能满足挖掘机工作要求和理想的作业动作要求。

（3）对负载实际所需流量的敏感性不强

负流量系统的第三个缺点是对流量需求的变化不够敏感。首先负流量的压力信号是要在多余流量产生以后通过节流阀口产生，已经是先发生了流量不匹配的结果，只有当液压泵和液压阀的流量供需之间出现不匹配时，对流量才有纠正作用，这在本质上是一种事后补偿机制；其次液压压力传递需要一定的延时，同时液压泵的排量响应需要一定的时间，因此执行机构的速度并不能及时跟随液压阀开度的变化，使得操作人感觉到系统的操控性较差，手感不好。

（4）液压泵变量机构磨损快

为了得到较高的流量精度，反馈环节需要持续不断地对液压泵的变量机构进行微调，这在客观上加剧了液压泵变量机构的磨损，使得液压泵的寿命大大降低。

4. 典型应用

负流量控制系统起源于日本，20世纪80年代出现在挖掘机上，90年代广泛用于中型挖掘机。它结构简单，有一定节能效果，日本大量的中型挖掘机采用此系统。

日本川崎（KAWASAKI）公司制造的K3V系列负流量主泵（见图3-8）及KMX系列主阀所组成的系统是典型的负流量控制系统，已得到广泛的应用。该系统采用小孔节流的流量检测方法，结构简单、易于实现。

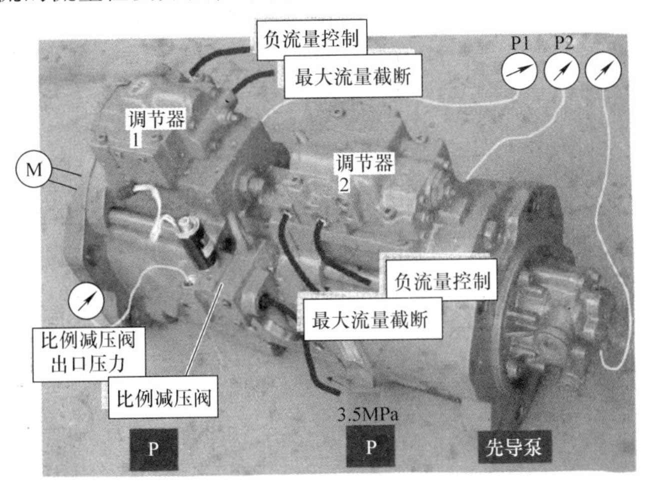

图3-8　日本川崎负流量主泵

另外一种流量检测装置是用射流元件进行流量检测。其典型代表产品由日本小松（KOMATSU）公司制造，用于PC200－5、PC300－5、PC400－5型挖掘机上的节能系统OLSS（开中心负载传感系统），所谓“中心开式”是指主阀处于中位时阀芯是开放的，回油通道由此通过。在主阀回油通道上装有射流传感器，它与系统中的负流量控制阀（NC阀）共同控制主泵变量机构（伺服缸）。回油量越大，射流传感器输出的传感压差也越大，NC阀输出的控制压力就越小，主泵流量就越小。这与负流量控制系统总效果是一致的，所不同的是主泵控制压力与主泵流量q成正比，而非负流量控制关系。德国博士力士乐公司作为液压元件制造的龙头企业并不看好负流量系统，因此并没有推出关于负流量系统的多路阀和液压泵。

3.2.2　正流量系统

1. 工作原理

如图3-9所示，正流量系统和负流量系统相类似，主要区别在于采用手柄的先导压力直接控制主泵排量，同时手柄的先导压力并联控制系统流量的供给元件和需求元件，这样就克服了负流量系统中间环节过多、响应时间过长的问题。如果合理配置主阀和主泵对先导压力的响应时间，就可以从理论上实现主泵流量供给对主阀流量需求的无延时响应，实现了系统流量的“所得即所需”。正流量系统一般分为液控和电控，液控是通过多个梭阀把先导操作压力的最大压力引入变量泵的控制油路，具有一定的传递延时；电控正流量系统通过压力传感器检测最大先导操作手柄压力，该压力信号作为变量泵控制器的输入信号，根据一定的算法，通过控制电比例减压阀来控制液压泵的排量。

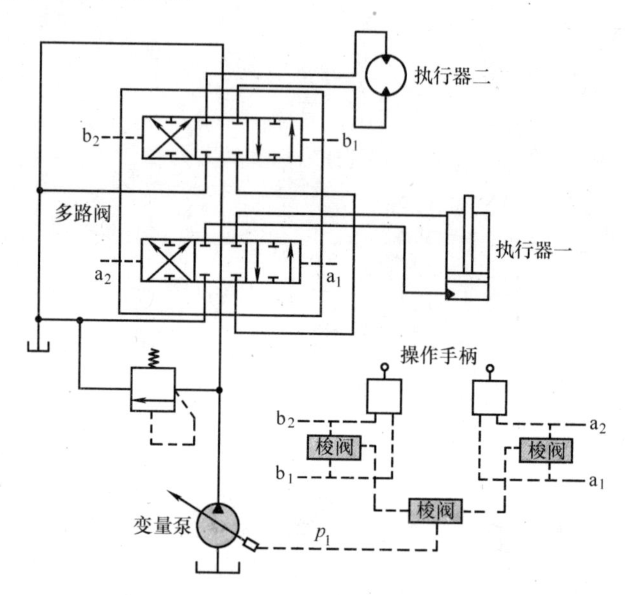

图 3-9　正流量控制系统的工作原理

正流量系统必须对输入到主泵控制器的先导压力信号进行选择，最常见的方式是通过增加梭阀组，将操作手柄输出的先导压力信号进行选择，一般选取最大的先导压力信号作为主泵的排量控制信号。由于增加了梭阀组，相应的正流量控制系统也提高了复杂程度和制作成本。另外一种方式是利用压力传感器将先导压力信号转换成电信号，微处理器将所有的电信号相加，再通过正比例调节减压阀来控制变量泵的排量。

2. 操控性分析

（1）优点

在正流量系统中，泵的控制信号采集于二次先导压力，同时此压力信号发送到液压泵和主控制阀，使两者的动作可以同步进行。这就是“与负流量相比正流量操作敏感性好”的主要原因。

（2）不足之处

1）比例调速特性不好。由于六通多路阀的中位直接通油箱，位于调速区内的阀芯难以形成克服负载的系统压力，直到阀芯基本越过调速区后液压油才开始进入工作液压缸，因此该系统会造成液压缸速度突然加快。在重载时，正流量系统的调速特性比负流量更差。

2）与负流量系统相比，正流量系统更不稳定。正流量系统一般采用较多的梭阀选出最高的控制压力，系统较为复杂，同时多个梭阀会造成控制压力信号的传递滞后，可能会对系统的稳定性带来不利的影响。

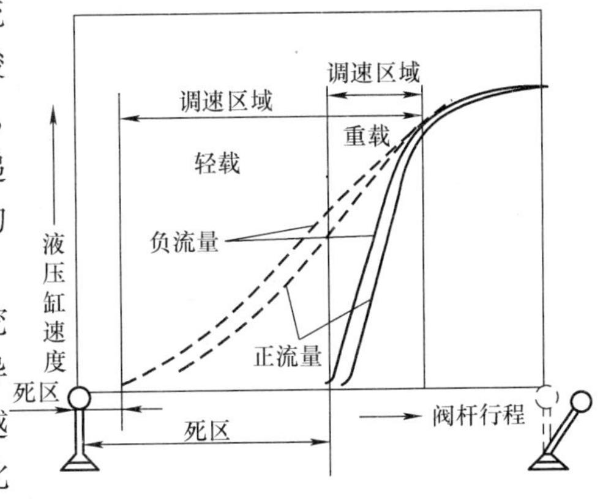

图3-10　正流量控制系统的比例调速特性

3）负载所需流量难以精确估计。挖掘机是一个速度控制系统。一般认为先导操作手柄的行程越大，先导控制压力越大，所希望的执行元件速度也越大，因此所需要的流量也越大，但如果正流量泵的控制压力来源于梭阀所选择的最大压力，那么存在以下问题。

a）这个最大压力来源于哪个执行元件的先导操作手柄，对于液压泵来说并不知道，是否多个操作手柄都输出最大压力也不知道。比如，当动臂上升的先导控制压力最大而其他先导操作压力为零时，动臂按某个速度上升，此时只要其他操作手柄离开中位，负载所需要的流量就增大了，但液压泵的排量并未增大，因此动臂上升的速度下降了。在判断负载所需流量的大小方面，正流量系统甚至不如负流量系统，只是正流量系统比负流量系统能更加迅速地做出判断。

b）以液压挖掘机为例，先导操作手柄包括动臂、斗杆、铲斗、回转、左行走和右行走等手柄。那么只要其中一个先导操作手柄输出最大压力，液压泵就输出最大流量。那么当控制压力变化时，液压泵排量的变化规律如何设定呢？实际上，不同执行元件希望液压泵排量和控制压力的变化规律是不同的，这点可以通过多路阀控制不同执行元件的每联比例方向控制阀的控制压力－通流面积的特性关系就可以看出来。因此，正流量液压泵的排量变化特性难以同时满足不同执行器的需求。

c）挖掘机执行器输出力但所需要的流量很小。先导操作压力的大小并不是表征负载所需要流量的大小，而是输出力的大小。比如强力挖掘时，铲斗碰到较重负载时，往往铲斗的操作手柄输出压力很大，以产生一个较大挖掘力，但此时所需要的流量几乎为零；挖掘机在侧壁掘削时，为了保证挖掘的垂直性，一般会通过操作回转先导手柄使得转台产生一个对侧壁的反向作用力，防止侧壁掘削过程的铲斗反推。因此，完全通过先导操作压力信号来预估流量大小本身也是存在问题。

4）流量波动大。和负流量系统相比，正流量系统没有采用节流阀口的定压差控制，而是采用开中心的六通多路阀，因此只能实现较小行程的微调特性，也同样存在分流和合流问题。

3. 节能特性分析

正流量控制系统的先导控制信号由于可以独立于主方向控制阀单独存在，因而其控制信号可以是液压系统的压力信号，也可以是电控的电流信号，甚至可以是气动控制信号。正是由于该信号的完全独立性，液压泵的斜盘倾角可以做到最小并趋近于零，输出流量仅仅维持系统再次起动工作即可（一般控制在2L/min以内）。由于没有旁路流量检测装置，旁路回油压力一般在0.6~3.0MPa之间，减小了不必要的功率损耗。在负流量控制的液压系统中负流量控制压力大约是5MPa，而使得正流量的挖掘机在完成同样工作量的情况下比负流量控制的挖掘机省油。相对负流量系统，正流量机型可以节油12%左右，提高作业效率大约为9%。

但实际上正流量系统也存在不节能的工况，比如当手柄处于最大位置，液压泵工作在最大排量，如果此时负载较大，速度较慢时，系统压力高，可执行机构只需要一点流量。这样大部分油液将经过开中心多路阀进入油箱。这时需要驾驶人待克服负载的压力建立后再降低先导操作手柄的行程，进而降低液压泵的排量。这也是同一机型不同驾驶人操作时节能效果不一样的典型例子。

4. 正流量系统的典型应用

正流量控制系统主要见于德国力士乐公司，它需要较大的梭阀组予以支持，目前它的用量在减少。德国力士乐（Rexroth）公司制造的A8VSO系列主液压泵及M8和M9系列主液压阀所组成的系统是正流量控制系统，也有较强的功能。该系统需配梭阀组，较负流量控制系统复杂一些。该类系统只能根据先导压力最大的一路阀开度控制液压泵的排量，其他各阀的开度无论大小都不参与控制过程，在各阀同时操作时不能进行流量的叠加。日本川崎K3V112DTP系列主液压泵和日本川崎KMX15RA系列主液压阀也可以组成正流量挖掘机液压系统。

为了改善正流量控制中液压泵的控制性能，德国力士乐公司的主液压阀7M9-25预留了液压泵的电控功能。每个主液压阀的先导压力利用压力传感器转换成电信号，微处理器将所有的电信号相加，并通过正比例调节减压阀来控制液压泵的排量，即使所有的执行元件同时动作，也能使液压泵的排量调节到满足系统要求的工况。

目前整机上应用的典型代表为三一、福田雷沃、日立建机和神钢。其中ZAXIS200中型挖掘机已经在本书第1章1.2节详细介绍。

3.2.3 新型复合流量控制系统

针对负流量和正流量系统的不足之处，浙江大学冯培恩团队提出了正负流量相结合的控制方法，节能效果明显，成本低[9]。但是，由于正流量、负流量系统均采用六通多路阀，因此只能实现微调特性，流量控制精度差，多个执行元件相互干扰，对驾驶人的要求较高。此外，正流量、负流量系统在液压系统中能量损耗也较大，除了保证执行元件控制特性要求的最小节流损耗外，还包括工作负载差异产生的压力补偿节流损耗、采用开中心控制系统导致的旁路节流损耗、进出口联动节流损耗以及大量负负载导致的出口节流损耗。

华侨大学针对负流量系统的负载调速特性较差的不足之处，提出了一种具有负载敏感的挖掘机负流量系统[10,11]。如图 3-11 所示，通过在节流口之前增加了一个定差溢流阀以及若干梭阀，利用梭阀获得负载的最大压力，利用定差溢流阀使得在主液压泵的出口压力建立起克服负载所需要的压力之前，主液压泵的排量最大，同时在主液压泵出口、第一开中心六通比例方向控制阀的 P 口、第二开中心六通比例方向控制阀的 P 口以及定差溢流阀进油口之间组成一个密闭容腔，使得在主液压泵的出口快速建立起克服负载所需要的压力，不仅克服了传统负流量系统在重载时有效调速范围行程减小、调速特性曲线（流量随行程变化）变陡的不足之处，而且在建立负载所需要压力之前在节流口上没有节流损耗，降低了液压系统的能量损耗。

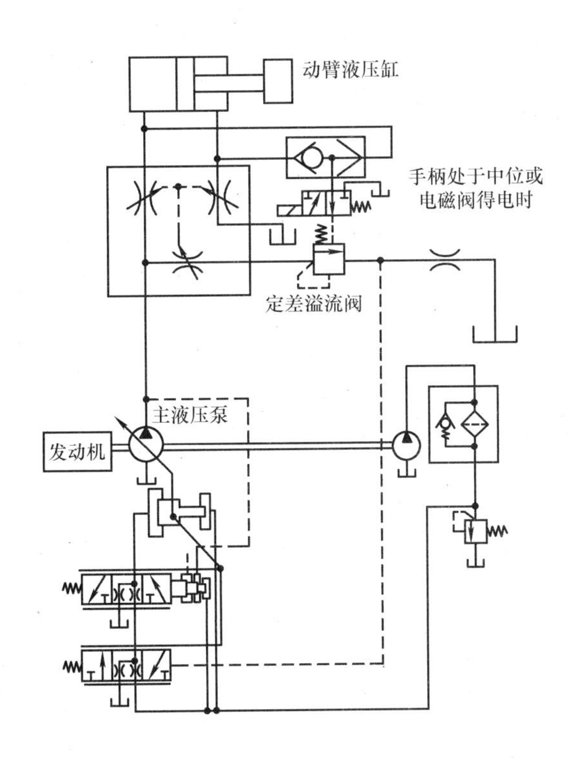

图 3-11　具有负载敏感的负流量系统原理图

相类似，一种具有负载敏感功能的正流量系统如图 3-12 所示，可以快速建立起克服负载所需要的压力。

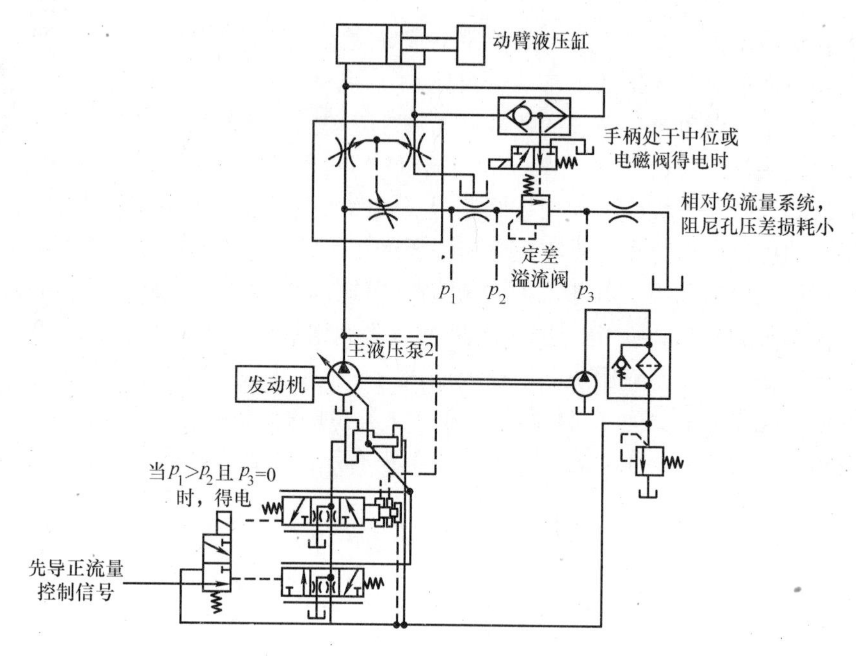

图 3-12　具有负载敏感的正流量系统原理图

3.3　恒功率控制

从变量泵控制系统引入功率匹配，就是通过变量泵的功率控制块，实现轻载时可以高速大流量作业，满足速度要求，而重载时低速小流量作业。这样既满足作业性能要求又满足安全性，而发动机的功率又不至过大，实现了经济性与作业效率的矛盾统一，能够实现这样功能的变量泵是恒功率变量泵控制系统。

发动机一般情况下带动较大负载后转速降低 150 ~ 200r/min，为了避免发动机遇到大的负载时降速严重甚至熄火，必须预留发动机的功率储备，因此液压泵的最大功率设定一般为发动机飞轮功率的 88% ~ 90%。发动机的飞轮功率即为扣除发动机各种附件后飞轮净输出功率。

在实际工作过程中，操作人员不可能根据工作需要随时调节发动机的调速拉杆，只能根据对当前工作的经验进行判断，选择某一档调速拉杆的位置，来完成一批工作任务。由第 2 章可知，发动机一般为分工况控制，而每种工况下，发动机只有一个最大功率点。

1）H 挡为重载模式，液压泵的功率为 100% 功率点，挖掘机可在高速强力作业时用此挡；一般情况取额定工况下泵的功率为发动机净输出功率的 88% ~ 90% 或更低一些。按此负载率工作使发动机有一定的功率储备，在遇到突发负载时，液压系统控制装置因惯性滞后，调节时可以防止发动机熄火。

2）S挡为经济模式，可在常规作业时用，液压泵的最大功率为重载模式的85%。

3）L挡为轻载模式，在精细作业时常用。液压泵的最大功率为重载模式的60%。

为了能够在保持发动机每种工作模式高效的前提下充分利用发动机的输出功率，液压泵需要相应地采用恒功率控制。为了提高液压挖掘机多执行元件复合动作的控制性能，液压挖掘机多采用双泵双回路系统。在这种系统中全功率控制和分功率控制最容易实现，因此首先出现在液压挖掘机的系统中，并随着技术的进步，发展了交叉传感功率控制。

3.3.1 全功率控制

在全功率变量系统中，液压泵的功率调节有两种形式，一种是两个液压泵共用一个功率调节器，经压力平衡阀将两个液压泵的工作压力之和的一半作用到调节器上实现两个液压泵共同变量；另一种是两个液压泵各配置一个调节器，两个调节器由液压联动，两个液压泵的压力油各通入该液压泵调节器的环形腔和另一个液压泵调节器的小端面腔，实现液压联动。因小端面腔面积与环形腔面积相等，各液压泵压力的变化对调节器的推动效应相等，使两个液压泵的斜盘倾角相等，输出流量相等，可使两个规格相同且又同时动作的执行机构保持同步关系。

决定液压泵流量变化的压力是两个液压泵工作压力之和，两个液压泵功率总和始终保持恒定，不超过柴油机的功率。但每个液压泵的功率与其工作压力成正比，其中一个液压泵有时可能在超载下运行，系统如图3-13a所示。其优点在于：第一，能够在一定条件下充分利用柴油机功率；第二，两个液压泵各自都能够吸收发动机的全部功率，提高了工作装置的作业能力；第三，结构简单。由于以上特点，全功率变量泵液压系统在挖掘机上曾经得到大量应用。

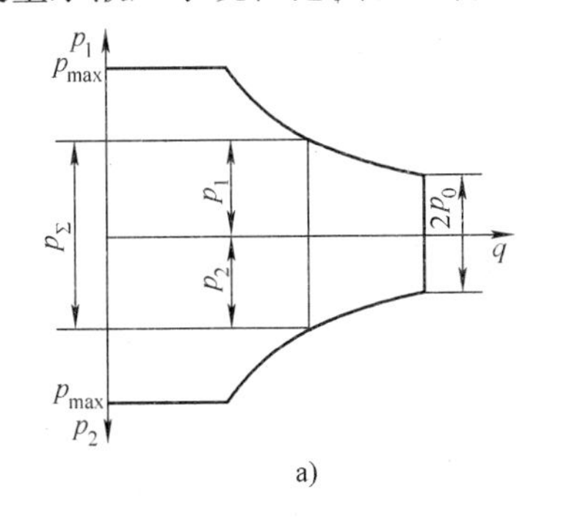

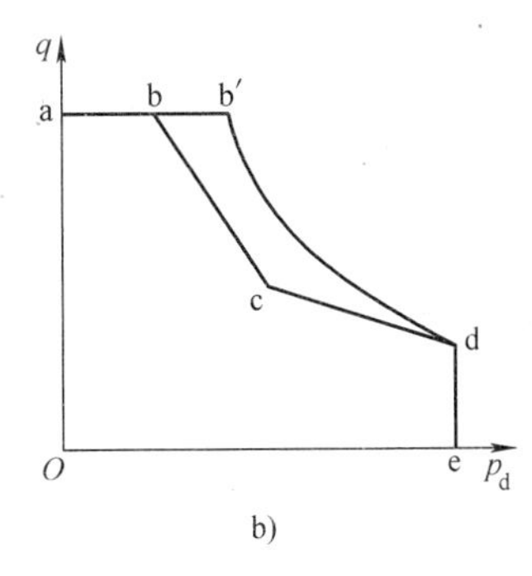

图3-13 全功率控制示意图

a）全功率变量系统特性 b）全功率变量单泵特性

上述全功率变量系统，其性能还不够理想，特性曲线如图3-13b所示。因液压泵的工作点总是沿着折线自动调节，实际是在最大功率、最大流量和最大压力三种极端工况下工作。挖掘机工作时并非时刻都需要最大功率、最大流量和最大压力。如果发动机处于空载运转，或者作业负载较轻以及工作装置处于强阻力微动时，若按上述特性运行必然造成能量浪费，而又无法通过人为控制改变液压泵的运行状况，因此全功率系统不可避免地存在功率损耗。目前开中心系统不是单独采用全功率控制功能，而是与其他控制结合起来，如负流量控制、正流量控制、功率变化控制等。大多数国产挖掘机的液压系统采用全功率控制与负流量控制的组合，对液压泵的输出功率进行控制，以减少极端工况下的功率损耗。

3.3.2 分功率控制

分功率变量系统中两个液压泵各有一个独立的恒功率调节器，每个液压泵流量只受液压泵所在回路负载压力的影响，如图 3-14a 所示。分功率系统只是简单地将两个恒功率液压泵组合在一起，每一个液压泵最多吸收发动机 50% 的额定功率。而且只有当每个液压泵都在压力调节范围 $p_0 \leqslant p \leqslant p_{max}$ 内工作时，才能利用全部功率。由于每个回路中负载压力一般是不相等的，因此液压泵的输出流量不相等，如图 3-14b 所示。这种系统的优点在于：两个液压泵的流量可以根据各自回路的负载单独变化，对负载的适应性优于全功率系统。其主要缺点在于：由于每个液压泵最多只能吸收发动机 50% 的功率，而当其中一个液压泵工作于起调压力之下时，另外一个液压泵却不能吸收发动机空余出来的功率，使发动机功率得不到充分利用，从而限制了挖掘机的工作能力，因此这种系统在国外大、中型挖掘机上基本被淘汰。

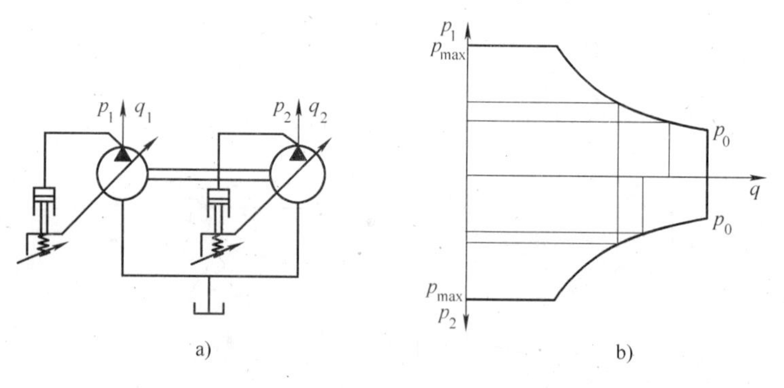

图 3-14 分功率控制示意图

a）分功率变量泵控制回路 b）分功率变量特性

3.3.3 交叉功率控制

由于分功率变量系统只是两个液压泵的简单组合，每一个液压泵最多吸收发动机 50% 的功率，当一个液压泵工作于起调压力之下时，另外一个液压泵却不能吸收发动机空余出来的功率。针对此缺点，在分功率控制的基础上，出现了交叉功率控制，如图 3-15 所示。交叉功率控制从原理上讲是一种全功率调节，与上述全功率控制不同的是两个液压泵的排量可以不同。通过交叉连接配置，两个液压泵的工作压力互相作用在对方的调节器上，每个液压泵的输出流量不仅与自身的出口压力有关，还与另一个液压泵的出口压力有关。如果一个液压泵不工作或者以小于 50% 的总驱动功率工作时，则另一个液压泵自动地利用剩余的功率，在极端情况下

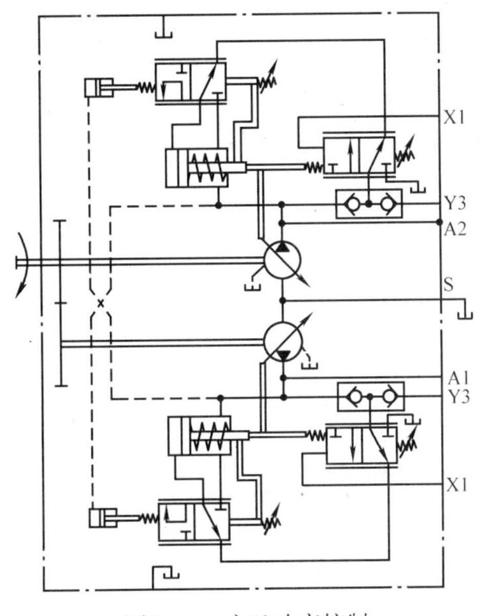

图 3-15　交叉功率控制

可达到 100% 总驱动功率。交叉功率控制既具有根据每一个液压泵的负载大小调整液压泵输出的能力，又能充分利用发动机的功率。但是交叉功率控制液压泵的工作点仍像图 3-13b 所示的那样被限制在 a－b－c－d－e 折线上，而不能在折线下面工况内变化。目前，交叉功率控制并不是单独起作用，而是与其他控制方法结合起来，对双泵功率之和进行限制，如交叉功率控制可与压力切断控制相组合，压力切断功能优先于交叉功率控制，即当系统压力低于压力切断的设定压力时，交叉功率控制起作用；当系统压力高于设定压力时，压力切断阀动作，系统压力进入功率调节器的变量缸大腔，使液压泵的排量变小。

3.4　负载敏感系统

3.4.1　工作原理

1. 传统负载敏感系统

正、负流量控制系统能使液压泵的排量根据检测到的信号自动调节，使液压泵

的流量随负载的变化而变化，实现按需供给。但这两种系统中的流量不仅与节流阀的开口面积有关，而且受负载变化的影响，负载调速区域小，流量调整行程小，并且存在负载漂移现象，即操纵杆位置不变，随着负载改变，执行元件速度发生变化，微调和精细作业困难，调速性能较差。

工程机械的液压系统为多执行元件复合动作系统，为了提高系统的操控性，当前小型液压挖掘机一般采用负载敏感系统。负载敏感系统的类型包括定量泵负载敏感系统（见图 3-16）和变量泵负载敏感系统（见图 3-17）以及多变量泵负载敏感系统（中型挖掘机应用）等。其基本原理是利用负载变化引起的压力变化，调节泵的输出压力，使液压泵的压力始终比负载压力高出一定的压差，约为 2MPa，而输出流量适应系统的工作需求。负载敏感系统中采用执行元件的速度与负载压力和液压泵的流量无关，只与操纵阀阀杆行程有关，获得了较好的操作性。

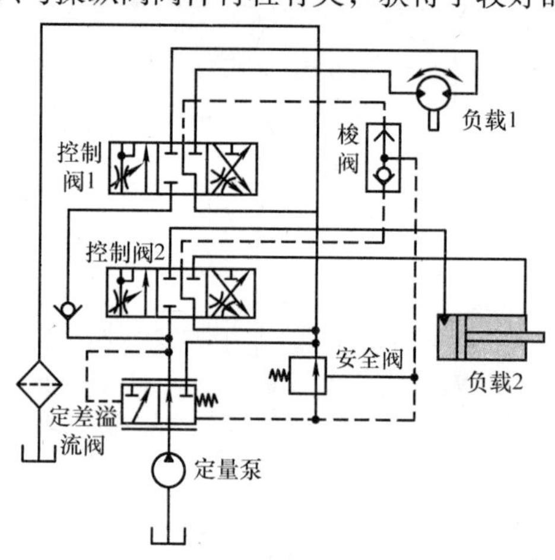

图 3-16 定量泵负载敏感系统

以变量泵负载敏感系统为例，负载敏感方式为液压－机械控制，通过阀组和压力检测管网选择出最高的负载压力，用选出的压力控制变量泵斜盘倾角，为了使各个液压执行元件的动作不受负载压力变化的影响，在每一个控制阀的进口都装有压差补偿器，以保证控制阀的压差稳定，这也是为什么采用负载敏感系统的挖掘机比负流量/正流量控制的挖掘机有更好的操作性，具有动作可预知性且与负载无关的原因。

由于流量分配性压力补偿阀的出现，使得单泵多执行元件的负载敏感控制更为实用。因此，采用这种负载敏感控制的挖掘机普遍采用单泵供油方式，从而省掉复杂的合流控制功能，使液压系统变得更简单，可靠性更高。

2. 抗流量饱和负载敏感系统

传统负载敏感系统实现了系统的负载适应控制，但当多个执行元件同时动作时，液压泵的流量可能会出现饱和，实际上一般工程机械中泵的输出流量不会按几

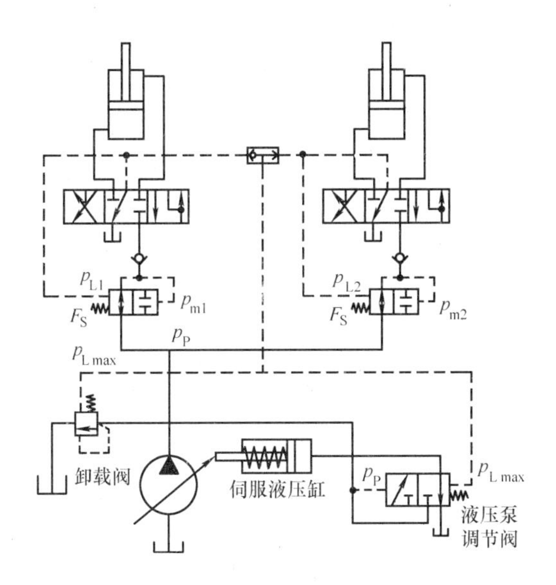

图 3-17　变量泵负载敏感系统

个执行元件最大流量的相加设计，因此液压泵的流量饱和现象在工程机械中经常发生。对于液压挖掘机等工程机械，常见的发生流量饱和的工况如下。

1）当以最高速度同时驱动几个执行元件，使每个操作阀的操作量都为最大时，液压泵的输出流量就会不足。

2）在以最大操作量对高负载进行复合操作时，更加剧了液压泵输出流量的不足。

3）作业机在进行一些比较精细的作业（如挖掘机对地面整平等）时，一般发动机都处于低转速工况。

当液压泵的流量不足时，首先液压泵的输出压力会下降，不能达到比任意时刻的最大负载压力高出压差补偿阀的某个压差，使得最高负载的执行元件的前后压差较小，进入最高负载的执行元件的流量减少，速度降低，这样就不能实现多执行元件的同步操作要求。

如图 3-18 所示，压力补偿器采用定差减压阀，设置在节流阀的出口，因此节流阀中各节流阀口的进油口和液压泵的出油口相连，节流阀口的进口压力均等于液压泵的出油口压力；负载最大压力引入到压力补偿器的弹簧腔，通过压力补偿器使得节流阀口的出油口压力均比负载最大压力大某个压差值，同时最大压力引入到负载敏感泵，使得液压泵仅比负载最大压力大某个压差，从而实现节能，各节流阀口压差相等。当液压泵的流量出现饱和时，所有执行元件的节流阀口的前后压差都减小，相互之间的比例关系保持不变，且互补干扰，从而仍然可以保证各个执行元件同步工作。

德国林德公司生产的 LSC 系统也是一种负载敏感系统，是林德公司在 1988 年

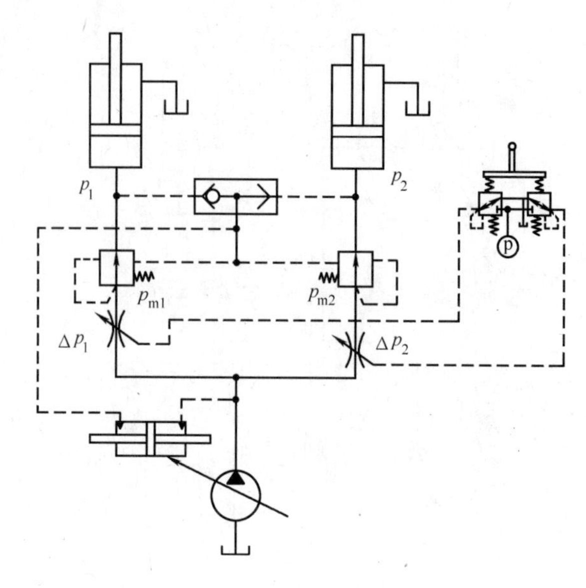

图 3-18　抗流量饱和负载敏感系统

登记的专利，基本原理是采用先节流后减压的二通调速阀原理，较好地解决了抗流量饱和问题。LSC 系统一般由一个带负载敏感功能的 HPR 液压泵和一组带负载敏感功能的 VW 阀组成。图 3-19 为林德 LSC 系统原理图。

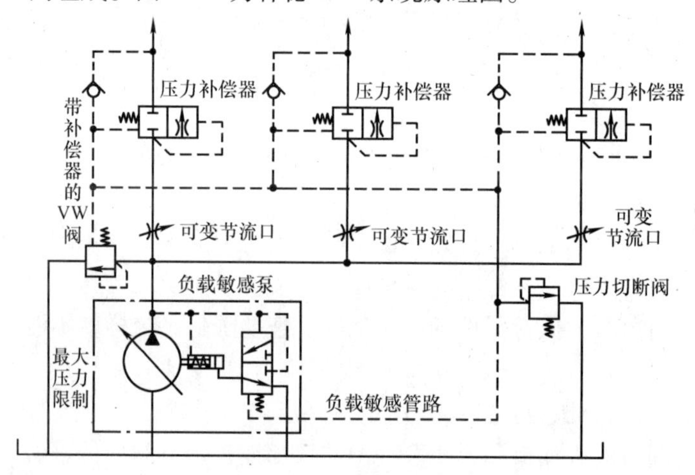

图 3-19　林德 LSC 系统原理图

德国力士乐（Rexroth）公司进一步发展了称为 LUDV 的抗流量饱和负载敏感控制系统，也是一种阀后补偿的负载敏感系统。力士乐公司在 1991 年申请了用于单执行元件的专利，在 2003 年申请了用于双执行元件的专利。目前，力士乐公司的主液压阀 SX14 和液压泵 A11V09 的组合就是典型的 LUDV 系统。M7－22 型液控多路阀（20t 挖掘机用）也是 LUDV 系统，在需求流量大于动力源所能提供的最大流量时，所有执行元件的运动速度按相同的比例减小，保证速度的相对稳定性。

此外，日本小松公司的 PC－7 系列挖掘机采用的是闭式中心负载敏感系统（CLSS——Close LoadSensing System），该系统由两个主液压泵、操作阀和执行元件等构成，其主液压泵的 LS 阀起到感知负载，对输出流量进行控制的作用。

3.4.2 节能特性分析

（1）采用负载敏感技术后系统的节能原理

采用负载敏感技术后，对于定量泵负载敏感系统可以实现液压泵出口压力始终只比负载最大压力大某个压差，实现了按需供给；变量泵负载敏感技术更是同时实现了压力和流量都与负载相适应，因此液压泵的功率是根据负载的需求提供的，液压系统中并没有多余的功率消耗。这就是负载敏感技术的节能原理。

（2）采用负载敏感技术后系统的能耗分析

1）空流损耗。空流损耗是指挖掘机在不工作状态下液压系统自身内部消耗的功率。理论上负载敏感系统无空载损耗，不过由于主液压泵内部润滑等的需要，不可能做到空载时无输出流量，因此，实际上负载敏感系统仍然有部分空流损耗。从空流损耗方面评价，负流量系统的损耗最高，正流量和负载敏感系统的损耗相对较低。

2）操作手柄全开时能量损耗。这时如为单执行机构，相比正、负流量系统其压力损耗约多 1.3MPa；如为复合动作，相比正、负流量系统其压力损耗约多 1.0MPa。在此种操作工况下，负载敏感系统的能量会多浪费一些。

3）操作手柄非全开时的能量损耗。正、负流量同为旁路节流调速，当负载很大时，其旁路节流损耗将很大。这种情况最突出表现在精细模式。试想如果负载压力高达 30MPa，负载又需慢速工作，此时对负流量来说，有近 30L/min 的旁路节流流量，这是很大的能量损耗。而负载敏感系统只表现为主液压泵至主液压阀 2MPa 左右控制压力损耗。因而在操作手柄非全开时负载敏感系统节能效果更好些，主要原因如下。

首先，虽然负载敏感系统采用闭中心的多路阀，不存在中位损耗，但负载敏感原理控制量是压差，可称为压力匹配型的负载敏感技术。这种技术的缺陷是存在较大的压差损耗，最低也在 2MPa 左右。

其次，在单泵多执行元件系统中，主管道仍然有附加节流损耗。尽管对单一执行元件，它的效率很接近闭式容积传动系统，但是，在多个变化较大的执行元件并联的工况下，由于只能与最大负载相适应，效率将大大下降。以液压挖掘机为例，由于挖掘机工作中各个执行元件驱动的负载相差很大，而负载敏感只能和最高负载相匹配，所以仍然存在很大的能耗，尤其是在轻负载执行元件的控制阀口上。研究表明，消耗在控制阀上的能耗超过 30%。这也是为什么在中大型液压挖掘机上如果采用负载敏感技术，一般采用多泵负载敏感技术。

3.4.3 操控特性分析

（1）可操作性更好

为了使各个液压执行元件的动作不受负载压力变化的影响，负载敏感系统在每一个进入液压缸或液压马达驱动腔的流量控制阀的进口都装有压差补偿器，以保证控制阀的前后压差稳定，这样控制阀的流量只取决于阀口开度，而与负载大小无关，即在不同负载时，只要手柄的行程一致，执行元件的速度基本相同，因此，负载敏感系统的优点在于它能完全按驾驶人的意愿分配流量，因而其操纵协调性能高于正、负流量系统。

（2）执行元件的速度响应较负流量、正流量系统差

泵出口压力和最大负载压力的差值一般设定为2MPa，从节能角度出发，是否可以降低压差，其实这个参数不仅会影响整机的节能效果，也会影响执行元件的速度动态响应。采用正流量或负流量系统的六通多路阀为开中心系统，开中心在中位时液压泵始终有部分流量，一旦需要工作驱动负载时，液压泵就不用经过起动阶段，响应会比采用负载敏感技术的闭中心系统更快。由于负载敏感系统空载时没有液压油通过主液压阀，因而其响应时间均慢于正、负流量系统，但如此可使操作柔和，微动性能比较好。因此，一种理想的负载敏感压差控制方案实际上应该是变压差控制方案。当执行元件开始工作时，扩大压差以提高执行元件的动态响应，待执行元件起动后，降低压差以降低能量损耗。

（3）液压－机械压力检测管路的时间常数对系统稳定性的影响

当压力检测管路较长时，管路的时间常数对系统动态特性有负面影响的相移，负载补偿存在于液压执行元件压力建立阶段，引起负载压力检测信号的延迟，导致系统动态过程产生振荡，甚至不稳定。因此，功率适应泵和负载敏感阀需要经过仔细的动态设计，只能配套使用，因而元件的互换性比较差。也就是说，倘若你选用某家公司的功率适应泵，而采用另外一家公司的负载敏感阀，尽管规格相配，元件合格，但组成的系统却可能失效。

为了简化先导控制管路、消耗先导控制管网引起的滞后，国外进一步发展了用电控比例阀代替液控减压阀的负载敏感技术。采用电液负载补偿可以克服该缺点，其主要特点是，去除机液负载补偿阀，通过检测液压控制阀两端的压差及阀芯位移，计算出通过该阀的流量，实现内部流量闭环控制。传统的负载敏感油路通过梭阀切换最高联负载，通过液压管路传递系统压力，当管路比较长时，系统将出现不稳定现象，而且所传递的压力为执行元件一端的压力，对另一端的压力一般不加检测，如果还按原先的控制方式，将出现一些异常工况。电液负载敏感方法是，在执行元件两端安装压力传感器，比较最高联的压力，最终控制执行系统的压力，由于电信号的传递几乎没有延时，故响应性能大大改善。

（4）流量波动较正流量、负流量系统更小，但存在初始阶跃冲击

如图 3-20 所示，负载补偿阀一般采用定差减压阀。负载补偿阀在初始工作状态时主阀口处于全开状态，一方面负载补偿阀自身为一个典型的质量 - 弹簧 - 阻尼系统，阀芯从全开位置移动到目标位置需要一个动态响应过程，另一方面阀芯从全开到目标位置时，阀芯的弹簧腔将会被进一步压缩，类似一个泵效应，弹簧腔的液压油会被挤压出来，进一步增大了出油口的液压油流量，使得系统会产生一个猛冲的过程，补偿特性较差，如图 3-21 所示。

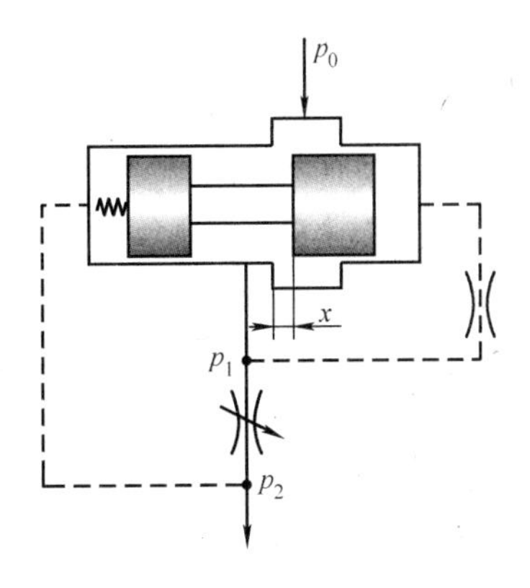

图 3-20　基于液控定差减压阀的负载补偿阀工作原理

3.4.4　主要研究进展

负载敏感系统发展于 20 世纪 80 年代的欧洲，目前越来越广泛地运用于中小型挖掘机上，节能效果显著。它在各执行元件同时工作时，流量供给只取决于操纵手柄的开度，而与负载大小无关，这就克服了开中心阀的缺点，使得作业可控性很强。德国力士乐公司的 LUDV 系统、林德公司的 LSC 系统、日本小松公司的 CLSS 系统（见图 3-22）以及日立建机公司的负载敏感系统都属于这一类。

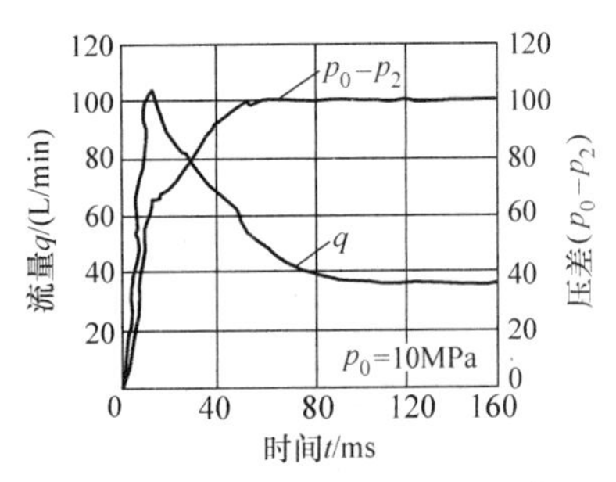

图 3-21　基于液控定差减压阀的负载补偿阀流量特性

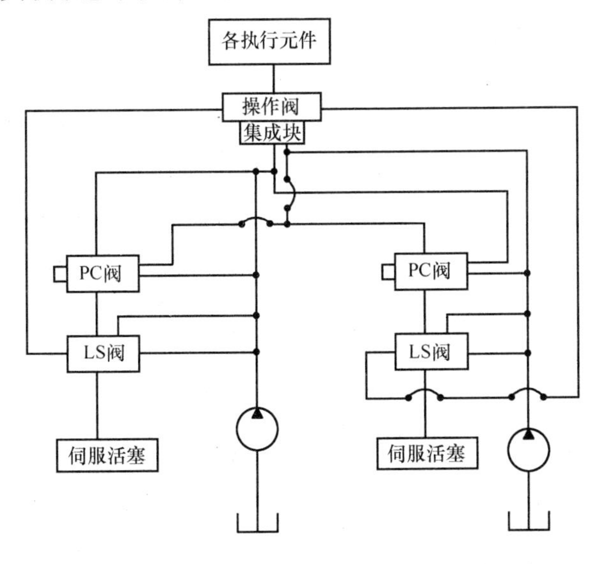

图 3-22　日本小松公司闭式中心负载敏感系统

负载敏感系统早在20世纪60、70年代就被提出，但直到1988年才在欧洲真正用于液压挖掘机。进入90年代后，日本也开始在这方面加以研究，并推出了一系列相应的挖掘机产品，如小松公司的PC200－6、日立建机公司的EX200－2等。目前，商业化的各类型的负载敏感系统如表3-1所示，典型的小吨位单泵负载敏感系统一般成套使用德国力士乐公司的A10V＋LUDV阀，采用阀后补偿的多路阀，具有抗流量饱和的功能。该系统一般采用闭中心控制系统，避免了旁路节流损耗，但仍然不能解决负负载导致的出口节流损耗以及联动节流损耗问题。此外，该系统在多执行元件同时工作时，如果执行元件的负载差别较大，系统的能量损耗仍然很大。工程机械的复合动作较多，如何解决多执行元件同时运行时，低负载执行元件能量损耗的问题，是负载敏感系统研究的难点之一。

表3-1　各类型的负载敏感系统

名　　称	液压泵	压差补偿方式	泵流量饱和问题
定量泵负载敏感系统	定量泵	阀前	有
变量泵负载敏感系统	恒压差变量泵	阀前	有
小松开中心负载敏感系统（OLSS）	恒压差变量泵	阀前	有
小松闭中心负载敏感系统（CLSS）	恒压差变量泵	阀后	无
力士乐负载敏感系统（LUDV）	恒压差变量泵	阀后	无
林德负载敏感系统（LSC）	恒压差变量泵	阀后	无
布赫抗流量饱和负载敏感系统（AVR）	恒压差变量泵	阀前	无
东芝出口节流控制	负流量泵	执行元件出口节流后	无

由于挖掘机工作中各个执行元件驱动的负载相差很大，而负载敏感和负流量控制只能和最高负载相匹配，所以仍然存在很大的能耗。研究表明，消耗在控制阀上的能耗超过30%，所以，降低液压系统的能耗一直是该领域的重点研究课题。代表性的工作有：在液压负载敏感控制的基础上，20世纪90年代初德国研究者提出电液负载敏感控制原理，用压力传感器取代复杂的压力检测管网，通过阀口流量计算公式控制阀的流量，省掉了压差补偿器，简化了系统的机械结构、降低了能耗；日本学者对应用高速开关阀控制压力电闭环比例泵组成的电液负载敏感系统做了研究，并提出用比例压力阀改变压差补偿器的补偿压差，实现抗流量饱和的流量分配控制。

传统负载敏感原理的控制量是压差，可称为压力匹配型的负载敏感技术。这种技术的缺陷存在较大的压差损耗，最低也在2MPa左右；系统的稳定性较差，容易引发振动。为此德国亚琛工业大学的Zaehe博士进一步提出无需压力传感器、按流量计算负载压差和按总流量控制多执行元件的原理，德国布伦瑞克工业大学的教授Harms提出根据比例阀的流量设定值或阀芯位置确定负载所需流量，对泵的流量进行控制的流量匹配控制原理，因为这几种方法需要检测液压泵的转速和斜盘倾角，不便在移动设备中应用，故当时并未引起足够重视。直到2001年，德累斯顿工业大学液压研究所的 Helduser 教授，进一步提出用位移传感器检测比例流量阀压差补偿器开口量、泵出口旁通压差补偿器开口量，不需要检测泵转速的流量匹配控制原理，这一技术才引起人们的关注，研究课题获得了德国国家基金 DFG（德国德意志研究联合会）的连续资助，取得了降低能耗 10% 以上的效果，成为电液技术新的研究热点。德累斯顿工业大学液压研究所进一步开发出了双回路的流量匹配负载敏感技术，显著降低了节流损耗。浙江大学也对该项技术做了深入的研究。

3.5 负载口独立调节系统

3.5.1 负载口独立调节工作原理

自 20 世纪 30 年代以来，一直广泛应用的以滑阀式结构为主的传统液压控制阀，称为双负载腔联动式控制回路，如图 3-23 所示。双负载腔联动式控制回路具有以下特征。

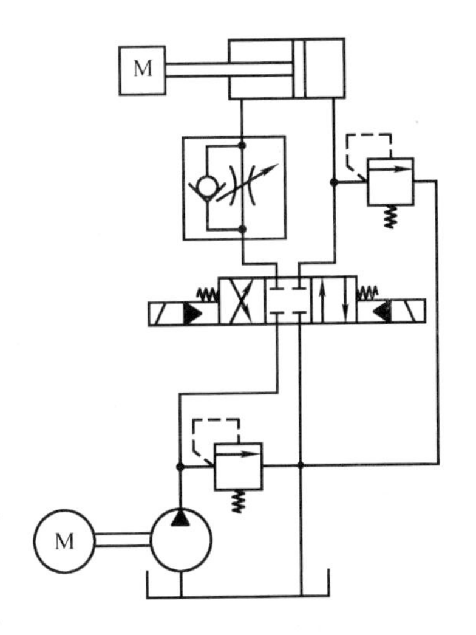

图 3-23　双负载腔联动式控制回路

1）单个元件大都是具有单一功能的完全独立的元件，液压控制回路中单个元件的数量随负载控制功能的数量而变化，控制越复杂，单个元件越多，因此系统设计难以符合“液阻最少”的原则。

2）单个元件的规格将主要取决于控制回路中的最大流量。这不仅使控制回路增加了成本，而且元件尺寸将显著增加，使得元件的连接变得复杂和困难，尤其是大规格的板式结构阀必须采用法兰连接，无法考虑回路的集成化。

3）液压回路中执行元件工作腔若在进油和回油的控制上有不同的要求时，尤其是具有负负载时，在和该腔连接的回路中必须设置单向阀。这显然使得各元件之间的部分功能在某一方向上重复，且增加阀口的节流损耗。

4）保留了各种单个元件所固有的缺陷：具有内泄漏；滑阀对污染敏感；流阻损耗大；不能实现廉价的柔性控制；回路一旦组成，调整和改变控制困难；不适用于高压、大流量；不适用于高水基介质等。

5）工程机械大多为多执行元件系统，各个执行元件的尺寸和负载状况均不同，因此可能需要针对不同的执行元件和工况设计不同的阀芯，增大了生产和装配的难度。同时如果同一机型应用在不同的场合，要获得较好的速度控制特性，必须对阀芯进行量身定做，或者增加其他控制类元件。

对上述控制结构存在的固有缺陷影响最大的是滑阀式的方向控制阀，这种圆柱滑阀阀芯加多台肩沉割槽的铸造阀体配流结构虽然原理简单，但明显妨碍了回路组合技术的广泛适用性。圆柱滑阀式方向控制阀可以看成是这样一种结构：它由四个液阻刚性连接而成，并实现同步工作；两个用来控制液压缸 A、B 腔进油，另外两个用来控制回油。本来根据排油腔控制的要求，只要分别有一个控制进油和回油的阻力即可，但由于各液阻是被刚性连接同步工作的，并且无法单独调整，因此当阀芯在不同位置的进油和回油液阻要求调整时，则必须在进油和回油方向再串联或并联其他控制液阻，如加单向节流阀和溢流阀。因此，传统形式（四通滑阀）的控制回路虽然现在仍居主流，但面临较大的质疑。

由液阻理论可知，一个受控腔需要两个液阻控制，实际中的液压执行元件，如液压缸和液压马达，都是可逆式的容积传动，都有两个控制腔需要控制。单负载腔独立式控制回路如图 3-24 所示，通过控制四个主级插件的启闭能实现 12 种机能，如图 3-25 所示。

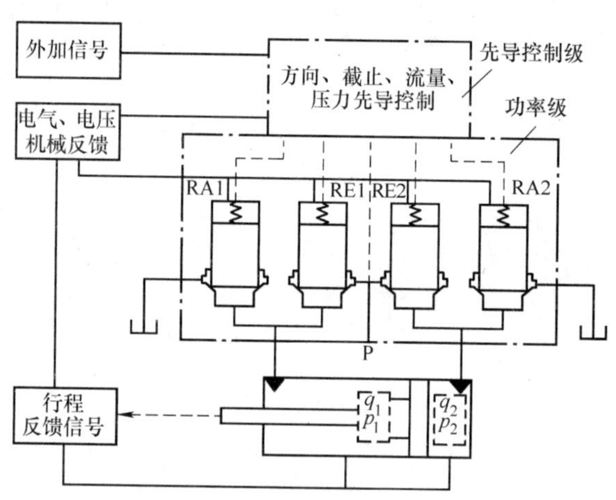

图 3-24　单负载腔独立式控制回路

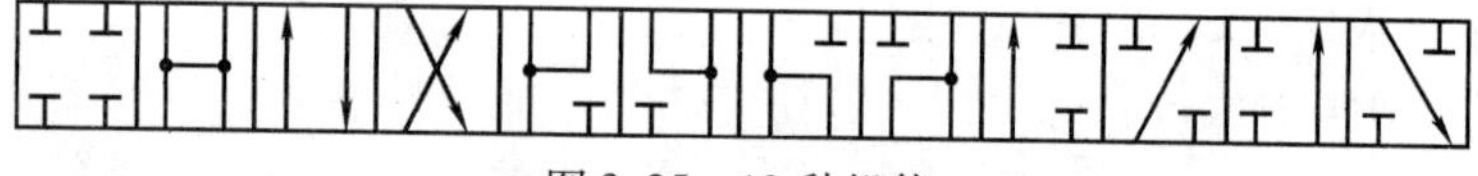

图 3-25　12 种机能

单负载腔的独立式控制回路具有以下特征。

1）液压回路中对负载控制功能的满足可以通过对单个控制液阻的选择来实现。单个控制液阻可以具有多种液阻状态，并且只需借助于微型的先导控制级的改变而改变，原则上不需要因负载控制功能的增加而增加主级。这将有利于在增加功能时降低成本，尤其在大量增加功能时。

2）单个控制液阻都做成独立的分结构，并按对进油和回油的控制分为输入和输出液阻，各司其职，天然具备进出口独立调节的功能，消除了在传统方式中为实现进回油（在同执行元件连接的油路上）不同液阻的控制而需要增加单向元件进行旁路的缺陷，而且节能。

3）在各油路输入和输出的工作流量不同时，各油路输入和输出液阻的主级规格可按实际流量选择，即因流而异。

4）各个单个控制液阻可以通过先导控制实现比较柔性的切换，各动作也可以加以控制，并能方便地实现各种位置机能。例如，如果要实现差动回路的流量再生功能，只要对先导级稍加改动便可实现，而这在单个控制元件回路中则要增加同规格级别元件和较大的成本。

5）控制回路具有附加的对受控腔压力的自动保护功能。当滑阀控制时，若某一受控腔关闭，则受控腔中会因反向负载的存在（例如负载的惯性制动，外界突加性负载等）而压力升高，若不加限压控制，该压力可能无限升高，会造成结构或密封的破坏。采用单个控制液阻时，该腔压力的上升被限制在座阀阀芯受压面积比和先导控制压力的乘积值上。这是由于负载压力不再像滑阀结构那样与阀芯轴向受力平衡无关，而是反馈到阀芯上，影响它的轴向受力，这样便可以起到自动保护功能。

6）由于单个控制液阻采用了单个座阀的结构，因此具有座阀控制的一系列优点：可以实现无泄漏；可以适用于各种低粘度高水、纯水介质；控制功率（压力、流量）不受结构限制；响应快，静、动态特性好；耐污染性能好；容易实现和比例控制与数字控制等新技术结合，并实现“软”控制；工艺简单，三化性能好，便于大量定制和采用先进制造技术；是一种本质的集成化元件，可以实现整体式的集成，也能做成标准的功能块进行块式和叠加式的集成。

通过比较可以看出，单负载腔独立式控制回路是对传统回路的变革，它实际上遵循了一个基本的组合原则，即最少液阻原则，可以概括为：在采用通过调整液阻进行流量控制的“控制液压传动”中，全部可控执行元件的“受控腔”控制回路都可以通过最少或较少的液阻来加以组成。这应当成为评价液压控制回路和系统设计合理性的基本原则之一。

总而言之，如图3-26所示，负载口独立调节系统打破了传统电液方向控制阀控制系统的进出油口节流面积关联调节的约束，增加了液压阀的控制自由度，避免

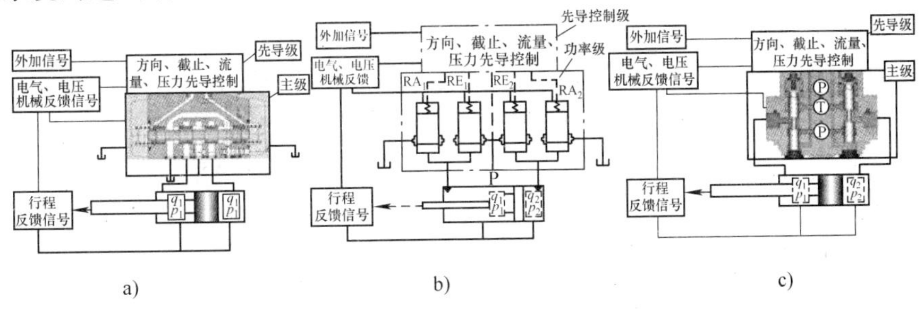

图3-26　三种液压控制回路的原理图

a）传统形式（四通滑阀）双负载腔联动式控制仍居主流，面临置疑

b）液压阻力回路（二通座阀）单负载腔独立式控制潜能巨大，发展迅速

c）单负载腔（三通滑阀）联动式控制形式多样化

了传统多路阀的进出油口联动的节流损耗，提高了系统的节能特性。该控制方案从控制原理和结构来说，相比传统联动式滑阀控制有如下突破。

1）减少了联动节流损耗。

2）减少了液阻损耗。

3）可实现滑阀结构难以实现的高效流量再生模式。

4）可以平滑加速、合适的减速和可以预测的多功能计测。

5）避免阀体和管道内过分的流体热量损耗。

6）可在负载增加之前，将独立需求发送给发动机，显著地节油和减排。

7）避免阀内泄漏，可直接安装在执行组件上，减少管件及对平衡阀的需求。

三种控制回路中的主级控制结构的多样化和创新仍在发展，相比泵的主体结构更趋活跃。

3.5.2 负载口独立调节控制阀简介

1. 传统滑阀

滑阀流动阻力大、通流能力小，采用间隙密封，其抗污染能力差，容易卡死，换向可靠性差，且不适用于低粘度水基介质，最大通径 80mm，公称流量也仅 1250L/min，不能满足高速或大型液压设备对流量的要求。再者，现行传统液压阀多为单机能滑阀，组成系统非常复杂，大流量系统集成起来就更加困难。当通径大于 32mm 时，至今只有法兰连接一种形式，因此，目前采用传统滑阀可以集成化的系统流量也只限于 200L/min 以内。传统的滑阀一般用来控制液压缸或液压马达的两腔。实际上，采用滑阀也可以用于负载口独立调节系统。典型的伊顿双阀芯控制系统如图 3-27 所示，一个滑阀用来控制一腔，另外一个滑阀用来控制另外一腔。这种阀芯较普通的同时控制两腔的滑阀阀芯更短，加工精度也容易保证。

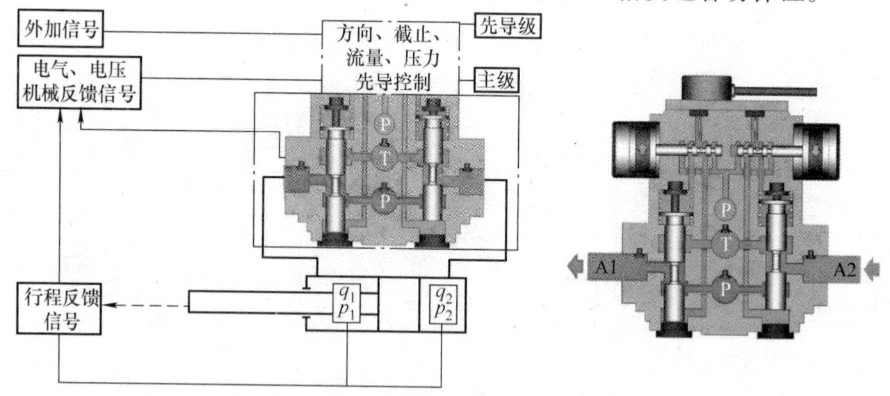

图 3-27 基于双滑阀的负载口独立调节系统

2. 二通插装阀

国外 20 世纪 70 年代初开始出现了一种新型的液压控制元件——二通插装阀。

插装阀在西欧最初叫做“流体逻辑元件”，后根据德国制定的标准 DIN24342 统一叫做“二通插装阀”，简称 2 - wev（2 - wegeeinbauvitie）阀。英美简称“插装阀”，即 CV（cartridge valves）阀。我国由于译名与理解的原因，也被称作锥阀、逻辑阀、插入阀等。1981 年由液压气动标准化委员会审定有关标准，为与国际标准接轨，定名为二通插装阀，简称插装阀。二通插装阀是一类覆盖压力、流量、方向以及比例控制的新型阀类。其基本构件为标准化、通用化、模块化程度很高的插入元件、先导元件、插装块体和适应各类功能的控制盖板组件。它具有结构紧凑、工艺性好、流动阻力小、通流能力大、响应快、抗污染能力强、工作可靠、寿命长、密封性好、适用于水基介质、效率高、多种机能、变型方便、可以高度集成、“三化”程度高等特点，在很大程度上满足了液压技术的发展要求，目前已发展成为高压大流量领域的主导控制阀种。

二通插装阀的 ISO7368 标准统一了安装连接尺寸，并实现了不同厂商间的互换性要求。因此采用座阀结构的二通插装阀应用前景巨大，代表液压控制元件的未来。电液控制整体上经历了开关控制、伺服控制和比例控制三个阶段。20 世纪 80 年代，比例技术进入了发展的第三阶段，比例元件设计原理进一步完善，采用压力、流量、位移内反馈和动压反馈及电校正等手段，使阀的稳态精度、动态响应和稳定性都有了进一步提高。同时，比例控制技术开始应用到二通插装阀，并在其中占据了重要地位，世界各国相继开发出不同规格的二通比例插装阀，形成了电液比例插装技术的新特征。该阀的特点是结构简单，性能可靠，流动阻力小，通油能力大，易于实现集成。伴随着比例电磁铁、传感器、放大器等电液控制系统组件性能的不断提高以及现代控制技术的不断发展，比例控制和二通插装阀的控制性能得到了极大的提高，适应机电一体化的发展潮流。

液压阀的安装方式如图 3-28 所示。21 世纪板式连接将受到两头挤压和冲击，较大规格一端被二通插装阀向下挤压，较小规格一端则被螺纹插装阀向上挤压。三者重叠部分，特别是规格 NG25 以下多种安装形式将面临优胜劣汰，部分板式阀将面临被取代，而紧凑化二通插装阀的优势将进一步彰显。

3.5.3 负载口独立调节技术研究进展

传统液压系统进油口、回油口和旁路油口都是联动的，这是产生节流损耗最主要的一个原因。近年来针对该问题提出了采用单独的比例节流阀分别控制系统各个油路通道的过流面积，该进出口节流独立调节方案能够在一定程度上减少主控阀的进出节流口以及旁路上的压力损耗。

由于工程机械工作条件恶劣、负载变化剧烈等原因，使得该项技术没有在工程机械领域广泛应用。直到近几年，以伊顿 - Ultronics 公司研制的 ZTS16 为代表的负载口独立方向控制阀的出现，才为负载口独立调节系统在工程机械领域的广泛应用提供了条件。其生产的负载口独立方向控制阀 ZTS16，结合了该公司的 EFX 控制器和控制应用软件，方便该阀的柔性配置。该阀的特点是，每一片阀有独立的双阀

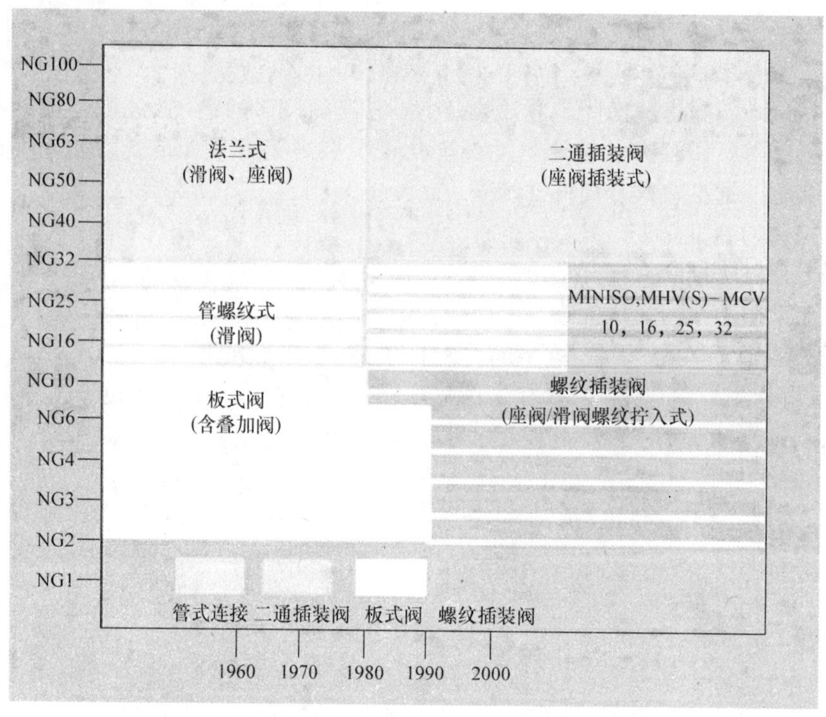

图 3-28 液压元件结构方式和通径的发展趋势图

芯功能，可实现流量和压力控制。该多路阀可以扩展到六片，可以单片配置防止气穴和过载功能，通过阀芯位置反馈和端口压力传感器检测实现闭环控制，采用了独立的先导阀滑阀技术；该阀可以通过 J1939 或者 CAN 总线控制，适合多种系统应用，较大的柔性特点缩短了开发时间。该阀还带有故障诊断功能。该阀现有的规格是单片流量达到 130L/min，系统压力达到 30MPa，环境温度为 −40 ~ 105℃。现已在 JCB、Deere、DAWOO、CASE 等公司的挖掘机、叉车和装载机上示范应用，如图 3-29 所示。

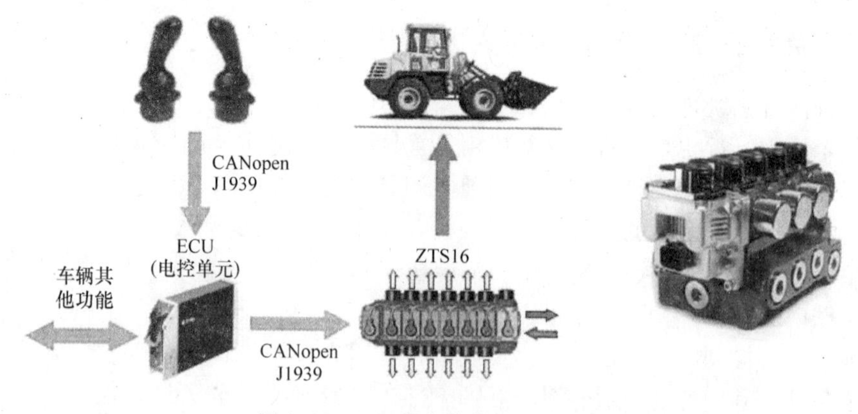

图 3-29 ZTS 阀在装载机上的应用

基于液阻回路的ZTS阀由四个独立控制的液阻（新型比例控制的二位二通座阀）组合的控制回路与发动机控制器、智能化控制软件（包含能量控制）等进行配置，带来了移动机械传动的新方案和突破性进展。该控制方案已经在多种移动机械成功应用。可使挖掘机燃油消耗减少25%，工作效率提高10%，可远程控制，提高了正常工作时间，是实施欧四标准的关键性技术。

Husco公司也开发了负载口独立方向控制阀及INCOVA系统（见图3-30）。其采用独立的电液比例锥阀（EHPV）取代传统的三位四通滑阀，和传统系统的不同之处在于，该种类型的阀可以根据操作者的指令，通过执行元件端口压力来调节阀的开度，并通过J1939总线进行信号传递控制，提高了整个系统的控制柔性和系统的节能性能。由于锥阀良好的密封性能，可以避免由于使用平衡阀带来的不稳定性。系统采用压力传感器来测量系统的压力信号，在自重和负载的作用下，使得动臂无杆腔的液压油能够回到动臂有杆腔，实现动臂的能量再生，提高系统的节能性能，而且动臂下降的最大速度也变得可控。由于系统省去了平衡阀，以及电控系统的应用，使得系统的控制功能增加。在复杂运动控制中，采用协调控制算法，提高了操作者的操作效率。EHPV阀是双向两位控制阀，且带压力补偿机构，并附加了ISO8643管路爆破防护功能，同时控制器有高的抗振性和恶劣环境适应性，超过100g的加速度实验1000次，性能超过IP65、66和69K等级。压力传感器的标定压力达到41.5MPa。INCOVA负载口独立控制多路阀已应用于JLG公司的登高车上（见图3-31），并进行了系列化生产，动臂下降速度增加12%，泄漏点减少27%，流量增加25%，系统稳定性增加。

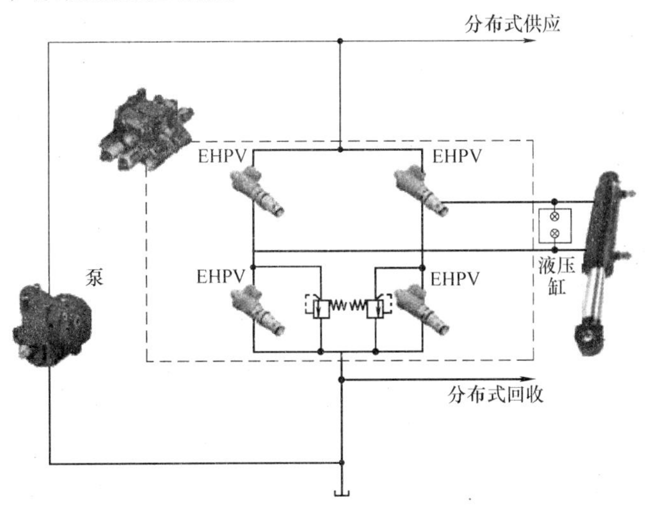

图3-30　INCOVA系统[52]

负载口独立调节技术主要是降低单泵单执行元件的联动节流损耗和提高执行元件的操作性，而对于单泵多执行元件系统，它不能减少多执行元件负载耦合的能量损耗。

图 3-31 应用 INCOVA 系统的登高车

3.6 泵控液压系统

目前的电液控制技术在本质上仍是采用节流控制或容积节流控制，故存在大量的节流损耗。为了解决这个问题，最佳途径是采用泵控液压系统。根据液压泵的流量调整方式分为变排量定转速、变转速定排量和变转速变排量等三种方式。泵控液压系统通过液压泵的流量来控制执行元件的速度，采用容积控制取代节流控制，消除了节流损耗。下面描述的二次调节、液压变压器等本质上也是泵控液压系统。

3.6.1 变排量定转速控制

变排量定转速控制原理如图 3-32 所示，其特点如下。

1）电动机的转速基本恒定。按目前液压泵的转速工作范围，电动机的转速一般设定在 1500r/min，发动机驱动型工程机械的液压泵转速设定在 1800r/min 左右。由于液压泵的转速基本恒定，一般通过调整变量液压泵的排量来控制流量和压力，因此需要有一套比较复杂的变排量控制机构（见图 3-33），对液压油的要求较高。

2）虽然通过改变液压泵的排量可以调节流量，进而调节执行元件的速度，但液压泵变排量的动态响应难以匹配节流调速。由于调节液压泵的斜盘倾角需要推动斜盘“柱塞”滑靴等一系列的质量元件和摩擦副，惯性较大，故其排量的响应时间较长。液压泵或液压马达排量变化的响应时间为 50 ~ 500ms。比如，A11VO130 液压泵的排量响应时间为 300 ~ 500ms。由于改变液压阀的开度只需要通过电磁铁推动阀芯移动，而阀芯的质量远远小于液压泵的运动质量，所以，阀控方式的响应速度很快，一般取决于电磁铁的响应频率。目前，一般阀的响应时间为 5 ~ 50ms。

3）电动机转速固定，因而液压泵输出小流量时仍做高速运转，摩擦副的磨损加剧，噪声加大；电动机效率随负载而变化，在轻载时效率很低。因此，在部分负

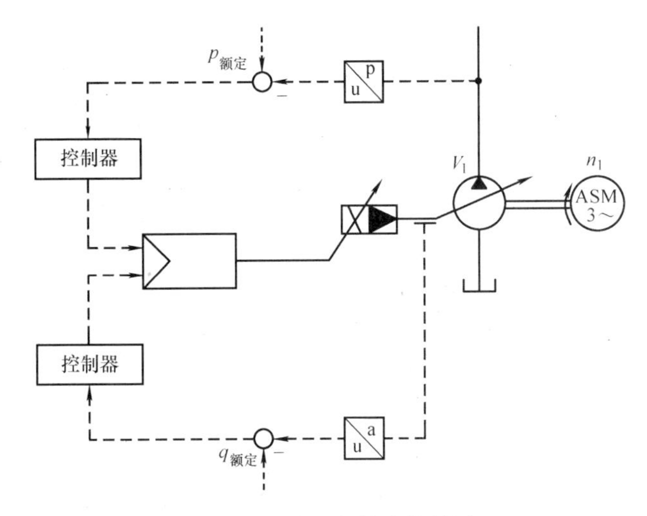

图 3-32 变排量定转速控制原理

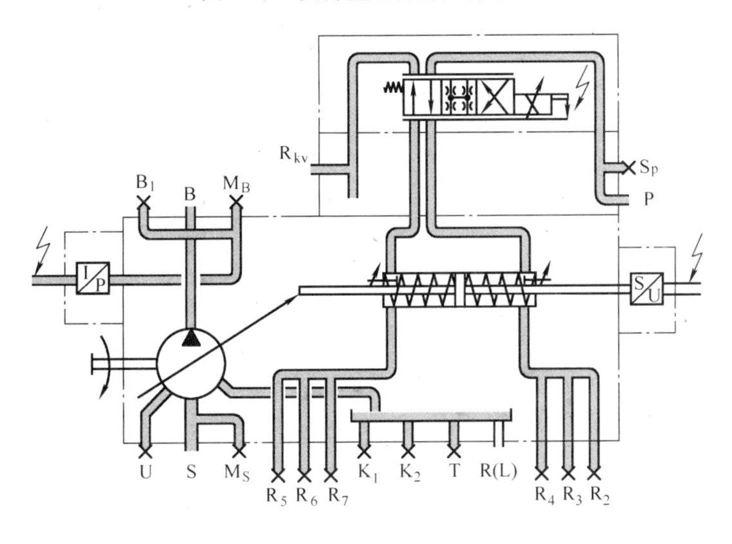

图 3-33 变量液压泵的变排量控制原理图

载和无负载情况下的效率大大低于满负载情况下的效率。一般情况下，当负载功率小于其额定功率10%时，其效率低于50%。

4）变量泵比定量泵的噪声大。

3.6.2 变转速定排量控制

20世纪60年代以来，随着电力电子技术和控制理论的高速发展，交流变频调速技术取得了突破性的进展。变频调速以其优异的调速和起动/制动性能，高效率、高功率因数和节能效果，广泛的适用范围及其他许多优点而被国内外公认为是最有发展前途的调速方式，是当今节能、改善工艺流程以提高产品质量和改善环境，推动技术进步的一种主要手段。近年来高电压、大电流的可控硅（SCR）、可关断晶闸管（GTO）、绝缘栅双极型晶体管（IGBT）、集成门极换晶体管（IGCT）等器件的生产以及并联、串联技术的发展应用，使大电压、大功率变频器产品的生产及应用成为现实。同时矢量控制、磁通控制、转矩控制、模糊控制等新的控制理论为高性能的变频器提供了理论基础。未来将朝着高水平、高速度的控制方向，并结合清洁电能的变流器，使交流变频技术向更加节能、绿色和高效的方向发展。

变转速定排量调速工作原理如图 3-34 所示，具有以下优点。

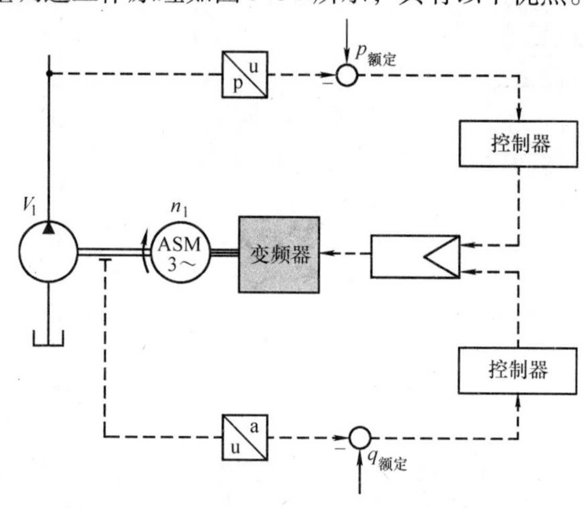

图 3-34　变转速定排量调速工作原理

1）节能的突破。和变排量类似，变转速方案也是容积调速代替了传统的节流调速，大大降低了液压系统节流损耗，节能效果取决于不同的工况。但与变排量定转速不同，它具有更好的节能效果。该方案无负载时电动机可以停机工作没有损耗，在部分负载情况下效率能得到提高，同时也可以实现制动能的回收。

2）减噪。不管电动机还是液压泵在低速时的噪声都明显降低。

3）可充分利用变频器的控制算法，结合液压参数（压力、流量）、电气参数（电流、电压）和机械参数（转速）容易实现液压泵的各种变量特性，比如恒压、恒流、正流量、负流量等。

从目前国内外的研究来看，变转速定排量调速方案也存在以下不足。

1）动态响应慢。电动机的转矩响应时间即电流响应时间，而电流响应时间由电动机时间常数决定，电动机时间常数为电感除以电阻。电感一般在 0.1mh 级到 10mh 级，电阻一般为 0.01Ω 级到 0.1Ω 级，电动机的电磁转矩的建立时间为 10ms 级到 100ms 级。电动机转速的响应时间一般指起动时间，根据电动机的不同控制方式，其起动时间会有不同，变频起动一般时间较长，矢量控制会快些，直接转矩控制会更快些。但具体的起动时间由于转动惯量不同，电动机本身的起动转矩不同、是否带载情况不同而差别比较大。根据结构不同、功率不同、使用场合不同，所设计的电动机结构差别较大，转动惯量也相差很多，大概数量级为 $0.001kg \cdot m^2$。

当前，异步电动机驱动定量泵时，尤其负载较大时，转速从零加速到额定转速时所需要的时间甚至超过了 1s，采用该类型的电动机用于闭环控制液压泵出口压力较难。目前采用动态响应较好的永磁同步电动机（伺服电动机），转速的加速时间也基本要在 500ms 以上，即使可以用来控制液压泵出口压力，但也难以适应负载流量随机快速变化的工况。

2）低速特性差、调速精度不易保证。低转速的控制特性较差一直是电动机难以解决的关键技术。目前，柱塞泵的最低转速已经达到了每分钟几十转，但普通的工业用异步电动机要保证良好的转速控制特性，其最低转速最好在 200r/min 以上。

3）由于电动机低速大转矩输出时效率较低，因此当液压泵工作在高压小流量时，为了保证液压泵的出口压力，电动机不能停机工作，只能在一个较低转速下工作。由于转矩又等于压力乘以液压泵的排量，所以导致电动机的输出转矩较大。

因此，许多学者通过液压系统设计、压力补偿以及先进控制策略等方法来改善变频液压调速系统的控制性能。博世力士乐公司在 2009 亚洲国际动力传动与控制技术展览会上展出的变速泵驱动器，据称可节能 50%，降低入口液压油的发热量 60%，降低噪声 15dB，在成型加工技术中能实现降低设备运行成本的长期目标[12]。

3.6.3　变转速变排量复合控制

变转速变排量复合控制原理如图 3-35 所示，主要针对两种控制方式的不足之处展开。此外通过变转速和变排量的复合控制可以显著提高动态响应。

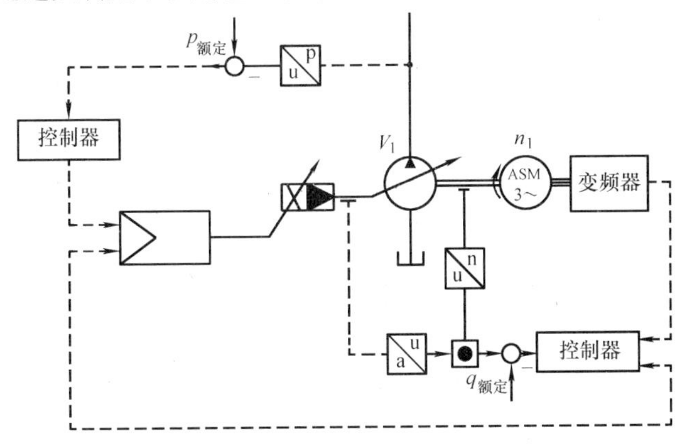

图 3-35　变转速变排量复合控制原理

（1）通过调整变量泵的排量来控制压力

比如需要保压时，液压泵的出口流量很小，电动机还是以对其最有利的转速旋转，通过减小变量泵的排量提供小流量保压，避免了电动机在低转速大转矩时的能耗。

（2）流量控制

从转速大于某个转速阈值（根据电动机的速度控制特性，一般电动机在200r/min以下时控制特性较差）开始，调整电动机的转速来调节液压泵的流量；当转速小于200r/min时，通过改变变量泵的排量来调节流量。

（3）能量损耗与效率

无负载时因电动机不转，所以没有损耗；部分负载时效率能得到提高（$V_1 = V_{1max}$）。

（4）噪声低

变转速变排量调速的噪声低，一般 $n_1 < n_{max}$。

3.6.4 泵控的应用分析

电液控制技术中，仍然较多地采用阀控系统，这有很大的节流损耗，并且有很大的发热量，能量效率低。而泵控系统可以避免大部分的节流损耗，同时也降低了系统发热，是一种在原理上理想的电液控制技术。泵控系统可以改变液压泵的排量或转速，使得输出流量和压力与负载要求匹配。

泵控系统可以提高液压系统的效率，但是长期受到液压泵变排量响应或电动机变转速响应的制约，泵控系统达不到所需的技术要求。随着液压泵响应能力的提高，泵控技术才逐渐被研究、应用。从20世纪80年代末开始，设计出现了针对对称缸的泵控系统，对称缸泵控系统的工业应用也紧随其后。20世纪末，出现针对差动缸的泵控技术，并且在21世纪初得到了工业应用。

泵控系统可分为开式泵控和闭式泵控。其中闭式泵控又分为闭式泵控马达、闭式泵控双出杆缸和闭式泵控差动缸。而泵控双出杆缸由于两腔面积对称，可以参考泵控马达。

1. 泵控差动缸

由于安装空间和输出力的原因，电液技术中80%以上采用差动液压缸作为执行元件。差动缸两个运动方向的流量不相等，成为实现直接泵控必须解决的首要问题，尤其是泵控变排量技术。对于目前常用的控制方法，一个有望达到较高性能的差动缸泵控系统应具备以下两点基本要求。

1）可以解决吸油、排油量不同的问题。

2）静态时可以使液压缸两腔有一定的预紧压，动态时可改变两腔压差使液压缸加速、减速。

（1）开式系统

如图3-36所示，液压系统有杆腔和无杆腔分别由两个转速可自由控制的液压泵与电动机组合相连接，可以自由控制的两个转速的液压泵能让系统有能力适应不同面积比差动缸的不对称流量以及不同工作状态下的泄漏。系统工作时，可以由一个泵控制对应腔的压力，另一个泵控制活塞杆的位置，活塞杆的前进、后退都可以得到很好的控制，总体控制方案类似采用泵控技术代替节流调速的负载口独立调节系统。该系统可以达到比较好的性能，但是双电动机会造成成本增加。对于特定要求的系统可以用蓄能器替换一个液压泵。

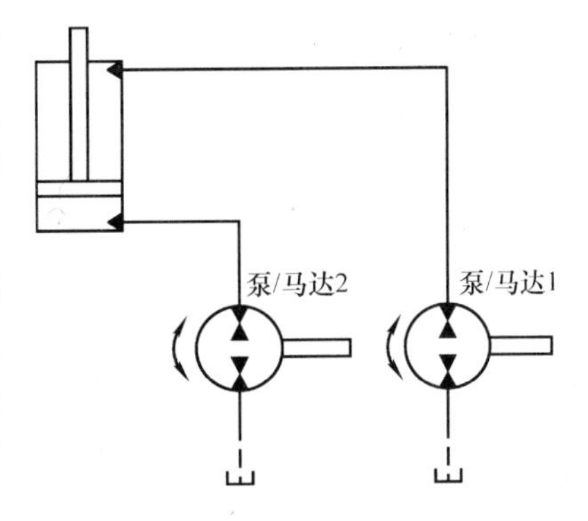

图3-36 基于双变转速双向泵/马达的泵控差动缸原理图

如图3-37所示，差动缸的无杆腔与液压泵/马达连接，有杆腔与液压蓄能器连接。该系统在选好蓄能器时也可以获得良好的系统性能。活塞杆前进时，泵/马达工作在泵模式，为无杆腔提供流量，有杆腔的油液部分进入蓄能器，并存储了一部分能量，在活塞杆收回时，泵/马达在油液的推动下反转，系统通过电动机的制动来控制活塞杆运动速度。

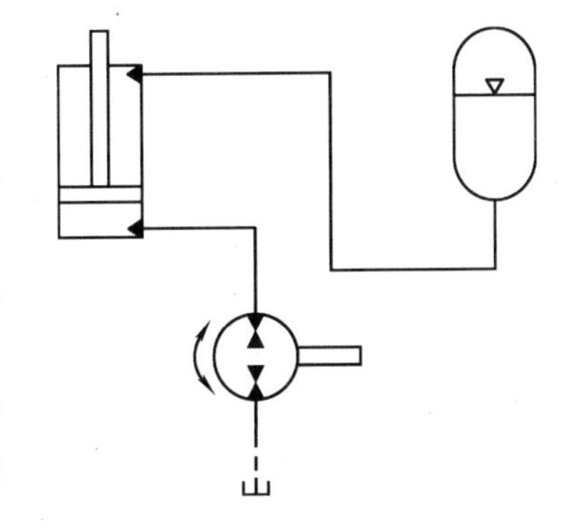

图3-37 基于变转速双向泵/马达和液压蓄能器的泵控差动缸原理图

太原理工大学权龙教授对变量泵＋蓄能器的系统回路原理及该系统在注塑机中的应用进行了研究，系统原理图如图3-38所示。在该系统中，活塞杆前进时系统工作与上一系统相同，而在活塞杆收回时，无杆腔的油液流出速度由与泵并联的液压阀控制，泵和电动机不参与工作。这样也节省了电机制动消耗能量，同时也可以将泵换为只能单向工作的泵。目前在工程机械中正在尝试应用。

（2）闭式系统

工程机械驱动液压缸为非对称液压缸，采用闭式驱动存在液压缸两腔流量不匹配的问题。为了解决这个问题，常规的技术是采用液压蓄能器及液控单向阀对闭式泵低压侧补油的差动缸回路原理，该项技术应用于Bobcat435型液压挖掘机上[13]。在这个传统的闭式系统（见图3-39）中采用主液压泵来调节动臂的运动速度，能够使液压系统的输入功率与外负载所需功率匹配，无节流损耗和溢流损耗。动臂上升时，无杆腔压力大于有杆腔压力，液控单向阀反向打开，蓄能器和

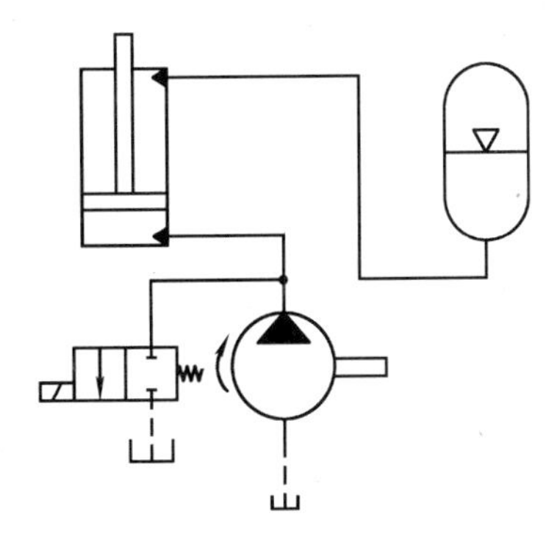

图3-38 基于变转速单向泵和液压蓄能器的泵控差动缸原理图

补油泵的油补充到有杆腔，补偿由于面积差造成的流量差。动臂下降时，闭式泵出油口一部分油进入有杆腔，另一部分油通过液控单向阀对蓄能器充油，这样就实现了能量回收。这种闭式回路具有系统装机功率低、效率高和用油量少等特点，并且以液压蓄能器为储能元件的能量回收方式具有高功率密度、高效率和性能可靠等技术优势。该方案的主要特点如下。

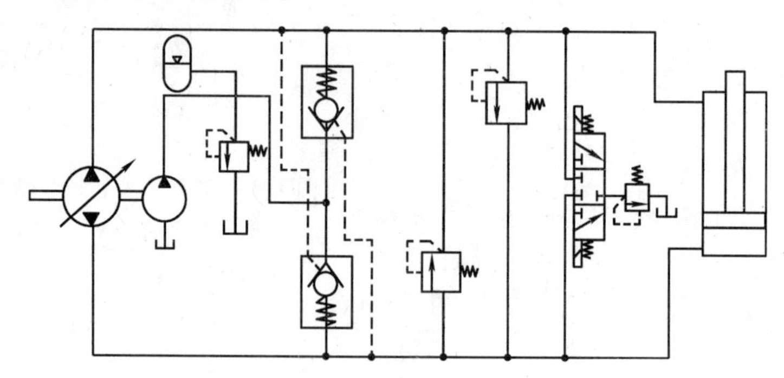

图 3-39　传统的闭式系统（非对称液压缸）

1）无阀控制，液压缸可双向输出力。

2）非对称液压缸两腔的流量差通过蓄能器补偿。

3）蓄能器与低压侧连接，蓄能器的工作压力被限制在较小范围，蓄能器的额定体积较大。

- 蓄能器的工作压力为液压缸回油腔的一个背压，造成进油侧的压力升高。
- 适用于平行移动缸，对于挖掘机动臂负负载具有局限性，无能量回收功能。

此外，美国普渡大学的 Monika 教授、德国利勃海尔公司、韩国斗山公司以及太原理工大学等也对闭式系统进行了大量的研究。

1994 年，德国亚琛工业大学液压研究所 Lodewyks 博士提出了双泵补偿差动缸不对称流量的回路原理。德国力士乐公司的 Feuser 教授采用各腔压力单独控制预压紧原理，对双泵系统回路的特性进行了研究。如图 3-40 所示，由单个变频电动机驱动两个液压泵。差动缸前进时，液压泵 1 和液压泵 2 向无杆腔提供流量，有杆腔排出的流量进入液压泵 2；差动缸后退时液压泵 2 单独向有杆腔提供流量，无杆腔排出的流量进入液压泵 1 和液压泵 2。通过选择两个液压泵的排量可以补偿不同差动缸产生的不对称流量。为消除泄漏带来的影响以及减小气蚀，还需要增加附加装置。系统中的液压泵可以是定量泵也可以是变量泵。

在现有技术中，采用蓄能器进行补油，而传统的用于非对称液压缸的闭式系统中，蓄能器都是与低压侧连接，工作压力范围小，体积较大。针对以上不足之处，编者曾经提出了一种蓄能器与高压侧连接的动臂泵控系统，这种系统是基于电动机调速的闭式系统（见图 3-41），扩大了蓄能器的工作压力范围，进而减小了蓄能器体积，且利用闭式泵控系统的优点，可实现无节流损耗控制。以某 20t 液压挖掘机为例，动臂液压缸的技术参数为：数量 2 个，无杆腔直径为 120mm，活塞杆直径

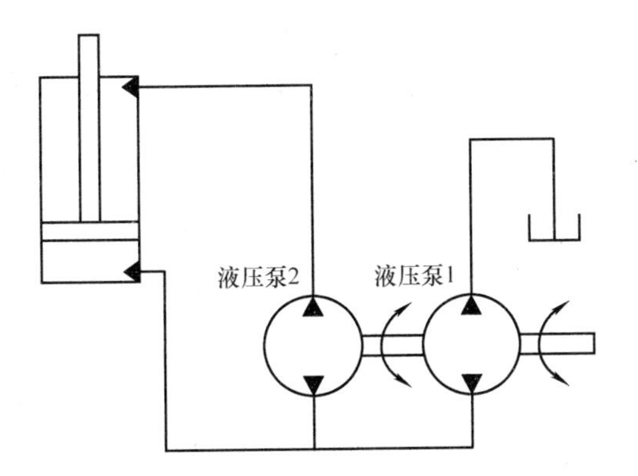

图 3-40　基于双泵的闭式泵控差动缸系统

为 85mm，行程约为 1200mm，对闭式系统进行参数匹配，配置中选用气囊惯性小、反应灵敏、成本低的囊式蓄能器。如表 3-2 所示，从关键元件参数匹配的对比结果中看，新型闭式系统蓄能器的工作压力范围达到了 7.5～24.5MPa，相对于原来的 1～3MPa，压力范围有了明显的增加，体积从 15L 降到了 8L。该方案相对于传统的闭式系统，功率等级降低了 45% 以上，节能效果相对于传统的节流控制系统，降低燃油消耗 50% 以上。

该方案的主要特点如下。

1）电动机的正转和反转实现动臂的上升和下降。

2）动臂的速度主要通过调节电动机/发电机的转速来实现，实现无节流损耗。

3）蓄能器与差动缸的高压腔连接，扩大了蓄能器的工作压力范围，减小了安装体积。

4）蓄能器的压力变化通过小排量闭式泵进行转矩耦合，解决了动臂下放速度与蓄能器压力相关的问题。

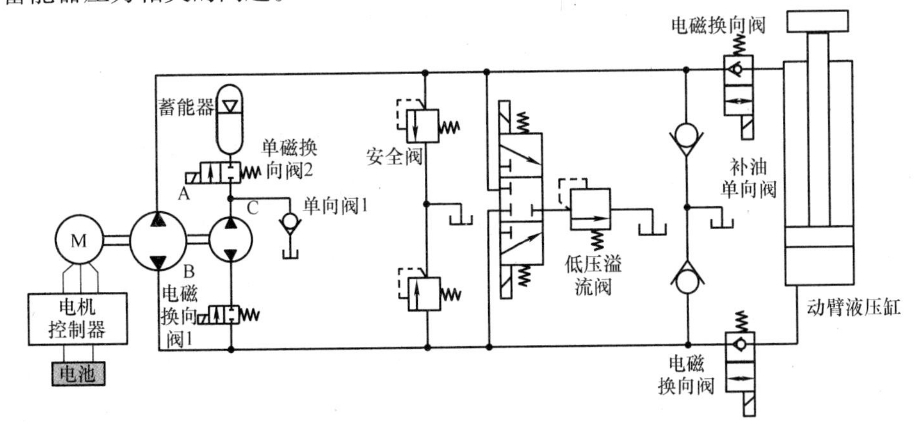

图 3-41　基于电动机调速的闭式系统

表 3-2 不同闭式系统的关键元件参数对比

参数	传统闭式系统	新型闭式系统
大排量闭式泵/(mL/r)	150	100
辅助泵排量/(mL/r)	18	48
蓄能器体积/L	15	8
蓄能器最低工作压力/MPa	1.0	7.5
蓄能器最高工作压力/MPa	3.0	24.5

2. 泵控马达

(1) 变转速泵调速+阀控调速

图 3-42 所示开式泵控马达液压系统为变转速泵和阀控的复合调速系统。该系统有两个控制对象，变转速液压泵和比例方向控制阀。该调速系统的过程如下。

1) 当液压马达实际速度小于目标速度时，即液压马达需要加速时，增加液压泵的转速，比例方向控制阀保持最大开口。

2) 当液压马达实际速度大于目标速度，即液压马达需要减速时，减小液压泵的转速，比例方向控制阀开口减小，通过节流的方法减速。

3) 当液压马达实际速度等于目标速度时保持液压泵的转速不变，系统此时为阀控系统，通过控制比例方向控制阀达到液压马达的精细调速。

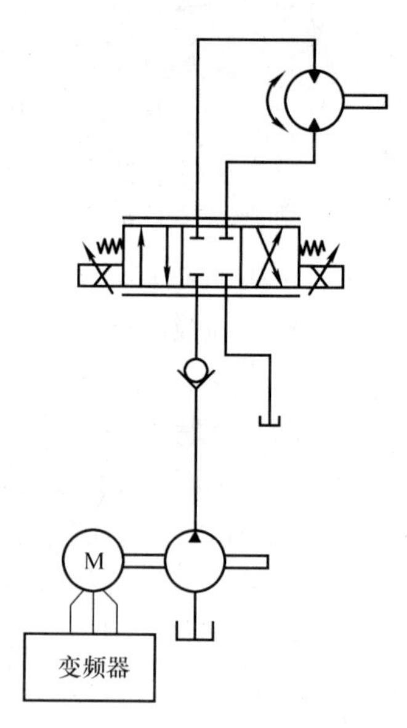

图 3-42 开式泵控马达液压系统原理图

在这一复合调速系统中，进行大幅度速度改变时，主要发挥作用的是变转速泵的调速方式，而在进行小幅度调速时，则采用精确性和动态特性较好的比例方向控制阀调速的方法；在该系统中，泵采用单向工作的即可，比例方向控制阀在负责精细调速的同时，也控制着液压马达的旋转方向。

(2) 变量泵+补油泵的闭式系统

图 3-43 所示闭式泵控马达液压系统为变量泵+补油泵的闭式系统。此系统中，液压马达的出油口与液压泵的吸油口相连，通过改变液压泵（闭式泵）的排量以及液压泵转速来控制液压马达。补油泵可以保证系统最低压力，并且在排量改变补油时保证容积式传动的响应。冲洗换油阀（图中未画）保证闭式系统中液压油的温度不会太高。该系统只有补油泵从油箱里吸取少量的油，可以为系统配备一个体

积不大的油箱，适于行走式机械。目前一般的压路机系统基本采用该方案。

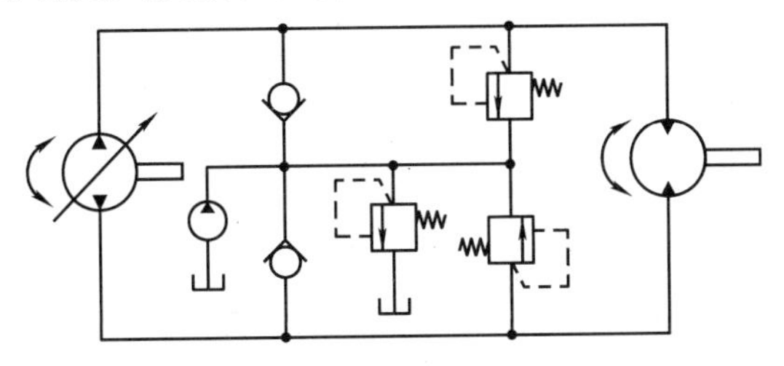

图 3-43　闭式泵控马达液压系统原理图

虽然采用泵控可以达到节能的目的，但由于液压泵只能控制向执行元件提供的流量大小，所以对速度控制比较粗糙，在精细操作时无法满足操作精度要求。因此泵控方案应与阀控方案相配合，即泵控 + 阀控的控制方案。

3.6.5　泵控在工程机械中的应用

就目前而言，泵控技术往往应用于大功率的场合，毕竟大功率的机械装备对速度的响应要求不多。比如液压挖掘机的回转速度随吨位的增加逐渐下降。

泵控技术在小型工程机械应用中的研究较为典型的代表是美国普渡大学 Monika 教授课题组。此课题组对泵控技术在挖掘机上的应用做了大量的研究，并开发了一款排量控制的液压挖掘机[17,18]，其液压系统原理图如图 3-44 所示，

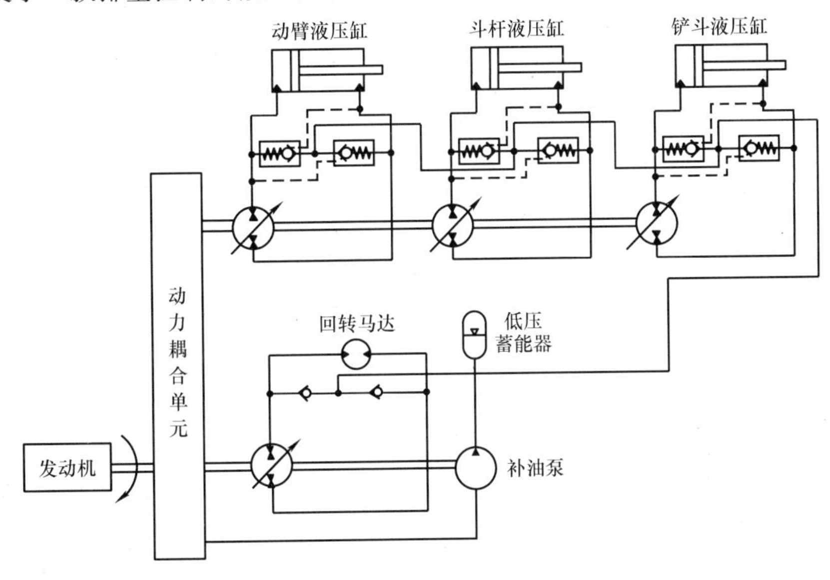

图 3-44　普渡大学泵控挖掘机液压系统原理图

其核心部分为直接泵控系统。通过改变泵的排量来控制液压缸的速度，改变泵斜盘倾角方向来改变液压缸的运行方向，完全消除了节流损耗。在保持相同工作效率的前提下，较同规格机型降低发动机装机功率 50%，较现有负载敏感系统节约燃油 50% 左右。研发的样机获得 2013 年美国国家自然科学基金会颁发的大众机械师突破奖，并被认为是应用科学领域取得的对未来社会发展产生重大影响的创新成果和突破。但是每个执行元件都对应一个泵/马达，造成系统成本过高，所以考虑有些执行元件可以共享同一个泵源，因此专门研究了泵源切换时的控制问题。

普渡大学泵控挖掘机外形如图 3-45 所示。

图 3-45　普渡大学泵控挖掘机外形

3.7 基于二次调节技术的节能

3.7.1 工作原理

二次调节系统的工作原理如图 3-46 所示，液压泵出口和液压蓄能器相连，因此液压泵出口近似恒压系统，故二次调节系统为压力耦联系统。通过改变二次元件的排量来适应外负载转矩的变化。一般通过调节可逆式轴向柱塞元件（二次元件）的斜盘倾角来适应外负载的转速、转角、转矩或功率的变化。调节功能通过二次元件自身闭环反馈控制来实现，不改变系统的工作压力。对比本书第 2 章可以发现二次调节系统是一种典型的串联式液压混合动力系统。

图 3-47 所示的二次调节液压系统类似于电力传动系统，它们都是在恒压网络中传递能量。它以改变能量的形式或不改变能量的形式来存储能量，这部分能量可由液压蓄能器储存。液压蓄能器储存液压能的功能，一方面可以满足间歇性大功率

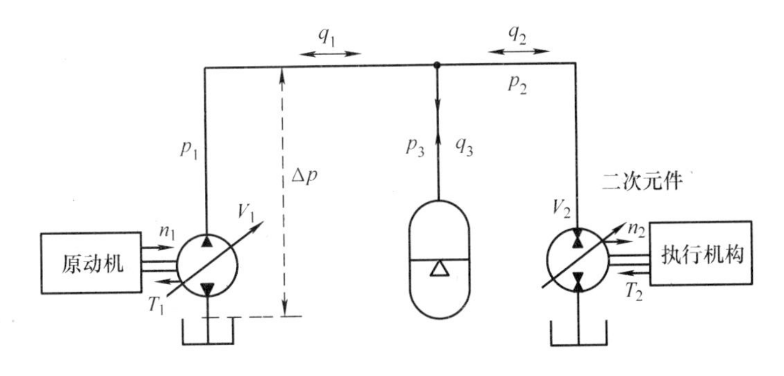

图 3-46　二次调节的系统原理图

的需要，由此来提高系统的工作效率；另一方面，油源采用恒压源加蓄能器，可以防止系统出现压力峰值，减少压力波动。因为能源管路中没有节流元件，理论上二次元件可以无损耗地从恒压网络获得能量，从而提高系统效率。

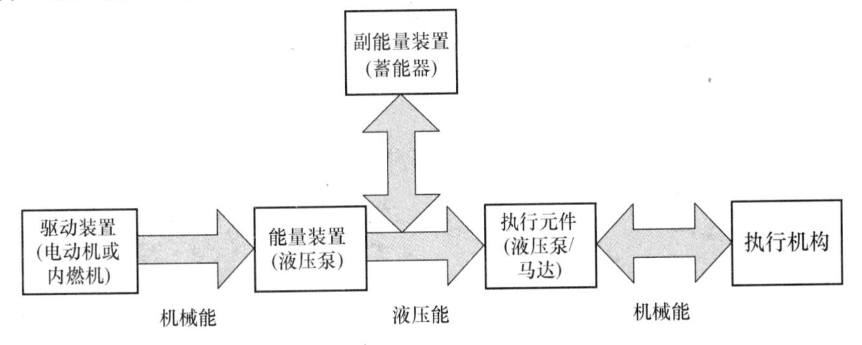

图 3-47　二次调节液压系统的能量转换过程

当并联多个负载时，压力耦联系统中各工作装置并联于恒压网络，二次元件之间相互不受影响。需要将液压系统中的回转液压马达用二次元件代替，可以彻底解决阀控系统中控制阀的节流损耗，同时利用蓄能器的作用来调节负载对液压系统网络的影响，给液压系统的节能改进提供了新的思路。

3.7.2　控制方式

二次调节系统提供了新的控制规律和控制系统结构。即使是控制参数（位置、转速、转矩、功率）不同，但最终执行元件都是相同的，并且都是通过控制变量控制伺服液压缸来控制二次元件的斜盘倾角。因此，可以通过对不同参数的检测和反馈来实现多种控制功能，如位置控制、转速控制、转矩控制和功率控制等。

1. 转速控制

二次调节静液传动转速控制是二次调节静液传动系统中最常用同时也是最基本的调节方式，其他各种调节方式都是在此基础上发展起来的。其工作原理如图 3-48所示，在此二次调节转速控制系统中，经转速传感器测量得到的实际转速与设定转速比较得到的差值经控制器、电液伺服阀和变量液压缸调节二次元件的斜盘倾角，使输出转矩适当变化，最终控制二次元件稳定于期望转速。二次调节系统中的二次元件一般选用可逆式变量马达/泵，当液压元件从“驱动”过渡到“制动”工况时，它就由马达过渡到泵工况了。这就是说，液压元件既可以输出功率也可以吸收功率，因此实际控制中应注意由外部参量的变化判断二次元件在不同时刻的确切工作状态。

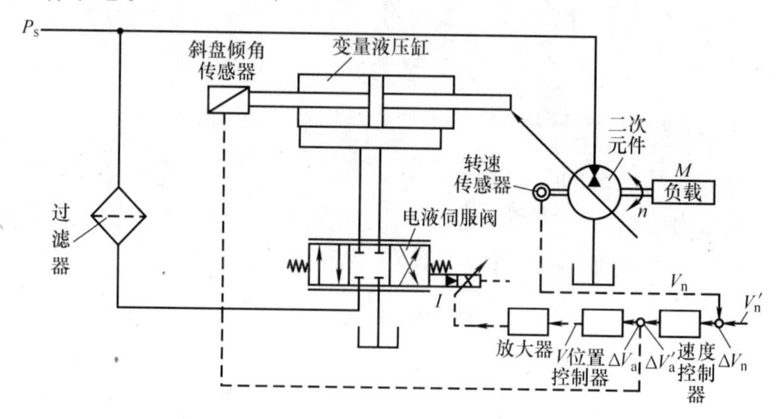

图 3-48　二次调节转速控制系统原理图

2. 恒转矩控制

图 3-49 所示二次调节转矩控制系统为恒转矩控制系统。在此恒压网络中，控制二次元件液压泵/马达的斜盘倾角为一定值，则相应的输出转矩也为一定值，这时可采用位移传感器或转矩传感器。采用位移传感器检测变量缸的位移，如果使它为一定值，根据转矩和变量之间的相互关系，可使输出转矩也为一定值。但是由于粘性摩擦转矩的影响，对应关系为理论输出转矩，而不能精确地控制实际输出转矩。采用转矩传感器则能实现较精确的转矩控制，但转速传感器不易安装。在转矩

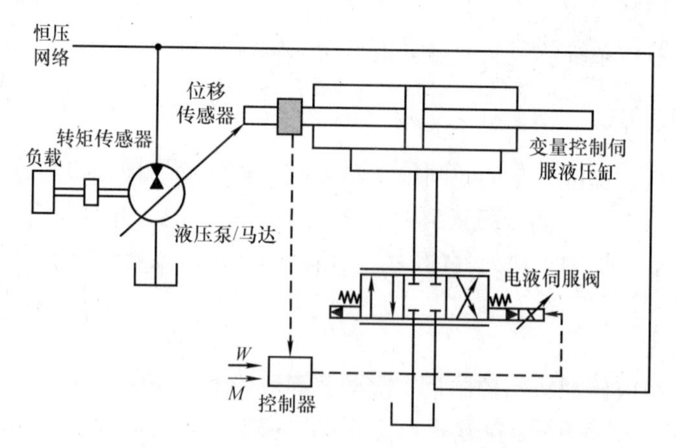

图 3-49　二次调节转矩控制系统原理图

控制调节系统中，也应实行转速检测监控，防止超速。对于像液压绞车、卷扬机之类的传统液压传动装置，需要有恒定的牵引力，如果采用二次调节静液传动系统，即为恒转矩控制。

3. 恒功率控制

恒功率调节是指二次元件液压泵/马达通过自身的闭环反馈来实现输入功率的恒定。在二次调节系统中，系统工作压力恒定，因此必须保证输入流量为恒值。在二次调节静液传动系统功率控制时，可以有控制压力、二次元件排量和二次元件转速的乘积为一定值以及控制转矩和转速的乘积为一定值的两种实现功率控制途径，即通过检测二次元件的输入流量并反馈到控制器，与实际给定值进行比较，用这个差值来控制二次元件的排量，使输出功率与期望值相符，如图3-50所示；或是通过检测二次元件的转速与变量控制液压缸的位移（排量），然后，用两者的乘积（流量）与实际给定值进行比较，用来调节二次元件的排量。

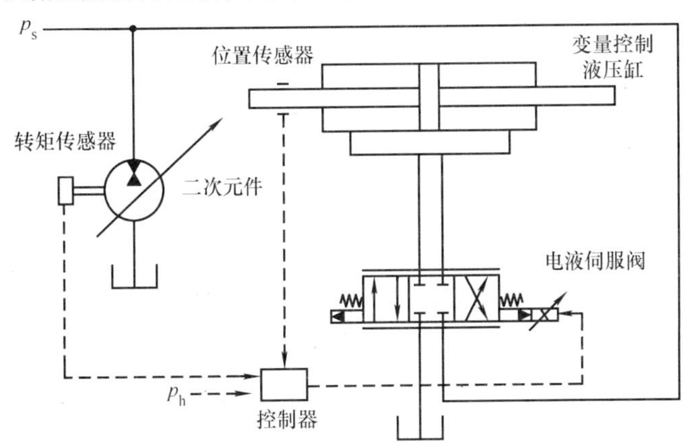

图3-50　二次调节静液传动转速测量与功率控制系统原理图

4. 位置控制

在二次调节控制系统中加入了二次元件输出轴的转角反馈回路，即构成如图3-51所示的二次调节电液位置控制系统。在这个控制系统中包含有变量控制液压缸的位移反馈，此时它作为系统的辅助控制变量。

由于静摩擦转矩的影响和转动惯量的存在，惯性力的起点和大小不好确定，因此，用电液模拟控制和机液控制难以实现位置控制，必须选择恰当的控制策略。采用数字控制技术和模糊控制策略可较好地解决该问题。传感器可采用电位计或光电码盘。其中光电码盘的结构简单，测量精度高，输出量为数字量，易于计算机处理，抗干扰能力强。在转角设定值较小时，可以不限制二次元件的最大转速，超速的可能性小，系统只经历一个简单的加速和减速转动的过程，在达到设定转角时，速度为零；但在大转角时，系统有两个控制对象，这时必须限制最大转速，以免超速。这种控制方案可用于矿井提升机、载人电梯和其他传动系统中。

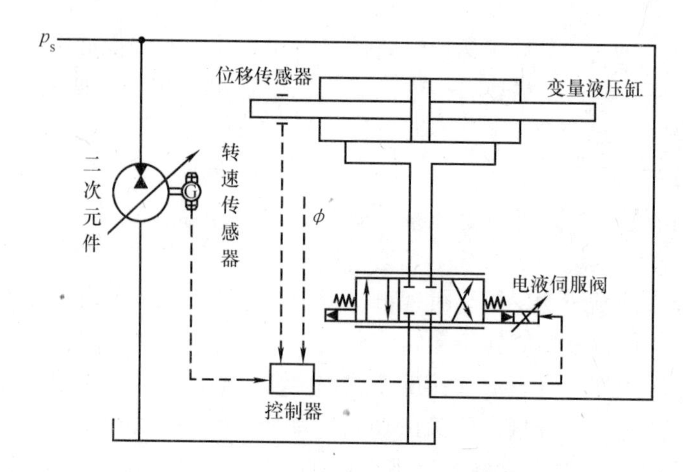

图 3-51 二次调节电液位置控制系统原理图

3.7.3 二次调节系统特性分析

当存在多个负载时，流量耦合系统的一次元件出口压力必须满足最大负载所需压力，这会造成在其他负载回路上形成节流损耗。二次调节系统是压力耦联系统，当负载变化时，通过改变二次元件的排量，来匹配负载的变化。并联多个负载时，二次元件之间相互不受影响。两种系统的主要区别如下。

1）流量耦联系统如果驱动多个负载，必须按所有负载同时工作时所需要的最大功率之和设计安装泵站，因此系统功率损耗较大；二次调节静液传动系统可在开式回路中驱动多个互不相关的负载，并且只需按负载的平均功率之和设计安装泵站，这种回路的功率损耗小，同时泵站也较小，负载之间的压力互不影响。

2）在流量耦联系统中，可通过控制液压泵或液压马达的排量来控制液压执行元件的转速；仅通过控制二次元件的排量来控制液压执行元件的转速，并且执行器（液压马达/泵，即二次元件）在开式回路中就能实现在四个象限内工作。

3）在流量耦联系统中，压力的高低由外负载决定，所以系统的液压和机械时间常数对系统的动态性能影响较大，有时甚至起决定性的作用；在二次调节静液传动系统中，系统压力为恒定值，所以系统的液压时间常数对系统动态性能的影响很小。

4）在流量控制系统中，多余的流量一般通过溢流阀回油箱，造成能量的浪费，很难实现能量回收；在二次调节静液传动系统中，通过二次元件流量的反向功能可以进行能量回收，被回收的能量可用来动其他负载或由液压蓄能器储存起来。二次静液调节的研究经历了液压直接转速控制、液压先导调速控制、机液调速控制、电液转速控制、电液转角控制、电液转矩控制等不同对象的控制以及与 PID 控制、神经网络控制等先进控制算法的结合，以获得较好的动态特性。

3.7.4　优势分析

由于二次调节技术为能量回收和重新利用提供了可能性，因此它的应用前景非常广阔，特别是在能源日益紧缺的今天无疑具有巨大的实际应用价值。国外对二次调节的理论研究及应用日趋成熟，而国内还处于理论研究阶段，实际应用还很少。因此国内的学者应该进一步深入研究二次调节静液传动技术，拓展二次调节的应用领域，提高能量的利用率，实现可持续发展。此项技术的特点如下。

1）节能。二次调节系统是压力耦联系统，采用排量控制的方式，具有功率匹配的特点，系统中的压力基本保持不变，二次元件直接与恒压油源相连，因此在系统中没有原理性节流损耗，从而提高了系统效率。

2）能量可回收。蓄能器的加入，不但抑制了压力限制元件发热所引起的功率损耗，而且还通过回收、释放液压能有效地提高了系统的工作效率。

3）单泵多执行元件节能。对多执行元件可以共用一个动力源，这样既节省费用又节约了能源。

4）控制方法的研究可改进控制特性。对系统的位置、转速、转矩和功率进行复合控制的研究，能更好地改进控制特性。

5）二次调节技术主要针对旋转运动负载，而对直线运动负载，一般需要结合比例方向控制阀才能工作。如图 3-52 所示，在恒压网络开式回路上可以连接多个互不相关的负载，在驱动负载的二次元件上直接控制其转角、转速、转矩或功率。

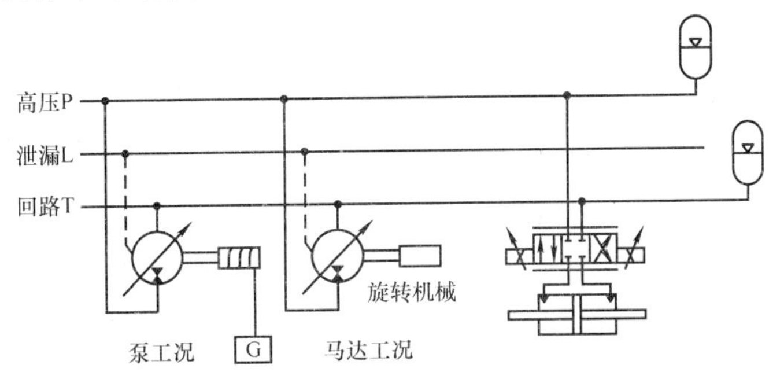

图 3-52　二次调节技术在多执行元件的应用原理图

3.7.5　二次调节技术的发展

在 1977 年，德国汉堡国防工业大学的 Nikolaus 教授首次提出了二次静液调节技术的概念。国内自 20 世纪 80 年代末开始二次调节技术的研究。二次静液调节的应用十分广泛，先后应用于码头集装箱转运车、海上浮油及化学清污船只、近海起重机、油田抽油机、精轧机组的液压系统以及城市公交车辆等大型设备及车辆上。近年来，德国汉堡国防工业大学与德国力士乐公司合作进行了二次调节技术的实用性研究，并将其应用到多种机械设备的液压系统中，有效地降低了系统装机功率，获得了显著的节能效果。

市内公交车经常进行频繁的停车起动，在这个过程中会浪费大量的能量。为此，德国力士乐公司把二次调节技术应用于公共汽车的驱动装置，如图 3-53 所示。当制动时，二次元件 2 工作于泵工况，在负载的拖动下，制动能量被储存到蓄能器中；而当汽车起动或者加速时，二次元件 2 工作于马达工况，蓄能器 3 中储存的制动能量释放出来，与恒压变量泵（一次元件 1）一起驱动液压马达（二次元件 2），从而降低了液压泵的输入功率。实践证明，发动机的装机功率从 180kW 降低到 30kW，蓄能器提供了起动或加速过程中所需要的 150kW 的功率，可以使汽车在 20s 内加速到最大速度，大大降低了发动机的能量需求[19]。

目前该技术主要在重型车辆上应用，正逐步应用到工程机械。

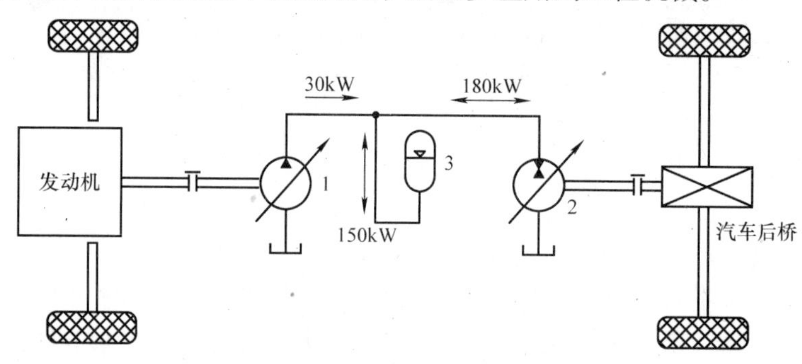

图 3-53　二次调节技术在公交车上的应用

1—一次元件　2—二次元件　3—蓄能器

哈尔滨工业大学的姜继海教授等对二次调节技术应用于挖掘机上做了研究，提出了将液压混合动力系统以并联方式植入挖掘机中，并联在发动机一侧的液压泵/马达根据整机的负载情况，吸收和补偿发动机的输出功率与负载功率的差值，从而可保证发动机工作于最佳燃油工作区域，利用回转驱动的液压泵/马达存储回转制动过程中的动能[20]。然而该系统也有其缺点，系统需要给每个执行元件配置一个液压变压器，液压变压器数量较多，且规格不同，导致系统成本大幅度增加，安装困难，同时液压变压器本身还不够成熟。

孙辉等提出了一种新型二次调节静液传动车辆的配置方式，提高了整车的传动效率和对复杂路面的适应性，在确保车辆安全制动的同时，高效地回收车辆的制动动能，根据驱动和制动系统的特点设计了转矩控制方式和转速控制方式，并进行了仿真和试验研究，结果表明转矩控制方式更适合于驱动和制动系统[21]。陈华志等根据客车四工况循环要求，设计了客车制动能量回收液压传动系统，并对主要参数进行了优化。结果表明，改进后的系统节油率达到了 28%，且大大降低了车辆起步工况时的负载，显著改善了起步工况时的排放[22]。

东北大学的赵中奇等分析了二次调节系统的转速控制系统的原理，研究发现二次调节系统的二次元件具有能量回收峰值点，因此在系统进行能量回收时，将二次元件的排量调整到峰值点，可以达到最佳的能量回收效果[23]。

一般的二次调节系统的二次元件是液压泵/马达，能够非常方便地对能量进行回收再利用，但是对于执行机构常见的液压缸却不适用，必须接入价格昂贵且技术尚不成熟的液压变压器，系统复杂、可靠性差。为此，刘海昌等提出一种利用飞轮储存能量的二次调节流量耦合系统，该系统将负载下降时产生的势能和动能储存为飞轮的动能，在负载上升时再释放出来加以利用，如图 3-54 所示，拓展了二次调节系统的应用[24]。

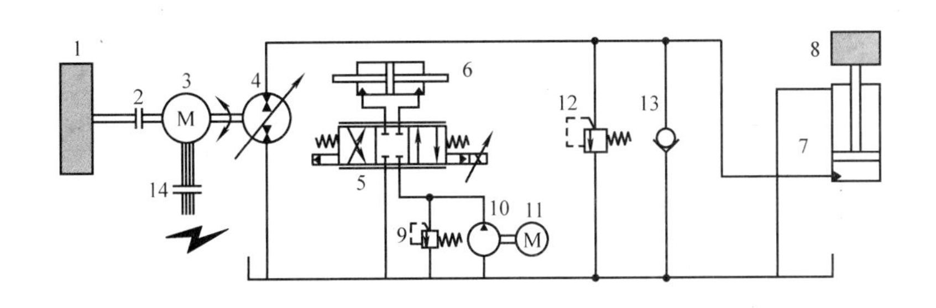

图 3-54　飞轮储能型二次调节流量耦合系统示意图

1—飞轮　2—电磁离合器　3—双轴电动机　4—液压泵/马达　5—电液伺服阀
6—变量液压缸　7—液压缸　8—负载　9—溢流阀　10—控制液压泵　11—电动机
12—安全阀　13—单向阀　14—交流接触器

到目前为止，我国已处于二次调节技术研究相当成熟的阶段，接下来是将研究成果转化为实际应用的阶段。但存在一个巨大的问题，即二次元件的开发跟不上二次调节技术的发展，严重阻碍了该项技术在我国的推广。二次元件作为二次调节系统关键部件，其性能的优劣决定了整个系统性能的好坏。在提高元件的性能和使用寿命的前提下，如何降低成本是一个有待解决的问题。目前，用于二次调节系统的二次元件主要是德国力士乐公司 A4V 系列和 A10V 系列的二次调节专用液压泵/马达。贵州力源液压公司也研制出了 A4V 系列的二次调节元件，但我国在二次元件的研发上还有很长的路要走。

3.8　基于液压变压器的节能技术

为了使二次调节静液传动系统能够实现能量回收，所需要的二次元件必须是可逆的静液传动元件。因此，对这类静液传动元件可称为“液压马达/泵”。但是，为了使许多不具备双向无级变量能力的液压马达和往复运动的液压缸也能在二次调节系统的恒压网络中运行，目前出现了一种液压变压器，它类似于电力变压器用来匹配用户对系统压力和流量的不同需求，从而实现液压系统的功率匹配。

3.8.1 工作原理

液压变压器是一种把压力能以一定压力无能量损耗地传送出去的新型压力流量控制元件，是随着恒压网络二次调节静液压传动技术的发展而产生的[26]。

1. 传统液压变压器

在20世纪70年代，H K Herbert 提出了一种双向液压变压器。这种液压变压器由轴向柱塞泵和液压马达构成，泵和液压马达的转子形成机械连接，如图3-55所示，变量马达1的两个油口分别接油源和油箱，定量马达2的两个油口分别接油源和负载。在恒压网络压力 p_A 作用下，变量马达1产生的转矩为

$$T_1 = \frac{V_1}{2\pi}(p_A - p_B) = \frac{V_{1,\max}}{2\pi}\frac{\varphi}{\varphi_{\max}}(p_A - p_T) \tag{3-1}$$

定量马达产生的转矩为

$$T_2 = -\frac{V_2}{2\pi}(p_A - p_L) \tag{3-2}$$

式中 V_1——变量马达1的排量；

V_2——定量马达2的排量；

p_L——负载压力；

p_A——油源压力；

φ——马达1斜盘倾角，$-\varphi_{\max} \leqslant \varphi \leqslant \varphi_{\max}$；

$\varphi_{\max}$——马达1斜盘最大倾角；

p_T——油箱压力，$p_T = 0$。

式（3-2）中负号表明变量马达2产生的转矩与变量马达1产生的转矩反向。图3-55中，q_A、q_T、q_L分别表示油源、油箱提供的流量和流入负载端的流量。忽略变量马达1和变量马达2之间的摩擦阻力矩，如果 $T_1 + T_2 \neq 0$，那么液压变压器将产生加速或减速旋转运动，输入、输出流量也跟着变化；当 $T_1 + T_2 = 0$ 时，液压变压器处于平衡状态，此时负载与油源之间的压力比，即液压变压器的变压比为

$$\Pi = \frac{p_L}{p_A} = \left(1 - \frac{V_{1,\max}}{V_2}\frac{\varphi}{\varphi_{\max}}\right) \tag{3-3}$$

式中 $V_{1,\max}$——液压马达1的最大排量。

从式（3-3）可以看出，通过改变液压马达1斜盘倾角 φ 可以调节液压变压器的变压比。

2. 新型液压变压器

1997年荷兰 Innas 和 Noax 公司联合所发出一种新型液压变压器，该液压变压器仍然参照恒排量轴向柱塞泵/马达的结构，将液压马达功能和泵功能集为一体。

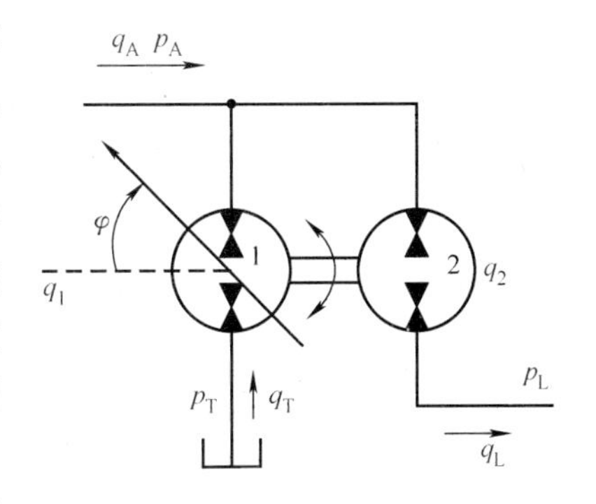

图 3-55　传统液压变压器工作原理

该变压器在结构上与斜轴式轴向柱塞马达基本相同，主要区别在于配流盘的结构形式不同。图 3-56 所示为新型液压变压器的工作原理。图 3-56a所示配流盘上有三个形状相同的腰形槽 A、B、T，分别连接到高压（A 口）、负载（B 口）、低压（T 口）油路，配流盘控制角度 δ 为腰形槽 A 中点 P 与缸体下死点位置 BDC 间的夹角。

通过调整变压器配流盘绕缸体中心轴线的旋转角度来改变进、出液压变压器三个腰形端口的油液流量，从而调节缸体的旋转速度和液压变压器的变压比。液压变压器的变压比与配流盘控制角度 δ 的关系为

$$\Pi = \frac{p_B}{p_A} = \frac{\sin\delta\sin\dfrac{\delta}{2}}{\sin\left(\dfrac{\alpha-\beta}{2}-\delta\right)\sin\dfrac{\beta}{2}} \tag{3-4}$$

式中　p_A、p_B——A、B 腰形槽处压力；

α，β——A、B 腰形槽对应的吸排油角度。

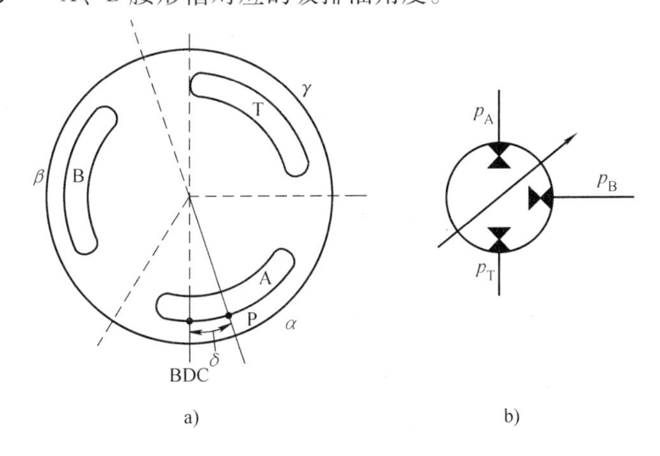

图 3-56　新型液压变压器的工作原理

a）配流盘环形截面　b）液压变压器符号

由于 A、T、B 腰形槽的形状都一致，因此 α、β 为常数且相等，故压力比为唯一变量 δ 的函数，通过改变 δ 的值来调节液压变压器的变压比。

3.8.2　特性分析

液压变压器是在恒压网络二次调节系统下发展起来的新型液压元件。驱动恒压网络二次调节直线负载的传统做法是利用节流阀来实现。然而，由于网络压力比负

载压力高，这将产生大量的能量损耗。因此，恒压网络急需一种无节流损耗的驱动直线负载的液压元件，液压变压器就是在这种条件下得到发展的。与泵控系统类似，基于液压变压器的液压系统也采用容积控制取代传统的节流控制。该系统由恒压变量泵向系统提供恒定的压力，而每个执行元件采用一个液压变压器控制。值得一提的是，近年发展的液压变压器不仅能够驱动直线负载，而且可以驱动旋转负载。作为一种能同时控制压力和流量变化的能量控制元件，液压变压器具有如下特征。

1）作为压力变压器，它能将网络压力无节流损耗地调整为压力变化范围内的任一值。

2）变压器变压过程可逆，可以向负载输出能量，也可以从负载向蓄能器回收能量。

3）液压变压器体积小、重量轻，动态响应快。

液压变压器的工作性能主要取决于作用于其上的转矩、流量以及变压比的特性，而三者的相互关系也同时确定了液压变压器的设计准则，变压比的大小决定了液压变压器是增压装置还是减压装置。

需要解决的技术问题如下。

1）抗干扰能力差。装配精度的误差容易影响变压器输出压力的稳定性，因此必须采取闭环反馈控制。

2）低速稳定性差。在低速运行时，变压器的运动为非线性运动，因此需要针对变压器的低速运行阶段提出更为复杂的控制方式。

3）噪声和压力、流量波动大。

4）配流盘旋转角度范围小。

5）需要解决缸体和配流盘、配流盘和后端盖之间的配流副问题。

3.8.3 国内外研究现状

自20世纪90年代以来，荷兰、瑞典、日本等发达国家对液压变压器投入了大量的人力、物力，如荷兰 Innas BV 公司、瑞典林雪平大学、日本上智大学正在对该课题进行研究。目前国内主要由浙江大学流体传动及控制国家重点实验室、哈尔滨工业大学等科研单位开展液压变压器的研究工作。

1. 传统液压变压器

1965 年，美国专利就对液压变压器进行了论述。如图 3-57 所示，这种类型的液压变压器是由两个单杆液压缸将活塞杆刚性地连接在一起，由于两侧活塞的有效作用面积不同，从而使两侧油腔内的压力不同，即实现了变压。该类型的变压器只

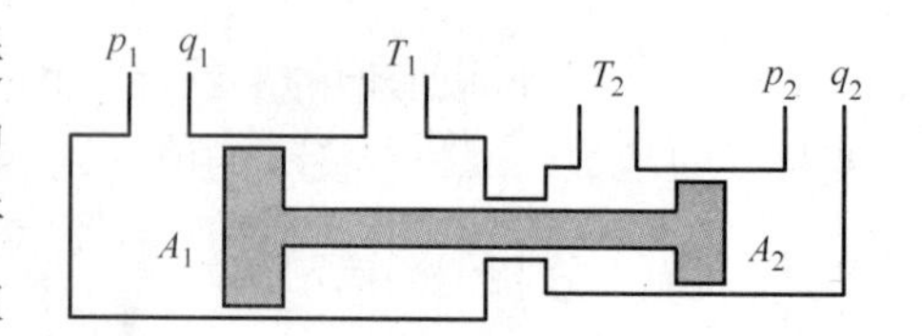

图 3-57 液压缸式液压变压器原理图[27]

能实现单向变压，且泄漏和能量损耗较大。

1971 年，H K Hebrert 发展了一种双向液压变压器，可在两个分离的液压控制回路间互相传递能量。这种变压器由两个轴向柱塞泵/马达构成，泵和马达的转子形成机械连接，根据系统的运行情况，泵/马达分别变换自己的角色来作为泵或马达使用，进行双向变压。图 3-58 为液压马达/液压泵式液压变压器结构示意图，通常所说的传统液压变压器即为该类型的变压器。

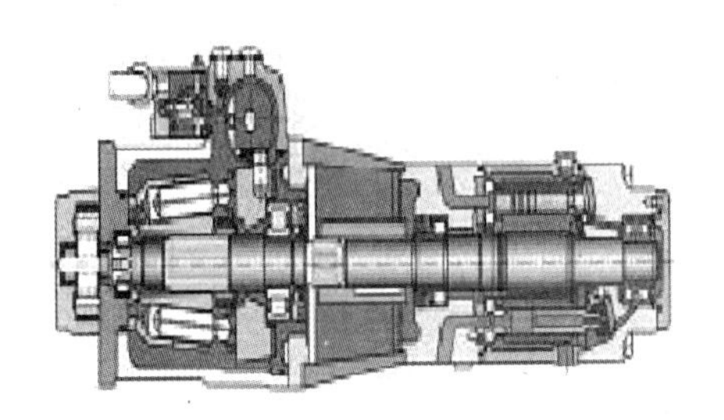

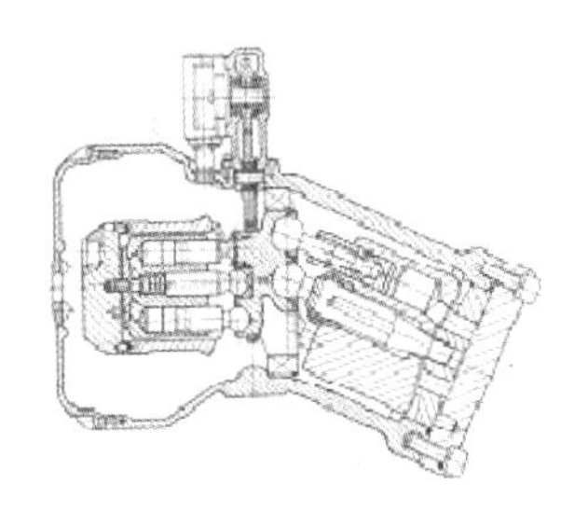

图 3-58　液压马达/液压泵式液压变压器结构示意图[28]

20 世纪 80 年代，国外学者对液压变压器进行了多方面的研究，如德国、瑞典、荷兰等都有显著的研究成果。此前对传统液压变压器的研究侧重于应用研究，日本的上智大学将原始液压变压器与液压缸进行了连接，显著提高了液压变压器的效率；德国力士乐公司将该类型的液压变压器成功应用到挖掘机上，提高了系统效率和运行性能。

国内从事传统型液压变压器的研究机构主要是哈尔滨工业大学和浙江大学。哈尔滨工业大学的董宏林在实验室搭建了一个基于二次调节静液传动技术的模拟提升机实验系统，已经初步地验证了液压变压器的变压原理，实验样机如图 3-59 所示。随后，哈尔滨工业大学的张维官等对传统型液压变压器进行了性能测试与节能效果

图 3-59　传统液压变压器实验样机

分析。理论分析和实验研究表明，垂直负载下行过程中液压恒压网络系统可以通过液压变压器回收负载的重力势能，达到一定的节能效果。

2003年，浙江大学欧阳小平等基于传统液压变压器的工作原理，将其应用于液压电梯的节能控制中，这种节能系统的装机功率仅为普通系统装机功率的1/3左右[29]。

2. 新型液压变压器

1997年，荷兰Innas公司制造出了第一台新型液压变压器的样机，如图3-60和图3-61所示。该液压变压器在结构上相对于传统型液压变压器有了较大的突破，将液压泵和液压马达的功能集为一体。

图3-60 第一台新型液压变压器样机外形

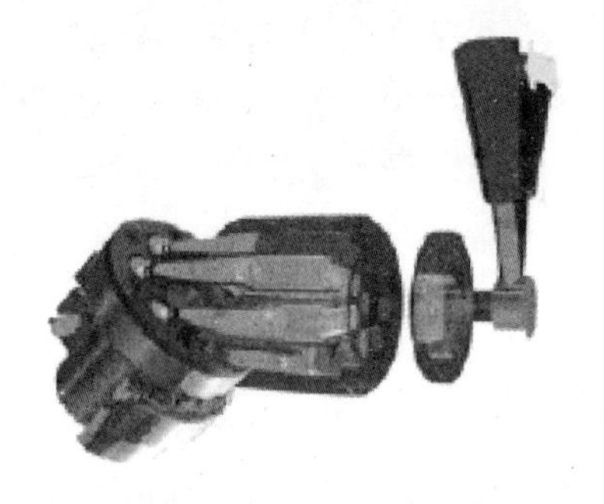

图3-61 新型液压变压器样机结构示意图

1998年，Peter Achten推导了新型液压变压器各个端口的流量和转矩的理论公式，为随后新型液压变压器的特性分析奠定了基础。同时，德国力士乐公司对新型液压变压器的结构进行了研究，提出了一种利用伺服液压缸控制斜盘倾角的液压变压器，该方案便于实现变压器的自动控制。2000年，Achten和Zhao Fu对液压变压器的配流槽结构进行了优化设计，改善了配流槽的受力分布和控制特性。由于三个配流槽的分布问题使得液压变压器的流量脉动大，从而产生较大的噪声。2001年，针对液压变压器的噪声问题，Achten等人提出了“梭”技术来消除液压变压器的噪声，如图3-62所示，通过在两个相邻柱塞间引入“梭”来减少压力峰值。该技术取得了一定的效果，但该结构形式的的缸体加工困难。

2002年，Achten博士将液压变压器由原来的七个柱塞改为18个柱塞，将集成式缸体结构改为可以自由移动的浮杯式结构，同时将缸体由一个变成两个，如图3-63所示。经过这样的改进，不仅减小了柱塞和缸体间的摩擦损耗，而且还减小了起动转矩。但该类型的液压变压器的节能效果以及运行特性有待进一步考证。

国内浙江大学、哈尔滨工业大学、吉林大学、太原科技大学和中国船舰研究院等对新型液压变压器的特性进行了大量研究，但在结构上没有较大的突破。

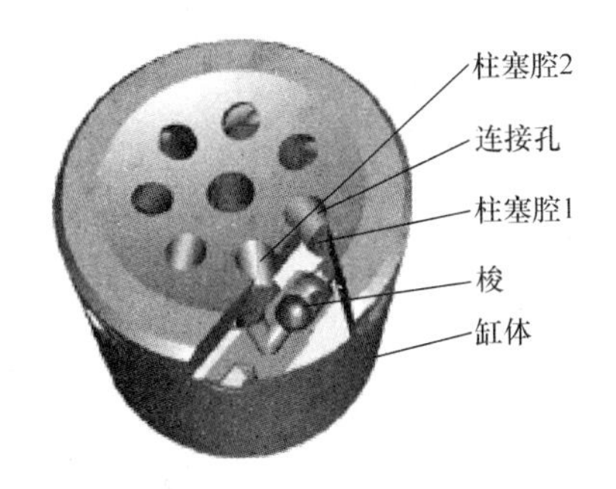

图 3-62　引入“梭”的新型液压变压器[30]

图 3-63　浮杯结构的新型液压变压器[31]

浙江大学欧阳小平等人对液压变压器的三个配流副（配流盘－后端盖，配流盘－缸体，缸体－柱塞）的流场进行了仿真分析，建立并分析了液压变压器的平均流量、瞬时流量、瞬时驱动转矩、变压比等参数，得出了高噪声和转矩脉动的原因所在[32]。浙江大学徐兵等利用新建立的新型液压变压器排量计算数学模型对其排量特性进行了仿真研究，验证了液压变压器的排量是配流盘控制角度的函数，而与负载大小以及液压变压器的转速无关；同时分析了液压变压器瞬时流量特性，建立了不同配流盘控制角度下的流量数学模型，得出流量脉动率高是造成变压器高噪声的主要原因，为改善液压变压器的性能提供了重要的理论依据。

哈尔滨工业大学姜继海等人对液压变压器进行了深入的研究，其中刘成强等对变压器的配流盘缓冲槽进行了仿真和实验研究，结果表明，带有三角槽缓冲结构的配流盘能有效降低噪声，特别是在低速运行阶段，降低了变压器的转动脉动率。液压变压器配流盘如图 3-64 所示。同时建立了电液伺服斜盘柱塞式液压变压器瞬时流量特性、瞬时转矩特性的数学模型，从液压变压器的控制角为零的情况推广到控

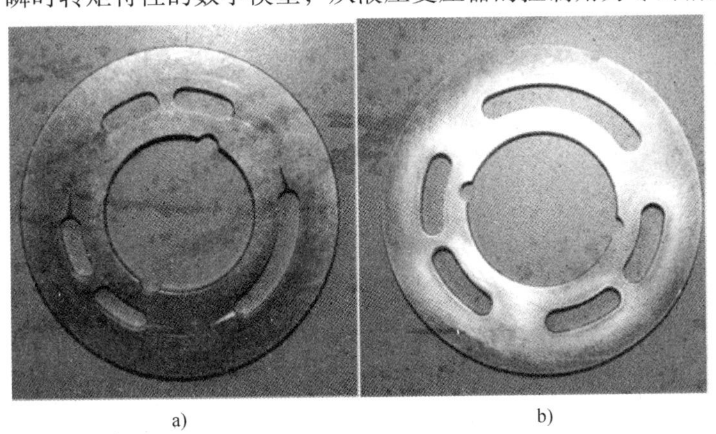

a)　　b)

图 3-64　液压变压器配流盘[33]

a）有三角槽的配流盘　b）无三角槽的配流盘

制角为全区间的情况。仿真结果表明液压变压器的流量脉动率、转矩脉动率在全区间范围内很大，并对不同柱塞数下的流量脉动率进行了对比研究。

哈尔滨工业大学卢红影等提出了液压变压器的电液伺服控制系统，并对不同柱塞数下的流量脉动率进行了对比研究，根据实验测试，验证了控制策略的正确性和有效性。

中国船舰研究院黄亚农等提出了采用摆动液压缸控制的三槽配流型液压变压器新结构，同时提出了通轴型负载敏感液压变压器集成方案，并对其响应特性进行了研究。研究结果表明，该负载敏感型液压变压器的稳定性和精度良好，能够根据负载的变化自适应调节输出压力。

3.8.4 液压变压器在工程机械中的应用

如图 3-65 所示，恒压变量泵提供恒定的压力，每一个执行元件都采用一个液压变压器控制。恒压源不能改变方向，用四通阀改变液压执行元件的运动方向。结果表明，全泵控（参考 3.6 节）和采用液压变压器具有相同的效果，较负载敏感系统可降低装机功率 30%，回路中没有设置储能回路，只是通过并联驱动转化利用了一部分动、势能。

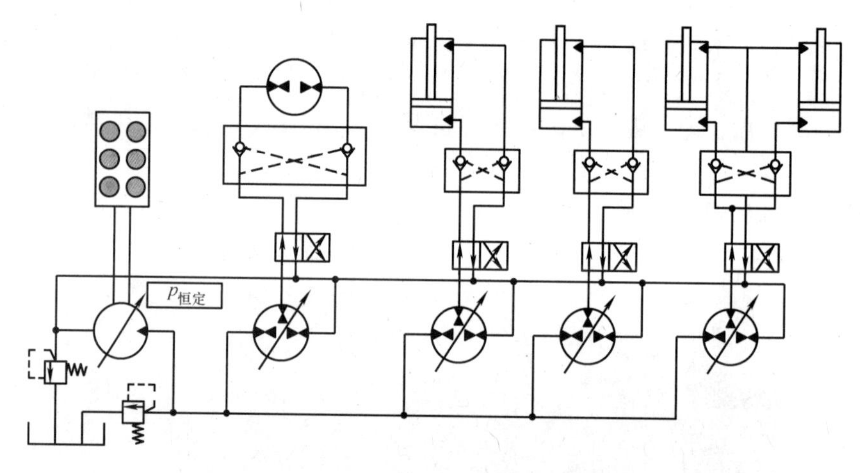

图 3-65 采用液压变压器控制的挖掘机原理图

图 3-66 给出的是目前瑞典 Volvo 公司和瑞典林雪平大学合作研究的液压变压器控制装载机的液压系统原理图。该系统增加了 100L 容量的高压和低压蓄能器，对比同一型号的机型，采用新的原理，发动机功率可减少 50%，降低燃油消耗 50%，但硬件费用会增加许多。

哈尔滨工业大学姜继海教授对二次调节技术应用于挖掘机上做了研究[34]。而基于压力耦联的恒压网络适用于执行元件的某一个参数可以调节的场合，从而和负载功率匹配，该技术可应用于液压挖掘机的回转驱动。然而液压缸的截面积不可改

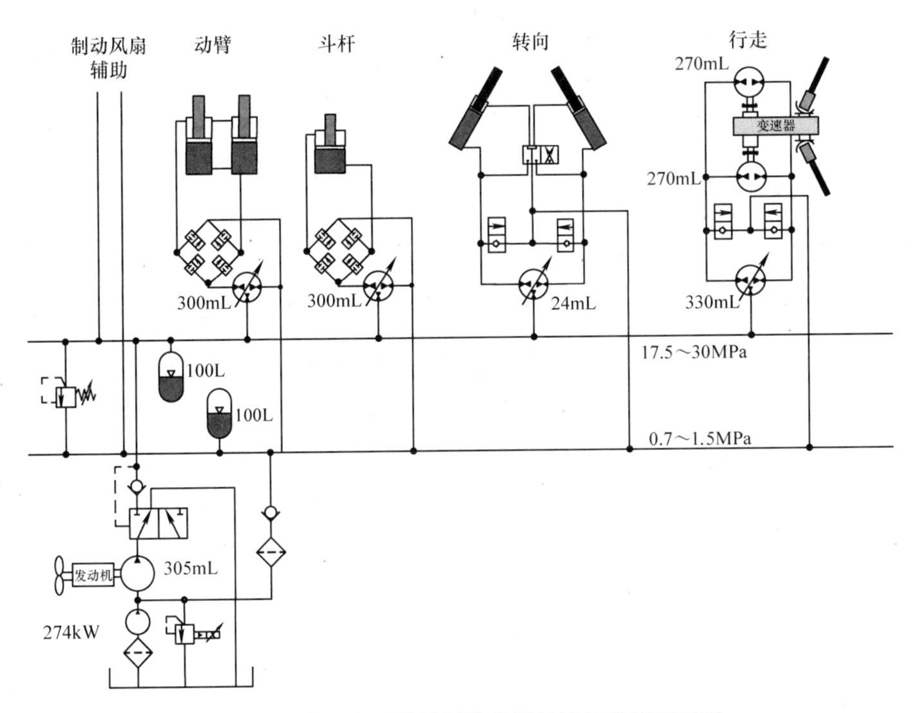

图 3-66　液压变压器控制装载机的液压系统原理图

变，因此不能直接将压力耦联系统直接应用于直线运动的系统。目前一般采用接入液压变压器的方法来实现恒压油源和做直线运动的变压负载的匹配。液压变压器与泵控系统类似也采用容积控制取代传统的节流控制。

综上所述，采用液压变压器控制装载机还是挖掘机，整个系统的难点是液压变压器，目前还没有商业化可选的产品，荷兰 Innas 公司浮杯原理的液压变压器最具应用前景。

3.9　多泵系统

3.9.1　工作原理

单泵驱动多执行元件时，如果执行元件的负载存在较大差异就会使系统产生很大的压力补偿损耗。近年来随着对液压挖掘机节能环保的要求日益提高，以及液压元件成本的逐渐降低，双泵双回路系统已经广泛应用于液压挖掘机的液压系统中。在双泵驱动方案中，每个液压泵都要驱动多个执行元件。由于各执行元件负载的差异和负载敏感系统的作用，使得液压泵的输出压力始终要高于最高负载压力，而对于低压负载则需要进行压力补偿，并且由于执行元件负载的差异较大，这样就会产生较大的压力补偿损耗。如图 3-67 所示，为了从根本上消除双泵系统中的压力补偿损耗，采用四泵单独驱动，即每一执行元件由单独的液压泵驱动（单独驱动），这是当前切实可行的方法之一。多泵多回路系统也逐渐受到了业界的广泛重视。

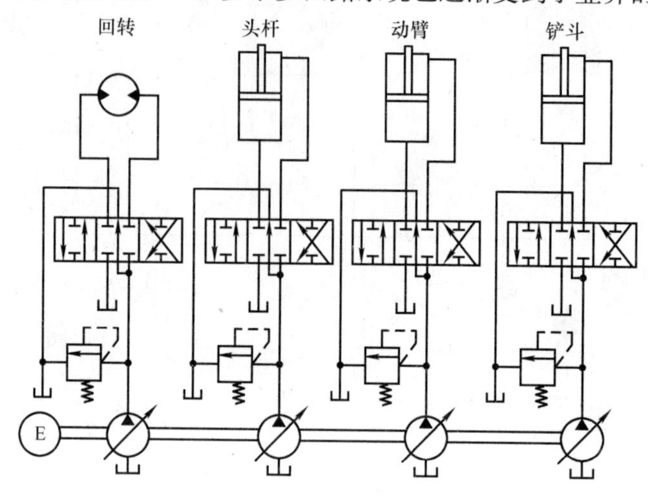

图 3-67 四泵驱动液压挖掘机系统

3.9.2 节能分析

多泵多回路系统中每个执行元件由单独的液压泵供油，减少甚至消除了由于负载差异造成的压力补偿损耗和各执行元件之间的相互干扰。当 20t 级液压挖掘机采用四泵驱动系统后，四个变量液压泵的排量大致如下。

动臂驱动液压泵：90mL/r（180L/min）。

斗杆驱动液压泵：80mL/r（160L/min）。

铲斗驱动液压泵：65mL/r（130L/min）。

回转驱动液压泵：100mL/r（200L/min）。

从上面的参数可以看出，系统的最大流量为 670L/min，相对双泵系统的 420L/min，总流量增加了 63% 左右。

在四泵驱动系统中，发动机的峰值功率大约为 96.3kW，如图 3-68 所示，总油耗为 80.8g，总消耗能量 1.14MJ，节能效果大约为 8.8%。

3.9.3 多泵系统的应用

目前，主要受到液压泵成本的影响，一般只有大型液压挖掘机才采用多泵多回路系统。近年来多泵多回路系统也成为中小型液压挖掘机的发展方向，例如德国 O&K 公司的中小型挖掘机已采用了带有独立回转泵的三泵系统，提高了系统工作效率[35]。日本日立建机公司推出的第五代挖掘机中采用了三泵系统，合流单独采用了一个泵，如图 3-69 所示。

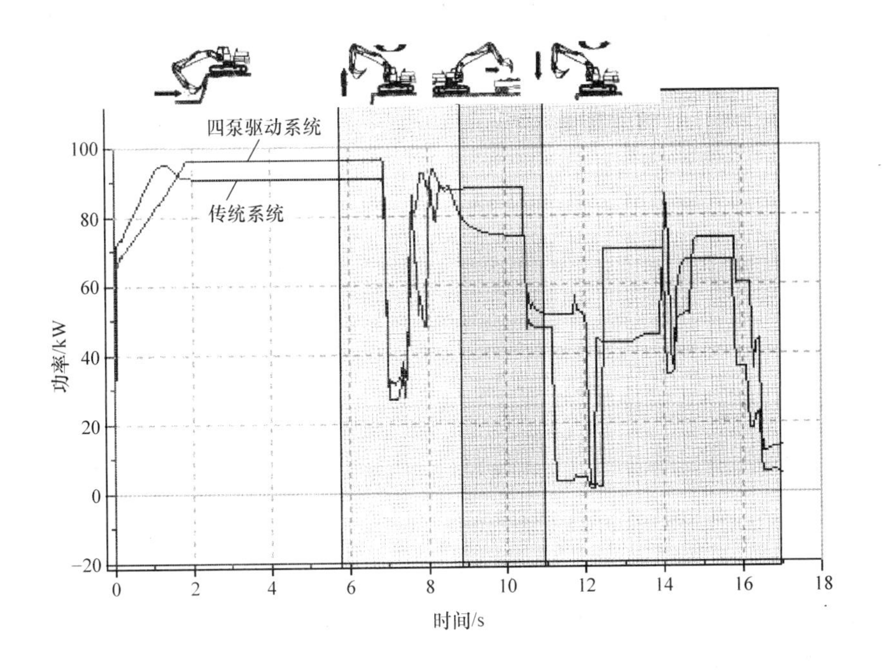

图 3-68 多泵系统和双泵系统的能量消耗对比

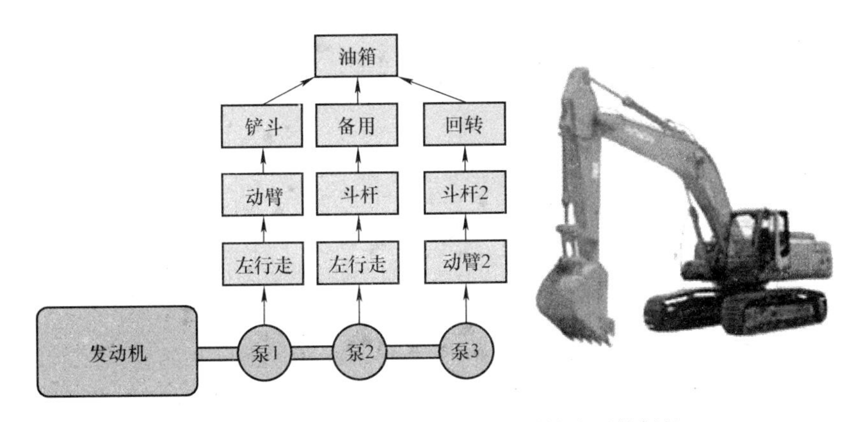

图 3-69 日本日立建机公司多泵系统液压挖掘机

3.10 基于高速开关阀的液压系统

3.10.1 高速开关阀简介

国外在 20 世纪 50 年代末就开始了高速开关阀的研制工作，但在 1975 年以前只限于实验室研究。高速电磁开关阀自20世纪70年代问世以来，国内外许多厂家、公司竞相研制出不少的结构形式，对高速开关阀的研究和应用已经成为液压界的一个重要课题。目前，高速电磁开关阀应用广泛，但其响应速度却受到螺线管驱动器体积、电磁力、惯性以及阀芯行程等因素的限制，很难同时获得高频响和大流量。提高流量和工作压力需以牺牲响应速度为代价，反之亦然。目前使用的高速开关阀，基本还不能同时达到流量10L/min、工作压力20MPa、频响200Hz的性能。浙江工业大学阮健教授团队提出了一种大流量高速开关阀的结构[36]。这种结构采用2D数字伺服阀作为导阀，控制大流量锥阀的二级结构形式，为了减小锥阀阀芯快速关闭而产生的阀芯冲击和阀芯振荡，在锥阀阀芯右端设置有挤压油膜缓冲装置。实验结果表明，在先导控制压力为21MPa、锥阀压力为7MPa的工作条件下，大流量高速开关阀的流量高达450L/min，而且在6mm的阀芯行程下，阀芯关闭时间大约为8ms。该大流量高速开关阀流量大、响应速度快，阀芯缓冲方案新颖，在大功率、快速性场合有重要应用价值。

3.10.2 高速开关阀节能原理

利用液压与电气的相似性，在每路执行机构的回路中配一个带有高速开关阀的开关液压源。该开关液压源可以通过对高速开关阀占空比的调节来改变其输出压力，使得输出压力降低或升高到执行元件所需的压力值，为执行元件提供与其消耗功率相适应的流量，达到最佳节流效果。相比于传统的比例阀控系统，高速开关阀主要工作在全开或全闭的状态，因此节流损耗小。同时对于多执行元件系统，执行元件相互之间负载干扰小，有效地解决了多执行元件负载耦合产生的能量损耗问题。但目前高速开关阀的性能尚不成熟，目前也只能应用于小功率场合。

3.10.3 高速开关阀的应用

美国明尼苏达大学提出在每路执行机构的回路中配一个带有高速开关阀的液压系统，如图3-70所示[37]。当高速开关阀与蓄能器连通时，泵的流量输入到蓄能器；当其与油箱接通时，将泵输出的流量排入到油箱。浙江大学[38,39]也对基于高速开关阀的液压系统进行了研究。

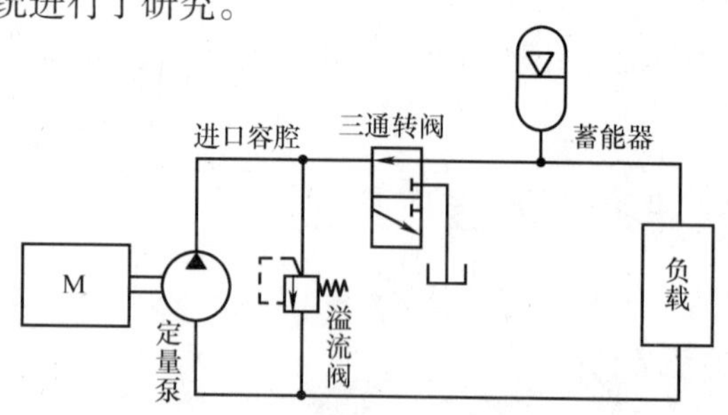

图3-70　基于高速开关阀的液压系统

3.11 基于二通矩阵的工程机械液压系统

3.11.1 二通矩阵工程机械液压系统节能原理

如图3-71所示，该系统的核心为一个由二通阀组成的阀矩阵，该阀矩阵中油路分为行和列，每一行和列的交汇处有一个二通阀，控制油路的通断或流量的大小。该系统的最大特点是可以根据系统的负载特性，通过对二通插装阀的控制，动态地切换系统回路，达到系统节能的目的。该系统虽然元件数量多、系统复杂，但这种以开关矩阵作为控制单元，根据负载和工作需要动态变更油路的思想为解决工程机械多执行元件负载耦合能量损耗提供了新的解决思路[41,42]。

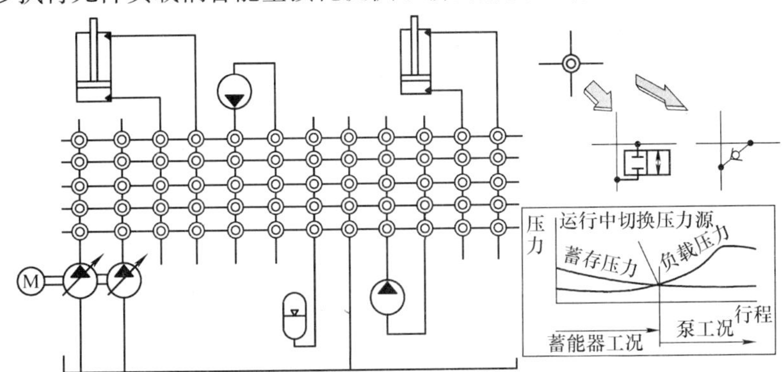

图3-71 基于二通矩阵的工程机械液压系统原理

3.11.2 二通矩阵工程机械液压系统的应用

燕山大学基于二通矩阵工程机械液压系统的原理与结构，提出了一种多级压力切换控制系统（MPSCS）[43]，搭建了相关的实验系统，证明了二通矩阵工程机械液压系统在节能方面的巨大优势。相关的实验平台如图3-72所示。该实验平台通过液压蓄能器、减压阀等元件，设置了三个不同压力等级的液压源，不同压力油源连接至液压缸两端，可实现九个不同的驱动压力组合。对于不同负载，通过一套包含位移连续控制系统与压力切换控制系统的混合控制策略，进行最佳供油压力组合的选择与切换，使在实现负载变化最佳匹配的同时，最大程度地减小比例阀阀口压降，达到节能目的。

三级压力切换控制系统与传统液压位移控制系统在相同实验条件下的能耗对比如图3-73所示。实验结果表明，在相同负载条件下，三级压力切换控制系统的输入功率和节流损耗分别仅为传统液压位移控制系统的15.3%与21.3%，节能效果明显。但其在响应时间、静态控制精度等方面与传统液压位移控制系统相比仍存在差距。浙江大学也进行了类似的研究。

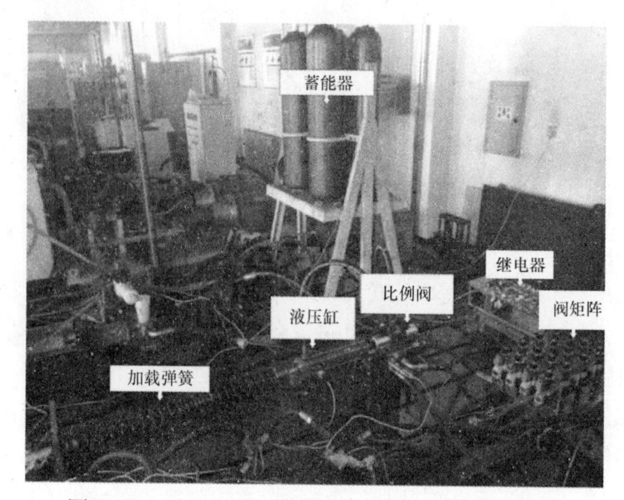

图 3-72 基于二通矩阵的液压控制系统实验平台

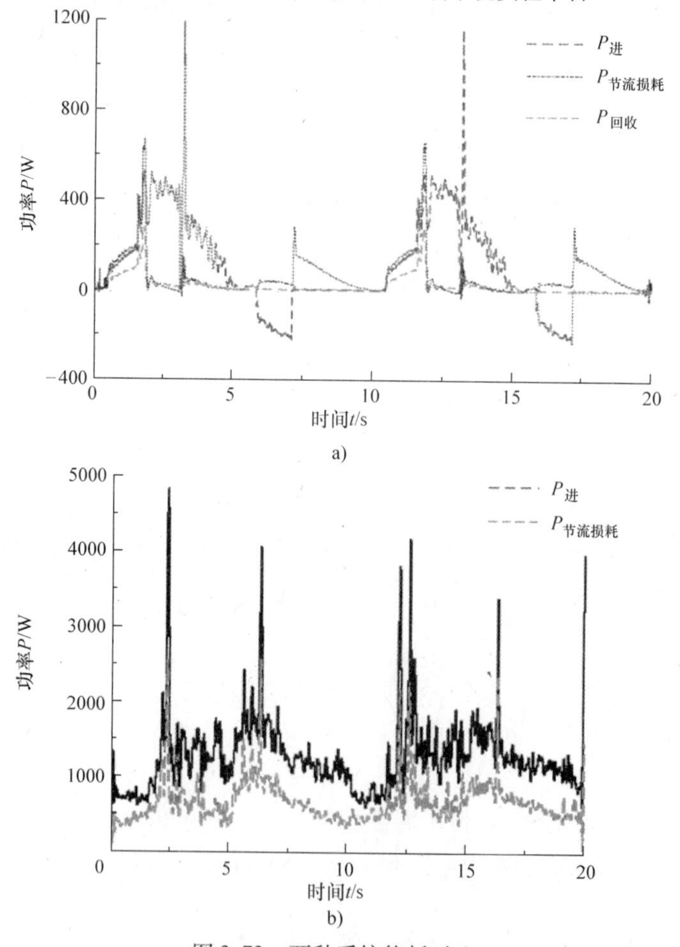

图 3-73 两种系统能耗对比

a）三级压力切换控制系统 b）传统液压位移控制系统

参考文献

[1] Baker J, Ivantysynova M. Investigation of Power Losses in the Lubricating Gap between Cylinder Block and Valve Plate of Axial Piston Machines [C]. Krakow: Proc. 5th Fluid Power Net International PhD Symposium, 2008: 302-319.

[2] Ivantysynova M. Innovations in Pump Design What are Future Directions [C]. TOYAMA: Proceedings of 7th JFPS International Symposium on Fluid Power, 2008: 59-64.

[3] Murrenhoff H, Claus Enekes, Stefan Gels, et al. Efficiency Improvements of Fluid Power Components Focusing on Tribological Systems [C]. Germany: 7th International Fluid Power Conference, Aachen, 2010: 215-248.

[4] Y Inaguma, A Hibi. Vane pump theory for mechanical efficiency [J]. Mechanical Engineering Science, 2005, 219: 1269-1278.

[5] Y Inaguma, A Hibi. Reduction of friction torque in vane pump by smoothing cam ring surface [J]. Mechanical Engineering Science, 2006, 221: 527-534.

[6] Peter Achten Innovation in the fluid power industry [R]. INNAS-9 IFK Aachen: 2014-5-25.

[7] Peter Achten Improving pump control [R]. 10. ifk dresden: 2016.

[8] 吴根茂，邱敏秀，王庆丰. 新编实用电液比例技术 [M]. 浙江大学出版社杭州: 2006.

[9] 冯培恩，高峰，高宇. 液压挖掘机节能控制方案的组合优化 [J]. 农业机械学报，2002，33 (4): 5-7.

[10] 林添良，叶月影，缪骋，等. 一种具有负载敏感的挖掘机负流量系统：中国，201310752769.4 [P]. 2013-12-30.

[11] 林添良，叶月影，等. 一种基于定量泵的电驱动液压挖掘机负流量系统：中国，201410063223.2 [P]. 2014-02-25.

[12] 博士力士乐公司. 博世力士乐携环保产品亮相 PTCAsiatF [J]. 物流技术与应用，2009 (11): 125.

[13] Rahmfeld R, Ivantysynova M. Linear actuator with differential cylinder in displacement control for the use in mobile machinery [C]. In: 17th ICHP, Ostrvav: Chech Republic, 2001: 129-137.

[14] 刘佳东，彭天好，朱刘英，等. 泵控马达复合调速系统控制 [J]. 流体传动与控制，2010，4: 16-19.

[15] 彭天好，徐兵，杨华勇. 变频泵控马达调速系统单神经元自适应 PID 控制. 中国机械工程. 2003，14 (20): 1780-1782.

[16] 彭天好，朱刘英，胡佑兰. 基于 AMESim 的泵控马达变转速系统仿真 [J]. 液压与气动，2010，9: 33-35.

[17] Williamson C, Zimmerman J, Ivantysynova M. Efficiency Study of an Excavator Hydraulic System Based on Displacement-Controlled Actuators [C]. Bath: Bath/ASME Symposium on Fluid Power and Motion Control, 2008: 10-12.

[18] BUSQUETS E, IVANTYSYNOVA M. A Multi-Actuator Displacement-Controlled System with Pump Switching [J]. JFPS International Journal of Fluid Power System, 2014, 8 (2): 66-75.

[19] Z Pawelski, R E Parisi, M Teuteberg. 为老式市内公共汽车配备力士乐驱动装置[J]. Rexroth Information Quarterly, 1997, 1: 27-28.

[20] 姜继海，于安才，沈伟. 基于CPR网络的全液压混合动力挖掘机 [J]. 液压与气动，2010，9：44-48.

[21] H Sun, J H Jiang, X Wang. Parameters Matching and Control Method for Hydraulic Hybrid Vehicle with Secondary Regulation Technology [J]. Chinese Journal of Mechanical Engineering (English Edition), 2009, 22 (1): 57~63.

[22] 陈华志，苑士华. 城市用车辆制动能量回收的液压系统设计 [J]. 液压与气动，2003 (4)：1-2.

[23] 赵中奇. 液压二次调节系统转速控制与节能方法研究 [D]. 沈阳：东北大学，2010.

[24] 刘海昌，姜继海. 飞轮储能型二次调节流量耦联系统 [J]. 华南理工大学学报（自然 科学版），2009，37 (4)：75-79.

[25] Ho TH, Kyoung Kwan Ahn. Saving energy control of cylinder drive using hydraulic transformer combined with an assisted hydraulic circuit [C]. In: 2009 ICCAS-SICE, Fukuoka: 2115-2120.

[26] 杨华勇，欧阳小平，徐兵. 液压变压器的发展现状 [J]. 机械工程学报，2003，5 (39)：1-3.

[27] Tyler H P. Fluid Intensifier. US, Patent 3188963 [P]. 1965-03-28.

[28] 卢红影. 电控斜轴柱塞式液压变压器的理论分析和实验研究 [D]. 哈尔滨：哈尔滨工业大学，2008.

[29] 欧阳小平，徐兵，杨华勇. 液压变压器及其在液压系统中的节能应用 [J]. 农业机械学报，2003，34 (4)：100~104.

[30] Achten P A J, Vael G E M, Johan van den Oever, etc. 'Shuttle' Technology for Noise Reduction and Efficiency Improvement of Hydrostatic Machines [C]. The Seventh Scandinavian International Conference on Fluid Power, SICFP' 01, Linköping, Sweden, 2001.

[31] Vael G E M, Achten P A J, Jeroen Potma. Cylinder Control With The Floating Cup Hydraulic Transformer [R]. The Eighth Scandinavian International Conference on Fluid Power, Tampere: 2003: 1-16.

[32] 欧阳小平. 液压变压器研究 [D]. 杭州：浙江大学，2005.

[33] 刘成强. 电液伺服斜盘柱塞式液压变压器的研究 [D]. 哈尔滨：哈尔滨工业大学，2013.

[34] Shen Wei, Jiang Jihai, Su Xiaoyu, et al. Control strategy analysis of the hydraulic hybrid excavator [J]. Journal of the Franklin Institute, 2015, 352: 541-545.

[35] 王红彬，薛丽. 国外液压挖掘机新技术发展动向 [J]. 国外工程机械，1993，19 (2)：20-21.

[36] 江海兵，阮健，李胜，等. 2D电液高速开关阀设计与实验 [J]. 农业机械学报，2015，46 (2)：328-334.

[37] Tu H, Rannow M B, Wang M, et al. Modeling and validation of a high speed rotary PWM on/off valve [J]. ASME Paper No. DSCC2009-2763, 2009.

[38] Wang Feng, Gu Linyi, Chen Ying. A hydraulic Pressure-Boost System Based on High-Speed

ON－OFF Valves ［J］．IEEE/ASME TRANSACTIONS ON MECHATRONICS，2013，18（2）：733－743.

［39］Qiang Feng，Takatoshi Oki，Hiraku Kenji，et al. The Simulation of Switching Valve System Based on the AMESim ［C］．Proceedings of the 8th International Conference on Fluid Power Transmission and Control，Hangzhou：2013：338－342.

［40］时梦，阮健，李胜，等.2D 数字伺服阀的简介［J］．液压气动与密封，2012（11）：64－67.

［41］Heinrich Theissen，Stefan Gels，Hubertus Murrenhoff. Reducing Energy Losses in Hydraulic Pumps ［C］．The 8th International Conference on Fluid Power Transmission and Control，Hangzhou，2013：77－81.

［42］Theissen，H. Energie Sparen mit der Matrixschaltung：Zweiwegeventil－Matrix ermöglicht neue Hybridkonzepte für die Mobilhydraulick ［J］．O＋P：Zeitschrift für Fluidtechnik－Vereinigte Fachverlage，Mainz，2009（08）：340－343.

［43］Jing Yao，Xiaoming Cao，Pei Wang，et al. Multi－level Pressure Switching Control and Energy Saving for Displacement Servo Control System ［C］．Proceeding of the ASMESymposium on Fluid Power and Motion Control Conference，BATH：2016：1721－1730.

第 4 章　能量回收系统简介

液压挖掘机在工作过程中，动臂、斗杆和铲斗的上下摆动以及回转机构的回转运动比较频繁，又由于各运动部件惯性都比较大，在有些场合，动臂自身的重量超过了负载的重量，在动臂下放或制动时会释放出大量的能量。负负载的存在使系统易产生超速情况，对传动系统的控制性能产生不利影响。从能量流的角度出发，解决带有负负载的问题有两种方法：一种方法是把负负载所提供的机械能转化为其他形式的能量无偿地消耗掉，不仅浪费了能量，还会导致系统发热和元件寿命的降低。比如液压挖掘机为了防止动臂下降过快，在动臂上装有单向节流阀，因此动臂下降过程中，势能转化为热能而损耗掉；另一种方法是把这些能量回收起来以备再利用。用能量回收的方法解决负负载问题不但能节约能源，还可以减少系统的发热和磨损，提高设备的使用寿命，而且对液压挖掘机的节能产生显著的效果。

近年来，针对提高液压挖掘机液压系统工作效率出现了各种节能技术，如正流量技术和负流量技术、新型流量匹配系统、负载敏感技术、负载口独立控制系统、液压矩阵控制技术、基于高速开关阀的液压控制技术等可以某种程度上提高液压挖掘机能量利用率，但无法解决液压挖掘机动臂下放释放的势能和回转制动释放的动能等传统负负载消耗在节流阀口上的问题。传统液压挖掘机系统中，由于不存在储能单元，所采用的各种能量回收方法难以将这部分能量高效回收、方便存储并再利用。混合动力系统和纯电驱动等新能源技术的应用为解决这一问题提供了新的途径。当液压挖掘机采用混合动力驱动或者纯电驱动后，必须辅以各种能量回收技术和液压节能技术才能进一步提高节能效果。由于动力系统本身配备储能单元，能量的回收与存储都易于实现。因此，为进一步提高能量的利用率，降低系统的能耗，有必要研究液压挖掘机具备了能量储存单元后的能量回收方法。

4.1　能量回收对象的类型

工程机械的种类很多，比如挖掘机、装载机、起重机等。从总体上分成以行走型和作业型两大类，分别以装载机和挖掘机为研究对象；对于能耗和排放均处于较高水平的工程机械，能量回收技术可以进一步提高整机的节能效果，也能降低液压系统的发热。

一般液压系统的负载为正负载。在正负载中，液压缸或马达等执行元件的输出力或输出转矩的方向和负载的方向相反，负载是由液压缸或马达来驱动的；相反，与液压缸或马达的输出力或输出转矩方向相同的负载称为负负载。在负负载中，负载实际上并不需要液压缸或马达来驱动，相反，该负载可以驱动液压缸直线运动或液压马达旋转。

目前，工程机械中可以回收的能量主要如下。

4.1.1 负负载

（1）旋转负载制动（挖掘机回转）

液压挖掘机转台的转速虽然不高，20t 挖掘机的最大转速约为 12r/min，但转动惯量较大，摆动比较频繁。在转台制动时，供油和回油油路均被切断，回油管路压力因马达惯性而升高，上车机构制动时主要通过溢流阀建立制动转矩使回转系统逐渐减速，由于挖掘机上车机构惯性较大、回转运动频繁，在制动过程中蕴含着大量的制动能量。该类型的能量一般通过液压马达转换成液压马达一腔的高压液压油，并消耗在溢流阀上。

（2）动臂势能（挖掘机动臂、起重机动臂、装载机动臂和叉装车动臂等）

液压挖掘机动臂惯性较大，液压挖掘机的动臂在作业中频繁地将重物举升到一定的高度后卸载，在动臂下降时，会释放出大量的势能。液压挖掘机基本上每个工作周期大约为 20s，动臂就会下降一次，如此反复地进行相同的动作，工程动蕴藏的动臂势能是较为可观的。

（3）行走制动（装载机、叉装车行走机构）

与汽车制动类似，装载机为行走型工程机械，绝大多数时间在进行低速作业其最大速度一般大约为 30～40km/h，但正常作业速度一般低于 10km/h。装载机在行走制动时也将释放大量的制动动能，制动频率远大于公路车辆工况。传动的制动动能一般消耗在机械制动系统中，不仅浪费了大量的制动动能，还会降低制动系统的可靠性。

4.1.2 非负负载

传统的能量回收技术主要是针对负负载展开，并且已经取得了较好的效果，但编者在研究传统负负载的能量回收技术的过程中产生了一些有趣的想法，工程机械由于大多采用液压驱动后，有些非负负载也具备了采用能量回收单元进行回收的可行性，具体内容将会在第 7 章详细介绍，这里简单罗列一些有可能被我们能量回收单元进行回收的非负负载。

（1）溢流阀口损耗

比例（常规）溢流阀的出口一般接油箱。溢流阀口损耗压差为进出口压力差，由于油箱压力近似为零，其阀口压差损耗即为溢流阀的进口压力，而进油口压力为用户的目标调整压力，由用户设定，不能改变；溢流压力等级越大，阀口压差损耗越大；随着液压系统等级高压化，溢流损耗问题将日益严重。但溢流损耗问题似乎已经被认为是基本不可能解决的问题了。然而，在第 7 章中，同样提出了采用能量回收单元解决溢流阀口压差损耗的方法。

（2）基于定差减压阀的调速阀在定差减压阀的阀口损耗

负载敏感系统中主控阀口前后压差一般采用定差减压阀来达到保持恒定压差的目的，虽然操控性很好地满足了工程机械的要求，但该调速系统是在保证速度稳定性的前提下是以功率损耗为代价的。当液压泵出口压力和负载压力差别较大时，大量的能量损耗在定差减压阀的阀口上。而对于多执行元件的工程机械来说，有大量的能量消耗在负载压力较小回路的定差减压阀上。第7章将会分析定差减压阀的阀口压差损耗也可以通过能量回收单元进行回收。

（3）自动怠速能量损耗

据统计，大多数工程机械停止工作等待作业的怠速工况约占总运行时间的30%，现在大多数工程机械都设计了自动怠速功能。传统自动怠速控制实际上是在发动机高低两级转速之间的切换控制，但除了考虑发动机自身的低速特性外，也要考虑发动机调速动态响应较慢的缘故，在自动怠速取消时液压泵出口难以快速建立起克服负载所需的压力。因此怠速时发动机的转速不能太低，一般最低也要800r/min左右。虽然通过液压节能方式可以降低液压泵排量或者液压泵出口压力，但自动怠速的转速较高导致了该动力系统必然存在大量的能量损耗。

（4）闲散能量损耗

闲散能量，即为无规律的能量。比如在第2章提到的混合动力技术中，负载波动的能量是一个典型的闲散能量。当负载比较小时，发动机输出的能量大于负载所需要的能量部分称之为闲散能量，也可以采用能量转换单元进行回收。

4.2 储能元件的类型和特性分析

在有储能元件的能量回收系统中，储能元件是能量回收技术的核心。储能元件的选择主要由回收能量的形式决定，当然由于能量回收技术主要是基于动力系统开展，因此在选择储能单元时还需要考虑动力储能要求。一般的储能单元主要包括电量储能单元和液压储能单元。

4.2.1 电量储存单元

电量储存单元是油电混合/纯电动移动工程机械/车辆的动力源，是能量的储存装置，也是目前制约移动式新能源工程机械/车辆发展的最关键因素。要与传统燃油移动工程机械/车辆相竞争，关键是突破储能单元的难题。因此，开发出能量密度高、功率密度大、循环使用寿命长、均匀性一致、高低温环境适应性强、安全性好、成本低以及绿色环保的储能单元对未来工程机械/车辆的发展至关重要。

按发电原理不同，电量储存单元可以分为化学电池、超级电容和生物电池三大类。到目前为止已经实用化的动力蓄电池有属于化学电池范畴的传统铅酸蓄电池、镍镉电池、镍氢电池、燃料电池和锂离子电池等，属于物理反应范畴的主要是超级电容。此外，诸如酶电池、微生物电池、生物太阳电池等生物电池的研发已进入重要发展阶段。电池的性能指标有容量、电压、能量、内阻、功率、自放电率、输出效率和使用寿命等，根据电池种类不同，其性能指标也有所不同。

近年来随着纯电动汽车的发展，电池本身的技术也有显著的提升。许多新型电池，相继出现在人们的视野。比如水溶液可充的锂电池 - 水锂电池、锂硫电池、可充电液体电池、金属空气电池等，新型电池只是为将来的电动汽车发展提供了美好的前景，但由于技术条件不成熟或成本等原因，目前还不能大面积地推向市场，更不能广泛地运用到电动汽车行业。下面介绍几种常用的典型动力电池和超级电容。

（1）铅酸电池

铅酸电池是应用历史最长、成本最低、最成熟的蓄电池。1859 法国人普兰特（Plante）发明了铅酸电池。现在路上行驶的几乎 95% 的两轮电动车都在使用它提供动力。工程机械上发动机的起动电池也几乎是铅酸电池，它已实现大量生产，但其能量密度较低，所占的质量和体积太大，且自放电率高、循环寿命低，不适合现代的新能源系统使用。随着铅酸蓄电池技术的发展，尤其是第三代阀控式密封铅酸蓄电池的成功研制，能量密度提高到了 60W · h/kg，功率密度达到 500W/kg，循环寿命大于 900 次，极大地提高了现代新能源系统的使用适应性。

铅酸蓄电池未来仍需要突破以下三个方向：一是提高循环寿命的次数，进而延长使用寿命；二是注意废电池的二次污染，严格控制铅酸蓄电池的生产和使用后的回收处理，一些有效的新的回收技术应当工程化和产业化；三是提高能量密度、功率密度以及其他电池性能，才能在前景广阔的新能源系统中充分发挥作用。

（2）镍氢电池

镍氢电池是 20 世纪 80 年代 Stanford Ovshinsky 发明的，是世界各国竞相发展的一种高科技产品，具有高能量密度、长寿命和无污染等优点。相对铅酸蓄电池，镍氢电池的能量密度提高了 3 倍左右，功率密度提高了 10 倍左右。但是镍氢电池的 SOC 实际的利用范围很小，以至于镍氢电池储存的大部分能量并没有被实际使用。近年来，虽然镍氢电池在技术上取得了较大的突破，但是仍然存在不少的因素制约其实际应用，比如高温性能、储存性能、循环寿命、电池组管理系统、热管理系统和价格等方面的因素。

（3）锂离子电池

1990 年日本索尼公司首先推出了新型高能蓄电锂电池。锂离子电池的类型很多，其区别主要体现在正负极材料上，通常根据特色的正极材料或负极材料对锂离子电池进行命名。目前常用的正极材料有钴酸锂（LiCoO2，LCO）、锰酸锂（LiMn2O4，LMO）、磷酸铁锂（LiFePO4，LFP）、镍钴锰三元锂（LiNixCoyMn1 - x - yO2，NCM）和镍钴铝三元锂（LiNixCoyAl1 - x - yO2，NCA）。大多数锂电池采用石墨负极材料，有些电池也采用钛酸锂材料（Li4Ti5O12，LTO）。不同材料的锂离子电池在能量密度、循环寿命、温度特性和热安全性上有较大差距，各种电池的性能比较参见表4-1。

表4-1 不同类型锂电池的性能比较[1]

电池类型	工作电压 /V	能量密度 /(W·h/kg)	循环寿命 /次	低温特性	高温特性	热失控温度 /℃
锰酸钾	3.7	130～160	600～1000	较好	一般	265
磷酸铁锂	3.2	100～130	4000	较差	好	310
镍钴锰三元锂	3.7	150～180	1500	较好	较好	210
镍钴铝三元锂	3.7	170～200	1500	较好	较好	160
钛酸锂	2.3	80～100	10000	好	好	210

与其他蓄电池相比，锂离子电池具有能量密度高、电压高、充放电寿命长、无污染、无记忆效应、快速充电、自放电率低、工作温度范围宽和安全可靠等优点，是目前为止较为理想的动力电源。与镍氢电池相比，锂离子电池的优势在于实现了电池的小型化和轻量化，因为目前使用的锂离子电池每个单元的电压均为3.6V，是单元电压1.2V的镍氢电池的3倍。此外锂离子电池正极和负极的活性物质容易以较薄的厚度涂布在极板上，由此可以降低内阻。锂离子电池的功率密度为3550～4000W/kg，是镍氢电池的3倍以上，因此能够大大减小电池的质量和体积。

锂离子电池要大量应用仍然存在多种性能的限制，包括锂离子电池的安全性、充放电寿命、成本、工作温度和材料供应、电池管理系统中的一些不成熟技术（如均衡充电技术）等。

（4）燃料电池

燃料电池是一种化学电池，它直接把物质发生化学反应时释放的能量变换为电能，工作时需要连续地向其供给活物质——燃料和氧化剂。燃料电池一般包括质子交换膜燃料电池、磷酸燃料电池、碱性燃料电池、固体氧化物燃料电池、熔融碳酸盐燃料电池等[1]。额定工作条件下，一节单电池工作电压仅为0.7V左右，为了满足一定应用背景的功率需求，燃料电池通常由数百个单电池串联形成燃料电池堆或模块。因此，与其他化学电池一样，燃料电池的均一性非常重要。

国际先进燃料电池的功率密度已经达到650W/kg。燃料电池的能量密度极高，接近于汽油和柴油的能量密度，几乎零污染，是未来动力能源的发展方向。但是燃料电池需要贵金属铂作为催化剂，且在持续使用的过程中储存和运输氢的条件非常严格，目前还没有低成本制氢技术，燃料电池的制作成本十分昂贵，暂时无法产业化。

（5）石墨烯电池

近年来，利用锂离子在石墨烯表面和电极之间可以快速大量穿梭运动的特性，新开发出了一种可以将充电时间从数小时缩短到不到一分钟的新型储能设备——石墨烯表面锂离子交换电池。这种新型储能设备集中了锂离子电池和超级电容的优点，同时兼具高功率密度和高能量密度的特性：功率密度达到 100kW/kg，比商业锂离子电池高 100 倍，比超级电容高 10 倍，功率密度高，能量转移率就高，就能大大缩短充电时间；其能量储存密度达到 160W · h/kg，与商业锂离子电池相当，比传统超级电容高 30 倍，能量密度越大，储存的能量就越多，保证了电动机械的续航时间。由此看出，石墨烯电池具有良好的储能性质和良好的应用前景，但石墨烯的研究尚待深入，需要进一步系统研发，解决其中的一些科学问题和工艺问题，才能成为市场潜力巨大的电极材料。

（6）钠硫电池

钠硫电池是美国福特（Ford）公司于 1967 年首先发明公布的。

电池通常是由正极、负极、电解质、隔膜和外壳等几部分组成。一般常规二次电池如铅酸电池、镉镍电池等都是由固体电极和液体电解质构成，而钠硫电池则与之相反，它是由熔融液态电极和固体电解质组成的，构成其负极的活性物质是熔融金属钠，正极的活性物质是硫和多硫化钠熔盐。由于硫是绝缘体，所以硫一般填充在导电的多孔炭或石墨毡里，固体电解质兼隔膜的是一种专门传导钠离子被称为 Al_2O_3 的陶瓷材料，外壳则一般用不锈钢等金属材料。

钠硫电池具有许多特色之处：一个是能量密度（即电池单位质量或单位体积所具有的有效电能量）高。其理论能量密度为 760W · h/kg，实际已大于 1000W · h/kg，是铅酸电池的 3 ~ 4 倍。如日本东京电力公司（TEPCO）和 NGK 公司合作开发的钠硫电池作为储能电池，其应用目标瞄准电站负荷调平（即起削峰平谷作用，将夜晚多余的电存储在电池里，到白天用电高峰时再从电池中释放出来）、UPS 应急电源及瞬间补偿电源等，并于 2002 年开始进入商品化实施阶段，已建成世界上最大规模（8MW）的储能钠硫电池装置，截至 2005 年 10 月统计，年产钠硫电池电量已超过 100MW，同时开始向海外输出。另一个特色是可大电流、高功率放电。其放电电流密度一般可达 200 ~ 300mA/cm^2，并瞬时间可放出其 3 倍的固有能量；再一个是充放电效率高。由于采用固体电解质，所以没有通常采用液体电解质二次电池的那种自放电及副反应，充放电电流效率几乎达 100%。当然，事物总是一分为二的，钠硫电池也有不足之处，其工作温度为 300 ~ 350℃，所以，电池工作时需要一定的加热保温。但采用高性能的真空绝热保温技术，可有效地解决这一问题。

钠硫电池作为新型化学电源家族中的一个新成员出现后，已在世界上许多国家受到极大的重视和发展。由于钠硫电池具有高能电池的一系列诱人特点，所以一开始不少国家就首先纷纷致力于发展其作为电动汽车用的动力电池，也曾取得了不少令人鼓舞的成果，但随着时间的推移表明，钠硫电池在移动场合下（如电动汽车）使用条件比较苛刻，无论从使用可提供的空间、电池本身的安全等方面均有一定的局限性。所以在 80 年代末和 90 年代初开始，国外重点发展钠硫电池作为固定场合下（如电站储能）应用，并越来越显示出其优越性。

钠硫电池已经成功用于削峰填谷、应急电源、风力发电等可再生能源的稳定输出以及提高电力质量等方面。目前在国外已经有上百座钠硫电池储能电站在运行，是各种先进二次电池中最为成熟和最具潜力的一种。

（7）超级电容

1957 年，美国人 Becker 发表了关于超级电容的专利。超级电容是一种具有超强储电能力、可提供强大二次脉冲功率的物理二次电源，它是介于蓄电池和传统静电电容之间的一种新型储能装置。超级电容具有极高的功率密度，是一般蓄电池的数十倍以上；循环寿命长，没有记忆效应；充电速度快，可以大电流进行充电，充电 10s ~ 10min 可达到其额定容量的 95% 以上；此外还具有工作温度范围宽，充放电控制线路简单以及绿色环保等优点。

虽然超级电容具有上述诸多优点，但是其自身也存在以下缺点：一是，随着放电的过程中，超级电容的自身电压会逐渐降低，放电电流也会逐渐降低，导致超级电容很难完全放电；二是能量密度相对其他化学能源低很多；三是超级电容单体电压低，需要多个电容串联才能提升整体电压等级；四是高自放电率，它的自放电速率比化学电源要高。

超级电容的极具爆发力却又持久力不足的特性就决定了其适用于工况负载剧烈波动的车辆中作为辅助能源存在，而不能作为唯一能源使用。

4.2.2 液压蓄能器

液压式能量回收系统的储能单元一般为液压蓄能器。根据能量平衡的原理，液压蓄能器在回收能量时通过各种方式使密闭容器中的液压油成为具有一定液压能的压力油，在液压系统需要时又将能量释放出来，以达到补充和稳定液压系统流量和压力的目的，是液压系统中常用的液压辅助件之一。

液压油是近似不可压缩液体，其弹性模量基本在 2000MPa，因此利用液压油是无法蓄积压力能的，必须依靠其他介质来转换、储存压力能。例如，利用气体（氮气）的可压缩性研制的囊式充气蓄能器就是一种蓄积液压油的装置。囊式蓄能器由油液部分和带有气体密封件的气体部分组成，位于胶囊周围的油液与油液回路接通。当压力升高时油液进入蓄能器，气体被压缩，系统压力不再上升；当系统压力下降时压缩空气膨胀，将油液压入回路，从而减缓系统压力的下降。

如表 4-2 所示，液压蓄能器主要有弹簧式、重锤式和充气式三类。常用的是充气式，它利用气体的压缩和膨胀储存、释放压力能，在蓄能器中气体和油液被隔开，而根据隔离的方式不同，充气式又分为活塞式、囊式和气瓶式等三种。考虑到动态响应、额定容量、最大压力以及工作温度范围等性能参数，目前应用于能量回收领域的液压蓄能器主要为活塞式和囊式两种。

表 4-2　液压蓄能器的类型和性能比较

<table>
<tr><th colspan="4" rowspan="2">类　　型</th><th colspan="6">性　　能</th></tr>
<tr><th>响应</th><th>噪声</th><th>容量限制</th><th>最大压力/MPa</th><th>漏气</th><th>温度范围/℃</th></tr>
<tr><td rowspan="7">气体式</td><td rowspan="6">隔离式</td><td rowspan="4">可挠性</td><td>囊式</td><td>良好</td><td>无</td><td>有（480L 左右）</td><td>35</td><td>无</td><td>-10 ~ +120</td></tr>
<tr><td>隔膜式</td><td>良好</td><td>无</td><td>有（0.95 ~ 11.4L）</td><td>7</td><td>无</td><td>-10 ~ +120</td></tr>
<tr><td>直通气囊式</td><td>好</td><td>无</td><td>有</td><td>21</td><td>无</td><td>-10 ~ +70</td></tr>
<tr><td>金属波纹管式</td><td>不太好</td><td>无</td><td>有</td><td>21</td><td>无</td><td>-10 ~ +70</td></tr>
<tr><td rowspan="2">非可挠性</td><td>活塞式</td><td>不太好</td><td>有</td><td>可做成较大容量</td><td>21</td><td>小量</td><td>-50 ~ +120</td></tr>
<tr><td>差动活塞式</td><td>不太好</td><td>有</td><td>可做成较大容量</td><td>45</td><td>无</td><td>-50 ~ +120</td></tr>
<tr><td colspan="3">非隔离式</td><td>良好</td><td>无</td><td>可做成大容量</td><td>5</td><td>有</td><td>无特别限制</td></tr>
<tr><td colspan="4">重锤式</td><td>不好</td><td>有</td><td>可做成较大容量</td><td>45</td><td>—</td><td>-50 ~ +120</td></tr>
<tr><td colspan="4">弹簧式</td><td>良好</td><td>有</td><td>有</td><td>12</td><td>—</td><td>-50 ~ +120</td></tr>
</table>

（1）囊式蓄能器

囊式蓄能器（见图 4-1）通过改变皮囊内的预充氮气的体积，从而使蓄能器储油腔内的液压油成为具有一定液压能的压力油。这种蓄能器虽然气囊及壳体制造较困难，但具有效率高、密封性好、结构紧凑、灵敏度高、质量轻、动作惯性小、易维护等优点，是目前液压系统中应用最为广泛的一种蓄能器，适用于储能和吸收压力冲击，工作压力可达 32MPa。目前，限制囊式蓄能器在工程机械上应用的主要难点是耐高温性且可保证寿命的胶囊。

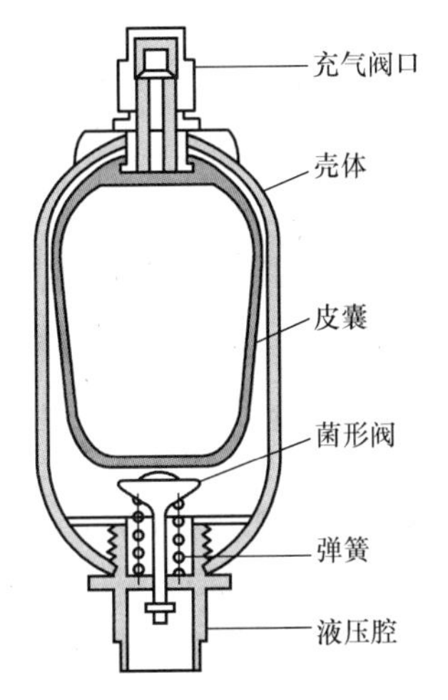

图 4-1　囊式液压蓄能器的结构示意图

如图 4-2 所示，某液压蓄能器的额定体积为 50L，液压蓄能器的直径为 230mm，长度为 1930mm，质量为 120kg。该液压蓄能器的最高工作压力设定在 33MPa，充气压力为 13MPa，理论上液压蓄能器充满油后液压油的体积为 24L，可储存的能量为 495kJ。

（2）活塞式蓄能器

活塞式蓄能器（见图 4-3）的工作原理与囊式蓄能器类似。缸筒内的活塞将气体与油液隔开，气体经充气阀进入上腔，活塞的凹部面向充气，以增加气室的容积。具有油气隔离、工作可靠、寿命长、尺寸小、供油流量大、使用温度范围宽等优点，适用于大流量的蓄能器液压系统。但由于活塞惯性和密封件的摩擦力影响，其反应不灵敏，缸体加工和活塞密封性能要求较高、活塞运动惯性大、磨损泄漏大、效率低，故其主要适用于压力低于 21MPa 的系统储能，不太适合吸收压力脉动和冲击。

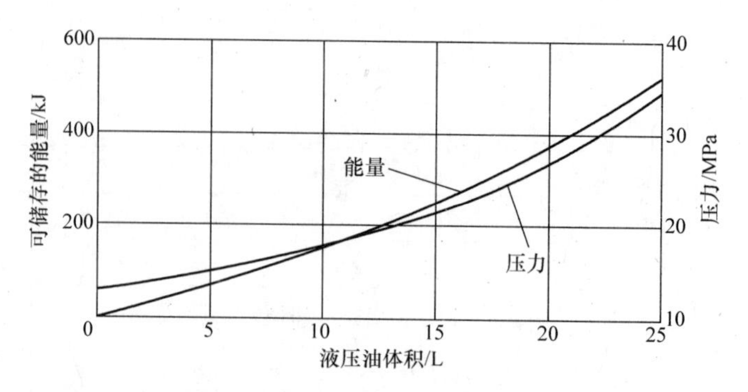

图 4-2　液压蓄能器液压油体积变化量和压力、储能的关系

（3）隔膜式蓄能器

隔膜式蓄能器的工作原理与前面两种类似，只是储气腔与储油腔通过隔膜来隔开。这种蓄能器容量大、惯性小、反应灵敏、占地小、没有摩擦损耗；但气体易混入油液内，影响液压系统运行的平稳性，因此必须经常灌注新气，附属设备多，一次投资大。此类蓄能器适用于需要大流量中、低压回路的蓄能。

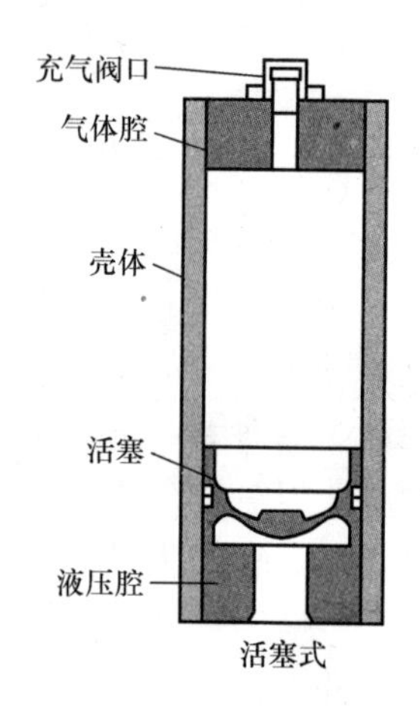

图 4-3　活塞式液压蓄能器的结构示意图

（4）重锤式蓄能器

重锤式蓄能器是依靠重物的重力势能与液压能的相互转化来实现蓄能作用的。这种蓄能器结构简单，压力稳定，但体积较大、笨重，运动惯性大，反应不灵敏，密封处易漏油且有摩擦损耗，目前仅用在大型固定设备中，如在轧钢设备中用作轧辊平衡等。

（5）弹簧式蓄能器

弹簧式蓄能器通过改变弹簧的压缩量来使储油腔的液压油变成具有一定液压能的压力油。这种蓄能器结构简单、容量小、反应较灵敏；但不宜用于高压和循环频率较高的场合，仅供小容量及低压（小于 12MPa）系统作蓄能及缓冲使用。

4.2.3　储能单元特性分析

如图 4-4 和表 4-3 所示，不同储能单元的性能有较明显的差距，以目前较常用的铅酸电池、镍氢电池、锂离子电池、超级电容和液压蓄能器为例，在能量密度、循环寿命和快速充电能力等方面进行比较。

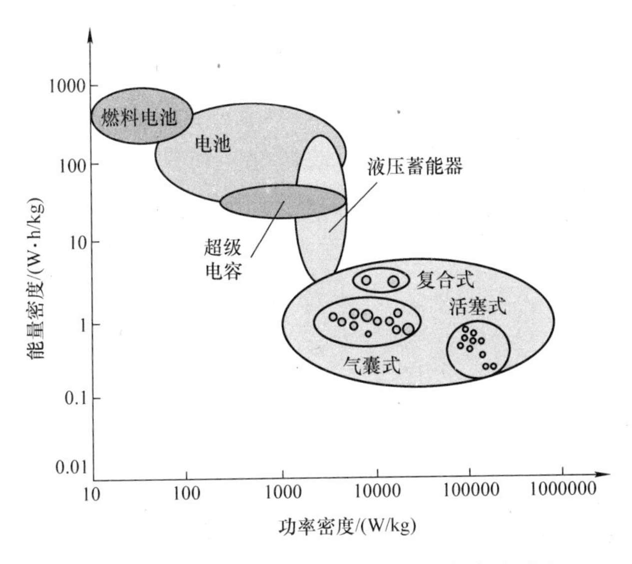

图 4-4　不同储能元件能量密度和功率密度对比

表 4-3　不同储能单元的性能参数对比

项目	铅酸蓄电池	飞轮	超级电容	液压蓄能器	镍氢电池	锂电池
功率密度/(W/kg)	90～500	5000	500～5000	2000～19000	250～1200	3550～4000
单位质量能量密度/(W·h/kg)	30～65	5～150	10～30	2	30～110	100～250
单位体积能量密度(W·h/L)	60～75	20～80	35	5～17	140～180	250～500
循环次数(次)	300～800	20000	100000	100000	2500	2000～10000
效率(%)	≈80	≈96	≈95	≈90	≈90	≈95

1）在能量密度方面，铅酸电池的能量密度在 50W·h/kg 左右，镍氢电池在 60～90W·h/kg之间，而常见的动力锂离子电池的能量密度可达到 100～180W·h/kg；而超级电容的能量密度较低，大约为 10W·h/kg；液压蓄能器的能量密度最低，只有 2W·h/kg；对于纯电驱动系统来说，能量密度最为重要，关系到每次充满电后的工作时间。

2）从功率密度角度来看，液压蓄能器优于其他能量存储方式（铅酸电池 200W/kg，镍氢电池 250～1200W/kg，锂离子电池 3550～4000W/kg，超级电容 500～5000W/kg）。只有高功率密度系统才能在短时间跟上制动时的能量转换和储存要求。

3）在循环寿命方面，铅酸电池的循环寿命约为 300～800 次，镍氢电池约为 500～150 次；而锂离子电池单体的循环寿命一般大于 800 次，较好的电池可达到 200 次，而采用钛酸锂负极材料的锂离子电池寿命可达 10000 次以上；液压蓄能器大约为 10 万次，而超级电容最长，可以达到 100 万次。

4）就电量储存单元而言，锂离子电池在能量密度、充电次数、充电速度、价格等方面都具有综合的优势。价格方面超级电容最高，其次为锂离子电池，但随着锂离子电池的技术进步和产业规模的提升，其成本有望进一步降低。

5）液压蓄能器功率密度高，能够快速存储、释放能量，适用于作业工况多变的场合，如频繁起动、制动的行走设备；但由于其能量密度低、安装空间大，在实际应用中受到一定限制，尤其对于如工程机械等安装空间狭小的场合，需要在系统设计时充分考虑空间布置。

4.3 能量转换单元工作原理

4.3.1 电动机/发电机

为了满足工作性能的要求，工程机械动力系统和能量回收系统中所使用的电动机特性与重型车辆相类似，具体可归纳为以下几点。

1）转矩密度高、功率密度高。与车辆不同，大多数工程机械对电机的单位体积的转矩密度和功率密度的要求较高，但对单位质量的转矩密度和功率密度的要求可以适当降低，主要是由于工程机械自身需要一个较大的配重，新能源装置增加的质量可以通过配重来抵消。

2）起动转矩高，高速运行时功率高。该特性对于油电混合动力装载机和纯电驱动工程机械特别重要。但对油电混合动力挖掘机更为看重的是，在发动机的正常转速范围内（1600~2000r/min）都可以维持一个较大的转矩，保证其削峰填谷的能力。

3）转速范围宽，恒功率调速区的最高速度是基速的2~3倍。对于电气式能量回收系统和纯电驱动系统来说，可以满足最大的流量要求或转速要求。

4）效率高。目前在新能源装备中所使用的电动机种类主要有异步电动机、永磁同步电动机，直流无刷电动机和开关磁阻电动机等。以上几种电动机的主要特性如表4-4所示。

表4-4 新能源电动机特性比较

电动机类型 电动机特性	异步电动机	永磁同步电动机	直流无刷电动机	开关磁阻电动机
效率（%）	85~92	90~95	75~80	85~93
功率密度	中	高	低	高
转矩纹波小、噪声低	好	好	差	一般

（续）

电动机特性＼电动机类型	异步电动机	永磁同步电动机	直流无刷电动机	开关磁阻电动机
控制简单	复杂	好	好	好
调速范围宽	好	好	差	好
成本（美元/kW）	8 ~ 10	10 ~ 15	10	8 ~ 10

由表 4-4 可以看出，直流无刷电动机存在转矩纹波大、噪声高、结构复杂和成本高等缺点，且不能通过弱磁控制实现高转速运行要求；开关磁阻电动机具有结构和控制相对简单，调速范围较宽的优点，但其转矩纹波和噪声较高；异步电动机具有成本较低，控制技术较为成熟等优点，但其效率、功率密度较低；永磁同步电动机具有结构简单、功率密度高、转矩纹波小，调速范围宽的特点，且是目前各种类型电动机中效率最高的。目前，在新能源工程机械/车辆中使用比较普遍的电动机种类为异步电机和永磁同步电动机。永磁同步电机因具有诸多优势，其市场占有量正在不断提高。

1. 异步电动机

异步电动机的旋转磁场转速为

$$n_1 = \frac{60f}{p} \tag{4-1}$$

式中　n_1——定子磁场转速；

f——电动机供电三相电频率；

p——电动机极对数。

当异步电动机接入三相交流电，定子绕组产生一个旋转磁场。定子磁场切割转子绕组，在转子绕组中产生感应电动势和感应电流，转子绕组产生电磁力使转子与定子磁场同方向旋转。由于异步电动机依靠定子磁场与转子的转速差产生转子感应电动势，因此转子转速总是略小于定子旋转磁场，定子与转子的转差率为

$$s = \frac{(n_1 - n)}{n_1} \tag{4-2}$$

式中　s——转差率；

n——转子转速；

由式（4-1）及（4-2）可以得到转子转速的表达式

$$n = n_1(1 - s) = \frac{60f}{p}(1 - s) \tag{4-3}$$

可以看出改变异步电动机转速的方式有三种：

1）改变电动机供电三相电频率，即为变频调速；

2）改变定子极对数；

3）改变转差率。

其中，改变极对数的调速方式属于有极调速，而改变转差率的调速方法多要通过耗能来实现。近年来随着电力电子技术的发展，变频调速的应用越来越广泛，变频调速已成为交流调速的主要方式。

PWM 脉宽调速技术在变频调速中已经得到广泛的应用。PWM 控制技术是通过合理的算法实现对功率器件（比如 IGPT）的开通与关断，最终实现对电压脉冲宽度和脉冲周期的控制达到变压变频的目的。PWM 是基于面积等效原理的一种控制算法：冲量相等而形状不同的窄脉冲加在具有惯性的环节上时，其效果基本相同；冲量即窄脉冲的面积，所说的效果基本相同是指惯性环节的输出波形基本相同。由图 4-5 和图 4-6 可以看出，形状不同而冲量相同的脉冲作用在惯性环节上在上升阶段略有不同，但在下降阶段几乎完全相同，越小的脉冲之间产生的差异也越小。根据这个原理可知，只需使 PWM 输出脉冲的面积与正弦波的面积相等就可以得到与正弦波相同的效果。同时通过控制开关器件的开关频率便可实现输出电压的频率，从而实现对电动机速度的控制。

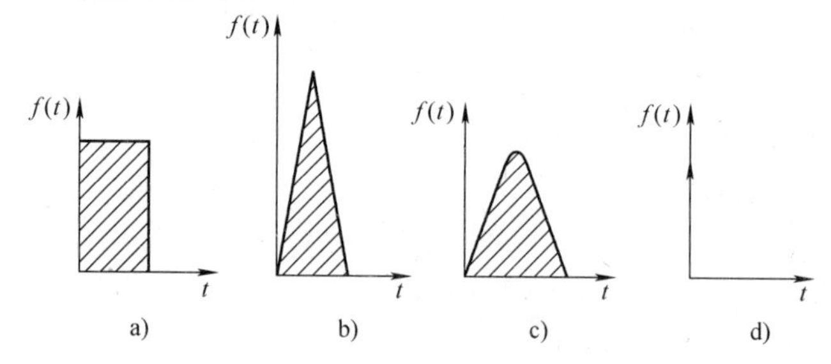

图 4-5　冲量相等的脉冲

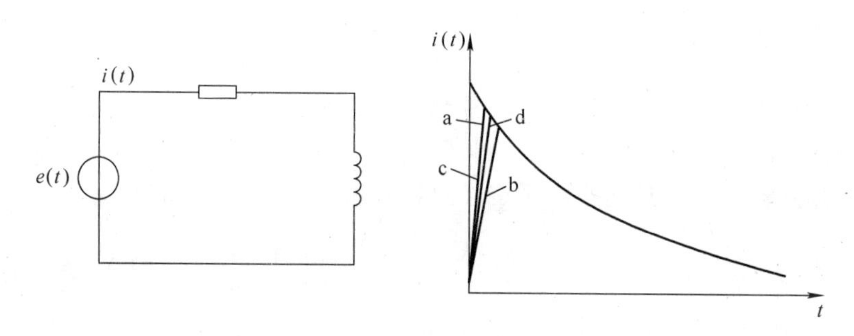

图 4-6　冲量相同的脉冲惯性响应

异步电动机可以有如下不同的运行状态。

1）当转子转速小于同步转速时（即 $n<n_1$），转差率 $s=\dfrac{n_1-n}{n_1}$，$0<s<1$。异步电动机以电动机的方式运行，处于电动运行状态，此时异步电动机将电能转换为机械能。

2）当异步电动机由原动机（电气式能量回收单元中的液压马达、油电混合动力系统中的发动机）驱动时，转子转速超过同步转速时（即 $n<n_1>n_1$，$s<0$），此时旋转磁场也切割转子导体，只是其相对关系与电动机工作状态相反。此时的电磁力矩是制动性质的，原动机必须克服这个制动力矩才能使转子旋转。在这个过程中，异步电动机将处于发电运行状态，将原动机供给的机械能转化为电能。

三相异步电动机独立运行时必须再并联上电容提供无功功率，否则剩磁将很难建立，电容接线图如图 4-7 所示。当异步电动机作为发电机时，要满足起动和发电两种状态。因此电动系统要满足以下几个要求：①蓄电池或起动电源需要提供建立定子初始磁场的初始电压；②起动电流不能过大，否则会对电机及变换器造成冲击；③适当选择励磁电容的容量，励磁电容的容量影响起动功率。当原动机进入正常运转时，应通过变换器关断蓄电动池对电动机的供电。

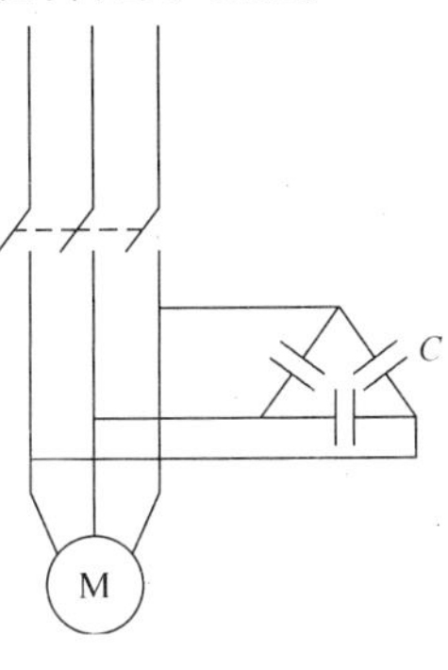

图 4-7　电容接线图

三相异步电动机控制系统如图 4-8 所示，六个 IGBT 的控制信号主要根据目标转速和一定的算法给出。电动机的发电和电动模式的切换主要依据电动机的实际转速和同步转速的关系。比如当检测到电动机的转速为 1600r/min，如果希望电动机处于发电模式就必须给电动机控制器一个小于 1600r/min 的目标转速对应的信号，但同步转速和实际转速的差值必须考虑需要发电模式的发电转矩的大小。理论上，同步转速越低，发电机的发电转矩也越大，发电功率也越大。用户需要注意的是，并不是所有的变频器都可以再生发电。

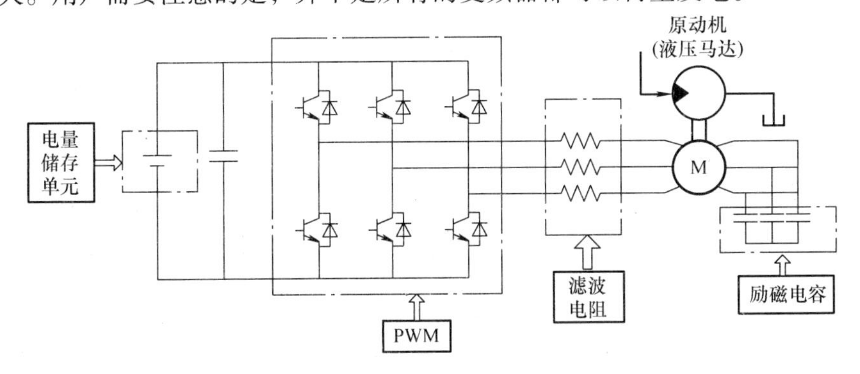

图 4-8　三相异步电动机控制系统原理图

异步电动机发电时的整个建压过程主要有如下三个阶段。

1）在蓄电池的作用下，进入发电状态。由于直接借助剩磁进行发电所产生的电能相当微小，因此需要借助蓄电池来进行自励建压。自励开始时，通过合适的算法控制 IGBT 等器件给定子一个相对较小的电压，定子回路形成初始电流，建立磁通。

2）直流母线电压增长阶段。蓄电池给定子建立的初始电动势 E_1，初始磁场为

Φ_0，原动机拖动转子旋转，产生的旋转磁场切割定子线圈产生感应电流 I_1。当电流 I_1 流经定子绕组时会产生对应磁通 Φ_1，Φ_1 正比于电流 I_1，而 I_1 相位滞后于电压 90°。新产生的磁通 Φ_1 与 Φ_0 相位相同，Φ_1 且相互叠加，使总磁场变强，当磁场达到恒定值时，电动机通过六个续流二极管给直流母线上的蓄电池充电。电压、电流以及磁通的向量关系如图 4-9 所示。

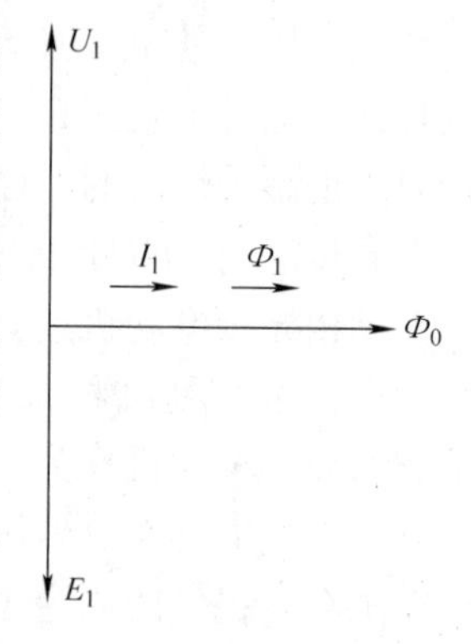

图 4-9　向量关系

3）稳定发电阶段。当电压达到给定值时，可通过采用恒磁控制和弱磁控制等适当的控制算法调节电压调节器，使输出电压保持稳定。当直流母线的电压高于蓄电池电压时，续流二极管阻断。此时工作在稳定发电模式。

2. 永磁同步电动机/发电机

永磁同步电动机作为一种典型的电动机，因具有结构简单、功率密度高、噪声小以及效率高等优点，已经广泛应用于各个工业领域。永磁同步电机的工作机制与传统电励磁同步电机类似，所不同的是永磁同步电机建立机电能量转换所必需的磁场是通过永磁体来产生的。因此，相较于传统电励磁同步电动机，永磁同步电动机不需要励磁绕组和励磁电源，转子部分取消了集电环和电刷装置，成为无刷电机，结构更为简单，运行更为可靠，效率更高。

永磁同步电动机根据机电能转换方向的不同可分为永磁同步电动机和永磁同步发电机，而两者在结构上是可逆的，即理论上永磁同步电动机既可作为电动机又可作为发电机使用。但是，由于永磁同步电动机和永磁同步发电机工作模式不同，因此，针对其参数结构的设计侧重点将略有不同，控制的方式也需要根据实际情况进行控制。

（1）永磁同步电动机的工作原理

在永磁同步电动机的绕组中通入交变电流，其绕组将产生一个旋转的电磁场，该电磁场的转向和速度取决于绕组中各相电流的相位角和交变电流的交变频率。根据法拉第电磁感应定律，旋转的电磁场将带动永磁体所产生的磁场旋转并使二者重合，因此，通过在永磁同步电动机的绕组中通入交变电流将在安装永磁体的转子上产生一个使二者磁场重合的，方向与电磁场旋转方向相同的转矩，带动永磁同步电动机转子旋转，进而拖动负载。永磁同步电动机的转子旋转方向和转速取决于绕组中各相电流的相位角和交变电流的交变频率，永磁同步电动机的转矩取决于负载。

（2）永磁同步发电机的工作原理

永磁同步发电机发电需有原动机拖动实现。工作过程中，原动机拖动永磁同步发电机的转子旋转，而永磁同步发电机转子上安装有永磁体。由于永磁体所产生的磁场在原动机的拖动下旋转，将与永磁同步发电机的绕组发生相对的剪切运动。根据法拉第电磁感应定律，绕组中的导线与永磁体的磁场发生相对剪切运动将在导线将上产生感应电动势，当永磁同步发电机的绕组闭合且与外部相关电机控制器相连时将形成闭合回路，进而产生电流发电向外部设备提供电能，同时由于电流的产生，将在永磁同步发电机的转子上产生一个阻碍转子旋转的转矩。原动机的转速决定了永磁同步发电机的交变电流频率，所产生的转矩决定永磁同步发电机的相电流。

目前，永磁同步电动机不论是作为电动机是还发电机都在工业中均得到了广泛的认可和应用，并逐步替代异步电动机，具有相当广阔的市场前景。而永磁同步电机同时运行于电动和发电两种工作模式的工业场合还相对较少，其中，一个比较典型的应用背景便是新能源工程机械/车辆。

新能源工程机械/车辆中的油电混合动力系统采用的是传统发动机结合电动机，通过电动机稳定发动机的工作点，或通过电动机协同发动机驱动负载并对制动过程中的动能进行再生回收以提高机械运行过程中的燃油经济性，并降低尾气排放。在采用油电混合动力作为驱动系统的新能源系统中所使用的电动机需同时工作于发电和电动两种模式，油电混合动力系统中电动机作为辅助动力源协同发动机驱动负载。为稳定发动机的工作点，辅助电动机需对负载进行“削峰填谷”。当负载转矩较大时，辅助电动机工作于电动模式协同发动机驱动负载；当负载较小时，辅助电动机工作于发电模式作为发动机的另一负载将发动机多余的能量进行回收。

混合动力系统中，电动机多为转矩型控制，即采用转矩控制协同发动机驱动负载。电动机基本控制方法为矢量控制。图 4-10 为三相永磁同步电动机矢量控制系统结构图，该系统主要包括储能装置（电池或（和）超级电容）、滤波电容、六路 IGBT 控制管、永磁同步电动机本体以及发动机和负载。系统转速由发动机决定，当永磁同步电动机电动时，通过给电动机正值转矩，储能装置中的电能通过六路 IGBT 管流入永磁同步电动机中，所产生的转矩取决于相电流，而相电流通过六路 IGBT 进行控制；当永磁同步电动机发电时，通过给电动机负值转矩，由发动机同时拖动负载和永磁同步电动机对电动机进行发电，所产生的电流通过六路 IGBT 流入储能装置。

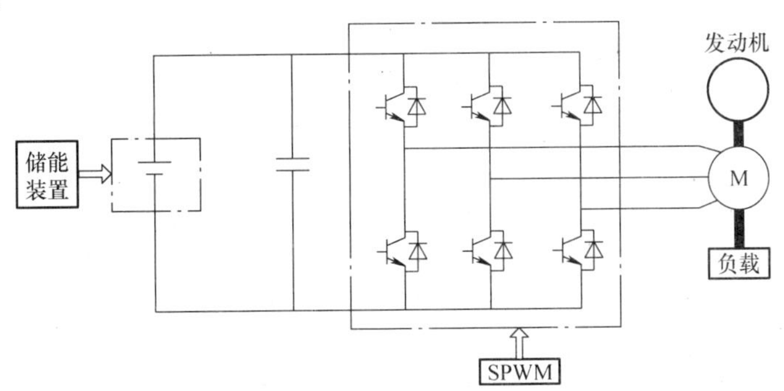

图 4-10　三相永磁同步电机矢量控制系统结构图

永磁同步电动机在运行过程中，由于供电电压和转速的不同，电机的可控制转

矩将随着供电电压和转速发生变化。以表贴式永磁同步电动机为例进行分析，电动机的数学模型在 $d-q$ 坐标系中可表示为

$$\begin{cases} v_{\mathrm{d}} = R_{\mathrm{s}} i_{\mathrm{d}} + L\mathrm{d}i_{\mathrm{d}}/\mathrm{d}t - pL\omega i_{\mathrm{q}} \\ v_{\mathrm{q}} = R_{\mathrm{s}} i_{\mathrm{q}} + L\mathrm{d}i_{\mathrm{q}}/\mathrm{d}t + pL\omega i_{\mathrm{d}} + p\omega\phi \end{cases} \tag{4-4}$$

式中 v_{d}——定子直轴电压分量；

v_{q}——定子交轴电压分量；

ω——电动机机械转速；

i_{d}——定子直轴电流分量；

i_{q}——定子交轴电流分量；

L——电动机电感；

ϕ——电动机磁链；

R_{s}——定子绕组电阻值；

p——电动机转子极对数。

电动机电磁转矩可表示为

$$T_{\mathrm{g}} = 3p\phi i_{\mathrm{q}}/2 \tag{4-5}$$

为了能够有效控制电动机，电动机的电压、电流需满足以下关系式

$$\begin{cases} i_{\mathrm{d}}^2 + i_{\mathrm{q}}^2 \leqslant I_{p\max}^2 \\ v_{\mathrm{d}}^2 + v_{\mathrm{q}}^2 \leqslant V_{p\max}^2 \end{cases} \tag{4-6}$$

式中 $I_{p\max}$（>0）——最大允许相电流幅值；

$V_{p\max}$（>0）——最大允许相电压幅值。

其中相电压和直流供电电压（V_{dc}）满足：

$$V_{p\max} = V_{\mathrm{dc}}/\sqrt{3} \tag{4-7}$$

将电动机的稳态数学模型代入式（4-6）中，可获得有效运行过程中电动机电流、转速和负载供电电压的一个不等式

$$\left(i_{\mathrm{d}} + \frac{(p\omega)^2 L\phi}{R_{\mathrm{s}}^2 + (p\omega)^2 L^2}\right)^2 + \left(i_{\mathrm{q}} + \frac{p\omega R_{\mathrm{s}}\phi}{R_{\mathrm{s}}^2 + (p\omega)^2 L^2}\right)^2 \leqslant \frac{V_{p\max}^2}{R_{\mathrm{s}}^2 + (p\omega)^2 L^2} \tag{4-8}$$

通过不等式（4-8）可发现，电动机在控制过程中，其可控制的区间受到最大电流和供电电压的约束，并将随着供电电压和转速进行变化。图 4-11 所示为电动机工作过程中电动机受到的电压和电流约束。电动机的可控区域为电流约束和电压约束的交集。通过分析式（4-8），可得到随着电动机电压的减小或（和）电动机转速的增加，电压约束圆心将向

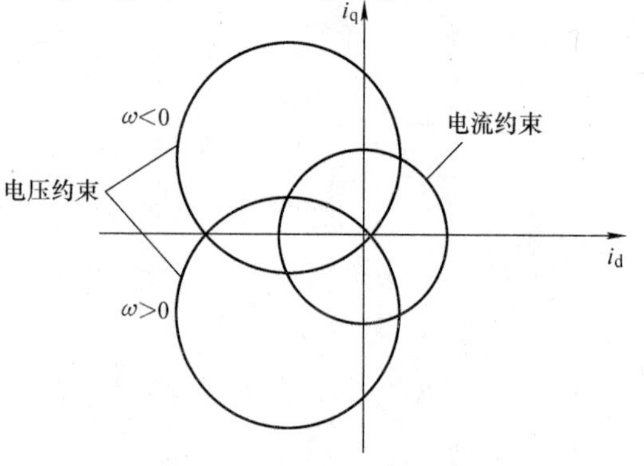

图 4-11 电压约束和电流约束

左侧移动，且半径将逐渐减小。

4.3.2　液压泵/马达

1. 工作原理

液压泵/马达最初应用于二次调节系统中，作为系统的二次元件，一般工作在近似恒压网络中，既可以工作在“液压马达”工况，从系统输出能量驱动负载，又可以工作在“液压泵”工况，向系统回馈能量，实现能量的回收。液压泵/马达是一个对称可双向旋转的工作元件，“液压马达”工况和“液压泵”工况的互相转换是靠调节斜盘的位置来实现的。液压泵/马达与普通的变量泵和变量马达有一个明显的区别，那就是二次调节元件能够在不改变旋转方向的前提下，实现 ±15°左右范围内斜盘倾角位置变化，从而实现变量调节以及泵和马达工况的转换。

典型的液压泵/马达的液压原理图如图 4-12 所示。其中 1 为泵体部分，2 为过滤器，主要是对进入伺服阀的油液进行精滤，3 为旋转编码器，可以测量液压泵/马达旋转的脉冲数，进而实现转角控制和转速控制等，4 为开关阀，主要是控制液压泵/马达与外部压力油通断，1.1 为伺服阀，用于对液压泵/马达变量液压缸的控制，1.2 为位移传感器，测量斜盘倾角变量液压缸的位移，5 为单向阀，主要是防止液压泵/马达壳体内产生气蚀。目前广泛使用的二次元件是博士力士乐公司生产的 A4VSO/G 和 A10VSO/G 型轴向柱塞液压元件，伊顿公司也生产二次元件。贵州力源液压公司也研制出了 A4V 系列的二次调节元件。

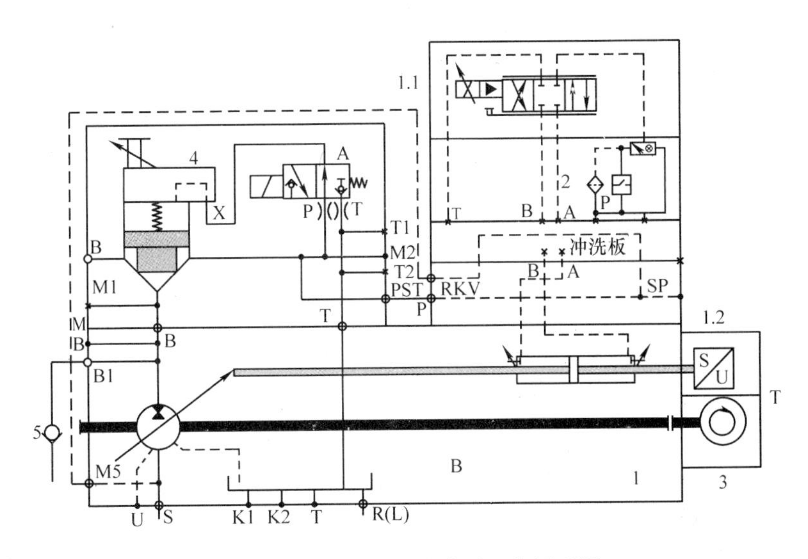

图 4-12　液压泵/马达液压工作原理图

2. 液压泵/马达的四象限工作特性

通过改变液压泵/马达排量的大小可改变输出转矩大小，从而建立起与之相适应的转速；通过改变液压泵/马达斜盘的摆动方向可以改变液压泵/马达的旋转方向。二次元件可在四个象限内工作，由于液压泵/马达既可以工作在液压泵工况，也可以工作在液压马达工况，为能量的回收和再利用创造了条件。

液压泵/马达是斜盘倾角可过零点的可逆式液压马达/泵，通过调节液压泵/马达的斜盘倾角可以改变液压泵/马达的输入功率和输出转矩。它可以工作在转矩和转速组成的四个象限中，当液压泵/马达从“拖动负载”过渡到“负载拖动”的工况时，它就由“液压马达”工况过渡到“液压泵”工况，即由消耗能量转变为回收能量。

如表4-5所示，当液压泵/马达工作于第一象限时，为液压马达工况，此时液压泵/马达的排量为正，输出转矩为正，速度为正，功率也为正，液压泵/马达输出功率也为正。工作于第二象限时为液压泵工况，此时液压泵/马达的排量为负，转矩为负，速度方向不变，那么液压泵/马达输出功率为负，即液压泵/马达向系统输入功率。第三象限时为液压马达工况，此时与第一象限类似，只是速度方向相反，但是相应的液压泵/马达的斜盘倾角也越过零点达到另一侧。第四象限时，为液压泵工况，此时与第二象限类似。

表4-5　液压泵/马达四象限

角度范围	轴旋转方向		压力油口①	工况	象限
	顺时针	逆时针			
顺时针	顺时针	—	B	马达	一
顺时针	—	逆时针	B	泵	二
逆时针	—	逆时针	B	马达	三
逆时针	顺时针	—	B	泵	四

① 见图4-12中B口。

4.4　能量回收系统的分类

根据有无能量储存元件的类型，能量回收系统分为无储能元件的能量回收系统和有储能元件的能量回收系统，其中有储能元件的能量回收系统主要分为机械式、电气式和液压式三大类。有储能元件的系统将可回收的能量储存在储能元件中，然后在下一周期释放出来提供辅助动力，该类能量回收系统受实际负载工况影响较小，节能效果显著，但有储能元件的能量回收系统增加了能量转换环节。因此，能量回收和再生的整体效率很大程度上取决于储能元件和能量回收方式。

根据有无平衡单元，能量回收系统又可以分成无平衡单元的能量回收系统和有平衡单元的能量回收系统。无平衡单元的系统中所有的液压缸或者液压马达都是驱动执行元件，执行机构可回收能量通过液压缸或马达的油腔与能量回收单元相连接，如图4-13所示。有平衡单元的能量回收系统如图4-14所示，其平衡单元应用直线驱动负载的驱动系统是在原来的驱动系统前提下，在直线运动执行器上增加一个或多个平衡液压缸，其节能原理为：①通过控制平衡液压缸的两腔压力来平衡动臂的重力，等效于驱动液压缸驱动一个较轻的重物，进而降低驱动液压缸的消耗功率，实现节能的目的；②平衡单元和原驱动单元通过力在动臂上的耦合，速度控制仍然可以通过原驱动单元保证，回收能量的再利用可以直接通过平衡单元释放出来，实现了驱动和再生的一体化，避免能量转换环节较多；③当执行器的驱动负载波动剧烈时，也可以通过控制平衡液压缸的输出力来平衡负载波动，将削峰填谷原理直接应用于执行器和负载之间，使得驱动液压缸只需要输出负载的平均功率。同理，旋转运动执行元件的平衡节能原理如图 4-15 所示。根据平衡单元的储能元件类型，平衡单元分为机械式、电气式和液压式。

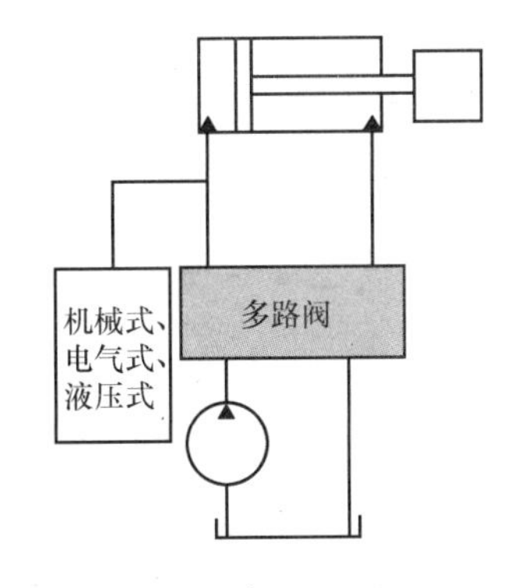

图 4-13　无平衡单元势能回收原理图

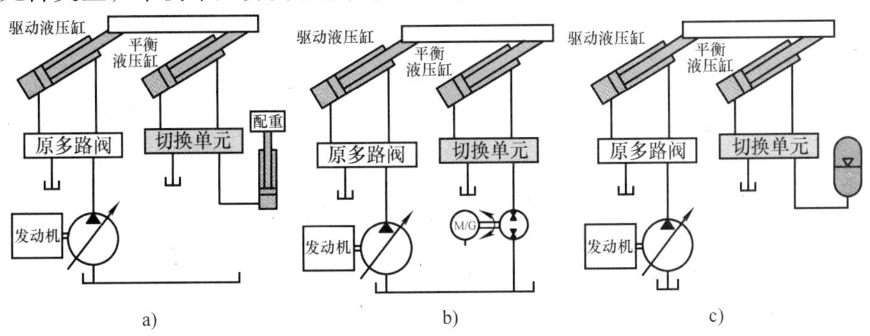

图 4-14　直线运动执行元件平衡节能原理图
a）机械式平衡　b）电气式平衡　c）液压式平衡

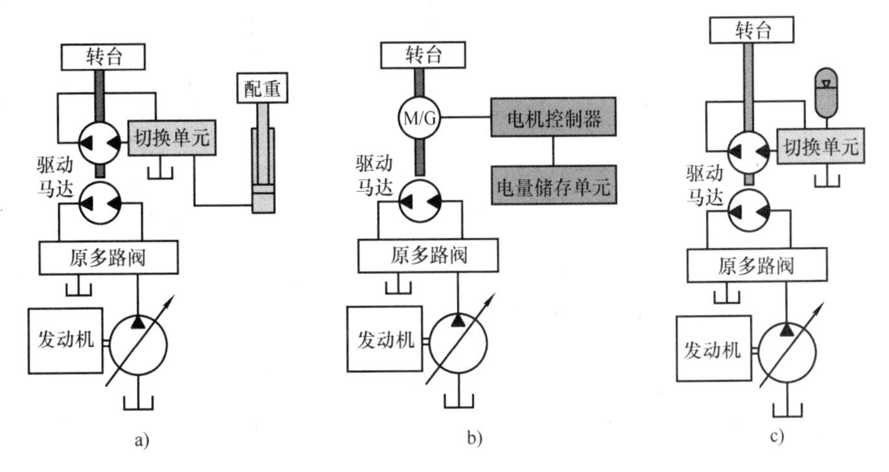

图 4-15　旋转运动执行元件平衡节能原理图
a）机械式平衡　b）电气式平衡　c）液压式平衡

4.4.1 无储能元件的能量回收系统

在无储能元件系统中，回收的能量由于不能储存，因此只有两条途径作为可回收能量的处理方式，其中一种是消耗在节流阀口上，另外一种直接释放到液压系统中工作压力更低的容腔，比如用于驱动其他执行机构。但该方案必须满足：两个执行器必须同时工作且负负载产生的压力大于执行器工作压力。

较为典型的是斗杆流量再生回路，工作原理如图 4-16 所示。若铲斗不触地，在斗杆及铲斗（含斗内物料）自重及无杆腔液压油的共同作用下，斗杆超速下降，引起无杆腔压力迅速降低，两通阀复位切断有杆腔回油。防止斗杆超速下降的同时，有杆腔的压力也同时升高。此时，有杆腔的高压油随即开启斗杆换向主阀阀芯内的单向阀，向无杆腔补油的同时继续保持斗杆液压缸向外伸出运动，使斗杆、铲斗继续下降，从而将势能经动能转化的液压能回收利用。斗杆换向主阀内由单向阀构成的有杆腔向无杆腔补油的回路，也被称为“再生回路”。当铲斗接触到负载时，负载增加，液压缸无杆腔压力上升，两位两通阀上移，单向阀关闭，实现正常供油，液压缸得到较大推力。

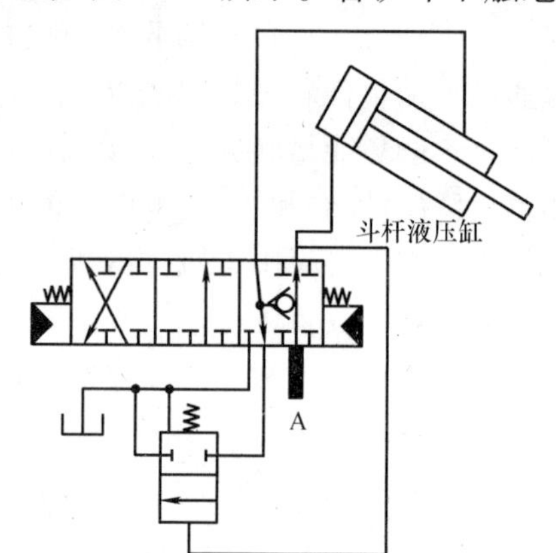

图 4-16　液压挖掘机斗杆流量再生回路原理图

斗杆再生回路实际上就是差动连接回路。但因其无法储存能量而在实际应用中受到诸多限制，因此，无储能元件的能量回收。系统目前主要应用于单泵多执行元件的工程机械上，利用不同执行器所需压力不同的特点，将回收能量直接通过阀组释放到所匹配的执行器。如图 4-17 所示，动臂势能可以用于驱动斗杆的空载伸出和缩回，其切换通过一个压差控制的液控换向阀实现。如图 4-18 所示，负负载也可以通过液压马达直接转换成机械能辅助发动机驱动液压泵，由于同轴相连，前提是其他执行元件必须工作，而且发动机所需的转矩要小于液压马达的再生转矩，否则不仅会使发动机工作在低转矩低效区域，甚至发生倒拖现象。该方案无需能量的转换，但该系统受实际工况和工作模式影响大，不能储存能量，故节能效果有限。

美国普渡大学的姚斌教授提出了一种节能型液压缸驱动系统，如图 4-19 所示。该系统采用五只独立可调的二通比例插装阀代替传统的三位四通滑阀，其中四只二通阀构成进出口独立调节系统，第五只二通阀用于控制液压缸两腔的连通，实现液压执行元件下放、制动过程中负载腔压力油的再生利用。通过进出口独立调节和流量再生回路的相互配合与优化控制，可以显著减少液压泵的输出能量，提高驱动系统的效率[6]。

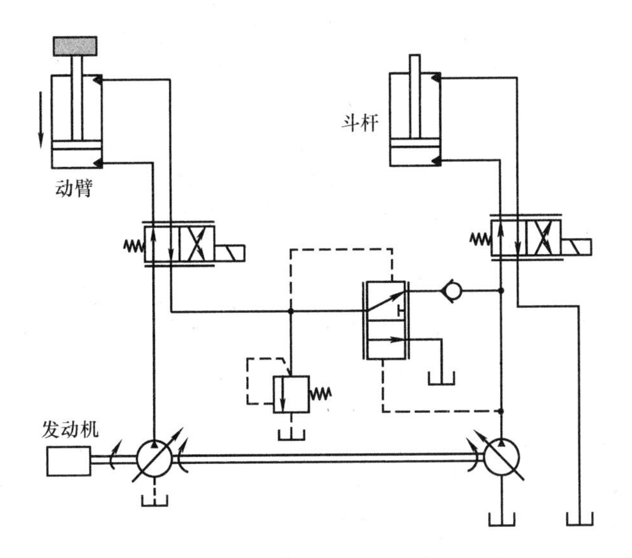

图 4-17　动臂与斗杆再生回路原理图

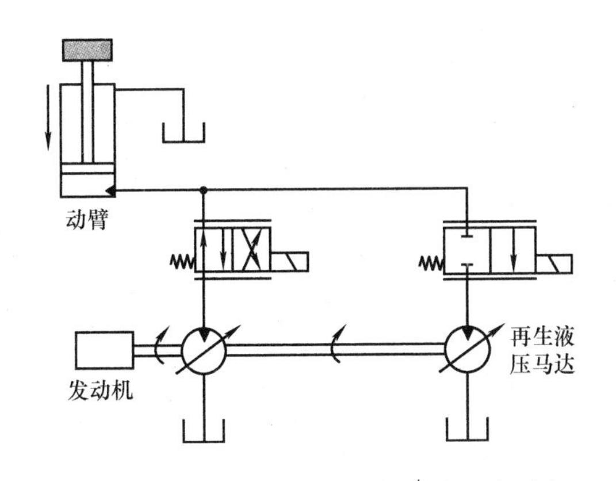

图 4-18　基于液压马达的能量再生原理图

流量再生回路结构简单而易于实现，只需增加节流阀连接液压缸两腔并控制其阀口开度即可。然而尽管该回路可以回收动臂下放过程的部分能量，但节能效果并不显著，其原因是：当液压缸有杆腔向无杆腔补油时，由于无杆腔压力低于有杆压力，导致流量再生过程中仍有较多的能量耗散在再生阀上；当无杆腔向有杆腔补油时，因无杆腔相对有杆腔体积较大，将多出部分压力油直接经回油节流后返回油箱，能量损耗更多。除节能外，流量再生回路在实际应用中的另一重要目的为，通过流量再利用来保证多执行元件联动时仍具有较高的运行速度。

4.4.2　机械式能量回收

机械能的回收方式主要是重力式、弹簧式和飞轮式三种。弹簧式能量回收系统的储能能力较差，而且弹簧工作时间长后容易发生疲劳断裂，所以弹簧很少作为能

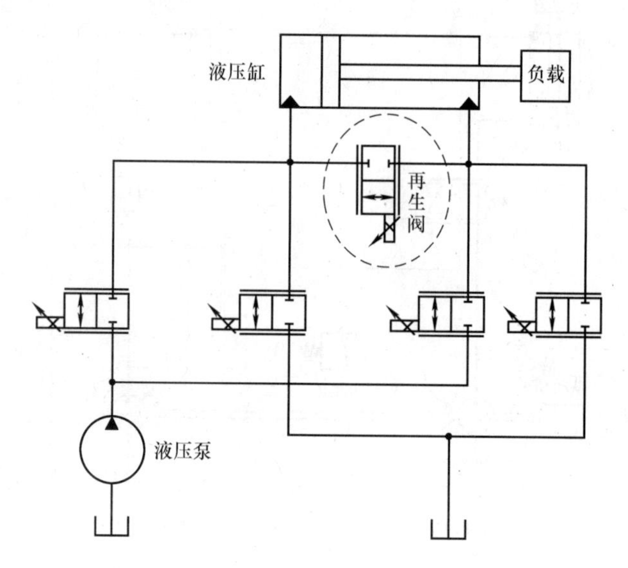

图 4-19　节能型液压缸驱动系统

量回收的储能单元。弹簧通常作为减震或者复位的元件。

1. 配重式能量回收

重力式能量回收的主要储能元件是配重。配重式能量回收方法把可回收能量转化成配重的重力势能，当系统需要时，配重可以通过下放的形式释放重力势能。配重式能量回收系统结构较为简单，可以储存较多能量，但当储能总量需求较高时，设备会比较庞大，不适合在移动式工程机械上应用。此外，在加、减速阶段其能量转化性能较差，甚至会对系统的正常运行产生负面影响。目前，配重式能量回收的方法主要应用于液压电梯等往复运动的系统中。图 4-20 给出了一种柱塞缸带配重的液压电梯结构简图[7]，由于配重结构抵消了液压电梯的一些优点（如井道结构不受力、井道面积小等），增加了井道结构的复杂性，提高了建筑成本，因此一直没有得到广泛应用。

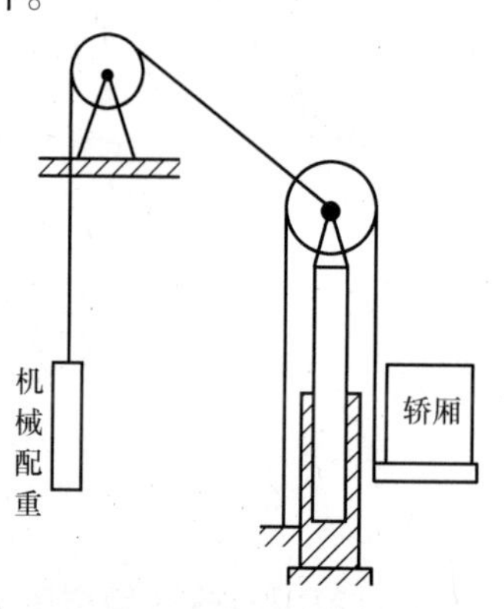

图 4-20　柱塞缸带配重的液压电梯结构简图

2. 飞轮式能量回收

飞轮式能量回收方法主要利用高速旋转的飞轮来存储能量，通常适用于具有高速旋转的装置上，单独飞轮回收成本低，运行可靠[8][9]。这种储能方式多数都是在系统中加入飞轮这种储能装置，因飞轮储存的能量和转速的二次方成正比，以前的储能飞轮材料多是铸铁和铸钢，飞轮的体积庞大笨重且最高转速受限，存储的能量有限。随着技术的进步和新材料的出现，现在出现了各种由碳纤维、玻璃纤维等制作而成的飞轮，这种飞轮能够达到很高的转速，因此储存的能量有了很大的提高。图4-21所示为飞轮式能量回收系统示意图，动臂下放时，液控单向阀逆向打开，动臂液压缸的无杆腔的压力油通过液控单向阀后，驱动泵/马达1（此时工作在马达模式）来实现飞轮加速上升储能的过程。

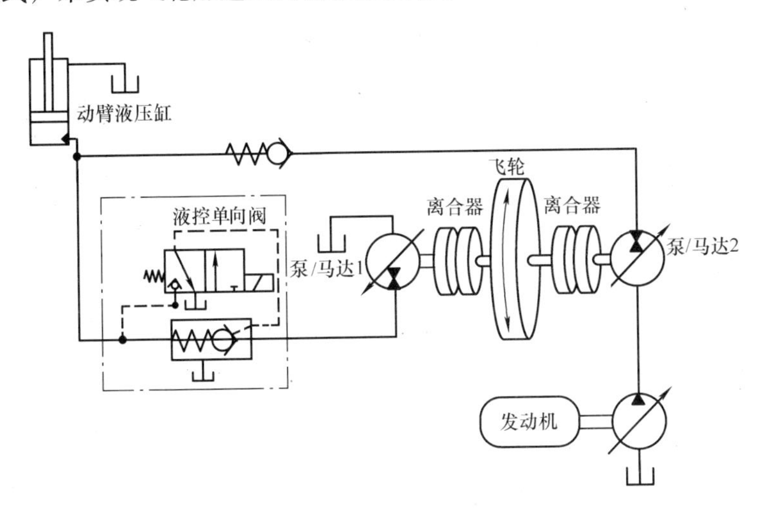

图4-21　飞轮式能量回收示意图

由于飞轮的储能能力较差，飞轮的储能的时效性较差，常规转速下能量密度较低，重量和体积大，抗震性能较差，噪声大，对工作环境要求苛刻，结构复杂，制造要求精度高，且飞轮的能量储存效率与飞轮中间怠速时间的大小成正比。因此单独采用在飞轮储能装置的能量回收系统中，提高飞轮的储能能量密度和能量的保存效率是主要的研究问题，适用于执行机构连续上升和下降的场合。目前主要用于改善其柴油机、汽轮机的工作状态、电网调频和电能质量保障。

4.4.3　液压式能量回收

由于液压蓄能器有很大的功率密度，可以在短时间内提供所需要的足够转矩，能够满足能量储存和释放的快速性要求，同时可较长时间储能，各个部件技术成熟，工作可靠，整个系统实现技术难度小，便于实际商业化应用，其特别适用于负载频繁变化的场合。但由于液压蓄能器的能量密度较低，因而其安装体积较大，详细介绍参考第6章。

目前，采用液压蓄能器的能量回收方法已经开始在液压混合动力大客车上得到了应用。图4-22所示为一种液压混合动力汽车的制动能量回收原理图[10]。其工作原理：汽车在制动、减速以及下坡过程中，主离合器2断开，泵/马达离合器7闭合，汽车的动能通过驱动桥5、动力传动装置4后由变量泵/马达8（此时工作在泵模式）转换成液压能，并将液压能存储在液压蓄能器10中；当汽车再次起动、加速或爬坡时，系统又通过变量泵/马达8（此时工作在马达模式）将液压蓄能器10中的液压势能转化为车辆动能，用来辅助发动机满足驱动汽车所要求的峰值功率。

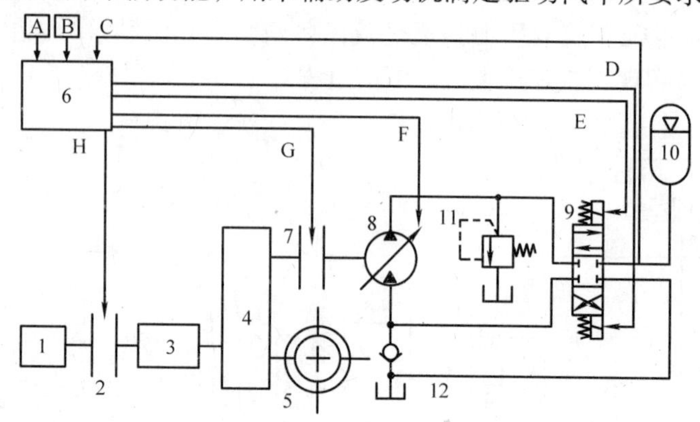

图4-22　车辆制动能量能量回收示意图

A—加速信号　B—制动信号　C—蓄能器压力信号　D、E—液压阀控制信号　F—变量泵/马达控制信号　G—泵/马达离合器控制信号　H—主离合器控制信号　1—发动机　2—主离合器　3—变速箱　4—动力传动装置　5—驱动桥　6—电控单元　7—泵/马达离合器　8—变量泵/马达　9—方向控制阀　10—液压蓄能器　11—安全阀　12—油箱

与汽车不同，装载机除了要驱动车辆行驶之外，还要满足工作液压系统、制动系统和转向系统等多方面的动力需求。装载机作业工况时存在着频繁的制动和下坡，可回收能量大。因此，如图4-23所示，采用液压蓄能器回收浪费掉的制动动

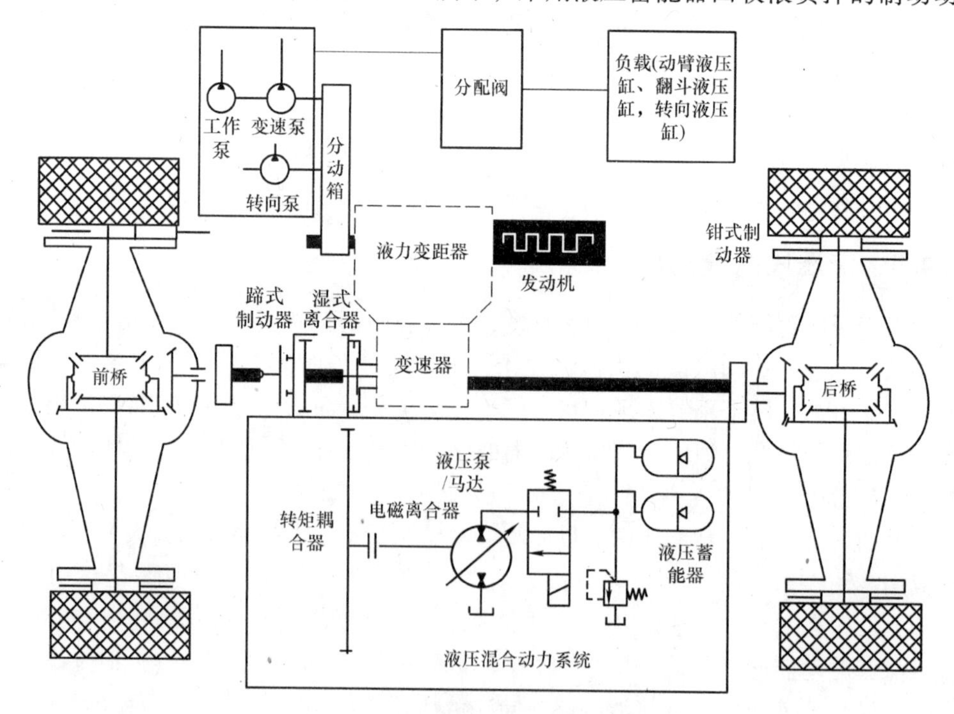

图4-23　装载机制动能量回收示意图

能成为装载机节能降耗的一项有效措施。但制动时需要协调再生制动与摩擦制动关系，保证整车制动性能安定性，避免再生制动过程中因天气原因、路面状况、制动深度变化引起的制动跑偏、驱动轮抱死等危险。由于液压再生制动系统具有强非线性、参数大范围摄动及存在严重外界干扰等问题，严重影响到行车安全。

在行走型装载机制动时，机械式摩擦制动器和液压泵/马达同时对车轮施加再生制动力，复合制动系统应满足以下功能。

1）制动安全性：在相同的制动强度需求输入下，保证制动时方向的稳定性，确保整机的安全性。

2）回收制动能量：在安全制动的前提下，最大限度地回收装载机的制动能量和下坡惯性能量。

3）制动踏板感觉：不同制动模式及模式切换过程中，保证驾驶人有相同的制动踏板感觉，同时完成两种制动形式的平稳切换。

4.4.4　电气式能量回收

电气式能量回收方法采用电池或超级电容作为电量储存单元。如图 4-24 所示，对于做直线运动的执行元件，其可回收能量一般通过液压马达－发电机生成电能后储存在蓄电池或超级电容中，系统需要时再释放出来转化为机械能对外做功。而对于做旋转运动的执行元件，可以采用电动机直接代替液压马达驱动旋转运动惯性负载，直接通过电动机的二四象限工作，保证两个方向的旋转运动均可以工作在发电模式。当然旋转运动负载也可以和做直线运动的负载一样，将液压马达－发电机作为能量转换单元。详细介绍参考第 5 章。

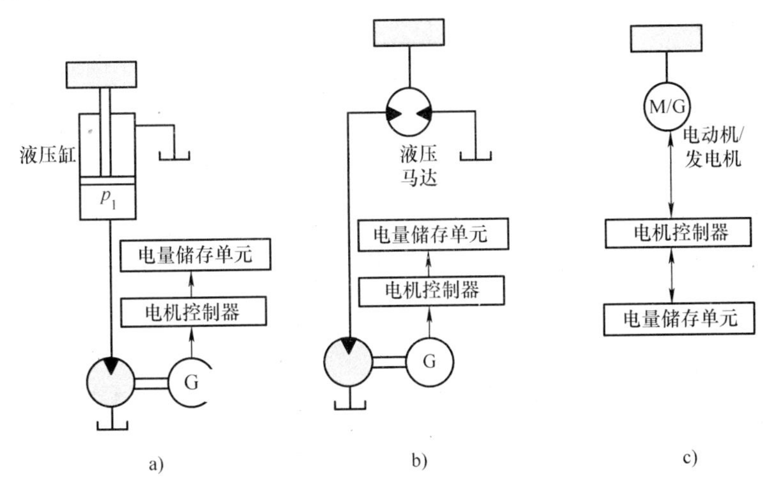

图 4-24　电气式能量回收系统示意图

a）油缸－液压马达－发电机　b）液压马达－液压马达－发电机　c）电动机/发电机回收

蓄电池的主要特点是具有较高的能量密度，使得系统整体移动灵活，但功率密度不大，充电时间长，电池难以实现短时间大功率，且充放电次数（深度充放电90%）仅为数百次，限制了使用寿命，因此适合于能量回收负载变化较为缓和的场合，比如小轿车、电动叉车、起重机等。和蓄电池相比，超级电容的功率密度高，其储能可以短时迅速地放出能量；由于超级电容的充放电过程为物理过程，因而其循环充放电次数可以达到数百万次；同时超级电容的内阻低，效率高；其充电方式比起其他的储能系统来说简单多了，控制也相对容易。但超级电容的能量密度较低，电容成本较高，一定程度上限制了该回收方式的应用。因此，超级电容能量回收一般适用于充放电频繁且充放电电流较大的场合，比如重型卡车、大型公交车、液压挖掘机等。

4.4.5 复合式能量回收

1. 基于飞轮和液压蓄能器的能量回收技术

20 世纪 90 年代，日本著名学者 Hirochi NAKAZAWA，Yasuo KITA 等提出了一种基于飞轮和液压蓄能器组成的定压力源系统，并取得了一定的进展。系统工作原理如图 4-25 所示，汽车在驻车制动、减速或者下坡行驶时，驱动轮上的变量泵/马达 9 工作在泵模式，回收汽车行驶时的能量，使系统的油压上升，通过与飞轮 7 相连的变量泵/马达 5（马达模式）使飞轮的动能增加而储存起来，以供汽车起动或加速时使用。此时，发动机 1 及与它相连的变量泵/马达 2 处于停转状态。当汽车行驶的能量较大或汽车下长坡制动时，驱动轮上的变量泵/马达 9（泵模式）给系统提供能量。

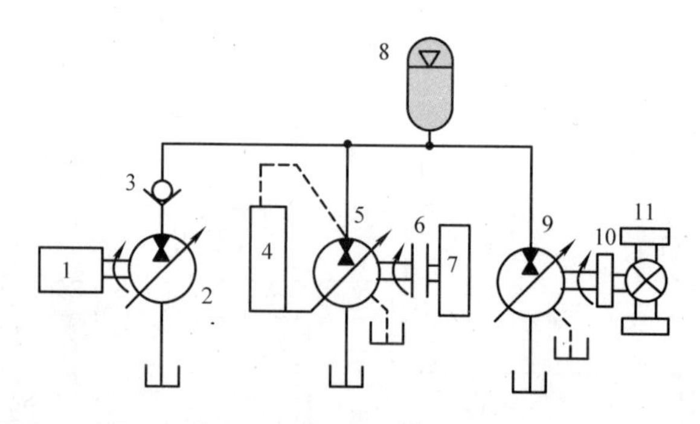

图 4-25 基于飞轮和液压蓄能器的车辆制动能量回收示意图

1—发动机 2—与发动机相连的变量泵/马达 3—单向阀 4—压力补偿器 5—与飞轮相连的变量泵/马达 6—联轴器 7—飞轮 8—蓄能器 9—驱动轴上的泵/马达 10—减速器及差速器 11—车轮

当车辆加速行驶时，驱动轴上的变量泵/马达 9（马达模式），消耗压力油而使系统压力降低，此时将由蓄能器 8 和高速旋转的飞轮 7 为系统提供动力。通过与飞轮相连的变量泵/马达 5（泵模式）给系统补充压力油，使系统的油压维持在某一压力水平。当飞轮的转速下降到所容许的下限值时，飞轮不再给系统提供动力，此时应起动发动机至最大动力，给液压系统提供动力，与发动机相连的变量泵/马达2（泵模式）给系统提供压力油，使系统的油压上升。此时，一方面通过与飞轮相连的变量泵/马达5（马达模式）为飞轮提供动力，直至飞轮的转速达到所规定的最高转速，将能量储存起来；另一方面保证系统压力的基本恒定。然后使发动机停止运行，再继续由飞轮给液压系统提供所必需的动力。

2. 液压－电气复合式能量回收技术

（1）案例一：EHESS

在 KYB 2012 的环境报告书中，重点介绍了其 2011 年度的主要技术成果——电液能量回收系统 EHESS（Electro－Hydraulic Energy Saving System）。其结构原理如图 4-26 所示，该系统主要通过对动臂下放的势能与回转体制动能的回收与再利用来实现节能。在动臂下放与回转减速过程中，液压缸/马达排出的压力油经动臂回收阀/回转控制阀驱动回收马达工作，回收马达输出的机械能一部分用来直接驱动液压泵向系统提供再生能量，另一部分带动电机发电，将回收能量储存在电池中。与其他能量回收系统不同的是，该系统在实现能量回收的同时，尽可能减少不必要的能量转换环节，提高了能量利用率。实际挖掘试验表明，搭载 EHESS 的挖掘机能降低油耗 10%～30%。

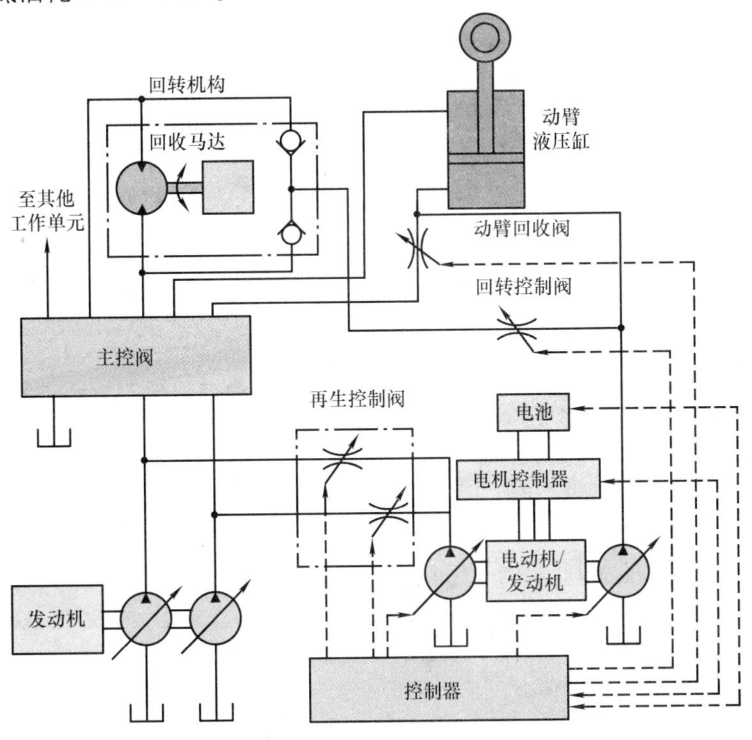

图 4-26　KYB 电液能量回收系统原理图

（2）案例二：AMGERS

液压电气式能量回收系统的另外一个典型案例为编者提出的一种基于蓄能器的液压马达－发电机势能回收系统（AMGERS）。新的能量回收系统如图 4-27 所示，在基本方案的基础上，在比例方向控制阀和液压马达之间增加了一个蓄能器以及其他液压控制元件。其基本工作原理为：当液压挖掘机动臂下放时，电磁换向阀 1 工作在右位，蓄能器可以快速吸收动臂释放的势能；当电磁换向阀 2 工作在右位时，液压马达－发电机组成的能量回收系统不能回收能量，当电磁换向阀 2 工作在左工位时，液压马达－发电机组成的能量回收系统可以回收能量，而回收的能量既可以是动臂液压缸无杆腔的液压能，也可以是蓄能器释放的液压能。

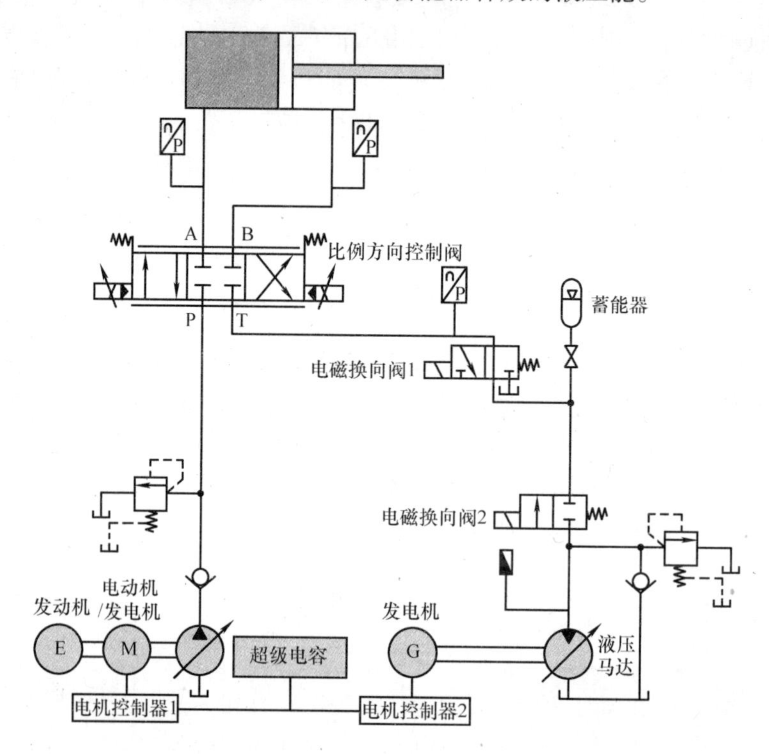

图 4-27　基于蓄能器的液压马达－发电机势能回收系统原理图[11][12]

该系统的一个重要特点就是利用蓄能器实现了动臂下放过程和液压马达发电机能量回收过程的相互独立。动臂下放时，动臂释放的势能既可单独通过蓄能器回收，又可以通过蓄能器和液压马达－发电机进行复合回收，而动臂下放的速度主要通过调节比例方向控制阀的开度来控制；在动臂停止下放后，蓄能器在动臂下放过程中回收的势能仍然可以释放出来继续驱动液压马达－发电机回收能量，延长了能量回收的时间。

该系统的一个重要特点是，降低了系统液压马达、发电机的功率等级，提高了经济性。首先，系统通过蓄能器可以人为主观地控制能量回收时间，理论上液压马达 - 发电机的能量回收时间可以延长到整个工作周期，因此，对于液压马达 - 发电机来说，在相同的动臂势能回收功率曲线时，其可回收功率的平均功率大大降低，同时峰值功率也通过蓄能器的缓冲大大降低，降低了发电机的装机功率（如果控制策略设定液压马达 - 发电机能量回收为 10s，那么发电机的功率等级为基本能量回收系统用发电机功率等级的 20%）；其次，对于液压马达来说，动臂下放过程中由动臂液压缸无杆腔排出的液压油可以在整个工作周期内排出，因此可以选择一个较小排量的液压马达，同时，在动臂停止下放的能量回收中，液压马达的流量不再控制动臂下放速度。液压马达 - 发电机的效率优化可以根据蓄能器压力动态优化发电机转速来提高效率，因此系统对发电机的效率优化可以采用一个变量液压马达。最后，由于发电机峰值功率的降低大大减少了电机控制器的输出电流，进而降低了电量储存装置对最大充电电流的要求。

该系统的另一个重要特点是，可提高能量回收系统的效率。首先，在标准工况时，系统利用蓄能器来平缓压力和流量波动，使发电机的工作点处于一个较小区间，通过合理设计发电机，可使发电机一直处于高效区域，从而可提高系统的回收效率；其次，在液压挖掘机基本能量回收系统中当液压挖掘机处于非标准工况操作或者动臂每次下放的距离很短时，发电机的频繁起动和停止会造成额外的损耗。在基于蓄能器的液压马达 - 发电机势能回收系统中，由于液压马达 - 发电机的工作只和蓄能器压力有关。因此，动臂的每次短距离下放释放的势能可以通过蓄能器间歇性回收，只有当蓄能器储存一定能量后，液压马达 - 发电机能量回收单元才开始回收能量，因此，该系统在非标准工况下不会产生由于发电机的频繁起动和停止产生额外的损耗。再次，由于液压挖掘机为多执行机构系统，采用蓄能器作为能量存储单元后，其回收的能量可以直接释放出来驱动其他执行元件，因此，能量回收和利用的流程损失较小。最后，虽然在动臂下放过程中，在比例方向控制阀的阀口上会产生一定的节流损耗，但由于比例方向控制阀的 T 口不再直接和油箱相连，而是通过蓄能器建立其一定的背压，如果合理优化蓄能器的工作压力并选择合理通径的比例方向控制阀，则比例方向控制阀的阀口压差损耗可以控制在较小值。

3. 飞轮 - 电气复合式能量回收技术

和传统飞轮式能量回收系统相比，飞轮电动机/发电机能量回收系统通过电动机/发电机系统实现飞轮储能并与外界交换能量。当飞轮储存能量时，电动机/发电机工作在电动机模式，驱动飞轮加速；当飞轮释放能量时，飞轮储能作为发电机运行，飞轮减速。飞轮储能一般应用在系统调峰和增加系统稳定性方面。20 世纪 90 年代以来，由于在两个方面取得了突破，给飞轮储能技术带来了新的希望。一是超导磁悬浮技术研究进展很快，配合真空技术，把电动机的摩擦损耗和风损耗降到了最低限度；二是高强度的碳素纤维合成材料的出现，大大增加了动能储量。但目前一般飞轮储能系统主要包括飞轮本体、电动机/发电机、磁性轴承、电力转换器和低温系统等，可见系统的组成和控制相当复杂，造价也很高。

永磁飞轮发电机，填补了动力领域的一项空白。该技术是利用稀土永磁材料钕铁硼做能源基础，辅之以直流电源，使之不断地旋转，将机械功从轴端输出。这种动力机可广泛地应用于工业、农业、航空、航海、军事、交通、科研等诸多领域，无噪声、无任何污染，是真正的绿色动力。现代永磁飞轮发电机进入了高速发展期，飞轮储能技术得到了深入研究与应用，出现了飞轮储能单项技术和集成应用技术研究开发的热潮，也取得了令人瞩目的成就。因此，飞轮储能技术的应用进入了高级阶段，从而出现了集成各种技术的飞轮储能装置——现代飞轮储能技术，又叫飞轮电池或机电电池。利用飞轮储存动能在机械系统中得到了广泛的应用。

飞轮发电机是把具有一定质量的飞轮放在永磁体上，飞轮兼作电机转子。当给电机充电时，飞轮增速储存能量，变电能为机械能；飞轮降速时释放能量，变机械能为电能。永磁飞轮发电机，利用全新的热能转化方法，充分利用了圆周运动和流体运动，克服了以前发动机存在的问题，大大精简了发动机结构，中间环节造成的能量损耗大大减少，能量直接转化，能量利用率更高。本发动机能耗只有柴油机的一半，热效率高达90%以上，等于将石油资源的储量翻了一番，将煤炭资源的储量提高了50%。飞轮发动机可以使用多种燃料，包括各种流体燃料和固体燃料，发动机为涡流持续燃烧，涡流燃烧能使燃料充分燃烧，有害气体排放大大减少，更加环保，排放标准可超过现有的一切类型的发动机。

与飞轮相连的电动机/发电机如图4-28所示。

磁悬浮飞轮储能是一种先进的物理储能方式。其功率大、容量大、效率高；动态特性好，响应速度快，可瞬间充、放电；安全可靠、绿色环保；寿命长（不小于25年）等优点，可使飞轮储能广泛服务于智能电网、通信、风电、光伏、新能源汽车等行业，可有效解决风电、太阳能电站并网难问题；延长新能源电站有效发电时间；可使新能源电站具备一定的调峰能力，提高电网的稳定性和可调度性，并且在特定应用场合下可替代铅酸蓄电池。磁悬浮飞轮储能技术是以高速旋转的飞轮铁心作为机械能量储存的介质，飞轮等器件被密闭在一个真空容器内，大大减少了风阻，同时为了减少运转时的损耗，提高了飞轮的转速和飞轮储能装置的效率，在飞轮储能装置内部使用磁悬浮技术对飞轮加以控制，并利用电动机/发电机和能量转换控制系统来控制电能的输入和输出。图4-29为磁悬浮飞轮储能装置的结构。

由于飞轮储能与化学蓄电池相比具有储能密度大、能量转换效率高、充电速度快、使用寿命长、对环境友好等特点，因此可以将飞轮储能系统应用在电动汽车中。飞轮储能系统既可作为独立的能量源驱动车辆也可以作为辅助能源驱动车，同时加入了飞轮储能系统的车辆其再生制动效率也比较高。美国飞轮系统公司（AFS）研制出了复合材料制作的飞轮，成功将一辆克莱斯勒轿车改装成纯电动汽车AFS20，该车由20节质量为13.64kg的飞轮电池驱动。改装后的电动汽车性能良好，仅需6.5s就可以从零加速到96km/h，充电一次可行使的里程为600km。日本研制出的最高转速可达 36000r/min 的飞轮电池应用于电动车中可对制动时的能量进行回收，经实验证实其机械能 - 电能转化率可达 85%，大幅提高了能源的利用率[14]。另外，飞轮发电机还用于风力发电系统、航空航天领域和轨道交通中，大幅提高了这些系统的能量利用率。

图 4-28　与飞轮相连的电动机/发电机

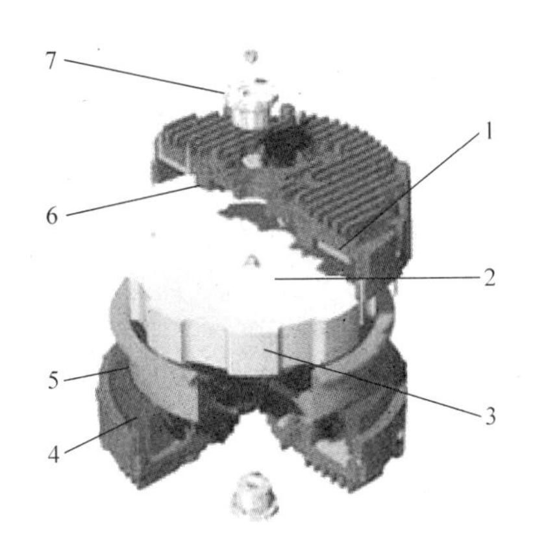

图 4-29　磁悬浮飞轮储能装置的结构

1—磁力线圈　2—飞轮，马达/发电机转子
3—非永磁的飞轮（保证高转速和高功率输出）
4—真空无摩擦运行电轨　5—气隙电枢
6—集成在磁场回路中的磁性轴承
7—可现场更换的滚珠轴承及外壳

4. 机械（液压马达）- 电气复合式能量回收技术

本书编者在多年研究能量回收技术的过程中提出了一种基于耦合单元的机械 - 电气复合式能量回收系统。如图 4-30 所示，系统中发动机 - 变量泵同轴相联后与行星齿轮机构的行星架相连，变量马达与行星齿轮机构的太阳轮相连，变频电机与行星齿轮机构的齿圈相连。液压执行机构上升时，由发动机和变频电机组成混合动力系统联合驱动变量泵；液压执行机构下降时，变量马达回收的执行机构工作过程中的惯性能、重力势能以及制动能，既可以通过行星齿轮机构直接驱动变量泵，也可以驱动变频电机回馈发电转化成电能储存在超级电容中。比例方向控制阀不仅控制执行元件的换向，而且在上行时起到阀控的作用。本系统克服了变量马达 - 电机 - 电容 - 电机 - 变量泵能量回收系统能量多次转换导致回收效率较低的缺陷，综合利用了工程机械混合动力系统优化发动机工作点和马达 - 电机回收能量的优势，采用了行星齿轮机构后，混合动力系统和能量回收系统可以共用一个变频电机，减少了系统的装机空间，降低了成本，同时可直接回收能量，提高了能量回收系统的回收效率。

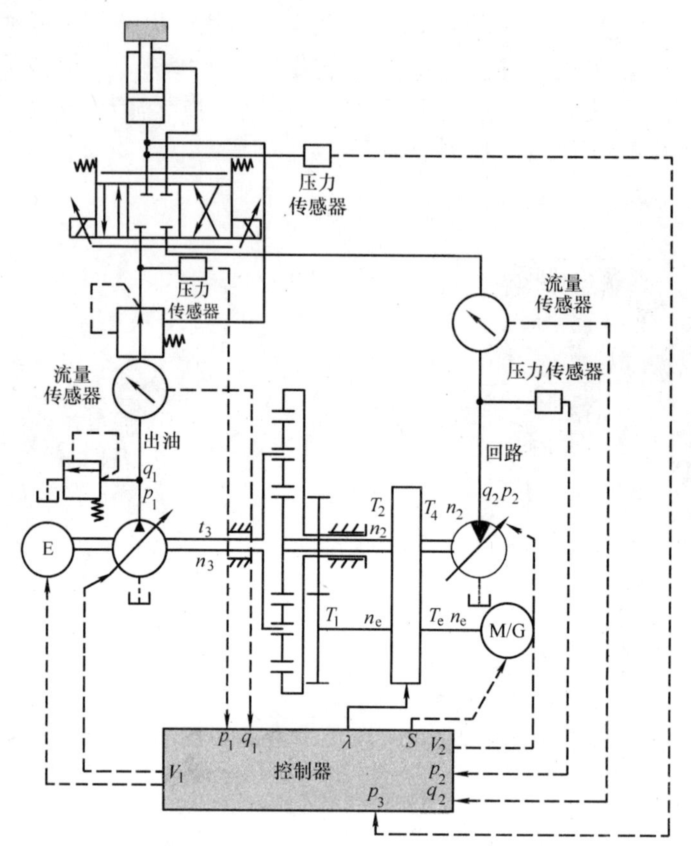

图 4-30　一种基于耦合单元的机械 - 电气复合式能量回收系统

4.5　汽车能量回收技术在工程机械上的移植性

4.5.1　动臂势能回收系统

液压挖掘机动臂势能回收系统与车辆能量回收系统有显著差别，两者主要有以下区别。

（1）能量回收工况不同

车辆能量回收系统回收的能量主要来源于汽车制动时释放的大量动能和汽车下坡时释放的大量势能。能量回收时间可通过驾驶人根据前后车的车距、十字路口红绿灯时间、制动距离等人为主观可控，比如加速汽车的制动距离不限制的情况下，汽车制动时间可以不受限制；即使常规的制动时间也一般在 5s 以上，因此能量回收工况并没有明显的规律性和周期性；负载波动强度也可根据人为主观调整，如碰到前方红灯需要制动时，驾驶人可根据制动距离，适当调整制动强度，进而改善能量回收工况。

液压挖掘机动臂的下放时间，在标准挖掘工况时大约只有 2 ~ 3s。若人为不对动臂下放过程和能量回收过程进行分离，动臂势能回收系统的回收时间和动臂下放的时间相同，不可人为控制，否则必然会影响作业效率，因而液压挖掘机的可回收工况具有明显的周期性，且波动剧烈。

（2）能量回收模式不同

由于汽车为单执行机构系统，驱动轮是唯一的驱动对象，因此车辆驱动系统和回收系统为同一套系统，动力系统和能量回收系统共用一个能量转换单元（电动机/发电机或液压泵/马达），为单能源单输入的能量回收系统，能量再生模式时能量流程为驱动模式的能量逆向流动。

液压挖掘机为一个多执行机构系统，液压挖掘机动臂势能回收系统和驱动系统一般为通过电池或电容、液压蓄能器耦合的两套不同的系统，动力系统的能量转换单元和能量回收系统的能量转换单元不能共用，需要额外配置一台能量转换单元。能量耦合通过电池、电容、液压蓄能器实现，是一个多能源多输入的能量回收系统。

（3）专用关键元件要求不同

以电气式动臂势能回收系统为例，相对于汽车，挖掘机的回收工况更加复杂、负载变化剧烈、运行环境更加恶劣，应用于液压挖掘机领域的电动机有更高的动态响应、脉冲过载能力要求以及抗震要求。液压挖掘机的工况波动非常剧烈，必然要求电量储存单元可以快速吸收大范围波动的负载，因此应用于液压挖掘机的电量储存装置的一个苛刻要求就是大电流充放电，同时由于液压挖掘机的负载具有一定的周期性，大约每个作业周期为 20s，理论上，在每个作业周期内，就需要能量回收一次，即对电池或电容充电一次，因此，对电量储存装置使用寿命的要求特别苛刻。

（4）集成控制系统不同

车辆能量回收系统主要考虑制动时，根据驾驶人的制动意图，由制动控制器计算得到汽车需要的总制动力矩，再从安全性、制动强度及能量回收效率等方面依据一定的制动力分配策略得到电动机应该提供的电动机再生制动力，电动机控制器计算需要的电动机制动电流，通过一定的控制方法使电动机跟踪需要的制动电流，从而较准确地提供再生制动力，在电动机的电枢中产生的交流电流经整流后再经 DC/DC 控制器反冲到电量储存单元中。而液压挖掘机势能回收系统的控制主要集中在如何在这么短的时间内高效回收动臂非平稳下放过程中释放的势能。另外，液压挖掘机采用能量回收系统后，对动臂下放速度的控制方式发生了变化，即阻尼比发生了变化，必然会影响操作性能，因此如何协调高效回收和良好操作性能也是控制系统的一个重要方向。

因此，汽车领域的能量回收系统相关技术不能直接移植到挖掘机的动臂势能回收系统领域，必须针对液压挖掘机能量回收工况的特点，开展能量回收相关技术专项研究。

4.5.2 液压挖掘机上车机构回转制动能量回收系统

如图 4-31 所示，液压挖掘机中的机械制动主要是防止液压挖掘机在斜坡上时不会由于重力的作用而产生滑转以及液压挖掘机在挖掘时上车的左右摆动进而影响挖掘驱动力，因此当上车机构回转或者斗杆收回先导操作手柄松开时，油口 PX 的先导压力油逐渐减少，制动器释放压力，制动器内的压力油通过节流孔进入回转马达壳体；弹簧力施加给机械制动器的固定板和摩擦板，这些板通过制动活塞分别与液压缸体的外径和壳体的内径啮合，利用摩擦力使液压缸体制动，同理，当发动机停止时，没有先导压力油进入油口 SH，制动器自动制动。而当上车机构回转或斗杆收回先导操作手柄操作时，先导泵内的先导压力油进入油口 PX，油口 PG 的先导压力推开单向阀进入制动活塞腔，制动活塞上升分开固定板和摩擦板，从而使制动器释放。

由于上车机构的惯性力，如果当回转先导操作手柄从转台回转到中位时，此时上车机构还处于通过缓冲溢流阀建立起制动力矩，使得上车机构逐渐制动停止，如果立刻对转台实施制动，会产生很大的冲击载荷，可能会损坏零件。为了防止损害零件，系统设置了一个阻尼孔（由于阻尼孔两端采用定差减压阀，使得阻尼孔的流量恒定）用于延长制动时间，确保上车机构施加制动之前已经停止。

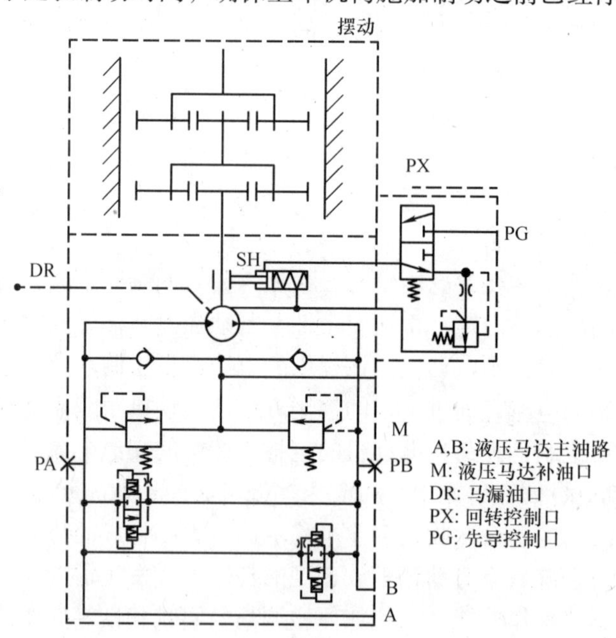

图 4-31 传统液压马达上车回收驱动系统示意图

当需要实施液压挖掘机上车机构回转制动的能量回收功能时，一般情况下，和传统液压挖掘机相比，系统主要采用电动机驱动替代传统液压马达驱动上车机构，利用电动机的二象限工作把制动时释放出来的大量动能转化成电能储存在电池或电容中。同理由于电动机处于非工作模式时，仍然必须对上车机构进行机械制动。其能量回收技术过程和电动汽车的制动能量回收技术相类似，研究的重点都主要集中在最大程度地回收可回收能量以及电机再生制动力矩的形式（由于电动机良好的调速性能，采用电动机制动时，其操作性能优于传统的采用溢流阀的二级压力制动过程），两者的区别主要如下。

（1）机械制动和能量再生制动的复合方式

在液压挖掘机中，当回转或者斗杆收回先导操作手柄松开时，此时对回转驱动电动机/发电机进行转速检测，只有当转速小于某个阈值时，才实施机械制动，因此其机械制动和再生制动在时间上是不同步的，机械制动的实施为开关控制，较为简单。而汽车领域中，整个制动过程是由再生制动和机械制动的复合控制得到的，在时间上是同步的，只是根据驾驶人的操作意图和汽车的状态判断得到制动强度，再根据制动强度把总的制动力在机械制动和再生制动两者之间进行有效的分配。

（2）电动机的转矩输出模式

液压挖掘机的工况较为复杂，很多场合需要在近零转速输出大转矩。比如液压挖掘机在挖掘深沟时，为了保证铲斗在向下挖掘时不会被侧壁反向推出导致不能保证深沟和地面的垂直性。此时，实际上挖掘机转台的转速基本为零，但是必须输出一个较大的转矩。而电动机/发电机的最大难点之一便是低速大转矩问题。

4.5.3 装载机行走制动和汽车行走制动的异同点

装载机循环作业方式主要有“V”、“L”、“T”、“I”等4种形式。如图4-32所示，装载机是集铲、装、运、卸作业于一体的自行式机械，常与自卸运输车配合进行装卸作业，整个作业循环包括：①空载前进作业段：以低速、直线驶向料堆，接近料堆时放下动臂、转斗，插入料堆；②铲装作业段：铲斗以全力插入料堆把铲斗上翻至运输位置；③满载后退、卸料作业段：铲斗装满物料后倒退，然后转向驶向运输车辆，同时提升动臂至卸载高度卸料；④空载倒车作业段：卸料完毕退回，同时动臂下降至运输位置。作业时低速行驶，速度转换快，制动频率高。高速行驶主要用于料场转换时，制动频率低。实际上，装载机的绝大多数时间在进行低速作业。在作业工况下，行驶速度受到场地、路面、驾驶人习惯等因素的影响，具有不确定因素，很难做出准确的统计。装载机的最大速度一般大约为30~40km/h，但正常作业速度一般低于10km/h，倒挡速度比前进挡速度稍高一些。可见，装载机工况和车辆类似，但又具有与车辆的不同：公路车辆的制动强度大，制动频率小；装载机作业工况时的制动强度小，但制动频率远大于公路车辆工况。因此，装载机虽然单次制动动能回收率不如公路车辆，但是，由于制动频率大，整个运行工况的可回收能量不低于公路车辆。

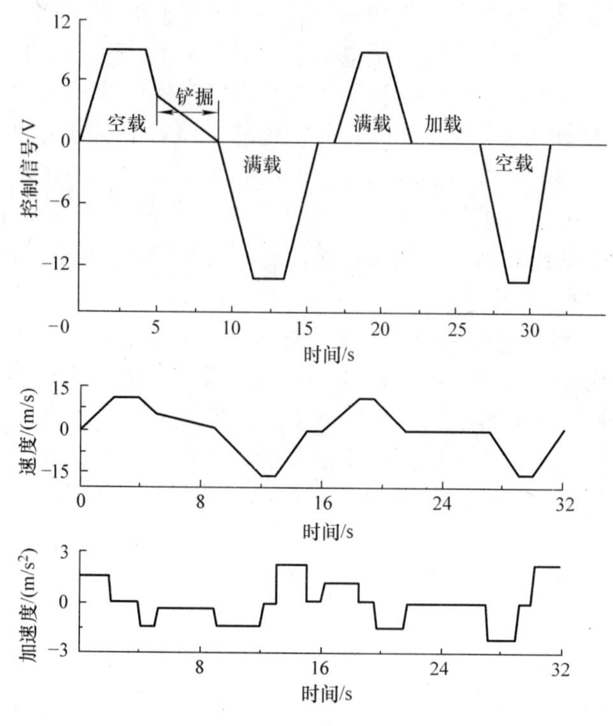

图 4-32　装载机典型作业工况

4.6　作业型挖掘机和行走型装载机的能量回收技术异同点

4.6.1　能量回收的来源和回收能量与驱动能量的比重不同

装载机的每次作业时间为 40s 左右，每次作业过程约需要 4 次制动，每次制动距离大约为 3 ~5m。在不出现任何故障、自卸车配合及时的情况下每小时循环作业约 90 次，制动约 360 次。由于整机的质量较大，因此每次制动时存在大量的制动动能。以斗容 5t 型轮式装载机为例，一个大约为 40s 的工作周期中，总制动动能约为 400kJ，而发动机消耗能量大约为 900kJ，可回收能量占发动机消耗能量的 45%，而在可回收的能量中，装载机动臂处的可回收重力势能较小，只有 40kJ。因此回收制动动能是采用液压混合动力技术降低装载机发动机损耗的最重要的一个途径；推土机和装载机类似，也是由于负载变化剧烈而不得不提高装机功率。

对于液压挖掘机，液压挖掘机的动臂势能较大，需要频繁的举升和下放，存在大量的势能；上车机构也存在频繁的回转作业制动时，一个标准作业周期内大约需要完成两次加速和两次制动，完全依靠缓冲溢流阀溢流产生驱动转矩和制动转矩，与行走制动不同，液压挖掘机不仅在转台制动时具有可回收能量，同时由于转台为大惯性负载，其起动加速时需要一个滞后过程，因此起动加速时，溢流回转马达不能全部吸收液压泵的流量，液压马达进油侧的溢流阀打开。由于此时的溢流压力较大，因此在转台的加速过程中，大量的能量消耗在溢流阀。以某20t级液压挖掘机为例，液压挖掘机各执行机构可回收能量如表2-4所示，动臂势能和上车机构回转制动动能分别占总可回收能的50.61%和25.33%，是液压挖掘机能量回收的主要研究对象，但总的可回收能量占发动机消耗能量的比重约为16%。即使能量回收和再利用效率为100%，动臂势能和回转制动动能对整机的效率分别可以提高10.41%和5.21%。斗杆和铲斗的可回收能量较少，对系统的节能效果影响不明显，考虑到回收系统的附加成本，可以不回收这部分能量。

表4-6　某20t级液压挖掘机各执行机构可回收能量和比例（不含转台加速）

对象	可回收能量/J	占总回收能量的比例（%）	对整机的节能效果（%）
动臂	132809	50.61	10.41
斗杆	28456	10.84	2.23
铲斗	34704	13.22	2.72
回转制动	66472	25.33	5.21
发动机		1275663	

4.6.2　能量回收的途径不同

如图4-33所示，装载机在平地上进行作业，整机在制动前的制动动能能量回收途径和动力系统工作在辅助发动机驱动模式时的驱动途径为同一条途径，只是能量流的方向相反。所有的制动动能都经过以下两条途径实现回收：车轮－机械摩擦制动或者车轮－驱动桥－动力耦合器－泵/马达（工作在泵模式）－液压蓄能器。

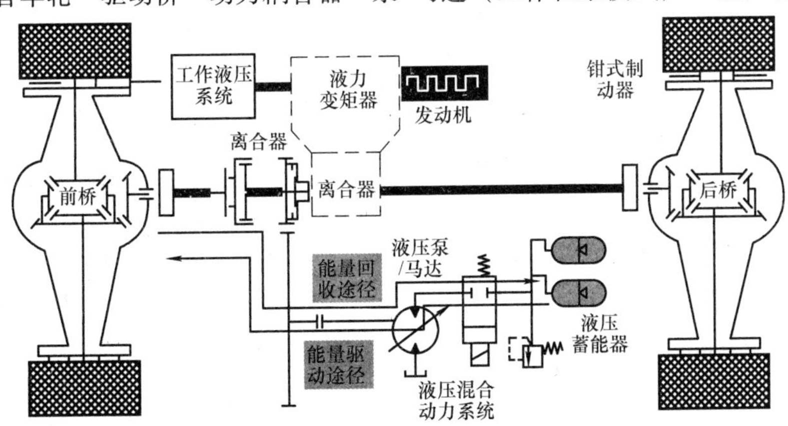

图4-33　装载机能量回收途径和驱动途径示意图

如图4-34所示，液压挖掘机的可回收能量主要为动臂势能和转台制动动能，一般通过一些液压控制阀后直接传递到液压蓄能器，而不必经过混合动力辅助单元液压泵/马达工作在泵模式再传递到液压蓄能器。其能量回收系统和液压混合动力系统的耦合主要是通过液压蓄能器。回收能量可以通过液压混合动力单元释放出来。

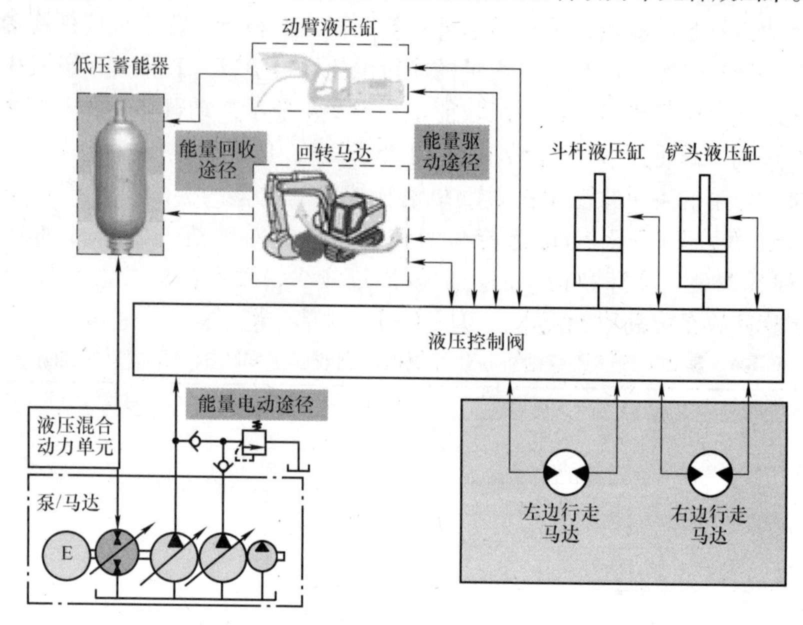

图 4-34　液压挖掘机能量回收和驱动原理图

4.6.3　能量回收的效率不同

装载机在平地上进行作业，整机在制动前的制动动能的损耗包括滚动阻力损失的能量、空气阻力损失的能量、机械制动摩擦损耗、机械传动（含动力耦合器、电控离合器）沿程机械损耗，液压泵/马达损耗、液压蓄能器损耗等，其中机械制动摩擦损耗由装载机的机械参数决定，并与制动距离和制动时间的长短有一定的关系。由滚动阻力消耗的能量占比很大（42%），主要由滚动阻力系数和制动距离决定，缩短制动距离，增加机械内部润滑程度，可以减少此部分能量损耗。因此，大量的制动动能传递到液压泵/马达回收单元时大约已经消耗了 50% 左右，即使按液压泵/马达的效率为 93% 和液压蓄能器的效率约为 97% 计算，则能量回收总体效率也不会高于 42%。

传递到能量回收系统主要包括液压缸或者液压马达、液压件（1 ~ 3 个）、液压蓄能器的效率等，通过液压蓄能器直接回收，效率高达 80%。

4.6.4　能量回收的控制策略不同

再生制动是液压混合动力装载机提高燃油经济性的重要途径，制动时需要协调再生制动与摩擦制动的关系，保证整车制动性能稳定性和安全性，避免再生制动过程中因天气原因、路面状况、制动深度变化引起的制动跑偏、驱动轮抱死等危险。通过协调再生制动力与机械制动力的分配，在保持装载机制动稳定性和安全性的基础上，最大限度地提高制动能量的回收程度，是装载机再生制动控制策略的重要内容；而装载机领域中，整个制动过程是由再生制动和机械制动的复合控制得到的，在时间上是同步的，只是根据驾驶人的操作意图和装载机的状态判断得到制动强度，再根据制动强度把总的制动力在机械制动和再生制动两者之间有效的分配。

对于液压挖掘机的转台制动动能回收系统，其机械制动和再生制动在时间上是不同步的，因此机械制动的实施为开关控制，液压挖掘机转台采用一台双控马达驱动，主控腔两个配流窗口采用进出油口独立控制，辅控腔两个配流窗口采用电磁比例方向阀控制，结合蓄能器进行转台驱动和动势能的回收，实现转台驱动和动势能回收一体化。动臂采用可平衡差动缸面积比的三配流窗口非对称柱塞泵自动平衡差动缸不对称流量的电液控制回路。

对于液压挖掘机的动臂势能回收系统，为了保证作业时间，一般动臂下放的时间较短，回收控制策略主要集中在如何在这么短的时间内高效回收动臂非平稳下放过程中释放的势能。另外，液压挖掘机采用液压蓄能器能量回收系统后，动臂无杆腔和液压蓄能器相连，随着动臂的下放，其无杆腔的压力越高，动臂下放的速度越慢，即在相同的操作手柄信号时，动臂下放的速度在回收过程中会越来越慢，进而影响驾驶人的操作习惯。因此如何协调高效回收又保证不影响驾驶人的操作习惯同时保证动臂的速度控制特性是动臂势能回收的重要研究内容。

参考文献

[1] Yi B L. Fuel cell – principle, technology and application [J]. Chemical Industry, 2003: 41.
[2] 刘光明. 面向电动汽车续驶里程估计的电池剩余放电能量预测研究 [D]. 清华大学, 2015.
[3] B Yao and C DeBoer. Energy – saving adaptive robust motion control of single – rod hydraulic cylinders with programmable valves [C]. Proceedings of the American Control Conference, Anchorage, 2002: 4819 – 4824.
[4] S Liu and B Yao. Automated onboard modeling of cartridge valve flow mapping [J]. IEEE/ASME Transactions on Mechatronics, 2006, 11 (4): 381 – 388.
[5] S Liu and B Yao. Coordinate control of energysaving programmable valves [J]. IEEE Transactions on Control Systems Technology, 2008, 16 (1): 34 – 45.
[6] B Yao. Integrated mechatronic design of precision and energy saving electro hydraulic systems [C]. Proceedings of the 7th International Conference on Fluid Power Transmission and Control, Hangzhou, 2009: 360 – 372.
[7] 徐兵, 林建杰, 杨华勇. 液压电梯中的能量回收技术 [J]. 液压与气动, 2004 (6): 72 – 74.
[8] 王晓霞, 王洪祥, 潘琪. 液压技术中的节能与能量回收 [J]. 机械工程师, 1997 (7): 24 – 25.
[9] 刘冬红. 液压技术在能量回收中的应用 [J]. 南京理工大学学报, 1997 (2): 153 – 156.
[10] 任国军, 祝凤金. 液压混合动力车辆中蓄能器的参数设计研究 [J]. 液压与气动, 2010 (8): 11 – 14.
[11] Lin T, Wang Q. Hydraulic accumulator – motor – generator energy regeneration system for a hybrid hydraulic excavator [J]. Chinese Journal of Mechanical Engineering, 2012, 25 (6): 1121 – 1129.
[12] T Wang, Q Wang, T Lin. Improvement of boom control performance for hybrid hydraulic excavator with potential energy recovery [J]. Automation in Construction, 2013, 30: 161 – 169.
[13] 张邦力. 飞轮储能装置在机车车辆上的应用研究 [D]. 成都: 西南交通大学, 2011.

第 5 章　电气式能量回收系统

电气式能量回收方法是把可回收能量通过能量转换单元（一般为液压马达 - 发电机）转化成电能后储存在电量储存单元中，系统需要时再释放出来转化为其他能量对外做功。由于增加电池和电容等电量储能元件及液压马达 - 发电机的成本高，因此在传统工程机械中单纯地增加电气式回收系统不太适合。但当工程机械采用油电混合动力系统或者纯电驱动系统后，由于动力系统本身就具有电池或电容等蓄能元件，无需增加太多成本即可实现电气式能量回收，因此油电混合动力/纯电驱动工程机械采用电气式能量回收是可行的。但由于工程机械自身为液压驱动型，采用电气式能量回收系统需要综合考虑操控性、能量转换效率和经济性等方面的因素。

5.1　电气式回收系统特性分析

5.1.1　基本结构方案

以液压挖掘机动臂势能电气式回收为例，其基本结构方案如图 5-1 所示，主要考虑到液压挖掘机引入油电混合动力系统或纯电动动力系统后具备了电池或电容等电气式储能元件的特点，只需在动臂液压缸回油侧增加一个液压马达 - 发电机能量回收单元以及相应的液压和电气控制单元即可实现能量回收。

当动臂处于下放模式时，动臂为一个典型的负负载，其势能通过液压缸转换成液压能储存在动臂液压缸的无杆腔，动臂液压缸的无杆腔通过电磁换向阀（换向阀的阀口全开）与液压马达的进油口连通，通过控制发电机转速或者液压马达的排量来调节液压马达的流量，调节在执行元件的回油腔形成的背压，进而控制动臂液压缸的运行速度。回收液压马达驱动发电机发电，三相交流电经电机控制器 2 整流成直流电形式的电能并储存在电量储存单元中。图 5-1 中的方案只是能量回收的简化示意图，实际上，在液压挖掘机原有的液压系统中增加电气回收单元，还需要考虑与原有多路阀如何兼容，以及如何保证动臂的闭锁功能等。

5.1.2　系统建模及控制特性分析

为了研究方便，首先将图 5-1 简化成图 5-2，在此系统中，通过调节液压马达的转速来控制液压马达的流量，在执行元件的回油腔形成背压，从而控制液压执行元件的运行速度。在建模分析时，可以对系统进行以下假设。

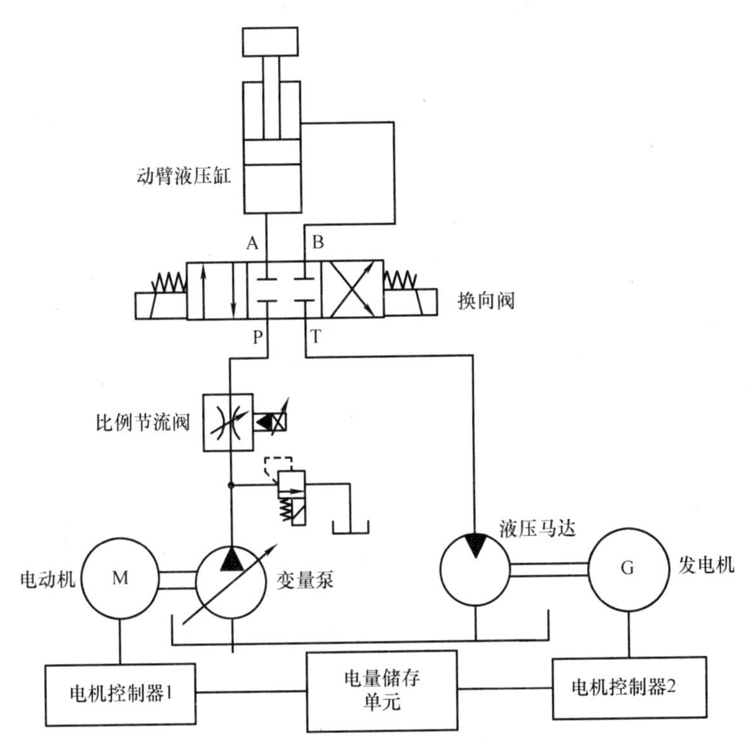

图 5-1　液压马达 – 发电机能量回收系统简化示意图

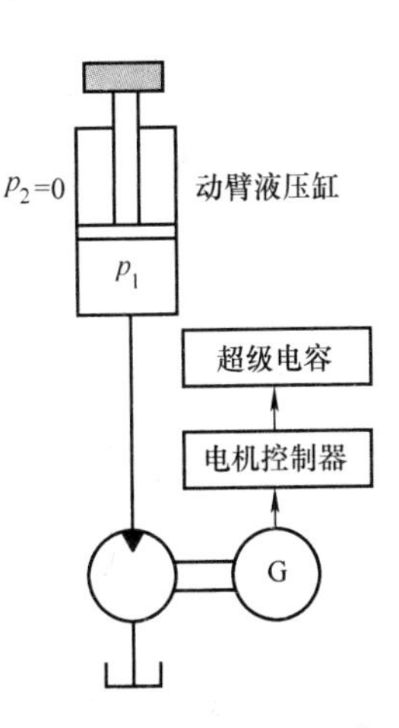

图 5-2　液压挖掘机基本能量回收系统简化原理图

1）由于液压马达主要是对执行机构下放时的重力势能进行回收，因此仅以液压缸回缩时作为研究对象，不考虑其外伸过程。

2）忽略了换向阀对动臂速度特性的影响。

3）液压马达和发电机同轴相连。

4）动臂下放时，忽略由于动臂液压缸的活塞运动对动臂液压缸无杆腔和液压马达之间压力容腔体积的影响。

5）动臂液压缸和液压马达均无弹性负载。

6）系统安全阀未溢流，补油单向阀未打开。

7）液压马达回油压力为零。

8）每个腔室内的压力是均匀相等的，液体密度为常数。

9）液压马达排量恒定。

1. 动臂速度控制数学模型

（1）基本电气式能量回收系统数学模型的建立

1）液压马达流量方程

$$q_{\mathrm{m}} = \omega V_{\mathrm{m}} + C_{\mathrm{im}} p_1 + C_{\mathrm{em}} p_1 \tag{5-1}$$

式中 C_{im}——液压马达内泄漏系数（$m^3/Pa \cdot s$）；

C_{em}——液压马达外泄漏系数（$m^3/Pa \cdot s$）；

ω——发电机和液压马达的角速度（rad/s）；

V_m——液压马达的排量（m^3/rad）；

p_1——液压缸无杆腔和液压马达之间的容腔压力（Pa）。

2）油液的连续性方程

$$A_1 v_c - [C_{ic}(p_1 - p_2) + C_{ec} p_1] - q_m = \frac{V}{\beta_e}\frac{dp_1}{dt} \tag{5-2}$$

式中 C_{ic}——液压缸内泄漏系数（$m^3/Pa \cdot s$）；

C_{ec}——液压缸外泄漏系数（$m^3/Pa \cdot s$）；

V——液压缸无杆腔与液压马达之间的容腔容积（m^3）；

β_e——有效体积弹性模量（Pa）；

A_1——液压缸无杆腔的有效面积（m^2）；

v_c——活塞运动速度（m/s），取向下为正。

由于 $p_1 >> p_2$，所以 $p_1 - p_2 \approx p_1$。

令系统的总泄漏系数为

$$C_t = C_{ic} + C_{im} + C_{ec} + C_{em} \tag{5-3}$$

则式（5-1）和式（5-3）代入式（5-2）后，可简化为

$$A_1 v_c - C_t p_1 - \omega V_m = \frac{V}{\beta_e}\frac{dp_1}{dt} \tag{5-4}$$

3）液压缸的力平衡方程

忽略弹性负载与外扰力后，液压缸与负载的力平衡方程为

$$p_2 A_2 - p_1 A_1 = m\dot{v}_c + b_c v_c \tag{5-5}$$

式中 m——液压缸活塞及负载折算到活塞杆上的总质量（kg）；

b_c——液压缸活塞及负载的粘性阻尼（$N \cdot s/m$）；

p_2——液压缸有杆腔内的压力（Pa）；

A_2——液压缸有杆腔内的有效面积（m^2）。

动臂下放时，对于液压缸有杆腔的压力油来说，液压缸活塞及负载折算到活塞杆上的总质量为一个负负载，其有杆腔的压力很小，为了只研究重力势能的回收效果，排除有杆腔的压力对能量回收的影响，假设当液压缸靠重力快速下落时其有杆腔的压力很低，即 $p_2 << p_1$，式（5-5）可简化为：

$$-p_1 A_1 = m\dot{v}_c + b_c v_c \tag{5-6}$$

4）液压马达的转矩平衡方程

忽略弹性负载与外干扰转矩，液压马达与负载的转矩平衡方程为

$$V_m p_1 + T_g = J\dot{\omega} + b_m \omega \tag{5-7}$$

式中　T_g——用作发电机的发电转矩（N・m）（电动为正，发电为负）；

J——液压马达－发电机等效转动惯量（$kg \cdot m^2$）；

b_m——液压马达回转的粘性阻尼（N・m・s）。

5）发电机的物理方程

永磁同步发电机一般采用矢量控制，即把交流电机模拟成直流电机控制，这里仅考虑矢量变频控制中的转速环。对于矢量控制变频电机，由于电机控制器及电机的电磁产生目标电磁转矩的时间远小于液压马达－发电机的机械响应时间，因此电机控制器和发电机可以假设为一个比例环节：

$$T_g = K_g(\omega_t - \omega) \tag{5-8}$$

式中　K_g——发电机转矩和转速差的比例系数 N・m/(rad/s)；

ω_t——发电机目标角速度（rad/s）。

对式（5-4）、式（5-6）、式（5-8）进行拉氏变换得：

$$A_1 v_c(s) - V_m\omega(s) = \left(\frac{Vs}{\beta_e} + C_t\right)p_1(s) \tag{5-9}$$

$$-p_1(s)A_1 = msv_c(s) + b_c v_c(s) \tag{5-10}$$

$$V_m p_1(s) + T_g(s) = Js\omega(s) + b_m\omega(s) \tag{5-11}$$

$$T_g(s) = K_g\omega_t(s) - K_g\omega(s) \tag{5-12}$$

由式（5-9）~式（5-12）整理得

$$v_c(s) = \frac{\dfrac{K_g V_m}{A_1}\omega_t(s)}{\left(\begin{array}{l}\dfrac{JmV}{A_1^2\beta_e}s^3 + \left(\dfrac{JmC_t}{A_1^2} + \dfrac{mV(b_m + K_g)}{\beta_e A_1^2} + \dfrac{JVb_c}{\beta_e A_1^2}\right)s^2 \\ + \left(J + \dfrac{mC_t(b_m + K_g) + JC_t b_c + mV_m^2}{A_1^2} + \dfrac{Vb_c(b_m + K_g)}{\beta_e A_1^2}\right)s \\ + \dfrac{(b_m + K_g)A_1^2 + C_t b_c(b_m + K_g) + b_c V_m^2}{A_1^2}\end{array}\right)} \tag{5-13}$$

由于液压挖掘机的惯性负载相对于液压缸和液压马达来说比较大，为了便于分析系统的模型，这里忽略系统中液压缸和液压马达的粘性阻尼，即 $b_c = b_m = 0$，则式（5-13）可以进一步简化成下式。

$$v_c(s) = \frac{\dfrac{V_m}{A_1}\omega_t(s)}{\dfrac{JmV}{K_g A_1^2\beta_e}s^3 + \left(\dfrac{mV}{A_1^2\beta_e} + \dfrac{JmC_t}{A_1^2 K_g}\right)s^2 + \left(\dfrac{mC_t}{A_1^2} + \dfrac{J}{K_g} + \dfrac{mV_m^2}{K_g {A_1}^2}\right)s + 1} \tag{5-14}$$

分母中的第一项和第二项为

$$\frac{JmV}{K_g A_1^2\beta_e}s^3 + \frac{mV}{A_1^2\beta_e}s^2 = \frac{mV}{K_g\omega A_1^2\beta_e}s^2(Js\omega + K_g\omega) \tag{5-15}$$

式（5-15）中右侧括号中第 1 项是转速对液压马达惯性转矩的影响，第 2 项是电动机由于转速变化而引起的转矩变化。一般液压马达和发电机的等效转动惯量很小，而发电机的刚性比较大，所以 $Js\omega \ll K_g\omega$，则式（5-15）变为

$$v_c(s)=\frac{\dfrac{V_m}{A_1}\omega_t(s)}{\left(\dfrac{mV}{A_1^2\beta_e}+\dfrac{JmC_t}{A_1^2K_g}\right)s^2+\left(\dfrac{mC_t}{A_1^2}+\dfrac{J}{K_g}+\dfrac{mV_m^2}{K_gA_1^2}\right)s+1} \tag{5-16}$$

由此可以得到液压挖掘机基本能量回收系统的液压固有频率和阻尼比：

$$\omega_h=\sqrt{\frac{1}{\left(\dfrac{mV}{A_1^2\beta_e}+\dfrac{JmC_t}{A_1^2K_g}\right)}} \tag{5-17}$$

$$\xi_h=\frac{C_t}{2A_1\sqrt{\dfrac{JC_t}{K_gm}+\dfrac{V}{m\beta_e}}}+\frac{J}{2K_g\sqrt{\dfrac{JmC_t}{A_1^2K_g}+\dfrac{mV}{A_1^2\beta_e}}}+\frac{mV_m^2}{2K_gA_1^2\sqrt{\dfrac{JmC_t}{A_1^2K_g}+\dfrac{mV}{A_1^2\beta_e}}} \tag{5-18}$$

（2）传统回油节流控制系统数学模型的建立

为了对比研究基本能量回收系统的控制性能，建立传统节流调速系统的数学模型。由于动臂下放时负负载的存在使得动臂液压缸的有杆腔压力很小，使得动臂有杆腔压力对动臂速度控制的影响很小，因此可以把动臂下放过程的速度控制系统简化成图 5-3 所示的系统。

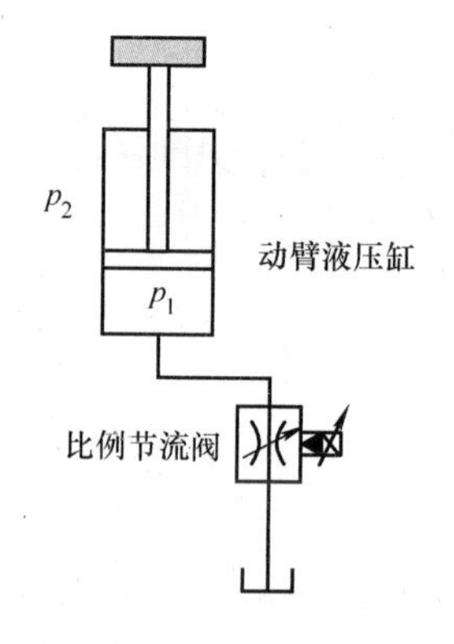

图 5-3 液压挖掘机传统节流控制系统简化原理图

1）比例节流阀的流量方程

$$q_J=K_qx_v+K_Cp_1 \tag{5-19}$$

式中 K_q——比例节流阀的流量增益（m^2/s）；

K_C——比例节流阀的流量压力系数（$m^3/Pa\cdot s$）；

x_v——比例节流阀阀芯开度（m）。

2）油液的连续性方程

$$A_1v_c-C_{ct}p_1-q_J=\frac{V}{\beta_e}\frac{dp_1}{dt} \tag{5-20}$$

3）液压缸的力平衡方程同式（5-6）。

对式（5-19）、式（5-20）、式（5-6）进行拉氏变换后整理得到

$$v_c(s)=\frac{\dfrac{K_q}{A_1}x_v}{\left(\dfrac{Vm}{A_1^2\beta_e}s^2+\dfrac{m(C_{ct}+K_C)}{A_1^2}s+1\right)} \tag{5-21}$$

由此可到传统节流调速系统的液压固有频率和阻尼比

$$\omega_h = \sqrt{\frac{\frac{1}{Vm}}{A_1^2\beta_e}} \tag{5-22}$$

$$\xi = \frac{(C_{ct} + K_C)}{2A_1}\sqrt{\frac{m\beta_e}{V}} \tag{5-23}$$

2. 基本能量回收系统的控制特性分析

由式（5-17）和式（5-22）相比可以看出，考虑发电机特性后，系统的液压固有频率变小了，使得系统的动态响应进一步减小，同时液压马达－发电机的转动惯量 J 越大和发电机转矩和转速差的比例系数 K_g 越小时，其固有频率越小。由式（5-18）可以看出，当液压马达－发电机等效转动惯量 J 较小和发电机转矩和转速差比例系数 K_g 较大时，发电机特性对系统固有频率的影响较小，但减少液压马达发电机等效转动惯量 J 和增大发电机比例系数 K_g 会使其阻尼比变小，导致系统的稳定性变差。因此，采用电气式能量回收系统后，发电机转矩和转速差比例系数 K_g 和液压马达－发电机等效转动惯量 J 是影响系统固有频率和稳定性的主要因素。

从式（5-18）可以看出，适当增大液压缸活塞面积 A_1、提高油液的有效体积弹性模量 β_e 等可以较小程度改善其控制性能，但改变的余地不大。减小压缩容积 V 同样也可以提高系统的动态响应，由于系统管道的直径由系统的压力和流量特性决定，因此减少压缩容腔体积的主要方法是，减少液压马达和动臂液压缸无杆腔之间的管道长度。

5.2　能量转换单元的效率特性分析及优化

在液压挖掘机的基本能量回收系统中，动臂液压缸无杆腔的液压油驱动液压马达回转，将液压能转化为机械能输出，并带动发电机发电，三相交流电能经电机控制器 2 整流为直流电能并储存在电量储存单元中。然而，高效回收一直是电气式回收单元的难点，主要体现为如下几个方面。

1）在液压挖掘机的基本能量回收系统中，动臂下放过程与液压马达－发电机能量回收过程相互影响，在动臂下降时，可回收能量的工况波动剧烈，其压力和流量均在大范围内波动。由于动臂液压缸无杆腔的压力油直接作用于液压马达－发电机能量回收单元，因此，能量回收系统中发电机的发电转矩和转速也随之大范围内剧烈波动，因此高效回收是液压挖掘机基本电气式能量回收系统中难以克服的一个较大的难点。

2）液压马达－发电机回收能量的时间和动臂下放时间相同，即使在标准挖掘工况下，其能量回收时间也很短，大约为 2～3s，极限工况时，动臂每次下放的时间更短，比如人为操作动臂先导手柄来调整铲斗位置时，其下放距离一般较短，如果动臂下放速度完全由液压马达－发电机组成的能量回收系统控制，必然会造成发电机的频繁起动和停止，这样必然造成能量上的额外损耗等。同时由于容积调速的阻尼比较小，频繁起动和停止发电机也必然造成系统的冲击和振荡。因此，如何在这么短的时间内回收动臂下放过程中释放的能量且保证系统良好的操作性是一个较大的问题。

在电气式能量回收系统中能量转换单元依次为液压马达、发电机、电机控制器2和电池/超级电容。其中电机控制器的效率较高，且随着电力电子技术的发展，电机控制器的效率甚至可以更高，所以在能量回收系统回收能量的过程中液压马达、发电机、电量储存单元是影响能量回收效率的主要原因。因此，为制定能量回收系统既可高效回收又可保证良好操作性能的优化控制策略，有必要对能量回收系统各个关键元件进行效率特性分析。本节根据能量流的先后顺序依次对能量回收转换单元的关键元件液压马达、发电机和超级电容的效率特性展开如下分析。

5.2.1 液压马达效率模型及分析[1]

在液压挖掘机的基本能量回收系统中，液压马达既可采用定量液压马达，也可采用变量液压马达。当采用定量液压马达时，液压马达的流量主要通过调节发电机的转速来调整；当液压马达为变量液压马达时，可以通过改变液压马达的排量来改变发电机的工作点分布，进而提高发电机的发电效率，但液压马达自身的效率同样会随排量的改变而改变。因此以变量液压马达为例对液压马达的效率特性进行分析，当需要建立定量液压马达的效率数学模型时，只需要设定变量液压马达的效率数学模型的排量为某个恒定值即可。

图5-4为斜盘式柱塞马达的受力分析图。从图中可以看出，斜盘式柱塞马达在起动阶段力偶所产生的静摩擦力较大，此时效率较低。因此在起动频繁的场合，基本不采用斜盘式结构马达。斜盘式和斜轴式柱塞马达的机械效率随马达进出口压差的变化规律如图5-5所示，斜轴式的效率明显优于斜盘式。由于液压挖掘机的工况较为恶劣，当前应用于工程机械的液压马达也几乎全部都是斜轴式柱塞马达。因此本节选用斜轴式轴向柱塞液压马达作为能量回收系统中的液压马达。

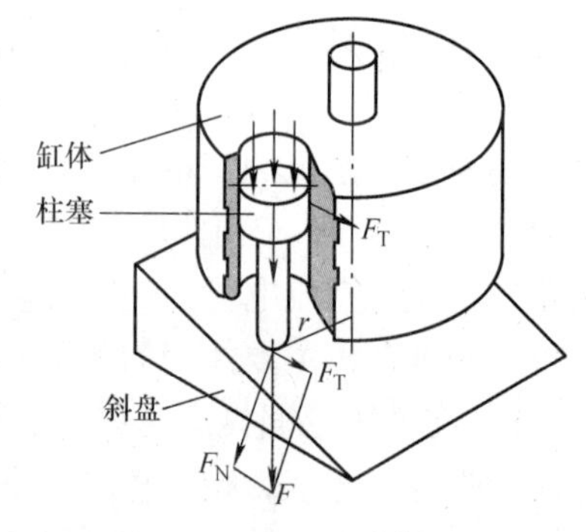

图5-4　斜盘式柱塞马达受力分析图

如图5-6所示，进出口压力油作用于柱塞2，推力通过连杆1作用于驱动板，由于进出口压力油压差的存在决定了作用于驱动板8转矩差的存在，从而使驱动板8转动。依靠连杆1与柱塞内壁接触，驱动板8带动缸体3一起转动，通过驱动板8和连杆1带动柱塞往复运动，完成进油和出油过程。

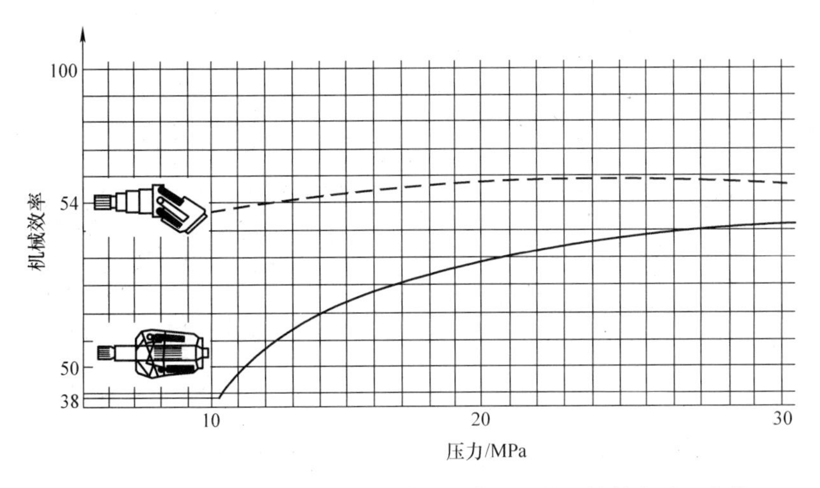

图 5-5　同一规格的斜盘式和斜轴式柱塞马达的机械效率对比曲线

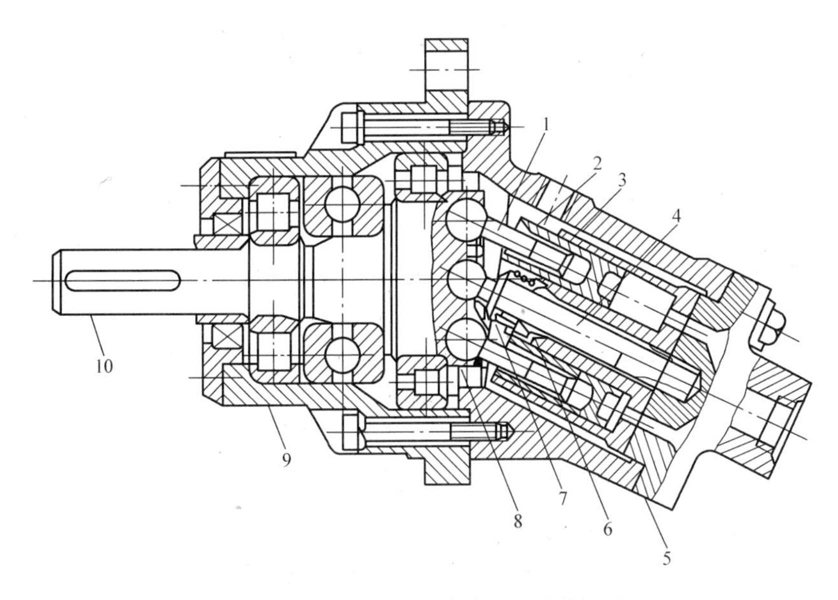

图 5-6　斜轴式轴向柱塞液压马达结构图

1—连杆　2—柱塞　3—缸体　4—中心销　5—配流盘　6—球面衬套　7—弹簧　8—驱动板　9—外壳　10—主轴

1. 理论转矩和总机械效率

液压马达受力分析如图 5-7 所示，液压马达的理论转矩以及各阻力转矩的计算如下。

（1）理论转矩

1）进出口压力油作用力经柱塞、连杆对输出轴产生的平均转矩为

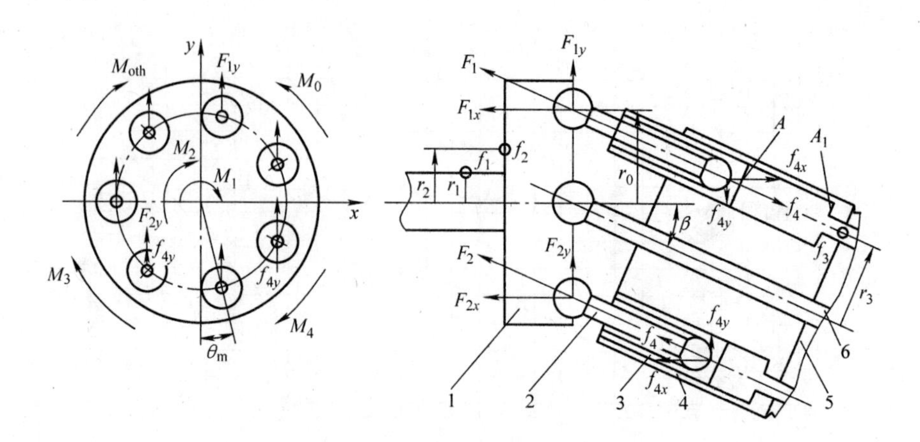

图 5-7　斜轴式轴向柱塞液压马达受力图

1—驱动板　2—连杆　3—柱塞　4—缸体　5—配油盘　6—中心销

$$T_t = \frac{zAr_0 \times 10^6}{p}\Delta p \sin\beta = \frac{q\Delta p}{2p} \tag{5-24}$$

式中　A——柱塞面积（m^2）；

z——柱塞个数；

r_0——柱塞缸内液压力传递到驱动板的力作用半径（m）；

q——液压马达排量（mL/r）；

Δp——压差（MPa）；

β——缸体轴线与传动轴线的夹角（°）。

2）轴承径向力产生的摩擦力对输出轴产生的平均摩擦转矩为

$$T_1 = \frac{\mu_1 zAr_1 \times 10^6}{2}\sin\beta\Delta p \propto q\Delta p \tag{5-25}$$

式中　μ_1——摩擦力 f_1 作用面的摩擦因数；

r_1——摩擦力 f_1 作用半径（m）。

3）轴承轴向力产生的摩擦力对输出轴的平均摩擦转矩为

$$T_2 = \frac{\mu_2 zAr_2 \times 10^6}{2}\cos\beta\Delta p \propto \Delta p \tag{5-26}$$

式中　μ_2——摩擦力 f_2 作用面的摩擦因数；

r_2——摩擦力 f_2 作用半径（m）。

由于缸体轴线与传动轴线的夹角 β 较小，因此可以认为 $\cos\beta >> 1$。

4）缸体与配流盘产生的摩擦力对中心销的摩擦转矩而传递到输出轴的平均摩擦转矩为

$$T_3 = \frac{c_1\mu_3 zA_1 r_3 \times 10^6}{2}\Delta p \propto \Delta p \tag{5-27}$$

式中 c_1——作用于缸体的摩擦转矩传递到输出轴的摩擦转矩的传递系数；

A_1——缸体内孔压力油作用面积（m^2）；

r_3——摩擦力 f_3 作用半径（m）；

μ_3——摩擦力 f_3 作用面的摩擦因数。

随着转速的增大，配油盘与缸体之间的油膜充分形成，使摩擦状态发生了从干摩擦到油性摩擦，最后到流体动力摩擦的转变，μ_3 逐渐减小到一较为稳定的值。

5）柱塞和连杆离心力作用于缸体产生的摩擦力对输出轴产生的平均摩擦转矩为

$$T_4 = \frac{2zc_2\mu_4 mA_1 r_3^2 \left(\frac{2\pi n}{60}\right)^2 \times 10^6}{\pi}\tan\beta \propto qn^2 \tag{5-28}$$

式中 c_2——平衡柱塞和连杆离心力而缸体作用于活塞的力的系数；

m——单个柱塞和连杆的质量（kg）；

μ_4——摩擦力 f_4 作用面的摩擦因数；

n——液压马达转速（r/min）。

（2）总机械效率

从式（5-25）~式（5-28）可以看出，斜轴式轴向柱塞液压马达的机械损耗主要和液压马达两端的压力差 Δp、液压马达排量 q、液压马达转速 n 等相关，公式中的其他系数均为和液压马达自身结构参数有关的常量。因此，液压马达总机械损耗 ΔT、实际输出转矩 T 以及总机械效率 η_{mt} 可表示为

液压马达总机械损耗： $$\Delta T = k_1\Delta p + k_2 qn^2 + k_3 q\Delta p \tag{5-29}$$

液压马达实际转矩： $$T = T_t - k_1\Delta p - k_2 qn^2 - k_3 q\Delta p \tag{5-30}$$

液压马达机械效率： $$\eta_{mt} = 1 - \frac{2\pi k_1}{q} - \frac{2\pi k_2 n^2}{\Delta p} - 2\pi k_3 \tag{5-31}$$

式中 k_1，k_2，k_3——液压马达的总机械损耗系数；

T——液压马达实际输出转矩（N·m）；

η_{mt}——液压马达总机械效率。

2. 容积效率

液压马达的容积损耗主要由泄漏、气穴和油液在高压下的压缩性而造成的损耗。由于液压油的温度、压力和液压马达的转速变化都会影响马达的流量损耗，因而很难用一个通式来描述。当液压马达为轴向柱塞马达时，压差所形成的容积泄漏 Δq_{sv} 和压缩损耗 Δq_{v1} 可表示为

$$\Delta q_{sv} = C_{vs}\Delta p \tag{5-32}$$

$$\Delta q_{v1} = C_{ve} qn\Delta p \tag{5-33}$$

式中 Δq_{sv}——液压马达泄漏损耗（L/min）；

Δq_{v1}——液压马达油液压缩损耗（L/min）；

C_{vs}——与液压马达结构有关的泄漏系数；

C_{ve}——液压马达油液压缩损耗系数。

最后，液压马达的总容积损耗、实际流量和容积效率计算如下

液压马达总容积损耗 $$\Delta q = C_{vs}\Delta p + C_{ve}qn\Delta p \tag{5-34}$$

液压马达实际流量 $$q = \frac{qn}{1000} + \Delta p(C_{vs} + C_{ve}qn) \tag{5-35}$$

液压马达容积效率 $$\eta_{mv} = \frac{1}{1 + \frac{1000C_{vs}\Delta p}{qn} + 1000C_{ve}\Delta p} \tag{5-36}$$

3. 效率模型的参数辨识

目前，国内变量液压马达主要采用国外著名厂家的产品生产，有些结构参数受条件和环境的制约难以确定，因此可以通过借助试验方法对液压马达效率模型中未知参数进行辨识。由于从实验数据的获取到模型参数的辨识经反复探索，计算量大，用手工难以完成，而 MATLAB 作为一款深受用户欢迎的运算工具，提供了系统模型辨识的各种函数，可简化计算过程，使系统辨识工作变得易于进行，借助 MATLAB 进行参数辨识。

为了辨识出液压马达效率模型的未知参数，建立了液压马达效率模型损耗系数测试平台。测试系统原理如图 5-8 所示，控制器为一台包括 1 块数据采集卡和 1 块数据控制卡的工控机，用来采集转矩转速仪测量得到的发电机的转矩与转速信号，流量计测量得到的液压马达流量信号，压力传感器测量得到的液压马达压力信号以及超级电容的电压和电流信号；同时输出发电机的模式控制信号及目标信号、液压马达排量控制信号以及比例溢流阀的压力控制信号。试验中通过调节发电机的转速实现液压马达流量的模拟，通过比例溢流阀来模拟液压马达压力信号。

（1）机械损耗系数的辨识

1）k_2参数辨识。系数 k_2 可以通过固定液压马达排量和液压马达入口压力，通过调节发电机转速，测量液压马达实际输出转矩和转速的关系，利用 MATLAB 中多项式曲线拟合公式 polyfit 函数进行曲线拟合，可以求得 k_2。

测试时，分别在不同液压马达排量，不同压力等级的测试条件时测量液压马达的输出转矩和液压马达的转速关系。由于小型液压挖掘机在动臂下放时其动臂液压缸无杆腔的压力一般小于 13MPa，所以对液压马达效率模型的参数进行测试时，液压马达的最大压力等级为 14MPa。测试曲线如图 5-9 所示，通过 MATLAB 曲线拟合得到液压马达转矩和转速平方的关系系数为 0，而与转速一次方成正比。对液压马达的转矩公式进行修正，并令 $B_2 = k_2 q$，则液压马达的输出转矩公式为

$$T = T_t - k_1\Delta p - k_3 q\Delta p - B_2 n \tag{5-37}$$

最后，通过 MATLAB 曲线拟合可以得到系数 B_2，如表 5-1 所示，得到系数 k_2：

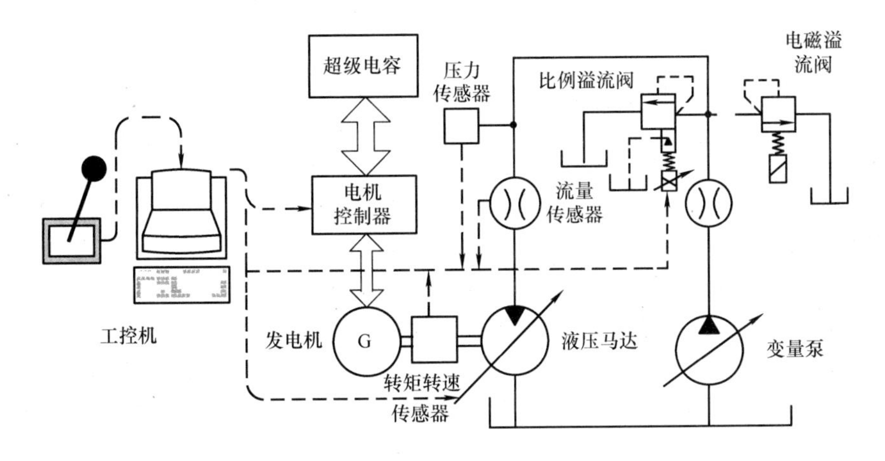

图 5-8　液压马达效率模型损耗参数测试系统原理图

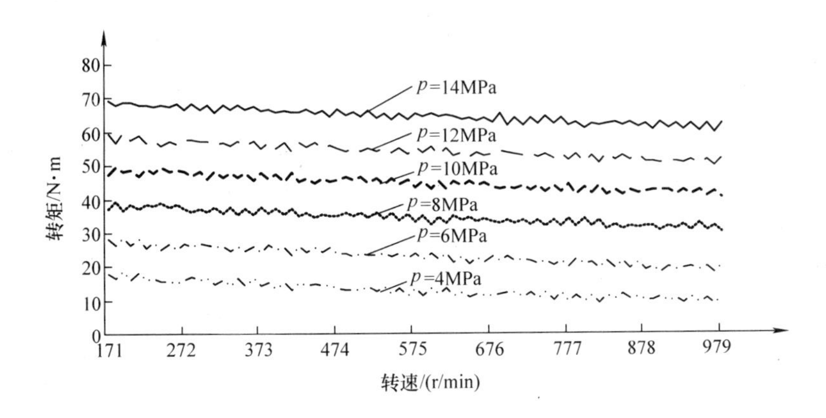

图 5-9　不同压力时，液压马达输出转矩和转速曲线（$q=35\text{mL/r}$）

$$k_2=\frac{B_2}{q}=0.00026\sim0.00028 \tag{5-38}$$

取 $k_2=0.00027$。

表 5-1　液压马达输出转矩和转速的系数 B_2

排量 \ 压力等级	8MPa	10MPa	12MPa	14MPa
45mL/r	-0.0126	-0.0120	-0.0121	-0.0123
35mL/r	-0.0093	-0.0096	-0.0096	-0.0099
25mL/r	-0.0069	-0.0069	-0.0068	-0.0066

2）系数 k_1 和 k_3 的估计。根据式（5-30），当液压马达转速为 0 时，液压马达的实际输出转矩为

$$T_{n=0}=\frac{q\Delta p}{2\pi}-k_1\Delta p-k_3q\Delta p=\Delta p\left(\frac{q}{2\pi}-k_1-k_3q\right)=\Delta pB_3 \tag{5-39}$$

式中　$T_{n=0}$——转速为 0 时，液压马达的输出转矩（N·m）。

理论上固定液压马达某一排量，调节发电机转速为 0，改变液压马达入口压力，测量液压马达的输出转矩和马达压力的关系，可以得到 k_1，k_3 的表达式；固定液压马达另一排量，重复上面步骤，可以得到 k_1，k_3 的另一表达式，联立两个方程可以求解 k_1，k_3。但由于电动机转速为零时，电动机处于制动状态，超级电容由于能量密度较低很容易放电完毕。因此采用一种利用测量不同压力等级时，液压马达实际输出转矩和液压马达的转速的关系，通过在 MATLAB 中曲线拟合的方法求得液压马达在转速为 0 时的输出转矩。测试中，液压马达的输出转矩和转速的关系如图 5-9 所示，通过在 MATLAB 中曲线拟合，可以得到液压马达在转速为零时的输出转矩和比例系数 B_3，如表 5-2 和表 5-3 所示。

表 5-2　液压马达转速为零时的输出转矩　　（单位：N·m）

排量 \ 压力等级	8MPa	10MPa	12MPa	14MPa
55mL/r	66.71	83.76	99.36	115.7
45mL/r	49.57	62.00	74.76	85.92
35mL/r	39.79	50.38	59.81	70.28
25mL/r	27.23	33.66	40.52	47.22

表 5-3　不同液压马达排量时的比例系数 B_3

排量	55mL/r	45mL/r	35mL/r	25mL/r
B_3	8.1285	6.0912	5.0453	3.3415

最后根据式（5-39）和表 5-3 求得液压马达效率模型损耗系数：

$$k_1=0.432 \tag{5-40}$$

$$k_3=0.00453 \tag{5-41}$$

（2）容积损耗系数的辨识

由式（5-35）可知，液压马达的流量主要和排量以及转速有关。令液压马达的流量与压力的斜率 B_1 为

$$B_1=C_{vs}+C_{ve}qn \tag{5-42}$$

通过测试可得，不同转速和排量时液压马达的流量和压力曲线如图 5-10 所示，利用 MATLAB 的 polyfit 函数进行拟合得到曲线斜率 B_1。

表 5-4 为不同转速和排量时液压马达的流量和压力曲线斜率。把表 5-4 中的数

据代入式（5-42），可以求得如下的液压马达效率模型容积损耗系数。

泄漏损耗系数
$$C_{ve}=0.11\times10^{-5} \tag{5-43}$$

压缩损耗系数
$$C_{vs}=0.0565 \tag{5-44}$$

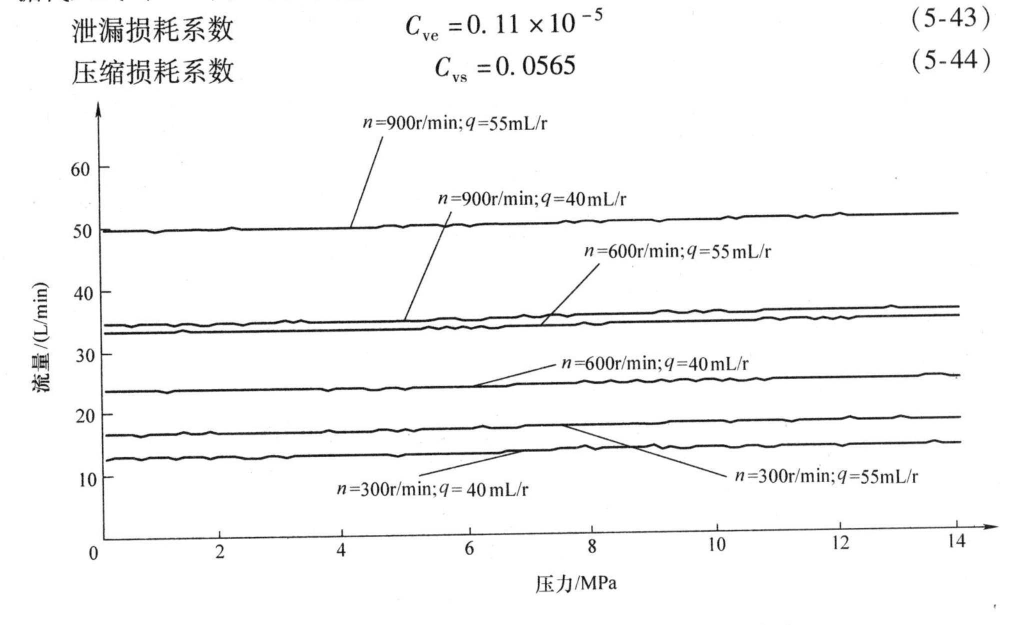

图 5-10　不同转速和排量时液压马达的流量和压力曲线

表 5-4　不同转速和排量时液压马达的流量和压力曲线斜率 B_1

液压马达转速 r/min	液压马达排量/(mL/r)	B_1
900	40	0.0967
600		0.0838
300		0.0699
900	55	0.0939
600		0.0875
300		0.0847

4. 液压马达效率特性分析

通过理论分析和测试估算各损耗系数，把辨识得到的液压马达容积损耗系数和机械损耗系数代入式（5-31）和式（5-36）得到液压马达的机械效率、容积效率以及总效率表达式

$$\eta_{mt}=1-\frac{2.714}{q}-\frac{0.0015n}{\Delta p}-0.01 \tag{5-45}$$

$$\eta_{mv}=\frac{1}{1+\dfrac{56.5\Delta p}{qn}+0.11\times10^{-2}\Delta p} \tag{5-46}$$

$$\eta_{mz}=\frac{1-\dfrac{2.714}{q}-\dfrac{0.0015n}{\Delta p}-0.01}{1+\dfrac{56.5\Delta p}{qn}+0.11\times10^{-2}\Delta p} \tag{5-47}$$

由液压马达的效率模型可知，液压马达的效率主要和排量、压力以及转速有关，因此，在不同压力等级相同流量时，研究液压马达变排量和变转速时的效率特性。测试时，利用负载模拟单元稳定液压马达入口压力分别为7MPa和14MPa，目标流量为20L/min。测试和利用效率模型计算的曲线如图5-11所示，从图中可以看出，测试曲线和理论分析曲线基本重合，因而理论分析的效率表达式，可以为效率优化提供足够准确的信息；马达排量越大，马达效率越高，且当马达排量在某一范围（35～55mL/r）变化时，马达效率的变化比较缓慢，当马达排量在较小范围变化时，马达效率变化比较剧烈，所以在效率优化中，希望通过改变马达排量而牺牲马达效率提高其他元件效率时，尽量使马达排量变化不在较小区域变化。

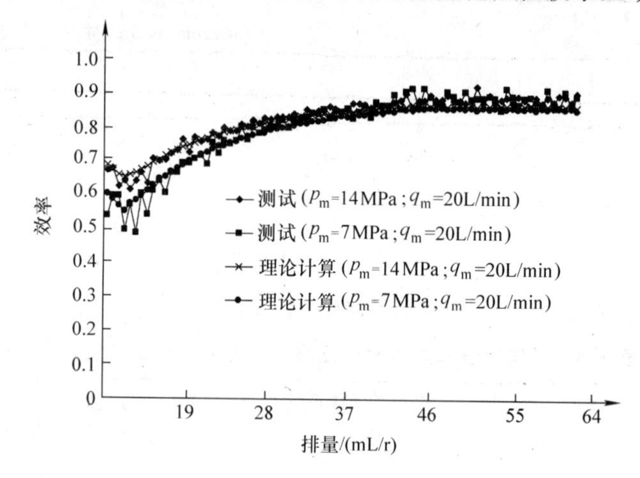

图5-11　相同流量时马达总效率和排量的关系曲线

从图5-12可以看出，柱塞式液压马达的容积效率较高，相对机械效率对总效率的影响可以忽略不计。从图5-13可以看出，当液压马达排量一定而通过发电机调速改变液压马达转速进而调节液压马达流量时，液压马达效率随液压马达的压力增大而增大；液压马达压力大于某个值时，其能量转换效率才能大于零。在某个转速区间内，转速越高，其效率越低。

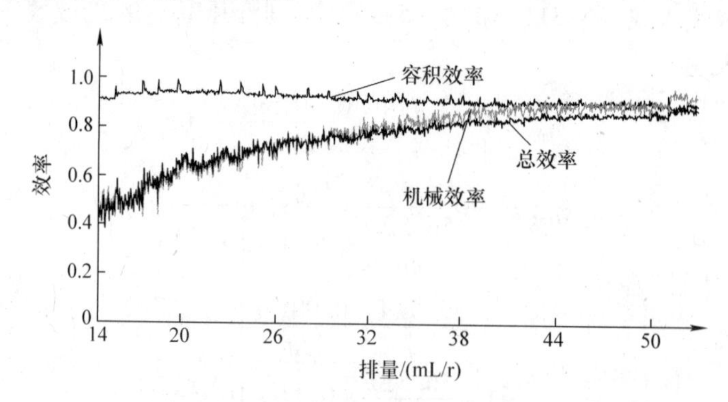

图5-12　当液压马达压力和流量一定时，液压马达的各效率曲线
（p_m=8MPa，q_m=25L/min）

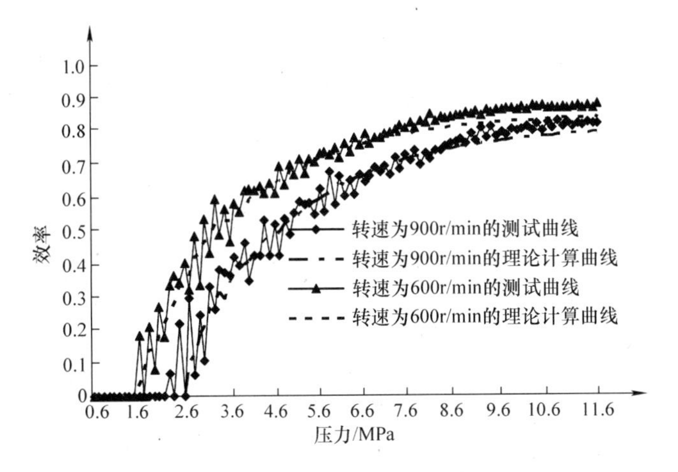

图 5-13　当液压马达排量一定时液压马达随压力变化的效率曲线（$q=55\mathrm{mL/r}$）

5.2.2　永磁同步发电机效率模型及分析

1. 永磁同步发电机效率数学模型的建立

永磁同步发电机特别适用于液压挖掘机的能量回收系统，因此在建立发电机的效率模型主要以永磁同步发电机为例。

发电机损耗的大小决定了发电机效率的高低，也是衡量发电机质量好坏的重要技术经济指标之一。永磁同步发电机由于转子安放了永磁体，由永磁体励磁取代了电励磁同步电动机的励磁绕组，没有励磁损耗，也不存在转子绕组损耗。永磁同步发电机的损耗一般主要有以下四种。

1）定子铜耗：定子绕组电流通过定子绕组产生的电阻损耗。

2）定子铁耗：由于主磁场在铁心内发生变化，包括定子铁心中磁场产生的涡流损耗和磁滞损耗。

3）机械损耗：包括轴承摩擦损耗和通风损耗。前者包括转子表面与冷却介质之间的摩擦损耗和风扇驱动功率。机械损耗与发电机的型式、转速和体积有关，受结构、工艺和运行环境等诸多因素的影响。

4）杂散损耗：包括空载时铁心中的杂散损耗和负载时的杂散损耗。前者是由于定转子开槽引起气隙磁场脉动而在对方铁心表面产生的表面损耗、开槽而使对方槽中磁通因发电机旋转而变化所产生的脉振损耗。后者是定子电流产生的漏磁场在绕组和铁心及结构件中产生的损耗。

以上各项发电机损耗中，杂散损耗和机械损耗一般占总损耗的 20% 左右，杂散损耗的建模和控制都非常困难，铜耗和铁耗则与磁场和负载大小有关，是可控的，大约占总损耗的 80%，是能量回收系统中发电机效率优化的主要研究对象。为了简化研究，在研究发电机效率模型时，忽略了机械损耗和杂散损耗。图 5-14

所示为考虑 d、q 轴上铁耗和铜耗时永磁同步发动机的等效电路。实验用发电机为磁钢表面安装的隐极结构发电机，因此 d 轴等效电感等于 q 轴等效电感。

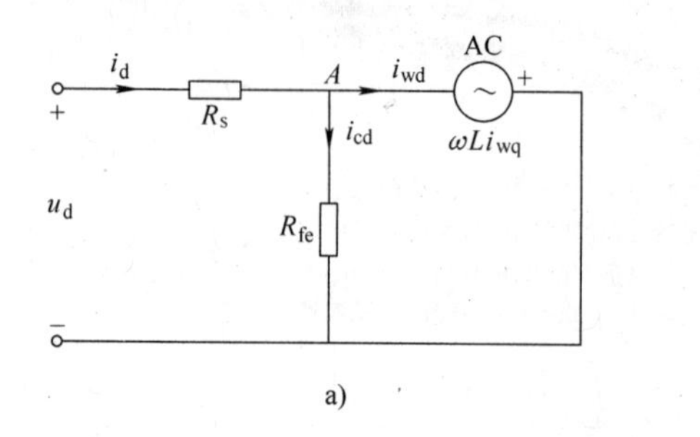

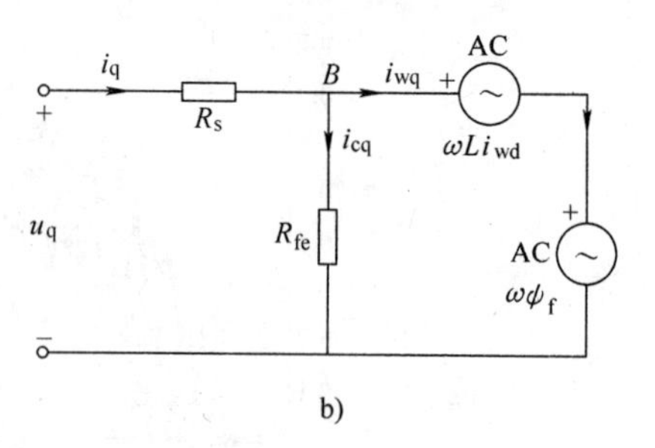

图 5-14 考虑铁损的按转子磁场定向的等效电路图

a）直轴等效电路 b）交轴等效电路

由图 5-14 可以得到 d、q 轴上的磁链分量 ψ_d、ψ_q 以及电压分量 u_d、u_q：

$$\psi_d = Li_{wd} + \psi_f \tag{5-48}$$

$$\psi_q = Li_{wq} \tag{5-49}$$

$$u_d = i_d R_s + L\frac{di_{wd}}{dt} + p\psi_f - \omega(Li_{wq}) \tag{5-50}$$

$$u_q = i_q R_s + L\frac{di_{wq}}{dt} + \omega(Li_{wd} + \psi_f) \tag{5-51}$$

式中 R_s——定子绕组电阻（Ω）；

L——d，q 轴等效电感（H）；

ω——电气转速（rad/s），$\omega = \omega_r n_p$；

ω_r——转子机械角速度（rad/s）；

n_p——发电机极对数；

ψ_f——永磁体交链于定子绕组的磁场（Wb）；

i_d，i_q——d、q 轴上的定子电流分量（A）；

u_d，u_q——d、q 轴上的定子电压分量（V）；

i_{wd}，i_{wq}——d、q 轴上的电流有功分量（A）。

发电机的转矩公式：

$$T_e = \frac{3}{2}n_p\psi_f i_{wq} \tag{5-52}$$

用发电机的矢量控制方法（$i_d = 0$）可以求得各电流的关系

$$i_{wd} = 0 \tag{5-53}$$

$$i_{wq} = \frac{2}{3}\frac{T_e}{n_p\psi_f} \tag{5-54}$$

$$i_{cd} = -\frac{\omega_r n_p L i_{wq}}{R_{fe}} = -\frac{2}{3}\frac{\omega_r L T_e}{R_{fe}\psi_f} \tag{5-55}$$

式中　R_{fe}——等效铁耗电阻（Ω）。

$$i_{\mathrm{cq}}=\frac{\omega_{\mathrm{r}}n_{\mathrm{p}}(Li_{\mathrm{wd}}+\psi_{\mathrm{f}})}{R_{\mathrm{fe}}}=\frac{\omega_{\mathrm{r}}n_{\mathrm{p}}\psi_{\mathrm{f}}}{R_{\mathrm{fe}}} \tag{5-56}$$

$$i_{\mathrm{d}}=-\frac{2}{3}\frac{\omega_{\mathrm{r}}LT_{\mathrm{e}}}{R_{\mathrm{fe}}\psi_{\mathrm{f}}} \tag{5-57}$$

$$i_{\mathrm{q}}=\frac{\omega_{\mathrm{r}}n_{\mathrm{p}}\psi_{\mathrm{f}}}{R_{\mathrm{fe}}}+\frac{2}{3}\frac{T_{\mathrm{e}}}{n_{\mathrm{p}}\psi_{\mathrm{f}}} \tag{5-58}$$

进一步可以得到发电机各损耗的表达式。

（1）定子铜耗

$$\begin{aligned}p_{\mathrm{cu}}&=i_{\mathrm{d}}^2R_{\mathrm{s}}+i_{\mathrm{q}}^2R_{\mathrm{s}}\\&=\frac{4}{9}\left(\frac{L}{R_{\mathrm{fe}}\psi_{\mathrm{f}}}\right)^2R_{\mathrm{s}}(\omega_{\mathrm{r}}T_{\mathrm{e}})^2+\left(\frac{n_{\mathrm{p}}\psi_{\mathrm{f}}}{R_{\mathrm{fe}}}\right)^2R_{\mathrm{s}}{\omega_{\mathrm{r}}}^2+\left(\frac{2}{3n_{\mathrm{p}}\psi_{\mathrm{f}}}\right)^2R_{\mathrm{s}}{T_{\mathrm{e}}}^2+\frac{4}{3}\frac{R_{\mathrm{s}}}{R_{\mathrm{fe}}}T_{\mathrm{e}}\omega_{\mathrm{r}}\end{aligned} \tag{5-59}$$

（2）定子铁耗

$$p_{\mathrm{fe}}=i_{\mathrm{cq}}^2R_{\mathrm{fe}}+i_{\mathrm{cd}}^2R_{\mathrm{fe}}=\left(\frac{n_{\mathrm{p}}\psi_{\mathrm{f}}}{R_{\mathrm{fe}}}\right)^2R_{\mathrm{fe}}\omega_{\mathrm{r}}^2+\frac{4}{9}\left(\frac{L}{R_{\mathrm{fe}}\psi_{\mathrm{f}}}\right)^2R_{\mathrm{fe}}(\omega_{\mathrm{r}}T_{\mathrm{e}})^2 \tag{5-60}$$

（3）总损耗

$$P_{\mathrm{loss}}=P_{\mathrm{cu}}+P_{\mathrm{fe}}=(\omega_{\mathrm{r}}T_{\mathrm{e}})^2a+{T_{\mathrm{e}}}^2b+\omega_{\mathrm{r}}^2c+T_{\mathrm{e}}\omega_{\mathrm{r}}d \tag{5-61}$$

其中系数 a、b、c、d 的表达式如下。

$$a=\frac{4}{9}\left(\frac{L}{R_{\mathrm{fe}}\psi_{\mathrm{f}}}\right)^2R_{\mathrm{s}}+\frac{4}{9}\left(\frac{L}{R_{\mathrm{fe}}\psi_{\mathrm{f}}}\right)^2R_{\mathrm{fe}} \tag{5-62}$$

$$b=\left(\frac{2}{3n_{\mathrm{p}}\psi_{\mathrm{f}}}\right)^2R_{\mathrm{s}} \tag{5-63}$$

$$c=\left(\frac{n_{\mathrm{p}}\psi_{\mathrm{f}}}{R_{\mathrm{fe}}}\right)^2R_{\mathrm{s}}+\left(\frac{n_{\mathrm{p}}\psi_{\mathrm{f}}}{R_{\mathrm{fe}}}\right)^2R_{\mathrm{fe}} \tag{5-64}$$

$$d=\frac{4}{3}\frac{R_{\mathrm{s}}}{R_{\mathrm{fe}}} \tag{5-65}$$

因此，忽略机械损耗和杂散损耗后，发电机的输入功率和发电效率可表示为

$$P=T_{\mathrm{e}}\omega_{\mathrm{r}} \tag{5-66}$$

$$\eta_{\mathrm{g}}=\frac{T_{\mathrm{e}}\omega_{\mathrm{r}}-P_{\mathrm{loss}}}{T_{\mathrm{e}}\omega_{\mathrm{r}}} \tag{5-67}$$

2. 永磁同步发电机效率分析

从损耗公式可以知道，假设发电机参数不变，发电机的损耗与发电机回收功率、转子磁链、转速、转矩有关。发电机制造厂家提供的测试参数如表 5-5 所示。

表 5-5　发电机的损耗

名称	ψ_f	R_s	L	n_p	R_{fe}
数值	0.28Wb	0.09Ω	1.5mH	2	250Ω

（1）发电机效率和转速的关系

当发电机的输入转矩一定时，存在一个最佳转速 n_t，使得发电机效率最高。由于液压马达和发电机同轴相连，因此可直接把液压马达转矩公式 $T_e=\dfrac{qP}{2\pi}$代入式(5-61)，并对角速度 ω_r 求导且令

$$\frac{d(P_{g-loss})}{d(\omega_r)}=0 \tag{5-68}$$

$$\omega=\frac{2\pi n}{60} \tag{5-69}$$

$$n_t=\sqrt{\frac{\dfrac{60bqp}{4\pi^2}}{\dfrac{aqp}{60}+\dfrac{4\pi^2 c}{60qp}}} \tag{5-70}$$

从图 5-15 中可以看出，不同的液压马达入口压力，发电机效率最高时其最优转速不同，且当液压马达压力越低，发电机的最佳转速越低。在液压马达 - 发电机能量回收系统中，液压马达 - 发电机能量转换单元工作时的压力一般在 4 ~ 14MPa 之间，从图中可以看出，当液压马达压力在 4 ~ 14MPa 之间和转速处于工作区间时，发电机的效率随转速增大而增大，并在转速达到 1000r/min 以后趋近平稳，因此为了保证能量回收效率，应该尽量使发电机转速大于某个阈值；发电机在不同液

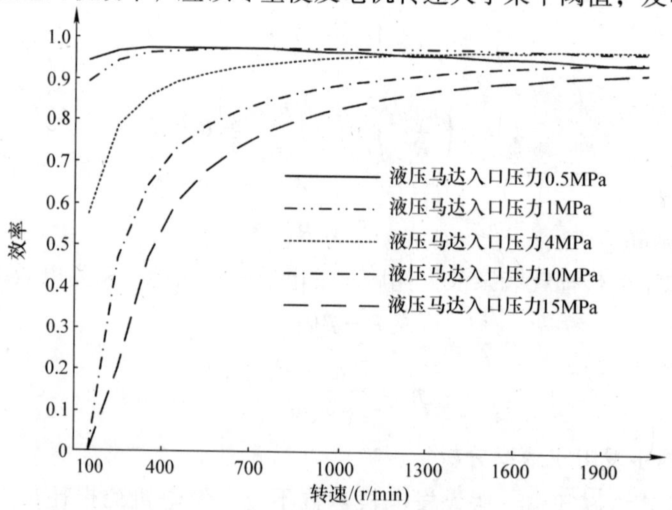

图 5-15　相同磁链不同回收功率发电机损耗和转子速度的关系曲线

压马达压力等级时都有一个最小发电速度，当发电机转速低于最小发电速度时，发电机处于耗能状态。

（2）相同液压马达压力和流量时发电机效率和排量的关系

从图5-16中可以看出，在相同的液压马达流量和压力时，发电机的效率随液压马达排量的增加而减小，这是由于相同流量时，液压马达排量越大，发电机转速越低，因此其效率越低。在相同流量不同压力时，液压马达压力和排量越小，液压马达效率越高。因此，就液压马达和发电机组成的能量转化单元来说，在相同的目标流量时，其有个最优速度，使得液压马达和发电机的总体效率最高。

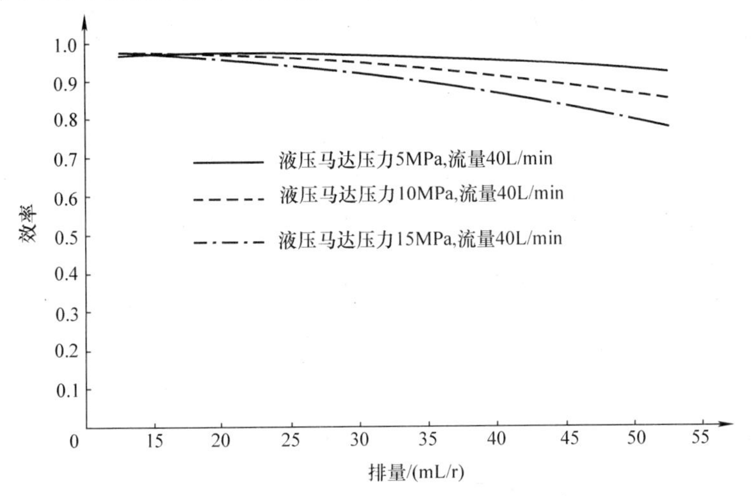

图5-16　相同液压马达压力和流量时发电机效率和液压马达排量的关系曲线

5.2.3　超级电容效率特性分析

1. 超级电容效率模型

以NSC1000NL－100V超级电容为例，共8个模块，组成一个四串两并的组合超级电容，其中单体电容为25 F，100V。

假设超级电容以恒定的电流 I 充放电，经过时间 t 后，电量从 Q_1 到 Q_2，电压从 U_1 到 U_2，则超级电容的储存能量表示为

$$E=\frac{(Q_2^2-Q_1^2)}{2C} \tag{5-71}$$

式中　C——超级电容本征容量（F）。

超级电容内阻消耗的能量为

$$E_R=I^2R_Ct=\frac{I^2t^2}{t}R_C=\frac{(Q_2-Q_1)^2}{t}R_C \tag{5-72}$$

式中　R_C——超级电容等效电阻（Ω）。

充电效率为

$$\eta_{cc}=\frac{E}{E+E_R}=\frac{t}{t+2\tau\left(1-\frac{2\frac{U_1}{U_2}}{\frac{U_1}{U_2}+1}\right)}=1-\frac{2\tau\left(1-4\left(1-\frac{1}{\frac{U_1}{U_2}+1}\right)\right)}{t+2\tau\left(1-4\left(1-\frac{1}{\frac{U_1}{U_2}+1}\right)\right)} \tag{5-73}$$

$$\tau=R_C C \tag{5-74}$$

式中　τ——超级电容时间常数。

放电效率为

$$\eta_{cd}=\frac{E-E_R}{E}=1-\frac{2\tau}{t}\left(1-\frac{2\frac{U_2}{U_1}}{\frac{U_2}{U_1}+1}\right) \tag{5-75}$$

超级电容效率定义为充放电过程中放电能量和充电能量的比值

$$\eta_{cz}=\frac{E-E_R}{E+E_R}=1-\frac{4\tau^2}{t^2}\left(1-\frac{2\frac{U_1}{U_2}}{\frac{U_1}{U_2}+1}\right)^2 \tag{5-76}$$

由式（5-73）、式（5-75）和式（5-76）可以看出，理论上，在相同的可回收电量时，即$\frac{U_2}{U_1}$相同时，充放电时间 t 越长，超级电容充电效率、放电效率、电容效率都越高。

2. 超级电容效率特性

（1）容量特性的标定

超级电容对本征容量的标定采用如下方法。

$$C = \frac{Q_c + Q_d}{2(U_2 - U_1)} \tag{5-77}$$

式中　Q_c——完全充电时充入的电荷量（C）；

Q_d——完全放电时放出的电荷量（C）。

采用恒流－恒压循环测试的方法对本征容量进行标定，即先以恒定电流 I 充电到电压上限 U_2，并在此电压下继续充电一定时间，直到充电电流很小；充电结束后转向放电，维持放电电流 I 放电至电压下限 U_1，再在此电压下放电一定时间。通过这样的测试可根据充放电电流和充放电时间测出充电电量 Q_c 和放电电量 Q_d，用式（5-77）计算本征容量。经标定后各模块的本征容量如表 5-6 所示，因此组合电容的本征容量为：13.17F。

表 5-6　超级电容标定容量

模块	1	2	3	4	5	6	7	8
本征容量/F	26.5	26.6	26.4	26.1	26.0	26.0	26.7	26.4

（2）内阻特性的标定

超级电容等效内阻主要由电极内阻、溶液内阻和接触电阻组成。超级电容对内阻特性的标定采用如下的方法。

$$R_i = \frac{\Delta V_C + \Delta V_d}{2I} \tag{5-78}$$

在试验室中对超级电容进行恒流－恒压循环测试时会发现，在充电结束转向放电时，电容端电压会突然回落；而在放电结束转向充电时，电容端电压会突然上升。这是因为在恒压充（放）电结束前，充（放）电流已经很小，可以忽略等效内阻的电压降，电路端电压近似等于电容电压；接下来在恒流充放电开始后，电流很大，内阻引起的压降不能忽略，造成电压明显下降（或上升）。测出充电时的电压上升值 ΔV_C 和放电时电压下降值 ΔV_d，可以认为它们是内阻压降引起的，这样可以根据式（5-78）计算等效内阻 R_i。最后，超级电容各模块的等效内阻如表 5-7 所示。

表 5-7　超级电容各模块的等效内阻

模块	1	2	3	4	5	6	7	8
等效内阻/mΩ	44.1	41.7	36.8	39.1	42.2	38.4	42.3	41.2

最后，组合电容（四串两并表 5-7 中电容）的等效内阻为 81.45mΩ，时间常数 τ 为 1.07。因此，超级电容内阻较小，可高效回收发电机回收的能量。时间常数 τ 也相对蓄电池较小，可以更容易满足快速吸收大电流的特性要求。

（3）充放电效率测试及分析

式（5-73）、式（5-75）和式（5-76）分别描述了超级电容在恒流充放电的效率特性，但在实际能量回收过程中，超级电容的充放电电流与可回收功率和电容电压有关，同时电容的内阻和电容的温度、电压、电流等有关，且它们之间的特性难以用一个数学公式表达。因此，基于搭建的实验平台测试了超级电容效率与充放电状态的关系，为后期能量回收系统效率整体优化时提供依据。

（1）恒功率充放电时，充放电功率对超级电容效率的影响

测试时，在恒定的充电功率下对超级电容进行充电，使超级电容 *SOC* 由最小值升至最大值，然后在恒定的功率下将超级电容放电，超级电容 *SOC* 由最大值降至最小值，改变充放电功率后再重复上述步骤。测试时得到超级电容的电压和电流值，按下式计算超级电容在一个充放电过程中的效率。

$$\eta_C = \frac{\sum_{t=t_1}^{t_2} U_t I_t \Delta t}{\sum_{t=0}^{t_1} U_t I_t \Delta t} \tag{5-79}$$

式中 η_C——超级电容的效率（%）；

t_1——充电结束时间（s）；

t_2——放电结束时间（s）；

U_t——t 时刻超级电容的电压值（V）；

I_t——t 时刻超级电容的电流值（V）；

Δt——采样时间间隔（s）。

图 5-17 所示为充放电功率均为 15kW 时超级电容的电压变化曲线。从图中也可以看出，超级电容在从充电模式切换成放电模式时，由于超级电容内阻的存在，电压会忽然下降，在初始时刻超级电容也存在一个较小的电压降，其原因是，由于超级电容和发电机控制器之间的电源开关闭合，超级电容从开路切换成闭合回路，

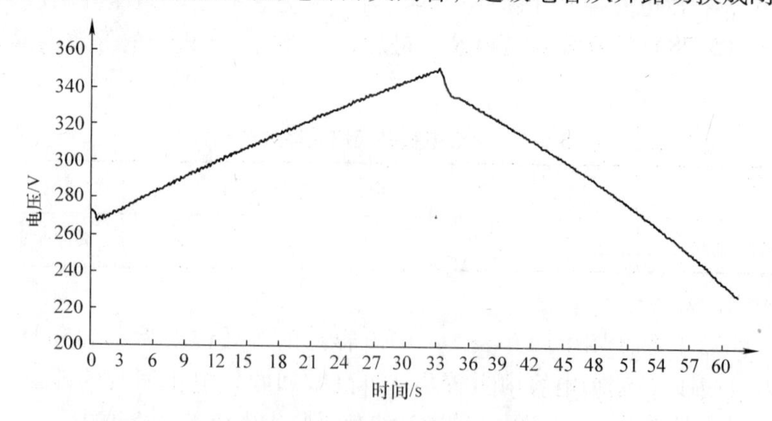

图 5-17 充放电功率均为 15kW 时超级电容的电压变化曲线

瞬间超级电容对电机控制器的母线电容进行放电，导致电压下降。

表5-8所示为超级电容分别在5kW、10kW、15kW、20kW及25kW时的充放电功率下的效率，由表可以看出，当超级电容的充放电功率都较小时，超级电容的效率较高，即在相同充放电电量时，充放电时间越长，其工作效率越高，和上面基于恒流充放电时的效率特性相同。因此为提高其效率，应避免超级电容工作中的大功率充放电或者在可回收能量相同时尽量提高能量回收的时间。

表5-8　不同充放电功率下超级电容的效率

充电功率/kW \ 放电功率/kW	5	10	15	20	25
5	0.93	0.94	0.94	0.93	0.92
10	0.92	0.93	0.92	0.92	0.90
15	0.91	0.92	0.91	0.90	0.88
20	0.91	0.91	0.90	0.89	0.88
25	0.91	0.90	0.89	0.88	0.87

（2）不同充放电速度对超级电容效率的影响

在实际液压挖掘机动臂下放时，可回收功率剧烈变化，近似一个三角波型功率曲线对超级电容充放电。测试时，在充电的过程中，固定充电功率的峰值，且按周期 T 由最小-最大-最小变化，使超级电容的 SOC 由最小值升至最大值；放电过程中放电功率的变化与充电过程相同，使 SOC 由最大值降至最小值。然后改变周期 T（即改变充放电速度）重复上述步骤，计算超级电容的效率。

表5-9所示为周期 T 分别为3s、5s、8s、10s、15s时超级电容的效率，由表可以看出，过快与过慢的充放电速度都不利于提高超级电容的效率，当周期 T 为10s左右时，超级电容的充放电效率较高。

表5-9　变功率充放电超级电容的效率

T/s	超级电容的效率
3	0.87
5	0.85
8	0.86
10	0.89
15	0.83

基于上述对充放电功率大小和充放电快慢对超级电容效率影响的测试，该超级电容在使用过程中所应尽可能降低超级电容充放电功率、延长能量回收时间以及避免过快和过慢的充放电速度。根据已有的测试结果分析，周期约为10s时，超级电容的充电效率最高。

5.2.4 能量转化单元的效率优化控制策略

1. 变转速恒排量控制时的效率优化

由于超级电容的内阻很小，因此在能量回收效率动态优化时可忽略超级电容的影响。液压马达和发电机作为能量转换的核心单元，效率优化就是对于任意的回收功率协调两者，使发电机和液压马达的总损耗最小。从上面的分析可以知道，在不同的回收功率，损耗和转子磁链、转子转矩、转子转速有关。最优磁链可以通过电机控制器的合理设计，使得发电机的磁链为最优磁链。如果动臂下放速度通过调节液压马达流量来控制时，当系统采用定量液压马达时，动臂下放速度即通过调节发电机转速，因此，此时操作性能是发电机转速控制的目标。能量回收效率优化的重点在当动臂下放过程不通过液压马达－发电机进行调速的场合，在相同液压马达压力时求得发电机的最优转速，使得液压马达－发电机的效率最高。

转子磁链和回收功率一定时液压马达－发电机的效率和转速曲线如图 5-18 所示。

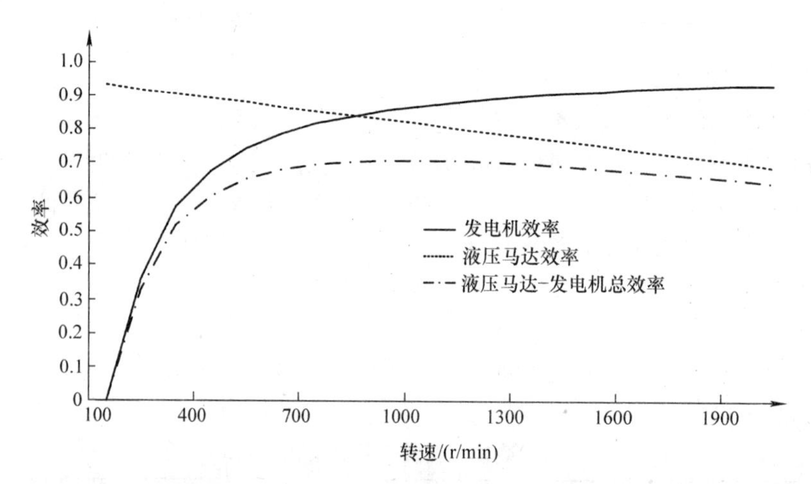

图 5-18 转子磁链和回收功率一定时液压马达－发电机的效率和转速曲线
（液压马达压力为 10MPa，排量为 55mL/r）

从图 5-18 可以看出，当液压马达排量和液压马达入口压力一定时，随着转速的减小，发电机效率随之降低，同时，液压马达效率增大，因此，对于在转子磁链和回收功率一定时，存在一个使液压马达－发电机总效率最大的发电机最优目标转速。从图中也可以看出，由于测试采用了永磁同步发电机，因此发电机的高效区域的范围较大。忽略液压马达的容积效率后，从上面可以得到液压马达和发电机的总效率：

$$\eta = \eta_{mt} \eta_g \tag{5-80}$$

为了求解最优转速，将效率公式对转速求导，即$\frac{\mathrm{d}\eta}{\mathrm{d}n}=0$得到：

$$a_n n^3 + b_n n^2 + d_n = 0 \tag{5-81}$$

其中系数表达如下：

$$a_n = 2\left(0.001c\frac{1}{q\Delta p^2} + \frac{2.5}{10^5}qa\right) \tag{5-82}$$

$$b_n = 0.045a\Delta p + 1.78\frac{c}{q^2\Delta p} + \frac{0.0015}{\Delta p}d - \frac{0.0015}{\Delta p} - 0.0165aq\Delta p - 0.651\frac{c}{q\Delta p} \tag{5-83}$$

$$d_n = -(4.13b\Delta p - 1.51bq\Delta p) \tag{5-84}$$

最后，最优发电机转速通过一元三次方程求根公式求得：

$$n_{\mathrm{tb}} = -\frac{b_n}{3a_n} + \frac{\sqrt[3]{2}b_n{}^2}{3a_n\sqrt[3]{\Delta}} + \frac{\sqrt[3]{\Delta}}{3\sqrt[3]{2}a_n} \tag{5-85}$$

$$\Delta = -2b_n^3 - 27a_n^2 d_n + \sqrt{-4b_n^6 + (-2b_n^3 - 27a_n^2 d_n)^2} \tag{5-86}$$

2. 变排量和变转速复合控制时的效率优化

当能量回收系统采用变量液压马达时，在动臂液压缸无杆腔需要排出的目标流量一定时，系统可以通过改变液压马达排量和改变发电机转速来调节液压马达的流量。当液压马达排量在某一范围变化时，其效率的变化比较缓慢，且处于高效区域。因此，效率优化可以采用基于发电机最高效率的控制策略。得到发电机的损耗公式为

$$\begin{aligned} P_{\mathrm{loss}} &= (\omega_{\mathrm{r}}T_{\mathrm{e}})^2 a + T_{\mathrm{e}}^2 b + \omega_{\mathrm{r}}^2 c + T_{\mathrm{e}}\omega_{\mathrm{r}} d \\ &= (P_{回})^2 a + \left(\frac{P_{回}}{\omega_{\mathrm{r}}}\right)^2 b + \omega_{\mathrm{r}}{}^2 c + P_{回} d \end{aligned} \tag{5-87}$$

令$\frac{\mathrm{d}P_{\mathrm{loss}}}{\mathrm{d}\omega_{\mathrm{r}}}=0$，得到发电机效率最高的最优角速度为

$$\omega_{\mathrm{r}} = 3.18\sqrt{P_{回}} \tag{5-88}$$

式中　$P_{回}$——液压马达可回收功率（W）；

因此，通过最优角速度和目标流量可以计算发电机转速和液压马达排量的控制信号为

$$n_{\mathrm{g0}} = 30.4\sqrt{P_{回}} \tag{5-89}$$

$$V_{\mathrm{m0}} = \frac{1000q_{\mathrm{bt}}}{n_{\mathrm{g0}}} \tag{5-90}$$

式中　n_{g0}——发电机基准控制信号 1（r/min）；

q_{bt}——液压马达目标流量（L/min）；

V_{m0}——液压马达基准控制信号 1（mL/r）。

为了使液压马达处于高效区域，希望液压马达的排量处于高效区间，对液压马

达的排量设定一个最小阈值 V_{mmin}，因此，对控制信号修正如下。

$$V_{\mathrm{mb}}=\begin{cases}V_{\mathrm{m0}}; & V_{\mathrm{m0}}>V_{\mathrm{mmin}}\\ V_{\mathrm{mmin}}; & V_{\mathrm{m0}}<V_{\mathrm{mmin}}\end{cases} \tag{5-91}$$

$$n_{\mathrm{gb}}=\begin{cases}n_{\mathrm{g0}}; & V_{\mathrm{m0}}\geqslant V_{\mathrm{mmin}}\\ \dfrac{1000q_{\mathrm{bt}}}{V_{\mathrm{mmin}}}; & V_{\mathrm{m0}}<V_{\mathrm{mmin}}\end{cases} \tag{5-92}$$

式中 n_{gb}——发电机基准控制信号 2（r/min）；

V_{m0}——液压马达基准控制信号 2（mL/r）。

5.3 电气式能量回收系统的关键技术及经济性

5.3.1 能量回收效率

如图 5-19 所示，当前电气式能量回收单元回收效率在标准工况下只有32% ~60%。

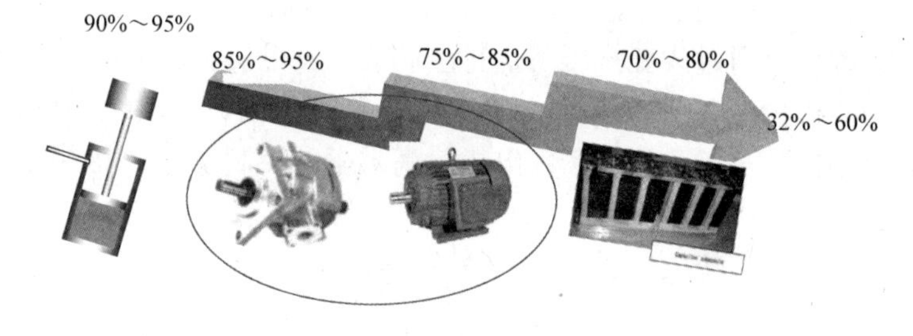

图 5-19 电气式能量回收系统的效率分析

影响电气式能量回收单元回收效率的主要原因主要如下。

1）液压挖掘机的动臂可回收工况波动剧烈，能量回收系统中发电机的发电转矩和转速也随之大范围内剧烈波动，因此如何在这么短的时间内提高液压马达 - 发电机的能量转化效率是一个较大的难点。

2）动臂工作在实际挖掘模式或者动臂下放过程中可能碰到刚性负载，此时，动臂只是提供一个较大的挖掘力，而动臂并无实际下降过程，此时动臂液压缸有杆腔压力远大于其无杆腔压力，因此液压马达的入口压力和流量都很小，此时系统不采用能量回收系统。因此整个动臂下放过程是液压马达调速和节流调速的复合控制，因此如何提高能量回收效率是液压马达 - 发电机能量回收系统的关键技术之一。

3）挖掘机存在一种近似极限工况，如图 5-20 所示，动臂下放过程中某个时刻分别迅速扳动手柄到最大工位后马上松开手柄。如图 5-21 和图 5-22 所示，动臂仍然从最高位下降到地面，由于能量回收时间很短，液压马达 - 发电机能量回收系统在发电机起动初始时刻，液压马达入口尚未建立起一定的压力，此时发电机处于电动模式，辅助液压马达加速到目标转速，因此超级电容反而处于耗能状态。从图中也可以看出在整个下放过程能量回收单元反而消耗了 3000J 的能量。

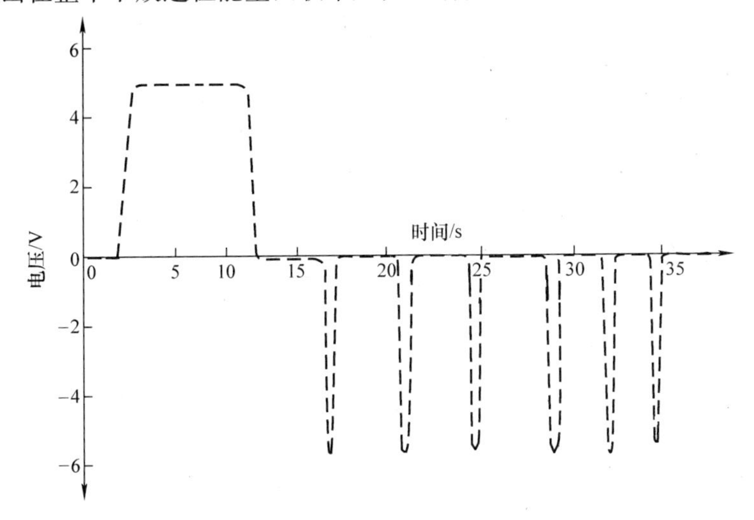

图 5-20　极限操作手柄信号

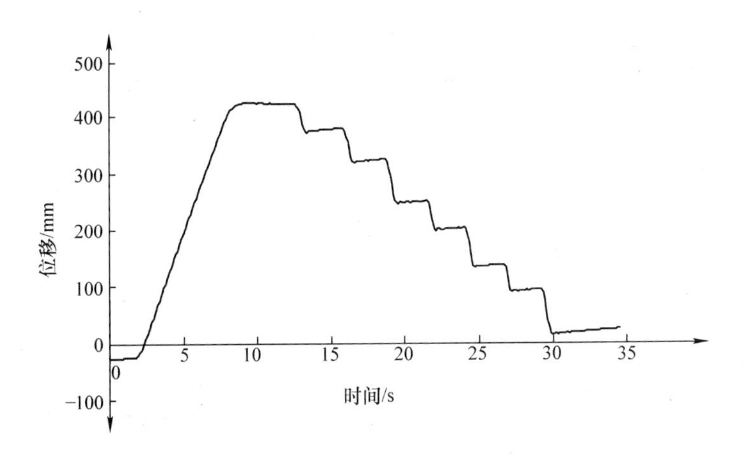

图 5-21　各能量回收系统在极限工况时动臂位移曲线

4）能量转换环节较多，由于液压挖掘机自身为液压驱动系统，而电气式能量回收系统的储能方式为电能，因此系统中必然存在液压能和电能之间的多次转换，而每次转换都会消耗总能量的 10% ~20%。因此，采用液压 – 电气复合式的能量回收系统有助于提高能量回收和再利用的整体效率。

5.3.2　操控性能

动臂势能回收系统的速度控制模型已经在本章 5.1.2 节详细介绍。这里以液压挖掘机的回转驱动系统为例介绍、回收系统的操作性。

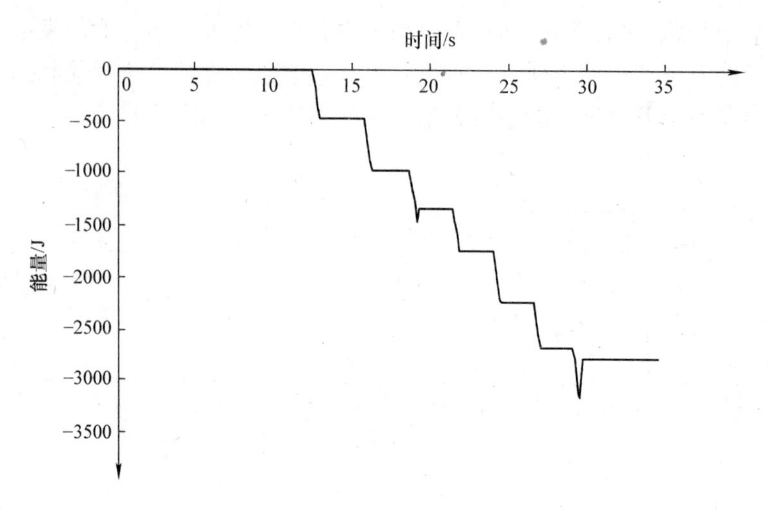

图 5-22　基本能量回收系统在极限工况时的回收能量曲线

挖掘机回转系统是整机的重要组成部分，是一个多功能的单元。在正常作业时要快速回转较大角度来满足作业效率的要求；精细作业时要小角度地调整转台位置；侧壁掘削作业时操作手柄要能控制液压马达或电动机的输出转矩；铲斗挖掘时转台要能抵抗外界对铲斗的侧向力；吊装作业和斜坡作业时要保证转台回转平稳，转速不受外界干扰的影响。因此，难以保证挖掘机转台在各种工况和作业模式对操控性的要求。

5.3.3　经济性

能量回收系统的关键元件主要包括液压马达、发电机、电机控制器和电气储能单元（电池或电容）。该系统的能量回收峰值功率较大，而平均功率较低。在参数的优化设计时，液压马达和发电机的功率等级为了满足最大峰值功率，使其成本也较大。同时必然对电量储存元件的最大充电电流要求较高，为了满足瞬时大功率的要求，电量储存元件的成本会很高，同时由于回收工况具有明显周期性，大约 20s 回收一次，充电频繁，因此，对电量储存单元的使用寿命提出了较为苛刻的要求。

5.4　动臂势能电气式回收系统发展动态

5.4.1　挖掘机领域研究进展

1. 系统级研究进展

为了降低能量转换环节较多导致的能量损耗，日本的卡亚巴工业株式会社开发出一套用于挖掘机的独立能量回收系统，既可以用于混合动力机型，也可以用于普通的液压挖掘机。图 5-23 是所采用的回路原理，该回路已在包括我国在内的多个国家申请了专利，并在 2012 年上海举办的工程机械国际展览会上展示了这一单元。工作中动臂下放的势能或回收制动的动能驱动变量液压马达，再生马达驱动变量泵通过阀块 4 向主回路输出流量，多余的能量也可以通过发电机存储在电池中，通过样机的对比测试，加装能量回收系统后，挖掘机每一个工作循环（挖掘，90°回转，装载）可降低燃油消耗 27% 左右。

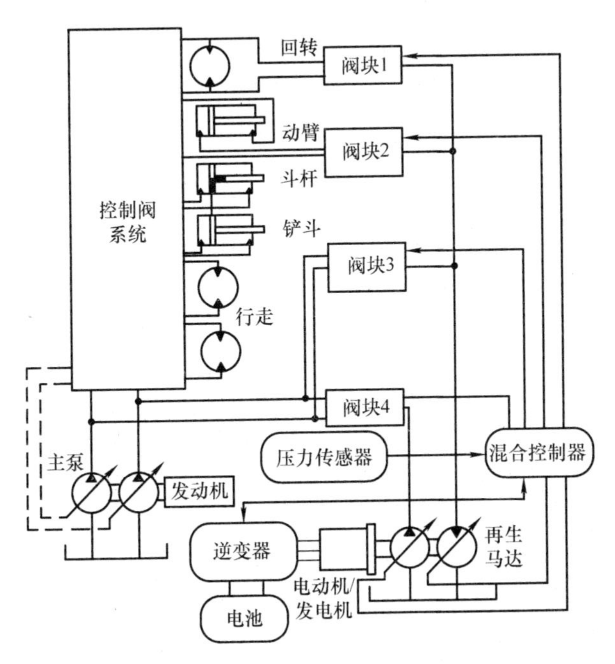

图 5-23　卡亚巴工业株式会社液电能量回收系统回路原理[3]

图 5-24 所示为小松提出的一种并联式混合动力液压挖掘机系统[4]，其发动机输出的能量主要用于驱动液压泵，多余或不足的部分由电动机通过发电、电动模式的切换来吸收或补充。与小松研制混合动力液压挖掘机整机 PC200 - Hybrid 系统不同的是，该系统采用了单独的液压马达 - 发电机来回收动臂下落时的动能和势能。在动臂上升过程中，由控制阀控制动臂液压缸的动作，而下放时则由液压马达 - 发电机在能量回收的同时控制动臂的下落。该回收方法较为简单独立，但由于液压马达是并联在油路中，因此在动臂上升过程中控制阀处仍有较大的节流损耗。

图 5-25 所示为コベルコ建机和神户制钢所的串联式混合动力液压挖掘机的动臂驱动系统[5]，柴油发动机输出的动力完全用于驱动发电机发电，电能以直流电的形式储存在电池和超级电容当中。在能量回收方面，采用了电动机取代液压马达来驱动旋台，进行回转制动能量的回收利用。动臂单元采用双向变量泵/马达的驱

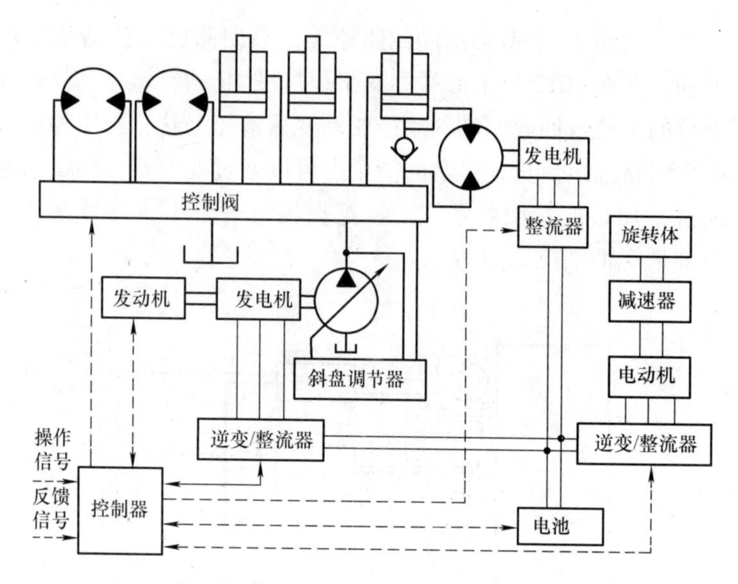

图 5-24 小松的并联式混合动力液压挖掘机系统

动方式，在动臂下降时，马达将回油的液压能转化为机械能直接用来与电动机共同驱动泵，若回收的功率超出了泵的需求，则多余的机械能通过电动机/发电机（此时工作于发电状态）转化为电能存储在蓄能装置中，从而实现了动能和重力势能的回收。该回收方法的优点是采用泵/马达的驱动方式，缩短了能量回收流程，但在工作过程中，由于液压缸的频繁换向，需要电动机频繁正反转驱动，不仅会造成能量的额外损耗，而且还会影响电动机的寿命，同时泵/马达的进出油流方向频繁变化，无法安装管道过滤器，需单独设置过滤设备，此外，泵/马达元件通用性较差，需单独进行产品开发。

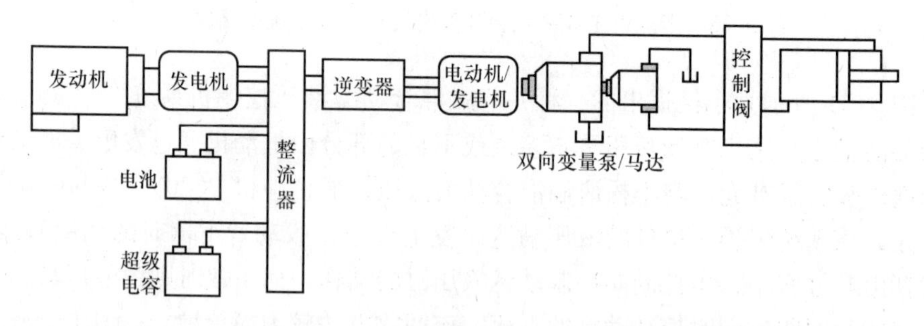

图 5-25 コベルコ建机与神户制钢所的混合动力挖掘机的动臂驱动系统

日立建机推出了世界第一台动臂势能电气式回收的试验机型，其驱动结构原理如图 5-26 所示[6~10]。该系统的能量回收系统分为两部分，回转制动动能回收和动臂下放势能回收，其回转体采用一个电动机/发电机驱动，当转台制动时，电动机/发电机处于发电状态，当转台加速时，电动机/发电机处于电动状态。动臂势能回收采用了一个定排量液压马达、发电机及相关电磁换向阀等，当动臂下放时，其动臂液压缸无杆腔的液压油驱动液压马达 - 发电机回收能量，动臂下降的速度靠调节发电机的转速来调节。

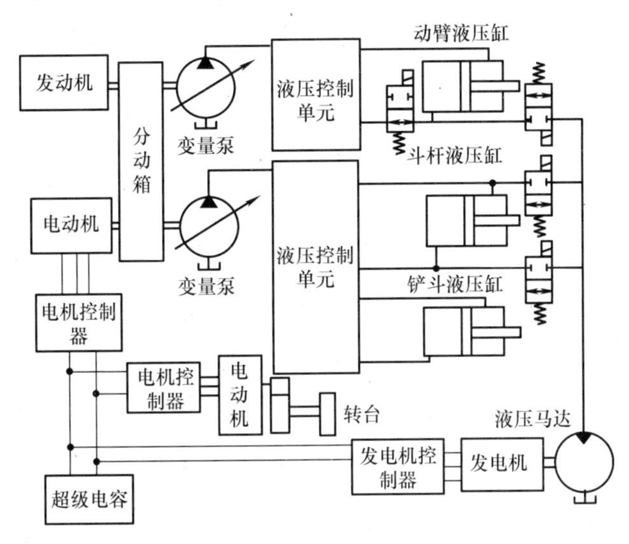

图 5-26　日立建机 ZX200 混合动力挖掘机动臂势能电气式能量回收系统

韩国釜山大学 Kyoung 等对液压挖掘机动臂势能回收进行了模拟试验研究[11]，其试验原理如图 5-27 所示，采用一个实际重物来模拟液压挖掘机的动臂下放过程，其下降总时间约为 8s，整个下降过程包含加速下降、匀速下降、减速下降三个过程。其控制规则为，当回收负载较小时，液压缸无杆腔的液压油经过比例节流阀，泵/马达等流回油箱，其下放速度通过比例节流阀来控制；当回收负载较大时，起动并联在比例节流阀回路中的液压马达 - 发电机能量回收系统回收势能，其下放的速度通过控制液压马达流量和比例节流阀复合控制，并且根据负载的变化实时调整发电机工作点。此挖掘机的能量回收效率大约为 12%。

在 2003 年，浙江大学开始开展工程机械混合动力系统的研究工作[12~22]。在仿真分析方面，利用典型液压挖掘机工作中的实测数据建立了混合动力液压挖掘机整机仿真模型，分别研究了不同混合动力系统的节能效果，分析了基于混合动力节能方案的节能效果和可行性；在台架试验方面，已建立了工程机械混合动力系统试验平台，并对混合动力系统的结构、控制策略等进行了试验研究；在试验样机研制方面，2010 年，浙江大学和中联重科联合研制成功了强混合动力液压挖掘机，并参加 2010 年上海举行的工程机械宝马展。该机型除了对变量泵采用了并联式混合动力系统，同时用一个电动机替代了原液压马达驱动上车机构，对上车制动释放的动能进行回收，并针对液压挖掘机配置混合动力系统后动臂势能回收系统展开了深入的研究。

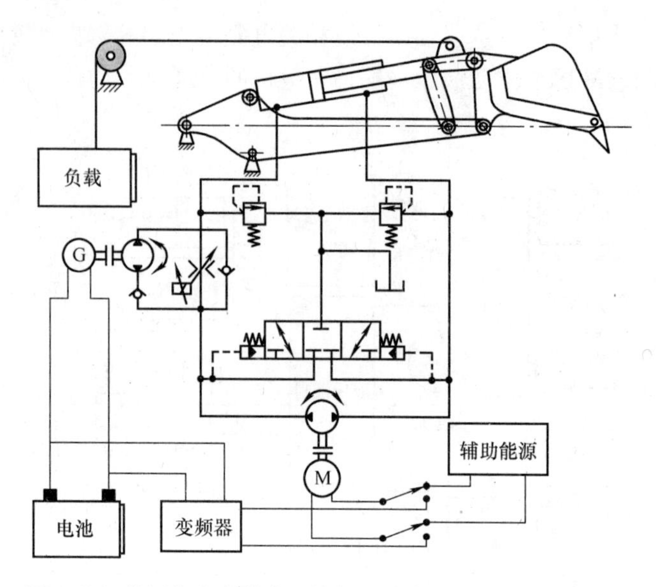

图 5-27　韩国釜山大学液压挖掘机动臂势能回收系统原理图

此外，在国家科技部 863 重点项目的推动下，国内各主机厂家从 2008 年开始积极开展混合动力液压挖掘机的研制。2009 年，在第十届北京国际工程机械展览与技术交流会上，三一重工展出了国内第一台轻度混合动力液压挖掘机。此外，贵州詹阳动力重工、山河智能、柳工、徐州恒天德尔重工也先后推出了各自的混合动力液压挖掘机。但国内推出的混合动力液压挖掘机样机在能量回收系统方面，都是针对回转制动时释放的动能进行回收利用，而在动臂势能回收系统方面均没有进行相关研究。

为了保证动臂的速度控制特性，国内在系统级方面主要是通过在液压马达 - 发电机能量回收单元串并联节流调速来实现。典型代表为本书编者提出的一种基于节流辅助调速的势能回收方案。其工作原理如图 5-28 所示，其主要特点是采用比例方向阀和液压马达 - 发电机对动臂下放速度进行复合控制，保证系统具有较好的操作性，同时可高效回收动臂势能。在动臂下放过程中，通过直接控制势能回收发电机的电磁转矩，使得比例方向阀回油路节流孔的压差保持较小的恒定值；根据手柄的动臂下放目标速度信号，调节比例方向控制阀的阀芯位移，可获得与传统节流调速相近的动臂下放操作性能，且由于液压马达 - 发电机的负载补偿功能降低了负载波动对控制性能的影响；液压马达承担的负载压降通过发电机转换成三相交流电，并由电机控制器整流转换为可储存于电储能元件中的直流电，实现势能的回收及再利用。在动臂提升过程中，液压马达 - 发电机处于非使能状态，即通过传统的节流调速控制动臂液压缸速度。

2. 能量回收控制方法

图 5-29 所示为动臂能量回收系统控制结构图，控制方法主要根据操作手柄的

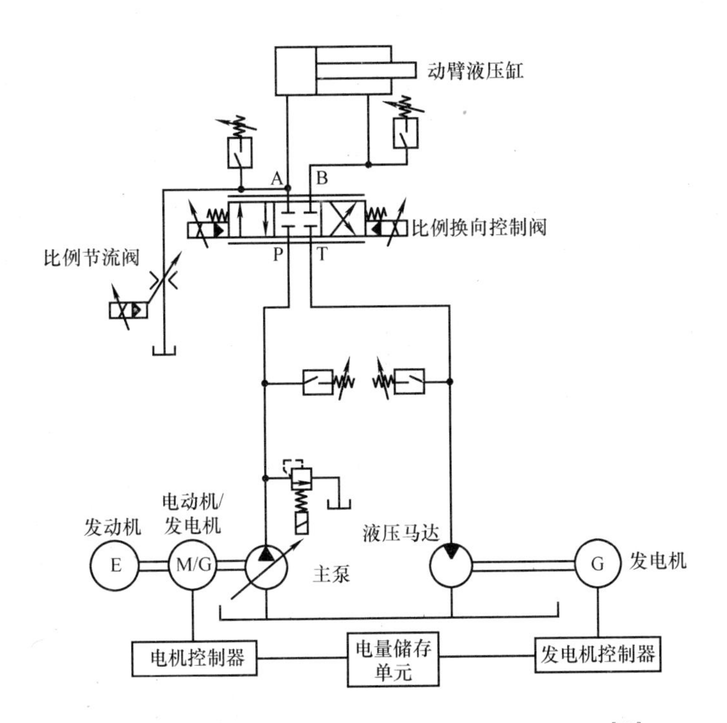

图5-28 基于节流辅助调速的势能回收系统原理图[23]

动臂液压缸目标速度，结合压力、转速等反馈信息，给出节流阀和液压马达-发电机单元的目标指令。节流阀的控制相对较为简单，即通过电控或液控改变其阀芯位移及阀口开度。液压马达-发电机单元的控制相对复杂，涉及发电机绕组的电流控制和转子的速度控制等环节，并需要能够工作于转矩和转速两种模式。在控制器驱动下，节流阀和液压马达-发电机单元共同作用，最终实现对动臂液压缸回油流量也即运动速度的控制。

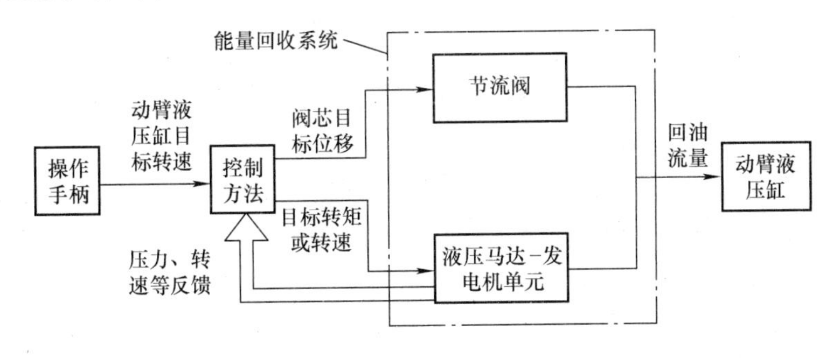

图5-29 动臂能量回收系统控制结构图[1]

在负负载下，动臂液压缸运动速度的控制等价于其回油流量的控制，通过调节单独的节流阀和液压马达-发电机单元都可改变回油流量的大小。当两者配合工作时，需要将其中一个作为流量调节器，而另一个作为辅助装置；相反，若两者的给定目标信号都对应目标流量，则系统的作业过程将会发生冲突而无法正常运行。例如，采用节流阀进行流量调节时，液压马达－发电机单元应工作于转矩模式，若采用转速模式，则节流阀将因其前后压差的剧烈波动而无法准确响应目标流量；而采用液压马达－发电机进行流量调节时，节流阀应尽量保持较大的阀口开度，以避免液压马达入口处的吸空现象。

针对采用能量回收单元后，其控制阻尼比等参数发生改变的特点，浙江大学王庆丰教授课题组提出了三种动臂能量回收系统的控制方法[28~30]。

（1）直接转速控制

与变转速泵控液压系统类似，该方法直接通过改变液压马达－发电机单元的转速实现对动臂液压缸回油流量的控制。当负载变化时，转速控制系统能够自动调节永磁发电机的电磁转矩进行适应，具有一定抗干扰能力。忽略液压马达的泄漏和容腔的压缩量，根据线性映射关系可给出液压马达－发电机单元的目标转速

$$\omega_{m}^{*}=\frac{\omega_{mmax}^{*}}{u_{cmax}}u_{c} \tag{5-93}$$

式中 u_c——操作手柄输出的动臂液压缸目标速度信号；

u_{cmax}——动臂液压缸目标速度信号的最大值；

ω_{mmax}^{*}——液压马达－发电机单元的最大转速，对应动臂液压缸最大速度。

对于节流阀阀芯位移，理论上应当动臂下放开始时由中位快速切换到最大开度位置并保持恒定，以避免影响液压马达－发电机单元的调速控制。但由于节流阀前后初始压力相差较大导致该切换过程通常会有较大的压力冲击，因此利用斜坡将阀芯位移由中位过渡到最大开度位置，阀芯目标位移可表示如下

$$\begin{cases} x_{v}^{*}=\dfrac{x_{vmax}^{*}}{u_{ct}}u_{c} & u_{c}\leqslant u_{ct} \\ x_{vmax}^{*} & u_{c}>u_{ct} \end{cases} \tag{5-94}$$

式中 u_{ct}——动臂液压缸目标速度信号的斜坡过渡点；

x_{vmax}^{*}——节流阀阀芯最大位移。

图5-30所示为直接转速控制方法下液压马达－发电机单元目标转速和节流阀阀芯目标位移随动臂液压缸目标速度信号的变化关系，其中斜坡过渡点可取最大值的10%左右。

（2）负载压力控制

该方法采用节流阀作为流量调节器控制动臂液压缸的运动速度。液压马达－发电机单元处于转矩控制模式，根据负载压力提供对应的转矩，使得节流阀前后压差保持恒定。在负载压力控制下，动臂液压缸的速度控制和能量回收相互独立，分别由节流阀和液压马达－发电机单元完成；而且增加了负载补偿功能，有利于改善节

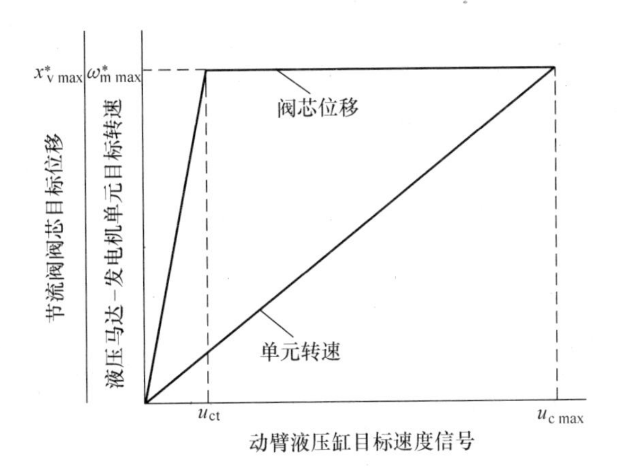

图 5-30　直接转速控制方法下液压马达-发电机目标转速和节流阀阀芯目标位移随动臂液压缸目标速度信号的变化关系

流阀调速的准确性。根据上述思路，节流阀的阀芯目标位移可用下式表示。

$$x_v^* = \frac{x_{\text{vmax}}^*}{u_{\text{cmax}}} u_c \tag{5-95}$$

根据动臂液压缸无杆腔的压力反馈信息以及节流阀的额定压差，液压马达-发电机单元的目标转矩可用下式表示。

$$T_e^* = -\frac{D_m}{2\pi}(p_1 - \Delta p_0) \tag{5-96}$$

式中　p_1——动臂液压缸无杆腔的压力；

Δp_0——节流阀的额定压差。

为了避免永磁发电机工作于电动状态或过载状态，需要给目标转矩设置相应的饱和区域，其下限值为零，上限值对应其电磁转矩的最大值。

(3) 节流阀压差控制

该方法的思路与负载压力控制一致，也采用节流阀调节动臂液压缸的运动速度，液压马达-发电机单元工作于转矩控制模式进行能量回收。不同之处在于，负载压力控制直接根据无杆腔压力给出液压马达-发电机单元的目标转矩，而节流阀压差控制通过对压差实际值与额定值的比较并进行反馈控制来确定目标转矩，如下式所示。

$$T_e^* = \frac{D_m}{2\pi} K_{\text{pf}} (\Delta p_0 - \Delta p_v) \tag{5-97}$$

式中　K_{pf}——节流阀压差反馈控制的比例系数；

Δp_v——节流阀前后实际压差。

根据上式，当节流阀实际压差变化时，液压马达-发电机单元的控制转矩也会相应改变以维持节流阀压差的近似恒定。由于采用了简单的比例控制，节流阀压差的实际值和额定值之间存在一定的静态误差。为了降低该误差值，可适当地选择较大的比例系数。理论上也可采用比例－积分控制，但由于动臂单次运动时间仅为数秒，很难找到同时兼顾系统快速性和准确性的积分时间常数，且积分项很容易饱和，因此意义不大。同样，上式中的目标转矩在实际应用中也需要设置饱和区域。

为了研究上述控制方法的性能，图 5-31 所示为四种动臂液压缸下放速度控制方案，其中传统节流控制与能量回收无关，仅用于参考及比较，其余为动臂能量回收系统的三种控制方法。需要指出的是，实际挖掘机的动臂控制阀通常具有复杂的阀口形状，为了与试验系统对应及统一对比，采用了阀口面积梯度恒定的节流阀为研究对象；但设计的控制方法是通用的，与具体的阀口形状无关。

动态性能的分析过程做了几点合理化的假设，从而更好地将主要问题通过数学的方式抽象出来，主要包括以下方面。

1）不考虑驾驶人的视觉反馈，仅考察动臂液压缸的开环响应。

2）动臂液压缸有杆腔和油箱的压力近似为零。

3）动臂液压缸的等效负载、惯量和库伦摩擦力视为常值。

4）忽略各容腔体积和液压油弹性模量的变化。

5）忽略永磁发电机绕组电流的电气动力学。

6）补油阀、安全阀等处于非工作状态。

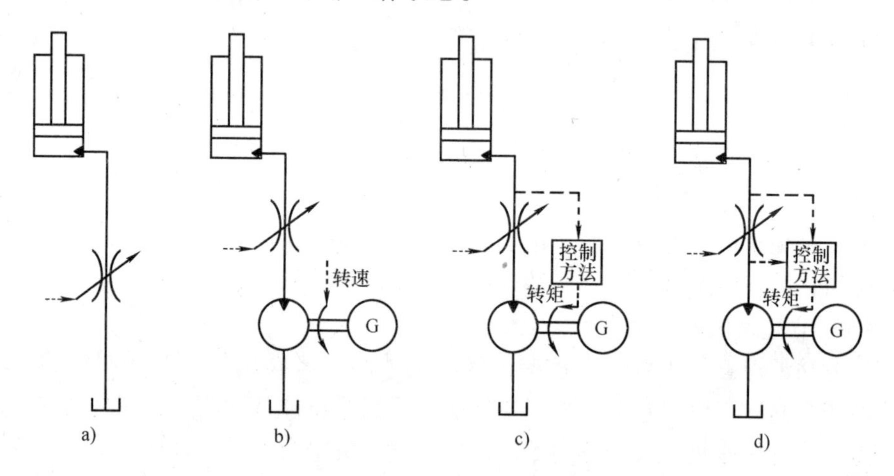

图 5-31 四种动臂液压缸下放速度控制方案

a）传统节流控制 b）直接转速控制 c）负载压力控制 d）节流阀压差控制

（1）传统节流控制

对动臂液压缸的动力学方程做拉氏变换，如下式所示。

$$(m_c s + B_c) v_c(s) = -p_1(s) A_1 \tag{5-98}$$

液压缸无杆腔的流量连续性方程的拉氏变换式表示如下。

$$\left(\frac{V_1}{\beta_e}s+C_1\right)p_1(s)=A_1v_c(s)-q_v(s) \tag{5-99}$$

式中　C_1——动臂液压缸的内、外泄漏系数之和。

将节流阀的流量方程在额定工作点线性化，并表示成如下拉氏变换式。

$$q_v(s)=K_{vq}x_v(s)+K_{vp}p_1(s) \tag{5-100}$$

式中　K_{vq}——节流阀的流量增益；

K_{vp}——节流阀的流量－压力系数。

节流阀阀芯位移的目标指令和实际值之间的传递函数可表示为

$$\frac{x_v(s)}{x_v^*(s)}=\frac{1}{\tau_v s+1} \tag{5-101}$$

联立以上拉氏变换式并进行求解，可得到节流阀阀芯目标位移与动臂液压缸运动速度的传递函数

$$\frac{v_c(s)}{x_v^*(s)}=\frac{1}{\tau_v s+1}\frac{K_{vq}A_1}{\frac{V_1 m_c}{\beta_e}s^2+\left[\frac{V_1 B_c}{\beta_e}+(K_{vp}+C_1)m_c\right]s+A_1^2+(K_{vp}+C_1)B_c} \tag{5-102}$$

相比于大惯量的动臂液压缸，节流阀阀芯位移的频响很高（试验台架中比例阀频响为25Hz），因此其对应的一阶环节对系统动态性能的影响不大，起主导作用的部分为液压缸动力学和油液压缩产生的二阶环节。忽略液压缸的粘滞阻尼系数，该二阶环节的固有频率和阻尼比可分别表示为

$$\omega_{vc}=\sqrt{\frac{A_1^2\beta_e}{V_1 m_c}} \tag{5-103}$$

$$\zeta_{vc}=\frac{K_{vp}+C_1}{2A_1}\sqrt{\frac{\beta_e m_c}{V_1}} \tag{5-104}$$

根据以上两式可见，动臂液压缸的运动固有频率和节流阀参数无关，仅与自身的活塞面积、无杆腔体积及等效负载质量有关；而阻尼比除受自身参数影响外，还取决于节流阀的流量－压力系数和无杆腔的泄漏系数，其中流量－压力系数是保证节流控制系统具有较好阻尼特性的重要因素。

（2）直接转速控制

虽然控制方式不同，但动臂液压缸的动力学方程是一致的，在此不再赘述。在直接转速控制下，基本处于全开状态的节流阀对流量控制的影响很小，因此可将液压缸无杆腔和液压马达入口腔视为一体，其流量连续性方程的拉氏变换式表示为

$$\left(\frac{V_1}{\beta_e}s+C_1\right)p_1(s)=A_1v_c(s)-\frac{\omega_m(s)V_m}{2\pi} \tag{5-105}$$

转速目标指令和实际值之间的传递函数为二阶环节，如下式所示。

$$\frac{\omega_m(s)}{\omega_m^*(s)}=\frac{\tau_s s+1}{\dfrac{s^2}{\omega_{sc}^2}+\dfrac{2\xi_{sc}}{\omega_{sc}}s+1} \tag{5-106}$$

式中 τ_s——转速 PI 控制器引入的时间常数；

ω_{sc}——转速环的固有频率；

ξ_{sc}——转速环的阻尼比。

联立拉氏变换式（5-105）和式（5-106）并进行求解，可得到液压马达－发电机单元目标转速与动臂液压缸运动速度的传递函数

$$\frac{v_c(s)}{\omega_m^*(s)}=\frac{\tau_s s+1}{\dfrac{s^2}{\omega_{sc}^2}+\dfrac{2\xi_{sc}}{\omega_{sc}}s+1}\frac{\dfrac{V_m}{2\pi}A_1}{\dfrac{V_1 m_c}{\beta_e}s^2+\left[\dfrac{V_1 B_c}{\beta_e}+C_1 m_c\right]s+A_1^2+C_1 B_c} \tag{5-107}$$

对于上式中由液压缸动力学和油液压缩产生的二阶环节，同样忽略液压缸粘滞阻尼系数，该二阶环节的固有频率和阻尼比分别表示为

$$\omega_{sc}=\sqrt{\frac{A_1^2\beta_e}{V_1 m_c}} \tag{5-108}$$

$$\xi_{sc}=\frac{C_1}{2A_1}\sqrt{\frac{\beta_e m_c}{V_1}} \tag{5-109}$$

通过与传统节流控制的传递函数进行比较，可以发现采用直接转速控制的动臂能量回收系统的固有频率与传统节流控制时相等，而阻尼比均明显降低。其一，液压马达－发电机单元的转速控制虽然通过合理设计实现了良好的性能，但受转动惯量和驱动转矩等参数限制，其频响仍然远低于节流阀阀芯的位移控制；其二，节流阀的流量－压力系数通常比液压缸和液压马达的泄漏系数大得多，即传统节流控制的阻尼比显著高于直接转速控制的阻尼比，虽然通过增加泄漏可以适当改善系统的阻尼特性，但控制准确性也会随之下降。另外，在该控制方法中，节流阀由中位到最大开度位置的切换过程容易对系统产生不利影响，过快将带来较大的压力冲击，过慢将导致液压马达入口吸空。因此综合来说，系统在直接转速控制方法下的动态性能相对传统节流控制较差。

（3）负载压力控制

直接推导该控制方法下的系统传递函数较为复杂，物理意义也不清晰。在此采用从局部到整体的解决思路，先研究由节流阀和液压马达－发电机单元组成的子系统的流量控制特性，再通过与传统节流控制的类比，分析系统总体的传递函数及动态性能。

采用负载压力控制时，节流阀流量方程的拉氏变换式可表示为

$$q_v(s)=K_{vq}x_v(s)+K_{vp}[p_1(s)-p_3(s)] \tag{5-110}$$

液压马达入口腔的流量连续性方程的拉氏变换式表示如下

$$\left(\frac{V_3}{\beta_e}s+C_3\right)p_3(s)=q_v(s)-\frac{\omega_m(s)V_m}{2\pi} \tag{5-111}$$

式中　C_3——液压马达入口腔的内、外泄漏系数之和。

对液压马达 - 发电机单元的动力学方程做拉氏变换，如下式所示。

$$(J_m s+B_m)\omega_m(s)=\frac{V_m}{2\pi}p_3(s)+T_e(s) \tag{5-112}$$

再对目标转矩的表达式做拉氏变换，如下式所示。

$$T_e^*(s)=-\frac{V_m}{2\pi}p_1(s) \tag{5-113}$$

忽略电磁转矩目标值和实际值之间的传递函数，联立各拉氏变换式并进行求解，可得到以阀芯位移和无杆腔压力为变量的流量表达式

$$q_v(s)=G_{vq1}(s)x_v(s)+G_{vp1}(s)p_1(s) \tag{5-114}$$

其中，阀芯位移和流量之间的传递函数可表示为

$$G_{vq1}(s)=K_{vq}\frac{s^2+\left(\frac{C_3\beta_e}{V_3}+\frac{B_m}{J_m}\right)s+\left(C_3B_m+\frac{V_m^2}{4\pi^2}\right)\frac{\beta_e}{V_3J_m}}{s^2+\left[(K_{vp}+C_3)\frac{\beta_e}{V_3}+\frac{B_m}{J_m}\right]s+\left[(K_{vp}+C_3)B_m+\frac{V_m^2}{4\pi^2}\right]\frac{\beta_e}{V_3J_m}} \tag{5-115}$$

无杆腔压力和流量之间的传递函数可表示为

$$G_{vp1}(s)=K_{vp}\frac{s^2+\left(\frac{C_3\beta_e}{V_3}+\frac{B_m}{J_m}\right)s+\frac{C_3B_m\beta_e}{V_3J_m}}{s^2+\left[(K_{vp}+C_3)\frac{\beta_e}{V_3}+\frac{B_m}{J_m}\right]s+\left[(K_{vp}+C_3)B_m+\frac{D_m^2}{4\pi^2}\right]\frac{\beta_e}{V_3J_m}} \tag{5-116}$$

忽略液压马达 - 发电机单元的粘滞阻尼系数，以上两个二阶传递函数的固有频率和阻尼比均表示为

$$\omega_{lpc}=\frac{V_m}{2\pi}\sqrt{\frac{\beta_e}{V_3J_m}} \tag{5-117}$$

$$\zeta_{lpc}=\frac{\pi(K_{vp}+C_3)}{V_m}\sqrt{\frac{\beta_eJ_m}{V_3}} \tag{5-118}$$

根据以上二式可见，增大液压马达的排量，减小液压马达入口容腔的体积以及液压马达 - 发电机单元转子的转动惯量均有利用提高固有频率；固有频率越高，则流量控制的响应越快，即动态时间越短。而在阻尼比方面，由于节流阀流量 - 压力系数的存在，通常满足系统的动态性能要求。事实上，换个角度来看，液压缸无杆腔相当于液压油源，由节流阀和液压马达 - 发电机单元组成的子系统可视为具有负载敏感功能的阀控马达系统。

通过类比可以发现，负载压力控制中的 $G_{vq1}(s)$ 和 $G_{vp1}(s)$ 分别等价于传统节流控制中的 K_{vq} 和 K_{vp}，因此可类似地给出节流阀阀芯目标位移与动臂液压缸运动速度的传递函数

$$\frac{v_c(s)}{x_v^*(s)}=\frac{1}{\tau_v s+1}\frac{G_{vq1}(s)A_1}{\frac{V_1 m_c}{\beta_e}s^2+\left[\frac{V_1 B_c}{\beta_e}+(G_{vp1}(s)+C_1)m_c\right]s+A_1^2+(G_{vp1}(s)+C_1)B_c} \tag{5-119}$$

上式展开后为五阶系统，为了便于统一比较，在此同样以液压缸动力学和油液压缩产生的环节为研究对象，并继续保留二阶的形式进行分析。忽略液压缸的粘滞阻尼系数，该二阶环节的固有频率和阻尼比可分别表示为

$$\omega_{lpc}=\sqrt{\frac{A_1^2\beta_e}{V_1 m_c}} \tag{5-120}$$

$$\zeta_{lpc}=\frac{G_{vp}(s)+C_1}{2A_1}\sqrt{\frac{\beta_e m_c}{V_1}} \tag{5-121}$$

其中固有频率大小与传统节流控制时相等，而阻尼比的表达式虽然在形式上一致，但其大小与工作频率有关。在低频段，$G_{vp1}(s)$ 趋向于零，此时阻尼比较小；而在高频段，$G_{vp1}(s)$ 趋向于 K_{vp}，对应的阻尼比较大。综合地说，能量回收系统采用负载压力控制方法后在频响和阻尼特性等动态性能方面与传统节流控制较为接近，同样优于直接转速控制方法。此外在稳态性能方面还具有压力补偿功能，以单位阶跃输入为例，根据终值定理，$G_{vp}(s)$ 的稳态输出可表示为

$$\begin{aligned}e_{pq1}&=\lim_{s\to 0}sG_{vp1}(s)\frac{1}{s}\\&\approx 0\end{aligned} \tag{5-122}$$

根据上式，当液压缸无杆腔的压力变化时，回油流量的稳态变化值几乎为零，表明系统具有较高的准确性。

(4) 节流阀压差控制

该方法的传递函数推导过程与负载压力控制情况类似，两者在节流阀流量方程、液压马达入口腔流量连续性方程、液压马达－发电机单元动力学方程以及求得的回油流量表达式等方面均相同。主要的差异在于两者的永磁发电机目标转矩表达式不同，对节流阀压差控制的目标转矩表达式做拉氏变换，如下式所示。

$$T_e^*(s)=\frac{V_m}{2\pi}K_{pf}[p_1(s)-p_3(s)] \tag{5-123}$$

同样忽略电磁转矩目标值和实际值之间的传递函数，联立各拉氏变换式进行求解，可得到以阀芯位移和无杆腔压力为变量的流量表达式

$$q_v(s)=G_{vq2}(s)x_v(s)+G_{vp2}(s)p_1(s) \tag{5-124}$$

其中阀芯位移和无杆腔压力与流量之间的传递函数分别表示为

$$G_{vq2}(s)=K_{vq}\frac{s^2+\left(\frac{C_3\beta_e}{V_3}+\frac{B_m}{J_m}\right)s+\left[C_3B_m+(K_{pf}+1)\frac{V_m^2}{4\pi^2}\right]\frac{\beta_e}{V_3J_m}}{s^2+\left[(K_{vp}+C_3)\frac{\beta_e}{V_3}+\frac{B_m}{J_m}\right]s+\left[(K_{vp}+C_3)B_m+(K_{pf}+1)\frac{V_m^2}{4\pi^2}\right]\frac{\beta_e}{V_3J_m}} \tag{5-125}$$

$$G_{vp2}(s)=K_{vp}\frac{s^2+\left(\frac{C_3\beta_e}{V_3}+\frac{B_m}{J_m}\right)s+\left[C_3B_m+\frac{V_m^2}{4\pi^2}\right]\frac{\beta_e}{V_3J_m}}{s^2+\left[(K_{vp}+C_3)\frac{\beta_e}{V_3}+\frac{B_m}{J_m}\right]s+\left[(K_{vp}+C_3)B_m+(K_{pf}+1)\frac{V_m^2}{4\pi^2}\right]\frac{\beta_e}{V_3J_m}} \tag{5-126}$$

忽略液压马达－发电机单元的粘滞阻尼系数，以上两个二阶传递函数的固有频率和阻尼比均表示为

$$\omega_{pdc1}=\frac{V_m}{2\pi}\sqrt{\frac{(K_{pf}+1)\beta_e}{V_3J_m}} \tag{5-127}$$

$$\zeta_{pdc1}=\frac{\pi(K_{vp}+C_3)}{D_m}\sqrt{\frac{\beta_eJ_m}{(K_{pf}+1)V_3}} \tag{5-128}$$

相比于负载压力控制方法，节流阀压差控制方法引入了压差反馈系数，可通过对该参数的合理设计增大流量控制的频响，同时保持适当的阻尼比。为了进一步比较两种方法的优劣，在此以试验台架为例进行分析，表 5-10 所示为相关参数。取压差反馈系数为 12，并代入其他具体数值后，可得到回油流量控制在负载压力控制下的固有频率为 57. 9rad/s，阻尼比为 1. 72；在节流阀压差控制下的固有频率为 208. 8rad/s，阻尼比为 0. 48。通过两者的数据比较可见，节流阀压差控制具有更好的快速性和稳定性，且能够灵活改变控制参数来调整系统动态性能。

表 5-10 传递函数分析用到的相关参数

名　称	符号	单位	数值
液压马达排量	V_m	m^3/r	55×10^{-6}
液压油体积弹性模量	β_e	Pa	700×10^6
液压马达入口腔体积	V_3	m^3	5×10^{-4}
液压马达－发电机单元转子转动惯量	J_m	$kg\cdot m^2$	3.2×10^{-2}
液压马达内、外泄漏系数之和	C_3	$(m^3/s)/Pa$	2.1×10^{-12}
节流阀流量－压力系数	K_{vp}	$(m^3/s)/Pa$	1.4×10^{-10}

同样可将节流阀压差控制中的 $G_{vq2}(s)$ 和 $G_{vp2}(s)$ 与传统节流控制中的 K_{vq} 和 K_{vp} 进行类比，得到节流阀阀芯目标位移与动臂液压缸运动速度的传递函数，并结合 $G_{vq2}(s)$ 和 $G_{vp2}(s)$ 的特点分析动臂液压缸的动态性能。总体而言，节流阀压差控制在动态性能方面优于负载压力控制，但在稳态上存在一定误差。考虑输入为单位阶跃，根据终值定理，$G_{vp2}(s)$ 的稳态输出表示为

$$
\begin{aligned}
e_{pq2} &= \lim_{s \to 0} sG_{vp2}(s)\frac{1}{s} \\
&\approx \frac{1}{K_{pf}+1}K_{vp}
\end{aligned} \tag{5-129}
$$

由上式可见，当压差反馈系数越大时，稳态流量随无杆腔压力变化而变化的幅值就越小，也即控制准确性越高。当然，过大的反馈系数也会导致系统稳定性变差，因此在控制参数设计时需综合考虑。

通过经典的阶跃响应和斜坡跟踪性能测试（见图 5-32），对动臂能量回收系统的直接转速控制、负载压力控制和节流阀压差控制等三种方法进行比较；同时也测试了动臂液压缸在传统节流控制下的动态性能，以提供一定的参考。不失可比性，所有试验采用了相同的节流阀，消除了阀口面积梯度的差异对控制性能的影响。

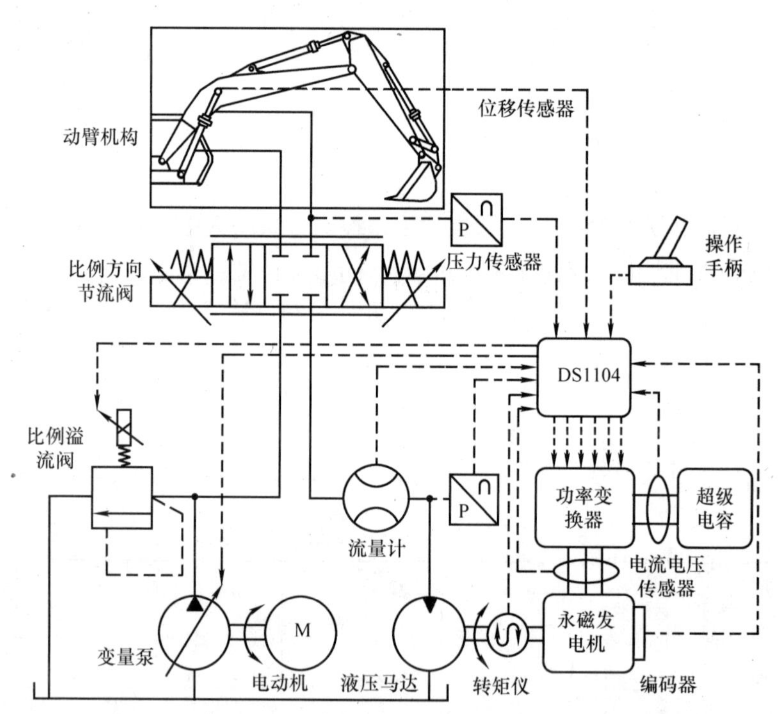

图 5-32　浙江大学挖掘机动臂能量回收试验台架原理图

为了便于比较，对动臂液压缸的运动速度采用了归一化处理，单位 1 对应的速度值为 0.12m/s 左右。图 5-33 所示分别为传统节流控制和能量回收系统不同控制方法的速度阶跃响应试验结果，可见直接转速控制的超调量相当大，在中速时超过 100%，显然不具有实用价值；负载压力控制和节流阀压差控制的动态性能在总体上均接近于传统节流控制，其中负载压力控制在高速时的稳定性较差，且制动时的响应时间较长，因此节流阀压差控制相对而言更具有优势。

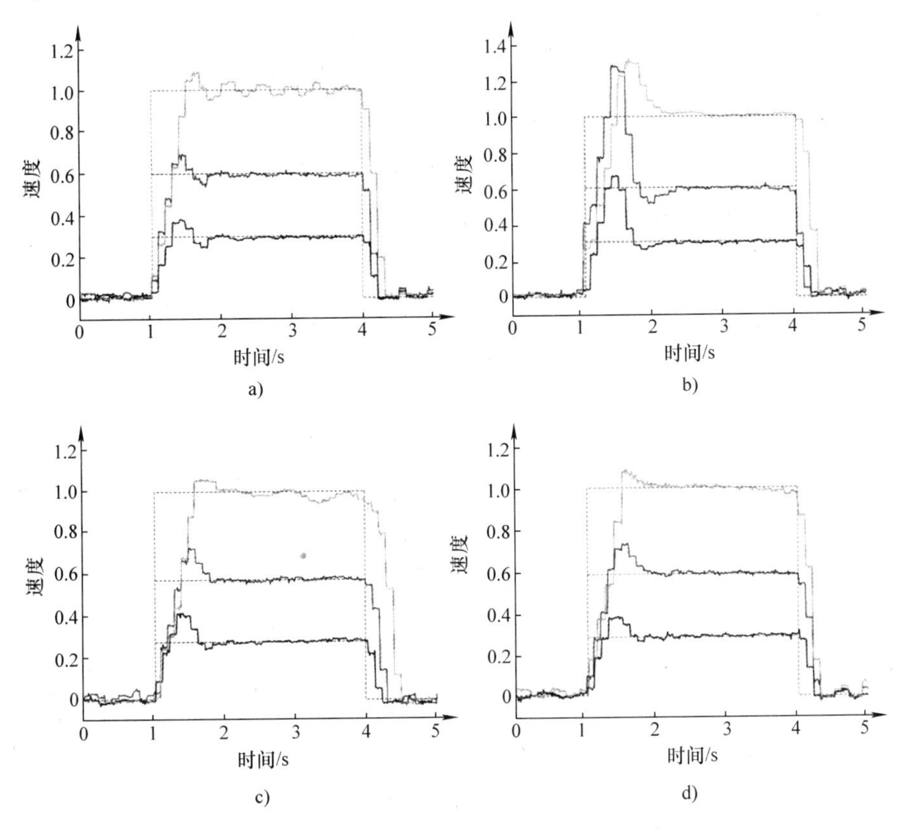

图5-33　各种控制方法的阶跃响应试验结果
a）传统节流控制　b）直接转速控制　c）负载压力控制　d）节流阀压差控制

图5-34所示分别为各种控制方法的斜坡跟踪试验结果，相比之下，节流阀压差控制的跟踪性能最接近传统节流控制，负载压力控制次之，直接转速控制最差。

综合来说，在上述的动臂能量回收系统三种控制方法中，直接转速控制最易于振荡且跟踪准确性最低，导致动臂操作性很差；负载压力控制的动态性能相对较好，总体上与传统节流控制差距较小，仅在某些局部性能上显得不足，如高速时稍有些振荡；节流阀压差控制的各方面性能最好，虽然不能完全与传统节流控制等同，如斜坡跟踪误差略大于传统节流控制，但相比而言，该控制方法最具有应用价值。

3. 关键元件研究

针对能量回收发电机尺寸约束下保持高效率及低转矩脉动的性能要求，浙江大学王滔博士提出了定、转子结构参数分步优化的设计方法[31]，先以结构尺寸受限下的损耗最低为目标，基于参数化模型和粒子群算法获得最优的定子结构参数和磁感应强度分布；再以气隙磁感应强度的波形畸变最小为目标，利用有限元方法优化永磁体结构参数，并保证磁感应强度的实际分布与定子优化结果一致。分别对电枢

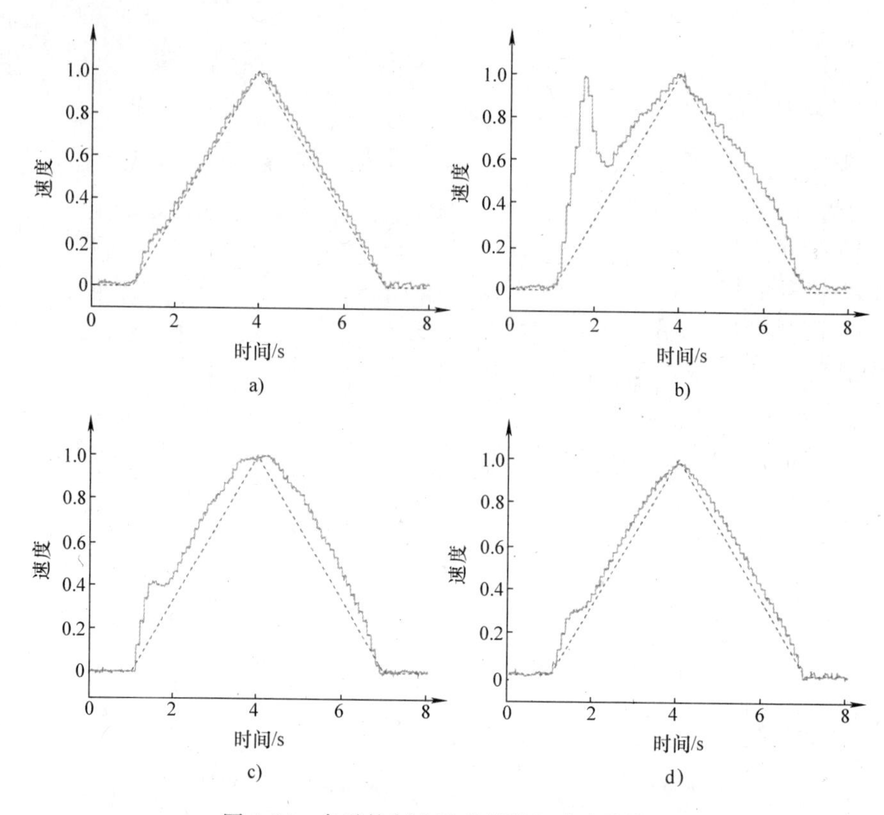

图 5-34　各种控制方法的斜坡跟踪试验结果

a）传统节流控制　b）直接转速控制　c）负载压力控制　d）节流阀压差控制

反应、永磁体最大去磁、间歇性作业下的温升进行了计算和校核。研制了能量回收发电机样机并进行了性能和参数测试，测试结果验证了设计及优化方法的有效性。

液压马达-发电机一体化单元是工程机械电气式能量回收系统的核心部件，然而现有分立的液压马达和发电机同轴连接结构，存在装机体积大和动态性能不足等问题，已成为制约能量回收技术发展及实用化的重要因素。项目拟针对工况特点提出新型一体式的液压马达-发电机一体化单元结构，利用 Halbach 阵列的单侧磁屏蔽特性将轴向柱塞液压马达缸体和永磁发电机转子集成为有机整体，有效减小装机体积和旋转部件惯量且同时保证高气隙磁感应强度；根据集成化所需结构与运动约束建立匹配关系及整体设计方法；探明多物理场耦合作用对运动平稳性、应力应变分布和内部温升的影响，以综合性能为目标进行结构参数优化；研究时变输入输出下的动力学特性、稳定作业条件和损耗机理，提升保证液压发电过程高动态且兼顾效率的控制方法。在理论和仿真分析基础上完成物理样机制造与试验。项目将建立集成式高动态液压发电单元的设计、优化和控制方法，为促进电气式能量回收技术发展提供理论和试验基础。

如图 5-35 所示，该新型结构利用液压马达缸体及其表面安装的 Halbach 阵列构成复合型转子，该转子一方面和配流盘、柱塞、滑靴、斜盘等配合实现液压马达功能，另一方面与定子绕组配合实现永磁发电机功能。其中 Halbach 阵列通过将不同磁化方向的多块永磁体以某种规律排列，可使阵列外侧磁场显著增强而内侧磁场大大削弱，即具有单侧磁屏蔽性。当复合型转子在液压驱动下旋转时，永磁发电机定子绕组输出端将产生感应电动势，通过可控整流器控制闭合回路电流并基于液压转矩和电磁转矩的动态平衡可实现液 - 电能力直接转换。上述集成化设计方案能够有效减小液压马达 - 发电机一体化单元体积，而且相比于现有研究具有以下优点：液压马达缸体的良好机械性能要求决定了其无法采用硅钢之类的软磁材料时，而通过 Halbach 的单侧磁屏蔽性就可使缸体内部磁通量显著下降，从而解决了集成化设计中转子轭机械性能与导磁性能的矛盾，减小了装机体积和旋转部件惯量且同时保证了高气隙磁感应强度，也避免了在缸体外侧增加软磁材料。从图 5-36 可以看出，目前的液压马达 - 发电机在液压马达的较小压差时其效率大约为 0.5 左右，由于该液压马达 - 发电机一体化单元的额定工作点是按照较大压差设计的，通过特殊设计，还可以进一步提高该能量转换单元的转换效率。

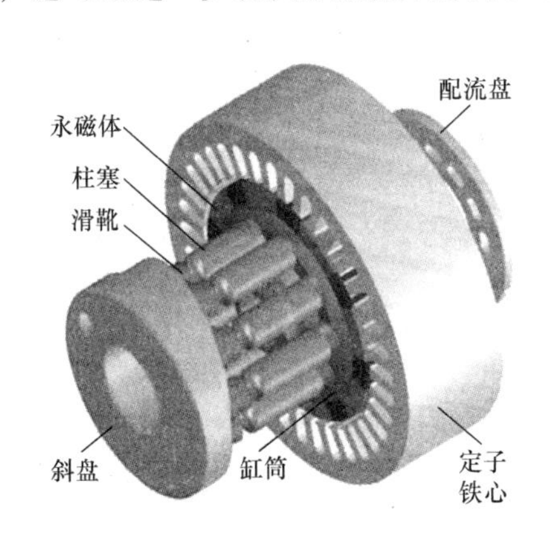

图 5-35　液压马达 - 发电机一体化单元[32][33]

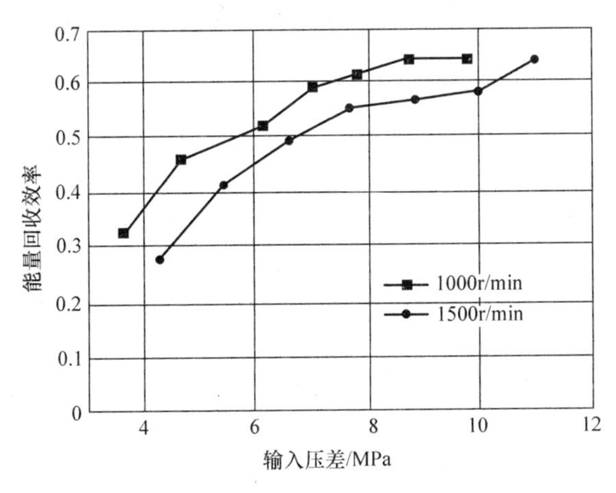

图 5-36　液压马达 - 发电机一体化单元的整体效率

5.4.2 其他工程机械领域研究进展

丹麦奥尔堡大学 Andersen 的研究主要针对电动液压叉车下放时释放的大量势能[34]。如图5-37所示，电动叉车的最大负载为10kN，最大速度为0.3m/s，最大下放距离为3.5m，整个下降过程主要为匀速，下降时间大约为8s。当负载举到最高位置时，其最大可回收势能为44.1kJ，从操作性能和节能效果两方面进行研究分析：由于重物开始下降时，动臂液压缸下腔压力高于泵的出口压力，导致液压缸在开始下降瞬间，会有个快速下降过程，为此提出了四种控制策略，并从试验和仿真结果分析可得，采用常规控制策略，负载的阶跃下降并没有影响到用户的感觉；而压力反馈控制无实际意义；采用电动机转矩反馈控制策略，会引起系统振荡。整个能量回收系统的回收效率约40%，整个能量回收系统对电动叉车的工作效率在低速模式提高18%，高速模式下提高30%。

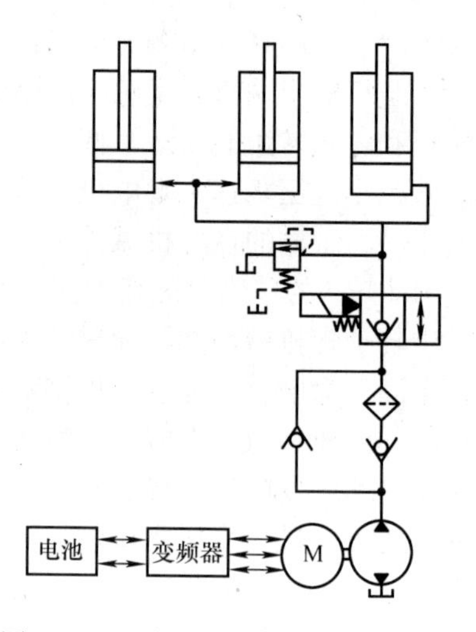

图5-37 电动叉车能量回收系统示意图

芬兰拉普兰塔理工大学 Minav 等对电动叉车的动臂能量回收进行了大量研究，首先从系统原理出发，通过与传统电动叉车的比较，探讨引入能量回收后对系统效率的提高程度，并对各个能量转换环节进行了建模分析[35~38]；其次，研究了能量回收系统中电动机的类型、大小对回收效率的影响，并采用不同功率等级的感应电动机和永磁同步电动机进行了试验验证[39~42]；此外还分析比较了采用不同储能元件时的能量回收效率[43]，为总体方案的制定提供了充分依据，研究表明图5-37所示系统的最高回收效率可达66%。

2009年12月，日本丰田公司研制成功了世界第一台内燃式混合动力叉车（见图5-38），该叉车主要针对叉车工作时频繁前进和停止的工况设计，但对叉车动臂在下放过程中释放出的大量势能并没有进行回收，其能量回收技术主要是针对叉车在行走制动时的大量动能。相应的，日本的小松、三菱重工也先后推出了混合动力叉车，但都没有针对动臂释放的势能采用能量回收系统进行回收。

同济大学江明辉等针对蓄电池交流电动叉车提出了一种电动叉车的能量回收方案[44,45]。其系统原理如图5-39所示，提升重物时，液压油通过阀组5进入提升液压缸，实现提升动作；下降时，阀组5和电磁阀4动作，液压油通过电磁阀4流回液压泵吸油口，液压泵变成液压马达工况，带动电动机转动，使电动机变为发电机工况，让能量回收到电动叉车电源（图中未表示出）。该系统的主要特点是液压泵与电动机在回收能量时均不反转。

图5-38 丰田公司的内燃式混合动力叉车

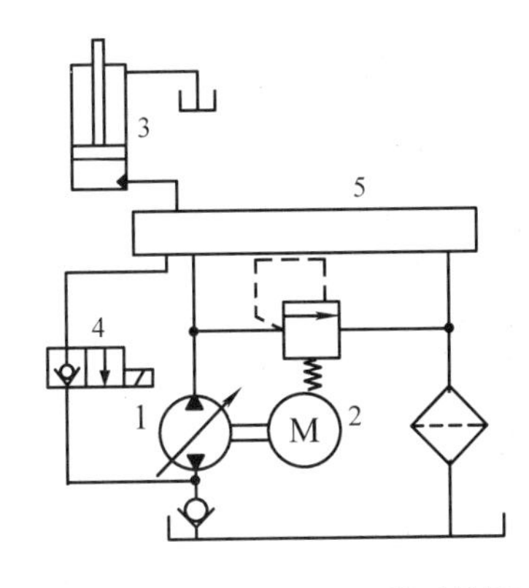

图5-39 电动叉车电气式能量回收系统原理图
1—液压泵 2—交流电动机
3—提升液压缸 4—电磁阀 5—阀组

2002年，振华港机首次将混合动力技术应用于起重机系统，将超级电容作为储能装置并入场桥电路中，其下降距离为数十米，实现节能30%[46]。此外，武汉大学李汉强教授、董明望教授以及同济大学卢耀祖教授等也对起重机做了相类似的研究[47,50]。基于超级电容的混合动力起重机系统如图5-40所示，柴油发电机组发出的三相交流电经过交流变频器1的整流装置，转换成450～715V范围内变化的直流电源，直流电源通过交流变频器2、3、4中的变频装置，将直流转换成频率和电压可控的交流电源，用于货物起升、大车和小车运行机构。当工作机构处于再生反馈状态时，机构会将能量反馈到直流总线上。此刻直流总线电压会在变化范围内逐步上升，超级电容进入充电状态，此时其充电电流大小自动根据反馈能量大小决定。随着超级电容不断充电，其端电压会上升，直流总线电压跟着上升。由于超级电容容量很大且能在短时间内大功率储存能量，因此所有机构的反馈能量都将被超级电容吸收。当机构处于驱动状态，由于超级电容的内阻远小于发电机内阻，故超级电容会首先供电给直流总线，以维持总线电压，当驱动机构继续工作时，随着超级电容不断放电，其端电压逐步下降。当监测到此电压低于柴油发电机组的电源整流电压时，机组开始参与供电。

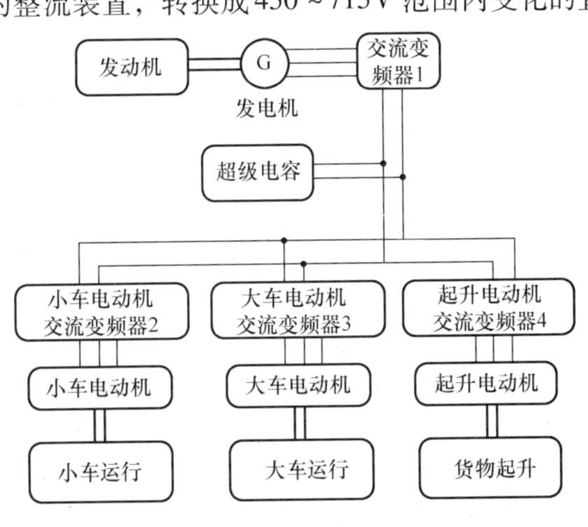

图5-40 基于超级电容的混合动力起重机系统

5.5 回转制动电气式回收技术发展动态

在转台制动动能回收方面，目前比较典型的电储能转台制动能回收方案有两种：一种是转台由电动机直接驱动，在减速制动时，制动能通过电动机工作在发电模式下转化为电能储存在电池或电容当中；另一典型的方案是，在多路阀后的执行元件回油路上采用独立液压马达进行能量回收的节能方案。前者把回转驱动系统和能量回收系统集成在一起，对电动机及其控制系统要求较高，目前国内各大知名挖掘机企业都采用该种方案，典型代表为浙江大学王庆丰团队[52]、山河智能、詹阳动力、三一、中联、柳工、吉林大学等，但由于回转制动时间较短，回转驱动电动机必须辅以超级电容才能快速存储和释放制动动能，该方案更适用于具备了超级电容的油电混合动力挖掘机或纯电动挖掘机；而后者的典型代表为中南大学的李赛百[53]，华侨大学林添良[54]等，该方案只适用于转台制动时手柄直接回中位的场合，实际上为了制动更为平稳，驾驶人会根据转台的实际转速和制动距离动态地调整手柄，而不是直接回中位，因此回转马达制动腔的高压液压油分成两路：一路通过多路阀回油箱，造成节流损耗；另外一路才通过液压马达－发电机回收；因此该方案没办法将大部分制动动能进行回收，能量回收效率较低。

5.5.1 传统液压回转系统特性分析

传统液压回转系统的结构图如图 5-41 所示，由主泵源 1、先导阀组 2、防反转阀 3、溢流补油阀组 4、延迟阀组 5、制动器 6、行星减速器 7、上车机构 8 和液压马达等组成，工作原理如下。

1）回转马达起动时，进油路压力油一方面驱动回转马达，另一方面由于起动瞬间压力较大，液压马达左侧溢流阀打开，使得部分液压油溢流，从而实现快速起动。

2）回转马达制动时，供油和回油油路均被切断，回油管路压力因马达惯性而升高，高压油通过补油阀对液压马达左侧进行补偿，防止回转滑移造成的气穴现象，最终使得双侧压力趋于稳定，系统平稳制动。

3）由于泄漏的缘故，回转马达的液压制动不能长久保持，为了防止整机停在倾斜地面时因重力作用产生回转，马达设计有机械制动器。另外，机械制动器制动较为迅猛，通常要求当回转操纵阀回中位、液压制动起作用后机械制动器才开始工作。因此在回转马达上装有延时阀组，以达到机械制动滞后于液压制动的目的。

传统液压回转系统主要存在以下不足之处。

1）液压回转系统效率较低。通常液压马达的总效率仅为 80% 左右，多路阀效率则更低。大角度回转时，因液压泵的输出流量大于马达实际所需流量而产生溢流损失又进一步导致效率降低。根据系统仿真结果，液压回转系统的总效率大约

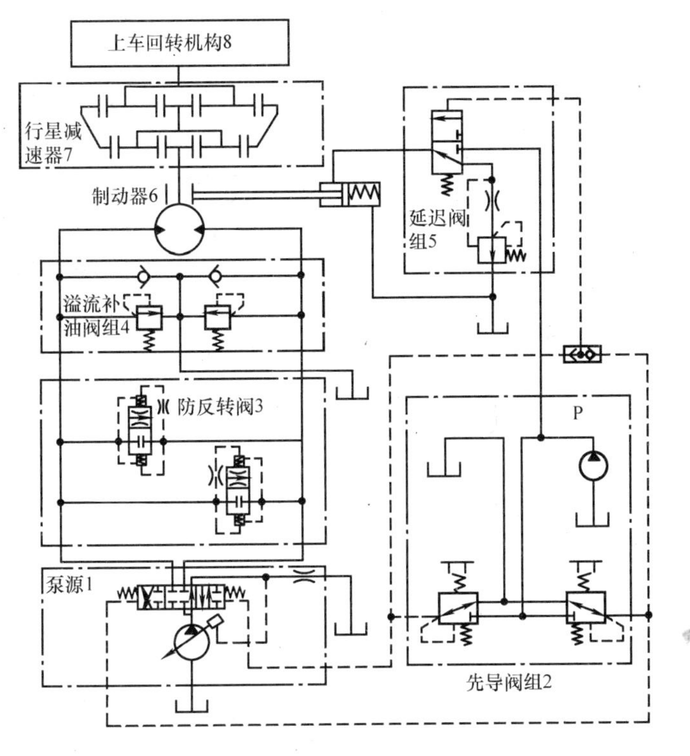

图 5-41　传统液压回转系统的结构图

为 30%。

2）液压回转系统无法回收回转机构制动能量。对于液压回转系统，回转机构制动时主要通过缓冲溢流阀建立制动转矩使回转系统逐渐减速，由于挖掘机回转机构惯性较大、回转运动频繁，导致大量的制动能量转化成溢流损失，不仅引起液压系统发热，降低回转机构性能，更会影响系统寿命。

3）操作性随负载特性变化。由于挖掘机上车机构转动惯量大，而液压系统启、制动响应慢，在不同姿态下因转动惯量不同，对于开环的阀控马达系统，容易导致系统操作性的不一致。

4）冲击加速度较大。当回转先导操作手柄从转台回转回到中位时，由于上车机构的惯性力作用，会产生很大的惯性冲击，转台会继续转动，此时的回转马达通过缓冲溢流阀产生制动压力。普通溢流阀在阀打开的瞬间压力一下子就达到卸载压力，制动力突然加到液压马达上，产生巨大的制动冲击，既影响了驾驶人的舒适性，又降低了液压挖掘机的各个元件（齿轮和齿圈等）的使用寿命。目前，液压挖掘机一般采用缓冲溢流阀控制油压上升速度，使油压实现两级压力控制，降低了压力冲击。但缓冲溢流阀调节后的压力同样存在压力冲击，仍然对齿轮齿圈等关键元件存在冲击载荷。

挖掘机装载作业时，回转动作频繁，起制动时间短，单次时间仅为2～4s，图5-42为实测90°回转作业时的转台转速曲线。由于转台转角大小不同，回转过程略有不同。转台转角较小时，回转过程只有起动和制动两个阶段；转角较大时，回转过程包括加速、匀速和减速三个阶段。为了保证作业效率，要求转台起、制动响应快；为了保证驾驶人的舒适性，还要求加减速和匀速段的速度过渡平稳光滑段。由于挖掘机回转体惯量大，且作业过程中该惯量将随挖掘机的姿态和铲斗内的物料量而变化；另外当挖掘机在斜坡上作业时，还会受到重力倾覆力矩的作用。上述工况给回转控制带来了较大的难度。

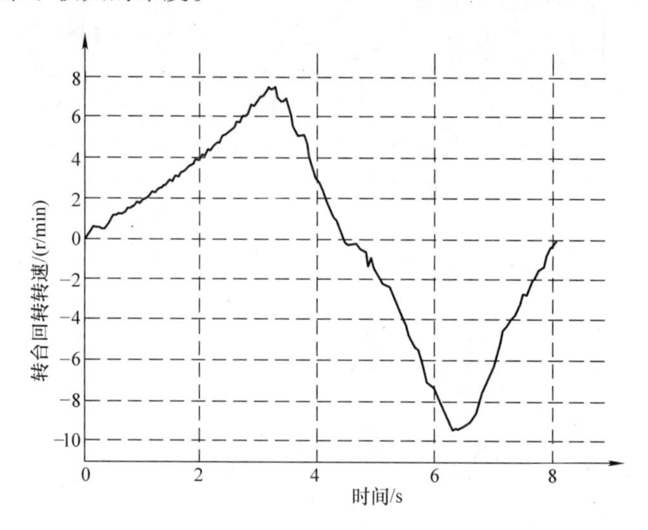

图5-42　挖掘机90°回转作业时的转台转速曲线

除装载作业外，吊装和侧壁掘削修整作业也是常见的工况。这些精细作业对回转的要求与装载作业不同，一般手柄操作角度小，对应转台的转速较低，转台加减速较为平缓。吊装作业要求回转速度缓慢，起、制动阶段速度变化平缓，以保证重物在空中不会剧烈晃动。沟槽侧壁掘削修整作业如图5-43所示，为进行有效垂直掘削，需要回转马达和斗杆复合动作，并控制回转力保证铲斗紧贴修整面。

综上所述，挖掘机回转系统的工况特点如下。

1）回转体惯量大且随上车机构姿态和铲斗物料量不同而存在较大波动。

2）回转控制要求随工况不同而变化。装载作业时，要求起、制动响应快，加速段、匀速段和制动段过渡平稳；吊装等精细作业时，要求回转速度慢，起、制动过程速度变化平缓；侧壁掘削修整作业时，要求能通过操作手柄控制铲斗与侧边之间的回转力。

5.5.2　电动回转及能量回收系统

随着工程机械油电混合动力技术研究的逐步深入，有学者提出了挖掘机执行机

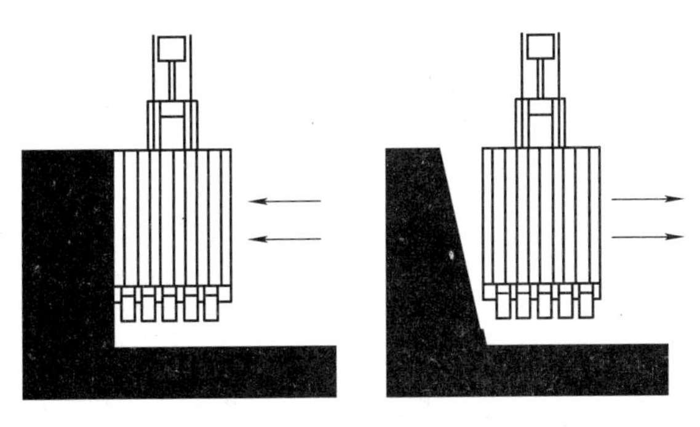

图 5-43　沟槽侧壁掘削修整作业示意图

构电气化的思路，并引起了高校和研究机构的关注，因为油电混合动力系统中配置了电量存储单元，其次是电动机驱动系统相对于阀控马达系统具有较高的效率和响应[51]。但如果动臂、斗杆和铲斗等直线运动机构采用电动机驱动时，中间还需要泵/马达环节，因此结构反而复杂并且成本较高，而对于转台可以采用电动机来替换原来的液压马达驱动，这样转台加速时，电动机由超级电容供电而工作在电动模式，而转台减速时，电动机工作在发电模式，将转台动能转换成电能存储在超级电容中。

目前，小松、日立、浙江大学、中联重科、山河智能、柳工等研究单位，先后推出了油电混合动力液压挖掘机，基于混合动力系统中已经具备了电池或超级电容的特点，用电动机驱动上车机构进行回转动作。回转起动时，由电动机驱动来起动，回转停止时利用惯性来发电，储存到超级电容再利用。

1. 结构原理

混合动力挖掘机电动回转系统结构原理图如图 5-44 所示，主要由转台、制动单元、目标转速信号给定单元、电机控制单元、系统监控单元等组成。

转台主要包括行星减速器部件，其高速轴与永磁同步电动机输出轴连接，低速轴与挖掘机转台连接，从而将电动机输入转矩放大以驱动转台。

制动单元包括机械制动器、制动电磁阀、制动液压缸等。制动单元的主要作用有两个，一是在转台减速制动时，促使转台快速停止；二是在转台停止工作时，锁定转台以防止因外界干扰力（比如当挖掘机在斜坡上受到的自身重力）而自由旋转。

电机控制单元包括超级电容、旋转变压器、永磁同步电动机及电机控制器等。电动机采用高性能的矢量控制，超级电容通过电机控制器与电机相连。当电动机驱动转台旋转时，工作于电动模式，此时由超级电容给电动机供电；当转台减速或制动时，电动机工作于发电模式，此时将转台的动能转换成电能并向超级电容充电。

系统监控单元主要包括混合动力控制器和 CAN 通信网络等。混合动力控制器采集操作手柄先导阀的压力信号和电动机的转速信号，并根据相应算法对制动电磁

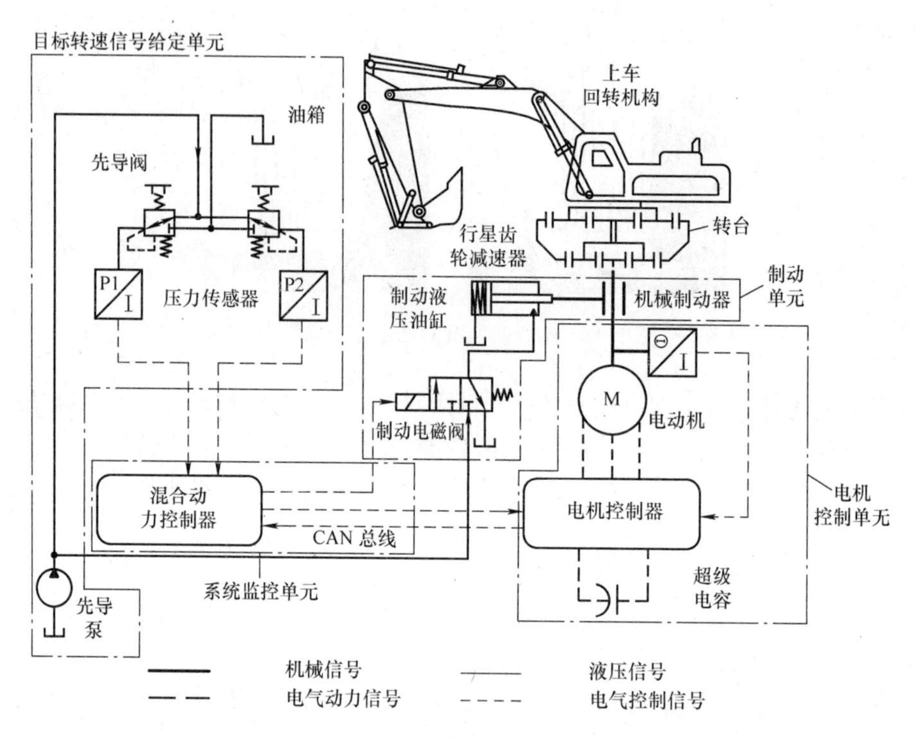

图 5-44 电动回转系统结构原理图[55]

阀和电动机进行控制。

目标信号给定单元包括先导操作手柄、压力传感器、先导泵等。操作手柄的两个先导阀出口处分别安装有压力传感器，可将手柄位移转换成线性关系的先导压力信号作为控制指令。传统液压回转系统中主控阀通流面积与阀芯位移控制指令通常不是线性关系，而是根据实际操作要求特殊设计的。电动回转系统中，如果保持控制指令和转台目标转速的线性关系，则会影响系统原有的操作性。为了保持原液压回转系统中先导压力和转台速度的对应关系，引入先导压力与电动机目标转速之间的非线性映射，如图 5-45 所示。

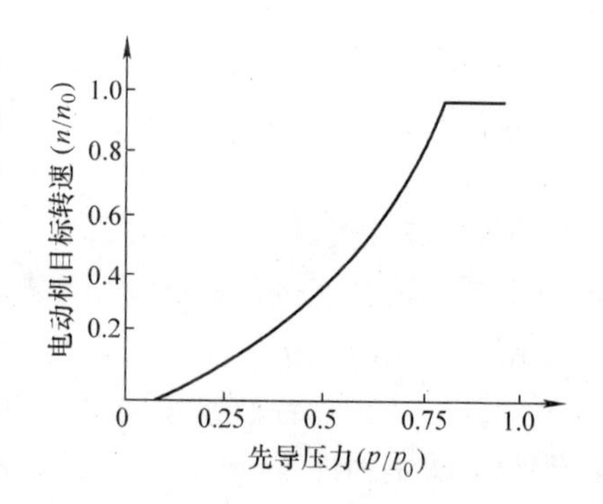

图 5-45 先导压力与电动机目标转速之间的对应关系

2. 电动回转及能量回收系统控制策略

电动回转控制主要根据操作手柄先导压力信号控制电动机转速以实现驾驶人的操作意图，具体流程包括以下步骤，如图 5-46 所示。

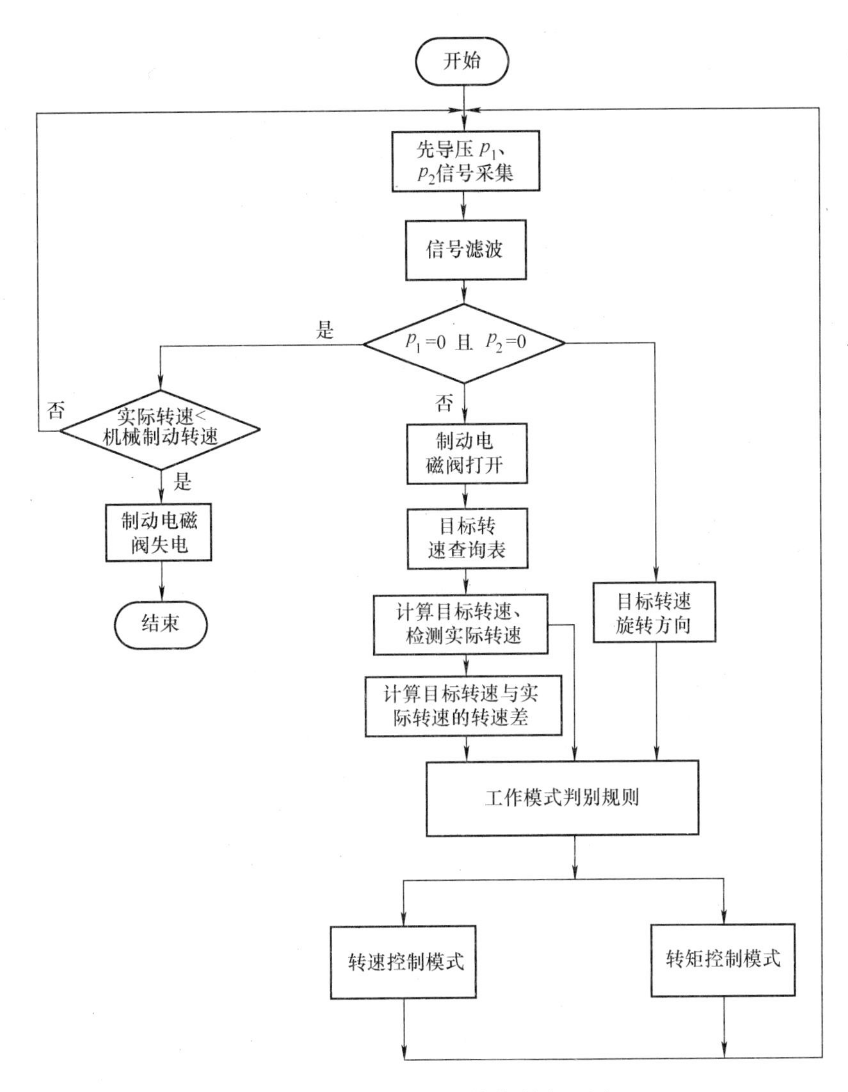

图 5-46　电动回转系统控制流程图

步骤一：检测先导压力信号，结合当前转速、转向信号确定转台目标运动状态及方向。如果先导压力 $p_1 = 0$ 且 $p_2 = 0$，说明操作手柄位于中位，转台目标转速为 0；如果 $p_1 > 0$ 且 $p_2 = 0$，说明操作手柄位于左位，转台目标转向为左；如果 $p_2 > 0$ 且 $p_1 = 0$，说明操作手柄位于右位，转台目标转向为右。

步骤二：当 $p_1 > 0$ 或 $p_2 > 0$ 时，打开制动电磁阀，查表获得电机的目标转速。根据当前速度、目标速度及其变化率判断回转工作模式，再根据不同的模式执行不同的控制策略。具体模式判断规则如下。

当 $n_a < n_c$ 且 $a < a_c$，或者 $n_m > 0$ 且 $n_a = 0$，为转矩控制模式，否则，为正常回转模式。其中：

n_m——电动机目标转速；

n_c——临界转速，设计为一较小的正值；

n_a——电动机实际转速。

步骤三：当 $p_1=0$ 且 $p_2=0$ 时，判断电动机当前转速是否小于机械制动转速。如果是，则进入机械制动模式，制动电磁阀关闭。

电动回转系统闭环控制框图如图 5-47 所示，针对不同的工作模式，分别设计了不同的控制器。

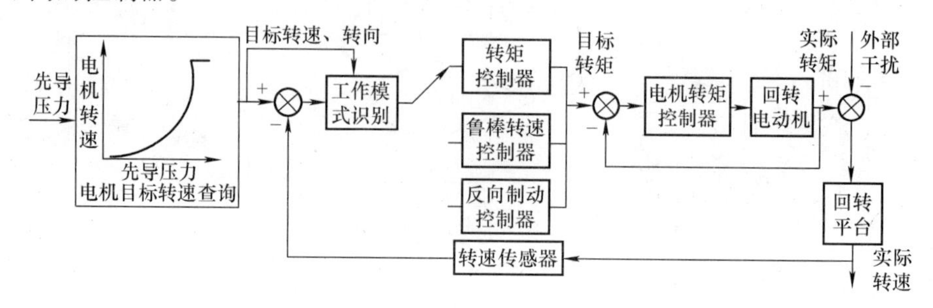

图 5-47　电动回转系统闭环控制框图

精细修整作业时需要通过手柄控制回转转矩，使铲斗紧贴修整面。但该工况下，电机实际转速几乎为零，所以只能采用比例控制。转矩控制结构框图如图5-48所示，通过手柄可控制转台转矩，并且调整比例系数可改变转矩调节范围；如果加入积分环节，则控制器将很快达到饱和值，此时回转转矩不受手柄控制，无法实现精细操作。

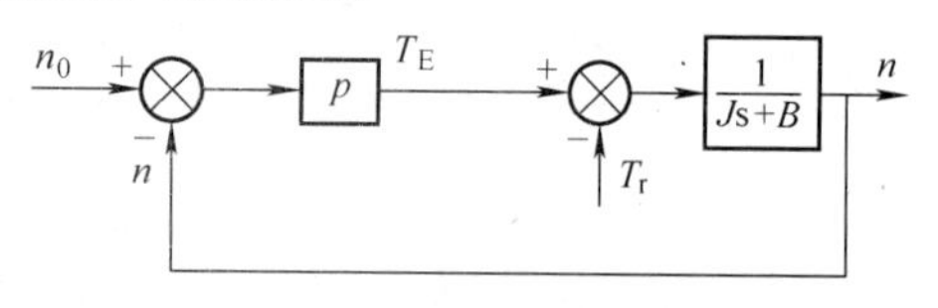

图 5-48　转矩控制结构框图

正常回转动作时，由于系统模型参数的不确定性，表 5-11 所示为各种典型工况下转台的回转惯量，常规的 PI 调节器不能满足系统功能要求，所以采用简化混合灵敏度法设计了鲁棒转速控制器，其传递函数为

$$G(s)=\frac{2.2s+0.1}{0.01s^2+0.2} \tag{5-130}$$

表 5-11　各种典型工况下转台的回转惯量

类型	工况 1	工况 2	工况 3
姿态			
铲斗物料	空载	空载	满载
关节	折叠	半伸展	全伸展
转动惯量/kg · m²	0.795	1.435	2.207

3. 仿真分析

针对上述电动回转系统方案及控制策略，在 MATLAB 环境中建立了系统各个部件的动力学模型和效率模型，并进行封装，然后将各个子模块结合，构建了系统的整体仿真模型，如图 5-49 所示。

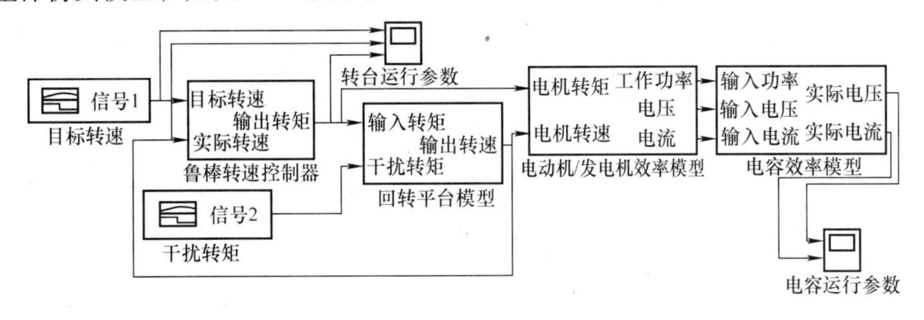

图 5-49　电动回转系统仿真模型

(1) 操作性

研究挖掘机回转系统的操作性能，主要从常规工况时的速度控制和精细操作时的转矩控制两方面进行。

对于速度控制，通过仿真考察了跟踪性能。因干扰转矩较难模拟，所以对抗干扰性能采用实验验证。

图 5-50 和图 5-51 分别为最小惯量和最大惯量工况下，采用鲁棒控制器和 PI 控制器的回转电动机转速对比。可见小惯量情况下，采用鲁棒控制器和 PI 控制器

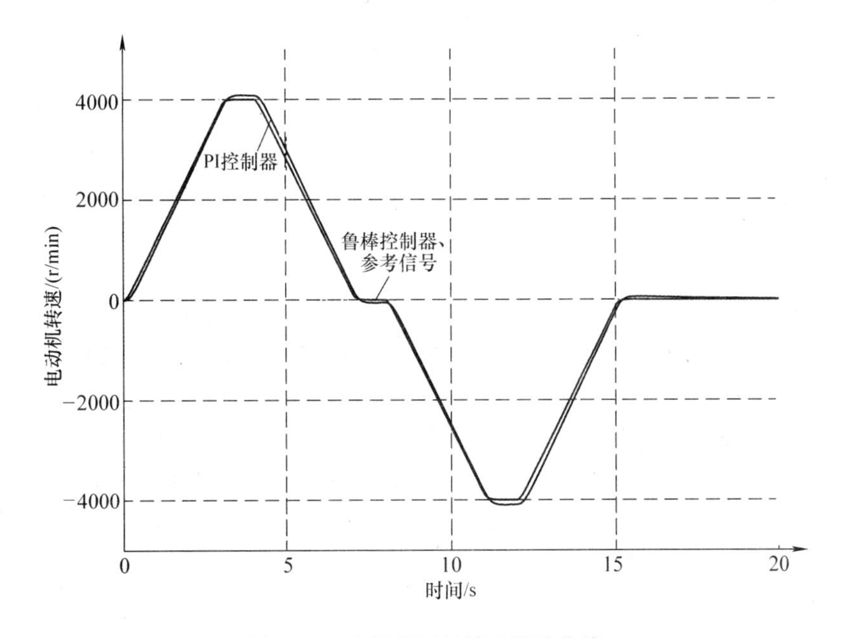

图 5-50　小惯量下的转速跟踪曲线

都能获得较高的跟踪精度；对于大惯量情况，PI 控制器的跟踪性能较差，且超调量大，而鲁棒控制器仍能保持较好性能。

图 5-52 所示为转矩控制模式的仿真结果，可见采用 P 控制器时，回转电动机的输出转矩能精确跟踪操作手柄的目标转矩值；而采用 PI 控制器时，由于积分作用使得电动机转矩饱和至 300N · m，无法实现转矩控制。

（2）节能性

为了评价回转制动能量回收系统的节能性，定义能量回收效率为制动过程中超级电容回收的能量与转台动能之比，该值主要取决于回收系统各个环节的效率，主要包括电容充电效率、电动机发电效率和转台机械传动效率。其中，影响传动效率的摩擦阻力可通过实验测试，折算到电动机端约为 13N · m，因此回收效率主要取决于发电机和电容效率。

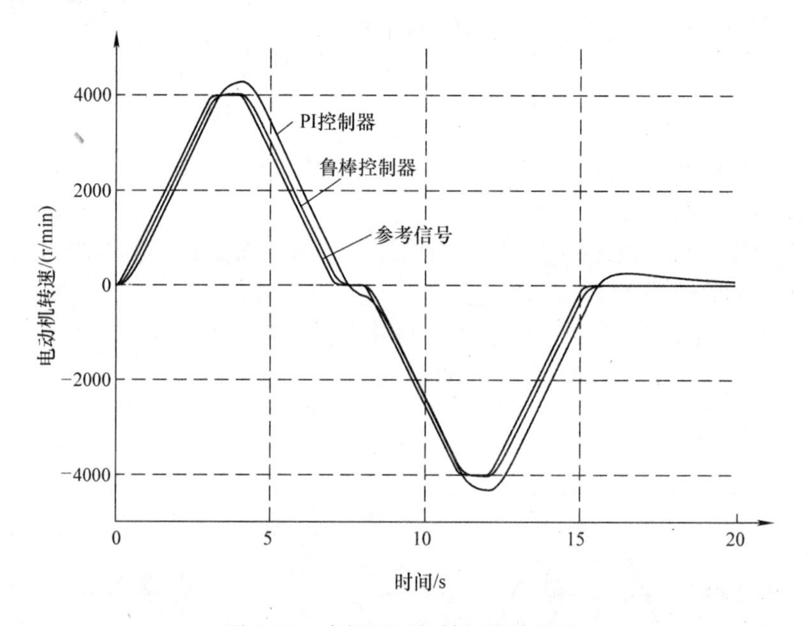

图 5-51　大惯量下的转速跟踪曲线

为了研究操作方式对节能性的影响，在几种转速下分别采取急速、正常和缓慢操作来制动转台，能量回收效率如图 5-53 所示。可见在电动机高效区内，三种操作的效率相差不大；而在电机低效区则相差较大，因此影响回收效率的主要因素是电机效率。图 5-54 为回转角度和能量回收效率之间的关系，从中可以看出，当回转角度较小时能量回收效率较低，因为小角度回转时，电动机的转速、转矩均较小，工作在低效率区内。

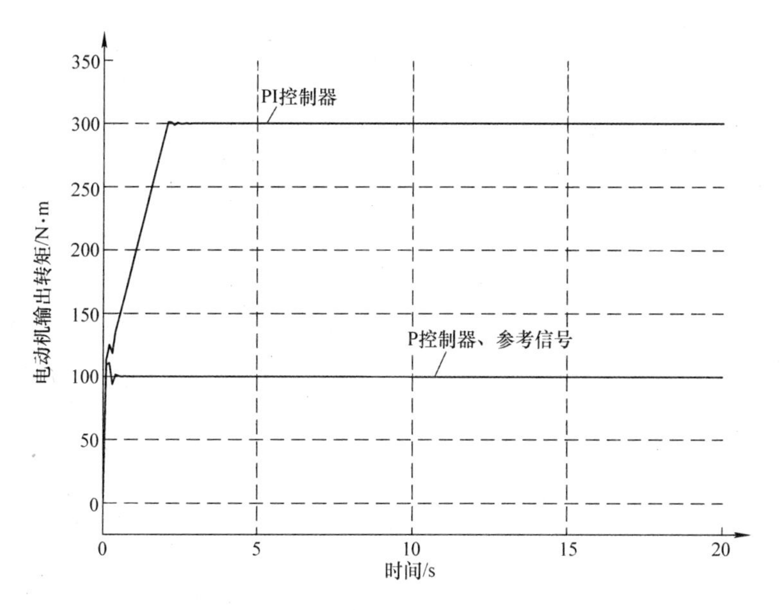

图 5-52　转矩控制模式仿真结果

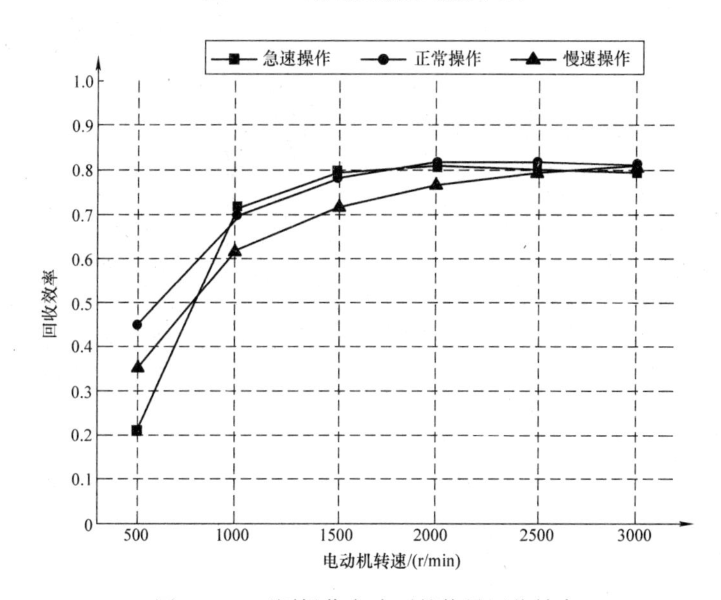

图 5-53　不同操作方式下的能量回收效率

4. 试验研究

为了从实验角度研究电动回转系统，浙江大学搭建了混合动力挖掘机综合实验平台，如图 5-55 所示，图 5-56 为回转电动机。

挖掘机满载 150°回转实验的测试数据如图 5-57 所示，可见电动回转系统起、制动平稳，能满足工况要求。

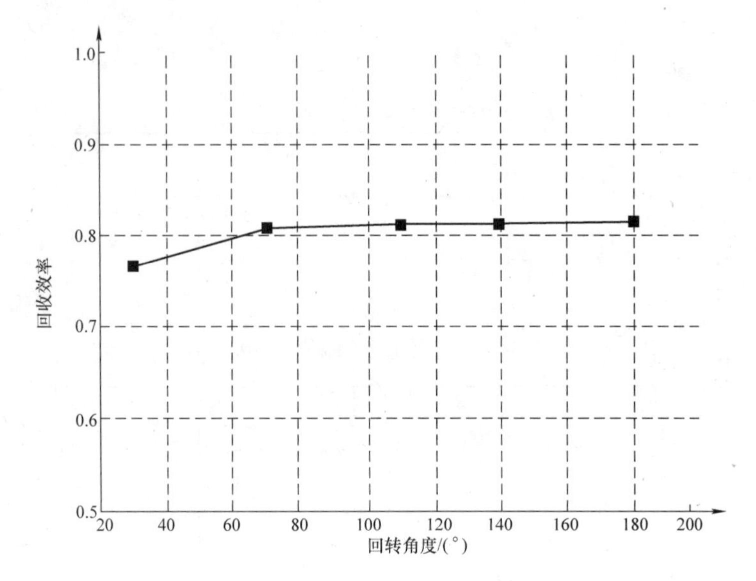

图 5-54　不同回转角度的能量回收效率

图 5-55　浙江大学混合动力挖掘机实验平台

图 5-56　回转电动机

图 5-58 为 6°斜坡上 180°回转的转速曲线，并且回转过程中改变挖掘机的上车机构姿态，分别考察 PI 控制器和鲁棒控制器的控制效果，由此可见鲁棒控制器能获得更加平稳的速度曲线。

图 5-59 为侧壁掘削时的电动机输出转矩曲线，可见采用 P 控制器能保证电动机输出转矩能跟随目标转矩变化，而采用（PI 控制器）后由于饱和效应导致转矩不能正常控制。

图 5-60 为 3000r/min 转速下进行不同转矩制动的能量回收效率，可见大制动转矩对应的能量回收效率较高，该特点与电动机高效区工作点分布有关。

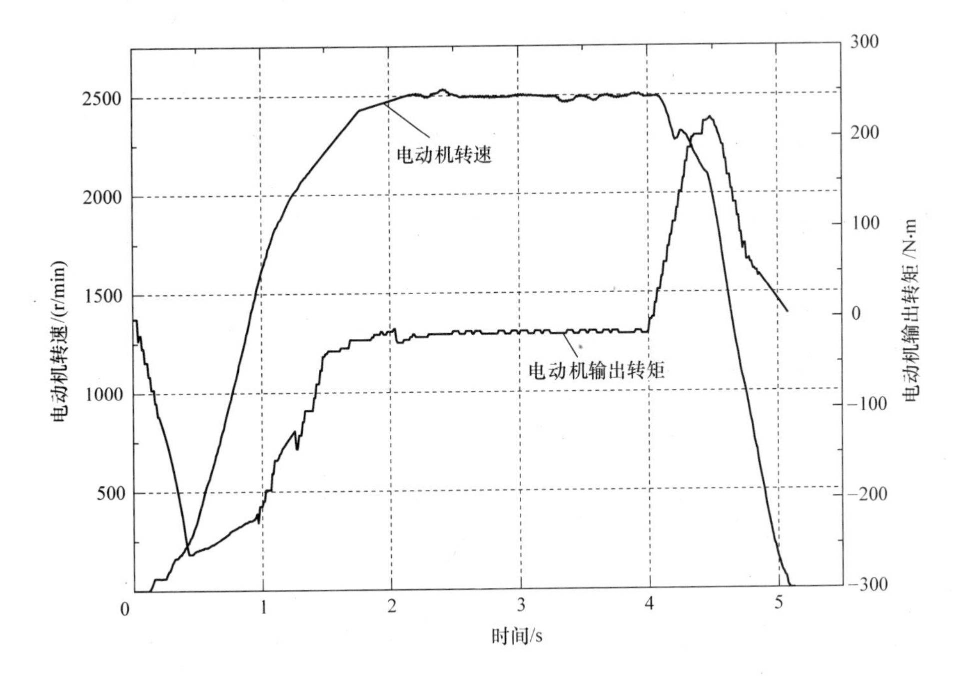

图 5-57　满载 150°回转时的电动机转矩、转速

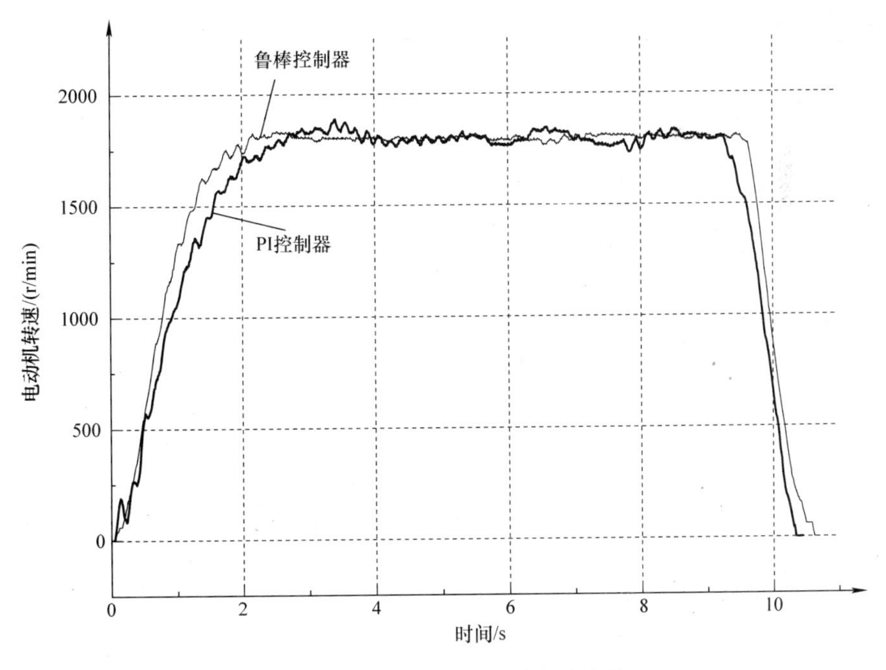

图 5-58　斜坡上 180°回转实验结果

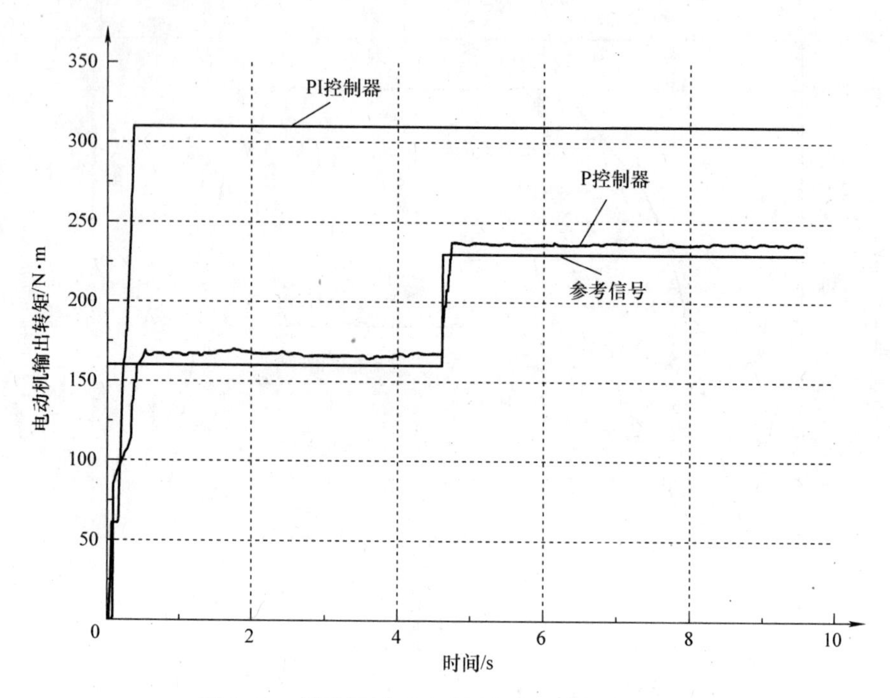

图 5-59 侧壁掘削工况下的电动机输出转矩曲线

图 5-61 为各种转速下，采用 200N · m 恒定制动转矩的能量回收效率，可见大部分工作点的总体效率均大于 70%，且在高速区效率较高。

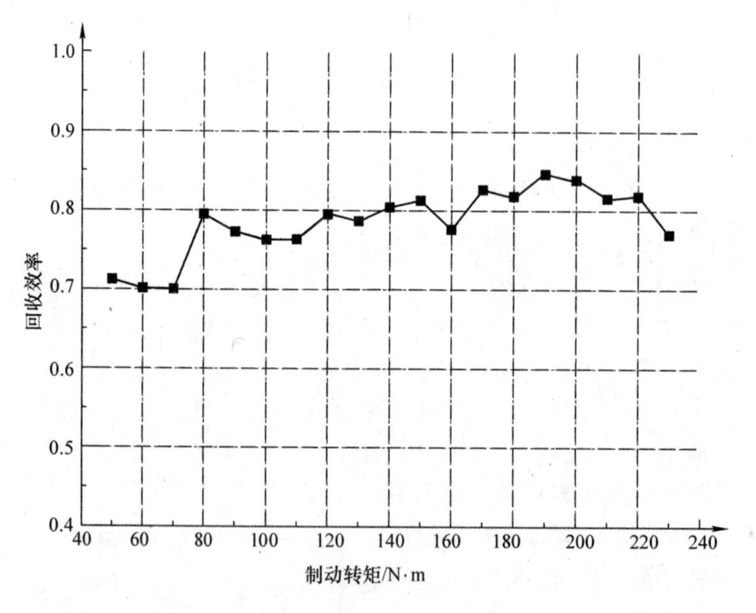

图 5-60 3000r/min 转速下进行不同转矩制动的能量回收效率

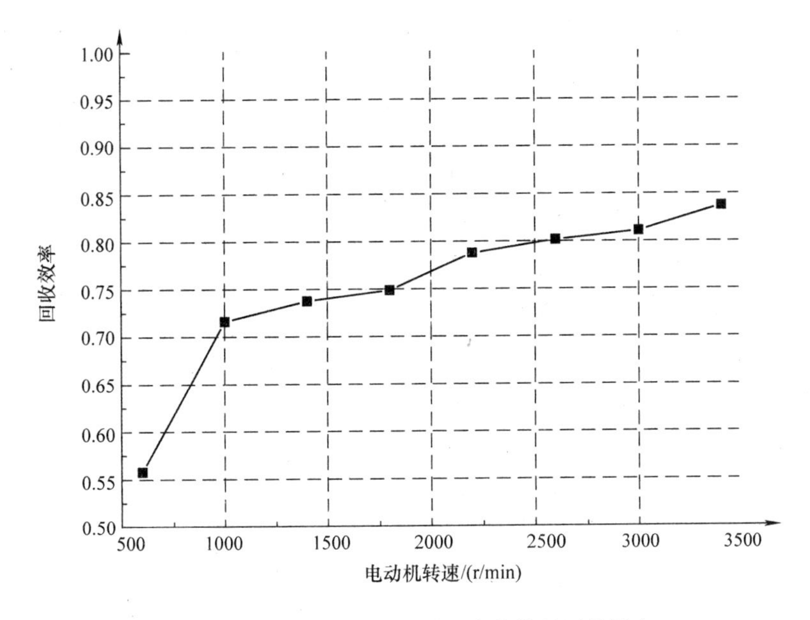

图 5-61　恒定制动转矩不同速度的能量回收效率

5.5.3　液压马达-发电机转台能量回收技术

1. 结构原理

和机械臂势能回收相类似，针对转台制动动能也可以在原来液压马达驱动的系统上增加一套液压马达-发电机回收系统。转台的动能存储到电池之前必须转换三次（动能-液压能-机械能-电能）。本书编者前期提出了一种可以同时回收转台加速和制动过程中的溢流损耗的驱动方案，如图 5-62 所示，其主要特点如下。

1）采用了发动机与电动机/发电机同轴相连的并联式混合动力系统，通过电动机/发电机的削峰填谷，保证发动机始终工作于最优工作区，从而节省燃油消耗，选用了具有快速充放电能力、比功率大的超级电容为蓄能装置。

2）能量回收单元主要包括液压马达、发电机及控制器和超级电容等。当转台减速制动时，电液换向阀 1 工作在右工位，回转液压马达制动腔的液压油驱动回收液压马达-发电机能量回收单元，将传统挖掘机消耗在溢流阀阀口的转台动能转换成电能并向超级电容充电；同理，即使当转台起动加速时，将传统挖掘机由于转台加速滞后产生的溢流损失转换成电能储存在超级电容中。

3）采用了防反转控制。由于转台为一个大惯性负载，当操作手柄回到中位时，转台回油腔的油压升高，液压马达的进油腔的压力较低，当马达停止转动，回油腔的高油压又把液压马达反推回去，直到进油口和回油口的压力趋于平衡。当前的液压挖掘机一般采用了防反转阀，由于目前采用的防反转阀的原理大都是通过转台在停止瞬间，液压马达的制动腔的压力会瞬时降低这一特点，合理设计阀的结

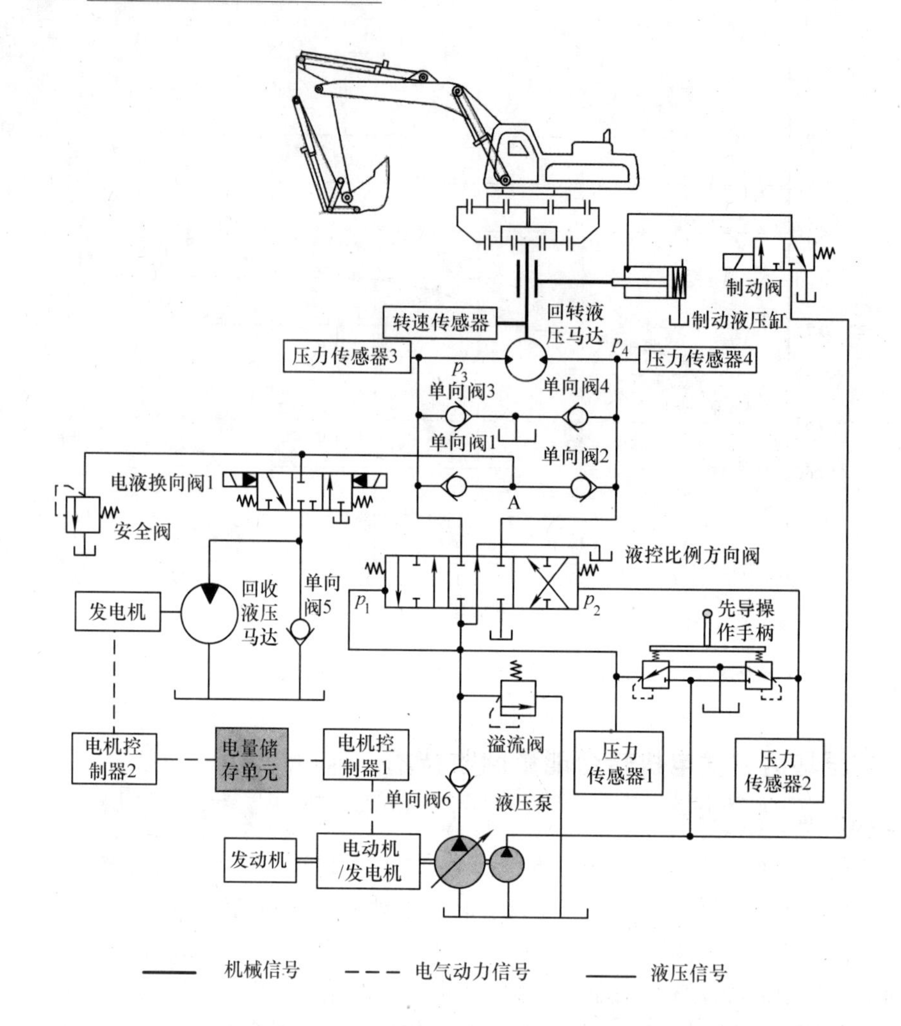

图 5-62　混合动力挖掘机转台新型驱动系统结构图[54]

构，使得液压马达两腔液压油相同。因此，阀的动作永远滞后于转台的动作，因此，转台仍然存在一定的来回转动的不足之处。在新型驱动系统中，当转台的回转制动结束时，通电液换向阀 1 工作在左工位，实现液压马达制动高压腔卸荷，进而使得液压马达两腔压力均为一个较低的背压值，防止转台的反转。

2. 控制策略

如图 5-63 所示，转台驱动系统的具体流程包括以下步骤。

步骤一：转台工作模式判断。

传统挖掘机的转台工作模式根据先导控制压力分为左旋转，静止和右旋转等三种模式。新型驱动系统中还需要进一步细分成加速模式和制动模式。通过回转马达进出口压力差的变化趋势可明显区分转台加速和制动过程，华侨大学提出了一种基于先导控制压力和回转马达进出口压力的转台新型工作模式辨别准则。先导手柄的

输出压力差为 Δp_{c1}。

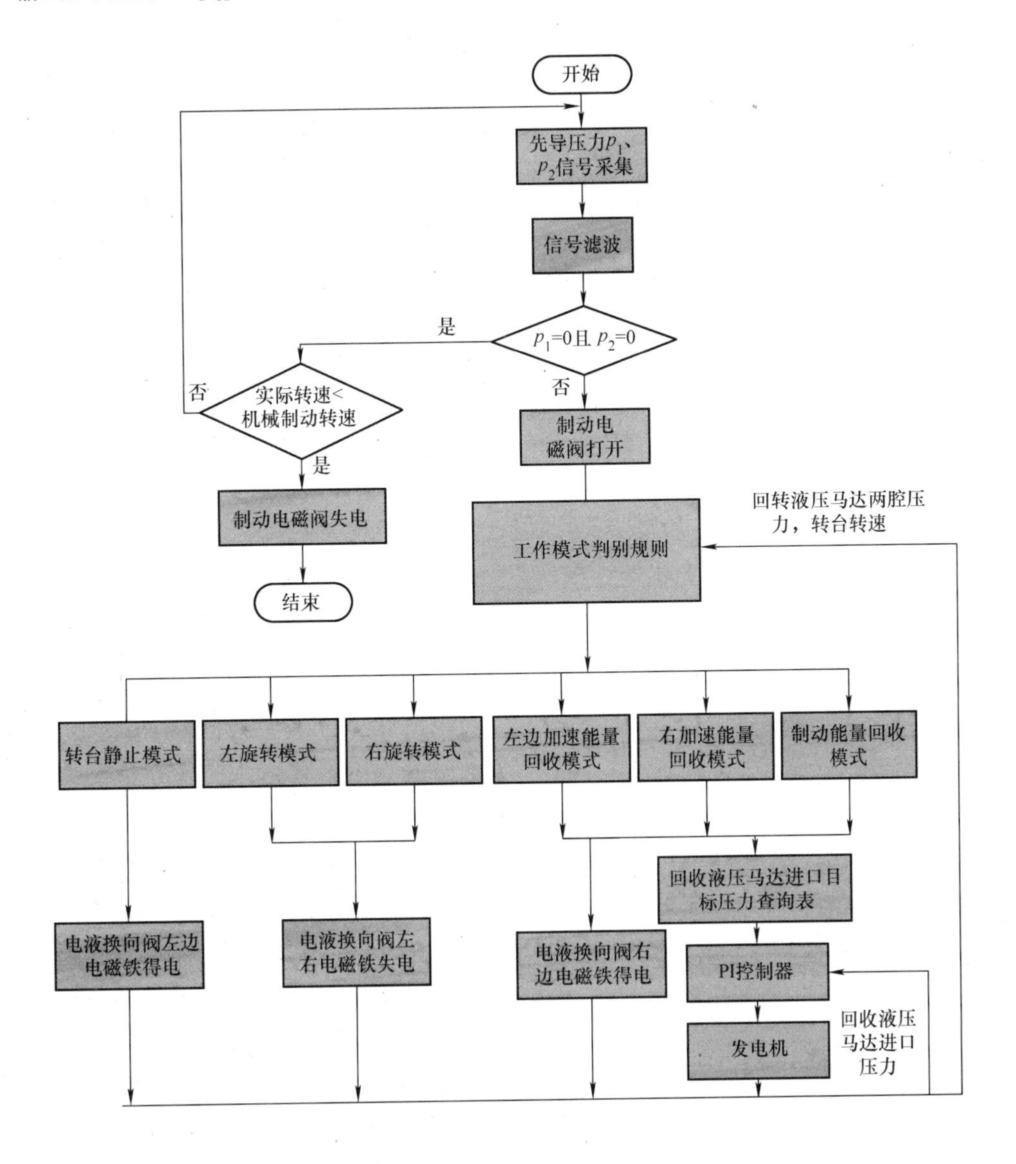

图5-63　系统控制流程图

（1）当 $-\beta<\Delta p_{c1}<\beta$ 时，进一步分为：

● 当 $n_m \geqslant n_{mc}$ 时，虽然手柄回到中位，但转台由于大惯性的作用，仍然继续转动并释放出大量的制动动能，称为制动能量回收模式。

● 当不满足 $n_m \geqslant n_{mc}$ 时，称为转台静止模式。

（2）当 $\Delta p_c \geqslant \beta$ 时，进一步分为：

• 当满足 $p_3 - p_4 \geqslant \delta$ 时，转台处于加速模式且旋转方向向右，称为右加速能量回收模式。

• 当不满足 $p_3 - p_4 \geqslant \delta$ 时，转台处于非加速模式且旋转方向向右，称为右旋转模式。

（3）当 $\Delta p_{c1} \geqslant -\beta$ 时，同样进一步分为：

• 当满足 $p_3 - p_4 \leqslant -\delta$ 时，则转台处于加速模式且旋转方向向左，称为左加速能量回收模式。

• 当不满足 $p_3 - p_4 \leqslant -\delta$ 时，则转台处于非加速模式且旋转方向向左，称为左旋转模式。

其中　n_m——转台实际转速（r/min）；

n_{mc}——转台最低转速判断阈值（r/min）；

β——为了避免受到操作手柄处于中位时的噪声干扰，设定的一个大于0的较小正值（MPa）；

δ——转台加速压力差判断阈值（MPa）。

步骤二： 根据不同的工作模式选择不同的控制算法。当工作在转台静止模式时，电液换向阀1的左边电磁铁得电，实现回转液压马达两腔的压力卸荷，防止转台反转；当工作在右旋转模式和左旋转模式时，电液换向阀工作在中位；当工作在左加速能量回收模式、右加速能量回收模式和转台制动能量回收模式时，液压马达－发电机能量回收单元工作。

步骤三： 当满足 $p_1 = 0$ 且 $p_2 = 0$ 时，判断转台当前转速是否小于机械制动转速。如果是，则进入机械制动模式，制动电磁阀关闭。

当转台采用液压马达－发电机能量回收系统后，在转台加速或者制动过程中，通过调节回收液压马达的流量来调整回转液压马达的进口压力，进而获得转台所需要的驱动或制动转矩。由于系统回收液压马达采用的是定量液压马达，因此转台的加速和制动转矩可以实时调整发电机的转速来动态调整，因而可以获得与传统溢流阀加速和制动更优的性能。同时传统挖掘机消耗在溢流阀的能量损耗通过回收液压马达驱动发电机转换成三相交流电，并由电机控制器整流转换为可储存于电量储存单元中的直流电，实现加速溢流损耗和制动动能的回收。

为了降低转台压力冲击和齿轮齿圈等关键元件的冲击载荷，考虑到挖掘机在实际工作时，当转台制动前转速较大时，为了保证作业效率，制动时间是主要目标，目标制动压力较大；当转台制动前转速较小时，制动时间较容易保证，此时制动性能是主要目标，转台所需的制动加速度较小。因此，华侨大学提出了一种通过转台转速动态修正回收液压马达进口目标压力的控制策略。

如图5-64所示，回转液压马达的目标制动压力为：

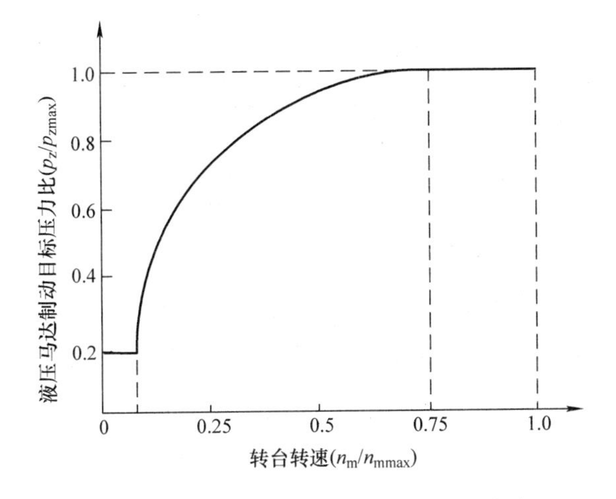

图 5-64 回收液压马达进口目标压力曲线

$$p_z = \begin{cases} p_{zmax}; \dfrac{n_m}{n_{mmax}} \geqslant 0.75 \\ 0.87; p_{zmax}\left(\dfrac{n_m}{n_{mmax}} - 0.1\right)^{0.2} \\ +0.2; 0.1 < \dfrac{n_m}{n_{mmax}} < 0.75 \\ 0; \dfrac{n_m}{n_{mmax}} < 0.1 \end{cases} \tag{5-131}$$

式中 p_{zmax}——最大制动压力（MPa）；

n_{mmax}——转台最大转速（r/min）。

同理，在转台加速过程中由于大惯性负载的作用，使得转台加速到其最大转速过程需要一个动态响应过程，因此加速过程中，液压泵的出口流量部分由回转液压马达排到另外一腔，多余的液压油通过回收液压马达－发电机回收。通过控制回收液压马达的流量，进而控制转台的加速转矩，此时回收液压马达－发电机回收单元主要用于维持转台的加速转矩。为了保证作业效率，液压马达的进口目标压力为：

$$p_z = p_{zmax} \tag{5-132}$$

在回转体匀速过程中，液压马达－发电机处于非使能状态。

回收液压马达－发电机的控制框图如图 5-65 所示，采用一个 PI 控制器，目标控制信号为回收液压马达的进口压力。

3. 仿真研究

为了对比研究，建立了传统回转驱动系统和新型驱动系统的仿真模型，分别如图 5-66 和图 5-67 所示。对比不同驱动系统的转台转速，加速度以及动力源的消耗能量等，校验了新型驱动系统的操作性能和节能效果。建模时，为了更好地对比节

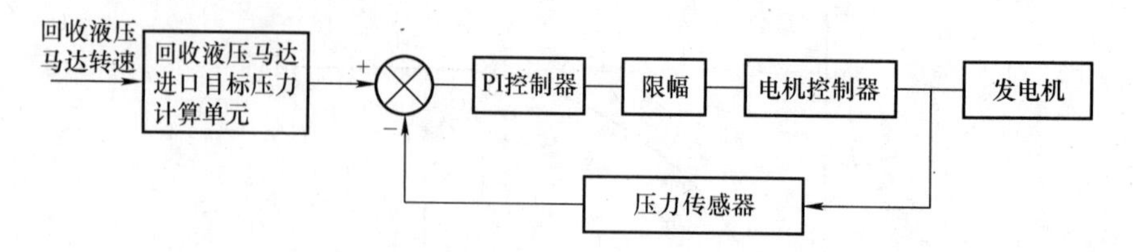

图 5-65 液压马达 - 发电机回收单元的控制原理

能效果，采用了电动机代替发动机驱动液压泵。根据仿真测量的电量储存单元的电压和电流等参数，计算得到动力源的消耗能量。仿真模型采用的关键元件主要参数如表 5-12 所示。

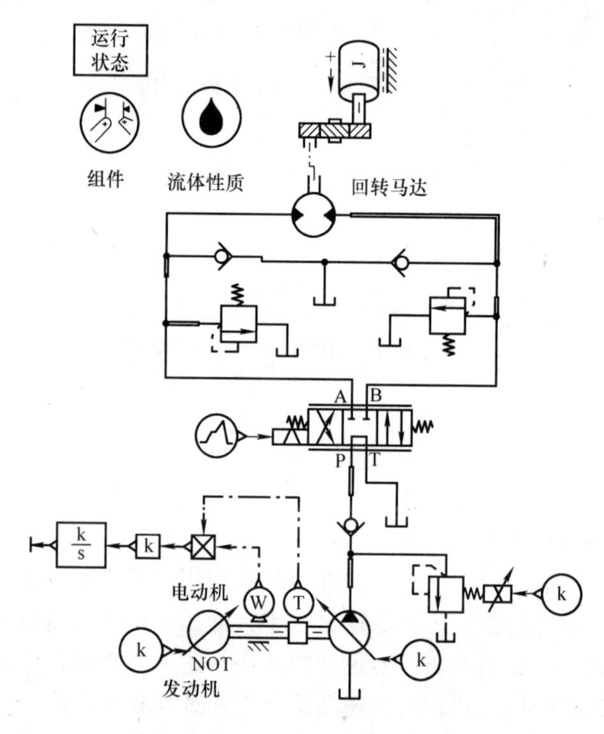

图 5-66 传统驱动系统仿真模型

图 5-68 为在传统驱动系统中回转液压马达两侧的溢流阀的溢流流量曲线。从图中可以看出，在转台加速和制动时，溢流阀均存在较大的溢流损耗。图 5-69 为新型驱动系统中液压马达 - 发电机能量回收单元的回收功率曲线。从图中可以看出，可回收功率具有一定周期性，在一个大约为 20s 的工作周期，液压马达 - 发电机工作 4 次，回收功率波动大。两种驱动系统中，动力源消耗的能量对比如图5-70 所示，可以看出，在时间大约为 6s 时，转台开始加速起动，在新型驱动系统，由于加速起动的溢流损耗同样可以被液压马达 - 发电机回收单元回收，因此动力源的

消耗能量较小。而在时间大约为 9s 时，转台开始回转制动，由于回转制动能量的回收利用，此时动力源不仅没有消耗能量，反而回收储存了能量。同样从图中可以看出：传统驱动系统，一个工作周期内，动力源消耗能量 545440J，而在新型驱动系统中，动力源消耗能量为 340000J。因此，就单独回转驱动系统而言，节能效果大约为 38%。

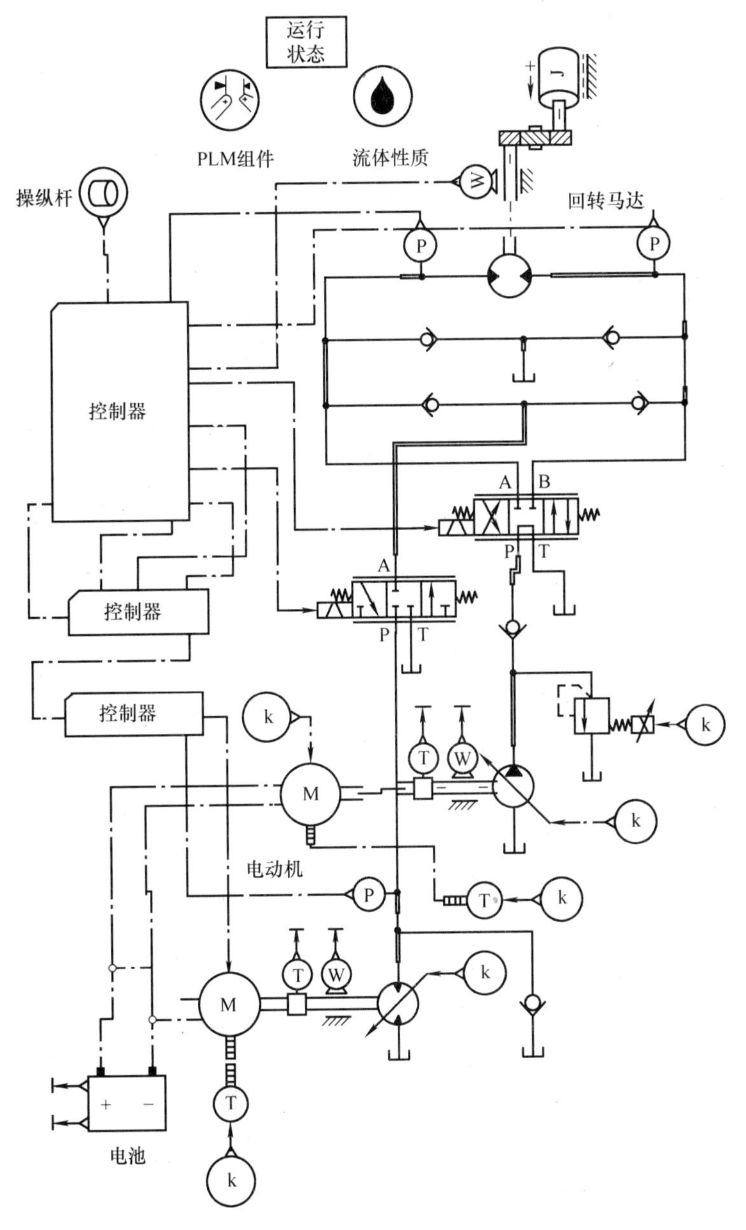

图 5-67　新型驱动系统仿真模型

表 5-12 关键元件主要参数

关键元件	参数	数值
发电机	额定功率/kW	110
	额定转速/(r/min)	2000
回收液压马达	排量/(mL/r)	100
回转液压马达	排量/(mL/r)	129
液压泵	排量/(mL/r)	112
减速器	总减速比	140
转台	等效转动惯量/kJ	150

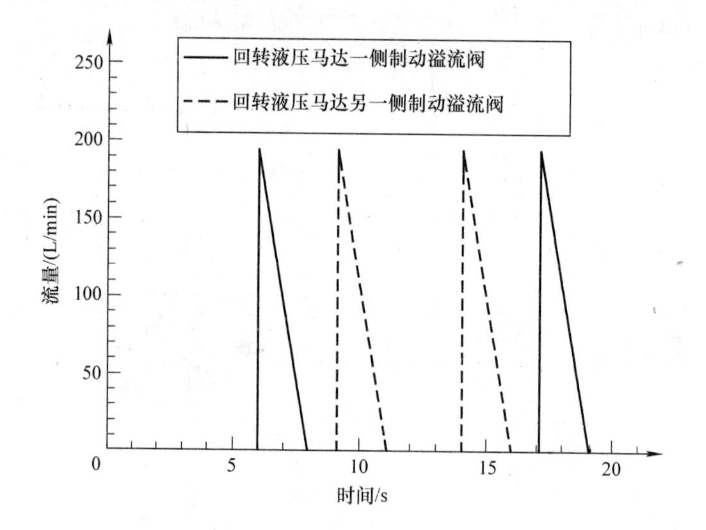

图 5-68 传统驱动系统中制动溢流阀流量曲线

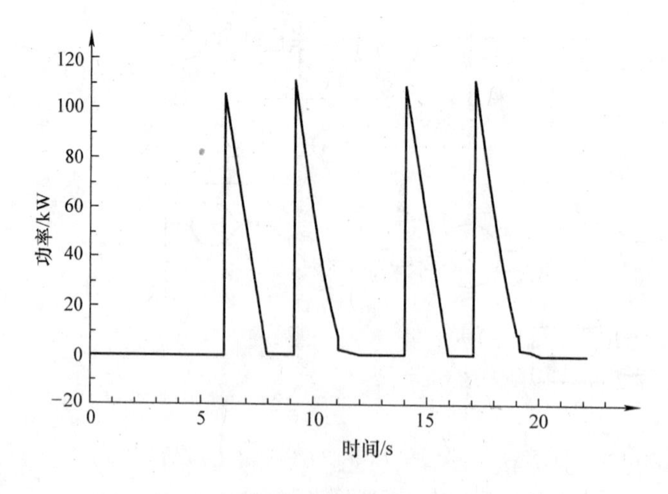

图 5-69 新型驱动系统可回收功率曲线

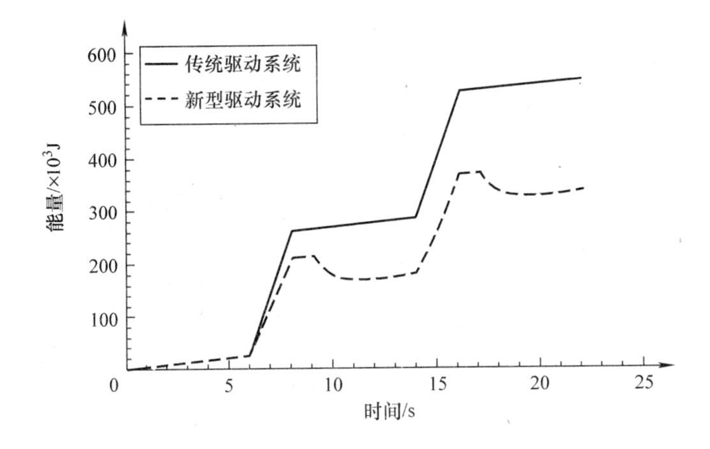

图5-70　不同驱动系统动力源消耗曲线

从图5-71和图5-72可以看出，在相同的操作手柄输入信号时，两种驱动系统中的转台的转速曲线基本一致，加速和减速时间均在1～2s之间，因此新型驱动系统并不影响操作人的驾驶习惯和作业效率。但新型驱动系统中，在转台制动过程中，其制动角加速度随着转台的转速的下降按某种规律连续变化。

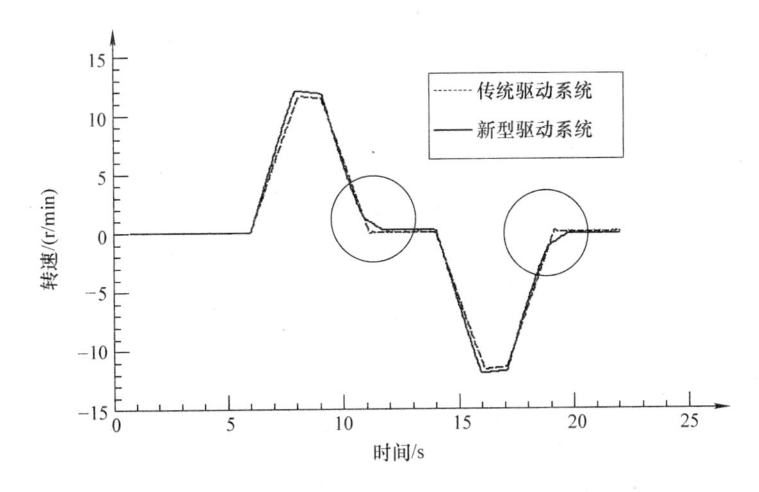

图5-71　不同驱动系统时转台转速对比曲线

从图5-73可以看出，当没有采用防反转控制策略时，一旦转台起动后再制动停止时，转台转速曲线出现明显的振荡现象。这是由于当马达停止转动，回油口出现的高油压又把马达从停止推回去，直到进油口和回油口的压力趋于平衡后，回转马达重复进行顺时针和逆时针的回转，进而引起转台的振荡。而采用防反转控制策略时，转台的速度不再发生振荡。

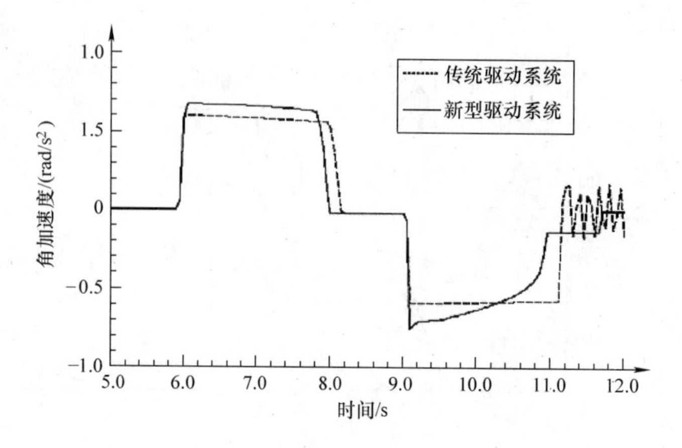

图 5-72　不同驱动系统时转台角加速度对比曲线

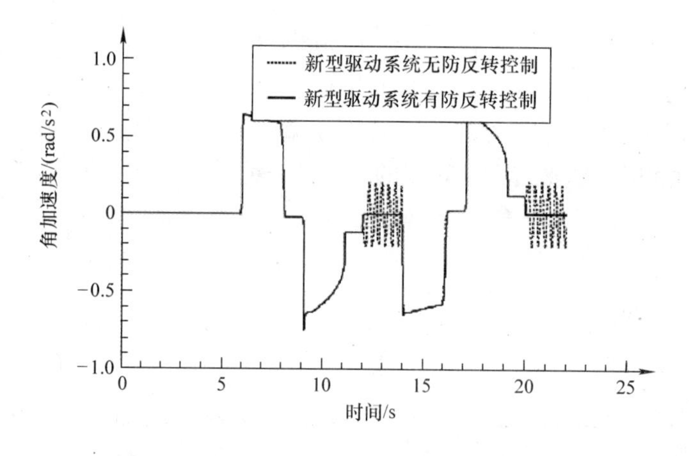

图 5-73　新型驱动系统转台角加速度对比曲线

5.5.4　液压马达 – 电动机回转复合驱动系统

三一重工在 2009 年北京工程机械展会上推出了一台油电混合动力挖掘机 SY215C Hybrid，实际上并不是真正意义上的混合动力系统，而是针对上车机构采用了液压马达和电动机/发电机组成的混合动力驱动。如图 5-74 所示，进行回转动作时，先导阀动作，回转制动解除，先导油推动主阀芯动作，高压油进入回转装置驱动液压马达，同时电机控制器将蓄能器装置储存的电能转化成交流电驱动电动机，和液压马达一起共同驱动回转装置。制动动作时，高压油不进入液压马达，平台靠惯性继续转动，电动机工作在再生制动模式，将机械能转化成电能储存在电量储存单元中。

与三一重机的结构相类似，东芝重工的方案增加了一个换向阀连接液压马达两

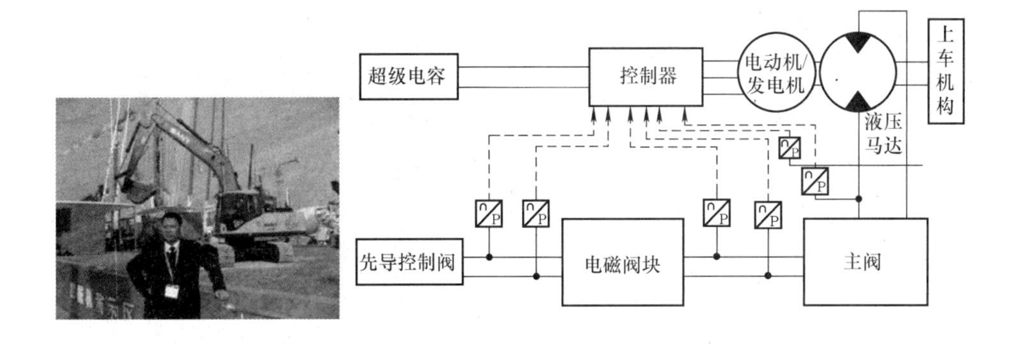

图 5-74　三一重机混合式上车机构回转驱动系统

腔，但是取消了溢流阀。转台加速时，由电动机和马达同时驱动，如图 5-75 所示。减速时，换向阀短路液压马达，制动转矩由电机来承担。这种结构可以使液压马达的排量减小一半。这种结构比阀控马达系统回转节能 30%。此外该方案最显著的优点是不需要动力电动机对电容充电，也就是说这种方案可以做成一个独立的节能回转系统，而不需要与混合动力系统配套使用，这样可以减少成本。

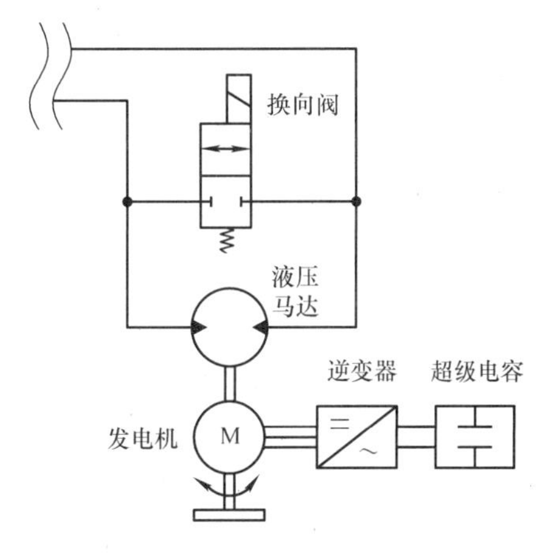

图 5-75　东芝重工电动机/液压马达混合驱动系统

图 5-76 所示为日立建机回转复合驱动系统结构图，在原来液压马达驱动轴上增加了回转电机，采用水冷永磁同步电机，安装在液压马达和减速器之间，电动机的加减速转矩由中央控制器来控制。采用这种结构主要是从回转系统控制的角度出发，因为电动机驱动回转系统在操作性以及回转复合动作方面的控制难度可以通过电动机/液压马达混合驱动的结构来降低。

卡特匹勒电动机/液压马达混合驱动系统如图 5-77 所示，此系统与日立建机方案的不同之处是，在液压马达两腔增加了一个换向阀并且配置了一个小功率电动机，这种结构主要考虑纯电动机驱动方案的电动机功率较大而增加成本。在精细作业时，该换向阀接通，液压马达相当于被短路，这时由电动机驱动转台的加速和减速；正常回转加速时，电动机辅助马达同时驱动转台，这样马达的负载将减小，从而可以避免溢流阀上的损耗；正常回转减速时；回转电动机根据超级电容的 *SOC* 来决定电动机的制动转矩，如果 *SOC* 不超过范围，则电动机工作在发电模式，减少液压制动转矩，从而可避免溢流阀上的损耗，如果 *SOC* 超过范围，则电动机不发电，由溢流阀消耗转台动能。

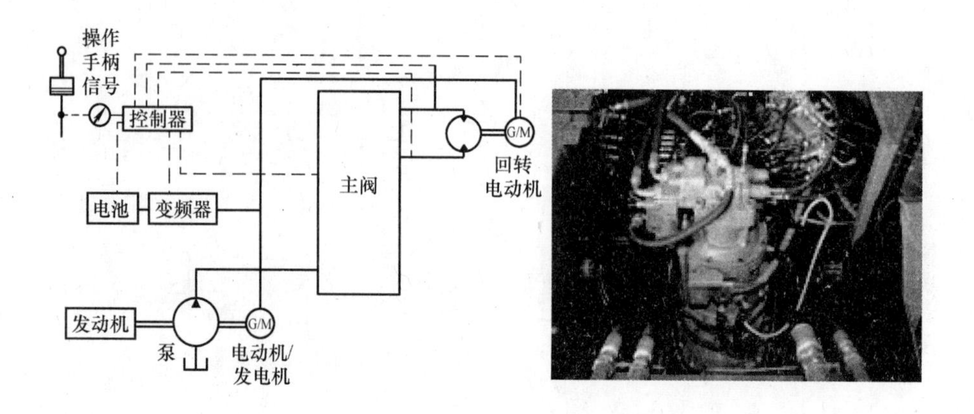

图 5-76　日立建机混合动力挖掘机的回转复合驱动系统

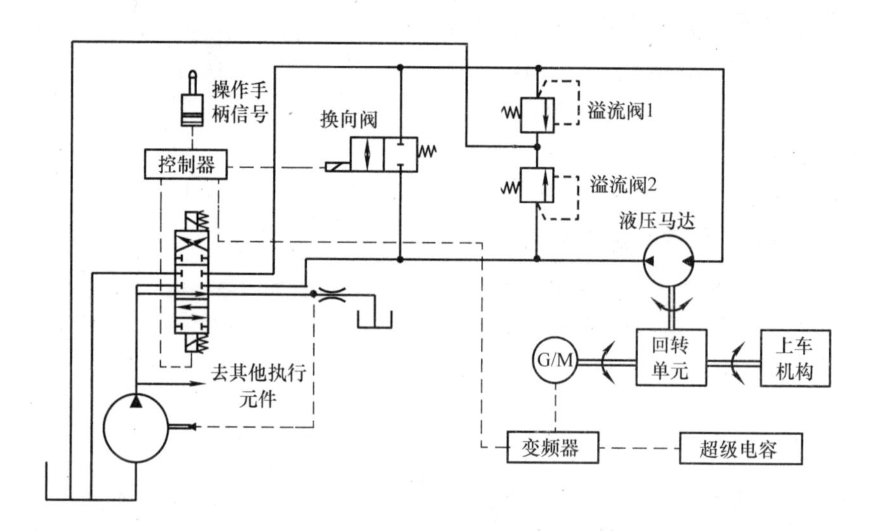

图 5-77　卡特匹勒电动机/液压马达混合驱动系统

本书编者提出了一种基于液压蓄能器 - 电池的液压马达电动机混合驱动系统，并研制了相应的样机，如图 5-78 所示，与三一重机、日立建机等不同的是，储能单元液压蓄能器 + 锂电池代替了目前技术不成熟且价格昂贵的超级电容。转台制动和起动时的瞬时大功率通过液压蓄能器 - 液压马达吸收或提供，转台的转速控制特性主要通过电动机保证。考虑到能量转换环节最小原则，以液压蓄能器压力和电池压力平衡为目标，提出一种以液压马达驱动优先和电池 *SOC* 动态修正的转台双动力协调技术。该机型就回转制动单执行器来说，节能效果达到了 45% 以上，成本只需要增加一个液压蓄能器、较小功率的电动机和锂电池。

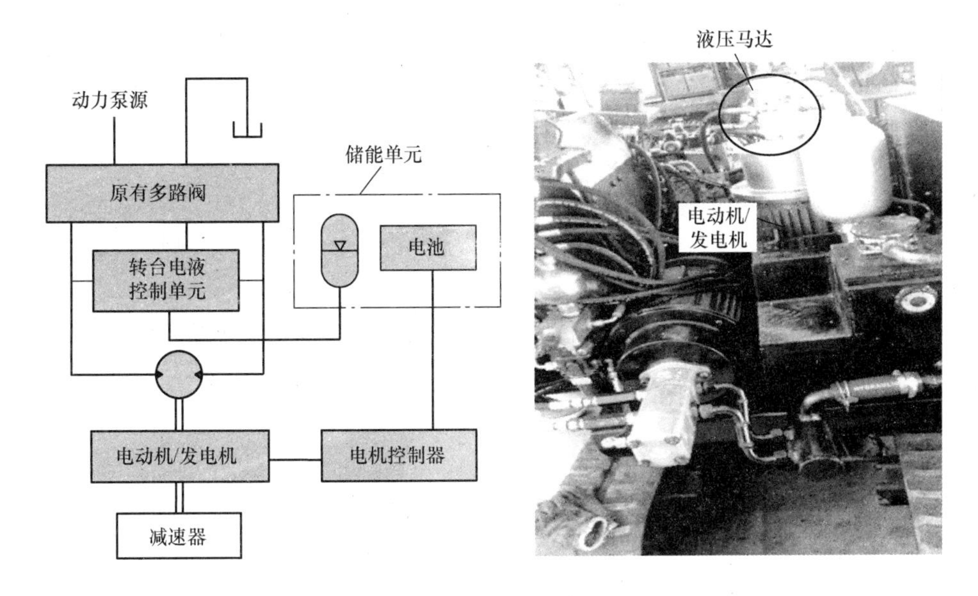

图5-78 华侨大学液压挖掘机上车机构液压马达电动机混合驱动系统

参考文献

[1] 林添良. 混合动力液压挖掘机势能回收系统的基础研究[D]. 杭州：浙江大学，2011.

[2] T Wang, Q Wang, T Lin. Improvement of boom control performance for hybrid hydraulic excavator with potential energy recovery [J]. Automation in Construction, 2013, 30: 161-169.

[3] 权龙，高有山，程珩. 提高工程机械能量利用率的技术现状及新进展[J]. 液压与气动，2013 (04): 1.

[4] M Naruse, M Tamaru, K Kimoto, Hybrid construction equipment: US, 6708787 [P]. 2004-03-23.

[5] M Kagoshima, M Komiyama, T Nanjo, et al. Development of new hybrid excavator [J], Kobelco Technology Review, 27 (2007): 39-42.

[6] M Ochiai. Development for environment friendly construction machinery [J]. International Construction, 9 (2003): 24-28.

[7] Ochiai M, Rye S. Hybrid in construction machinery [C]. The 7th JFPS International Symposium on Fluid Power, Toyama, 2008: 41-44.

[8] Becca W. Earthmoving [C]. International Construction, 47 (10) (2008): 25-34.

[9] Riyuu S, Tamura M, Ochiai M. Hybrid construction machine: JP, 2003328397 [P]. 2003-11-19.

[10] Hitachi construction machinery Co. Ltd. Development of battery driven construction machinery for CO_2 reduction [J]. Technical report for development of technical measure for global warming control, 2005.

[11] Kyoung K A, Ding Q T. Development of energy saving hybrid excavator using hybrid actuator [C]. The Seventh International Conference on Fluid Power Transmission and Control, Hangzhou,

2009：205－209.
[12] Zhang Y T，Wang Q F，Xiao Q. Simulation research on energy saving of hydraulic system in hybrid construction machinery [C]. The Sixth International Conference on Fluid Power Transmission and Control，Hangzhou，2005：509－513.
[13] Wang D Y，Guan C，Pan S X，et al. Performance analysis of hydraulic excavator power train hybridization [J]. Automation in Construction，2009，18 (3)：249－257.
[14] 肖清，王庆丰，张彦廷，等. 液压挖掘机混合动力系统建模及控制策略研究 [J]. 浙江大学学报（工学版），2007，41 (3)：480－483.
[15] 张彦廷，王庆丰，肖清. 混合动力液压挖掘机液压马达能量回收的仿真及试验研究 [J]. 机械工程学报，2007，43 (8)：218－223.
[16] 肖清. 液压挖掘机混合动力系统的控制策略与参数匹配研究 [D]. 杭州：浙江大学，2008.
[17] 张彦庭. 基于混合动力与能量回收的液压挖掘机节能研究 [D]. 杭州：浙江大学，2006.
[18] 肖清，王庆丰. 混合动力液压挖掘机动力系统的参数匹配研究 [J]. 中国公路学报，2008，21 (1)：121－126.
[19] Zhang Y T，Wang Q F，Xiao Q，et al. Constant work－point control for parallel hybrid system with capacitor accumulator in hydraulic excavator [J]. Chinese Journal of Mechanical Engineering，2006，19 (4)：505－508.
[20] Xiao Q，Wang Q F，Zhang Y T. Control strategies of power system in hybrid hydraulic excavator [J]. Automation in Construction，2008，17 (4)：361－367.
[21] Xiao Q，Wang Q F，Zhang Y T. Research on control strategy and work point optimization of power system in hybrid hydraulic excavator [C]. The Tenth Scandinavian International Conference on Fluid Power，May 21－23，Tampere，Finland：51－59.
[22] Xiao Q，Wang Q F，Zhang Y T. Research on parallel hybrid hydraulic excavator based on energy regeneration and capacitor accumulator [J]. Proceedings of the Fifth International Symposium on Fluid Power Transmission and Control，Beidaihe，China，2007：922－925.
[23] Tianliang L，Haoling R，Weiping H，et al. Boom energy recovery system with auxiliary throttle based on hybrid excavator [J]. Proceedings of the Institution of Mechanical Engineers，Part C：Journal of Mechanical Engineering Science，2016：0954406216664546.
[24] 林潇，管成，裴磊，等. 混合动力液压挖掘机动臂势能回收系统 [J]. 农业机械学报，2009，40 (4)：96－101.
[25] Lin Tianliang，WANG Qingfeng，HU Baozan，et al. Research on the energy regeneration systems for hybrid hydraulic excavators [J]. Automation in construction，2010，19 (8)：1016－1026.
[26] Tianliang Lin，Weiping Huang，Haoling Ren，et al. Control Strategies of the Compound Energy Regeneration Systems for Hybrid Hydraulic Excavators，Automation in construction. 2016 (68) 11－20.
[27] Tianliang Lin*，Qingfeng Wang. Hydraulic Accumulator－Motor－Generator Energy Regeneration System for a Hybrid Hydraulic Excavator. Chinese journal of mechanical engineering，2012，Volume 25，Issue 4.

[28] T Wang and Q Wang. An energy - saving pressure - compensated hydraulic system with electrical approach. IEEE/ASME Transactions on Mechatronics.

[29] T Wang and Q Wang. Design and analysis of compound potential energy regeneration system for hybrid hydraulic excavator. Proceedings of the Institution of Mechanical Engineers, Part I, Journal of Systems and Control Engineering, 2012, 226 (10): 1323 - 1334.

[30] T Wang, Q Wang, T Lin. Improvement of boom control performance for hybrid hydraulic excavator with potential energy recovery. Automation in Construction, 2013, 30 (5): 161 - 169.

[31] Wang T, Wang Q. Optimization design of a permanent magnet synchronous generator for a potential energy recovery system [J]. Energy Conversion IEEE Transactions on, 2012, 27 (4): 856 - 863.

[32] Wang T, Wang Q. Coupling effects of a novel integrated electro - hydraulic energy conversion unit [J]. International Journal of Applied Electromagnetics and Mechanics, 2015, 47 (1): 153 - 162.

[33] Wang T, Zhou Z. Development of integrated hydrostatic - driven electric generator [C] //2015 IEEE International Conference on Advanced Intelligent Mechatronics (AIM). IEEE, 2015: 512 - 517.

[34] T O Andersen, M R Hansen, H C Pedersen, et al. Regeneration of potential energy in hydraulic forklift trucks [C]. 6th International Conference on Fluid Power Transmission and Control, HangZhou, 2005: 302 - 306.

[35] T Minav, L Laurila, P Immonen et al. Electric energy recovery system efficiency in a hydraulic forklift [C]. Proceedings of the EUROCON 2009, St. Petersburg, 2009: 758 - 765.

[36] T Minav, L Laurila, J Pyrhönen. Energy recovery efficiency comparison in an electro - hydraulic forklift and in a diesel hybrid heavy forwarder [C]. Proceedings of the International Symposium on Power Electronics, Electrical Drives, Automation and Motion, Pisa, 2010: 574 - 579.

[37] T Minav, P Immonen, L Laurila, et al. Electric energy recovery system for a hydraulic forklift - theoretical and experimental evaluation [J]. IET Electric Power Applications, 2011, 5 (4): 377 - 385.

[38] T Minav, L Laurila, J Pyrhönen. Analysis of electro - hydraulic lifting system's energy efficiency with direct electric drive pump control [J]. Automation in Construction, 2013, 30: 144 - 150.

[39] T Minav, P Immonen, J Pyrhönen. Effect of PMSM sizing on the energy efficiency of an electro - hydraulic forklift [C]. Proceedings of the International Conference on Electrical Machines, Rome, 2010.

[40] T Minav, J Pyrhönen, L Laurila. Permanent magnet synchronous machine sizing: effect on the energy efficiency of an electrohydraulic forklift [J]. IEEE Transactions on Industrial Electronics, 2012, 59 (6): 2466 - 2474.

[41] T Minav, J Pyrhönen, L Laurila. Induction machine drive in energy efficient industrial forklift [C]. Proceedings of the International Symposium on Power Electronics, Electrical Drives, Automation and Motion, Sorrento, 2012: 415 - 419.

[42] T Minav, L Laurila, J Pyrhönen. Effect of driving electric machine type on the system efficiency of

an industrial forklift [C]. Proceedings of the International Conference on Electrical Machines, Marseille, 2012: 1964 - 1970.

[43] T Minav, A Virtanen, L Laurila, et al. Storage of energy recovered from an industrial forklift [J]. Automation in Construction, 2012, 22: 506 - 515.

[44] 江明辉，萧子渊．电动叉车的能量回收控制［J］．流体传动与控制，2005，2（9）：29 - 30.

[45] 彭昌宗，袁佳，萧子渊，等．节能型全液压叉车［J］．流体传动与控制，2011，1：36 - 37.

[46] 欧阳明高．我国节能与新能源汽车技术发展战略与对策［J］．中国科技产业，2006（02）：156 - 159.

[47] 吴森，金德先，林枫，等．混合动力电动轮胎门式吊船机：中国，CN200410012876.4［P］．2005 - 01 - 12.

[48] 罗列英．利用超级电容的起重机械新型混合动力系统研究［D］．武汉：武汉理工大学，2007.

[49] 王志冰．基于超级电容的起重机能量管理系统的研究［D］．武汉：武汉理工大学，2006.

[50] 常晓清．应用超级电容的轮胎式集装箱起重机节能特性研究［D］．上海：同济大学，2007.

[51] Edamura M, Ishida E S, Imura S, et al. Adoption of Electrification and Hybrid Drive for More Energy - efficient Construction Machinery [J]. Hitachi Review, 2013, 62 (2): 118.

[52] H Yao, Q Wang. Control strategy for hybrid excavator swing system driven by electric motor [C] //Proceedings of the 6th IFAC Symposium on Mechatronic Systems, Hangzhou, 2013.

[53] 李赛白．液压挖掘机回转制动能量回收系统研究［D］．长沙：中南大学，2012.

[54] 林添良，叶月影，刘强．基于能量回收的液压挖掘机转台节能驱动系统研究［J］．中国公路学报，2014，27（8）：120 - 126.

[55] 姚洪．混合动力挖掘机电机驱动回转系统的控制及节能研究［D］．浙江大学，2015.

第 6 章　液压式能量回收系统

6.1　液压蓄能器能量回收系统基本工作原理

动臂和行走制动动能的液压式能量回收系统的基本工作原理如图 6-1 和图 4-22所示，可回收能量一般通过液压缸或者液压马达转换成具有一定压力的液压油储存在液压缸或液压马达的一腔，该腔通过电磁换向阀、液控单向阀、比例换向阀、比例流量阀、液压泵/马达等液压元件和液压蓄能器相连。随着动臂的下放和回转制动过程的进行，液压蓄能器的压力会从最低工作压力逐渐升高，将可回收能量转换成液压能储存在液压蓄能器中，实现了能量回收过程。由于回收过程中，液压蓄能器吸收的流量难以精确控制，因此下面按液压蓄能器的流量控制方式介绍。

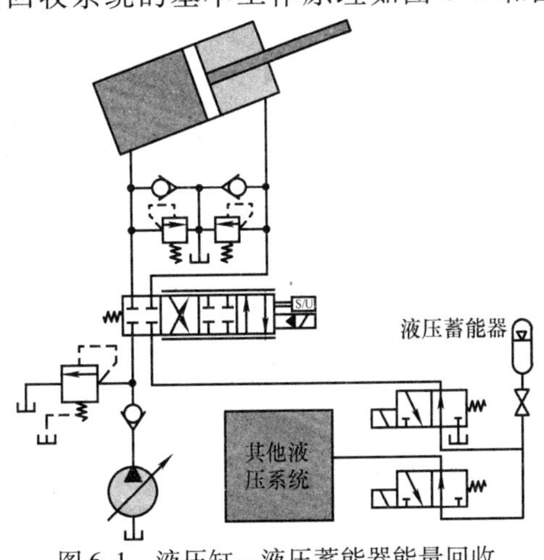

图 6-1　液压缸 - 液压蓄能器能量回收系统工作原理图

6.1.1　非流量控制阀

如图 6-1 所示，由于回收过程中液压蓄能器的压力会被动上升，驱动负载的液压缸或液压马达通过换向阀、单向阀等非流量控制阀直接和液压蓄能器相连时，虽然液压控制元件产生的压差损耗较小，但液压蓄能器压力即为驱动液压缸或马达的一腔压力，随液压蓄能器的压力升高，执行器的速度也将会逐渐降低。因此该方案中执行元件的速度难以控制，操控性不好，只能应用于每次负载运动曲线已知的场合。而对于液压挖掘机，动臂的目标速度取决于驾驶人操作手柄，具有不可预知性，因此，在液压挖掘机上采用该方案基本不可行。该方案中液压蓄能器的流量并不能主动控制（见图 6-2），但可以通过公式近似估算流量的大小，估算方法参考如下。

波意尔定理：
$$p_0 V_0^{1.4} = p_x (V_0 \pm \Delta V)^{1.4} \tag{6-1}$$

液压蓄能器体积变化量：
$$\Delta V = V_0 \mp V_0 \left(\frac{p_0}{p_x}\right)^{\frac{1}{1.4}} \tag{6-2}$$

液压蓄能器流量：
$$q_a = \frac{\mathrm{d}\Delta V}{\mathrm{d}t} = \pm \frac{V_0 p_0^{\frac{1}{n}}}{n} (p_x)^{\frac{-1-n}{n}} \frac{\mathrm{d}p_x}{\mathrm{d}t} \tag{6-3}$$

式中 p_x——液压蓄能器实际压力；

p_0——液压蓄能器充气压力；

V_0——液压蓄能器初始压缩容腔体积；

ΔV——液压蓄能器的体积压缩量。

通过式（6-3）可以近似推出液压蓄能器的流量，但该公式中波意耳系统 n 难以精确估计，同时需要对液压蓄能器的压力进行求导，对压力传感器、控制器以及信号处理单元提出了一定的要求。而且现在传统液压蓄能器不能对液压蓄能器的压力主动控制，因此液压蓄能器的流量计算公式也只能近似估算流量，而不是主动控制流量。

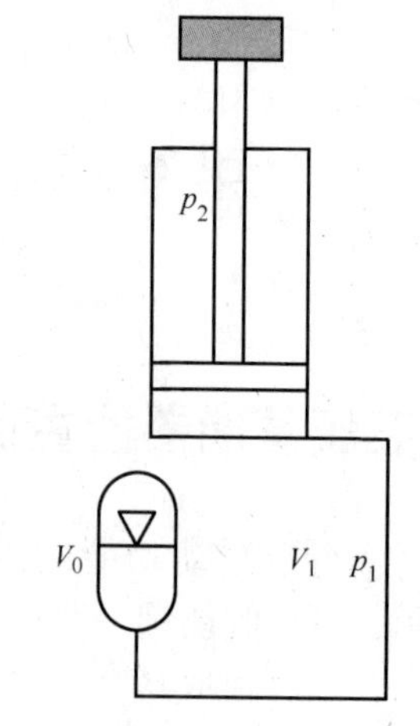

图 6-2 液压蓄能器非流量可控阀（直接式）能量回收示意图

6.1.2 流量可控阀

由于液压蓄能器的流量难以精确控制和估计，如果系统需要精确控制液压蓄能器的储存和释放流量，一般需要在液压蓄能器的入口设置一个流量控制阀（图 6-3），比如比例流量控制阀等。该方案的最大优点就是可以获得和传统节流调速相匹配的速度控制特性，但存在以下两个不足之处。

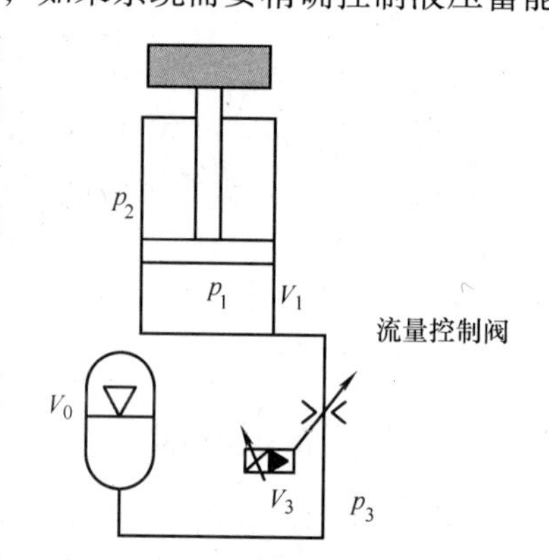

图 6-3 液压蓄能器 - 比例流量阀能量回收示意图

（1）以损耗能量为代价

液压蓄能器和液压缸回收腔之间必然存在压差（p_1-p_3），由于比例流量阀必须存在一定的最小压差才能保证工作，而液压蓄能器的压力又会随负载下降过程逐渐升高，因此为了保证负载可以下降到最低位，液压蓄能器的最高工作压力必须低于回收腔的压力。因此在负载下放的初始阶段，液压蓄能器的压力较低，此时阀口压差损耗较大。因此下放过程中在阀口的压差损耗是该方案的不足之处。

（2）比例流量阀的控制

采用液压蓄能器后，比例流量阀的 T 口，不再与油箱相连，而是直接和液压蓄能器进油口相连，必然导致比例流量控制阀两端的压力差和原来传统控制模式下不同；以比例节流阀作为释放阀为例，比例节流阀的阀口压差始终处于动态调整中，在相同目标流量时，阀口压差越大，阀芯位移越小，反之，阀口压差越小，阀芯位移越大。

由于流量计测量流量的动态响应较慢以及实际挖掘机的安装空间有限等，实际挖掘机一般不安装流量传感器。因此，编者提出了一种可根据液压蓄能器压力自动调整阀口流量的结构方案，并申请了相应的专利，如图6-4所示。

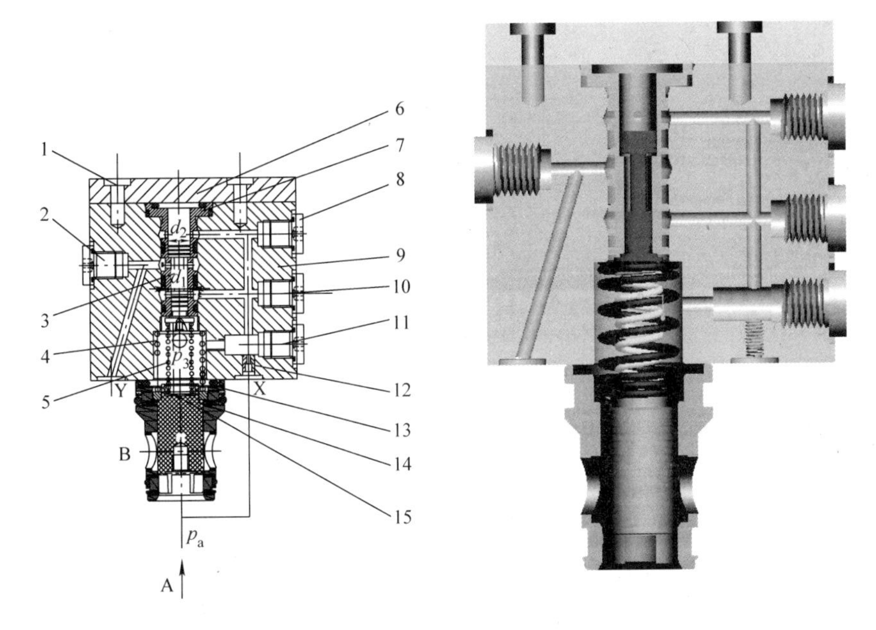

图6-4 一种基于压差控制的液压蓄能器流量释放比例节流阀结构方案

1—螺栓 2、8、10、11—螺堵 3—先导阀芯 4—复位弹簧 5—反馈弹簧 6—盖板 7—先导阀套 9—先导阀体 12—阻尼器 13—主阀套 14—主阀芯 15—垫片

在图6-4中，释放阀的进口压力即为液压蓄能器的压力，当释放阀的进口压力（A口）较小时，先导阀芯3在反馈弹簧5的预压缩力的作用下，处于最上端，即先导控制阀口为负开口，先导油液没有流动，因而主阀芯14上腔的压力与进口压力相等，由于复位弹簧4和主阀芯14的上下面积差的原因，主阀口（A-B）处于关闭状态。无论进油口压力（液压蓄能器压力）有多高，均没有液压油从A口流向B口。这个功能实现了只有当液压蓄能器压力大于某个阈值时，才能实现流量释放功能。

当阀的进口压力p_a足够大时，由于先导阀芯3的上端直径d_2大于下端直径d_1，先导阀芯3受到一个向下的轴向液压不平衡力：$F_C = p_a \frac{\pi}{4}(d_2^2 - d_1^2)$；当轴向液压不平衡力大于反馈弹簧5的预压缩力时，推动先导阀芯3下移，先导阀口打开，先导液流经过阻尼器12、先导阀口至先导阀体9的Y口。因此，主阀芯14上腔的控制压力p_3低于进口压力p_a，在主阀芯14上下两腔压差的作用下，主阀芯14有一向上的位移x，阀口开启。与此同时，主阀芯14的位移经反馈弹簧5转化为反馈力，作用在先导阀芯3上，与轴向液压不平衡力F_c相平衡，使先导阀芯3稳定在某一平衡点上，使主阀芯 14 的位移近似与进口压力 p_a 成比例。这就不仅构成阀内主阀芯 14 的位移－力反馈的闭环控制，同时由于位移－力反馈闭环的存在，主阀芯 14 上的液动力和摩擦力干扰受到抑制，对阀性能的影响能显著降低。

6.1.3 容积调速单元

当液压蓄能器的流量需要控制时，也可通过可回收能量－泵/马达－液压蓄能器的流程进行回收和再利用，该方案可以通过泵/马达的排量和转速进行估算，但该方案由于采用了容积式调速，因而存在动态响应不足、成本较高等问题。具体参考章节 3.6。

6.2 液压式能量回收技术的难点

6.2.1 回收能量的再利用技术

如图 6-5 所示，当蓄能器能量回收系统配置在液压挖掘机上时，就动臂单执行机构来说，其上升时，动臂液压缸无杆腔压力大约在 15MPa 以上，而在动臂下放时，为了保证动臂下放的快速性，其无杆腔压力即蓄能器压力不可能太高，大约在 4～13MPa 之间，因此，蓄能器的液压油无法直接释放出来驱动动臂上升。因此，液压蓄能器回收能量后，如何释放出来利用是一个较为关键的问题，通常一般可以充分利用工程机械多执行元件且不同执行元件所需压力不等的特点来释放，或者需要增加额外的元件，如液压泵/马达、平衡液压缸、液压变压器等。

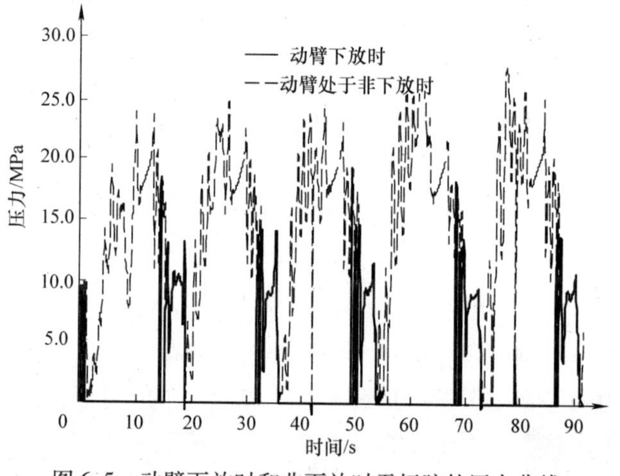

图 6-5 动臂下放时和非下放时无杆腔的压力曲线

同理，以液压挖掘机的回转制动能量回收系统为例，如图 6-6 所示，根据液压蓄能器释放能量的利用点（A、B、C、D、E），可回收能量的再利用主要分为以下 5 种。

1）A 方案。以液压蓄能器为动力油源的能量回收和再利用，蓄能器回收的液压油通过直接释放到液压泵的进油口，降低了发动机的输出转矩，从而降低了发动机的消耗能量，该方案在保证节能的同时不影响转台的操作性能，但所选择的液压

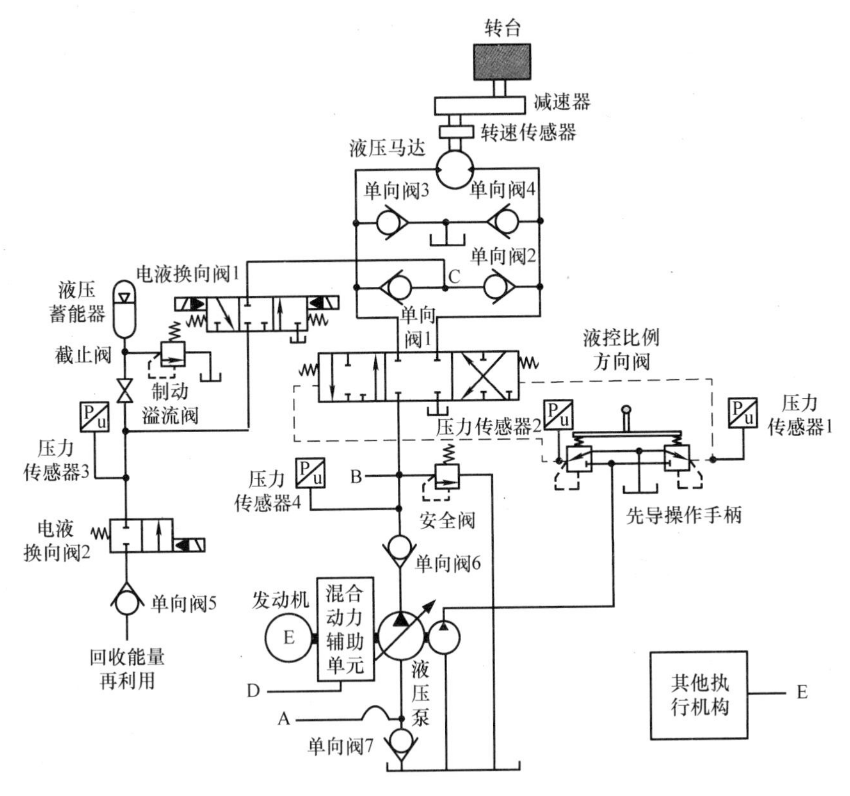

图6-6　液压挖掘机的回转制动能量回收系统

泵必须允许进油侧可以承受高压液压油。具体参考本章6.3.2节。

2）B方案。液压蓄能器的高压油释放到比例方向阀的进油口，和液压泵的液压油共同驱动液压马达起动；该方案中主要存在液压蓄能器释放到液压泵出油口存在压差导致的能量损耗和压力冲击，但执行元件的速度控制基本不受液压蓄能器能量释放的影响。

3）C方案。液压蓄能器的高压油直接释放到液压马达的一腔驱动负载，该方案的能量转换环节最少，再利用率高，但由于液压蓄能器的流量释放不可控，会影响执行元件的速度控制性能。该方案特别适用于执行元件的保压场合或者执行元件需要输出力，但基本无位移的场合，比如液压挖掘机工作在侧壁掘削工况，为了保证铲斗挖掘的垂直性，要求转台产生一个反抗转矩，但并没有实际旋转角度。

4）D方案。当液压挖掘机配置液压混合动力系统时，液压蓄能器回收的液压油通过直接释放出来驱动液压泵/马达（工作在马达模式）辅助发动机驱动变量泵，降低了发动机的消耗能量。

5）E方案。液压挖掘机是一种具有多执行元件的工程机械，各个执行元件往往是同时运作的，因此将液压挖掘机中的多个执行元件中的能量通过油路有效地进行分配，将蓄能器高压的富余能量由油路导向其他正在工作的低压执行机构中，从而达到合理利用液压挖掘机中的能量，以达到节能的目的。

6.2.2 液压蓄能器压力的被动控制

采用液压蓄能器回收与再生存在的不足是：①只有当外部压力高于液压蓄能器内压力时才能储能，而只有当液压蓄能器内压力高于其外部压力时才能再生；②在回收过程中，液压蓄能器的压力会逐渐升高，会导致执行元件速度控制阀两端的压差发生变化，必然会影响执行元件的运行特性；要实现能量回收过程中执行元件的运行速度不受影响目标，必须在回路原理和控制方法上有所突破。比如提出一种新型的压力可主动控制的液压蓄能器。

液压蓄能器的压力被动控制特点，导致了液压蓄能器的工作压力只能在一个较小的范围内。为了使液压蓄能器的充气压力可变，美国的 Minnesota 大学提出一种新的双腔开放式的液压蓄能器控制回路原理图，如图 6-7 所示。压缩空气的压力可以从大气压力一直上升到 35MPa 可调。既可以利用压缩空气储能，又可以通过压缩空气控制排油，提高了能量储存密度，也可传递较大的功率。

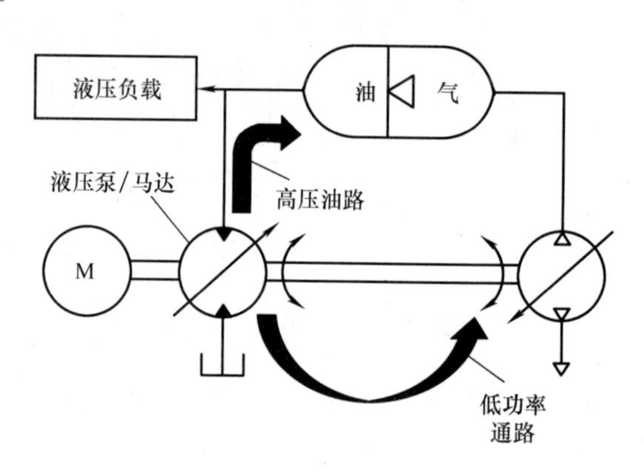

图 6-7 双腔开放式的液压蓄能器控制回路原理图

为此，华侨大学提出了一种液压蓄能器压力主控控制的动臂势能回收方案，如图 6-8 所示，气瓶的初始压力 p_{i3} 为液压系统的最大工作压力。

压力油回收过程：在液压蓄能器气囊腔设置第二高速开关阀 4 和增压缸 5，构成液压蓄能器 1 能量回收过程的气囊压力调节单元。动臂液压缸 11 下降之前，给液压蓄能器 1 气腔预充一个与能量回收系统相匹配的充气压力 p；动臂液压缸 11 下降过程中，动臂举升的重物势能转化为液压缸无杆腔的压力能，进入液压蓄能器 1 的油腔，传统系统中随着动臂的下降过程，进入液压蓄能器 1 的压力能增加，同时气囊压力也随着升高，动臂的下降速度受到了影响，当增加了气囊压力调节单元后，通过增压缸 5 的增压作用，使得气囊中的气体回充至气瓶 3，通过控制第二高速开关阀 4 的通断，控制液压蓄能器 1 气囊压力 p_{i2} 始终等于预充压力值 p，杜绝了回收压力油过程中液压蓄能器 1 气囊压力 p_{i2} 逐渐升高，导致液压蓄能器 1 无法继续回收系统多余高压油的情况发生；在此过程中第一高速开关阀 2 始终处于关闭状态，同时，若在回收过程中增压缸 5 小腔活塞已到达最右端位置，则此时第二高速开关阀 4 关闭，气压调节单元不起作用。

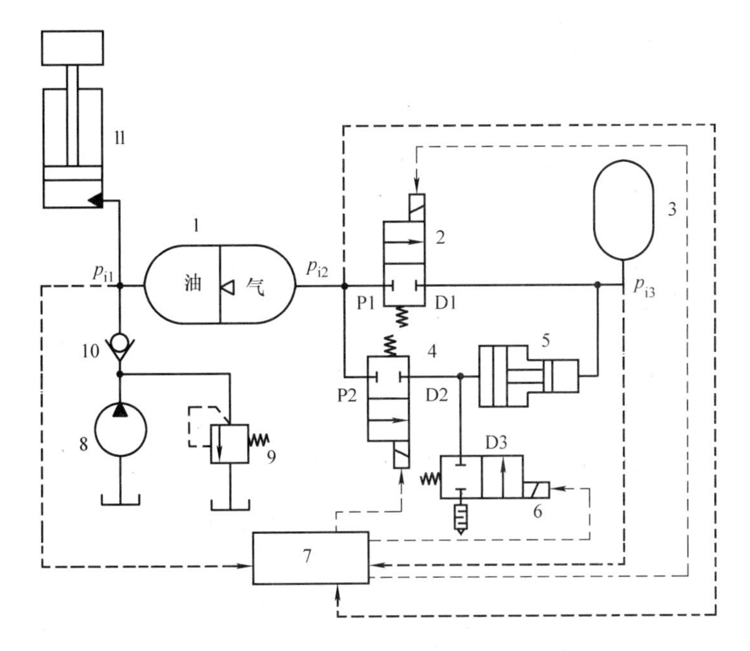

图 6-8　一种液压液压蓄能器压力主控控制的动臂势能回收方案

1—液压蓄能器　2—第一高速开关气阀　3—气瓶　4—第二高速开关气阀　5—增压缸
6—二位二通气动换向阀　7—控制器　8—定量泵　9—溢流阀　10—单向阀　11—动臂液压缸

压力油释放过程：在液压蓄能器 1 气囊腔设置第一高速开关阀 2 和气瓶 3，构成液压蓄能器 1 压力油释放过程的气囊压力调节单元。当动臂上升时，液压蓄能器 1 处于压力油释放过程，此时，①当 $p_{i1} < p_{i2}$时，第一高速开关阀 2 关闭，液压蓄能器 1 回收的压力油能通过自身气囊压力实现释放；②当 $p_{i1} > p_{i2}$时，控制第一高速开关阀 2 通断，使气瓶 3 中的高压气体进入液压蓄能器 1 的气囊，将压力油压向回路，控制液压蓄能器 1 气腔压力 p_{i2}始终大于液压系统压力 p_{i1}一定值，实现液压蓄能器 1 回收压力油的顺利释放及释放过程的可控性；同时，若增压缸 5 的小腔活塞未处于最右端位置，则二位二通气动换向阀 6 左位工作，若增压缸 5 的小腔活塞处于最右端位置，则气动换向阀 6 右位工作，增压缸的大腔与大气相通，实现增压缸的复位，以备下一周期的压力油回收时使用，在此过程中第二高速开关阀 4 始终处于关闭状态。

6.2.3　防止不同压力等级液压油切换时压力冲击和节流损耗技术

液压蓄能器作为一个近似压力源，压力不能突变。当液压蓄能器压力满足某种调节通过液压控制阀和某容腔相通时，由于液压蓄能器压力和该容腔的压力不相等，因此在液压蓄能器和该容腔相通的瞬间，由于压力差必然会产生较大的压力冲击和压差损耗。因此，需要对控制液压蓄能器和该容腔相通的液压控制阀进行特殊控制或设计，才能降低不同压力的液压油在切换过程中的压力冲击和节流损耗。比如，可以采用基于切换电磁换向阀两端压力差的切换方法，降低了电磁换向阀切换时发生的压力冲击和能量损耗；或者采用基于比例节流阀阀口压差控制的控制方法。

6.2.4 液压蓄能器的能量密度较低

采用液压蓄能器进行能量回收相对较为成熟。液压蓄能器功率密度高，根据液压蓄能器的类型可以达到2000~19000W/kg，能够快速存储、释放能量，特别适用于作业工况多变且需要爆发力的场合，如频繁快速起动、制动的设备。如图6-9所示，动臂每次下放时间大约只有1s，包括了加速下放和减速下放过程，并无平稳下放过程，但液压蓄能器仍然可以在每次下放时，回收部分动臂势能。

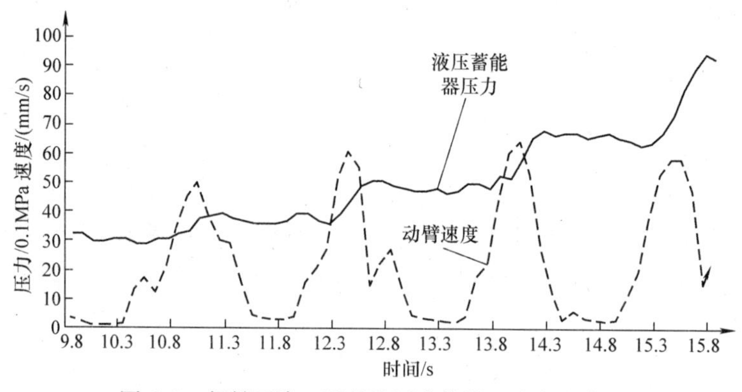

图6-9 频繁下降工况的液压蓄能器回收实验曲线

但由于其能量密度低（5~17W·h/L）、安装空间大，在实际应用中受到一定的限制，尤其对安装空间狭小的场合，需要在系统设计时充分考虑如何提高液压蓄能器的能量密度和空间布置。影响蓄能器储能大小的主要参数有初态容积、最小与最大工作压力、多变指数和有效容积等。

首先分析液压蓄能器的储能公式。气囊气体满足波意耳定理，可以求得气体的压力 p_1，得到液压蓄能器的储能公式：

$$p_1V_1^n = p_2V_2^n \tag{6-4}$$

$$E = -\int_{V_1}^{V_2} p\mathrm{d}v = \frac{p_1V_1}{1-n}\left(1-\left(\frac{p_1}{p_2}\right)^{\frac{1-n}{n}}\right) \tag{6-5}$$

式中 V_1——蓄能器最低工作压力时对应的气囊体积（L）；

V_2——蓄能器最高工作压力时对应的气囊体积（L）。

根据式（6-5）可以得到以下结论：增大蓄能器的容积 V_1 能增大蓄能器存储的能量，但是，增大蓄能器的容积要受到空间的限制；对一个选定的囊式液压蓄能器，在相同的多变指数 n 下，为了使蓄能器的储能效果最优，可按照式（6-7）选择液压蓄能器的最低和最高压力，即对式（6-5）求导，可得在蓄能器能量密度最高时的最大工作压力和最低工作压力关系式（6-7）。

$$\frac{\mathrm{d}E}{\mathrm{d}V_1} = 0 \tag{6-6}$$

$$p_1 = p_2 n^{\frac{n}{1-n}} \tag{6-7}$$

6.2.5　液压蓄能器的效率特性

囊式蓄能器主要由壳体、皮囊、充气阀、阀体等部分组成。若将皮囊中的气体视为理想气体，充油和放油过程为绝热过程，气腔就是一个热力系统。气腔经历压缩、等容保压及膨胀三个过程。压缩过程中，气体受压缩后储存能量，压力和温度升高。等容保压过程中，由于气体温度高于外界温度，使得气体向外界传递能量，造成能量损失。膨胀过程中，气体膨胀对外做功输出能量。目前对液压蓄能器的研究主要集中在建模以及参数选择，而对其作为储能元件的效率特性研究较少。目前，大多数专家学者认为液压蓄能器的吸收和释放的总体效率约为 80% ~90%。事实上，不采用一定的措施提高液压蓄能器的效率，市场上有些液压蓄能器的总体效率远小于 80%。

随着液压蓄能器在能量回收系统中的大量应用，对液压蓄能器中能量的回收和再利用的整体效率要求将会更为苛刻。因此液压蓄能器自身的效率将会是元件本身必须攻克的难点。

6.2.6　液压蓄能器的参数可调

传统液压蓄能器在实际使用中结构参数不可随机实时调整，一旦选定并按照指定参数充入气体，被安装到系统中后，功用即不可改变，制约其使用效果。因此，在对常规蓄能器基础理论、工作原理、结构形式等进行研究的基础上，研制一种能在线改变功用和性能的参数可变蓄能器，对改变现有液压蓄能器使用缺陷、改善液压系统性能、降低能耗、提高系统寿命具有重要意义。

6.2.7　液压蓄能器的安全性问题

液压蓄能器作为液压系统中的一个高压容腔，压力通常大于 10MPa，最高达 63MPa。我国于 2006 年 12 月发布了国家标准 GB/T 20663—2006《囊式蓄能用压力容器》，对囊式蓄能器的设计、材料、制造、检验等均作了规定，但仍然存在以下不足之处。

1）在工程机械中，由于负载波动较为剧烈，液压蓄能器在工作中承受交变大载荷，压力波动幅度较大，因此壳体、支承环、阀体等部件在交变应力的作用下容易会发生疲劳破坏。但目前国家标准的测试方法依然采用静应力来进行计算，对于囊式蓄能器部件中的支承环、阀体等，由于未进行疲劳分析和结构优化，在疲劳冲击载荷作用下，发生疲劳破坏是设备的薄弱环节，存在较大的安全隐患。

2）在国家标准中，对蓄能器疲劳性能要求通过型式试验来验证，目前规定的疲劳性能试验要求为在最大1.3倍设计压力下循环15000次。但当液压蓄能器应用于工程机械的能量回收或者液压混合动力系统中，这个循环次数远远不够，一般情况下，液压蓄能器的循环次数至少大于10万次以上，最好达到100万次；而且试验中压力循环过程与囊式蓄能器在实际工作所承受的载荷谱有很大的不同。

因此，需要针对新能源工程机械的工况制定液压蓄能器的新的测试标准，是当前面临的一个关键性问题，也是迫切需要解决的问题。

6.3 液压式能量回收再利用技术的分类及研究进展

6.3.1 基于液压控制阀的能量再利用

1. 工作原理与特性分析

工程机械一般是一种具有多执行机构的机械装备。以液压挖掘机为例，执行机构包括了动臂、斗杆、铲斗、回转马达和行走马达等。各个执行机构往往是同时复合运作的，因此将液压挖掘机中的多个执行机构中的能量通过液压油路有效地进行分配，将液压蓄能器高压的富余能量由油路导向其他正在工作的执行机构中，从而达到合理利用液压挖掘机中的能量，以达到节能的目的。该方案可以工作需要满足以下两种条件。

1）目标释放容腔压力低于液压蓄能器压力。该方案中，执行元件的目标控制是其速度。正在工作的执行器所需要的压力低于液压蓄能器。比如液压挖掘机回转制动时液压马达制动腔的压力为30MPa左右，而其他执行机构所需要压力一般低于30MPa。

如图6-10所示，上车机构回转制动时通过液压蓄能器回收能量，而液压蓄能器回收的能量释放途径有两种：一种是利用回转制动压力大于动臂上升时无杆腔压力的特点释放出来，和变量泵的出口液压油共同驱动动臂上升；另一种是利用上车机构回转制动油压大于回转起动压力的特性，直接通过液控单向阀释放出来驱动上车机构的起动和加速。

2）目标释放容腔压力接近液压蓄能器压力。该方案中，执行元件的目标控制是驱动力或驱动转矩。比如铲斗挖掘时，铲斗、斗杆和动臂都基本没有位移，主要是需要提供一个较大的挖掘力。

2. 液压控制阀

由于液压蓄能器的释放流量难以控制，一般可以通过比例节流阀、高速开关阀等释放到液压系统中的某个容腔，比如液压泵的出油口或者液压缸或马达的两腔

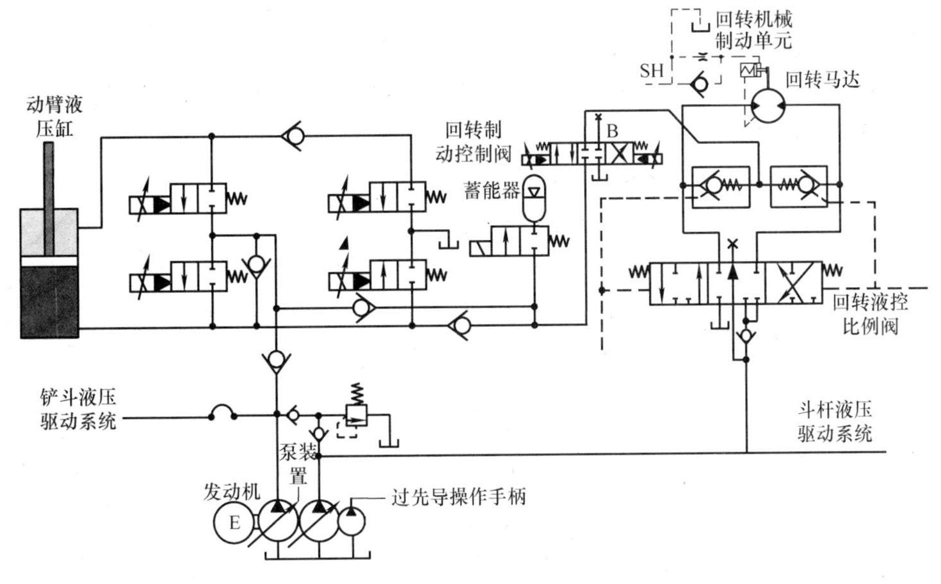

图 6-10　基于蓄能器的能量回收和再利用原理图

等，采用流量可控阀后，液压蓄能器的释放流量可以近似可控，这样液压蓄能器和液压泵可以共同驱动执行元件，并且速度可控。由于液压蓄能器的流量只有在压力比释放点的压力更高时才能释放，因此必然会在流量释放阀产生压力差。因此采用比例节流阀释放液压蓄能器流量的最大不足之处就是其阀口会损耗大量的液压蓄能器能量以及压力冲击，同时随着释放的过程中，节流阀口压差会动态变化，难以精确控制流量。为此，采用高速开关阀释放流量是液压蓄能器能量释放的一种理想的方式之一。如图 6-11 所示，液压蓄能器的能量可以通过高速开关阀 SV2 释放到液压马达的两腔，通过调节高速开关阀的通断占空比调节进入液压马达驱动腔的流量，不仅实现了流量控制，同时也几乎没有压差损耗。但目前高速开关阀的自身特性限制了其应用。

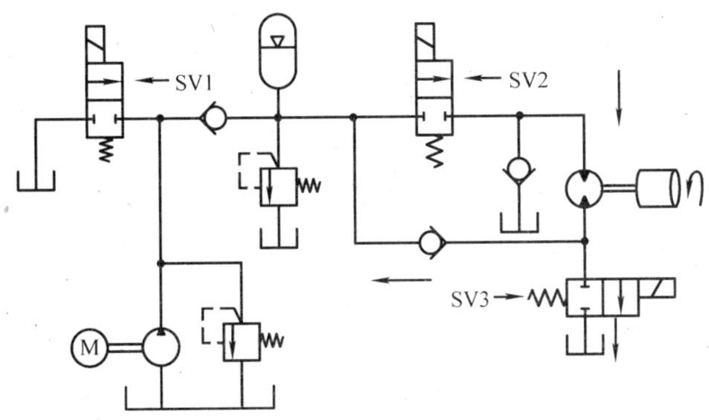

图 6-11　基于高速开关阀的液压式能量回收和再利用原理图

3. 典型应用实例

（1）结构方案特性

针对传统液压挖掘机回转驱动系统存在能量损耗的情况，本书编者提出了一种如图 6-12 所示的基于液压蓄能器的自主能量回收及再利用的回转驱动系统。以左回转为例，其基本工作过程如下。

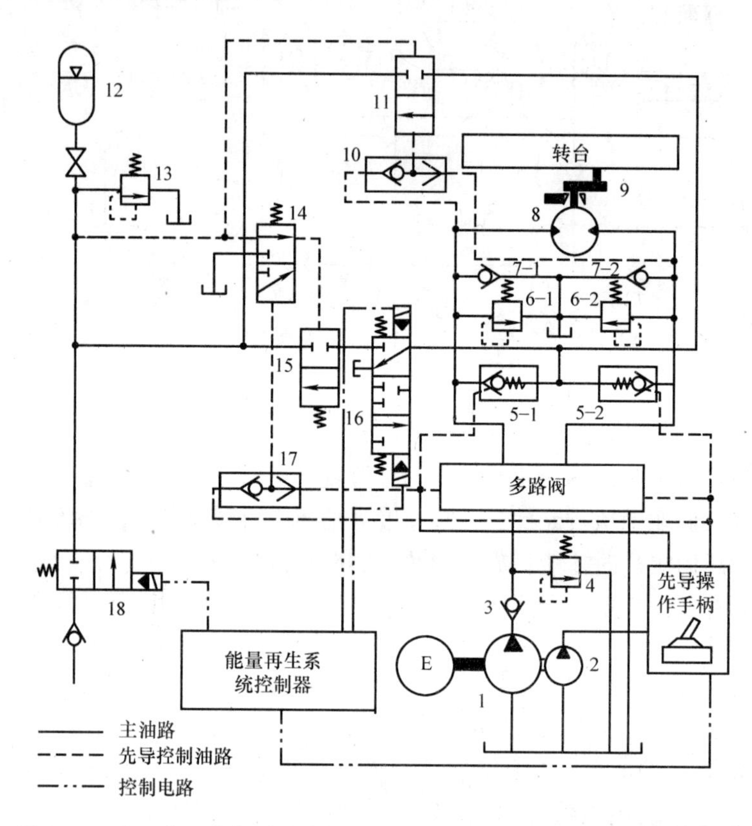

图 6-12 基于液压蓄能器的自主能量回收及再利用的回转驱动系统[1,2]

1）回转起动阶段：当先导手柄表征转台左旋转时，液压泵输出的压力油流入到液压马达左腔，由于此时转台处于静止状态，因此液压马达 8 左腔的压力升高，油液从液控单向阀 5－1 的进油口经电磁换向阀 16 的下位和液控换向阀 15 的下位流入到液压蓄能器 12 中，促使液压蓄能器 12 的压力升高，实现对起动溢流能量的回收；随着液压马达腔压力的升高，液压力克服液压马达和转台惯性，并促使转台开始回转，起动过程结束。

2）回转加速阶段：随着液压马达左腔压力的升高，转台的转速逐渐升高，做加速回转运动，在此过程中液压泵的液压油一部分促使液压马达旋转，另一部分流入到液压蓄能器 12 中，使液压蓄能器压力继续升高；当液压蓄能器压力与液压马达左腔压力基本相等时，此时液压蓄能器的压力不再升高；在先导压力的作用下，液控单向阀5－1反向导通，液压蓄能器内储存的压力油经液控换向阀15的下位、电磁换向阀16的下位和液控单向阀5－1进入到液压马达左腔，并与液压泵一起推动液压马达加速运动，自动实现回收能量的再利用；当液压蓄能器压力降低到不足以推动液压马达运转时，液压蓄能器压力基本保持不变。

3）匀速回转阶段：在此过程中各压力基本保持不变，转台依靠液压泵提供的能量匀速运动。

4）制动阶段：当先导手柄回到中位时，此时在转台的惯性作用下，液压马达继续回转，液压马达处于液压泵工况，液压马达右腔的压力升高，液压马达右腔的压力油通过液控单向阀5－2经液控换向阀11下位流入到液压蓄能器；实现对制动能量的回收。

5）停止阶段：当转台停止时，电磁换向阀16上位工作，液压马达的右腔通过液控单向阀5－2和电磁换向阀16与油箱相通，液压马达左腔通过单向阀7－1也与油箱相通，保证液压马达两腔压力相等，避免转台反向旋转。

从上述工作过程可以发现，起动加速过程中，由于液压蓄能器能吸收多余的液压油并储存，从而避免了回转起动时的溢流损失，并在液压马达回转过程中释放出来，无需采用专门的释放单元。液压蓄能器的能量回收和释放过程能够自主地根据转台工作状态及液压蓄能器与负载的压力水平来进行，从而降低了控制的难度。

下面以起动过程的能量回收和再利用状况为例进行讨论，为避免制动过程中产生的能量的影响，当先导手柄回到中位时，同时使电磁换向阀16上位工作，避免制动腔产生高压。

（2）工作原理

假设先导手柄压力信号分别是：左回转压力p_{jL}、右回转压力p_{jR}、临界控制压力p_{jc}；液压马达左腔压力p_{mL}、液压马达右腔压力p_{mR}；液压马达转速n；液压马达静止临界转速n_c（是一个大于零的较小整数）；液压蓄能器压力p_{acc}；液压蓄能器上临界压力p_{accU}、液压蓄能器下临界压力p_{accD}；令：先导操作手柄输出的压差为$\Delta p_j = p_{jL} - p_{jR}$及回转液压马达两腔压力差为$\Delta p_m = p_{mL} - p_{mR}$；$\alpha$及$\beta$是预先设定的大于零的较小实数。具体工作模式如下所示。

1）回转模式$|\Delta p_j| \geqslant \alpha$。

① 当$|\Delta p_m| \geqslant \beta$ & $p_{acc} < p_{accU}$ & $p_{acc} < \max\{p_{mL}, p_{mR}\}$时，此时液压蓄能器的压力小于蓄能器的上极限压力和马达腔的压力。此时电磁换向阀16下位和液控换向阀15的下位工作，转台处于回转起动加速能量回收模式。

② 当$|\Delta p_m| \geqslant \beta$ & $p_{acc} \geqslant p_{accU}$或$p_{acc} \geqslant \max\{p_{mL}, p_{mR}\}$时，由于此时液压蓄能器压力高于上极限压力或马达腔压力，此时液压泵输出的多余流量不能流入蓄能器中储存，为避免能量浪费，此时电磁换向阀18右位工作，液压泵输出的多余能量供给其他的执行机构。此时转台处于直接能量利用加速模式。

③ 当$0 < |\Delta p_m| < \beta$ & $p_{acc} > p_{accD}$ & $p_{jc} \leqslant \max\{p_{jL}, p_{jR}\}$时，此时转台完成加速过程近似处于匀速运动状态。先导操作手柄的先导油路使得液控单向阀5－1的控制油路处于高压状态，液控单向阀5－1反向导通，此时储存在液压蓄能器中的液压油与液压泵一起为马达供油，转台处于自主能量再生回转模式。

④ 当$0 < |\Delta p_m| < \beta$ & $p_{acc} > p_{accD}$ & $\max\{p_{jL}, p_{jR}\} < p_{jc}$时，由于此时先导手柄的先导油压力小于液控单向阀5－2开启的临界压力p_{jc}，因此液控单向阀的反向通道关闭，液压蓄能器中的液压油不能流入到液压马达腔；电磁换向阀18通电，液压蓄能器中储存的液压油可流入其他执行机构，转台处于正常的回转模式。

⑤ 当$0 < |\Delta p_m| < \beta$ & $p_{acc} \leqslant p_{accD}$时，液压蓄能器的压力低于其设定的最小工作压力，蓄能器不再对外输出压力油。此时电磁换向阀16失电处于中位，液控换向阀处于上位，液压蓄能器与外界不通，转台处于正常的回转模式。

2）制动/静止$|\Delta p_j| < \alpha$。

① 当$n \geqslant n_c$ & $p_{acc} < p_{accU}$时，此时电磁换向阀16下位通电，处于下位工作，转台制动能量以液压能的形式储存在液压蓄能器中，实现制动能量的回收。

② 当$n \geqslant n_c$ & $p_{acc} \geqslant p_{accU}$时，此时电磁换向阀16失电处于中位，电磁换向阀通电处于右位工作，液压马达右腔的压力油经液控单向阀5－2和液控换向阀11的下位流入到其他执行器中，此时转台处于直接能量利用制动状态。

③ 当$n < n_c$时，此时电磁换向阀16上位通电，处于上位工作，此时液压马达两腔通油箱，促使两腔压力基本相等，能有效防止液压马达反向转动，转台静止。

（3）样机测试

图6-13所示的是具有液压蓄能器的回转驱动系统测试样机，用以验证该节能驱动系统的节能效果和操控性。

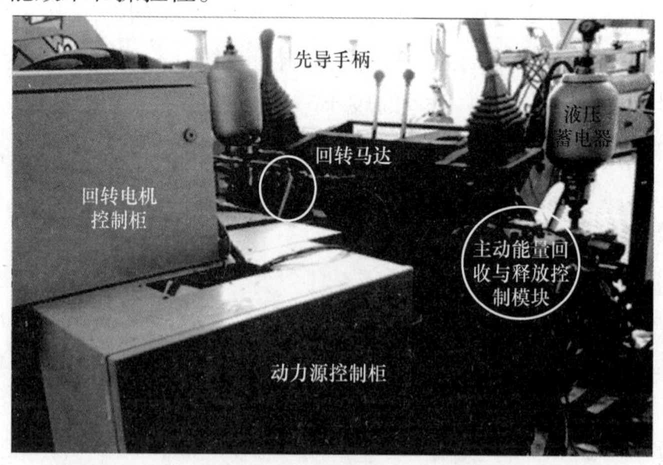

图6-13　具有液压蓄能器的回转驱动系统测试样机

在回转起动过程中，液压泵输出的功率为：

$$P_{p'} = p_p q = p_p q n_p \eta_c \tag{6-8}$$

式中　p_p——液压泵出口压力；

　　q——液压泵输出流量；

　　n_p——液压泵的转速；

　　η_c——液压泵的容积效率。

液压泵输出的能量为：

$$E_p = \int P_p \mathrm{d}t = q n_p \eta_c \int p_p \mathrm{d}t \tag{6-9}$$

在起动加速过程中，液压蓄能器吸收的能量为：

$$E = \int_{V_1}^{V} p \mathrm{d}V = \frac{p_1 V_1}{1-m}\left[1-\left(\frac{p_1}{p_{acc}}\right)^{\frac{1-m}{m}}\right] \tag{6-10}$$

式中　p_1——液压蓄能器的最低工作压力；

　　p_{acc}——液压蓄能器的工作压力；

　　V_1——最低工作压力时；液压蓄能器中气体的体积；

　　m——理想气体的绝热指数。

回转系统的基本参数见表 6-1。

表 6-1　回转系统的基本参数

参　数	符　号	数　值
液压泵转速	n_p	1200r/min
液压泵排量	q	26mL/r
蓄能器容积	V_0	1.6L
蓄能器充气压力	p_{acc0}	2MPa
绝热指数	m	1.4
先导手柄最大压力	p_{jmax}	6.5MPa

为了保证每次试验的可对比性，每次转台的回转角度基本一致，并保证先导操作手柄的控制压力基本相等。图 6-14 为有无液压蓄能器的自主能量回收回转系统的转台转角和先导操作手柄压力的对比曲线。从图 6-14 的对比曲线看出，两者的回转角度分别是 74°和 76°，基本相同；先导操作手柄的压力平均值在 6.5MPa 左右，峰值压力在 8.7MPa 左右。

图 6-15 是有、无液压蓄能器能量回收时的液压泵出口压力、液压马达进油腔压力、液压马达转速及液压泵输出能量的对比曲线。从图 6-15a、b 的泵出口压力曲线及液压马达进油腔的压力对比曲线可以看出，当没有液压蓄能器时，液压泵出口压力在液压马达及转台起动瞬间，具有较高的压力冲击，达 18.4MPa，而后快速跌落到 4MPa；而有液压蓄能器时，由于液压蓄能器吸收了液压泵输出的相对回转液压马达多余的液压油，因此压力仍然保持较低水平，约为 10.3MPa；当转速基本平稳后，两种情况下的泵出口压力都基本保持在 8.2MPa；液压马达进油腔压力曲线与泵出口压力曲线的变化趋势基本相同，仅压力幅值有所减小。另外，在先导手

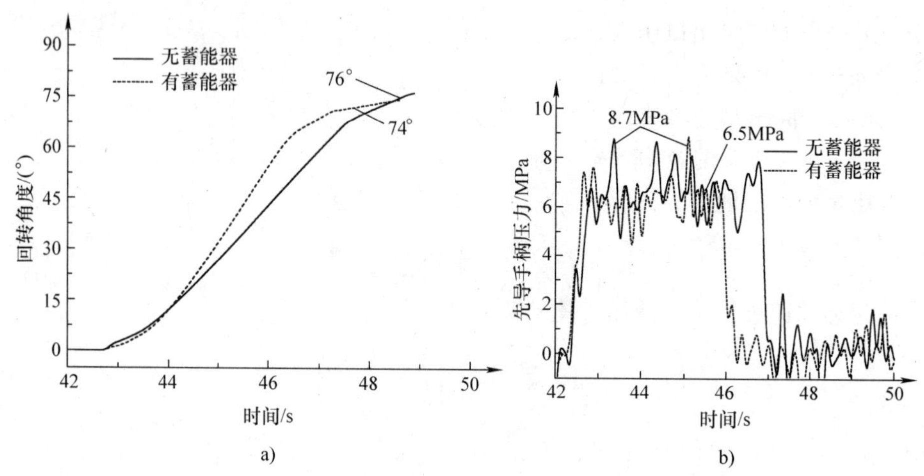

图6-14　有、无液压蓄能器的自主能量回收系统的转台转角及先导操作手柄压力对比曲线

a）转台回转角度　b）先导手柄压力

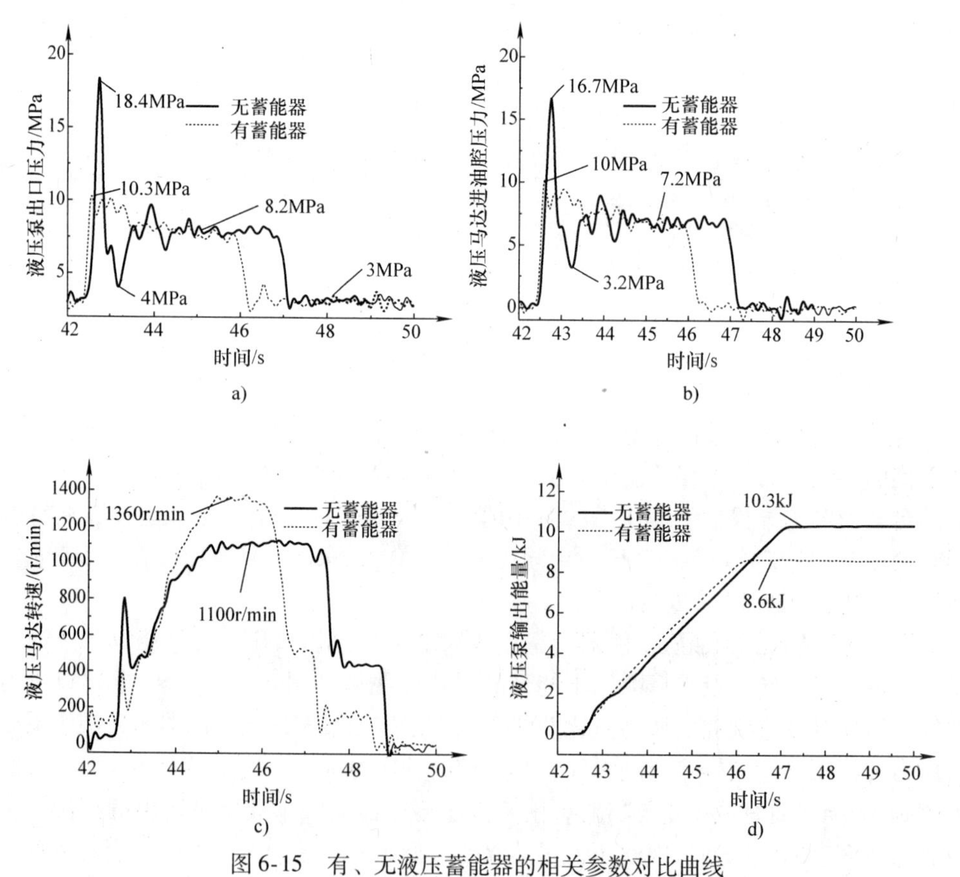

图6-15　有、无液压蓄能器的相关参数对比曲线

a）液压泵出口压力　b）液压马达进油腔压力　c）液压马达转速　d）液压泵输出能量

柄离开中位到转台运转这一时间内，具有液压蓄能器的回转系统节能效率达 16.5%。

从图 6-15c 的液压马达转速对比曲线可以看出，无液压蓄能器的情况下，液压马达转速在驱动瞬间升高到 400r/min 后有近 180r/min 的落差，与泵出口压力的阶跃和降落一致，造成转台较大的振动，而有液压蓄能器的情况下，转速相对平稳。且相同的时间内，具有液压蓄能器的情况下，液压马达可以达到较高的转速，这主要是由于在起动过程中吸收并储存在液压蓄能器中的压力油在回转过程中释放出来和液压泵提供的液压油共同驱动回转液压马达，增加了液压马达的输入流量，从而使液压马达获得较高转速，提高了回转运行效率。由于具有蓄能器能量回收的驱动系统的转速较高，因此在相同转角情况下，较早的到达回转终点，如图 6-15a 所示。

从图 6-15d 的液压泵输出能量可以看出，在转台完成一次回转过程中，有液压蓄能器的情况下，液压泵输出的能量为 8.6kJ，而无液压蓄能器的情况下，液压泵输出的能量为 10.3kJ。由于两次回转的角度基本相同，采用液压蓄能器对回转起动能量进行回收并在转台回转过程中释放，因此使得液压泵的输出能量有所下降，单次回转液压泵的节能大约为 16.5%。

因此采用液压蓄能器对起动能量进行回收后，一能降低液压泵的输出能量，二能提高转台的工作效率，三能提高回转系统的运转平稳性。

图 6-16 为三个工作周期内液压马达两腔压力及液压蓄能器压力曲线。从液压蓄能器压力曲线看，液压蓄能器压力具有明显的周期性；在转台加速起动过程中，液压蓄能器吸收液压泵相对液压马达所需多余的流量，压力逐渐升高；回转过程中液压蓄能器储存的压力能释放出来驱动液压马达旋转，压力逐渐降低，实现能量的再利用。由于试验场地的地面向右倾斜，因此，右回转时的阻力矩较小，液压马达的起动压力峰值较低。

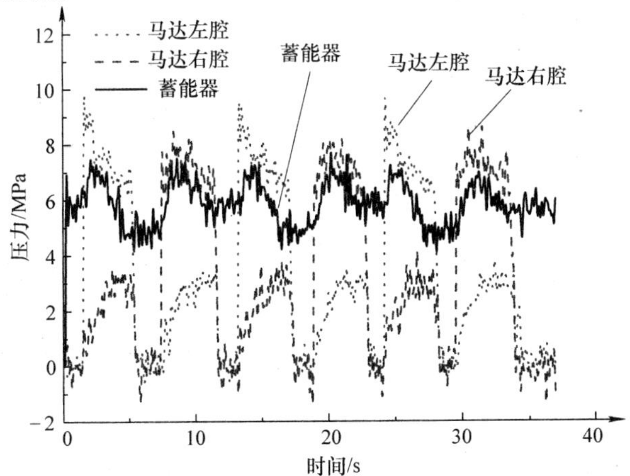

图 6-16　三个周期内液压马达两腔压力及液压蓄能器压力曲线

图6-17是其中一个回转周期的液压马达两腔压力、液压蓄能器压力及液压马达转速曲线。转台一个工作周期的工作模式主要包括左右回转时的起动加速能量回收模式（见图6-17中的1、5），自主能量再生模式（见图6-17中的2、6），正常回转模式（见图6-17中的3）及无能量回收的制动模式（见图6-17中的4、7）。从图6-17可以看出，在挖掘机转台起动瞬间，不论是左回转还是右回转，液压蓄能器的压力都迅速升高，当液压蓄能器压力与液压马达两腔压力基本相等时，液压蓄能器压力不再升高，约为7.8MPa，此后开始逐渐降低。

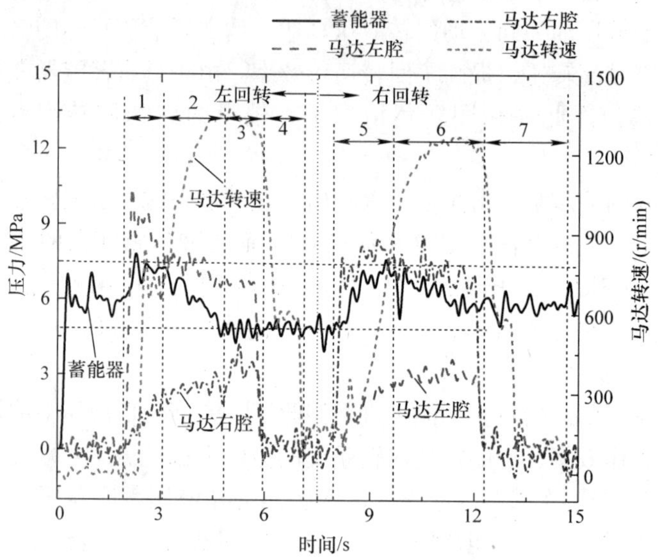

图6-17　一个回转周期的液压马达两腔压力、液压蓄能器压力及液压马达转速曲线

6.3.2　以液压蓄能器为动力油源的能量再利用

1. 工作原理与特性分析

如图6-18所示，将液压蓄能器作为一个高压油源，将液压蓄能器储存的液压油直接释放到液压泵的进油口。由于液压泵的进油口压力升高了，液压泵的进出口压差也降低了，进而降低动力源（发动机、电动机）的转矩输出。该方案需要注意以下几点。

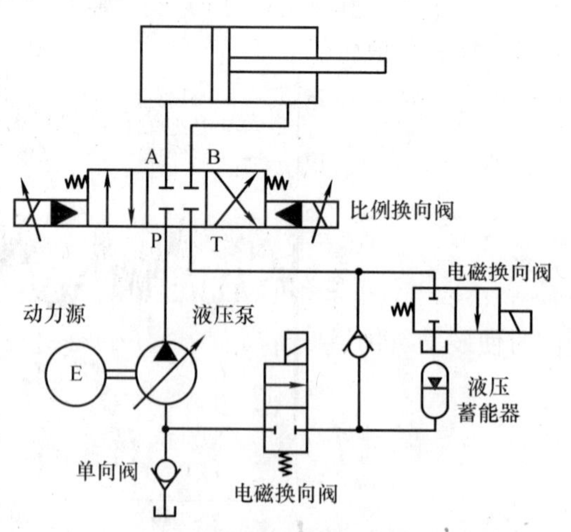

图6-18　以液压蓄能器为高压油液的液压式能量回收再利用原理图

1）该方案对液压泵的要求和普通液压泵不同：要求液压泵的进油口可以承受高压，而当前开式泵的进口压力一般不能承受高压，比如力士乐的A4VSO系列的液压泵要求进油口的压

力不大于 3.0MPa。

2）当液压蓄能器的液压油释放完后，液压泵又需要从油箱吸油，因此又要考虑液压泵的吸油能力。因此，双向可以承受高压的闭式泵对进油口的最小压力又有一定的要求。

3）防止液压泵进口压力大于出油口压力时的驱动动力源的倒拖问题。随着新能源电动机技术的发展，该方案可以采用一个可以工作在电动模式和发电模式的电动机/发电机和进油口可以承受高压的液压泵组成一个可工作在第一和第二象限的动力源。这样倒拖时，电动机可以工作在发电模式进行发电，液压泵相当于液压马达。

因此，限制该方案的主要关键技术是需要对液压泵进行改进设计。至少要满足：①液压泵的配油系统中，将吸油腔和壳体容腔相隔断，防止进油口的高压油进入壳体腔，壳体腔的骨架密封一般不能承受高压，同时壳体的强度可能达不到高压的要求；②需要为壳体腔单独开设一条泄油孔。

德国力士乐公司则将液压蓄能器的液压油直接释放到液压泵的入口，提高主泵的入口压力，减小其进出口压差来降低发动机的能耗。如果发动机不驱动负载，则动臂的势能转化为液压能存储在蓄能器中，比例节流阀控制动臂下放的速度。在 14t 的轮式挖掘机上进行试验，在同样的工作循环下，较不采用动臂势能再生的机型每小时可减少 1L 的燃油消耗，45t 的机型，每小时可减少燃油消耗 3L。国内吉林大学[3]、华侨大学等对 22t 液压挖掘机也做了类似的研究。

2. 典型应用实例

（1）结构方案

针对液压挖掘机的上车机构，华侨大学提出了图 6-19 所示的新型回转驱动系统结构方案示意图，该方案具有以下特点。

1）当液压挖掘机上车机构回转制动时，转台在惯性的作用下，继续旋转，液压马达工作在泵模式，其排出的液压油经过单向阀 1 或单向阀 2、电液换向阀 1 和截止阀后进入液压蓄能器，实现能量回收过程。同时上车机构的制动力矩由蓄能器压力和液压马达排量决定，降低了系统的压力冲击。

2）液压蓄能器回收的液压油可以通过控制电液换向阀 1 来控制是否释放出来驱动变量泵，考虑到发动机在低转矩区域的油耗率一般较高，因此根据发动机的万有特性曲线，使得通过液压蓄能器释放液压油后，不仅降低了发动机的输出转矩，同时使发动机仍然处于高效区域，进而降低了发动机的消耗能量。

3）通过电液换向阀 1 卸荷实现防止转台反转功能。当上车机构的回转制动结束时，通过电液换向阀 1 实现液压马达制动高压腔卸荷，而此时进油侧的压力已经较低，进而使得液压马达两腔压力均为一个较低的背压值，防止转台的反转。

4）新型驱动系统中，液控比例方向阀为 M 型中位机能的三位四通阀，而不是传统的三位六通阀，实现在先导手柄处于空行程时变量泵的卸荷功能；由于先导控

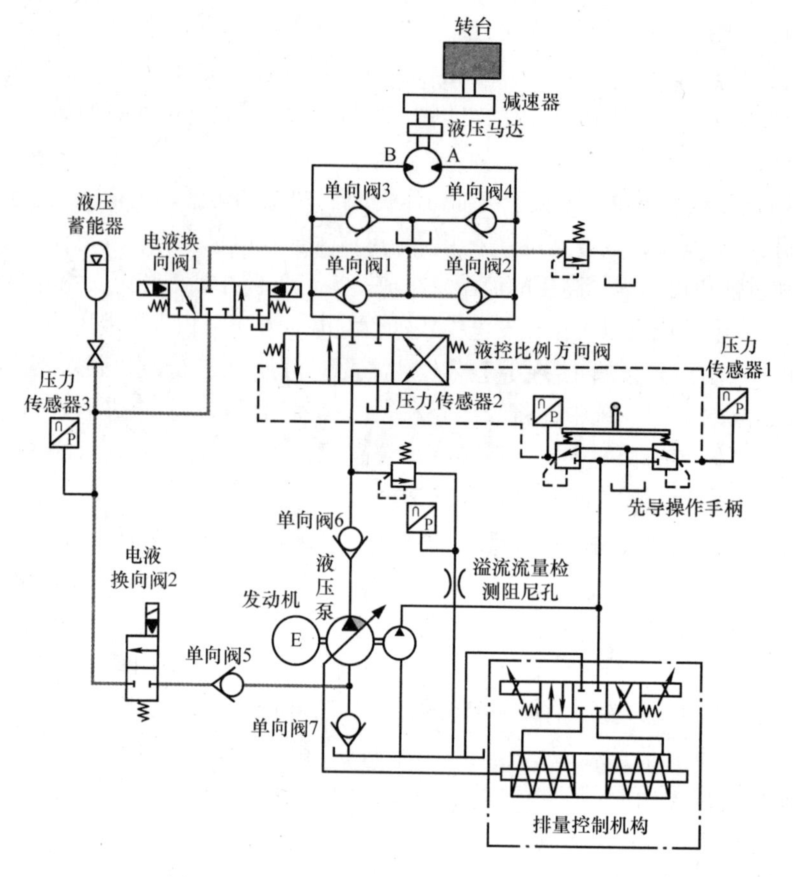

图 6-19　新型回转驱动系统结构方案示意图

制手柄压差信号表征了上车机构的目标转速，用先导控制手柄信号改变液控比例方向阀阀芯位移的同时也改变了变量泵的排量信号；此外考虑大惯性负载响应较慢的特点，根据传统三位六通型液控比例方向阀的负流量控制原理，在变量泵出口溢流阀的回油侧串联一阻尼孔，当负载所需的流量较少时，多余的流量通过溢流阀回油箱，流量越大，阻尼孔的入口压力越大，变量泵排量越小。

（2）控制规则

和传统液压挖掘机的回转驱动系统相比，新系统不仅需要考虑到转台的大惯性负载引起的反转现象，由于蓄能器压力直接释放出来驱动变量泵可能导致发动机的倒拖现象，还需要综合考虑变量泵功率与负载的匹配等问题，因此根据液压挖掘机的速度控制特性、工况特点以及蓄能器压力在工作周期前后具有一定的平衡性等，深入研究转台和变量泵的排量控制规则，具体控制规则如下。

1）转台模式判断。根据先导控制压力判断得到转台的工作模式。转台的工作模式分为左旋转、静止和右旋转等三种模式。具体判断可通过检测先导操作手柄的先导压力来判断。先导操作手柄输出压力差 Δp_{ctr} 计算如下。

$$\Delta p_{ctr} = p_{1ctr} - p_{2ctr} \tag{6-11}$$

当 $\Delta p_{ctr} > \xi$ 时，转台处于左旋转模式；当 $\Delta p_{ctr} < -\xi$ 时，转台处于右旋转模式；其他为转台静止模式。其中 ξ 为一个大于0的较小正值，取此值是为了避免受到先导操作手柄处于中位时的噪声干扰。

2）电液换向阀1控制规则。电液换向阀1的主要作用为，在转台制动时工作在右工位，进行能量回收，而当制动停止时的瞬间，工作在左工位，液压马达的回油侧卸荷，以防止反转，而当转台加速或匀速时，工作在中位，以防止变量泵出口压力油对蓄能器充油。据液压马达转速 n_m，先导操作手柄压力差 Δp_{ctr} 等得到电液换向阀的控制信号 C_1

$$C_1 = \begin{cases} \text{右电磁铁得电能量回收；} & \Delta p_{ctr} < \xi \text{ 且 } n_m \geqslant n_{mc} \\ \text{左电磁铁得电防止反转；} & \Delta p_{ctr} < \xi \text{ 且 } n_m < n_{mc} \\ \text{均不得电；} & \text{其他} \end{cases} \tag{6-12}$$

式中，n_m 为液压马达实际转速（r/min）；n_{mc} 为液压马达转速判断阈值（r/min）。

3）电液换向阀2控制规则。电液换向阀2的主要功能为当上车机构处于回转加速或匀速时，蓄能器释放液压油驱动变量泵。但为了保证蓄能器的压力不低于其最低工作压力，同时在转台起动瞬间，如果蓄能器的压力油直接释放出来驱动变量泵，由于蓄能器的释放功率大于负载功率，因此会发生发动机的倒拖现象。此外，如果蓄能器释放功率后，发动机的输出转矩处于油耗率较高区域，此时发动机的油耗仍然较高。因此，为保证发动机不发生倒拖现象、蓄能器的压力不低于其最低工作压力以及确保发动机的输出转矩降低后仍然处于高效区域，通过检测蓄能器压力、变量泵出口压力和先导操作手柄压力差等得到电液换向阀2的控制信号 C_2

$$C_2 = \begin{cases} \text{电磁铁得电；} & |\Delta p_{ctr}| \geqslant \xi \text{ 且} (p_p - p_a) \geqslant p_c \\ \text{不得电；} & \text{其他} \end{cases} \tag{6-13}$$

式中，p_p 为变量泵出口压力（MPa）；p_c 为防止发动机倒拖和发动机处于高效区域的压力判断阈值（根据发动机的万有特性曲线获得）（MPa）。

4）正负流量相结合的变量泵排量控制策略。由先导操作手柄表征转台转速对应的液压马达的流量 q_m 为

$$q_m = k_1(\Delta p_{ctr} - \xi) \tag{6-14}$$

式中，k_1 为目标流量和先导压差信号比例系数。

由于上车机构为一个大惯性负载，在加速过程中，液压马达的实际转速滞后于液压马达的目标转速，因此存在多余的流量会从变量泵出口的溢流阀溢流回油箱。为了减少溢流损耗，系统在溢流阀和油箱之间增加了一个阻尼孔，通过检测阻尼孔的压力大小反应溢流流量。通过阻尼孔的流量 q_z 为

$$q_z = k_2\sqrt{p_z} \tag{6-15}$$

式中，k_2为阻尼孔流量和阻尼孔进口压力比例系数；p_z为阻尼孔进口压力（MPa）。

因此，变量泵的目标流量 q_p 为

$$q_p = q_m - q_z \tag{6-16}$$

最后，变量泵的流量计算公式为

$$V_p = \begin{cases} k_3 q_p; & q_p > q_{pc} \\ k_3 q_{pc}; & q_p \leqslant q_{pc} \end{cases} \tag{6-17}$$

式中，k_3为变量泵目标流量和控制信号比例系数；q_{pc}为补偿系统泄漏的液压泵最小流量（L/min）。

（3）仿真研究

为研究对比，基于 AMESim 建立了传统节流控制仿真模型和新型节能驱动系统仿真模型，通过参数设置完成了以下控制系统的仿真分析：定量泵；定量泵 + 泵控制（负流量）；定量泵 + 泵控制（正流量和负流量）；能量回收 + 泵控制（正流量和负流量），其中，传统节流控制仿真模型如图 6-20 所示，且由于此时变量泵的出口溢流阀的溢流压力一般高于液压马达两腔的制动溢流阀的溢流压力，所以负流量控制检测阻尼孔设置在制动溢流阀的回油侧，以减少溢流损耗。新型节能驱动系统的仿真模型如图 6-21 所示，具体仿真关键参数如表 6-2 所示。为简化模型，仿真时用电控信号代替先导操作手柄输出信号。

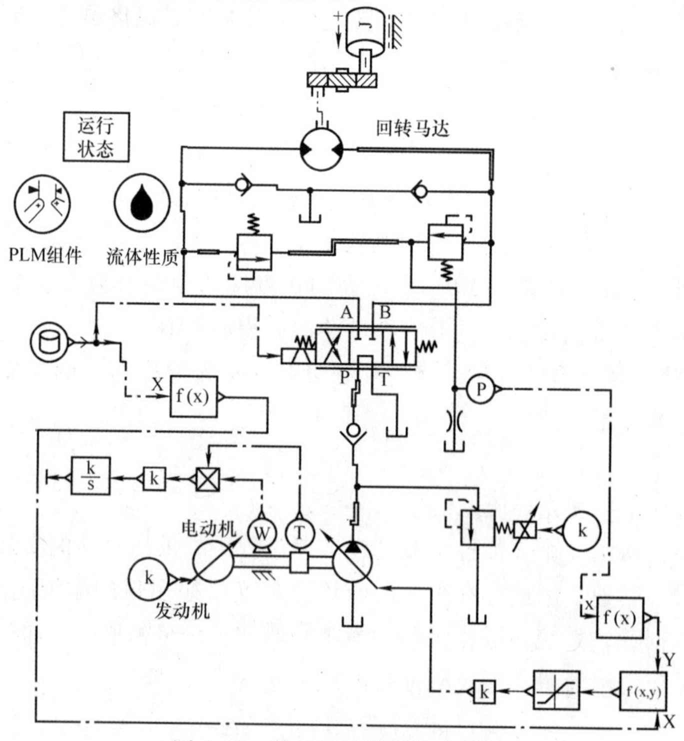

图 6-20　传统节流控制仿真模型

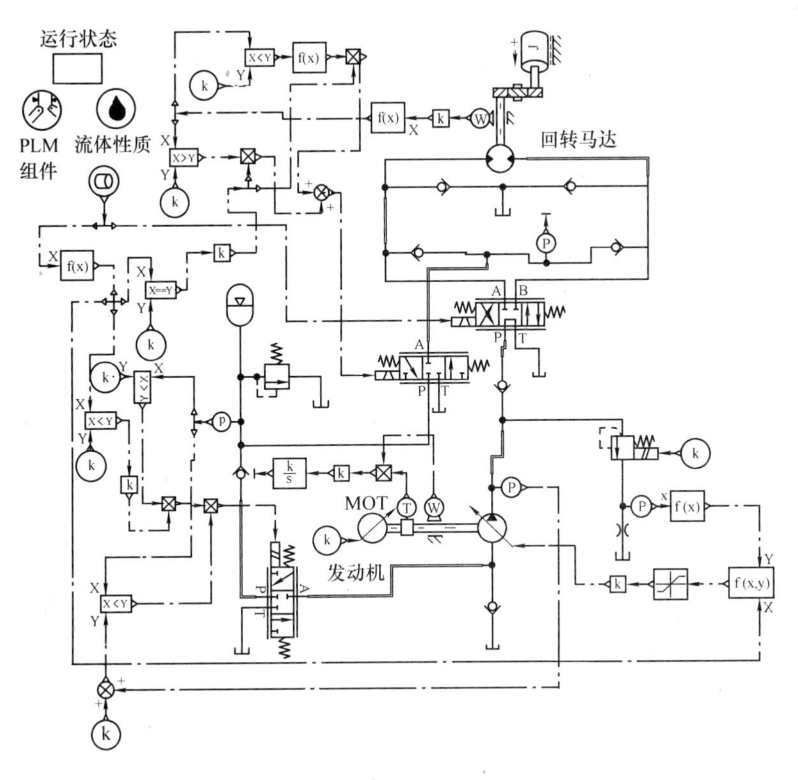

图 6-21　新型节流控制系统仿真模型

表 6-2　模型仿真关键参数

关键元件	技术参数	数值
蓄能器	气体额定体积/L	36
	充气压力/MPa	25
液压马达	排量 mL/r	129
变量泵	排量 mL/r	112
减速器	减速比	140
上车机构	等效转动惯量/kg · m^2	150

图 6-22 为该驱动系统在两种控制方式时发动机输出转矩曲线，由此图可以看出，当没有采用防发动机倒拖控制策略时，由于蓄能器压力油的再利用是在第二个工作周期开始工作的，因此从第二个工作周期开始时，发动机的输出转矩出现了负转矩，即发动机发生倒拖现象，而采用防倒拖控制策略时，发动机的输出转矩均大于零，不再发生倒拖现象。

从图 6-23 和图 6-24 可以看出，当没有采用防反转控制策略时，一旦转台起动后再制动停止时，转台转速曲线出现明显的振荡现象。这是由于当马达停止转动，回油口出现的高油压又把马达从停止推回去，直到进油口和回油口的压力趋于平衡

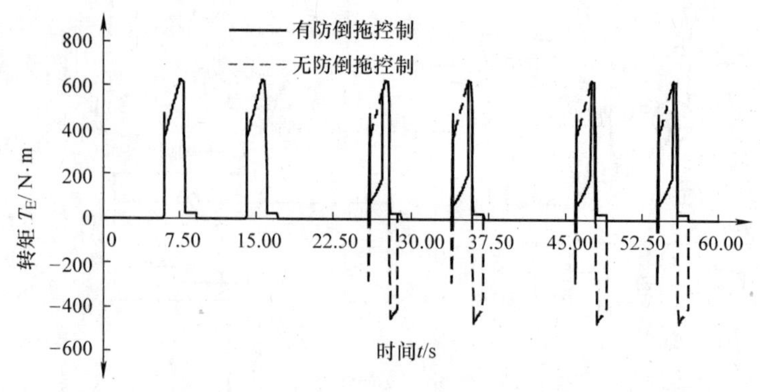

图 6-22　发动机输出转矩曲线

后，回转马达重复进行顺时针和逆时针的回转，进而引起上车机构的振荡。而采用防反转控制策略时，转台的速度不再发生振荡。

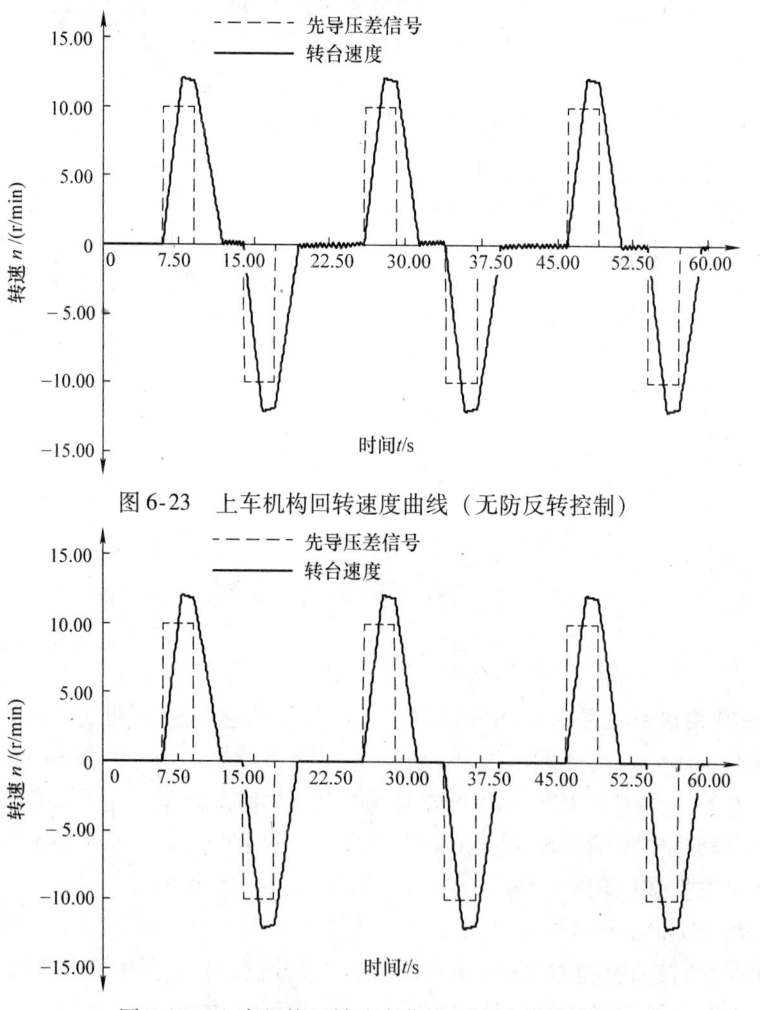

图 6-23　上车机构回转速度曲线（无防反转控制）

图 6-24　上车机构回转速度曲线（有防反转控制）

为了验证蓄能器压力波动平衡性以及蓄能器参数设计是否合理，仿真时按三个工作周期以及转台最大转速进行仿真。图6-25所示为三个工作周期内蓄能器的压力波动曲线，由此图可以看出，在第一个工作周期内，在时间为6s时，转台开始起动，由于蓄能器初始工作压力为气体充气压力，不能直接释放出来驱动液压泵。在时间为9s时，转台开始回转制动，蓄能器压力从20MPa逐渐上升到24.10MPa；在时间为14s时，转台开始反向起动，由于蓄能器的压力仍然低于25MPa，因此不能释放出来驱动变量泵，而在时间为17s时，上车机构开始反转制动，蓄能器压力继续上升至28.79MPa；在第二个工作周期，上车机构从26s开始起动，由于此时蓄能器压力大于25MPa，因此蓄能器释放液压油驱动变量泵，此后，蓄能器的压力处于平衡波动过程，在每个工作周期内蓄能器压力下降两次，上升两次，完成两次起动和制动过程。从图中也可以看出，即使转台在最大转速开始制动，蓄能器的最大工作压力大约为29.5MPa，尚未超过30MPa，即无多余的制动动能消耗在蓄能器入口处的溢流阀，同时又充分利用了蓄能器的压力工作范围。因此蓄能器的参数较为合理。

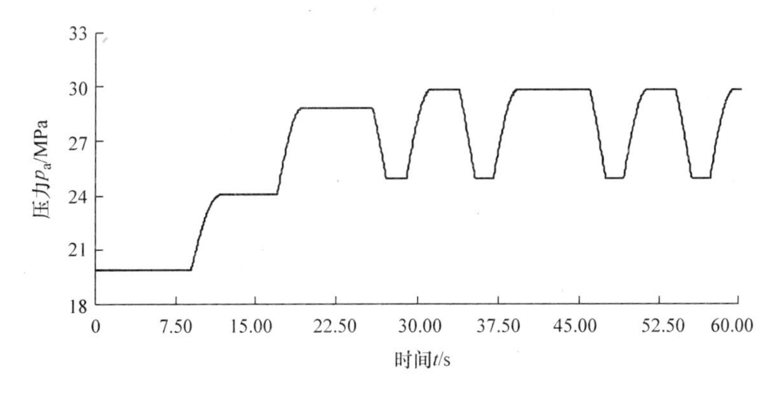

图6-25　液压蓄能器气体压力曲线

从图6-25可知，液压蓄能器压力在第三个工作周期后进入平衡状态，因此以第三个周期的不同控制系统的发动机消耗能量研究驱动系统的节能效果，各驱动系统在第三个工作周期的发动机消耗能量如表6-3所示，可以得到如下结论。

1）单独定量泵驱动系统（无能量回收＋无正流量＋无负流量）中发动机消耗了能量507183J。采用能量回收系统和变量泵控制系统后，发动机消耗能量325613J。新型驱动系统相对原驱动系统的节能效果为36%。

2）泵控系统节能125776J，泵控制系统的节能效果大约为25%，其中负流量系统节能17%，正流量系统节能8%，能量回收系统对整机的节能效果大约为11%。

3）能量回收系统使发动机节能55776J，而系统总回收能量根据转动惯量和最大转速计算大约为236630J，因此蓄能器回收和再利用的行程效率大约为24%，其损耗主要包括行程压力损耗、蓄能器能量损耗以及变量泵功率损耗等。

表 6-3 各驱动系统在第三个工作周期的发动机消耗能量

驱动系统类型	能量 E/J
定量泵	507183
变量泵（负流量）	422237
变量泵（正流量+负流量）	381407
变量泵（正流量+负流量）+蓄能器回收	325631

6.3.3 基于马达或泵/马达的能量回收技术

1. 基于液压马达的能量再利用

基于液压马达能量再利用的液压式回收系统的基本思路是，通过液压马达将液压蓄能器储存的能量释放出来，可以辅助驱动动力单元驱动液压泵或者辅助回转液压马达驱动转台等。如图 6-26 所示，新的回收系统替换了传统系统中的两个溢流阀，制动时经过回收溢流阀的油液存储在蓄能器中。当转台加速时，控制器打开回收单元控制阀，存储的高压油直接驱动与发动机和主泵连接的回收液压马达，回收液压马达和主泵旋转的速度相同，降低了发动机的转矩输出，从而降低油耗。为了匹配传统系统的动力学特性，回收溢流阀和蓄能器安全阀开启压力应设定为原系统溢流阀压力。

为了减少回收系统的能量损失，经过回收溢流流阀的压力降 Δp 应该最小化。回收溢流阀在上限压力时打开，压力降可以通过蓄能器压力 p_{ace} 来估计。当蓄能器压力接近回收溢流阀压力，能量损耗就小，然而，如果充液时 p_{ace} 超过溢流阀压力，那么，能量就通过回收溢流阀而损耗，为了提高能量回收效率，回收液压马达排量和回收单元控制阀的控制需要合理设计。当全开时，回收单元控制阀上的损耗变小，为了减小阀口损耗，应该最小化阀的动作频率和开关转换时间。同时，应该优化回收液压马达排量来减小回收单元控制阀的动作，防止液压蓄能器的压力到达回收溢流阀压力。

2. 基于液压泵/马达的能量再利用

图 6-27 所示为基于液压泵/马达的能量回收系统。在此液压混合驱动方案中，发动机和变量泵之间增加了一个液压泵/马达，液压混合动力系统采用的液压蓄能器的功率密度较大，此外，液压蓄能器具有成本低、寿命长的特点使得液压混合动力技术和基于蓄能器的能量回收技术逐渐成为人们关注的焦点之一。液压混合驱动系统的最大弱点就是液压蓄能器的能量密度很低，液压蓄能器与相同大小的电池相比存储的能量有限。因此，液压混合动力技术更适用于负载波动剧烈且安装空间较大的主机产品[5~12]。但该方案同样存在以下难点。

首先，动臂势能回收系统、回转制动动能回收系统、液压混合动力驱动系统难

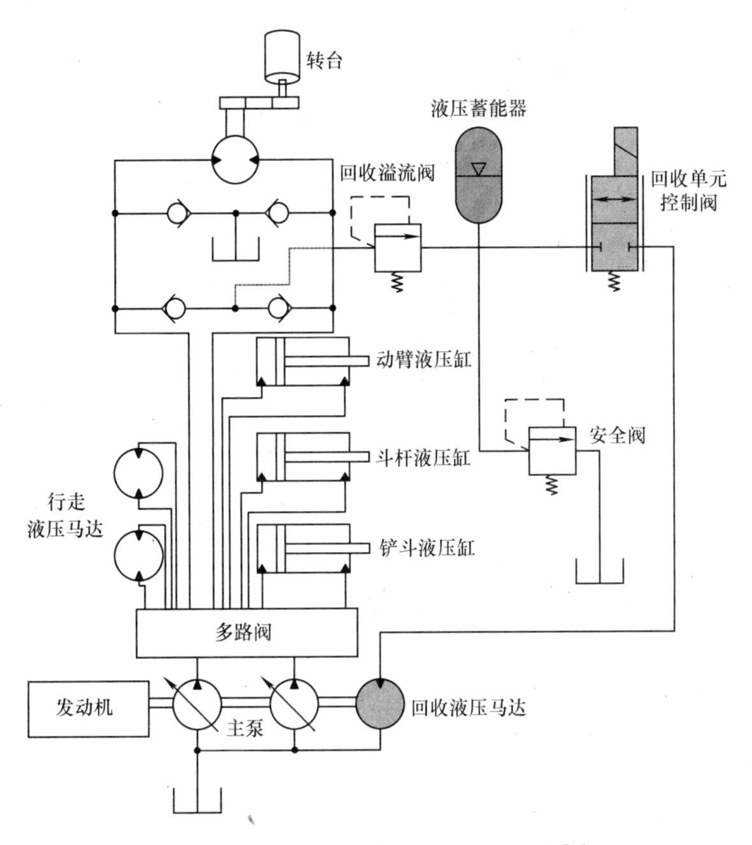

图 6-26 基于液压马达的能量回收系统[4]

以共用一组液压蓄能器单元。液压蓄能器需要存储低负载时发动机多余的能量，也要在高负载时辅助发动机提供峰值功率。液压蓄能器的储能既可以来源于动臂势能，也可以来源于制动动能的回收。液压蓄能器压力太高、动臂下放的快速性难以保证，而液压蓄能器压力太低，回转制动的时间太长。为了发挥液压蓄能器的负载平衡能力，必然要求液压马达的平衡转矩较大，液压马达的排量和蓄能器的压力等级需要综合考虑液压马达的动态响应性能以及工作效率等。因此，应综合考虑负载波动特性、可回收工况以及液压蓄能器的能量密度低等因素。20t 液压混合动力液压挖掘机所用液压蓄能器的工作压力范围和额定体积如表 6-4 所示。

表 6-4 20t 液压混合动力液压挖掘机所用液压蓄能器的工作压力范围和额定体积

应用对象	工作压力范围/MPa	额定体积/L
液压混合动力	10 ~ 30	70
动臂	5 ~ 15	40
回转	20 ~ 30	20

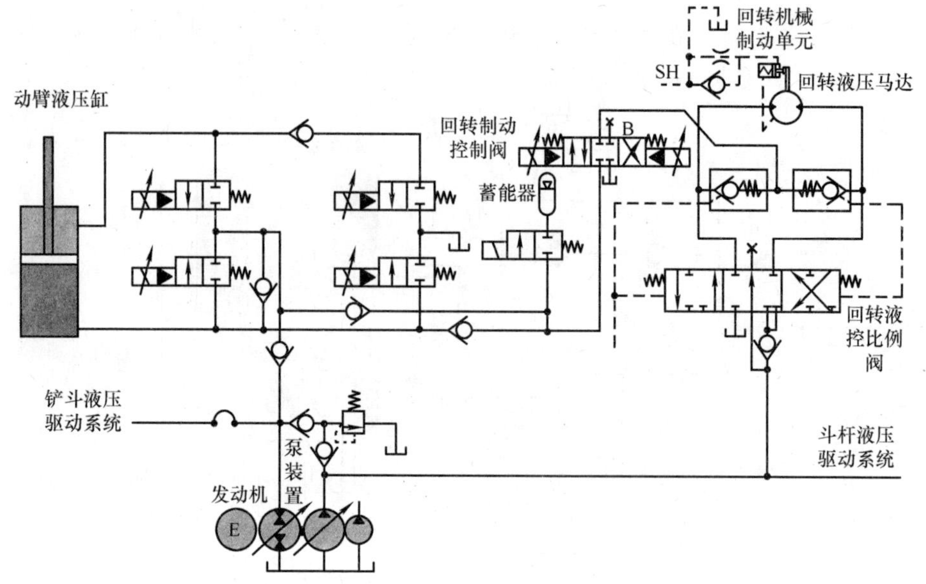

图 6-27 基于液压泵/马达的能量回收系统

为此，在实际使用中，为了延长液压蓄能器的使用寿命，一般要求液压蓄能器在其最大工作压力和最小工作压力时的气囊变化越小越好，同时由于动臂势能回收系统的压力和转台能量回收系统所需要的压力范围差别较大，如果综合在一起必然导致液压蓄能器的工作压力变化较小，不仅导致液压蓄能器的额定体积较大，同时会降低液压泵/马达的最大和最小输出转矩范围。为此，图 6-28 所示的一种两级压力范围的液压蓄能器组合单元显然更适用于液压挖掘机。为了防止在液压蓄能器压力等级在切换过程中的压力冲击和能量损耗，同时也为了防止电磁换向阀的频繁切换，编者提出了一种泵模式低压优先和马达模式高压优先的原则和基于两级压力的判断规则。具体判断规则如下。

1）当液压泵工作在泵模式时，只要低压蓄能器的压力小于高压蓄能器的压力的最低工作压力，优选选择低压蓄能器，否则选择高压蓄能器，此时低压蓄能器的压力逐渐上升，待低压蓄能器的压力上升到高压蓄能器的压力时，切换到高压蓄能器工作。

2）当液压泵/马达工作在马达模式时，只要高压蓄能器的压力不低于低压蓄能器的最高工作压力范围，优选选择高压蓄能器，此时高压蓄能器的压力逐渐降低，待压力下降到低压蓄能器的压力时，切换到低压蓄能器工作。

其次，液压蓄能器的能量密度较低，难以适用于安装空间有限的液压挖掘机。由于在动臂单独下放或者上车机构单独回转制动时，变量泵的输出功率较低，此时发动机的工作转矩已经较低，此时倘若可回收能量通过液压马达驱动发动机，不仅可能会使发动机的转矩进一步降低（发动机的转矩太低会使发动机的工作点处于高油耗区），甚至可能会使发动机发生倒拖现象。因此，可回收能量一般都通过液

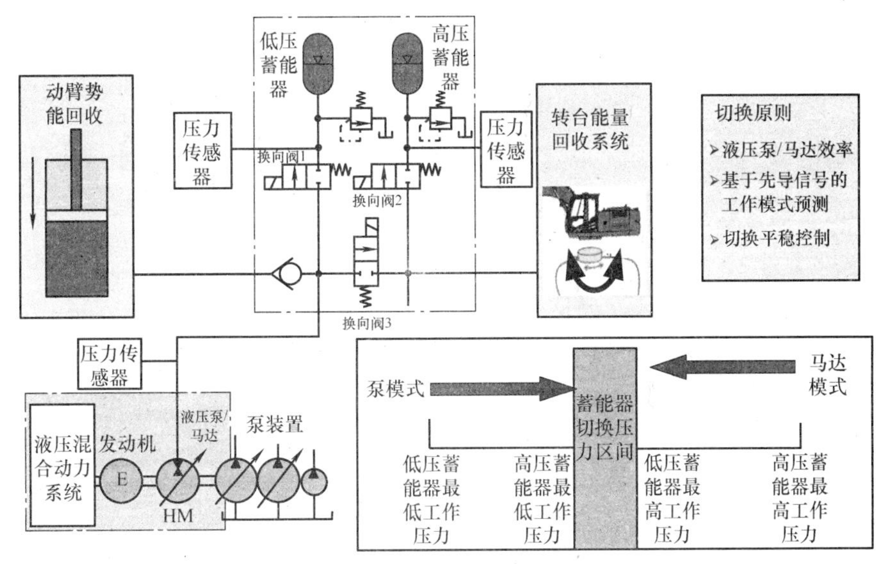

图 6-28　不同压力范围的液压蓄能器组合单元

压蓄能器回收，蓄能器的容腔体积主要基于可回收油液的体积大小以及蓄能器的压力范围设计，因此动臂势能回收和上车机构回转制动采用的蓄能器为不同规格的蓄能器以及相应辅助单元。由于蓄能器的比能量密度较低，必然导致蓄能器的额定容腔体积较大，难以适用于安装空间有限的液压挖掘机。

最后，基于液压泵/马达的能量回收技术需要采用的核心元件之一是电子控制的柱塞式液压泵/马达，其功能就类似于电气系统的电动机/发电机，但与电动机/发电机不同的是液压蓄能器－液压泵/马达必须闭环控制才能精确控制输出转速或转矩。同时考虑到液压系统具有非线性、强耦合性、参数时变等特点，为了突破液压泵/马达的排量电子控制技术以获得液压泵/马达良好的控制特性是拟解决的一个关键问题。

基于液压泵/马达和蓄能器的能量回收和再利用系统的主要研究参考第 2 章的液压混合技术。典型代表为美国卡特彼勒研制的 50t 液压挖掘机动臂势能回收系统[13~15]，如图 6-29 所示。动臂下放时，动臂液压缸无杆腔的液压油驱动变量马达后，经过过渡液压缸后对液压蓄能器充油，完成能量回收过程，在动臂上升时，蓄能器储存的液压油可以通过液压泵/马达释放出来，通过变量泵后驱动动臂上升，变量泵只需要提供不足的液压油。其液压蓄能器的气体容腔总体积为 100L。动臂上升过程的平均油耗和常规挖掘机比起来降低了 37%。而浙江大学杜晓东博士则直接将液压蓄能器的能量通过一个和发动机同轴相连的液压马达释放出来，将回收的液压能量直接转换为驱动主泵的机械能，转换过程简单，减小了转换过程中造成的能量损耗。

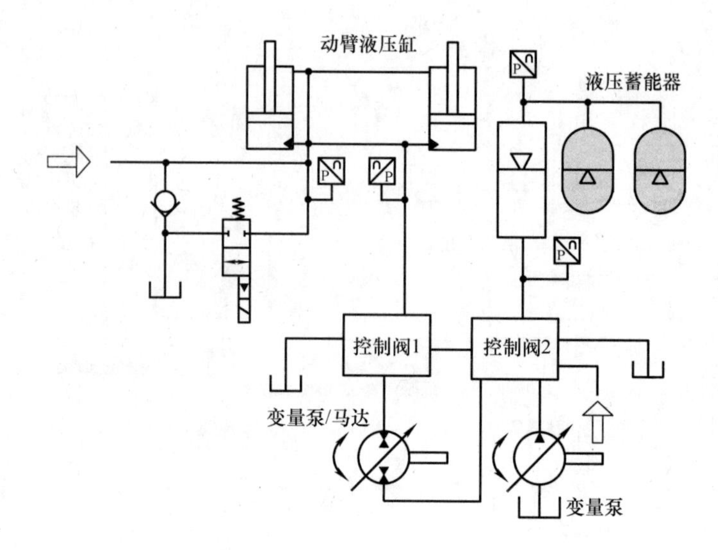

图 6-29 卡特彼勒研制的 50t 挖掘机动臂势能回收系统

6.3.4 基于二次调节技术

二次调节静液传动技术，简称“二次调节技术”，是一种典型的基于能量回收再利用的节能技术，是当前所说的“液压混合动力”的前身。具体工作原理参考第 3 章。

二次调节技术的特点决定了其特别适合应用于旋转运动。在回转制动动能回收方面，最直接的方法是采用二次调节技术，1993 年 3 月，德国 O + P 杂志就发表了应用二次调节技术回收回转制动动能的论文，2009 年瑞典林雪平大学的 K Pettersson 对比研究了开式和闭式二次调节方式用于控制轮式挖掘机回转的节能效果，降低能耗明显。

日本小松公司开发了一种回转节能液压系统 KHER（Komatsu Hydraulic Energy Recycling System），该系统原理图如图 6-30 所示，回转液压泵/马达入口通过充油阀与液压蓄能器相连，充油阀由压力阀和液控单向阀组成。回转先导操作阀控制液压泵/马达的排量和换向，先导操作阀的先导压力油经过梭阀打开液控单向阀，转台加速时使液压蓄能器和泵同时向马达供油；转台减速制动时，回转制动能量通过蓄能器储存，下次回转加速时再放出，这样达到降低回转的功率消耗。采用 KHER 后，单位时间油耗降低 5%，单位时间土方量提高约 3%[17]。

韩国釜山大学的 Triet Hung Ho 对闭式回路回中增设蓄能器储能的回转系统做了研究，回路原理如图 6-31 所示。在传统的闭式回转系统中增设了方向阀和高压蓄能器 HA1 和低压蓄能器 HA2，采用方向阀控制系统是处于驱动还是制动工况，当方向阀处于左位，电动机和蓄能器 HA1 共同提供能量驱动飞轮（转台）加速旋

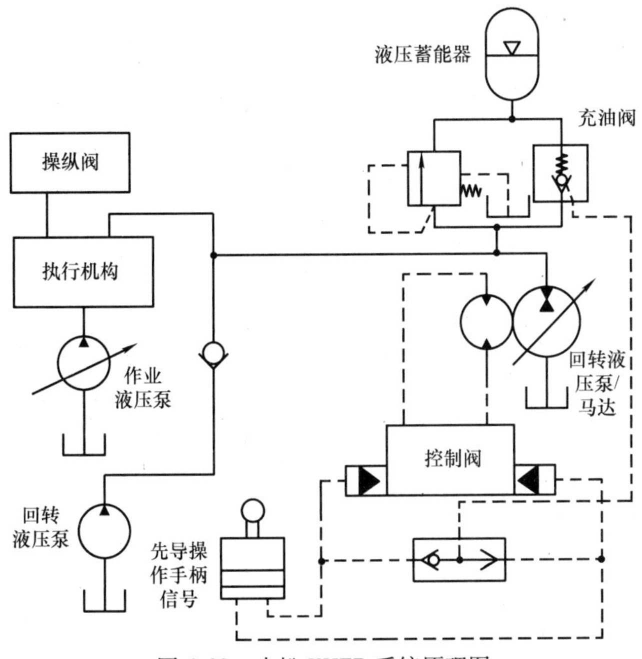

图 6-30　小松 KHER 系统原理图

转，达到预期转速后，方向阀回到中位，只有电动机提供动力，低压蓄能器 HA2 向低压回路补充油液。当制动时，电磁铁 V12 通电，方向阀处于右位，低压蓄能器为吸油管路补油，高压蓄能器存储飞轮的制动动能。反方向运行过程也类似，只是加速起动时，方向阀处于右位，制动时处于左位。试验台测试表明，比较没有储能的回路，随压力和次级转速的变化，该系统可节能10% ~20% 。

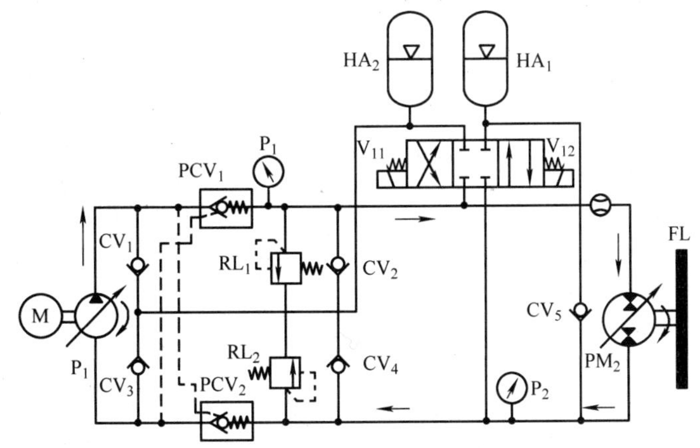

图 6-31　可回收制动动能的闭式回转系统[18]

6.3.5　基于三通/四通液压泵的液压回收技术

经过 20 多年的发展，虽然泵控非对称液压缸技术取得了许多进展，但对于非对称液压缸面积差造成的流量不对称问题，依然没有好的解决方案。采用液控单向阀补偿的方案虽然在负载力方向不变的系统获得了好的效果，但当用于像挖掘机斗杆等负载力方向频繁变化的系统时，存在液压缸速度和压力突变、系统稳定性差等问题，影响实际的应用。

为此，如图 6-32 所示，太原理工大学权龙教授团队在国内率先开展了变转速泵控差动缸的研究工作，提出了多种可补偿差动液压缸面积差的控制回路原理。提出的创新方法可直接用于液压挖掘机动臂和回转的液压混合动力方案，实现驱动与回收一体化，高效回收利用动臂势能和回转动能。

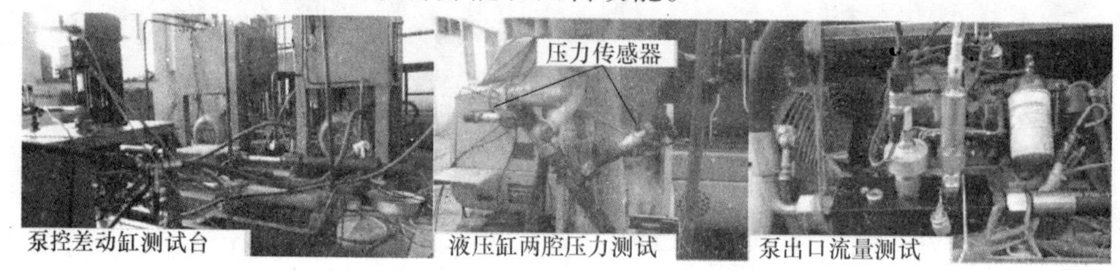

图 6-32　泵控差动缸实验

可平衡差动缸面积比的非对称泵和双控马达，是驱动与动势能回收一体化技术实现的关键部件，在试验台上对非对称样机泵和双控马达的基本特性做了测试，为进一步开发和完善非对称泵控制差动缸、双控马达控制回转机构做了有益尝试，初步验证了原理的正确性和方案的可行性，但尚需进一步深入研究高频作业机构驱动与动势能回收的一体化方法。图 6-33 是串联型三配流窗口非对称泵的配流盘、缸体、样机及试验台。

图 6-33　串联型三配流窗口非对称泵的配流盘、缸体、样机及试验台[30]

针对机械势能，通过分析动臂下降时的工作特点和动臂液压缸内部压力变化、综合考虑到经济性、可行性、势能回收效率等要求，提出了一种全新的驱动和能量回收一体化控制回路，其原理是采用电比例控制的变排量闭式泵按容积直驱原理控制双动臂缸中的两个有杆腔和一个无杆腔，通过转矩耦合回收制动动能，采用流量匹配的进出口独立控制原理控制动臂另外一个缸的无杆腔，并设置蓄能器辅助回收动臂势能，这样动臂下放的速度将不受蓄能器中压力的影响，完全可控。蓄能器和液压混合动力源共用，这样再生时，只要保证两缸同步，就能使蓄能器中的能量完全释放，所以新的原理具有非常高的再生效率，对动臂驱动并进行动势能回收，较国际上采用双变量泵闭式控制双动臂缸的原理，其中的一个泵还可作为整个系统的主泵，极大地简化了系统的组成，原理如图 6-34 所示，图中同时给出德国利勃海尔最新的 R9XX 混合动力机型的回路原理，可见回路大为简化。

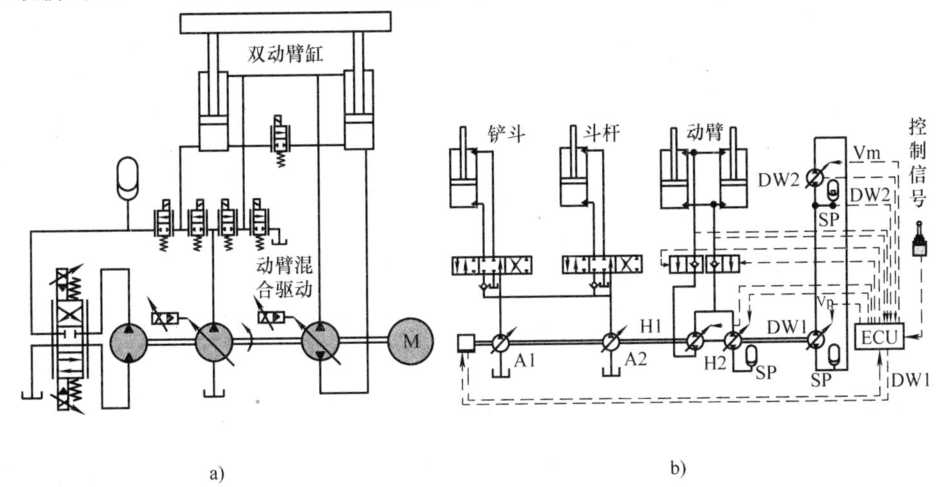

图 6-34　泵阀复合双动臂缸驱动与回收一体化控制回路

a）新型方案　b）德国利勃海尔方案

在液压挖掘机的上车机构方面，权龙教授团队也提出了新型主被动复合驱动与再生一体化回转驱动系统方案。如图 6-35 所示，用一台双回路马达驱动上车机构并进行上车机构驱动与制动动能回收再生的一体化方案。在同一个马达上设置主动和被动回路，主控腔配流窗口 A、B 采用进出油口独立控制方式，增加系统的可控性；辅控腔配油窗口 C、D 采用电磁比例方向阀控制，回收制动动能并辅助主控腔驱动上车机构。系统工作原理：在回转装置起动或加速时需要较大的转矩，液压泵 1 和蓄能器 8 同时驱动液压马达回转，加速完成后，电磁阀 7 处于中位，仅由主控腔提供所需动力，实现上车机构的分级驱动。减速制动过程中，辅控腔处于泵工况，将回转运动的动能转换为液压能存储到蓄能器 8 中，同时主控腔参与控制，维持相应的减速特性。

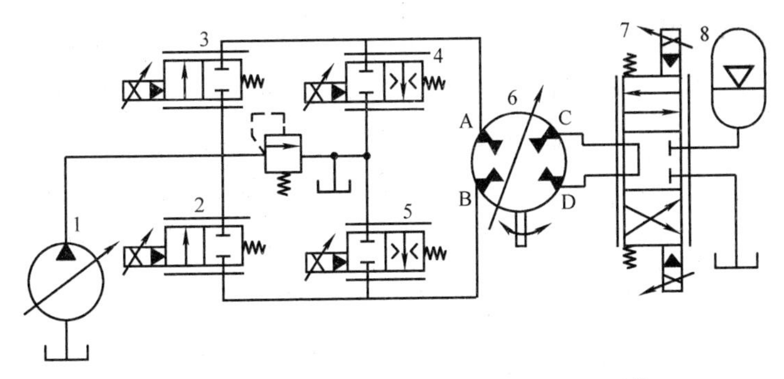

图 6-35　上车机构双控回路能量回收利用系统

如图6-36和图6-37所示，设定液压泵顺时针旋转，液压泵经油口A向差动缸的无杆腔供油，经油口B从差动缸的有杆腔吸油，控制差动缸伸出，为了克服负载力F_L，差动缸无杆腔的压力p_A增大，有杆腔的压力p_B减小，在两腔之间形成正向力$F = A_A p_A - A_B p_B$，A_A、A_B分别为差动缸两腔的面积。此时液压泵处于泵工况，电机按电动机模式运行，工作在第一象限。若负载力F_L的方向和速度方向一致，使差动缸加速运行，为了维持平衡，差动缸有杆腔的压力增大，无杆腔压力减小，在两腔之间形成与速度方向相反的作用力$F = A_B p_B - A_A p_A$，平衡外负载，液压泵处于马达工况，电机按发电机模式运行，工作在第四象限。

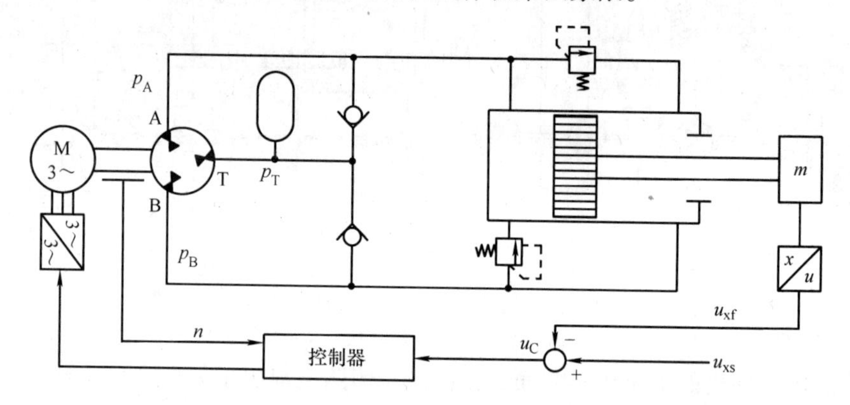

图6-36 电动机-三通泵直接泵控差动液压缸示意图

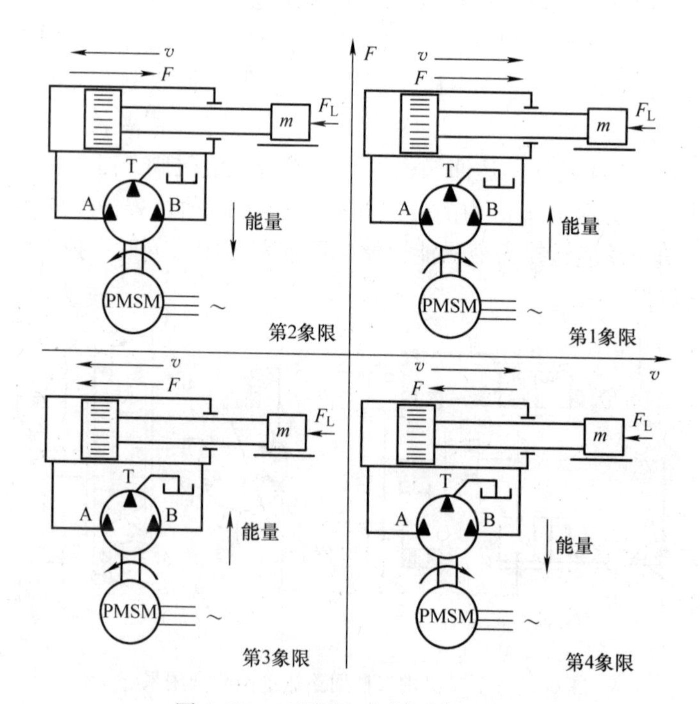

图6-37 三通泵四象限工作示意图

同理，液压泵逆时针旋转，液压泵经油口 B 向差动缸有杆腔供油，经油口 A 从无杆腔吸油，差动缸收回，为克服负载力，差动缸有杆腔的压力 p_B 大于无杆腔压力 p_A，在两腔之间形成反作用力 F，使差动缸克服负载力做收回运行，此时液压泵处于泵工况，电动机电动运行，工作在第三象限。当负载力 F_L 和差动缸速度一致，使差动缸反向加速，差动缸无杆腔的压力增大，有杆腔压力减小，在两腔之间形成与速度方向相反的作用力，平衡外负载力。此时泵处于马达工况，电动机在发电模式下运行，工作在第二象限。

非对称泵控差动缸系统相对于现有的两口泵控系统和阀控系统而言，其流量差基本靠非对称泵自动补偿，流量损耗较小，因此，可大大降低整个系统的装机功率，并实现节能控制。

6.3.6　基于二通矩阵的液压式能量回收与释放系统

如图 6-38 所示，当期望某执行元件运动时，给其对应的主控阀控制信号，根据此信号可以计算出执行元件所需要的流量，此时根据流量动态分配方法分别给变量泵排量信号、开关阀开闭信号来控制变量泵和开关阵列，使得变量泵输出的液压油在开关阵列的控制下，流向特定的执行元件主控阀，开关通过主控阀控制执行元件

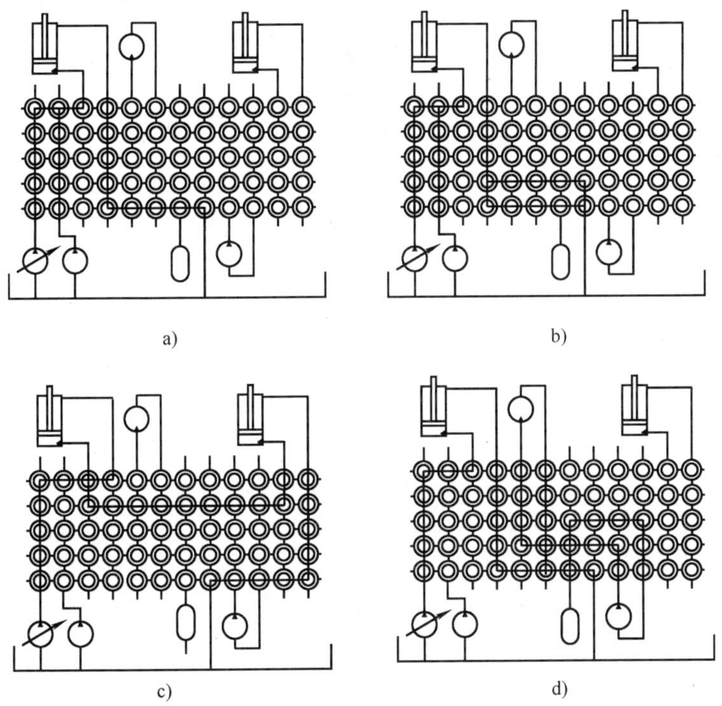

图 6-38　基于二通矩阵的节能原理示意图

a）两台泵驱动一台液压缸　b）两台泵和一台液压缸，并行打开阀

c）下降的负载驱动第二台液压缸　d）蓄能器和辅助泵驱动液压马达

的运动速度。该系统解决了多执行元件负载耦合的问题，当多个执行器需要同时动作时，可以用不同的变量泵给不同的执行元件供油；当某一执行元件需要快速动作而单独一个泵的流量不够时，则可以多个泵进行合流。

6.3.7 基于平衡单元的回收技术

1. 平衡单元的工作原理

在采用液压蓄能器直接回收系统（图6-2和图6-3）中，在能量回收和释放过程中，液压蓄能器的压力始终处于动态变化过程中，不管采用流量控制阀还是采用容积调速单元，对原有的操控性始终会产生一定的影响。因此，如图6-39所示，为了克服液压蓄能器压力对执行元件操控性的影响，在原驱动液压缸的基础上再增加一组平衡液压缸和液压蓄能器作为负载的平衡单元，将液压蓄能器压力的变化通过平衡液压缸转换成力的变化直接和驱动液压缸的输出力在动臂上进行耦合。平衡液压缸通过液压蓄能器把动臂的重力平衡，驱动液压缸等效于驱动一个轻负载，其中驱动液压缸无杆腔压力大小由平衡单元液压蓄能器的压力和负载决定。

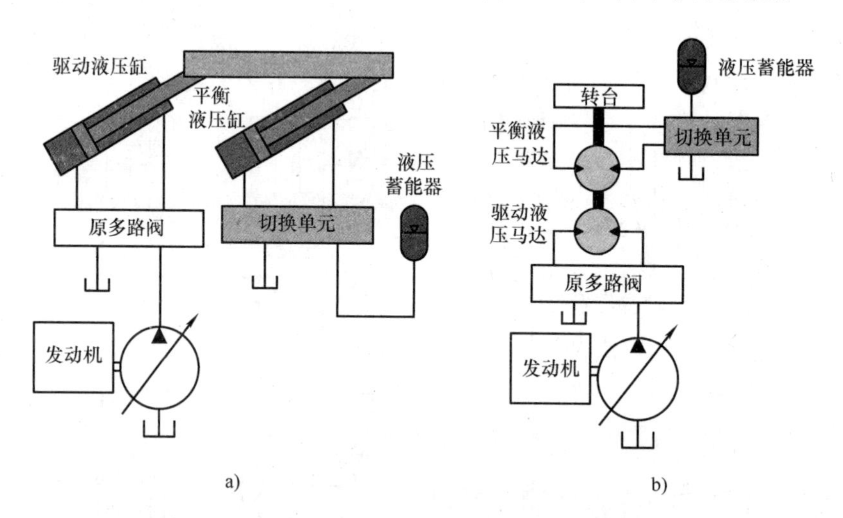

图6-39　挖掘机平衡单元节能驱动原理图

a）直线运动执行器平衡单元示意图　b）旋转运动执行器平衡单元示意图

目前在叉车、起重机等工程机械得到应用。举升液压缸只需要单方向输出力，液压缸的有杆腔始终通往油箱。当动臂下放时，蓄能器回收动臂势能；动臂上升时，其动臂液压缸无杆腔的压力由负载和蓄能器压力决定。为了保证动臂不会发生扭拉，一般至少需要布置三个液压缸，使液压缸对动臂的驱动力可以对称布置。

针对起重机，芬兰坦佩雷工业大学的 Virvalo 等提出，利用液压蓄能器－平衡液压缸复合单元回收起重机动臂的下降势能[19~22]，系统工作原理如图6-40所示，其中平衡液压缸辅助动臂驱动液压缸共同提升负载，从而降低液压泵的出口压力，并在动臂下降时，将平衡液压缸无杆腔的高压油回收至液压蓄能器。与原液压系统相比，该系统节能 20% 左右。Nyman 也做了大量的类似研究[23]。

针对液压挖钢机，Daniel Spri 在布鲁塞尔举行的 2011 年世界工程机械经济论坛上介绍了利勃海尔的能量回收缸 ERC（energy recovery cylinder）技术，如图 6-41所示。在传统双液压缸的基础上，设置一个气缸来平衡动臂的重力，以降低带负载举升时的发动机输出动力，达到降低能耗的目的。ERC 采用空心活塞缸，大大增加气体体积的同时降低了系统的复杂程度。目前 ERC 技术已经运用于利勃海尔的液压抓钢机上，相比于传统机型发动机装机功率降低了 14%，油耗降低了 25%，该技术以独特的创新思路，获 2010 年 Bauma 创新设计奖，也是气缸首次在工程机械能量回收中的应用。

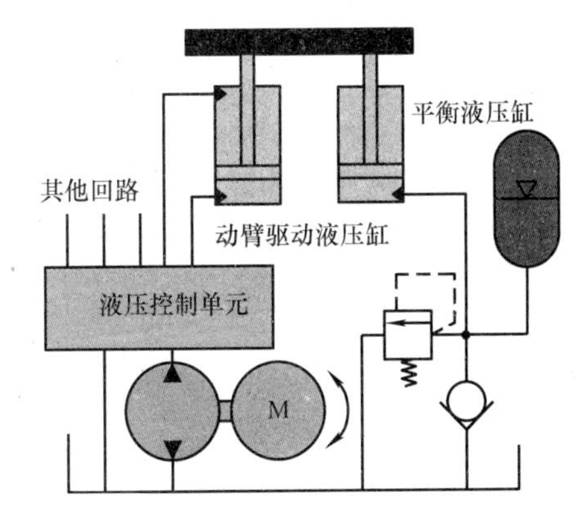

图 6-40　基于液压蓄能器 - 平衡液压缸复合单元的能量回收系统

利勃海尔的 ERC 原理示意图如图 6-41 所示。

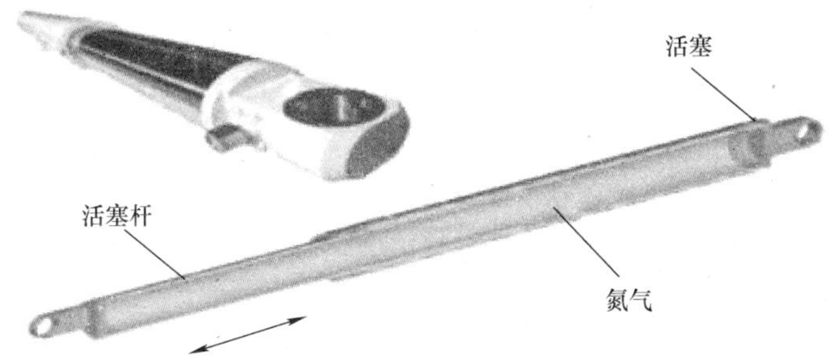

图 6-41　利勃海尔的 ERC 原理示意图

2. 特性分析

在液压挖掘机领域，将图 6-40 所示的方案应用于液压挖掘机时，同样也需要考虑以下两点。

1）液压挖掘机动臂具有上升、停止、下放和挖掘等多个工作模式，动臂液压缸需要双向输出力，液压缸的两腔都存在高压模式。因此当铲斗下降到地面工作在挖掘模式时，虽然操作手柄的行程和动臂下放时的行程相同，但此时传统液压挖掘机动臂液压缸的无杆腔压力较低，反而是有杆腔为高压，动臂的作用在于防止铲斗挖掘无力。因此，采用平衡单元系统中，如果动臂液压缸无杆腔和液压蓄能器相连，会抵消一部分挖掘力，但不能简单地将动臂无杆腔和液压蓄能器相连。

2）平衡重力的大小受液压蓄能器压力变化的影响。液压挖掘机在实际工作过程中，动臂的姿态不同，铲斗内的负载也不同，因此动臂驱动液压缸驱动的负载实际上也在动态波动。实际上，平衡单元的平衡能力和动态的负载力很难匹配。比如，液压蓄能器的压力太低，则通过液压蓄能器平衡的动臂重力较少，必然导致大量的重力仍然通过动臂驱动液压缸提升，因此动臂在下降过程，动臂驱动液压缸无杆腔的压力较高，仍有大量的动臂势能转换成动臂驱动液压缸无杆腔的压力能消耗在原多路阀上。因此，如何对平衡单元的平衡能力进行主动控制，进而动态平衡不同姿态时动臂的等效动力也是该方案的难点之一。

中南大学陈欠根、李百儒、宋长春等将和图 6-40 方案相类似的原理直接应用于液压挖掘机[24~26]，并进行了装机实验研究，当平衡液压缸和液压蓄能器在作业中起作用时，液压挖掘机节油率达到 20%，工作周期增加了 3.4%，具有较好的操作性和节能性。长安大学张超等提出了类似利用辅助液压缸回收起重机动臂势能的系统，不同的是，该系统液压蓄能器回收的是辅助液压缸有杆腔的能量，但有杆腔的压力较低，能量回收效率有限，且没有对动臂的速度控制和能量管理进行深入研究。

国内山东常林和山河智能都推出了采用平衡思想的液压挖掘机样机（见图 6-42），该机型的系统结构原理是，在动臂的下方设有能量回收液压缸，当动臂处于下降工况时，动臂势能转化成液压能储存在液压蓄能器里；当动臂上升时，液压蓄能器内的液压油进入回收液压缸底部，从而向上推动动臂。山河智能在 2014 年上海宝马展推出的采用多液压缸动臂能量回收的混合动力挖掘机 SWE350ES，动臂能量回收效率达到 90%，比同吨位的普通液压挖掘机降低油耗 27%，显著改善了尾气排放，折合平均每小时节省燃油费 40 元，每台每年可为用户节约燃油费近 20 万元。

但山东常林[26~29]、山河智能研制的样机采用的思路为图 6-40 所示的方案，并没有考虑到动臂工作模式的多样性和平衡单元的主动控制等，同时基于商业的保密，很少有对其内部结构、关键元件的参数优化设计以及整体的控制策略等的详细报告。

3. 典型应用分析

（1）结构特点和工作原理

针对传统动臂液压系统的不足和动臂下降的可回收势能，编者提出一种由驱动液压缸、平衡液压缸、液压蓄能器、电磁换向阀、比例溢流阀和比例节流阀等组成的动臂势能回收再利用一体化系统的结构方案。如图 6-43 所示，该方案由平衡单

a)　　　　　　　　　　　　b)

图6-42　采用平衡液压缸的样机

a）山东常林　b）山河智能

元、驱动单元和控制单元等组成。平衡液压缸无杆腔和液压蓄能器油口通过4个电磁换向阀相连构成能量回收回路。在动臂上升时，液压蓄能器的高压油输入平衡液压缸无杆腔，辅助驱动液压缸提升负载，降低驱动液压缸的无杆腔压力；在动臂下降时，平衡液压缸无杆腔的液压油进入液压蓄能器，回收部分势能；在铲斗挖掘时，为增加挖掘力，液压蓄能器的液压油进入平衡液压缸有杆腔，辅助斗杆和铲斗进行挖掘；当动臂再次上升时，液压蓄能器储存的液压油再次进入平衡液压缸无杆腔，实现了能量回收再利用的目标。

在主油路上采用比例节流阀和比例溢流阀组成动臂驱动单元。控制器主要控制电磁换向阀组的切换状态和输出比例节流阀和比例溢流阀的信号控制指令。具体工作原理如下。

1）动臂下降时，比例节流4关闭，控制器输出信号使比例节流阀3打开与目标下降速度相适应的开度，控制动臂驱动液压缸无杆腔回油流量进而控制动臂下放速度；通过基于压力反馈的PI流量控制，对比例节流阀5进行压力控制，作动臂有杆腔的背压阀，防止动臂下放过快时其有杆腔的吸空现象；平衡单元的电磁换向阀9和12得电，电磁换向阀10和11失电，动臂部分重力势能通过电磁换向阀12以液压能的形式储存在液压蓄能器中，用于下一周期提升负载时再利用，此时驱动液压缸7无杆腔压力逐渐降低，减小了回油的节流口损耗。

2）动臂上升时，通过压力传感器的压力信号使控制器输出比例节流阀3和5关闭的信号，比例节流阀4根据采集到的压力信号和流量计算公式打开与目标速度相对应的开度，比例溢流阀6失电卸荷，液压泵2输出液压油通过比例节流阀4进入驱动液压缸7的无杆腔，驱动液压缸7有杆腔的液压油通过比例溢流阀6卸荷；

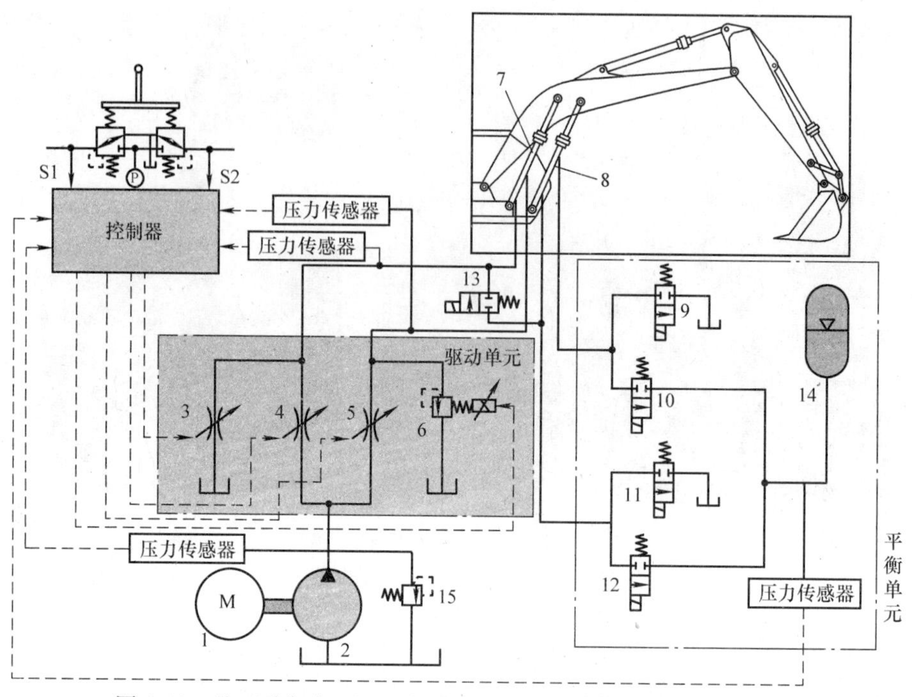

图 6-43 基于平衡液压缸和液压蓄能器的动臂势能回收再利用系统

1—变频电动机 2—液压泵 6—比例溢流阀 3、4、5—比例节流阀 7—驱动液压缸 8—平衡液压缸 9、10、11、12、13—电磁换向阀 14—液压蓄能器 15—溢流阀

同时电磁换向阀 12 和 9 得电，电磁换向阀 10 和 11 失电，液压蓄能器储存的液压油通过电磁换向阀 12 进入平衡液压缸 8 的无杆腔，平衡液压缸 8 的有杆腔通过电磁换向阀 9 与油箱相通，此时为回收能量再利用模式。动臂驱动液压缸无杆腔的压力大小由液压蓄能器压力和负载压力的差值决定，平衡液压缸提供了部分动力，降低了液压泵的输出压力，达到了节能的目的。当系统检测到液压蓄能器出口压力小于设定阈值，则电磁换向阀 12 失电，电磁换向阀 11 得电，此时平衡液压缸两腔接油箱，平衡单元不参与提升负载，为普通上升模式。

3）动臂处于挖掘工况时，控制器输出信号使电磁换向阀 10 和 11 得电，电磁换向阀 9 和 12 失电，液压蓄能器储存的液压油通过电磁换向阀 10 进入平衡液压缸 8 的有杆腔，增加挖掘力，平衡液压缸 8 的无杆腔通过电磁换向阀 11 卸荷；同时增大比例溢流阀 6 的开启压力，保证液压泵处于高压小流量状态。

4）动臂下降能量回收时，为防止液压蓄能器的压力影响到动臂下降时的操控性，液压蓄能器应具有一个最高的压力判断，当控制器系统检测到液压蓄能器出口压力高于设定阈值时，控制器变换输出信号使电磁换向阀 12 失电，同时电磁换向阀 11 得电，阻断液压蓄能器与平衡液压缸 8 无杆腔的连接，停止能量回收。

通过上述工作原理分析可知，该能量回收再利用系统具有如下特点。

1）设置控制器和采集系统，通过检测先导压差信号、动臂驱动液压缸两腔压力信号、液压蓄能器出口压力信号、液压泵出口压力信号，进行逻辑判断及算法控制，输出与目标速度相适应的控制信号，并控制电磁换向阀组的工作状态，实现能量再利用模式、能量回收模式、挖掘模式和传统模式的切换，满足了多种工况的需求。

2）液压蓄能器不仅起到了辅助动力源的作用，降低了系统能耗，同时作为系统的缓冲装置，吸收系统压力冲击。

3）在驱动液压缸和平衡液压缸无杆腔之间设置了电磁换向阀，实现液压油在两个无杆腔之间的交叉流动，使平衡单元与驱动单元进行热交换，减小平衡单元发热。

4）系统中的能量传递是重力势能与液压能的直接转换，能量转换环节少，能量利用率高，且结构简单。

（2）样机测试

图 6-44 所示为平衡系统液压蓄能器压力随动臂位移变化曲线，从图中可看出，15～20.5s 时动臂上升，同时液压蓄能器压力由 4.0MPa 逐渐降低至 1.5MPa，说明液压蓄能器在上一周期回收的液压油在下一周期动臂上升时释放出来辅助驱动单元提升负载；20.5～24s 时动臂上升到最高点静止，此时液压蓄能器压力不变，保持在一个恒定值；24～30s 动臂下降，液压蓄能器压力逐渐变大，说明液压蓄能器回收了平衡液压缸无杆腔的高压油，用于下一周期提升作业时再利用。由表 6-5 可以看出，能量回收单元在动臂一个工作周期内回收能量 990J，相对于前面测试得到的可回收能量 1700J 而言，能量回收效率为 58.2%。实际测得的能量回收效率比仿真得到的能量回收效率低，因为仿真是处于一个理想的环境下，而实际测试时不可避免地存在泄露等因素。由于动臂的速度是通过调节比例节流阀的输入信号来控制，因此，不可避免地有部分高压油以热能的形式损耗在节流口，大约有 24% 的动臂驱动液压缸无杆腔能量损耗在节流阀口。

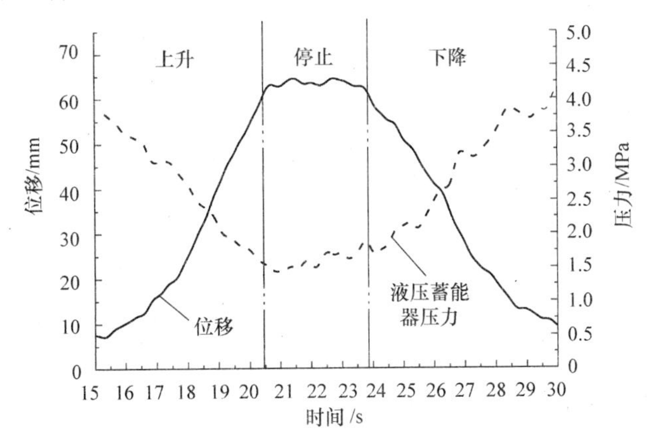

图 6-44　平衡系统液压蓄能器压力随动臂位移变化曲线

表 6-5 系统能量回收效率

参数	能量/J	回收率（%）
动臂无杆腔可回收能量	1700	100
液压蓄能器回收能量	990	58.2

从图 6-45 所示的平衡系统与普通系统驱动液压缸无杆腔压力对比曲线可以看出，在动臂上升和下降阶段，平衡系统驱动液压缸无杆腔压力均明显比普通系统的动臂液压缸无杆腔压力低。在动臂上升阶段，平衡系统驱动液压缸无杆腔压力从 2MPa 逐渐增大到 6.5MPa，而普通系统动臂液压缸的无杆腔压力保持在一个较大的压力值范围，约 0 ~ 9.5MPa，普通系统动臂液压缸无杆腔压力与平衡系统驱动液压缸无杆腔压力之间的压差变化范围即为液压蓄能器的压力变化范围，说明液压蓄能器提供的辅助动力平衡了部分负载，将回收的能量进行二次利用。在动臂下降阶段，平衡系统驱动液压缸无杆腔压力从 4MPa 逐渐减小到 1MPa 左右，与普通系统动臂液压缸无杆腔压力之间的压差逐渐变大，变化趋势与液压蓄能器压力变化趋势相同，说明有部分重力势能以液压能的形式储存在液压蓄能器中，实现了能量回收，同时也减小了液压缸无杆腔回油在节流阀口的损耗。

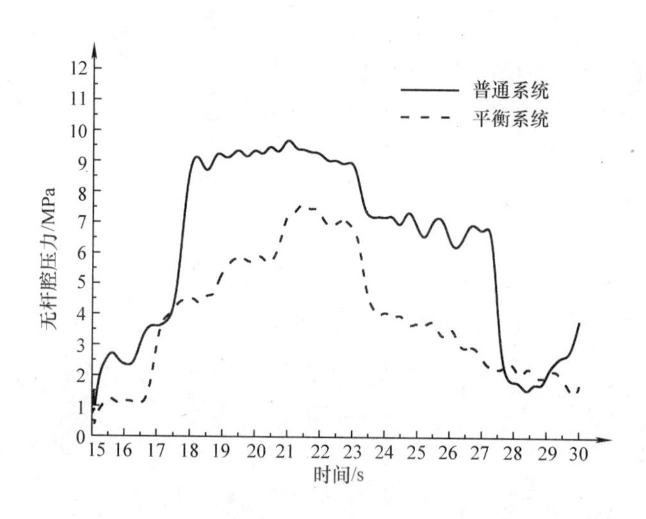

图 6-45 驱动液压缸无杆腔压力对比曲线

无杆腔压力的减小直接降低了液压泵输出压力，从而减小了动力系统的能量输出。由图 6-46 所示的液压泵出口压力对比曲线可得，在动臂上升阶段，平衡系统液压泵出口压力明显比普通系统液压泵出口压力小，且两者之间的差值约等于液压蓄能器的压力变化范围；由于动臂具有较大的惯性，因此在动臂下降阶段，两种系统的液压泵输出压力都较低，由表 6-6 可知，有平衡单元能量回收系统对整机的节能效果为 21%。

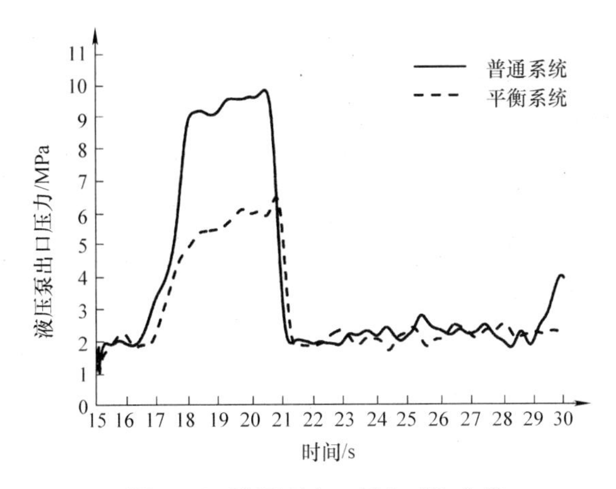

图 6-46　液压泵出口压力对比曲线

表 6-6　不同系统的液压泵输出能量节能效率

系统分类	输出能量/J	节能效率（%）
普通系统	16050	0
平衡系统	12600	21

由于液压挖掘机负载波动剧烈，能量回收效率受负载波动影响，因此为了研究平衡单元在负载剧变工况下的能量回收效率，试验中设计了一种特殊工况，采用手柄信号的突变模拟动臂下降过程的负载大波动。手柄信号曲线如图 6-47 所示，在动臂下降的某个时刻，迅速将先导操作手柄扳到一个较大位置后立刻松开先导操作手柄，如此循环，直到动臂从最高点降到最低点，动臂位移曲线如图 6-48 所示。在此工况下，系统的能量回收时间很短，且系统受到了剧烈冲击，由于液压蓄能器具有吸收压力冲击的功能，

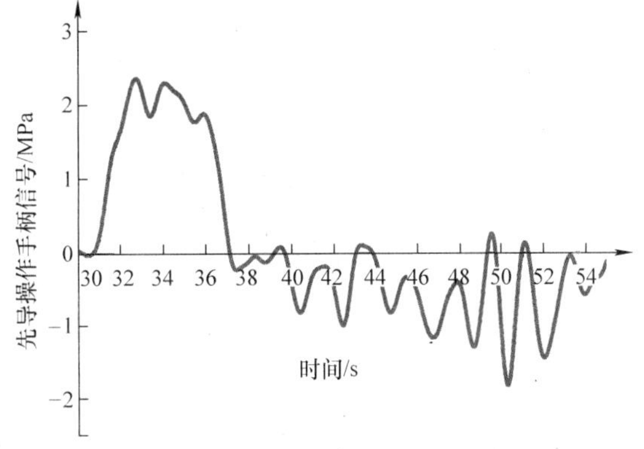

图 6-47　特殊工况先导操作手柄信号曲线

因此，当系统受到剧烈冲击时，液压蓄能器能吸收因冲击而造成的压力脉动，同时进行能量回收。如图 6-49 所示，在特殊工况下，动臂完成一个下降过程，平衡单元的液压蓄能器回收了能量 850J，能量回收率为 50%，因此，平衡单元在特殊工况下仍具有较高的能量回收率。

当液压挖掘机的动臂液压系统增加了平衡单元进行势能回收后，动臂的工作模式决策要根据先导手柄压差信号和驱动液压缸两腔压力相结合进行复合判断。如图

6-50 所示，在初始时刻，先导手柄的两腔压差信号处于一个较小的区间范围内，此时动臂在最低位置静止；当先导手柄的两腔压差信号大于设定的判断阈值范围内时，动臂的位移逐渐增大，此时动臂处于上升模式；当先导手柄的两腔压差信号处于下降设定的判断阈值范围内时，动臂的工作模式有两种：分别为动臂下降势能回收模式和动臂下降挖掘模式，需要根据动臂驱动液压缸两腔压力的大小关系进一步判断区分。从图 6-50 中可看出，当动臂处于挖掘模式时，驱动液压缸有杆腔的压力明显高于无杆腔压力。

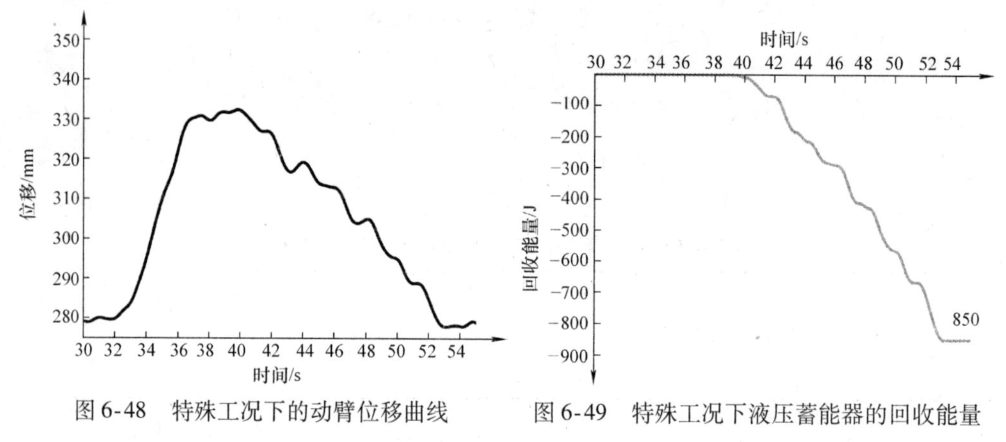

图 6-48　特殊工况下的动臂位移曲线

图 6-49　特殊工况下液压蓄能器的回收能量

图 6-50　动臂位移与先导手柄压差跟随曲线

如图 6-51 所示，在时间为 45s 的时刻，先导操作手柄给平衡系统一个目标下降速度的变化指令。在采用平衡单元的势能回收系统中，采用基于压差的信号控制方式调节动臂下降速度，动臂速度大小跟随操作手柄的先导压差变化而变化，当先导压差逐渐增大，动臂速度也跟随逐渐增大；当先导压差逐渐减小，动臂速度也跟随逐渐减小。因此，该能量回收系统具有较好的速度跟随性能。

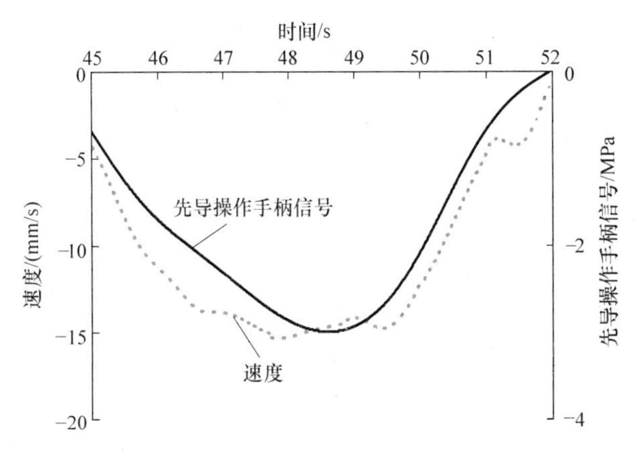

图6-51　平衡系统的动臂速度跟随曲线

参考文献

[1] Ren H, Lin T, Huang W, et al. Characteristics of the energy regeneration and reutilization system during the acceleration stage of the swing process of a hydraulic excavator [J]. Proceedings of the Institution of Mechanical Engineers, Part D: Journal of Automobile Engineering, 2016.

[2] 任好玲，吕若曦，林添良，等. 一种工程机械转台能量自动回收和再利用的驱动系统. 中国：2016103517682 [P]. 2016-08-10.

[3] 赵丁选，陈明东，戴群亮. 油液混合动力液压挖掘机动臂势能回收系统 [J]. 吉林大学学报，2011，41 增刊1：150-154.

[4] Thompson B, Yoon H S, Kim J, et al. Swing Energy Recuperation Scheme for Hydraulic Excavators [R]. SAE Technical Paper, 2014.

[5] Rohit H, Monika I, Josh Z. Fuel savings of a mini-excavator through a hydraulic hybrid displacement controlled system [C]. The 8th international Fluid Power Conference (8th IFK), Dresden, 2012.

[6] Joshua Z, Monika I. Hybrid displacement controlled multi-actuator hydraulic systems [C]. The 12th Scandinavian International Conference on Fluid Power, Tampere, Finland, 2011.

[7] 袁瑜. 卡特彼勒推出首款混合动力挖掘机336EH [R/OL]. 2012, http://news.cehome.com/industry/121017/22972.html.

[8] Sebastian S, Martin I, Hubertus M. Energy Efficiency of Mobile Working Machines [C]. 7th International Fluid Power Conference, Aachen, 2010.

[9] 林添良，刘强. 液压混合动力挖掘机动力系统的参数匹配方法 [J]. 上海交通大学学报，2013，47 (5)：48-51.

[10] Lin Tianliang, Liu Qiang, Ye Yueying. Research on a Energy-Saving System based on the Hydraulic Accumulator for Excavators [C]. The 8th International Conference on Fluid Power Transmission and Control, Hangzhou, 2013: 183-187.

[11] Lai X L, Guan C and Lin X. Fuzzy Logical Control Algorithm Based on Engine on/off State Switch for Hybrid Hydraulic Excavator [C]. Advanced Materials Research, 2011: 228-229, 447-452.

[12] 石荣玲，孙辉. 液压混合动力轮式装载机节能影响因素分析与优化 [J]. 农业机械学报，2011，42 (3)：31 -35.

[13] Bruun L. Svenskutvecklat energisparsystem Caterpillars grävmaskiner [J]. Scandinavia，2002：6 -9.

[14] Rydberg K E. Hydraulic Accumulators as Key Components in Energy Efficient Mobile Systems [C]. 6th International Conference on Fluid Power Transmission and Control，Hangzhou，2005：124 -129.

[15] Rydberg K E. Energy Efficient Hydraulic Systems and Regenerative Capabilities [C]. 9th Scandinavian International Conference on Fluid Power，Linköping，2005：2 - 5.

[16] 宏林，姜继海，吴盛林. 液压变压器的原理及其在二次调节系统中的应用 [J]. 液压与气动，2001 (11)：30 -32.

[17] 黄宗益，范基，叶伟. 挖掘机回转液压操纵回路（一） [J]. 建筑机械化，2004，25 (1)：55 -57.

[18] H H Triet，K A Kyoung. Design and control of a closed - loop hydraulic energy - regenerative system [J]. Automation in construction，2012，22：444 -458.

[19] T Virvalo，W Sun. Improving Energy Utilization in Hydraulic Booms - What It Is All about [C]. 6th International Conference on Fluid Power Transmission and Control，Hangzhou，2005：55 -65.

[20] X G Liang，T Virvalo. Development and research of an energy saving drive in a hydraulic Crane [C]. 7th Scandinavian International Conference on Fluid Power，Sweden 2001：pp. 151 -161.

[21] X G Liang，T Virvalo，Energy reutilization and balance analysis in a hydraulic crane [C]. 5th International Conference on Fluid Power Transmission and Control，Hangzhou 2001：306 -310.

[22] W Sun，T Virvalo. Simulation study on a hydraulic - accumulator - balancing energy - saving system in hydraulic Boom [C]. 50th National Conference on Fluid Power，Las Vegas，2005：371 -381.

[23] J Nyman，K - E. Rydberg. Energy Saving Lifting Hydraulic Systems [C]. 7th Scandinavian International Conference on Fluid Power，Sweden，2001：163 -177.

[24] 周宏兵，李铁辉，张大庆，等. 新型混合动力挖掘机动臂势能回收系统研究 [J]. 计算机仿真，2012，29 (7)：398 -402.

[25] 吴超. 液压挖掘机能量回收系统研究 [D]. 杭州：浙江大学，2013.

[26] 李百儒. 液压挖掘机动臂势能回收再利用系统研究 [D]. 长沙：中南大学，2013.

[27] 张东，杨双来，袁青照，等. 一种液压挖掘机三液压缸动臂工作装置. 中国：CN103993625A [P]，2014. 08. 20.

[28] 杨双来. 一种利用起重臂自重的势能回收蓄能方法及装置. 中国：CN102691682A [P]，2012. 09. 26.

[29] 杨双来. 用于作业机械的起重臂的升降系统和升降方法及作业机械. 中国：CN102518606A [P]，2012 -06 -27.

[30] 张晓刚，权龙，杨阳，等. 并联型三配流窗口轴向柱塞泵特性理论分析及试验研究 [J]. 机械工程学报，2011，47 (14)：151 -157.

[31] Ho TH，Kyoung - Kwan Ahn. Saving energy control of cylinder drive using hydraulic transformer combined with an assisted hydraulic circuit [C]. ICCAS - SICE 2009：2115 -2120.

第7章 能量回收技术在非负负载的应用

与液压缸运动方向相同的负载，称为负负载。即拉动活塞缸运动的负载。比如动臂下放释放的势能、回转制动动能等均为负负载。传统的能量回收技术也是基于各种负负载展开的。实际上，编者在研究能量回收技术的过程中，发现能量回收技术不仅可以回收传统意义上的负负载，实际上在任何有能量损耗的地方也存在采用能量回收技术解决其能量损耗的可行性。下面主要按溢流损耗、节流损耗、自动怠速损耗、闲散动能等四种非负负载来分别阐述。

7.1 溢流损耗能量回收技术

7.1.1 溢流损耗简介

溢流阀已经广泛应用于液压系统中，基本上在液压系统中任何一个密闭动态容腔都需要一个溢流阀，用来控制或调节容腔的压力，或者防止某容腔的压力超过某个安全压力。在大部分液压系统中，溢流损耗问题是导致液压系统效率较低的主要原因之一，尤其是在定量泵供油节流调速系统中。实际上，在液压系统工作一段时间之后，往往溢流阀的发热问题是较为严重的。

溢流流量与液压系统的类型、工作过程中的实际工况和操作人员的操作方式有关。按溢流阀的功能主要分成以下两种溢流损耗。

（1）调压溢流损耗

以定量泵进口节流调速为例，如图7-1所示，节流阀串联在液压泵和液压缸之间，通过调节节流阀阀口面积，可改变进入液压缸的流量，即控制其运动速度，且必须和溢流阀联合使用。溢流阀起溢流调压功能，始终有部分液压油通过溢流阀回油箱，因此溢流阀始终存在溢流损耗。溢流损耗的大小和工作过程中的实际工况有关。

（2）安全溢流损耗

基本上所有的液压密闭容器都必须设置溢流阀起安全阀作用。溢流阀一旦工作，必然也会在阀口产生溢流损耗，且损耗大小和溢流阀工作规律有关。以液压挖掘机右旋转为例，如图7-2所示，在先导操作手柄离开中位瞬间，高压油瞬时流入到马达左腔，促使马达压力瞬间升高，超过溢流阀所设定的压力，故大部分液压油从溢流阀回油箱；当先导操作手柄回到中位，回转液压马达及上车机构由于惯性作用会继续旋转，此时液压马达右腔的液压油被压缩，压力升高，打开溢流阀回油

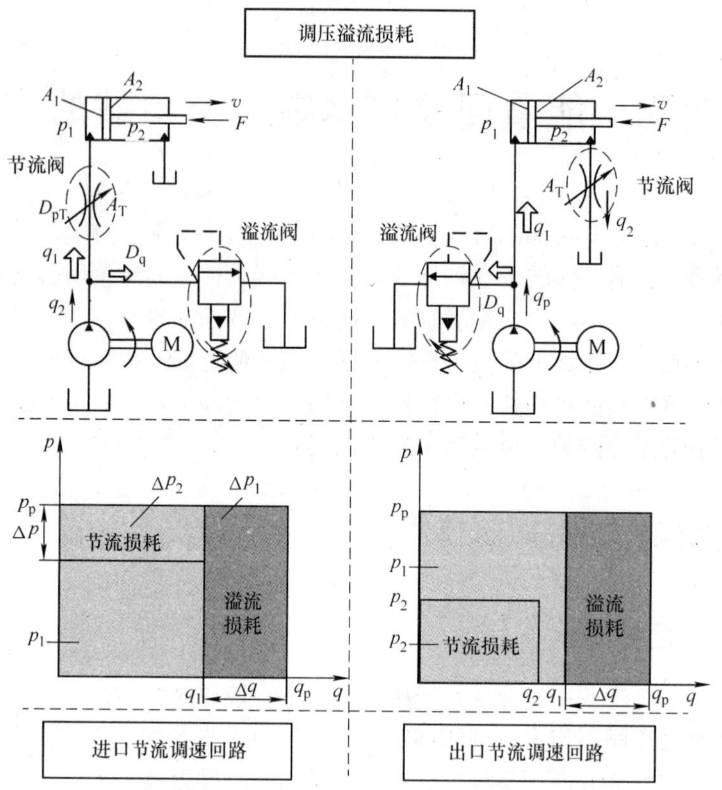

图 7-1　定量泵进出口节流调速回路工作原理及能量损耗示意图

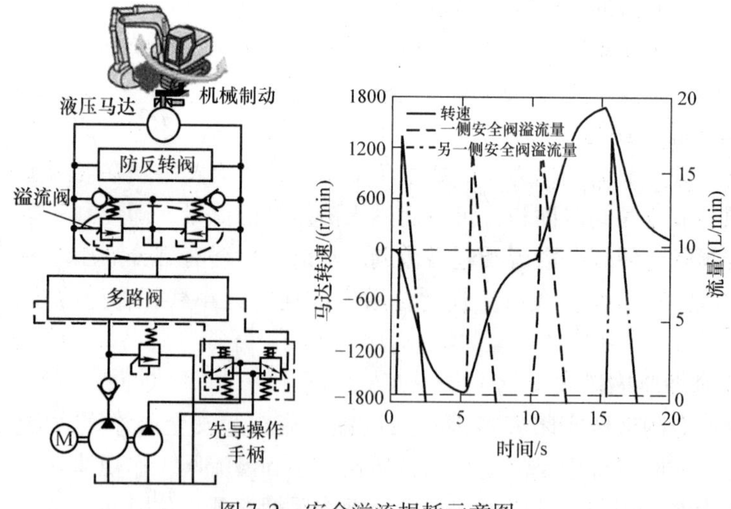

图 7-2　安全溢流损耗示意图

箱。因此，液压挖掘机每个工作周期约为 18～20s，即使溢流阀只是作为安全阀，溢流阀也工作 4 次，大量的能量（回转制动动能和加速时液压泵和液压马达之间的流量不匹配）损耗在溢流阀口上。

目前，从事液压溢流阀研究的专家和学者基本都没有把降低溢流损耗作为一个研究重点。主要原因估计如下。

1）溢流损耗功率等于溢流阀口的压差和溢流流量的乘积。比例（常规）溢流阀的出口一般接油箱。溢流阀口损耗压差为进出口压力差，由于油箱压力近似为零，其阀口压差损耗即为溢流阀的进口压力，而进油口压力为用户的目标调整压力，由用户设定，不能改变；溢流压力等级越大，阀口压差损耗越大；随着液压系统等级高压化，溢流损耗问题将日益严重。而到目前为止，溢流损耗也是被认为是不可能解决的问题。

2）大多数研究液压系统损耗时，比如液压挖掘机的液压系统能量损耗，由于实际的液压溢流阀集成在多路阀阀体内，很难对溢流流量和溢流阀前后压力压差进行实验测试，只能通过仿真去分析，而在仿真分析时又一般都没有考虑液压挖掘机的实际工况，而是假设一个标准工况，而在该工况下，溢流阀基本没有工作，也就不存在溢流损耗的问题了。实际液压挖掘机的工况较为复杂，很多场合，比如重载挖掘时，液压挖掘机需要提供较大的挖掘力，而所需要的流量又很小，大部分高压大流量的液压油都是通过溢流阀口回油箱。

3）目前诸如正流量技术、负流量技术、负载敏感技术等传统的节能液压驱动系统属于流量耦合系统，更多地解决液压系统的节流损耗问题，或者通过流量优化匹配，尽可能减少溢流流量，因此，大部分专家学者认为通过流量匹配可以降低溢流损耗了，但实际上传统的各种节能液压系统无法降低溢流阀进出口压差，因此并未从根本上解决溢流阀口压差损耗问题。

为解决被行业公认为难以解决的溢流压差损耗问题，本书编者提出采用能量回收单元回收溢流损耗的新型节能方法 。若能解决传统的溢流损耗问题，则可以为各种节能液压系统的简化提供新途径。

7.1.2　溢流损耗回收和再利用实现方法

1. 溢流损耗回收方法

电液控制整体上经历了开关控制、伺服控制和比例控制三个阶段。由于电液比例阀的良好性能，因而比例控制技术是现代机电液一体化的基础。本书以比例溢流阀的溢流损耗回收为例介绍溢流损耗回收方法，其工作机理同样可以应用于常规的溢流阀。图 7-3 为溢流损耗回收方法示意图。

溢流阀阀口压差损耗为

$$\Delta p = p_1 - p_2 \tag{7-1}$$

式中　p_1——溢流阀的进口压力（MPa）；

　　p_2——溢流阀的出口压力（MPa）。

当传统的比例溢流阀出油口接油箱时，出口压力 p_2 基本上等于 0MPa。因此，

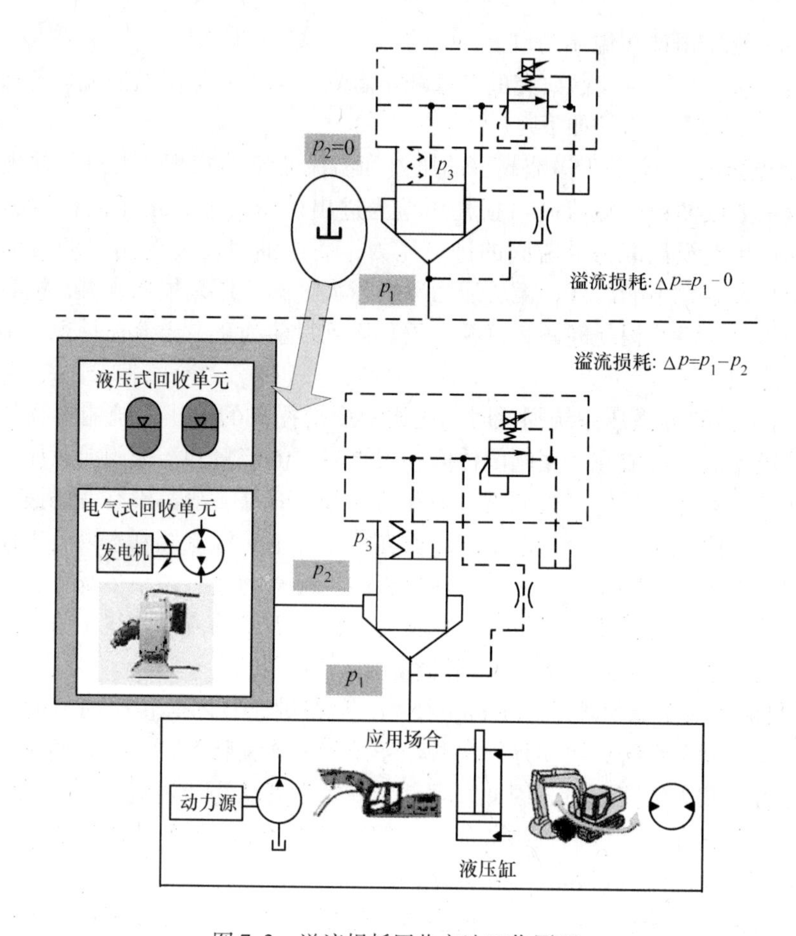

图 7-3 溢流损耗回收方法工作原理

进、出口压差可以表示为

$$\Delta p_{\mathrm{T}} = p_1 \tag{7-2}$$

式中 Δp_{T}——传统先导式比例溢流阀的进、出口压差。

当在先导式比例溢流阀的出油口接液压式能量回收单元或电气式能量回收单元时，溢流油液就会进入能量回收单元，并且能量回收单元会产生一定的压力使溢流阀口出油口压力升高。因此，出口压力 p_2 肯定高于 0MPa，接能量回收单元后的压差 Δp_{ERU} 要小于 Δp_{T}，即：

$$\begin{gathered}\Delta p_{\mathrm{T}} = p_1 \\ p_1 > \Delta p_{\mathrm{ERU}} \\ \Delta p_{\mathrm{ERU}} = p_1 - p_2\end{gathered} \tag{7-3}$$

在溢流阀的溢流损耗中，损耗功率由溢流流量和阀进、出口压差决定，可通过下式计算。

$$P = \Delta pq \tag{7-4}$$

式中　P——溢流损耗功率；

q——经过比例溢流阀主阀口的流量。

若系统流量 q 保持不变，那么带能量回收单元的比例溢流阀的溢流损耗要小于传统的溢流阀，而且被能量回收单元回收的能量可以进行再利用，进而提升整个液压系统的能量利用率。

2. 溢流损耗液压式回收案例

液压式能量回收单元以液压蓄能器为核心单元，考虑到液压蓄能器的储能和释放都是一个压力被动上升和下降的过程，必须分析液压蓄能器压力等级与溢流压力等级的匹配关系，以提高能量再利用效率为目标，探索不同阀口压差的能量释放机理。

当本液压系统没有工作时，第二换向阀10在弹簧力下处于上位，手柄9处于中位，第三换向阀7和第四换向阀8在弹簧力下都处于下位且出油口接油箱12。以此系统用于挖掘机部分液压系统为例，当挖掘机工作时，电动机1驱动主泵2和先导泵3工作。先导泵3产生的低压小流量油液在手柄9操作下控制换向阀10换向。按第一溢流阀13的调定压力是否改变可分为以下三种工况。

（1）第一溢流阀调定压力不变

1）溢流损耗能量回收。现假定该液压回路第一溢流阀13的调定压力为30MPa，第二溢流阀17的调定压力为28MPa，这样蓄能器16内部压力始终小于溢流阀13的调定压力。因为蓄能器16压力小于主油路压力30MPa，所以第一换向阀14的控制口K1压力大于控制口K2，第一换向阀14上位工作，使油口14P与14A接通。当主泵2出油口的压力超过30MPa时油液便会先打开第一溢流阀13，少部分溢流油液经先导油路外泄回油箱，大部分从第一溢流阀13出油口经第一换向阀14、第三液控单向阀15进入蓄能器16，给蓄能器16充油，由于单向阀15的存在，蓄能器16里面的液压油不能倒流回第一溢流阀13。此过程完成对溢流能量的回收。在蓄能器16压力达到28MPa后其余溢流油液则从第二溢流阀17回油箱。

2）溢流损耗能量释放。挖机工作时操作人操作手柄9进行作业，在手柄9作用下可使第三换向阀7或第四换向阀8换向处于上位，使油口7P与油口7B接通或油口8P与油口8B接通，从而使第二换向阀10控制口K3通过梭阀20与先导泵3出油口接通，在控制口K3液压力作用下第二换向阀10换向，油口10A与10P接通，此时蓄能器16与主油路相连通，若主油路压力低于蓄能器16压力时，蓄能器16可以对主油路进行补油，完成溢流阀溢流回收能量的释放。先导泵3产生的多余油液可以通过第三溢流阀5溢流回油箱12。

（2）第一溢流阀调定压力调低

当第一溢流阀13在调定压力为30MPa、第二溢流阀17调定压力为28MPa下工作一段时间后，蓄能器16内部压力达到28MPa，根据需要若将第一溢流阀13溢流压力从30MPa调到20MPa，则主油路压力将降到20MPa，第一换向阀14控制口K1

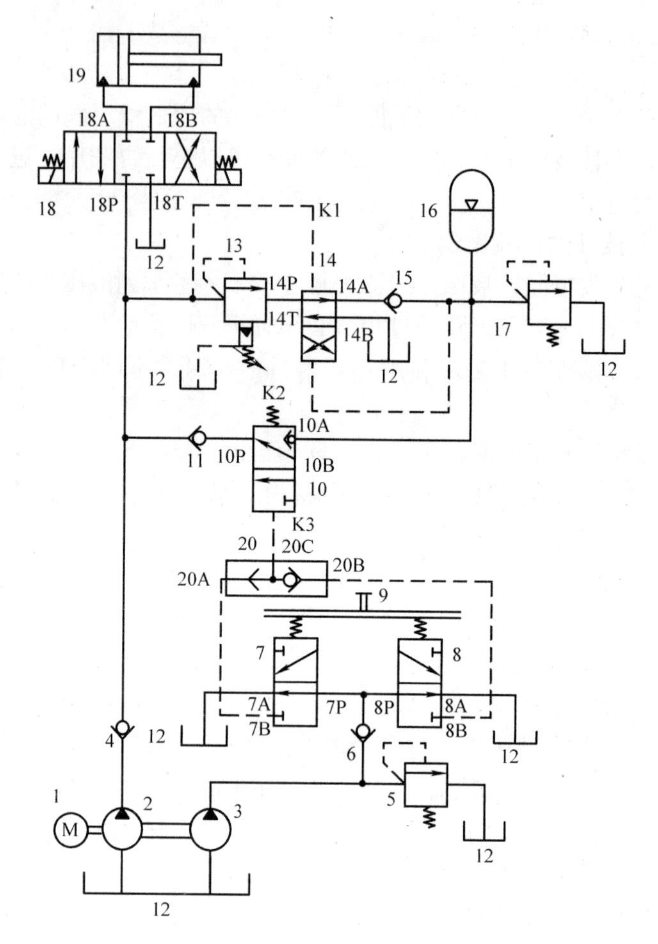

图 7-4 一种溢流损耗液压式回收和释放回路原理图

1—电动机 2—主泵 3—先导泵 4—第一单向阀 5—第三溢流阀 6—第四单向阀 7—第三换向阀 8—第四换向阀 9—手柄 10—第二换向阀 11—第二单向阀 12—油箱 13—第一溢流阀 14—第一换向阀 15—第三单向阀 16—蓄能器 17—第二溢流阀 18—电磁换向阀 19—液压缸 20—梭阀

的压力也降为20MPa，K2的压力仍为28MPa，第一换向阀14在上下两腔压力差下换向，下位工作，14P与14B接通回油箱。当系统发生溢流时，溢流油液直接从第一溢流阀13经第一换向阀14出油口14B流回油箱12，完成溢流。手柄9回中位可对蓄能器16原有压力保压。

（3）第一溢流阀调定压力调高

当第一溢流阀13在调定压力为30MPa、第二溢流阀17调定压力为28MPa下工作一段时间后，蓄能器16内部压力达到28MPa。若此时将第一溢流阀13压力从30MPa调到35MPa，发生溢流时，第一换向阀14控制腔压力K1为35MPa、K2为28MPa，上位工作，14P与14A接通。为了能够保证继续将溢流能量存储到蓄能器里，则可将第二溢流阀17压力调高为33MPa，便可对蓄能器16继续充油，实现对第一溢流阀 13 溢流损耗能量的回收。此况下，若主油路压力低于蓄能器 16 压力，操作手柄 9 可以对主油路进行补油，具体原理同上述 1，（2）所述。

3. 溢流损耗电气式回收案例

电气式能量回收单元以液压马达－发电机－电量储存单元为核心单元。与液压蓄能器提高溢流阀出口压力不同，液压马达－发电机可主动控制溢流阀出口压力。因此，溢流损耗电气式回收可以结合溢流损耗的功率特性，考虑直接转速控制、负载压力控制和溢流阀压差控制等电气式回收单元的控制方法，但该方案成本较高。

编者申请了一种溢流损耗电气式回收和释放回路（见图 7-5）的发明专利，其工作原理如下。

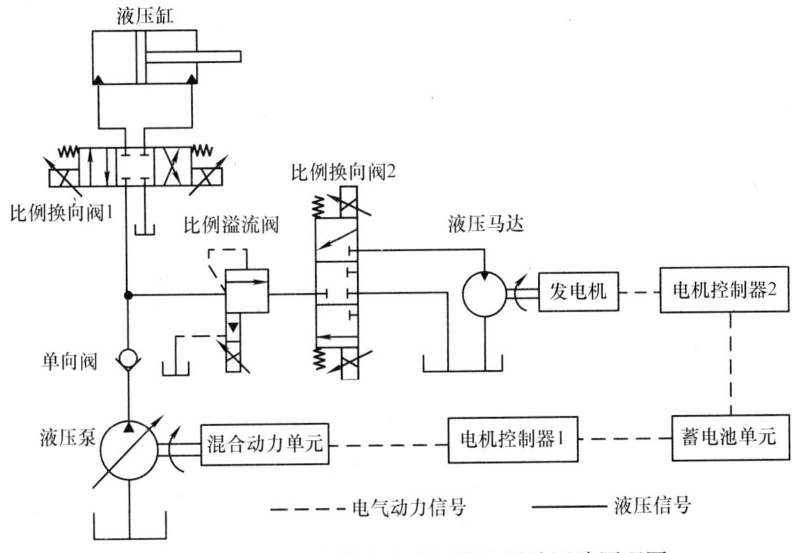

图 7-5　一种溢流损耗电气式回收和释放回路原理图

此系统中通过比例换向阀 1 可以实现液压缸的调速与往复运动；通过比例换向阀 2 可以实现溢流油液进入油箱与能量回收油路的切换，也可以实现对液压马达的调速；比例溢流阀的先导油单独外泄到油箱。

系统初始状态为比例换向阀 2 下位工作，在混合动力单元驱动下，液压泵工作，液压缸往复运动，为维持系统压力恒定，始终有部分压力油通过溢流阀泄回油箱，这部分压力油的能量直接浪费，溢流压力越高，损耗越大。当对溢流损耗进行能量回收时，比例换向阀 2 上位工作，溢流油液从比例溢流阀出油口经比例换向阀 2 进入液压马达，液压马达在比例溢流阀的溢流压力油推动下带动发电机进行发电，然后把电能存储在蓄电池单元中，这部分电能在系统需要时可作为混合动力的部分能源进行使用。

4. 溢流损耗回收实验

以液压蓄能器作为溢流损耗回收的案例，搭建了图 7-6 所示的实验原理图。实验曲线如图 7-7 所示，当时间为 25s 时，液压蓄能器开始对溢流阀的能量进行回收，液压蓄能器的压力从 16MPa 上升到 20MPa。虽然溢流阀的出口压力升高了，但溢流压力基本没有发生变化，验证了溢流损耗回收的可行性。

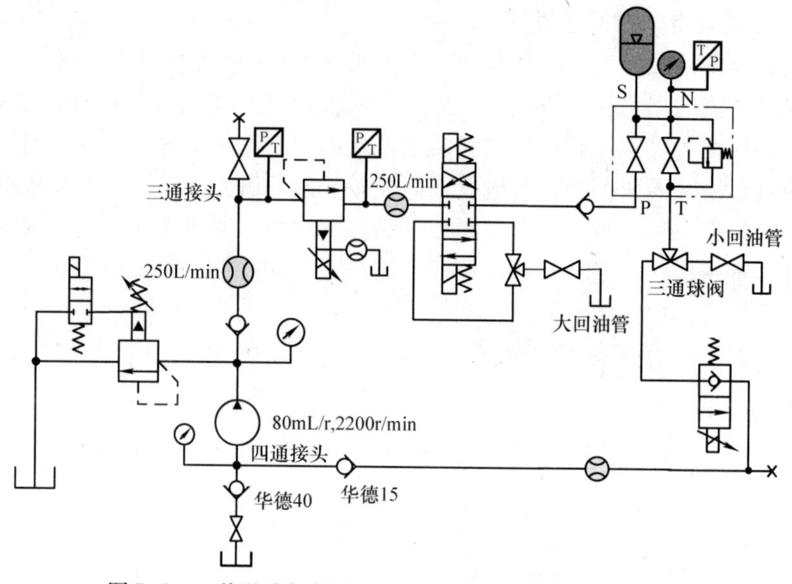

图 7-6　一种溢流损耗液压式回收和释放回路实验原理图

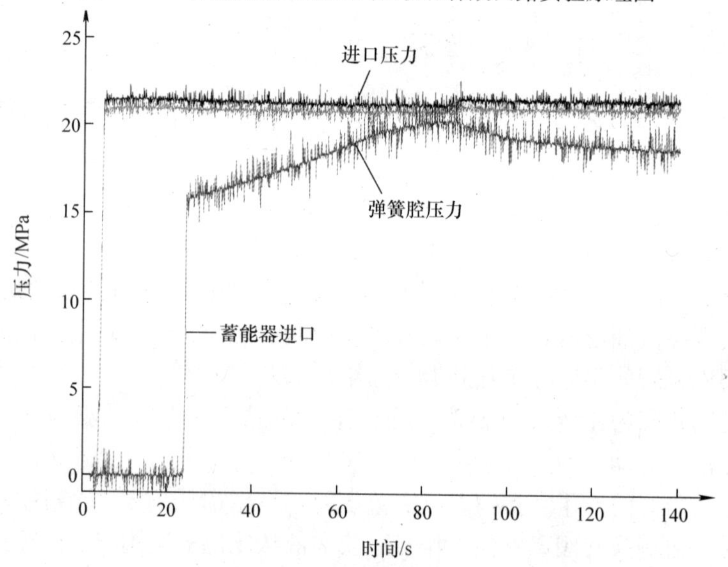

图 7-7　一种溢流损耗液压式回收和释放实验曲线

7.1.3　能量回收单元对溢流功能工作特性的影响规律

引入能量回收单元后，比例溢流阀的出油口不是直接和油箱相连，而是与较高工作压力波动的油口相连，因而比例溢流阀自身的阀口压力差值也处于一个波动范围。本小节分析出油口压力动态变化时的主阀芯和先导阀芯的运动规律以及各控制腔的压力和流量变化规律；探索变出油口压力对溢流压力动态响应特性的影响；探讨频率特性对溢流模式压力超调的影响规律；研究保证在变出油口压力情况下仍能保证溢流调压静动态特性的最优频率特性；深入分析出油口背压对溢流模式时的高压小流量溢流时的稳定性、小开度时的压力增益和流量增益以及安全模式时高压大流量时的稳定性的影响。

1. 先导式比例溢流阀的结构和工作原理

图 7-8 所示为图 7-3 介绍的先导式比例溢流阀出油口接能量回收单元的结构原理图。它由三部分组成：①第一部分为一个插装式主阀，主阀芯上下两端的截面积相等，面积表示为 A_1，在主阀芯内部有一个阻尼孔 R 贯穿连接主阀芯前腔和弹簧腔；②第二部分为一个比例电磁铁控制的直动式溢流阀作为先导阀，其进油口与弹簧腔相通；③第三部分是能量回收单元，它与出油口 B 相连接，给出油口提供一定压力范围的背压。

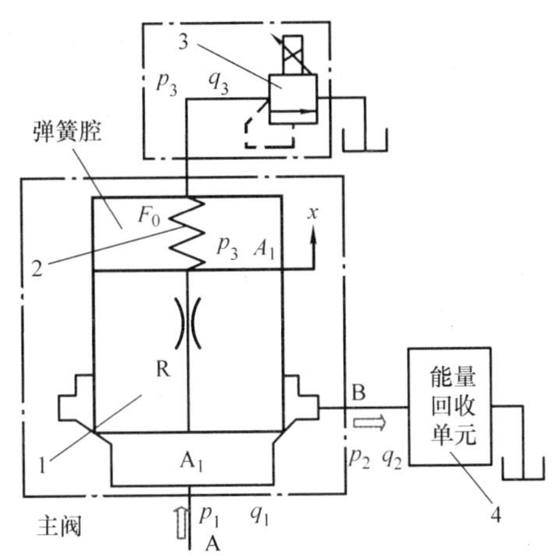

图 7-8　先导式比例溢流阀出油口接能量回收单元结构原理图
1—主阀芯　2—复位弹簧
3—先导阀　4—能量回收单元

通常，比例溢流阀的出油口都是直接接油箱的。然而，在图 7-8 中将比例溢流阀和能量回收单元串联起来，为使主阀芯前腔的进口压力仍然由先导阀控制，先导出油口必须单独接油箱。一般地，在先导级不工作时，出油口压力（即背压）越大，进口压力就越大。为了使进口压力由先导阀调控，那么背压必须要小于进口压力，这样比例溢流阀才能正常工作。

通过给先导阀比例电磁铁一定的电压信号来控制先导压力，进而控制进口压力。当先导阀所受的液压力小于电磁力时先导阀芯关闭，油液不流动，主阀芯也关闭。此时，主阀芯所受的合力如下。

$$\sum F = p_1A_1 - p_3A_1 - F_0 \tag{7-5}$$

其中，p_1是主阀芯进口 A 的压力，即进口压力；p_3是弹簧腔压力，即先导阀芯进口压力；A_1是主阀芯的横截面积；F_0是复位弹簧的预紧力。

当先导阀芯前腔液压力大于电磁力时，先导阀芯打开。液压油从进口 A 通过阻尼孔 R 进入先导阀后流回油箱。因为经过阻尼孔 R 会产生压降，所以进口压力会大于弹簧腔压力。因弹簧刚度很小，弹簧预紧力 F_0与进口液压力 p_1A_1 相比很小，在式（7-5）中可以忽略不计。由式（7-5）可知，主阀芯所受合力远大于 0，则主阀芯打开，液压油从进口 A 流到出口 B，后经能量回收单元回收再利用后排放至油箱。

2. 数学模型

（1）主阀受力平衡方程

由于先导式比例溢流阀的出油口接的能量回收单元会使出油口压力在一定范围内波动，并且对比例溢流阀的静动态特性也会有一定的影响，所以需要建立数学模型来分析背压所产生的影响。

主阀芯受力平衡方程

$$
\begin{aligned}
m\frac{\mathrm{d}^2x}{\mathrm{d}^2t} &= \sum F \\
&= p_1A_1 - p_3A_1 - b\frac{\mathrm{d}x}{\mathrm{d}t} - F_\mathrm{k} - F_\mathrm{s}
\end{aligned} \tag{7-6}
$$

$$F_\mathrm{k} = k(x_0 + x) = F_0 + kx \tag{7-7}$$

$$F_\mathrm{s} = 2\alpha_\mathrm{D}^2A(x)(p_1 - p_2)\cos\beta_\mathrm{s} \tag{7-8}$$

其中，m 为主阀芯质量；x 为主阀芯位移；b 是主阀芯阻尼系数；F_k是复位弹簧的弹簧力；F_s是主阀芯所受的稳态液动力；x_0是复位弹簧的预压缩量；k 是复位弹簧的弹簧刚度；α_D为主阀口流量系数；p_2溢流阀出油口压力，即背压；β_s为主阀芯出油口的液流角；$A(x)$ 是主阀芯的横截面积，$A(x) = \pi x\sin\beta\left(D + \frac{x}{2}\sin2\beta\right)$，式中 β 为主阀座半锥角，D 为主阀芯直径。

（2）流量方程

主阀口流量方程

$$q_2 = \alpha_\mathrm{D}A(x)\sqrt{\frac{2(p_1 - p_2)}{\rho}} \tag{7-9}$$

其中，q_2是通过主阀口的流量；ρ 是液压油的密度。

先导阀口流量方程（即通过阻尼孔 R 的流量方程）

$$q_3 = \frac{\pi d^4}{128\mu l}(p_1 - p_3) \tag{7-10}$$

其中，q_3是稳态时通过先导阀口的流量；d 是阻尼孔直径；l 是阻尼孔长度；μ 是液体的动力粘度。

主阀芯进油口流量方程

$$q_1 = q_2 + q_3 \tag{7-11}$$

当主阀芯打开后，经过短暂时间的动态调整使通过主阀口的流量达到稳定，这时作用在主阀芯上的瞬态液动力和惯性作用力很小，可以忽略。因此，可以只考虑稳态作用力，主阀芯受力方程式（7-6）可以简化为

$$p_1A_1 - p_3A_1 = k(x_0 + x) + 2\alpha_\mathrm{D}^2A(x)(p_1 - p_2)\cos\beta_\mathrm{s} \tag{7-12}$$

为了方便对进口压力的影响因素进行分析，式（7-12）可以经过推导得出

下式

$$p_1 = \frac{p_3A_1 + k(x_0 + x)}{A_1 - 2\alpha_D^2A(x)\cos\beta_s} + \frac{-2\alpha_D^2A(x)\cos\beta_s}{A_1 - 2\alpha_D^2A(x)\cos\beta_s}p_2$$
$$= \frac{p_3A_1 + k(x_0 + x)}{A_1 - 2\alpha_D^2A(x)\cos\beta_s} + [1 - \frac{A_1}{A_1 - 2\alpha_D^2A(x)\cos\beta_s}]p_2 \qquad (7\text{-}13)$$

式（7-13）右边包括两部分，第一部分是弹簧腔液压力和弹簧力对进口压力的影响，这部分与传统的比例溢流阀的影响作用相同；第二部分为背压 p_2 对进口压力的影响，背压的变化将直接导致进口压力变化。不妨假设背压 p_2 突然增加，主阀口流量和进口压力也会发生相应的变化。背压变化使进口压力也会相应的上升和下降。因此，稳态液动力也会发生改变。再进一步，主阀芯的位移和流量也必然发生变化。由于在实际液压系统中有很多不确定的因素，也无法测量阀芯位移等一些参数，所以很难通过计算得到结果。通常采用软件仿真的形式来获得进口压力、流量和背压之间的相互关系。

$$p_2\uparrow \rightarrow q_2 = \alpha_D A(x)\sqrt{\frac{2(p_1 - p_2)}{\rho}}\downarrow \xrightarrow{q_1 = q_2 + q_3} q_3\uparrow \xrightarrow{q_3 = \frac{\pi d^4}{128\mu l}(p_1 - p_3)} p_3\downarrow$$

$$\text{新稳态}\leftarrow\begin{cases} p_1\uparrow \leftarrow q_2\uparrow \leftarrow A(x)\uparrow \leftarrow x\uparrow \\ p_1\downarrow \leftarrow q_3\downarrow \\ p_3\uparrow \end{cases}$$

3. 流场仿真分析

当出油口背压变化时，主阀芯位移和流量也相应发生变化。流量发生变化会导致稳态液动力改变，而主阀芯所受稳态液动力对先导式比例溢流阀的稳态特性有一定影响。通过使用 FLUENT 仿真来获得主阀口附近的速度场、压力场分布和稳态液动力大小。

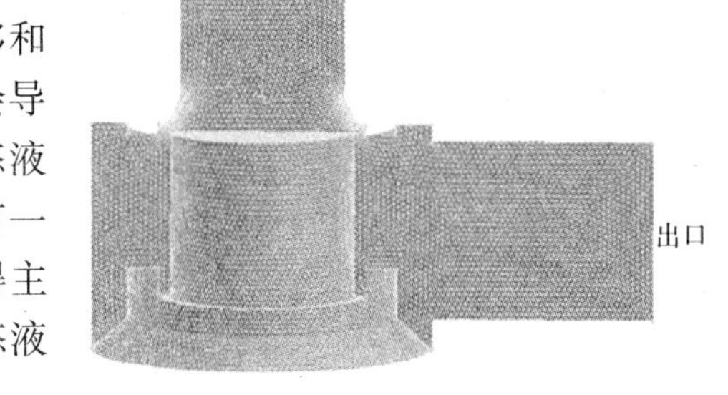

图 7-9　流场网格划分

如图 7-9 所示，由于主阀部分的结构是对称的，所以只对一半的主阀流场进行网格划分。进油口和出油口都采用压力作为边界条件。如表 7-1 所示，列出了在仿真中使用的主阀部分一些关键参数。图 7-10为仿真获得的压力和流速等高线分布图。

表 7-1　主阀的一些关键参数

参数	数值	参数	数值
A_1	226.86mm²	D_R	1.2mm
m	50.01g	D	17mm
x_m	4.6mm	α_D	0.7
x_0	12mm	β	30°

从图 7-10 可以看出，当背压为 0MPa 时，主阀口出油口附近出现局部压力很低的情况，这会导致空穴的产生；并且在阀口附近出现最低压力的部分流体速度最大达 241m/s，流体速度越大压力越低，空穴就越易产生，如图 7-10a、c 所示。当背压为 15MPa 时，出油口部分的最低压力约为 14MPa，并且此处流速最大为 120m/s，如图 7-10b、d 所示。以上两种不同背压下的仿真所设定的进口压力均为 21.5MP。在背压为 15MPa 时，溢流阀进、出口压降变小，流速降低而且主阀口附近不会产生空穴。

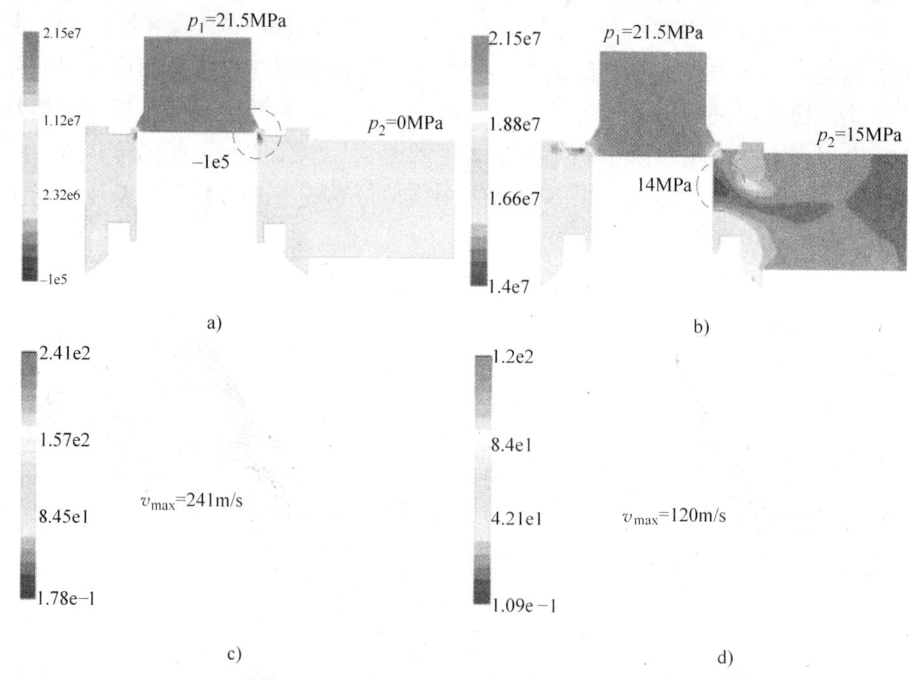

图 7-10 主阀口压力和流速等高线分布图
a）背压为 0MPa 时的压力分布 b）背压为 15MPa 时的压力分布
c）背压为 0MPa 时的流速分布 d）背压为 15MPa 时的流速分布

在 FLUENT 仿真中系统流量始终保持恒定，随着背压的变化主阀芯阀口开度会逐渐改变以维持流量不变。图7-11 表明了随着背压变化主阀芯位移和稳态液动力之间的相互关系。从图中可知，不管系统的流量是 200L/min 或是 50L/min，表现出来的现象是相同的。随着背压增大，主阀芯位移逐渐变大，稳态液动力将会逐渐变小。当流量为 200L/min 时，阀芯位移和稳态液动力都比

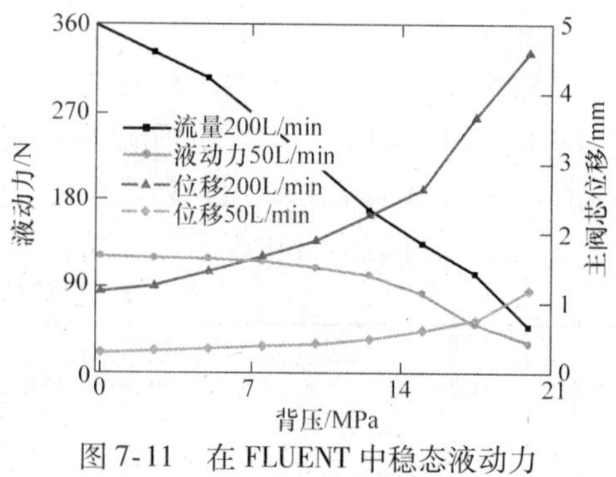

图 7-11 在 FLUENT 中稳态液动力和阀芯位移曲线

50L/min 时要大。

4. AMESim 仿真分析

如图7-12所示，通过在AMESim中建立仿真模型，来探究能量回收单元对先导式比例溢流阀性能的影响。因能量回收单元具有一定压力，在此模型中，可用一个比例溢流阀代替能量回收单元模拟比例溢流阀出油口的压力变化。

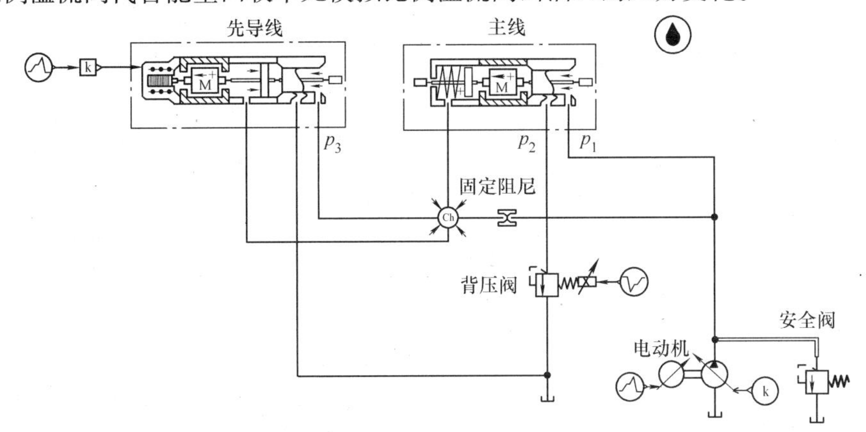

图7-12 先导式比例溢流阀的背压AMESim模型

在仿真过程中，泵的流量设定为200L/min，安全阀的溢流压力设定为31.5MPa。由于先导式比例溢流阀的溢流压力大约为22.5MPa，其值小于安全阀的开启压力，所以在整个仿真过程中没有流量通过安全阀。

由图7-13可知，背压在0.1s从0MPa变为15MPa，进口压力、主阀芯位移和流量也相应发生了变化。在仿真过程中，0.1s时先导式比例溢流阀出口背压从0MPa阶跃变为15MPa，经过短暂的动态调整再次达到稳态。由于进出口压降变小，主阀芯所受稳态液动力降低，进口压力从22.5MPa降为21.7MPa；主阀芯位移从0.74mm增加到1.35mm；但流量基本保持不变且稳定性变好。如式（7-14）所示，因为进出口压差变小，油液流速降低，溢流阀口开度变大，所以流量保持基本不变。

主阀口流量连续性方程

$$q_1 = \alpha_D A(x)\sqrt{\frac{2(p_1 - p_2)}{\rho}} \tag{7-14}$$

其中，q_1为通过主阀口的流量；p_1为进口压力；p_2为背压大小，即先导式溢流阀出油口压力；$A(x)$ 为主阀口通流面积；α_D为流量系数；ρ 为液压油密度。

为了研究在不同背压下比例溢流阀进口压力的变化，分别在背压为［0，2.5，5，7.5，10，12.5，15］MPa时进行仿真。如图7-14所示，整个仿真过程中背压一直存在且保持不变，而先导式比例溢流阀的比例电磁铁在1s时给定一个阶跃信号。在图7-14a中可以看出不同背压下进口压力的变化情况，图7-14b为图7-14a中曲

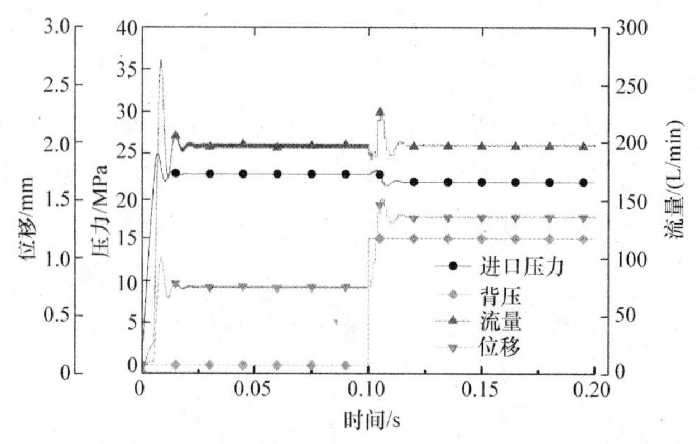

图 7-13 主阀芯位移、背压大小、进口压力和流量变化曲线

线的局部放大图。从图 7-14a 可以看出，在 0～1s 先导式溢流阀的比例电磁铁没有通电，此时进口压力大小应基本等于背压，由于主阀芯克服弹簧力和稳态液动力开启，因此进口压力会大于背压。在 1s 时，比例电磁铁通电，此时比例溢流阀的溢流压力即进口压力主要由先导级决定；当主阀芯达到稳态时，由图 7-14b 可知稳态时不同背压下的进口压力不一样，这说明背压对进口压力有一定影响。在背压为 0 时，进口压力值最大，且随着背压的增大进口压力会逐渐降低。当背压达到 15MPa 时，进口压力达到最低，相比于背压 0MPa 时的进口压力降低了大约 0.9MPa，压降值并不大，进口压力基本维持在目标值左右。

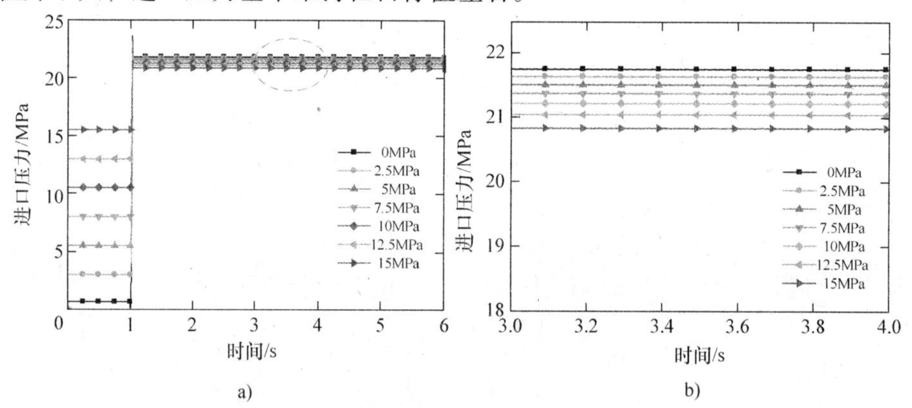

图 7-14 进口压力在不同背压下的仿真曲线

a）不同背压下进口压力曲线 b）进口压力曲线局部放大图

如图 7-15a 所示，通过仿真研究可以画出先导式比例溢流阀的进口压力随背压增大的数值变化曲线，而图 7-15b 为各个背压下进口压力与背压 0MPa 时最大进口压力的比值曲线。

通过图 7-15 可以看出，进口压力随背压的增大逐渐降低，基本上呈线性变化，这和式（7-15）所体现的变化趋势是一致的，也验证了数学模型的正确性。从图 7-15a 可以看出，当背压为 15MPa 时，进口压力的最大压降幅度为 4.3%。由溢流

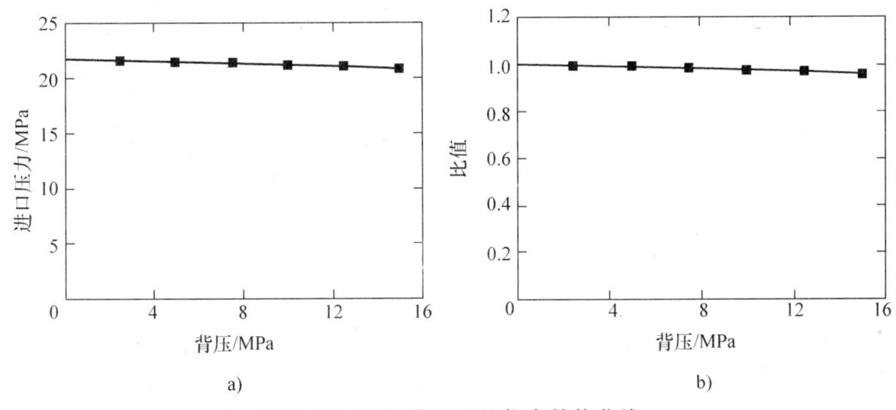

图7-15 不同背压下的仿真数值曲线

a）不同背压下的进口压力曲线 b）不同背压下进口压力与背压0MPa时最大进口压力的比值曲线

阀的启闭特性可知，溢流阀的调压偏差常达15%以上。因此，背压对进口压力造成的影响在可以接受的范围以内，也就是说出油口背压对先导式比例溢流阀的操控性能基本没有影响。由以上分析可知，先导式比例溢流阀的出油口接一定的压力单元不影响其正常工作，所以用能量回收单元回收溢流损耗是可行的。

进口压力与背压变化的关系

$$p_1=\frac{p_3A_1+k(x_0+x)}{A_1-2\alpha_D^2A(x)\cos\beta_s}-\frac{2\alpha_D^2A(x)\cos\beta_s}{A_1-2\alpha_D^2A(x)\cos\beta_s}p_2 \tag{7-15}$$

其中，p_3为弹簧腔压力；A_1为主阀芯横截面积；k为弹簧刚度；x_0为弹簧预压缩量；x为主阀芯位移；β_s为主阀口液流角。

5. 实验研究

（1）试验平台

为了探究出油口背压对先导式比例溢流阀的性能影响搭建液压测试平台。如图7-16所示，该试验平台由两部分组成：①动力单元，液压泵最大流量为250L/min，最大承载压力为31.5MPa。安全阀4为整个系统的安全提供保障，当二位二通电磁换向阀5通电时给液压泵3卸荷；②测试单元，在图7-8中已经画出了先导式比例溢流阀的具体结构。流

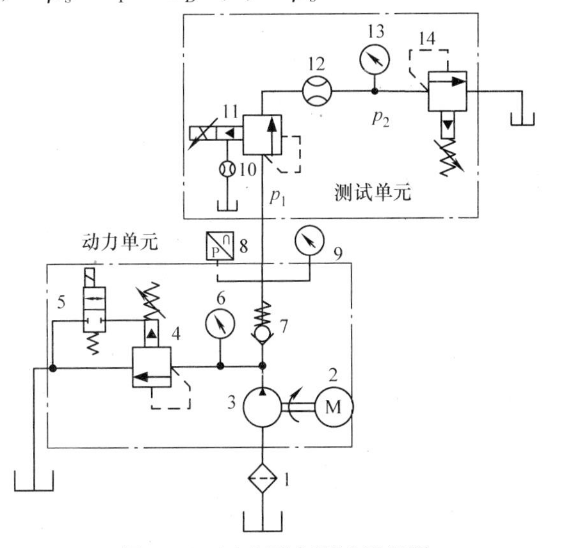

图7-16 试验平台测试原理图

1—过滤器 2—变频电动机 3—定量泵 4—安全阀
5—二位二通电磁换向阀 6、9、13—压力表
7—单向阀 8—压力传感器 10、12—流量计
11—先导式比例溢流阀 14—背压阀

量计 10 用来采集先导式比例溢流阀 9 出油口的流量，用背压阀 12 代替能量回收单元为先导式比例溢流阀 9 的出油口产生背压。图 7-17 为本实验平台的部分现场实物图。每次测试时都是背压阀 12 调到一定的压力，也就是说每次试验过程中始终存在一定背压且保持不变；然后在 5 ~ 15s 给先导式比例溢流阀 9 的电磁铁通电，每次试验时间均为 20s。

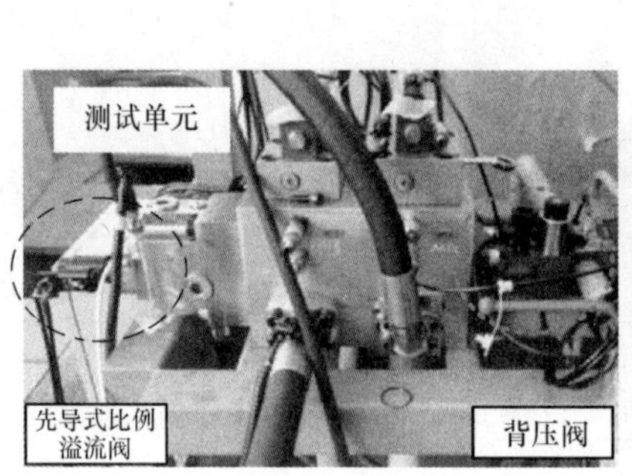

图 7-17 测试单元和动力单元实物图

（2）背压对稳态液动力的影响

图 7-18 为不同背压下稳态液动力和弹簧力的变化曲线。弹簧力的计算与阀芯位移 x 有关，通过前面的仿真研究可以得到不同背压下的阀芯位移 x，阀芯的最大位移为 4.6mm。复位弹簧的预压缩量为 12mm，弹簧刚度为 6N/mm。试验时的稳态液动力可以通过式（7-16）进行计算。

$$F_S = p_1 A_1 - p_3 A_1 - k(x_0 + x) \tag{7-16}$$

从图 7-18 中可以看出，相比于稳态液动力的变化，弹簧力基本保持不变。当背压在 10MPa 以内时，稳态液动力会出现轻微的波动；但是当背压超过 10MPa 后，稳态液动力会急剧下降，这和图 7-11 中的仿真结果有相同的趋势，这也验证了式（7-15）的正确性。这说明背压可以减小稳态液动力，特别是背压越高稳态液动力变得越小。在液压元件中，稳态液动力是附加作用力，此力会影响液压元件的操控性能。在液压阀的设计中减小稳态液动力对液压阀的影响也是

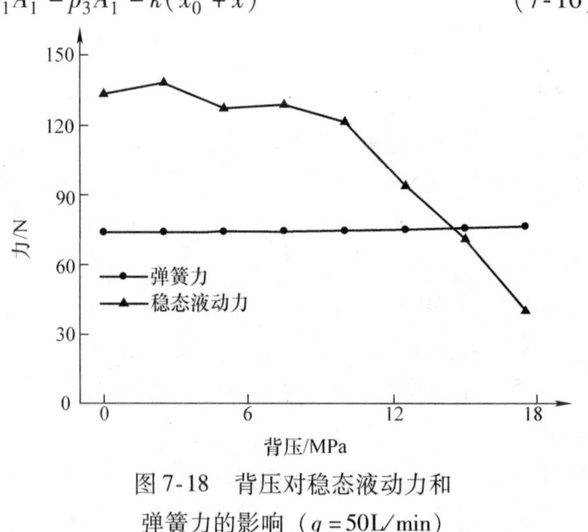

图 7-18 背压对稳态液动力和弹簧力的影响（$q = 50$L/min）

近些年研究的一个热点，这对今后的研究将会有很大的指导作用。因此，背压是减少稳态液动力的一种可行方法。

（3）背压对流量的影响

图 7-19 和图 7-20 分别为在不同背压下先导式比例溢流阀的流量曲线。在本实验平台中采用变频电动机驱动定量泵为系统提供可靠的流量，系统的流量随泵转速的变化而变化。在图 7-19 中可以看出，不同转速下的流量也不相同，电动机转速越高流量也就越大。每次试验 20s 中背压一直存在，在 5 ~ 15s 先导式比例溢流阀的电磁铁通电进行加载，可发现比例溢流阀工作前后通过阀口的流量基本保持不变，这也说明溢流阀出口添加了能量回收单元后对系统流量影响不大。在试验过程中流量会有一些波动但基本稳定在目标值，这说明有背压时比例溢流阀可以正常工作。由图 7-20 可知，在不同背压下流量也会有一些差别，这是因为主阀芯的开度在背压影响下发生了变化，进而改变了阀口通流面积。

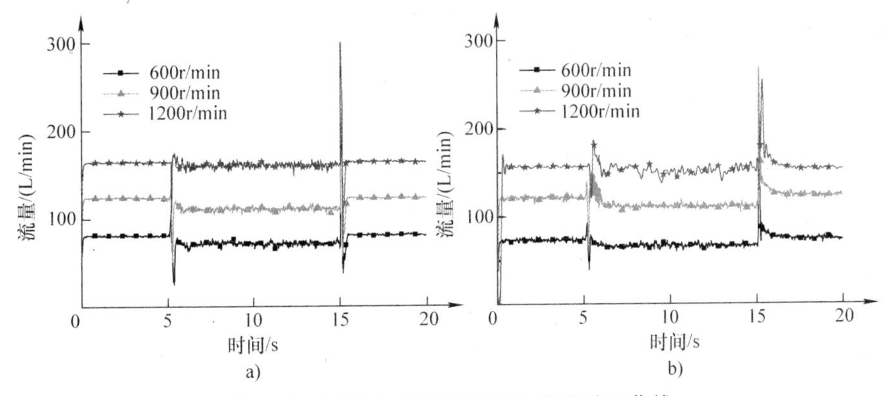

图 7-19　不同电动机转速下的流量对比曲线

a）背压 0MPa　b）背压 15MPa

（4）背压对进口压力的影响

图 7-21 为在不同背压下的比例溢流阀进口压力曲线。通过给先导式比例溢流阀的电磁铁施加一定电压使溢流压力在 22MPa 左右。通过图 7-21a、b 可以发现，在不同转速（即不同流量下），5 ~ 15s 时比例溢流阀的进口压力基本相同且维持在 22MPa 左右。但仔细观察发现不同转速下进口压力还是有区别的，这是由于流量不同造成的。流量越大进口压力也就越大，这跟溢流阀的调压偏差曲线相对应。通过图 7-21a、b 两图对比可知，背压 0MPa 时的进

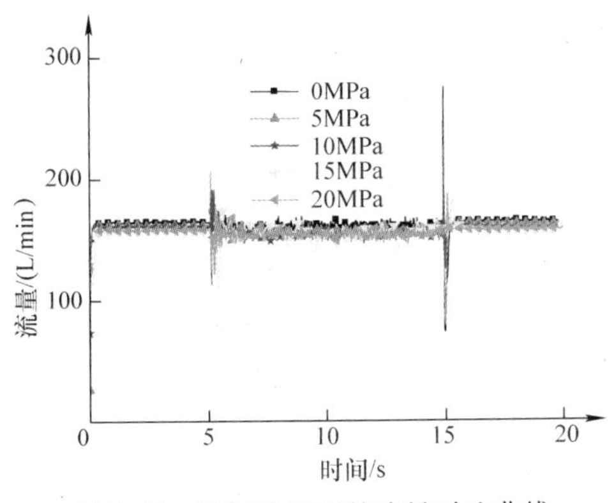

图 7-20　不同背压下的流量对比曲线

口压力大于背压15MPa，与前文的结果一致。

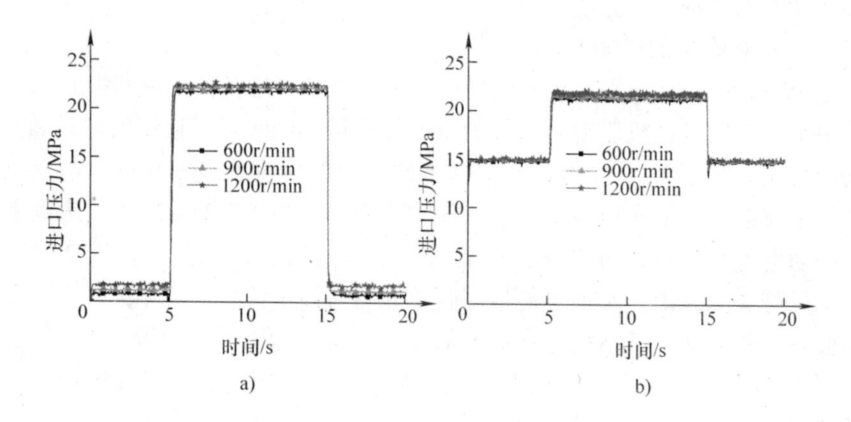

图7-21 不同背压下的比例溢流阀进口压力曲线

a）背压0MPa b）背压15MPa

图7-22为溢流压力在不同背压下的压力-流量静态特性曲线。从图中可以看出，不管背压为0MPa、15MPa或18MPa，溢流压力即进口压力都是随流量的增加而增加的。在常规溢流阀（无背压）中调压偏差常达15%以上；然而，当背压为15MPa时，比例溢流阀调压偏差变为7%；当背压达到18MPa时，调压偏差变得更小，仅为2.5%。并且，随着背压的增大进口压力会逐渐降低，这是由稳态液动力降低造成的。这也就是说，当背压较高时，进口压力随流量变化的较小。当流量变化较大时可以通过适当提高背压来达到较高的压力控制精度。

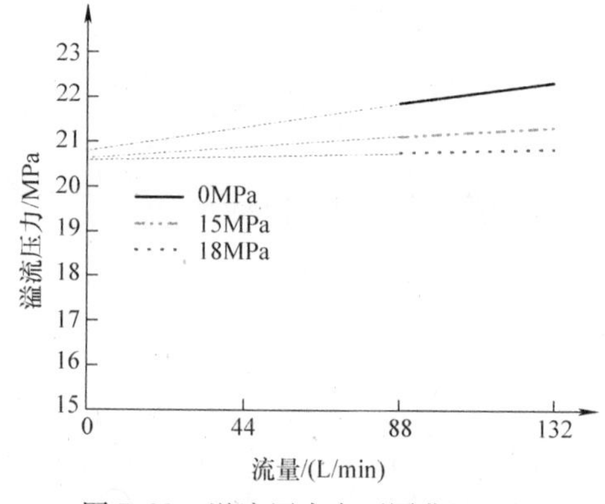

图7-22 溢流压力在不同背压下的压力-流量静态特性曲线

如图7-23所示，在5~15s通过给比例电磁铁施加不同的电压可得到不同的工作压力，然后在不同背压下进行试验。由图7-23b可知，在0~5s电磁铁未通电，当背压为5MPa时进口压力却高于5MPa，这是因为背压阀与进口之间的管道有一定的压降造成的。通过图7-2a、b两图的对比可知，当背压不同时，各个进口压力的数值基本相同。因此，可以得出比例溢流阀在不同的目标工作压力下都可以获得较好的操控性能，且进口压力基本不受背压影响。

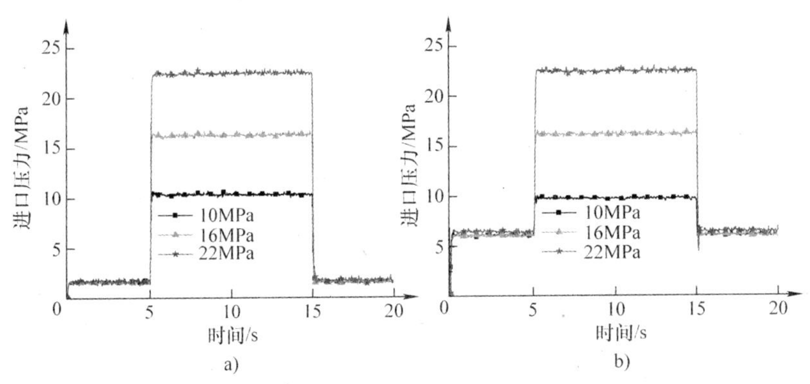

图7-23　在不同设定压力下的进口压力曲线（电动机转速为1200r/min）
a）背压0MPa　b）背压5MPa

7.2　节流阀口压差损耗能量回收技术

7.2.1　节流损耗简介

调速阀主要分为二通调速阀和三通调速阀。二通调速阀采用定差减压阀将节流阀口两端的压差稳定在一个较小的恒定值。三通调速阀采用定差溢流阀来稳定节流阀口的前后压差。由于三通调速阀的压差损耗主要在溢流阀口上，降低溢流阀口的能量损耗已经在7.1节中详细阐述。本节重点介绍二通调速阀的能量损耗解决方法。

如图7-24所示，压力油p_1进入调速阀后，先经过定差减压阀的阀口（压力由p_1减至p_2），然后经过节流阀阀口流出，出口压力为p_3。从图中可以看到，节流阀进出口压力p_2、p_3经过阀体上的流道被引到定差减压阀阀芯的两端（p_3引到阀芯弹簧端，p_2引到阀芯无弹簧端），作用在定差减压阀芯上的力包括液压力、弹簧力。

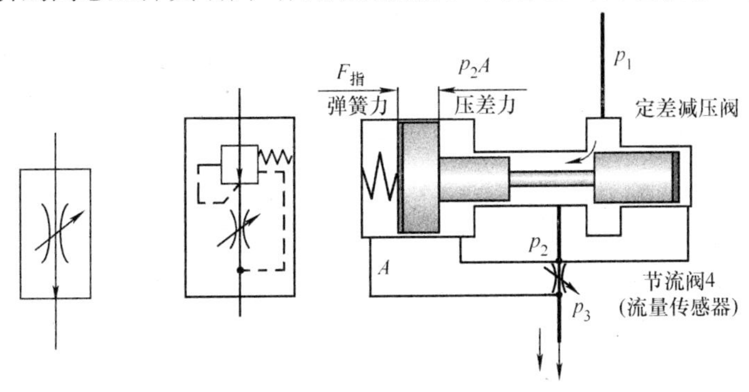

图7-24　二通调速阀的工作原理

此时只要将弹簧力固定，则在油温无什么变化时，用来调节流量的节流阀口的前后压差（p_2-p_3）不变，输出流量即可根据节流阀的阀口开度来设定。当然，要使二通调速阀能在工作区正常动作，进、出口间的压差要在0.5～1MPa以上。如果二通调速阀的进出口压差太小，定差减压阀的阀芯液压压差力太小，不能克服弹簧力，定差减压阀的阀芯始终处于最右端，减压阀口全开，不起减压作用，此时二通调速阀中用来调节流量的节流阀口压差随二通调速阀的进、出口间的压差变大而变大。

以上讲的调速阀是压力补偿调速阀，即不管负载如何变化，通过调速阀内部具有一活塞和弹簧来使主节流口的前后压差保持固定，从而控制通过节流口的流量维持不变。

图7-25所示为基于二通调速阀的调速回路的工作原理。该方案中不管负载压力如何变化，只要负载压力低于液压泵出口压力（由溢流阀调节），进入的流量基本取决于二通调速阀的阀口开度，其速度的操控性很好地满足了要求，但实际上，该方案满足操控性是以牺牲功率为代价的。比如负载压力为6MPa，液压泵的出口通过溢流阀设定为7MPa，那么二通调速阀的消耗压力为1MPa，本来二通调速阀的正常工作，其前后压差就必须为1MPa左右。因此，该工况并没有损耗太多的能量。但如果负载压力较小时，比如为2MPa，而液压泵出口压力通过溢流阀还是只能设定在7MPa，那么二通调速阀的前后压差就达到了5MPa，二通调速阀中节流阀口的前后压力通过定差减压阀还是可以稳定在1MPa左右，那么另外的4MPa就只能损耗在定差减压阀的阀口了。负载压力和液压泵出口压力的差值越大，二通调速阀中的定差减压阀的阀口损耗的能量就越大。

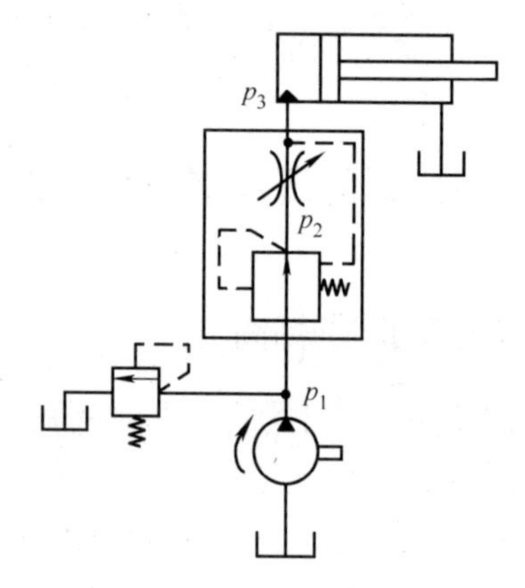

图7-25　基于二通调速阀的进口调速回路工作原理

因此，基于二通调速阀的调速回路通过定差减压阀来达到保持节流阀口恒定压差的目的，操控性很好地满足了工程机械的要求，但该调速系统是在保证速度稳定性的前提下是以功率损耗为代价的。尤其是对于多执行元件的工程机械来说，目前采用的负载敏感系统（图7-26），可以使液压泵出口压力仅比负载压力大某个压差，约2MPa，似乎解决了负载压力和液压泵出口压力的差值越大，二通调速阀中定差减压阀阀口损耗的能量就越大的问题。但当不同执行元件的压力不等时，液压泵出口压力比最大的负载压力还大很多，如图7-27所示，两个执行元件的最大压力由p_{N2}决定，液压泵出口压力比p_{N2}大某个压差，因此在负载压力比较小（p_{N1}）的执行元件中，将会产生大量的能量消耗。因此对于负载较小的执行元件的调速回路，又存在大量的能量消耗在定差减压阀的阀口上。因此对于负载较小的执行元件的调速回路，又存在大量的能量损耗在定差减压阀的阀口上，如图 7-27 所示。

因此如何设计一种综合节流调速系统，使其具有操控性上的优势和容积调速在节能性上的优势的液压驱动系统，同时可以减少工程机械多执行元件的压力损耗，是调速回路中的难点之一。

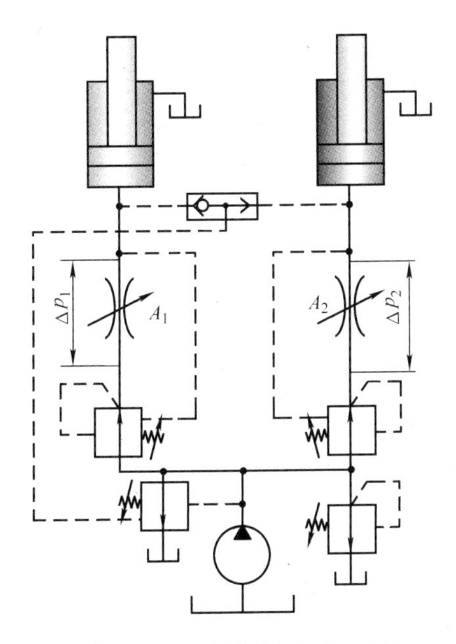

图 7-26　单泵多执行元件负载敏感系统工作原理图

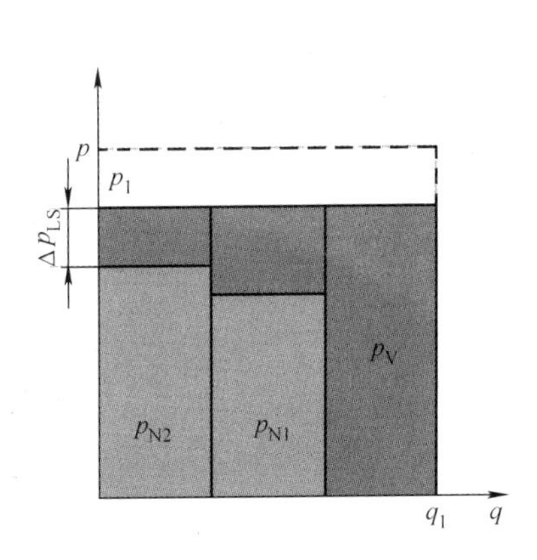

图 7-27　单泵多执行元件负载敏感系统能量损耗示意图

7.2.2　节流损耗回收和再利用实现方法

针对单泵多执行器系统中的压差节流损耗，编者申请了采用液压马达－发电机代替调速阀的压力补偿器的国家发明专利[2]。如图 7-28 所示，采用液压马达－发电机作为比例方向阀阀口的前后压差的调节单元，即采用容积调节代替了传统的节流调节。使得主控阀的前后压差仅为一个用于调节流量所需的较小压差，执行器的速度仍然通过主控阀的节流调速保证。当两个执行器的工作压力不同时，把液压泵出口压力与负载较小的执行器之间的压差通过相应的液压马达和发电机，以及发电机控制器转换成电能储存在电量储存单元，使得相应比例换向阀的前后压差仅为一个用于调节流量所需的较小压差，在保证比例控制的同时降低了能量损耗。

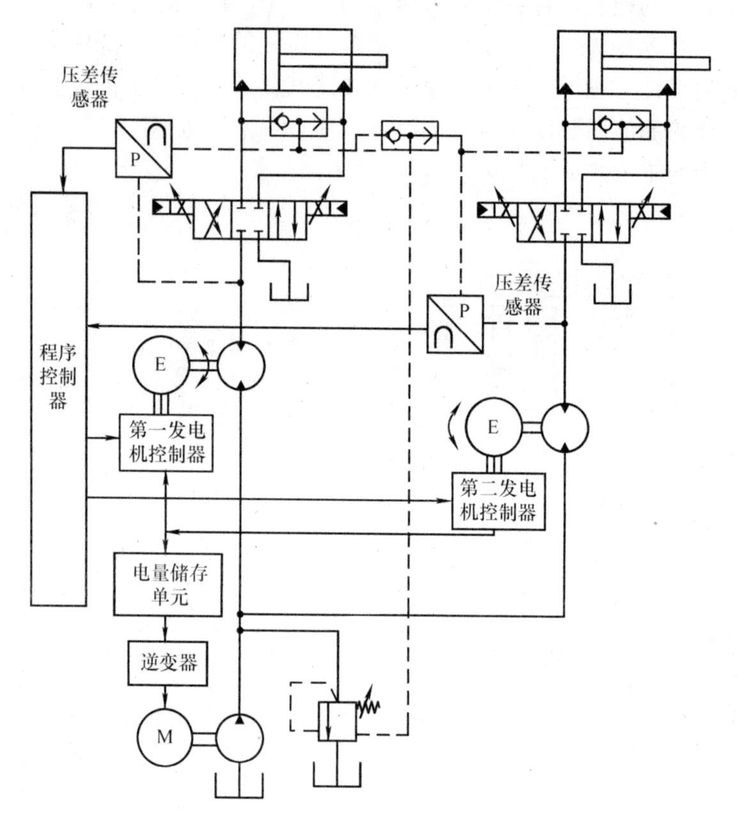

图 7-28　一种单泵多执行元件的容积式定差节流调速系统原理图

7.3　自动怠速能量回收技术

7.3.1　自动怠速能量损耗分析

工程机械存在能耗高、排放差等严重问题，液压挖掘机是一种典型的工程机械，下面以液压挖掘机的作业特点来分析工程机械的作业周期特征和怠速工况能量损耗情况。

液压挖掘机的一个标准作业周期由挖掘、提升回转、卸载以及回转复位等动作组成。在挖掘、提升回转以及回转复位等动作环节之间，操作人有时候会短暂停止工作进行休息或观察实际工况制定下一步作业计划，这期间常有等待时间；在卸载工况下，往往需要等待装载车进行装载准备，因此也有大量的等待时间。液压挖掘机在停止作业等待工况下，若发动机仍处于高转速的高功率输出状态，则有如下不足之处。

1）由于发动机油门是手动控制的，操作人通常不能及时对油门进行调节以节省燃油，这样就造成了在停止作业期间发动机油门开度与液压挖掘机的外负载极度不匹配，导致发动机燃油经济性差，噪声污染严重等。

2）若在液压挖掘机待机空载的时间段内，液压泵仍以大流量无功输出，则液压系统会损耗大量的能量，其中中位环流损耗是最主要的能量损耗。图 7-29 所示为采用基于负流量原理的开中心六通多路阀的液压挖掘机液压泵待机空载中位环流图。为了减少这种能量损耗，一般采用以下两种途径：①压力卸荷，即通过减小中位回油流量和优化中位回油路的液压系统及组成元件，尽量减小卸荷通道的压力损耗；②流量卸荷，即通过降低液压泵的流量输出，减小系统待机空载的环流量。可以看出，上面两种解决途径都可以通过减小液压泵输出流量来解决，而泵的流量又和转速相关，因此可以在怠速工况通过设计自动怠速控制来降低液压系统的损耗。

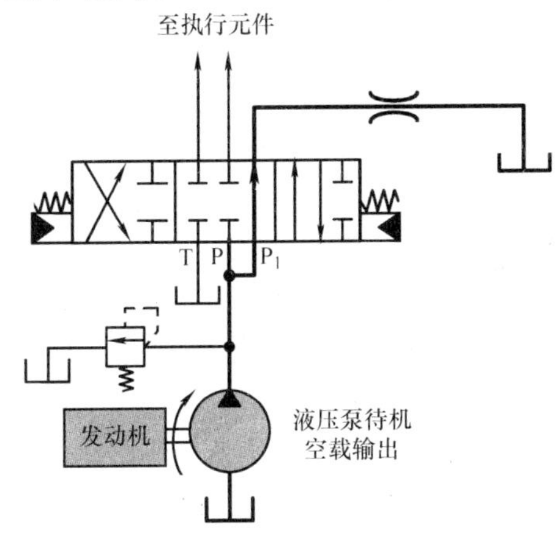

图 7-29　传统自动怠速中位环流图

据统计，大多数工程机械停止工作等待作业的怠速工况约占总运行时间的 30%，若能降低此时动力系统的输出能量，将大幅降低系统的噪声污染和能量损耗，因此，现在大多数工程机械都设计了自动怠速功能。传统自动怠速控制实际上是在发动机高低两级转速之间的切换控制，通过发动机自动在小转速范围内调节转速，保证发动机工作在高效工作区，同时减小液压系统的能量损耗。近年来国内外学者对传统发动机型自动怠速的转速切换响应速度和节能效率进行了研究，但仍存在以下不足之处：①发动机调速范围窄且怠速转速不能太低，一般只是在转速差较小的两级转速之间切换；②怠速时，只是简单地降低转速，仍存在大量无功损耗，节能效率不高；③取消自动怠速时，液压泵出口难以快速建立起克服负载所需的压力。

混合动力技术在工程机械的节能减排方面取得了一定的效果，但仍存在油耗降低有限且成本较高、难以商业化的问题，同时无法从根本上解决排放污染等不足之处。传统工程机械的动力驱动都是利用定角速度的柴油发动机和变排量的液压泵实现泵控负载传感控制，而纯电驱动系统可以采用变转速动力电动机代替发动机来驱动定量液压泵实现变流量功能，辅以先进的液压驱动系统达到全局功率匹配，能够充分发挥挖掘机效能并且真正实现了零排放的节能环保效果。因此，考虑到传统工程机械发动机自动怠速系统的不足，本书编者提出一种基于动力电动机调速和液压蓄能器辅助驱动的负载敏感型自动怠速系统。

7.3.2　新型自动怠速系统工作原理

1. 系统特征

图 7-30 为新型自动怠速系统原理图，其主要特征为：自动怠速时，对液压蓄

能器充油以提前建立起与克服最大负载相适应的压力，电动机的转速可降到整机能耗最低点，从而实现节能、减噪，同时又保证了取消自动怠速时，即使电动机的转速响应不足时，仍然可以依靠液压蓄能器的压力油辅助液压泵快速建立起克服负载所需的压力。相对传统的基于发动机转速控制的自动怠速控制系统，该系统具有以下特色。

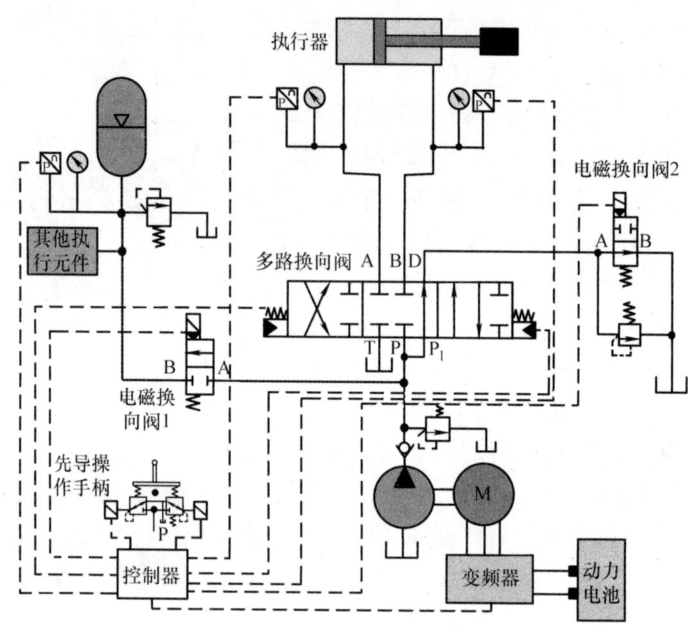

图 7-30　新型自动怠速系统原理图[3]

1）结合图 7-31 的实测永磁同步电动机的效率特性图，动力电动机调速范围较宽，工作在低速时额定效率仍能达到 90%以上，且噪声小和无污染。新型自动怠速系统基于动力锂电池电量储存单元，动力系统采用变频动力电动机驱动定量液压泵的结构实现液压泵的变流量功能，充分利用变频调速的高效率驱动性能和良好控制特性，达到动力系统与负载的全功率匹配。

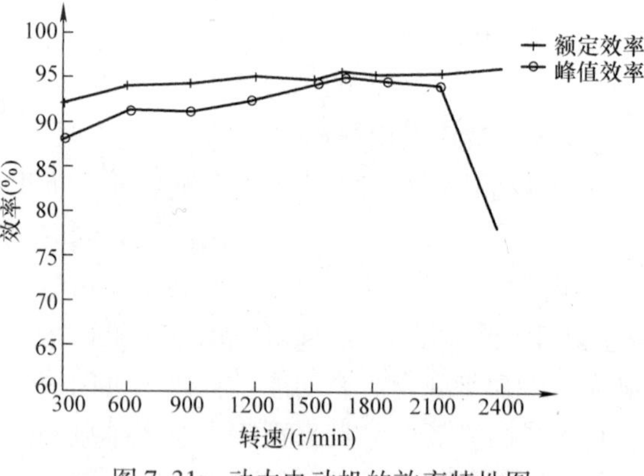

图 7-31　动力电动机的效率特性图

2）液压泵出口处配置了具有负载压力适应功能的液压蓄能器辅助驱动单元，取消自动怠速时辅助液压泵出口快速建立起克服负载所需的压力。

3）多路阀中位回油增加了压力加载单元，保证基于负流量原理的多路阀处于中位时，切断液压泵和油箱连接，保证液压泵对液压蓄能器进行充油，完成负载压力适应控制。

2. 系统工作原理

当先导操作手柄回到中位，控制器检测到先导操作手柄两侧压差绝对值小于某正值，此时控制器发出信号，使多路换向阀处于中位，新型自动怠速系统分为一级自动怠速、二级自动怠速和取消自动怠速三个阶段。

1）一级自动怠速通过比较液压蓄能器压力和负载最大压力的关系，决定是否需要用液压泵对液压蓄能器充油，使液压蓄能器压力匹配负载最大压力。若蓄能器的压力低于执行器两腔最大压力某设定阈值时，此时控制器使电磁换向阀 1 和 2 均通电，液压泵通过电磁换向阀 1 给蓄能器充油，控制器使变频电动机处于一级怠速转速；当控制器检测到蓄能器压力达到设定值后，控制器使电磁换向阀 1 和 2 均处于断电状态，液压泵通过电磁换向阀 2 回油卸荷，从而降低了怠速工作时液压泵和动力电动机的无功损耗。这一过程即为一级怠速过程。

2）二级自动怠速无须考虑负载最大压力匹配问题，动力系统输出功率只须满足维持整机运转的摩擦损耗，使整机能耗降到最低点。当控制器检测到操作手柄处于中位的时间超过设定时间后，此时进入二级怠速控制阶段，控制器控制动力电动机处于较低的二级转速下运转。

3）取消自动怠速时液压蓄能器释放压力油，辅助液压泵出口快速建立起克服负载所需的压力，合理匹配液压泵和液压蓄能器的输出流量，共同驱动执行器平稳恢复工作。当先导操作手柄离开中位，控制器检测到先导操作手柄两侧压力差绝对值大于设定值 δ，此时需要取消怠速工况恢复正常工作，控制器根据先导手柄信号使多路换向阀处于相应工位，电磁换向阀 1 和 2 均通电，切断液压泵与油箱的通路，并将蓄能器中储存的液压油引入到多路换向阀的进油口，辅助液压泵快速建立压力，促使执行器快速恢复目标运动；当蓄能器的出口压力小于等于液压泵的出口压力时，电磁换向阀 1 断电，使蓄能器的压力保持恒定。

7.3.3　新型自动怠速的数学模型

图 7-32 所示为新型自动怠速系统的结构简图，通过建立系统的数学模型来分析新型自动怠速系统的控制特性。先作出如下假设。

1）忽略电磁换向阀对执行器速度特性的影响。

2）这里只考虑液压缸伸出的运动，忽略由于液压缸的活塞运动对液压缸无杆腔、液压蓄能器和液压泵之间压力容腔体积的影响。

3）液压缸和液压泵均无弹性负载。

4）系统安全阀未溢流，补油单向阀未打开。

5）液压泵的进口压力为零。

（1）变频器 - 动力电动机环节的电磁力矩方程

采用异步电动机作为动力电机，由于异步电动机的电磁瞬变过程要比机电瞬变过程快得多，而且考虑到变转速容积调速系统的动态过程中，变频器－动力电动机的电磁场产生目标电磁转矩的时间远小于液压泵－动力电动机的机械响应时间，因此变频器和动力电动机可以假设为一个比例环节：

$$T_m = K_m(\omega_t - \omega) \tag{7-17}$$

式中，T_m 为动力电动机的电磁力矩（N·m）；K_m 为动力电动机转矩和转速差的比例系数；ω_t 为动力电动机目标角速度（rad/s）；ω 为动力电动机的角速度(rad/s)。

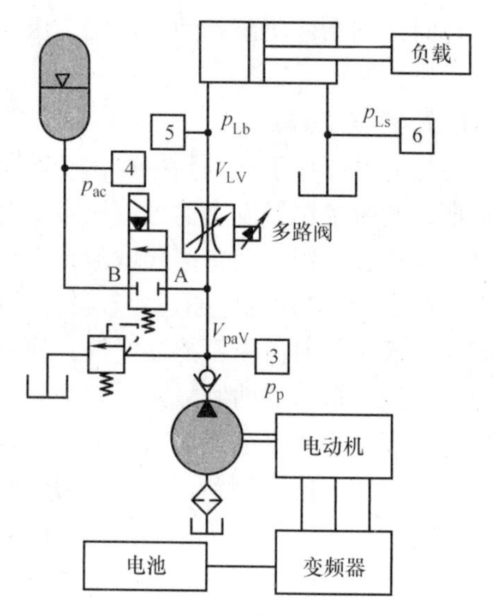

图 7-32　新型自动怠速系统的结构简图

（2）液压泵输出流量方程

$$\begin{aligned} q_p &= q_p\omega - (C_{ip} + C_{ep})p_p \\ &= q_p\omega - C_{tp}p_p \end{aligned} \tag{7-18}$$

式中，q_p为液压泵的排量（m^3/rad）；C_{ip}和 C_{ep}分别为液压泵的内泄漏和外泄漏系数［m^3/(Pa·s)］；C_{tp}为泵的总泄漏系数［m^3/(Pa·s)］，$C_{tp} = C_{ip} + C_{ep}$；p_p为泵的出口压力（Pa）。

（3）动力电动机－液压泵的负载力矩方程

如上述假设，忽略弹性负载与外干扰力矩，则动力电动机－液压泵的负载转矩方程为：

$$T_L = q_p p_p \tag{7-19}$$

电动机－泵的转矩平衡方程为：

$$T_m - T_L = J\frac{d\omega}{dt} + b_m\omega \tag{7-20}$$

式中，T_L为液压泵的负载力矩（N·m）；J 为液压泵、电动机及联轴器的总转动惯量（kg·m^2）。b_m为粘性阻尼系数（N·m·s/rad）。

（4）比例方向多路阀的流量方程

$$q_C = K_q x_v + K_C(p_p - p_{Lb}) \tag{7-21}$$

式中，q_C为流过比例方向多路阀的流量（m^3/s）；K_q为比例方向多路阀的流量增益（m^2/s）；K_C为比例方向多路阀的流量压力系数［m^3/(Pa·s)］；x_v为比例方向多路阀阀口开度位移（m）；p_{Lb}为液压缸无杆腔压力（Pa）。

（5）液压蓄能器的流量方程

$$q_{ac}=\frac{V_0}{p_0}\frac{dp_{ac}}{dt} \tag{7-22}$$

式中，q_{ac}为液压蓄能器的输出流量（m^3/s）；p_0和p_{ac}分别为液压蓄能器的充气压力和工作压力（Pa）；V_0为液压蓄能器的额定体积（m^3）。

（6）油液的连续性方程

液压缸的连续性方程为：

$$\frac{V_{LV}}{\beta_e}\frac{dp_{Lb}}{dt}+A_1v_a=q_c-C_{ia}(p_{Lb}-p_{Ls})-C_{ea}p_{Lb} \tag{7-23}$$

液压泵的连续性方程为：

$$\frac{V_{paV}}{\beta_e}\frac{dp_p}{dt}=q_p+q_{ac}-q_c \tag{7-24}$$

式中，β_e为有效体积模量（Pa）；V_{paV}为泵、液压蓄能器和比例方向多路阀之间的体积（m^3）；V_{LV}为液压缸无杆腔和比例方向多路阀之间的体积（m^3）；A_1为液压缸无杆腔的有效作用面积（m^2）；v_a为液压缸的运行速度（m/s）；C_{ia}和C_{ea}分别为液压缸的内泄漏和外泄漏系数[$m^3/(Pa\cdot s)$]，两者之和为液压缸的总泄漏系数C_{ta}[$m^3/(Pa\cdot s)$]，$C_{ta}=C_{ia}+C_{ea}$。

当液压缸作伸出运动时，有杆腔的压力为零，即$p_{Ls}=0$。因此，方程（7-24）可以写成：

$$K_qx_v+K_Cp_p-(K_C+C_{ta})p_{Lb}-A_1v_a=\frac{V_{LV}}{\beta_e}\frac{dp_{Lb}}{dt} \tag{7-25}$$

（7）液压缸的力平衡方程

$$m\frac{dv_a}{dt}=p_{Lb}A_1-b_cv_a-F_{com} \tag{7-26}$$

式中，m为液压缸活塞及负载折算到活塞杆上的总质量（kg）；b_c为液压缸活塞及负载的粘性阻尼［$N/(m/s)$］；F_{com}为液压缸伸出时受到的库伦摩擦阻力（N）。

根据上述方程，由拉普拉斯变换并整理可得：

$$K_m\omega_t-q_pp_p(s)=(Js+K_m+b_m)\omega(s) \tag{7-27}$$

$$q_p\omega(s)-K_qx_v(s)+K_Cp_{Lb}(s)+\frac{V_0s}{p_0}p_{ac}(s)=\left(\frac{V_{LV}s}{\beta_e}+C_{tp}+K_C\right)p_p(s) \tag{7-28}$$

$$K_qx_v(s)+K_Cp_p(s)-A_1v_a(s)=\left(\frac{V_{paV}s}{\beta_e}+C_{tc}+K_C\right)p_{Lb}(s) \tag{7-29}$$

$$A_1p_{Lb}(s)=(ms+b_c)v_a(s)+F_{com} \tag{7-30}$$

最后整理化简得到：

$$v_a(s)=\frac{1}{A_1+\left(\frac{V_{LV}}{\beta_e}s+C_{ta}\right)\frac{(ms+b_c)}{A_1}}\left\{-\left[\frac{q_p^2}{Js+K_m+b_m}+\frac{V_{paV}}{\beta_e}s+C_{tp}\right]p_p(s)\right.$$

$$+\frac{K_{m}q_{p}\omega_{t}(s)}{Js+K_{m}+b_{m}}+\frac{V_{0}s}{p_{0}}p_{ac}(s)-\left(\frac{V_{LV}}{\beta_{e}}s+C_{ta}\right)\frac{F_{com}}{A_{1}}\Big\} \tag{7-31}$$

在分析液压缸速度特性时，暂时不考虑动力电动机特性和库伦摩擦阻力（看作常数）对液压缸速度的影响，同时忽略液压泵和液压缸的泄漏影响。因此，式(7-31）可以化简为：

$$\begin{aligned}v_{a}(s)&=\frac{-\beta_{e}A_{1}V_{paV}s}{A_{1}^{2}\beta_{e}+V_{LV}(ms+b_{c})s}p_{p}(s)+\frac{(\beta_{e}A_{1}V_{0}/p_{0})s}{[A_{1}^{2}\beta_{e}+V_{LV}(ms+b_{c})s]}p_{ac}(s)\\&=\frac{A_{1}}{A_{1}^{2}\beta_{e}+V_{LV}(ms+b_{c})s}\left[-V_{paV}dp_{p}(s)+\frac{\beta_{e}V_{0}}{p_{0}}dp_{ac}(s)\right]\end{aligned} \tag{7-32}$$

式中，dp_{p}和dp_{ac}分别为液压泵和液压蓄能器的压力变化率。

如果不考虑液压蓄能器对液压缸速度的影响，则可以得到传统自动怠速系统的液压缸速度控制方程：

$$v_{a}(s)=\frac{-A_{1}V_{paV}dp_{p}(s)}{A_{1}^{2}\beta_{e}+V_{LV}(ms+b_{c})s} \tag{7-33}$$

因此可以得到传统自动怠速系统的液压固有频率和阻尼比为：

$$\omega_{h1}=A_{1}\sqrt{\frac{\beta_{e}}{mV_{LV}}} \tag{7-34}$$

$$\xi_{h1}=\frac{b_{c}}{2A_{1}}\sqrt{\frac{V_{LV}}{m\beta_{e}}} \tag{7-35}$$

因此从上面的公式可以看出，两种自动怠速系统的区别在于，有液压蓄能器的自动怠速系统同时还受到液压蓄能器压力变化率的影响。从上述传递函数可以看出，液压缸的速度特性同时受液压蓄能器的额定体积V_{0}和充气压力p_{0}，以及执行器与比例方向阀之间的体积V_{LV}、液压泵、液压蓄能器和比例方向多路阀之间的体积V_{paV}影响。下面将对这些影响因素进行仿真研究。

7.3.4 新型自动怠速的控制策略

1. 分段控制划分规则

传统的自动怠速系统不具备负载最大压力的适应功能。新型自动怠速系统中增加了液压蓄能器和负载最大压力检测单元。如表 7-2 所示，编者提出了一种新型自动怠速分段划分规则，此规则根据先导压差信号、所设定的怠速时间以及负载最大压力信号来确定。即：

$$\Delta p_{c}=p_{i1}-p_{i2} \tag{7-36}$$

式中，Δp_{c}为先导操作手柄压力差；p_{i1}为先导操作手柄一侧压力；p_{i2}为先导操作手柄另一侧压力；设定T_{C1}为一级自动怠速时间；T_{C2}为二级自动怠速时间；p_{i4}为液压蓄能器压力；p_{L}为负载最大压力；Δp_{a}为液压蓄能器压力判断阈值。其中两级自动怠速时间可以根据实际作业周期来调整。

表7-2　新型自动怠速分段划分规则

分段模式		划分规则
怠速模式	一级怠速	$\lvert \Delta p_c \rvert < \delta$ 且 $t \geqslant T_{C1}$ 且 $p_{i4} - p_L < -\Delta p_a$
	二级怠速	$\lvert \Delta p_c \rvert < \delta$ 且 $t - T_{C1} \geqslant T_{C2}$ 且 $p_{i4} - p_L \geqslant -\Delta p_a$
取消自动怠速模式		$\lvert \Delta p_c \rvert \geqslant \delta$

当$\lvert \Delta p_c \rvert < \delta$、$t \geqslant T_{C1}$且$p_{i4} - p_L < -\Delta p_a$时，系统进入一级自动怠速模式；当$\lvert \Delta p_c \rvert < \delta$且$t - T_{C1} \geqslant T_{C2}$、$p_{i4} - p_L \geqslant -\Delta p_a$时，系统进入二级自动怠速模式；当$\lvert \Delta p_c \rvert \geqslant \delta$时，取消自动怠速模式，恢复目标工作状态。其中，为避免手柄处于中位时受到噪声干扰，取δ为一个大于0的较小正值。

2. 分段控制策略研究

新型自动怠速控制是动力电机在不同转速状态之间的切换控制，主要包括从高速到低速的降速控制和从低速到高速的升速控制。对于降速控制，主要考虑系统的节能性，而怠速转速的高低是影响系统能耗的主要因素；对于升速控制，则主要考虑系统的操控性，要求从怠速状态恢复到正常工作的过渡过程平稳、时间短。根据系统关键元件的效率特性和性能要求，本研究中暂时设定一级怠速转速为800r/min，二级怠速转速为500r/min。综合考虑以上要求提出如图7-33所示的新型自动怠速控制策略算法流程图。

（1）一级自动怠速控制策略

工程机械在一级自动怠速阶段采用最大负载压力适应控制，使液压泵和液压蓄能器共同匹配负载。整机控制器实时检测液压蓄能器回路压力p_{i4}和执行元件两腔最大负载压力$p_L = \max\{p_{i5}, p_{i6}\}$，根据设定的液压蓄能器压力判断阈值$\Delta p_a$进行负载最大压力适应控制。具体控制策略如下。

当$\lvert \Delta p_c \rvert < \delta$且$t \geqslant T_{C1}$时，整机控制器输出的动力电动机转速控制信号$n_t$：

$$n_t = 800\text{r/min}$$

当$p_{i4} - p_L > \Delta p_a$时，只须保证液压蓄能器压力与负载最大压力相适应，多余的液压蓄能器液压油供其他液压回路使用，系统进入二级自动怠速判断程序。

当$p_{i4} - p_L < -\Delta p_a$时，整机控制器控制电磁换向阀1接通、电磁换向阀2断开，液压泵给液压蓄能器充油，当液压蓄能器压力与负载最大压力相适应时，控制电磁换向阀1断开、电磁换向阀2接通，液压泵通过多路阀中位回油卸荷，进入二级自动怠速判断程序。

当$-\Delta p_a \leqslant p_{i4} - p_L \leqslant \Delta p_a$时，液压蓄能器压力与负载最大压力相适应，系统进入二级自动怠速判断程序。

两个电磁换向阀的控制规则均可表示为：

$$C_1 = C_2 = \begin{cases} 1, p_{i4} - p_L < -\Delta p_a \\ 0, p_{i4} - p_L \geqslant -\Delta p_a \end{cases} \tag{7-37}$$

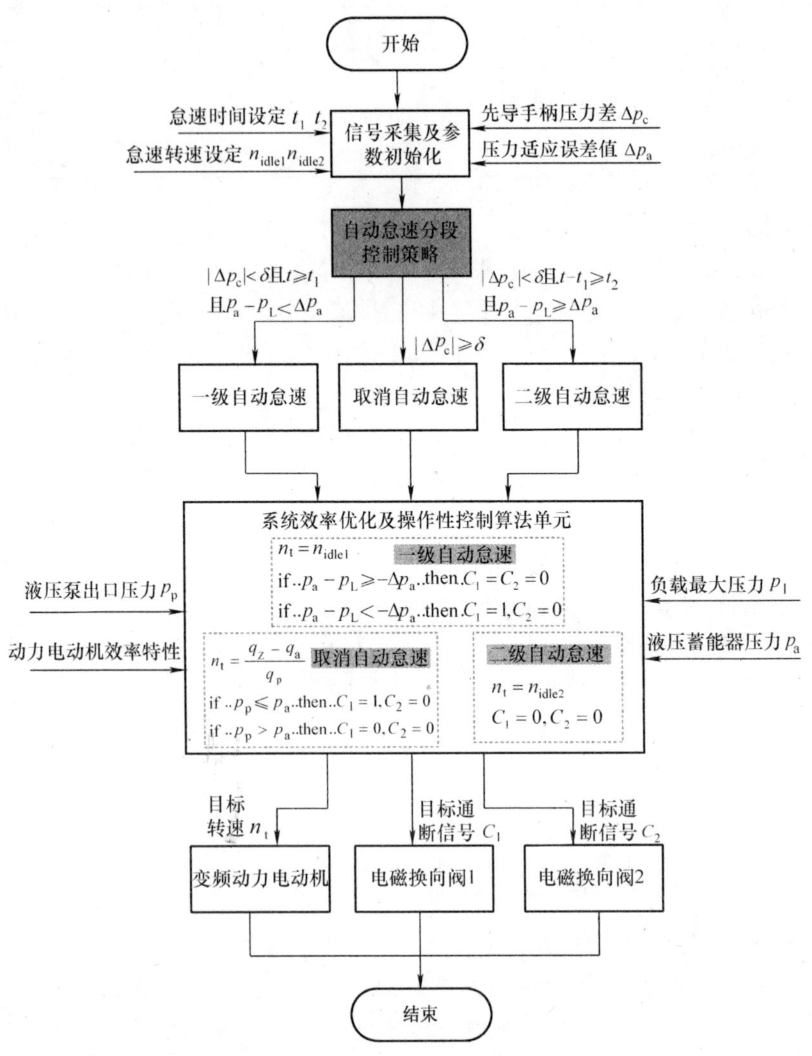

图 7-33 新型自动怠速控制策略算法流程图

（2）二级自动怠速控制策略

工程机械在二级自动怠速阶段无须考虑负载的最大压力问题，但需要综合考虑系统关键元件的效率特性和性能要求，采用最低能耗控制，使动力电机转速降到整机能耗最低点。系统进入一级自动怠速后，若工程机械继续停止工作的时间 t 超过所设定的二级怠速时间 T_{C2}，则工程机械进入二级自动怠速状态，进一步降低整机所浪费的能量。即当 $|\Delta p_c|<\delta$ 且 $t-T_{C1}\geqslant T_{C2}$ 时，整机控制器输出的动力电动机转速控制信号 n_t 为：

$$n_t=500\text{r/min}$$

（3）取消自动怠速控制策略

当 $|\Delta p_c| \geqslant \delta$ 时，系统取消自动怠速，恢复正常工作状态。该阶段采用基于变转速的全局正流量控制策略：合理匹配液压泵和液压蓄能器的输出流量，共同驱动执行器运动。

由于液压蓄能器具有缓冲作用，因此在液压泵出口重新建立起目标压力的动态过程中，供油管路压力变化引起的系统供油量的变化可以忽略不计。此时执行器主动腔、液压蓄能器和液压泵之间的流量关系满足：

$$q_z = q_p + q_a \tag{7-38}$$

式中，q_z 为执行元件主动腔流量；q_p 为液压泵输出流量；q_a 为蓄能器释放的流量。

1）动力电机目标转速控制策略。液压泵出口建立起所需压力大约需要 2～3s，因此液压蓄能器只在短时间内起作用，可以认为液压蓄能器内的气体压缩和膨胀过程为绝热过程，与外界无热交换，取液压蓄能器多变系数 $n=1.4$。

根据液压蓄能器的气体状态方程：

$$p_0 V_0^n = p_x (V_0 + \Delta V)^n \tag{7-39}$$

式中，p_0 为初始充气压力；V_0 为初始容积；p_x 为某时刻的气体压力；ΔV 为气体体积变化量。

则蓄能器内气体的体积变化量为：

$$\Delta V = V_0 - V_0 \left(\frac{p_0}{p_x}\right)^{\frac{1}{x}} \tag{7-40}$$

因此，蓄能器输出流量为：

$$q_a = \frac{\mathrm{d}\Delta V}{\mathrm{d}t} = -\frac{V_0 p_0^{\frac{1}{n}}}{n} (p_x)^{\frac{-1-n}{n}} \frac{\mathrm{d}p_x}{\mathrm{d}t} \tag{7-41}$$

式中，负号表示液压蓄能器释放压力油。

根据先导压差信号和执行元件主动腔面积计算出目标流量 q_z，即

$$q_z = k_{vc} \Delta p_c A \tag{7-42}$$

式中，k_{vc} 为执行元件目标速度与先导压差的比例系数；A 为执行元件无杆腔面积。

则液压泵的目标输出流量方程为：

$$q_p = q_z - q_a \tag{7-43}$$

根据目标流量和定量液压泵的排量可以计算出动力电动机的基准控制信号 n_t，即

$$n_t = \frac{q_p}{V_p} = \frac{k_{vc} \Delta p_c A - \dfrac{V_0 p_0^{\frac{1}{n}}}{n} (p_x)^{\frac{-1-n}{n}} \dfrac{\mathrm{d}p_x}{\mathrm{d}t}}{V_p} \tag{7-44}$$

式中，V_p为液压泵排量。

由于液压泵和动力电动机工作在转速过低区域的效率较低，且考虑到取消自动怠速时的操控性能，因此均应保证动力电动机处于升速状态；此外，执行元件工作过程中可能会碰到突变载荷而阻碍执行元件运动，使得执行元件的速度降低，此时液压系统只需提供高压小流量即可维持执行元件缓慢运动，若此时液压泵输出流量很大，必然会导致大量的液压油产生溢流而造成较大损耗。为了保证动力电动机和液压泵的工作效率，避免液压泵大量溢流造成损耗，提出以下两种动力电动机目标转速修正方法。

① 动力电动机转速反馈修正方法。若计算出的动力电动机目标转速比怠速转速还低，则维持怠速转速不变；相反，若计算出的动力电动机目标转速比怠速转速高，则动力电动机从怠速转速恢复至目标转速。故动力电动机转速反馈修正系数k_{mn}为

$$k_{mn}=\begin{cases}1, n_t \geqslant n_c \\ \dfrac{n_c}{n_t}, n_t < n_c\end{cases} \tag{7-45}$$

式中　n_c为动力电动机怠速速度，即

$$n_c=\begin{cases}800, |\Delta p_c| < \delta \text{ 且 } t \geqslant T_{C1} \\ 500, |\Delta p_c| < \delta \text{ 且 } t - T_{C1} \geqslant T_{C2}\end{cases} \tag{7-46}$$

② 刚性负载反馈修正方法。由于液压泵出口压力反映负载的大小，因此可以通过实时检测液压泵出口压力与设定的安全阀压力阈值作比较，动态修正动力电机目标转速，刚性负载反馈修正系数k_{mp}为：

$$k_{mp}=\begin{cases}1, p_{i3} \leqslant p_{pc} \\ \dfrac{p_{pc}}{p_{i3}}, p_{i3} > p_{pc}\end{cases} \tag{7-47}$$

式中，p_{i3}为液压泵出口压力；p_{pc}为液压泵的安全阀压力阈值。

综上所述，动力电机的实际控制信号为：

$$n_m = n_t k_{mn} k_{mp} \tag{7-48}$$

图7-34为取消自动怠速时动力电动机转速的控制策略，根据上述两个反馈修正方法分别设定动力电动机转速反馈修正流量计算单元和刚性负载反馈修正流量计算单元。

2）电磁换向阀控制策略。通过比较液压泵出口压力与执行器主动腔压力的大小，判断是否需要液压蓄能器辅助驱动执行器，其控制原则是为：

$$C_1=\begin{cases}1, |\Delta p_c| > \delta \text{ 且 } p_{i3} < p_1 \\ 0, |\Delta p_c| > \delta \text{ 且 } p_{i3} \geqslant p_1\end{cases} \tag{7-49}$$

3. 液压蓄能器与最大负载适应压差优化策略

在一级自动怠速中，液压泵直接对液压蓄能器充油，使液压蓄能器压力与负载

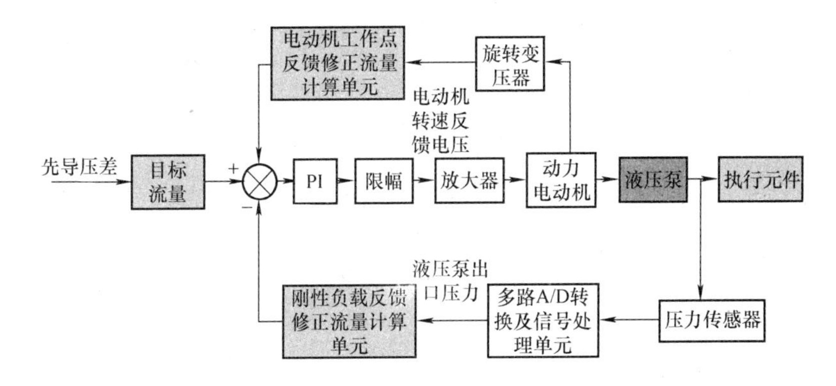

图7-34　动力电动机的控制策略

最大压力相适应。取消自动怠速恢复正常工作时，当先导操作手柄突然拨到最大位置，虽然动力电动机立即向目标转速恢复，但这期间仍存在一定的响应时间，因此，由于泵的最初输出流量太低而不能保证执行元件达到目标运行速度。除此之外，液压泵或液压蓄能器输出的压力油经过多个液压阀和管路到达执行元件主动腔，沿程会有部分压力损耗，使执行器得不到充足的驱动力。由式（7-52）和式（7-55）的系统速度控制传递函数可以看出，液压蓄能器的压力变化特性对执行元件速度有重要影响。因此，在一级自动怠速对液压蓄能器充油时需要适当控制液压蓄能器与最大负载之间的压力差：若压差过大，则执行元件会突然运动，造成较大冲击且导致液压阀的额外损耗；若压差过小，则执行元件无法达到目标速度。因此，优化液压蓄能器与最大负载压力 p_{Lmax}之间的压差，对提高系统的操控性能和节能效率非常关键。

系统最大负载压力为：

$$p_{\mathrm{Lmax}} = \max(p_{\mathrm{Lb}}, p_{\mathrm{Ls}}) \tag{7-50}$$

式中，p_{Lb}为执行元件无杆腔压力（MPa）；p_{Ls}为执行元件有杆腔压力（MPa）。

执行元件的目标运行速度为：

$$v_{\mathrm{t}} = k(p_{\mathrm{Lb}} - p_{\mathrm{Ls}}) \tag{7-51}$$

式中，k 为执行元件目标运行速度与执行元件两腔压力差之间的比例关系。

执行元件的实际运行速度为：

$$v = \frac{q_{\mathrm{p}} n_{\mathrm{p}} - (C_{\mathrm{ip}} + C_{\mathrm{ep}}) p_{\mathrm{p}} + q_{\mathrm{ac}}}{A_{\mathrm{L}}} \tag{7-52}$$

式中，q_{p}为液压泵的排量（$\mathrm{m^3/rad}$）。n_{p}为液压泵的转速（rad/s）；C_{ip}和 C_{ep}分别为液压泵的内泄漏和外泄漏系数，$\mathrm{m^3/(Pa \cdot s)}$；$p_{\mathrm{p}}$为液压泵出口压力（Pa）$q_{\mathrm{ac}}$为液压蓄能器的流量（$\mathrm{m^3/s}$）；$A_{\mathrm{L}}$为执行器驱动腔的有效作用面积（$\mathrm{m^2}$）。

根据波义耳定律，蓄能器的气体状态方程为：

$$p_{\mathrm{a0}} V_0^{1.4} = p_{\mathrm{ax}} (V_0 \pm \Delta V)^n \tag{7-53}$$

式中，p_{a0}为液压蓄能器的充气压力（MPa）；V_0为液压蓄能器充气压力p_{a0}下的体积（m^3）；p_{ax}为液压蓄能器的工作压力（MPa）；ΔV 为液压蓄能器的体积变化量（m^3）。由于液压蓄能器释放压力油的时间很短，少于5s，因此此过程可以看作绝热过程，取 $n=1.4$。

因此，液压蓄能器的体积变化量为：

$$\Delta V = \pm V_0 \mp V_0 \left(\frac{p_{a0}}{p_{ax}}\right)^{\frac{1}{n}} \tag{7-54}$$

对方程（7-54）求导，得到液压蓄能器的流量方程为：

$$\begin{aligned} q_{ac} &= \frac{\mathrm{d}\Delta V}{\mathrm{d}t} \\ &= \pm \frac{V_0 p_{a0}^{\frac{1}{n}}}{n}(p_{ax})^{\frac{-1-n}{n}} \frac{\mathrm{d}p_{ax}}{\mathrm{d}t} \end{aligned} \tag{7-55}$$

取消自动怠速时，最初阶段是由液压蓄能器释放的压力油来驱动执行器运动，因此可以得到释放过程中，液压蓄能器的压力变化率为：

$$\begin{aligned} \frac{\mathrm{d}p_{ax}}{\mathrm{d}t} &= \pm \frac{q_{ac} n}{V_0 p_{a0}^{\frac{1}{n}}(p_{ax})^{\frac{-1-n}{n}}} \\ &= \pm \frac{v A_L n}{V_0 p_{a0}^{\frac{1}{n}}(p_{ax})^{\frac{-1-n}{n}}} \\ &\geqslant \pm \frac{v A_L n}{V_0 p_{a0}^{\frac{1}{n}}(1.2 p_{a0})^{\frac{-1-n}{n}}} \\ &= \pm \frac{v A_L \times 1.4 p_{a0}}{V_0 \times 1.2^{\frac{-2.4}{1.4}}} \\ &\approx \pm \frac{v A_L p_{a0}}{V_0} \end{aligned} \tag{7-56}$$

因此，可以得到液压蓄能器与最大负载压力之间的压差控制方程为：

$$\begin{aligned} \Delta p &= p_a - p_L \\ &= \int \frac{A_L p_0 v}{V_0}\mathrm{d}t + \Delta p_{valve} \end{aligned} \tag{7-57}$$

式中，p_a为液压蓄能器压力（MPa）；p_L为最大负载压力（MPa）；p_0为蓄能器充气压力（MPa）；Δp_{valve}为液压系统中液压阀和管路的压力损耗（MPa）。

然而，决定执行元件实际速度的先导信号和负载信号在下一个工作周期是不确定的，因此在本研究中用最大目标运行速度来替代实际速度。则液压蓄能器与最大负载压力之间的压差 Δp 控制方程可表示为：

$$\Delta p = p_a - p_L$$

$$= \Delta p_{\mathrm{valve}} + \int \frac{A_{\mathrm{L}} p_0 v_{\mathrm{tmax}}}{V_0} \mathrm{d}t \tag{7-58}$$

式中，v_{tmax}为执行元件的最大目标运行速度（m/s）。

根据方程（7-58）可知，压差 Δp 可以分为两部分：第一部分为电磁换向阀 1、多路阀和管路的压力损耗。第二部分是液压蓄能器的压力变化量，主要取决于液压蓄能器的额定体积、充气压力以及执行器的最大目标运行速度 v_{tmax}。

7.3.5　新型自动怠速的仿真

为了验证前面所提出的控制策略，本书采用 AMESim 与 MATLAB/Simulink 联合仿真平台分别对新型自动怠速系统中的机械液压部分和控制部分进行建模，充分利用两个软件分别在液压系统建模仿真与数据处理能力方面的优势对系统进行仿真分析。在建模过程中，液压、机械等模型均在 AMESim 环境中建立，而控制策略模型则通过 MATLAB/Simulink 中的 S－Function 编程实现，两个模型通过联合仿真接口传输数据，所建模型如图 7-35 和图 7-36 所示。

1. 分段控制策略仿真研究

图 7-37 为所提出的新型自动怠速系统根据先导信号和负载信号变化，动力电动机的转速变化曲线。①先导操作手柄处于中位并且执行元件停止工作 3s；②当先导操作手柄一直处于中位 8s，即执行元件停止工作 8s，则控制器发出控制指令，使动力电动机转速降到一级怠速转速 800r/min.；③执行元件继续停止工作 25s，则控制器发出控制指令，使动力电动机转速降到二级怠速转速 500r/min，进一步降低能量损耗。④当控制器检测到先导操作手柄离开中位（即要恢复正常作业），则使动力电动机转速迅速恢复到目标转速 1800r/min。

如图 7-38 所示，当先导操作手柄处于中位，执行元件停止运动，则执行元件的速度为 0，液压泵卸载。当动力电动机工作在一级自动怠速转速，液压泵直接对液压蓄能器充油，直到液压蓄能器储存压力与负载最大压力相适应，然后液压泵继续通过中位回油卸荷；当先导操作手柄有操作时，立即取消自动怠速，液压泵和液压蓄能器共同提供压力油来使执行元件迅速恢复运动，执行元件的运动速度取决于液压泵和液压蓄能器的压力变化速率。

从图 7-38 可以清楚地看出，取消自动怠速最初时刻，动力电动机仍处于较低的怠速状态，此时储存在液压蓄能器中的能量迅速释放出来驱动执行元件恢复运动。随着动力电动机的转速逐渐恢复，液压泵开始提供压力油，与液压蓄能器共同驱动执行元件，而液压蓄能器输出能量随着其压力降低而逐渐减少。这表明液压蓄能器能很好地辅助液压泵出口建立起克服负载所需压力。因此本书作者所提出的新型自动怠速系统能够实现分段控制策略，达到预期控制目标。

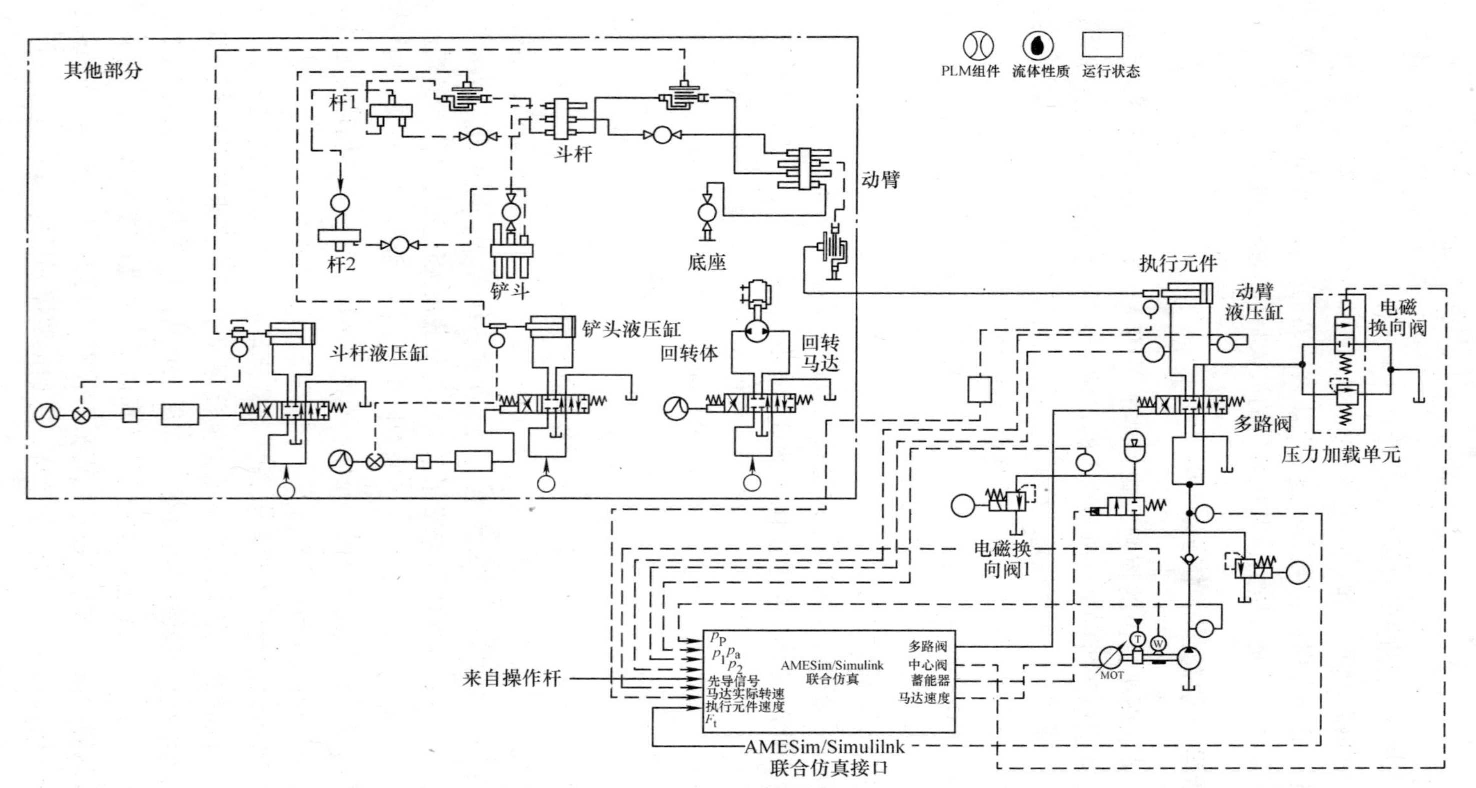

图 7-35 新型自动怠速系统仿真模型

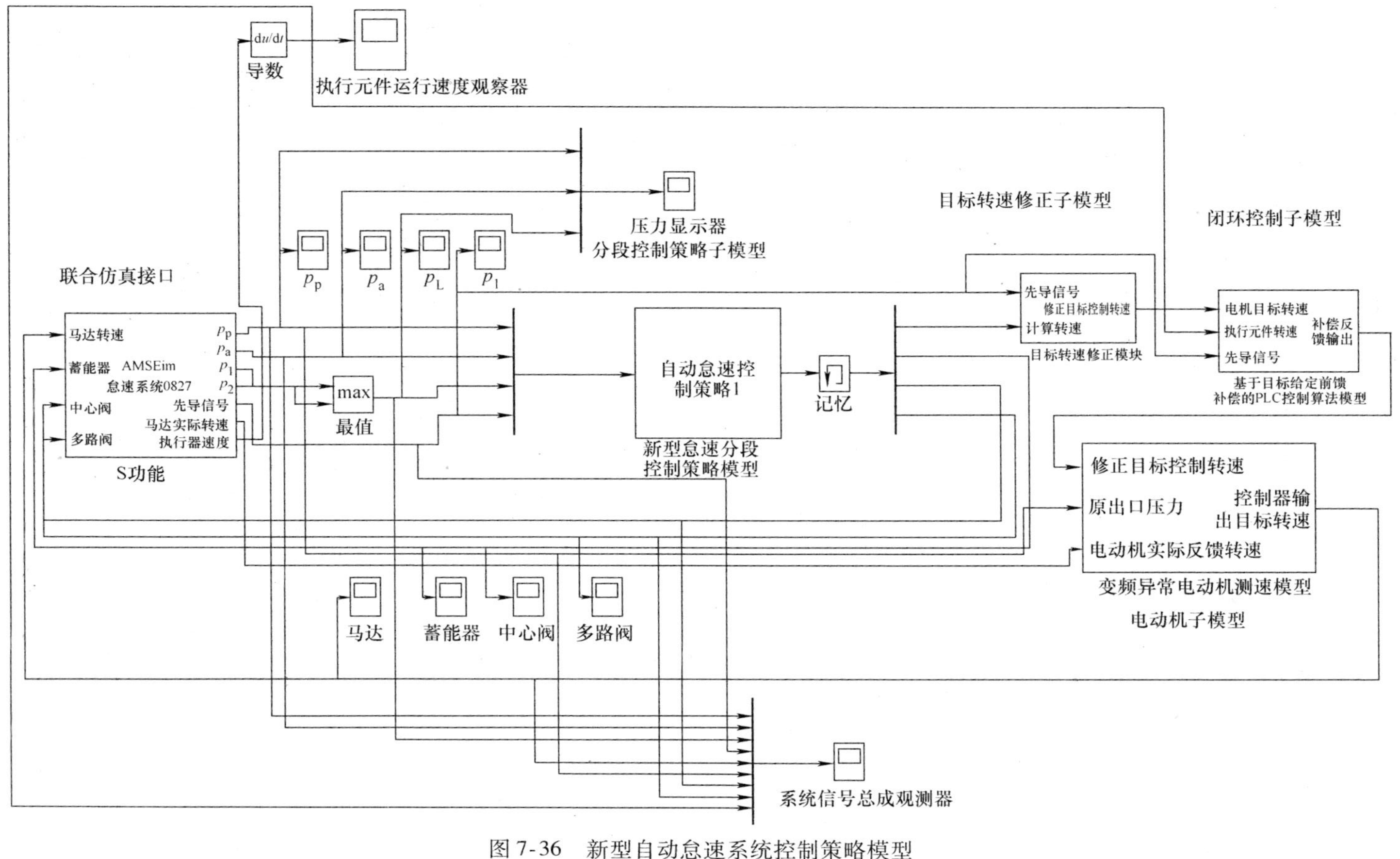

图 7-36 新型自动怠速系统控制策略模型

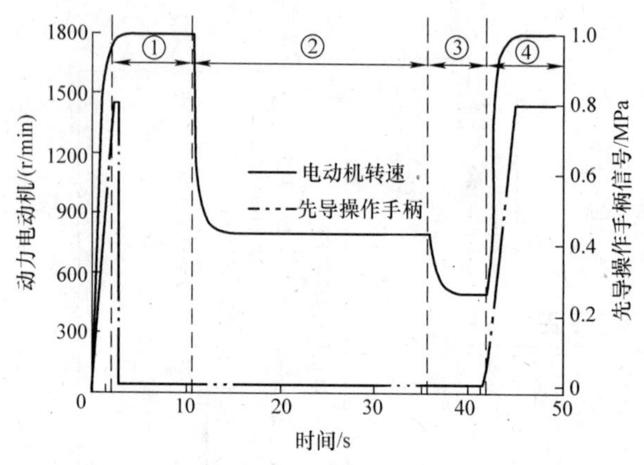

图 7-37 动力电动机转速和操作杆控制信号

①—停止工作 8s ②—一级自动怠速 25s ③—二级自动怠速 ④—取消自动怠速

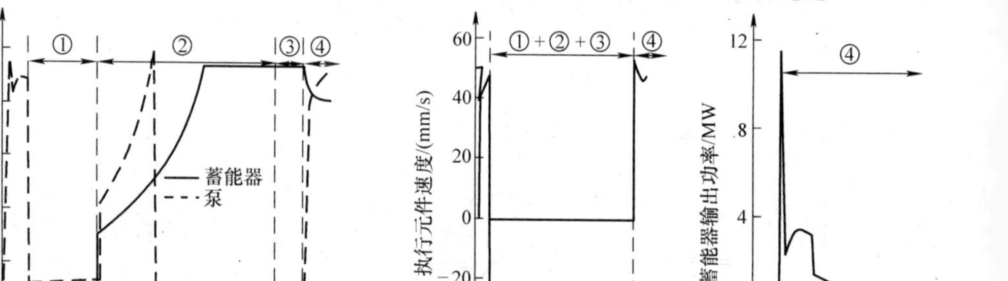

图 7-38 新型自动怠速系统关键曲线

(①～④说明见图 7-37)

2. 新型自动怠速系统控制特性影响因素仿真[4]

基于动力电动机转速控制，介绍系统关键元件参数对执行器快速响应先导信号的运行性能影响。下面这部分将介绍各种关键元件参数对自动怠速系统操控性能的影响。

(1) 液压蓄能器额定体积的影响

由图 7-39a 液压蓄能器额定体积变化的影响可以看出，液压蓄能器额定体积越大，液压蓄能器压力和液压泵出口压力达到目标压力值的时间越长。当取消自动怠速执行元件恢复运动时，液压蓄能器额定体积越大，执行元件迅速恢复的速度值越大，液压泵迅速建立的压力值越大，但液压蓄能器的压力降低值越小。同时，液压泵和液压蓄能器的压力变化率越大，执行元件的速度响应越快，在最短的时间内达到速度稳态值。由图 7-39b 液压蓄能器额定体积变化的影响可以看出，液压蓄能器的额定体积越小，执行元件越快恢复目标速度值，同时也需要更少的能量来对液压蓄能器充油储能。表 7-3 为整个自动怠速控制过程中，液压蓄能器吸收和释放能量的能量利用效率计算。可见，蓄能器体积为 1.6L 时的能量利用效率为 81.2%，而体积为 3 L 大约为 75.8%，因此体积为 1.6L 时执行元件速度响应最快且能量利用效率最高，为最佳值。

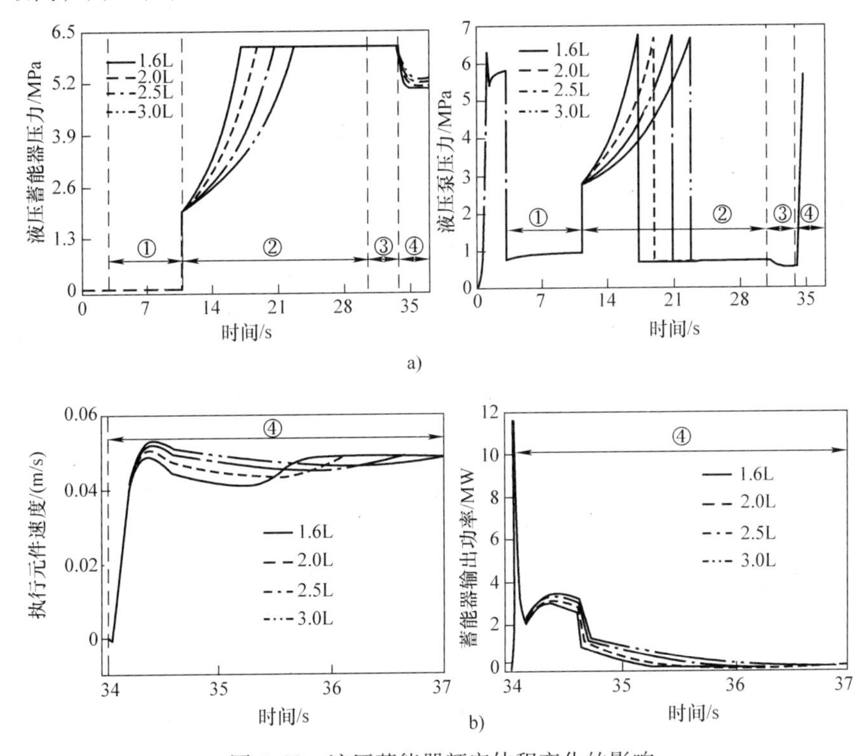

图 7-39　液压蓄能器额定体积变化的影响

a）执行元件和液压泵压力曲线　b）取消自动怠速时执行元件速度和液压蓄能器输出能量曲线（④见图 3-37）

表 7-3　不同液压蓄能器体积的能量利用效率

体积/ L	1.6	2.0	2.5	3.0
吸收能量/J	2598.278	3064.068	3589.677	4000.752
释放能量/J	2111.355	2400.395	2740.145	3032.4
效率（%）	81.2	78.3	76.3	75.8

（2）液压蓄能器充气压力的影响

图 7-40a 所示为液压蓄能器额定体积保持 1.6L 时充气压力变化对执行元件速度和液压泵出口压力的影响。从执行器速度曲线（图 7-40b）可以看到，当液压蓄能器的充气压力越小，执行器越快达到目标运行速度。但充气压力越小时，在一级自动怠速进行液压蓄能器压力适应控制时，液压泵损耗的能量也越多，而取消自动怠速恢复正常工作时，液压蓄能器的释放能量相对最小，即储存在蓄能器中的能量利用效率不高图 7-40b。综合考虑执行器的响应特性和液压蓄能器的能量利用效率，液压蓄能器的充气压力取 2MPa 最合适。

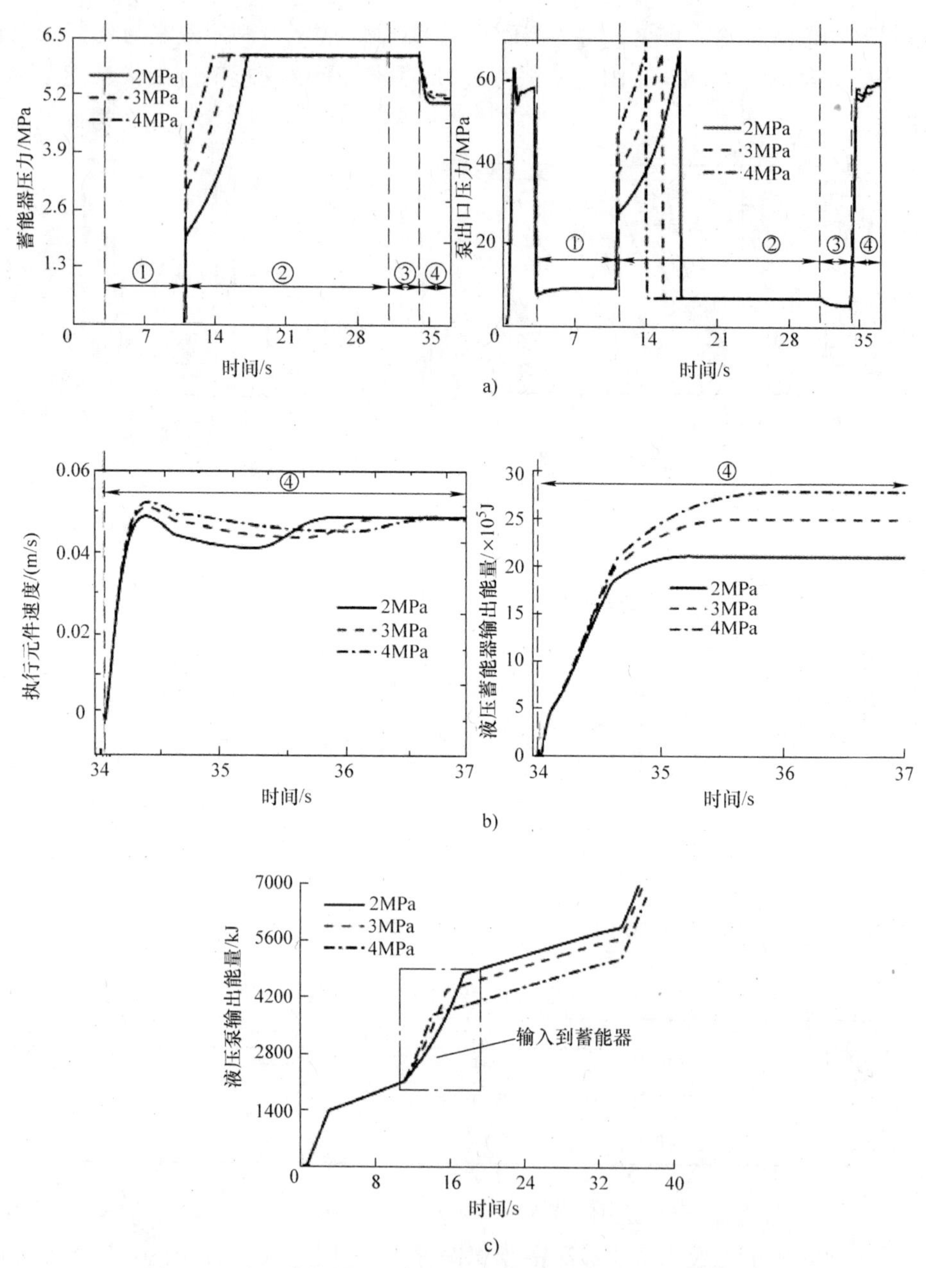

图 7-40 液压蓄能器额定体积保持 1.6L 时充气压力变化的影响

a）蓄能器和液压泵压力曲线 b）取消自动怠速后执行元件速度和液压蓄能器释放能量曲线 c）液压泵输出能量曲线

（①～④见图 7-37）

（3）液压泵、液压蓄能器和多路阀之间管路体积的影响

图 7-41 是取液压蓄能器额定体积为 1.6L 和充气压力为 2MPa 时，液压泵、液

压蓄能器和多路阀之间管路体积变化范围为［0.25，0.5，1，1.5，2］V_{paV}时对系统特性的影响。由图 7-41 可以看出，当管路体积为 0.25V_{paV}时，执行元件速度响应最快且最快达到稳态值，液压泵的出口压力最快达到稳定压力。因此必须保证三个关键元件之间的管路最短。

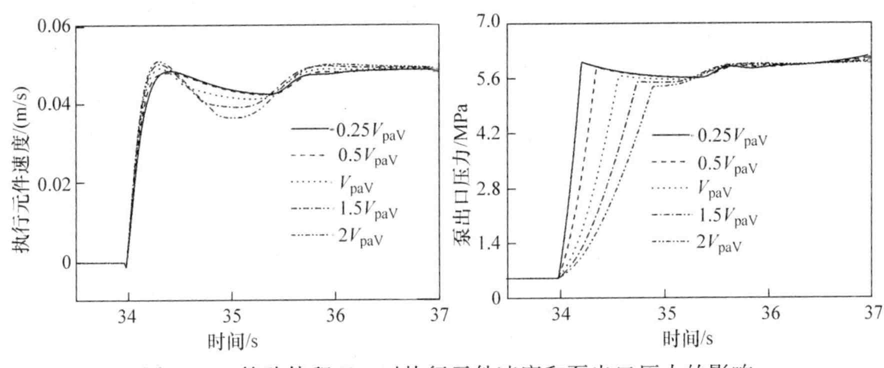

图 7-41　管路体积 V_{paV}对执行元件速度和泵出口压力的影响

（4）多路阀和执行元件之间的管路体积的影响

图 7-42 是取液压蓄能器额定体积为 1.6L 和充气压力为 2MPa 时，液压泵、液压蓄能器和多路阀之间管路体积变化范围为［0.5，1，1.5］V_{LV}时对系统特性的影响。由图 7-42 可以看出，该段管路体积 V_{LV}的变化与 V_{paV}的变化对系统性能的影响几乎一样，因此只要保证管路长度满足系统要求和方便连接即可。

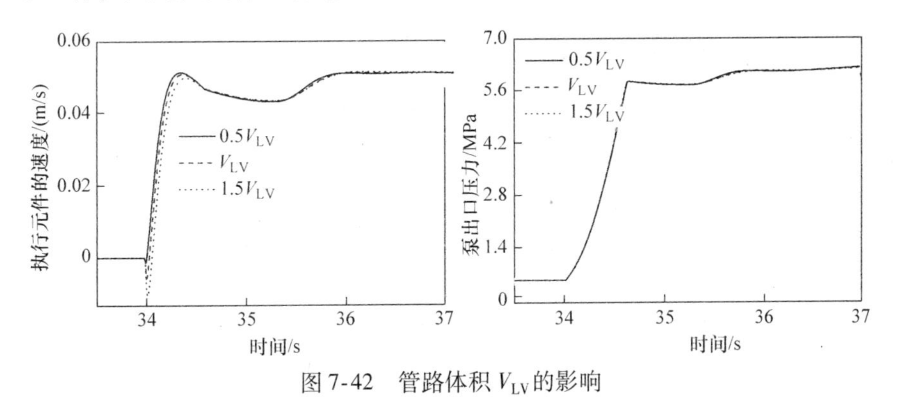

图 7-42　管路体积 V_{LV}的影响

7.3.6　新型自动怠速试验

为了验证新型自动怠速控制系统的节能效率和操控性能，搭建起如图 7-43 所示的电液混合型试验平台进行新型自动怠速试验。试验系统中采用力士乐 RC6－9 作为整机控制器，动力电动机转速采用上海赢双 J132XU9732 型旋转变压器和旋变角度采集模块 DF20314 进行测量。关键元件的主要参数如表 7-4 所示。

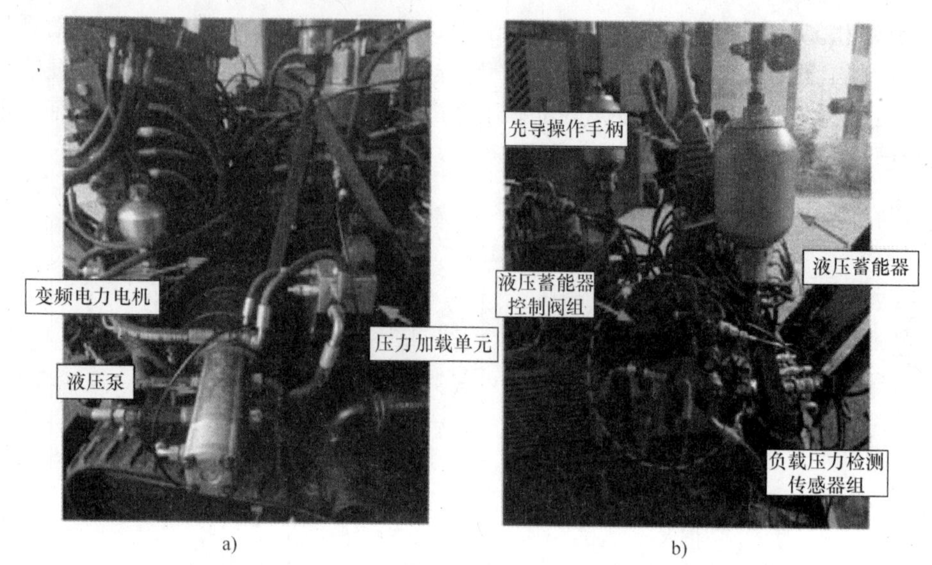

a) b)

图 7-43 自动怠速试验平台

表 7-4 关键元件的主要参数

关键元件	参数	数值
执行元件（液压缸）	活塞杆直径/mm	35
	缸径/mm	63
动力电动机	额定功率/kW	8
	额定转速/(r/min)	1800
液压泵	排量/(mL/r)	16
液压蓄能器	容量/L	1.6
	充气压力/MPa	2

1. 分段控制模式试验

新型自动怠速控制系统的工作模式不仅由先导压力信号和计时器状态来决定，同时还需要检测液压蓄能器压力和执行器两腔的负载压力，并根据判断准则来决策自动怠速控制系统的实际工作模式。图 7-44 所示为初始时刻，给先导操作手柄一个较小的压力信号，使动力电动机的初始转速为 1100r/min；第 7s 先导操作手柄处于中位，执行元件停止工作；在第 15s 处，即当停止工作时间达到 8s 时，控制器发出指令将动力电动机转速降至 800r/min 左右，系统进入一级自动怠速状态；系统继续停止工作 20s，则进一步自动降低动力电动机转速至 500r/min，系统进入二级自动怠速状态；在第 45s 时刻，给先导手柄一个较大的信号，则取消自动怠速，动力电动机恢复至目标工作转速。

由此可得，所提出新型自动怠速分段划分准则可行，将整个自动怠速过程划分

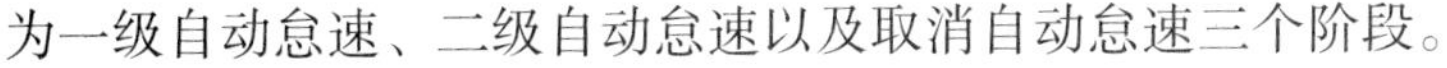
为一级自动怠速、二级自动怠速以及取消自动怠速三个阶段。

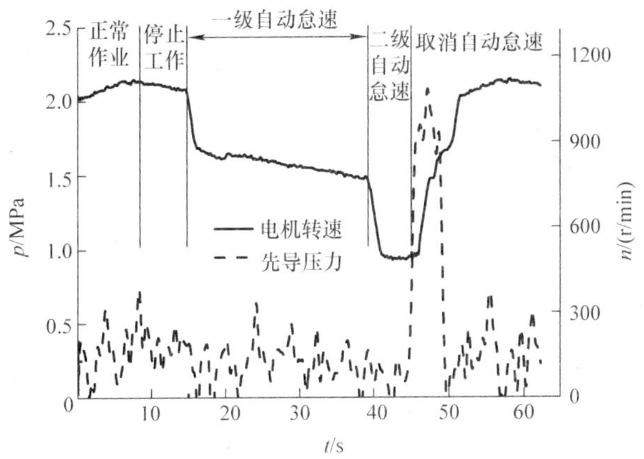

图 7-44　分段控制模式划分曲线

2. 操控性能试验

（1）操控性对比研究

操控性能主要针对取消自动怠速恢复工作状态阶段，动力电动机转速按图 7-44 变化，将有液压蓄能器与无液压蓄能器的自动怠速系统进行对比。

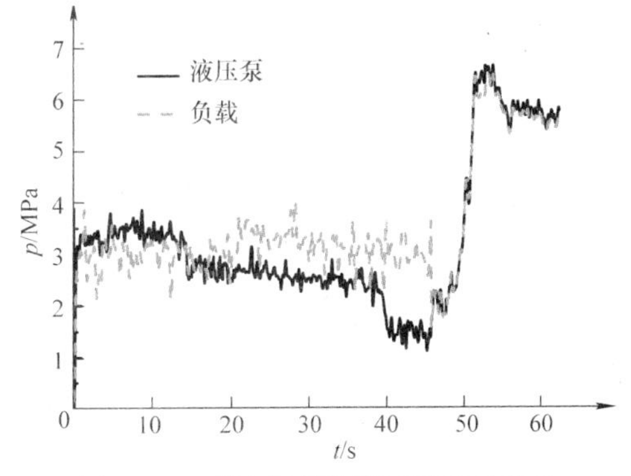

图 7-45　无液压蓄能器辅助驱动单元的自动怠速系统压力曲线

图 7-45 为无液压蓄能器作辅助驱动单元的自动怠速系统压力曲线。在第 45s 取消自动怠速时，此时动力电动机转速较低，液压泵出口压力较低，与负载压力不匹配，因此在打开多路阀使执行元件主动腔与泵出口相通的瞬间压力波动较大，执行器出现剧烈抖动，动力电动机响应时间变长，影响了执行元件的操控性。

图 7-46 为有液压蓄能器作辅助驱动单元的自动怠速系统压力曲线。第 15 ~ 18s 为负载压力适应过程，液压泵给液压蓄能器充油，液压蓄能器压力上升，当液压蓄能器压力与执行器负载压力相适应时，液压蓄能器停止充油，液压泵通过中路回油卸荷。第 45s 时取消自动怠速，在第 45 ~ 48s 内，液压蓄能器驱动执行器，执行元件主动腔压力跟随蓄能器压力变化；在第 48s 时液压泵出口已建立起足够克服负载的压力，执行器主动腔压力跟随液压泵出口压力变化。

由图 7-47 两种模式下泵出口压力对比曲线可以看出，有液压蓄能器作辅助驱动单元的系统在取消自动怠速时，系统始终能够提供与负载相匹配的驱动力，且压力建立时间短、波动小，因而克服了由于驱动力不足而影响操控性的缺点，保证了较好的操控性能。

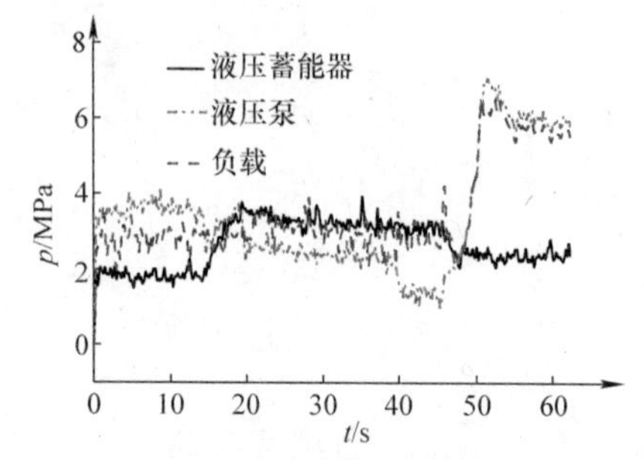

图 7-46　有液压蓄能器辅助驱动单元的自动怠速系统压力曲线

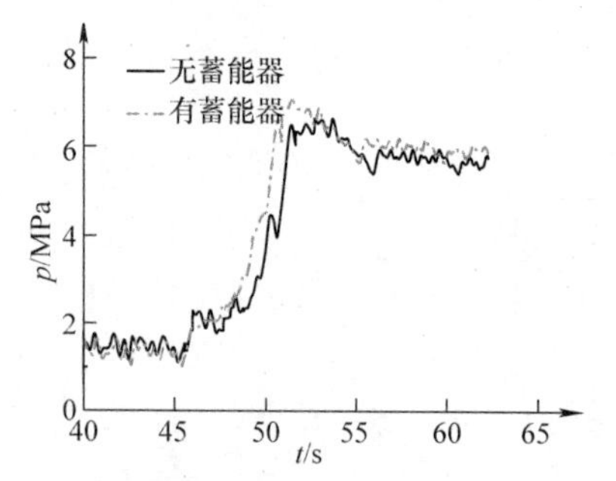

图 7-47　两种模式下泵出口压力对比曲线

(2) 最大负载压力适应压差控制

图 7-48 为新型自动怠速中不同压力适应控制压差下执行元件无杆腔的压力变化曲线。由此可见，压差 Δp 的变化会影响执行元件速度响应的动态性能：压差越大，执行元件的速度响应越快。但压差过大会导致速度响应超调量过大，因此合适的压差控制，不仅可以提高取消自动怠速时的操控性能，而且可以减小稳态误差，得到的综合性能最佳。此外，还可以得出一个结论：这种新型自动怠速系统的性能关键在于液压蓄能器的释放特性，即液压蓄能器与最大负载压力之间的压差控制，因此可以通过液压系统的辅助驱动，降低对动力电动机的动态响应要求。

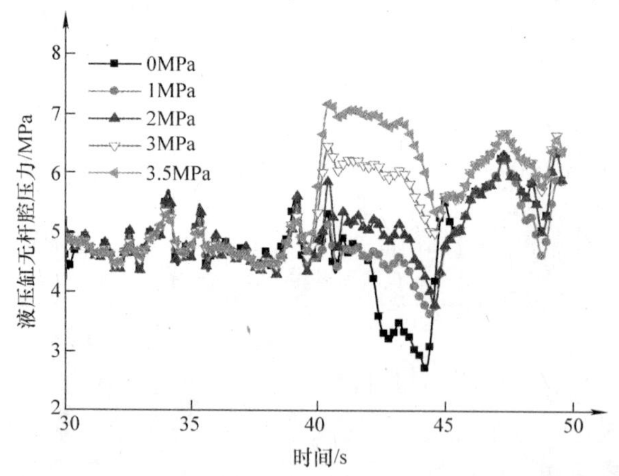

图 7-48　新型自动怠速中不同压力适应控制压差下执行元件无杆腔压力变化曲线

3. 节能性试验

有液压蓄能器和无液压蓄能器对自动怠速系统的能量损耗产生重要影响。从图 7-49 和图 7-50 可以看出，由于液压泵需要对液压蓄能器充油储存能量，所以仅在 15 ~ 17.6s 时间段内，有液压蓄能器的液压泵出口压力比无液压蓄能器的自动怠速系统和传统无自动怠速系统的泵出口压力高，但前者在整个自动怠速的其他时间段内，液压泵出口压力均比后两者低。从图 7-51 和表7-5得出，在自动怠速模式下，包括一级自动怠速阶段和二级自动怠速阶段，无自动怠速系统消耗的能量为 48.23kJ，无液压蓄能器的自动怠速系统消耗的能量为 25.46kJ，有液压蓄能器的新型自动怠速系统消耗的能量为 15.95kJ。与无自动怠速系统相比，有液压蓄能器的新型自动怠速系统节能率达到67%，而无液压蓄能器的自动怠速系统节能率为 47%，由此可见，新型自动怠速系统同时兼具节能效率高和操控性能好的特点。

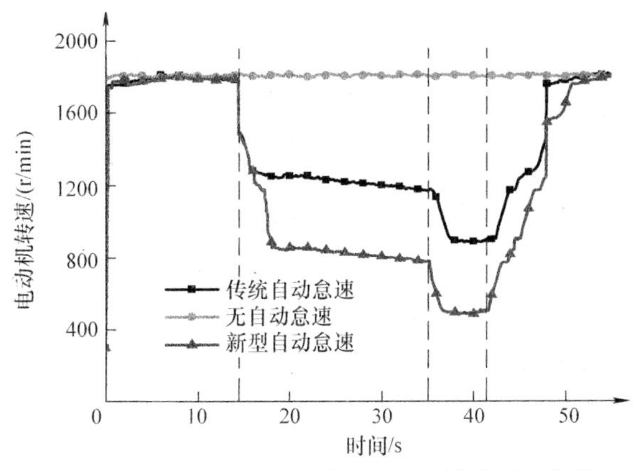

图 7-49　不同控制系统动力电动机转速对比曲线

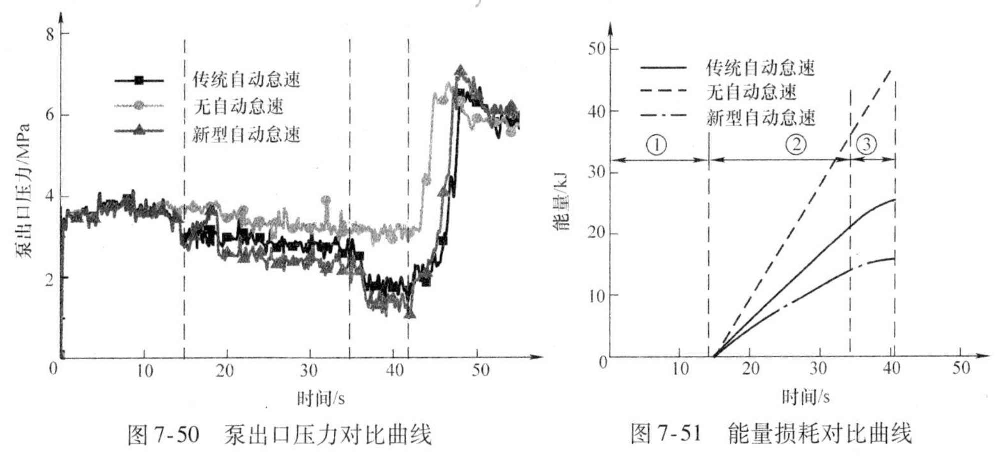

图 7-50　泵出口压力对比曲线

图 7-51　能量损耗对比曲线

表 7-5　不同系统能量效率计算

系统类型	能量损耗	节能效率
无自动怠速	48233J	—
有液压蓄能器的自动怠速	15950J	67%
无液压蓄能器的自动怠速	25459J	47%

7.4　闲散动能能量回收技术

上海交通大学施光林副教授课题组提出了一种针对汽车行驶、走路跑步等闲散动能进行回收的方案，该方案不仅能有效收集汽车多余动能，且其发电规模大，发电效率高。该方案的闲散动能收集储存发电装置原理图[5][6]如图 7-52 所示，该系统由三部分组成：机械收集装置、液压蓄能装置和液压发电装置，其中液压缸充当机械动能和液压动能转换的中间装置，其伸出杆与踏板铰接，当汽车碾压地面的踏板时，踏板带动液压缸伸出杆向下运动，将液压缸无杆腔的液压油压向液压蓄能装置。该方案一般至少包括两组蓄能器回路，工作时，车辆的碾压将减速板能量收集装置内的液压油压入第一组液压蓄能器中，此时第一组蓄能器处于充液状态，第二组蓄能器处于待充液状态。当第一组蓄能器充满时，控制器控制电磁换向阀 6 断开，电磁换向阀 13 和比例电磁阀 22 得电，此时第一组蓄能器的高压油驱动液压马达旋转，带动发电机发电，将电能储存在蓄电池中，第二组蓄能器与减速板能量收集装置连接，处于充液状态，若第二组蓄能器油液充满，则第一组进入充液状态，第二组进入发电状态，如此交替往复，蓄能回路依次收集减速板能量收集装置提供的高压油，可实现对所收集能量的循环收集以及长时间发电。其中比例电磁阀 22 采用 PID 控制来控制蓄能器放液速度，保证长时间以较高压力供液，使发电机处于高效发电状态。

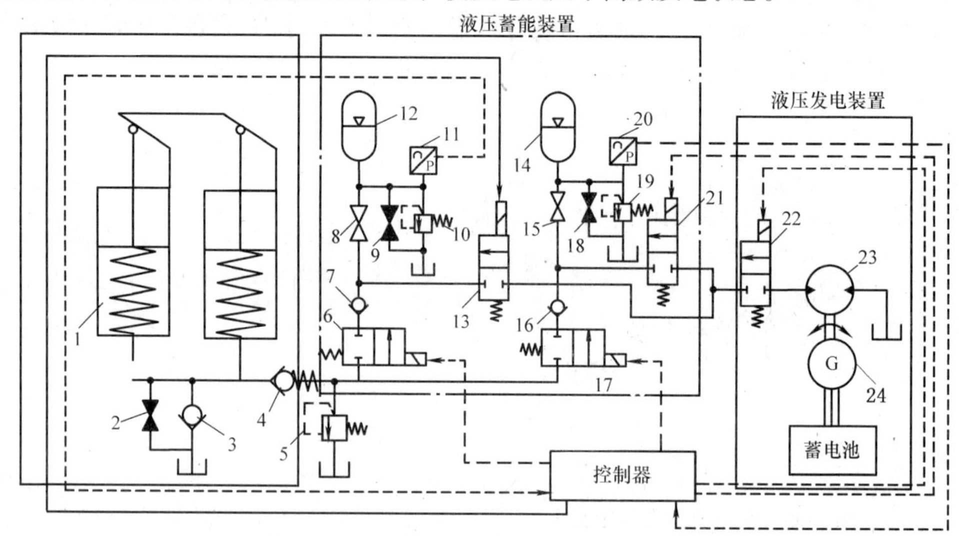

图 7-52 闲散动能收集储存发电装置原理图[5][6]

1—减速板能量收集装置 2、9、18—常闭电磁球阀 3、4、7、16—单向阀 5、10、19—溢流阀 6、13、17、21—电磁换向阀 8、15—常开电磁球阀 11、20—压力传感器 12、14—液压蓄能器 22—比例电磁阀 23—液压马达 24—发电机

国网上海培训中心门前的一座座隆起的小“山丘”能把每一次驻车损耗的能量转化并储存为电能。这个长约 80cm、宽约 30cm 的减速带下方装有机械收集装置、液压蓄能发电装置和控制装置组成的“闲散动能发电与储能一体化装置”，如图 7-53 所示。当车辆碾压时，踏板沿竖直向下，进行压油工作。当车辆离去后，由弹簧恢复到初始位置，进行吸油工作。往复工作将车辆的机械能转换为液压动能输出。进而通过多个电磁球阀的开闭控制，高压油统一压入一组蓄能器中，蓄能器达到指定压力后再对另一组蓄能器充液，如此交替，将离散液压动能转变为液压势能汇聚收集。发电时控制蓄能器放液速度，驱动液压马达，液压马达带动发电机，使之在高效工作区间内恒速旋转，最终将液体能量转换成电能输出。

图 7-53　闲散动能发电与储能一体化装置

这套“闲散动能发电与储能一体化装置”整个工作过程绿色、环保，并首次提出了对闲散动能进行统一储存与连续发电模式，开发了适用于大功率能量吸收的闲散动能装置，大幅提高了能源转换效率，并建立了闲散动能收集实时监测系统，实现了对装置状态、发电状态等进行实时监控分析，为技术节能提供了全新的举措。根据测算，按假设 1 个收费道口前安装 60 条集能器计算，每 200 辆车通过可收集的能量约为 1.2kW·h。那么 1.2kW·h 能干什么呢？相当于 25W 灯泡 48h 使用的电量、11W 节能灯 108h 使用的电量、家用计算机 3h 使用的电量，同时可减少二氧化碳排放 1.2kg，节约 0.48kg 标准煤。

参考文献

[1] 林添良，陈强，缪骋，等. 溢流阀溢流损耗回收与再利用系统：中国，2016102971447 [P]. 2016-07-27.

[2] 林添良，叶月影，任好玲，等. 一种单泵双执行器的液压装置：中国，2014107336070 [P]. 2015-04-01.

[3] 黄伟平，林添良，任好玲，等. 负载压力适应型自动怠速系统分段控制策略研究 [C]. 杭州：第九届全国流体传动与控制学术会议论文集. 2016.

[4] 任好玲，林添良，黄伟平，等. 纯电驱动工程机械自动怠速系统参数优化与试验 [J]. 农业机械工程学报，47 (10)：358-364.

[5] 邵宇鹰，俞国勤，郁立成，等. 闲散动能收集储存发电装置：中国，2015103703018 [P]. 2015-12-09.

[6] 邵宇鹰，俞国勤，施光林，等. 闲散动能发电系统：中国，2015103704913 [P]. 2015-11-11.

第8章　能量回收技术的关键技术与发展趋势

8.1　能量回收技术的关键技术

8.1.1　高效且具有良好操作性的动臂势能快速回收技术

目前，常规的动臂势能回收技术主要包括电气式和液压式，机械式回收基本不适合工程机械。下面按电气式和液压式两种动臂势能回收技术进行阐述。

1. 动臂势能电气式能量回收系统

目前工程机械动臂势能电气式回收方案还没有和平衡液压缸结合在一起的能量回收方案。在无平衡单元的电气式势能回收系统中，主要在驱动液压缸的无杆腔通过液压马达-发电机组成的电气式能量转换单元将动臂势能转化成电能实现，而动臂下放的速度通过容积调速或者容积节流复合调速控制。目前电气式能量回收方案的操控性已经得到了较好的解决，但不能完全和传统的节流调速相匹配。

此外，目前在回收效率方面仍然存在一定的问题。首先，液压挖掘机的动臂可回收工况波动剧烈，能量回收系统中发电机的发电转矩和转速也随之大范围内剧烈波动，因此如何在这么短的时间内提高液压马达-发电机-电池/超级电容的能量回收效率是一个瓶颈。其次，在工程机械上的动臂势能回收和再利用不是同一条途径，而工程机械自身又是一个液压驱动型，所有的动臂势能都经过从势能-驱动液压缸-液压控制阀-液压马达-发电机-电池/超级电容-电动机-液压泵-液压控制阀-驱动液压缸等多次能量转化，系统中能量转换环节较多，影响了系统的能量回收和释放的整体效率。就目前的技术而言，动臂势能电气式回收系统的能量回收效率大约只能达到50%，如果再考虑电气式释放效率，能量回收和释放的整体效率将会更低。因此如何提高能量回收和释放效率是电气式能量回收系统的关键技术之一。

2. 动臂势能液压式能量回收系统

动臂势能液压式回收系统分成无平衡液压缸和有平衡液压缸两种。下面分别阐述。

（1）无平衡液压缸的液压式动臂势能回收

在无平衡液压缸的液压式能量回收中，液压蓄能器一般通过控制阀块直接与动臂驱动液压缸的无杆腔连接，动臂势能回收过程中液压蓄能器压力逐渐升高会影响动臂下放的速度。这种方案原理较为简单，但目前在节能性和操控性上都不理想。

1）难以解决液压蓄能器压力波动对动臂速度和位移的影响。动臂下放时，液压蓄能器压力逐渐升高，在相同的先导手柄信号时，动臂的速度会逐渐变慢，影响了驾驶人的操作习惯；目前，大部分学者主要是通过对液压蓄能器的静态参数进行优化设计来保证执行元件实现从某一位置下降到目标位置。该方案实际上并不适用于下降位置和下放速度均动态变化的液压挖掘机。对于液压挖掘机的驾驶人来说，下放速度要和操作手柄的行程成一比例关系，而不能随液压蓄能器的压力变化而变化。而下降的位置也随实际现场变化而变化，并没有相对固定的位置，因此液压蓄能器的气囊体积变化量也不能确定，必然导致液压蓄能器额定体积也难以确定。

2）在动臂势能回收过程中，液压蓄能器的压力并非恒定，导致控制阀的前后压差并不是调节流量所需要的最低压差，因此仍然有部分动臂势能转换成节流损耗，尤其是在动臂开始下放时，液压蓄能器的压力较低，节流阀口的前后压差较大，影响了回收效率。

3）由于驱动和再生的压力等级不同，难以直接把液压蓄能器回收的势能直接释放出来驱动动臂液压缸，不能实现驱动和再生一体化，降低了节能效果。

（2）有平衡液压缸的液压式机械势能回收

在有平衡液压缸的液压式能量回收系统中，目前的系统中驱动液压缸仍然和主控阀的两个工作油口相连，而平衡液压缸的有杆腔始终和油箱相连，无杆腔和液压蓄能器相连，平衡液压缸的两腔并没有交替和液压蓄能器或者油箱相连。动臂势能回收流程为动臂势能 - 平衡液压缸的无杆腔，通过控制驱动液压缸来保证动臂速度。动臂下放时，液压蓄能器压力虽然会逐渐升高，但只会导致驱动液压缸无杆腔的压力逐渐降低，动臂下放的速度仍然可以由和驱动液压缸无杆腔相连的调速阀来保证；但该系统目前也存在以下不足之处。

1）与叉车、起重机等不同，液压挖掘机的工作模式较为复杂，液压挖掘机的动臂液压缸需要双向输出力，即动臂在实际下放时，动臂无杆腔压力大于有杆腔压力，而在动臂挖掘时，动臂无杆腔压力小于有杆腔压力，此时如果平衡液压缸无杆腔仍然直接和液压蓄能器相连，反而会减少了挖掘力。

2）平衡单元的平衡能力和动臂重力的动态匹配问题。液压蓄能器压力在动臂下放过程中压力为一个被动升高的过程，进而会影响平衡液压缸的平衡能力，平衡能力的大小也会导致动臂势能在驱动液压缸和平衡液压缸的分配比发生变化，必然导致动臂势能难以大部分转化成平衡液压缸无杆腔的液压能并通过液压蓄能器回收，仍然存在部分动臂势能转换成驱动液压缸的无杆腔液压能消耗在主控阀的阀口上。一种平衡能力可主动控制的方案可以参考本书编者申请的发明专利[1]。

8.1.2 具有大惯性和变转动惯量负载特点的转台制动动能回收技术

挖掘机回转系统的工况特点如下。

1）回转体惯量大且随转台姿态和铲斗物料量不同而存在较大波动。挖掘机用于斜坡作业和吊装重物时，强调回转速度的平稳性以及与操作信号的一致性，而并不是快速性和控制精度。挖掘机转台除了惯量大的特点之外，还是一个变惯量系统，因为挖掘机作业装置姿势和铲斗内物料量不同会使转台惯量变化。斜坡作业时，转台重力在斜坡的分量对回转系统产生较大的干扰力矩。在斜坡作业和吊装重物时，这些因素会影响操作感，相同的操作信号下，由于转动惯量不同会有不同的加减速感。在斜坡作业时，斜坡向上回转转速变慢，而斜坡向下时又会使回转加速太快，有可能造成危险；还有吊装作业时，即使在平地上操作，当操作手柄被大幅度操作或快速操作时，驱动力矩会急剧上升而使得转台较快加速，这样容易造成较大的冲击而使所吊重物左右晃动，因此对于这种工况的控制应该减弱或消除转动惯量和外部干扰对转台转速的影响。

2）回转控制要求随工况不同而变化。装载作业时，要求起制动响应快，加速段、匀速段和制动段过渡平稳；吊装等精细作业时，要求回转速度慢，起制动过程速度变化平缓；侧壁掘削修整作业时，要求能通过操作手柄控制铲斗与侧边之间的回转力。

常规的转台制动能量回收方案主要是电气式和液压式回收方案。蓄电池不能瞬间储存大功率的可回收能量，采用超级电容可以满足瞬时功率的要求，因此电动机代替液压马达直接驱动转台必须结合超级电容才能满足转台在加速和制动过程中对瞬时功率的要求，但是该方案在侧壁掘削修正作业时，电动机的转速较低甚至近似为零，而输出转矩较大，电动机工作在近似零转速大转矩工况，虽然电动机的输出功率近似为零，但仍然消耗了大量的能量，而采用液压马达＋液压蓄能器的方案则能很好地解决转台的近零转速大转矩工况，且成本远低于超级电容；但采用液压蓄能器式回收同样也存在不足之处：由于液压系统自身为一个强非线性的系统，难以通过液压蓄能器－液压泵/马达精确控制转台的速度，在转台制动和起动瞬间存在一个较大的冲击。

因此结合电驱动方案和液压驱动方案的优势提出一种既可以保证转台的加速和制动过程的瞬时功率，又可保证转台转速的良好可控性，同时还能解决转台近零转速的能量消耗问题且经济性较好，是转台驱动的关键技术。

8.1.3 不同可回收能量的耦合

工程机械大多为多执行元件系统且多执行器经常为复合动作，因此在同一时刻可能存在多种可回收能量，不同回收能量通过液压缸或马达转换成的液压能体现方式主要为不同的压力等级，比如液压回转制动压力远高于动臂势能回收时动臂驱动液压缸无杆腔的压力，那么多种可回收能量如何协同回收是工程机械能量回收系统的一个关键技术。如果针对不同可回收能量分别采用一套独立的回收单元，成本较高，系统也较为复杂；而倘若不同可回收能量共用一套能量回收单元，则不同压力等级的可回收能量耦合在一起又容易产生压差损耗以及压力冲击，因此压力等级不同的可回收能量不能通过一套能量回收单元同时回收，因此需要针对不同类型的可回收的压力等级进行全局优化分类，分析共用一套能量回收单元的合理性，以及共用一套能量回收单元后不同可回收能量如何协调管理。

8.1.4　整机和能量回收系统的耦合单元

工程机械为一个多能量综合管理系统，动力系统和多种可回收能量系统如何耦合和管理也是一个非常重要的关键技术，目前大都研究能量回收系统基本上未考虑动力系统，更多的研究集中在如何高效回收能量。

以电气式能量回收系统为例，在液压挖掘机整机上应用时主要通过电池/电容进行耦合。系统原理如图 8-1 所示，液压缸的回油腔与回收液压马达相连，该液压马达与发电机同轴相联。液压执行元件回油腔的液压油驱动液压马达回转，将液压能转化为机械能输出，并带动发电机发电，三相交流电能经电机控制器 2 整流为直流电能并储存在储能元件电容当中。当系统需要时，直流电能通过电机控制器 1 逆变成目标频率的三相交流电能驱动混合动力电动机，与发动机共同驱动负载（液压泵）工作。系统中的电容既为液压马达回收能量的储能元件，同时也是动力驱动系统中电动机的直流电源。

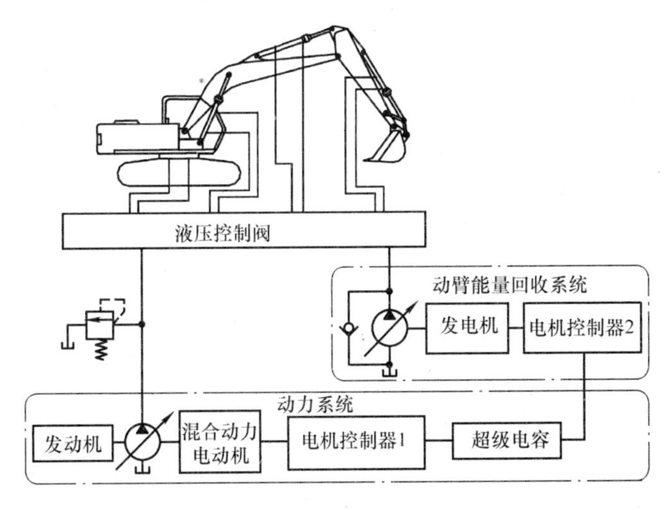

图 8-1　液压马达 - 发电机能量回收系统的应用研究原理图（一）

图 8-1 所示的系统有一个混合动力电动机和一个发电机，结构复杂，体积庞大，同时所有负载下降释放的势能回收再利用都经过势能 - 液压能 - 机械能 - 电能 - 电池 - 驱动变量泵的机械能的多次能量转化，系统中能量流动非常复杂，影响了系统的能量回收效率。为了降低液压控制阀的节流损耗，充分利用重物下落时的重力势能、惯性能，提高系统的能量回收效率，研究一种新型的耦合单元也是一个很有意义的课题。

针对新型的耦合机构，编者提出了一种基于行星齿轮的混合动力液压挖掘机系统（图8-2），不仅利用混合动力工程机械的电量储存单元，通过液压马达－电动机/发电机把上述能量转化成电能进行回收利用，而且可以利用液压马达、行星齿轮机构直接对上述能量进行回收并利用此能量驱动变量泵，并通过行星齿轮机构有效地将混合动力系统的电动机/发电机和能量回收系统中电动机/发电机耦合在一起，使得混合动力系统和能量回收系统共用一个电动机/发电机，使系统结构紧凑。该系统一定程度解决了图8-1所示系统的不足之处，但必须针对图8-2所示的系统，研究各关键元件之间的协调控制、功率流分配等关键技术。

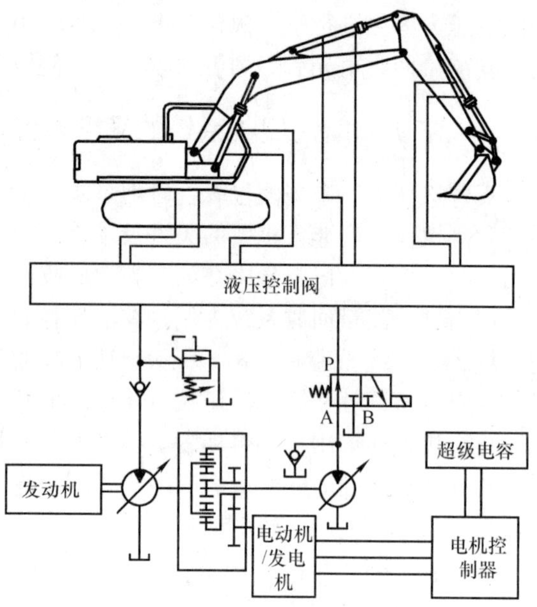

图8-2　液压马达－发电机能量回收系统的应用研究原理图（二）

8.1.5　整机和能量回收系统的全局与局部协同优化管理技术

以液压混合动力挖掘机为例，液压混合动力系统和能量回收系统的能量通过液压蓄能器耦合在一起，能量传递变得复杂，如何协调动力系统和能量回收系统的能量流动及合理分配各动力元件的功率将对整机的燃油经济性及整个混合动力系统的动力特性有着重要的影响。因此必须提出全局与局部功率协同优化匹配技术，以协同优化混合动力源与负载之间、混合动力源和能量回收系统之间以及发动机和液压泵/马达的功率匹配问题。由于该技术既依赖于混合动力系统动力元件局部参数的准确标定，又需要综合考虑与能量回收系统的综合优化，在实现上有一定难度。因此对动力源与负载、动力源与能量回收系统的全局功率优化以及各动力元件间局部优化的协同控制问题是功率管理技术的难点。

8.1.6　储能单元的主动控制方法

当前，对液压蓄能器、电池或者超级电容的能量管理单元的研究主要集中在如何准确评估其 SOC 和状态监测，很少对能量储存单元进行主动控制。

对于液压蓄能器，其压力随回收过程不断发生变化，为一个被动适应过程，而压力的波动又会影响液压蓄能器的能量储存和释放以及各类控制阀的流量等。实际上，液压蓄能器对回收功率的主动控制对于节能系统尤为重要。那么传统液压蓄能器的压力不能主动控制，从式（8-1）可以看出，在保证每次可回收能量相同时，要主动控制液压蓄能器压力，可以改变液压蓄能器的气囊体积，因此可以采用多液压蓄能器组成当量额定体积近似可控的方案，或者设计一种体积可控的液压蓄能器。

$$E=\frac{p_1V_1}{1-n}\left(1-\left(\frac{p_1}{p_2}\right)^{\frac{1-n}{n}}\right) \tag{8-1}$$

式中　V_1——液压蓄能器最低工作压力时的气体体积；

p_1——液压蓄能器的最低工作压力；

p_2——液压蓄能器的最高工作压力；

n——多变系数。

对于蓄电池，电压的变化范围较小，电池的状态主要通过电流参数反应，而电流的大小也很难主控控制，蓄电池瞬时的充放电功率似乎很少主动去控制。比如一个蓄电池需要给多个电动机供电，当不同电动机需要的瞬时功率大于蓄电池的最大释放功率时，蓄电池本身很难控制当功率不足时如何在不同的电动机单元之间进行主动分配功率。同样，超级电容的电压和液压蓄能器的压力类似，为一个被动变化过程。

当前的各种储能单元对能量回收功率的大小几乎是不能主动控制的，因此，根据可回收能量的工况特性来控制回收和释放功率的大小也是未来储能单元的一个关键技术。

8.1.7　基于能量回收单元的执行元件工作模式辨别

传统挖掘机的工作模式基本以先导信号来判断，采用能量回收系统后，液压挖掘机各执行器的动作模式将会发生改变，必须结合其他信号进一步判断出正负载和负负载等。比如新型液压挖掘机转台的工作模式分成机械制动模式、旋转加速能量回收模式、旋转制动能量回收模式、旋转加速传统模式、旋转制动传统模式、匀速旋转模式等六个工作模式。如何根据各种传感信号辨识新型的工作模式是难点之一。再如，动臂可能工作在实际挖掘模式或者动臂下放过程碰到刚性负载，此时，动臂只是提供一个较大的挖掘力，而动臂并无实际下降过程，此时动臂无杆腔压力和流量都很小，此时并无能量可回收。因此，采用能量回收系统后，动臂的工作分成动臂上升、动臂静止、动臂下放和动臂挖掘等四种模式。以上转台和动臂的新型模式单独通过先导压力信号已经不能区分，那么如何根据先导信号以及液压缸或马达两腔压力信号等辨识得到执行元件的各种新型工作模式是工程机械采用能量回收技术的关键技术之一。

考虑到实际液压挖掘机不太可能安装各种位移传感器、转速传感器以及流量传感器，因此，可以获得的液压挖掘机信号一般也只是各个容腔的压力信号。实际上，通过观察动臂下放过程和动臂挖掘工程中液压缸两腔的压力变化规律可以发现先导压力结合液压缸两腔压力已经可以作为动臂新型模式。

8.1.8　能量回收单元的控制方法

电气式能量回收系统中液压马达 - 发电机能量回收单元的控制实质为，通过变频器调节发电机的绕组电流从而实现对能量转换过程的控制。在电气层面上必须研究发电机的电流环控制，为了降低反电动势的影响，设计带前馈补偿的比例 - 积分电流控制器；在机械层面需要研究液压马达 - 发电机单元的转速控制，针对液压马达入口压力变化剧烈的特点，引入了扰动补偿以提高系统的抗干扰能力。

液压式能量回收系统中需要采用的核心元件之一是电子控制的柱塞式液压泵/马达，其功能类似于电气系统的电动机/发电机，但与电动机/发电机不同的是，液压蓄能器 - 液压泵/马达必须闭环控制才能精确控制输出转速或转矩。同时考虑到液压系统具有非线性、强耦合性、参数时变等特点，突破液压泵/马达的排量电子控制技术以获得液压泵/马达良好的控制特性是液压式能量回收技术拟解决的一个关键问题。

8.1.9 基于能量回收单元的电液控制及集成技术

以动臂势能回收系统为例，当能量回收单元应用于整机时，原有的动臂驱动单元（多路阀）一般为先导手柄输出压力控制，而先导压力取决于驾驶人，多路阀中控制动臂的液控比例换向阀阀芯并不能根据控制需求处于全开或比例可控模式，此外，多路阀将动臂、斗杆、铲斗和回转等多执行元件的控制单元集成在一起，所有控制油路的 T 口也不是独立的。因此，一般在动臂液压缸和多路阀输出工作油口之间设计一个电液控制阀块，其功能必须包括选择模式（多路阀控制和能量回收控制）、自锁回路等。典型的应用案例如图 8-3 所示。

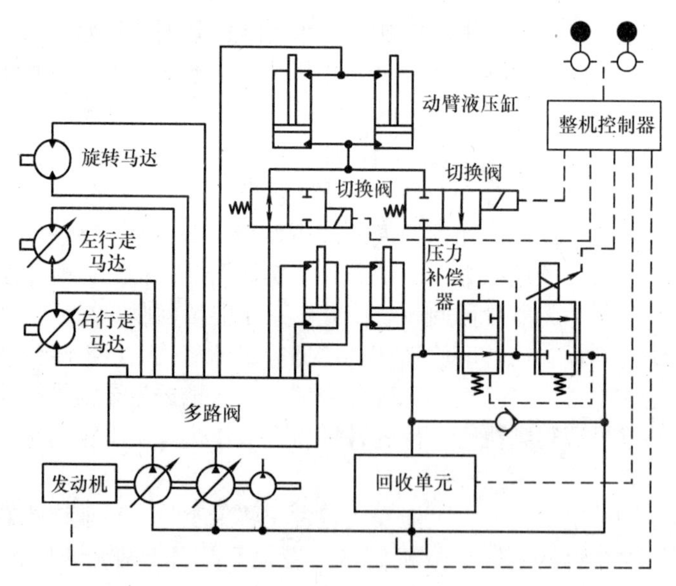

图 8-3 能量回收单元与原有多路阀的电液控制单元原理图

8.1.10 工程机械能量回收的评价体系

当前工程机械整机的评价指标主要为节能性和操控性。但目前均没有统一的评价体系。

节能性作为工程机械能量回收系统最为显著的特征，目前尚缺乏统一的试验方法与评价标准。尽管目前很多工程机械厂商在其节能产品的推广过程中都有节能指标的量化描述，但其测试方法、条件以及工况都不尽相同，基本上都是研究主体自导自评的结果，其结果往往具有一定的倾向性，缺乏具有权威性的第三方标准测试与评价，不利于能量回收技术的交流与产业化推广。因此，如何以行业企业为主导制定统一的能耗与节能性试验方法与评价标准是目前急需解决的问题。

随着工程机械市场的不断发展，用户对于工程机械的操控性要求越来越高，越来越和汽车一样，追求操控性。目前，衡量操控性的方法主要通过驾驶人操作评价，不同的驾驶人可能对操控性的评价准则不一样。工程机械工作过程动作复杂，操控性分析包括对单独动作、复合动作以及各个装置之间动作的协调性等项，虽然可以通过采集这些动作过程中的数据曲线进行分析，但是由于采集的数据量比较大，而且没有一个通用的针对工程机械各种工作过程操控性分析的标准试验方法，试验数据缺乏可比性基准，难以在研发阶段对其操控性有一个客观系统的评价，从而不能对设计起到指导作用。

8.2　能量回收技术的发展趋势

8.2.1　高性能液压马达 - 发电机一体化集成单元的突破

液压马达 - 发电机单元是电气式能量回收系统一个最为重要的关键元件。目前的液压马达 - 发电机单元一般由分立的液压马达和发电机同轴机械连接，该结构安装复杂且体积庞大，转动惯量较大，不适用于频响要求较高和安装空间有限的挖掘机。目前已有一体化的液压电机泵产品，结构相当紧凑，而液压马达 - 发电机单元正是其可逆形式。为了满足实际应用的要求，需进一步研究两者的结构集成，开发能量回收专用的液压马达 - 发电机单元，有效减小安装体积，提高动态响应性能。液压马达 - 发电机一体化单元一般可以从以下几个方面考虑。

（1）充分发挥液压功率密度比电磁场高的特点

以异步电动机为例，相同功率的异步电动机和液压泵相比，两者的质量比大约为 14:1，而体积比为 26:1，转动惯量比为 72:1。虽然近年来永磁同步电动机技术发展快速，尤其是在功率密度方面已经越来越高，但仍然和液压单元存在一定的差距。

（2）利用液压油对电动机进行冷却

电动机在机动电能量转换过程中所产生的损耗最终转化为电动机各部件的温升，行走工程机械用电动机体积较小、电动机散热环境恶劣，其运行时会产生较高的单位体积损耗，带来严重的温升问题，从而影响电动机的寿命和运行可靠性。改善冷却系统，提高散热能力，降低电动机的温升，提高电动机的功率密度是必须要解决的主要问题。目前最常见的冷却方式有风冷、水冷、蒸发冷却等，对于大功率、小体积或高速电动机通常采用水冷方式。水冷的实质是将电动机的热量通过冷却结构中的水带到外部的散热器，然后散热器通过风冷将热量散到周围环境中，这样解决了电动机本身的散热面积不足、散热周围环境不好等问题。水冷系统能够使电动机维持在较低的温升状态，提高电动机运行可靠性；水冷系统可以使电动机选择更高的电磁负荷，提高材料利用率；此外水冷电动机损耗小、噪声低和振动小，但总的来看水冷技术比较复杂。一个好的水冷系统必须保证电动机能够有效降温，且要保证散热均匀性。另外，水冷系统必须要有较小的压头损耗，从而可以降低水冷系统驱动水系的能耗。

传统的风冷电动机的冷却效果一般，电流密度一般约为 5 ~ 8A/mm^2，因此采用风冷的电动机的体积和质量都较大，噪声也较大。而采用水冷/油冷后，水冷电动机外壳是经过防锈处理后的双层钢板焊接而成的，在外壳夹层内通不断循环的冷却水，把电动机运行时产生的热量几乎全部带走，达到使电动机对外界几乎不散发热量的效果。除电动机的电流密度可以达到 8 ~ 155A/mm^2，电动机的体积和质量都可以更小，噪声也较小。当然，液压马达和发电机一体化后，可以利用液压油对发电机进行冷却，但必须考虑到液压油的粘度较高和液压油容易受污染等特点。

8.2.2 液压蓄能器 - 液压缸一体化技术

在液压式能量回收系统中引入液压蓄能器，由于液压蓄能器的能量密度低，对体积安装空间要求较高，使安装控制整体有限的行走机械难以采用液压蓄能器的节能技术。能量回收单元总成要求高效率、低排放、高性价比，且必须满足工程机械的布置空间、动态响应、负载特性、热平衡、作业稳定性和恶劣环境适应性等要求。因此，液压式能量回收单元的小型化、一体化设计与集成技术，是未来的一个发展趋势。考虑到活塞式蓄能器和液压缸在结构上相似的特点，将液压缸和蓄能器一体化也将是液压式能量回收技术的一个重要发展趋势，但需要考虑油气的密封问题。

8.2.3 新型液压蓄能器

(1) 主动式蓄能器

传统蓄能器只能被动地进行能量的储存，即只有当外界压力高于内部压力时才能进行能量存储，而只有当内部压力高于外部压力时才能进行能量的再生，且能量的释放过程完全不受控制。因此，能够实现主动能量存储的蓄能器会取得更加优异的使用效果[2]。20 世纪 80 年代起，国内外学者和研究机构开始在传统蓄能器上增加一些自反馈机械结构或能由外部控制器控制实现主动动作的控制机构，使其成为主动型蓄能器[3]。日本科学家 Yokota 等研制了一种新型有源蓄能器，由多级式的压电装置驱动，从而实现蓄能器的主动控制[4]。

(2) 新型储能介质 - 智能材料的应用

智能材料是一种能感知外部刺激，能够判断并适当处理且本身可执行的新型功能材料。智能材料是继天然材料、合成高分子材料、人工设计材料之后的第四代材料，是现代高技术新材料发展的重要方向之一，将支撑未来高技术的发展，使传统意义下的功能材料和结构材料之间的界线逐渐消失，实现结构功能化、功能多样化。常用有效驱动材料如形状记忆材料、压电材料、电流变体和磁致伸缩材料等。电/磁流变液是一种软磁性颗粒、母液以及一些防止磁性颗粒沉降的添加剂的混合液。软磁性颗粒在外加电/磁场作用下由牛顿流体变成 Bingham 塑性体，即由不规则悬浮状态成为链状或者链束状，使得流体阻尼系数能够从很小变化到很大，降低了液体的流动性，其调整过程可以在毫秒级时间内完成，而且其变化过程顺逆可调。利用电/磁流变液的这种性质，通过控制器电功率来改变其储能特性，目前在结构土木工程、车辆工程及航天飞行器等领域取得了成功的应用[6][7]。图 8-4 是一种典型的电/磁流变液用于阻尼器的结构示意图，磁流变液腔另一端有高压气腔，将磁流变减振与高压气体储能减振结合使用，取得了良好的使用效果。

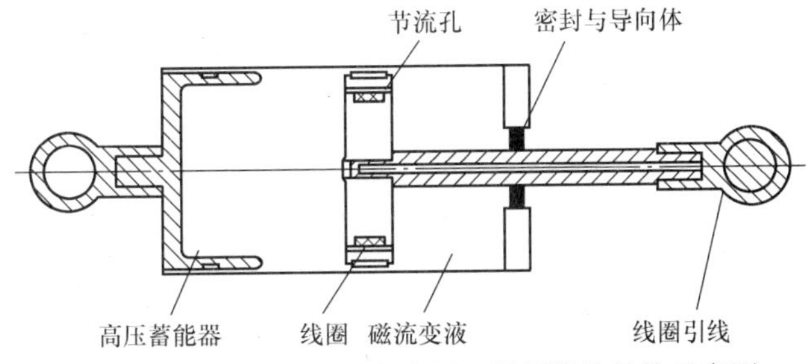

图 8-4　典型的电/磁流变液用于阻尼器的结构示意图

（3）蓄能器入口阻尼特性

一般来说，传统蓄能器的进油口参数是固定的，其油口为单一油孔或环形均布油孔，从而使得其储能和释能过程不可调整。故而，改变蓄能器的入口阻尼就可以对其释能过程进行控制。如在蓄能器进油口安装比例阀，利用比例阀口开度不同形成的阻尼效应，研究不同比例阀口开度时蓄能器对系统中压力脉动的影响，但任何的节流控制都是以损耗能量为代价的。

（4）智能化蓄能器

随着液压系统向高压、高速、高精度方向发展，新型液压元件的研制和使用成为必由之路，液压蓄能器也不例外。单纯在现有基础上对液压蓄能器的结构进行改进将不能满足系统工作的要求。由于液压系统本身的非线性及复杂多变的工况，蓄能器的各种功能无法严格地分割开来，这就要求在系统工作过程中，能够实时地调整蓄能器各项参数，发挥其不同功用来满足系统的需要。所以需要研制出一种能够实时监控系统参数变化、实时处理、实时发出指令调整蓄能器各项参数的液压蓄能器，以满足这些复杂系统的要求。

8.2.4　基于能量回收系统的液压挖掘机液压控制多路阀

相对传统液压挖掘机，当执行元件采用能量回收系统后，系统的液压控制系统将会改变，下面以典型案例分析。

1）采用基于节流辅助调速的势能回收系统后，系统要实现节能效果的最优，动臂控制采用进口节流控制和回油容积与节流的复合控制组成的进出口独立调节控制方式，则当该回收系统应用于小型液压挖掘机时，由于小型液压挖掘机对操控性能的要求更高，一般采用负载敏感系统，比如力士乐的抗流量饱和负载敏感系统（LUDV）、林德同步控制系统（LSC）等，此时驱动液压缸进油侧的液压控制阀口两端的压差通过压力补偿单元稳定在某个值。首先，当该系统采用能量回收系统后，动臂下放时，动臂液压缸回油侧的控制阀口处于全开状态，动臂下放的速度通过调节液压马达的流量来控制，此时动臂液压缸的进油侧只需要补偿一定的压力油防止吸空现象即可，因此，此时将动臂液压缸进油侧的液压控制阀口两端的压差稳定在某个值毫无意义。其次，由于此时动臂无杆腔的压力较低，当其他执行元件的负载较大时，此时泵的出口压力比最大负载压力高一定值，如果采用LUDV，对控制节流口进行阀后补偿，也必然会造成大量的能量消耗在压力补偿节流口上。最后，当液压挖掘机进行其他操作，如挖掘等模式时，又要求液压挖掘机仍然保留原来的控制方式。因此当采用负载敏感系统的小型液压挖掘机采用基于节流调速的系统后，主控阀的控制方式发生了较大的改变。

2）当基于节流辅助调速的势能回收系统应用于中型液压挖掘机时，目前中型液压挖掘机大都采用负流量、正流量等控制系统。同理要实现最大程度的节能，首先动臂控制采用进口节流控制和回油容积与节流的复合控制组成的进出口独立调节控制方式。多路阀的控制方式也发生了变化，包括多路阀的先导控制由传统完全液控模式变成由电控和液控组成的复合控制比例模式；其次，原来在多路阀中的动臂主控阀中，在其回油通道中串联设置了一个阻尼孔防止动臂的快速下放当采用势能回收系统后，动臂下放为节流控制和容积控制的复合控制。为了降低单独采用容积控制时的回油节流损耗，该阻尼孔必须设置一个并联回路等，因此对主控阀的内部油道重新设置和布置也是必须考虑的一个问题；最后，由于动臂下放时，其有杆腔只需实现补油的功能即可，因此，在动臂处于实际下放过程时，为了实现最大程度的节能，将势能回收系统和原液压挖掘机中的动臂再生等功能有效地组合在一起，也必然对多路阀的各种控制方式提出了新的要求。

3）当基于蓄能器的液压马达－发电机能量回收系统应用于液压挖掘机时，同样对多路阀的各种控制方式提出了新的要求。首先，比例方向阀的出口压力不再是一个压力很小的背压，而是和蓄能器压力相同的一个较大压力，而当前的控制阀一般难以适应出口压力为高压的特殊工况；其次，由于为了提高能量回收的效率，蓄能器的压力等级只需为节流控制阀口预留一个可以保证良好的操控性能的压力差即可，因此蓄能器的压力较高，必然对目前有些具有动臂再生功能的液压挖掘机提出了新的控制要求，比如目前某型号的液压挖掘机中，动臂再生功能不同于斗杆再生功能，直接利用一个单向阀实现再生功能，由于此时动臂液压缸有杆腔的压力较小，必然造成蓄能器的压力油始终流向动臂液压缸有杆腔，从而难以实现蓄能器的储存能量过程；最后，当该势能回收系统应用于液压混合动力液压挖掘机时，蓄能器的储能既可以来源于动臂势能的回收，也可以来源于发动机驱动变量泵后对蓄能器的充油过程。而用于液压混合动力驱动的蓄能器的压力等级一般需要满足负载的最高压力要求，因此如何在两种蓄能器之间以及其他执行机构之间合理地优化各种功率的匹配，也是一个重要的难点，而各种新功能的实现也会导致多路阀控制功能块的不同。

因此，根据不同机型研究和能量回收单元相匹配的多路阀是一个重要的研究方向。

8.2.5　基于电液平衡的能量回收技术

考虑到平衡液压缸在解决液压蓄能器压力变化对动臂速度影响的优点，通过平衡液压缸平衡能力和负载之间的平衡，并通过原有驱动单元保证操控性，但通过平衡缸平衡负载使得原驱动液压缸的驱动负载近似为零，实现动臂速度控制特性和节能特性的最佳综合效果是当前动臂势能回收再利用的主要技术难点。

以液压挖掘机为例，以电液平衡单元为基础，基于液压挖掘机多执行元件、多工作模式和多工况的特点，提出图 8-5 所示多执行元件工程机械的基于电液平衡节能驱动系统结构方案。该系统的主要特点如下。

（1）直线运动执行元件驱动负载的电液平衡

以动臂为例，采用平衡液压缸、液压蓄能器以及电动机/发电机－泵/马达组成的电液平衡单元。当动臂下降时，动臂势能转换成液压能分布在驱动液压缸和平衡液压缸的无杆腔，其中分布在平衡液压缸无杆腔的液压能是可以回收的能量；当动臂上升时，回收能量可以通过释放到平衡液压缸无杆腔的能量和驱动液压缸共同提升动臂，进而减小动臂驱动液压缸的无杆腔压力。当处于挖掘工况时，回收能量释放到平衡液压缸的无杆腔来增强挖掘力。考虑到平衡液压缸的平衡能力决定了动臂势能在平衡液压缸和驱动液压缸的分配比，为了使得动臂势能尽可能分布在平衡液压缸，采用电动机/发电机－液压泵/马达对液压蓄能器压力进行主动控制。

（2）旋转运动执行元件驱动负载的电液平衡

新型系统采用一台液压泵/马达平衡和电动机主动控制的方案驱动转台，在转台上设置驱动和平衡回路，转台转速控制主要通过电动机实现，发挥电动机的良好调速特性；瞬时功率主要通过液压泵/马达－液压蓄能器平衡单元实现。在转台起动或加速时需要较大的转矩，电动机和泵/马达同时驱动转台回转，加速完成后，仅由电动机提供所需动力，实现转台的分级驱动。减速制动过程中，泵/马达处于泵工况，将回转制动的动能转换为液压能存储到高压蓄能器中，同时电动机参与控制，维持相应的转速减速特性。在侧壁掘削时，转台工作在近零转速模式，转台的驱动转矩主要通过液压蓄能器－泵/马达提供，克服了单独电动机驱动时在近零转

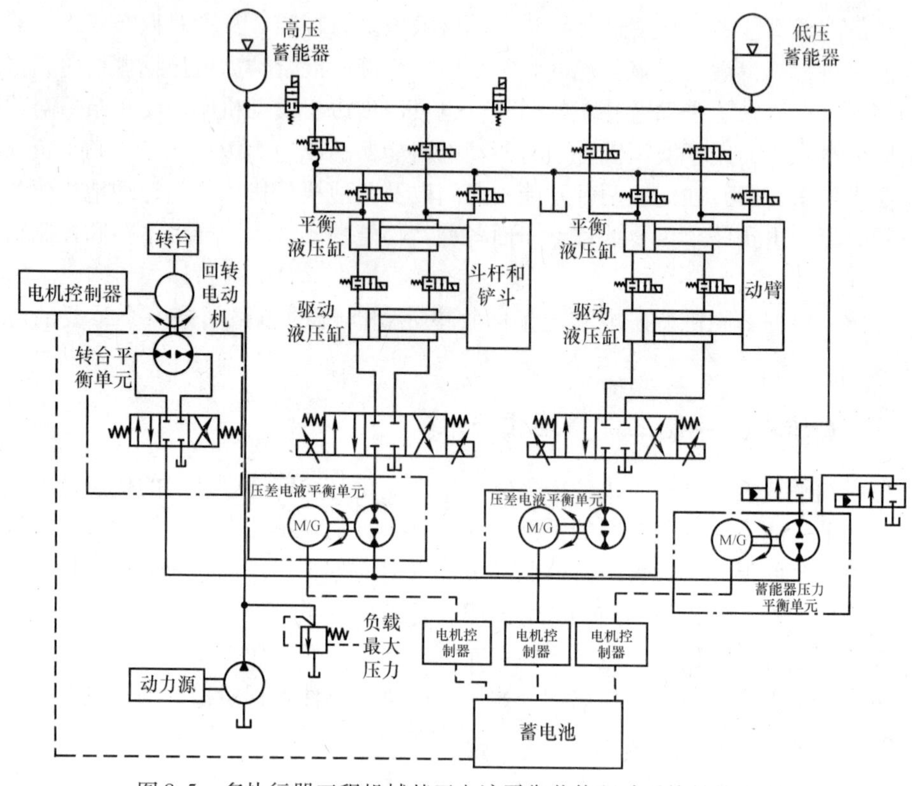

图 8-5　多执行器工程机械基于电液平衡节能驱动系统结构方案

速工况时能量损耗的不足之处。

8.2.6　能量回收在液压压差的应用

液压系统的能量损耗主要包括节流损耗和溢流损耗等。能量回收在溢流损耗中的应用如图 8-6 所示。节流损耗主要是液压泵出口压力流量和负载压力流量不匹配产生的，目前已经通过各种液压节能系统得到了较好的解决。但目前调速阀的定差减压阀的压差似乎难以解决，实际正如本书第 7 章中描述的那样，通过电动机/发电机 - 泵/马达代替定差减压阀来稳定节流阀口的前后压差即可实现降低节流损耗。此外，电动机/发电机 - 泵/马达用来代替现有的液压变压器。

如图 8-7 所示，采用变量泵/马达和电动机/发电机代替传统的液压变压器或者比例换向阀作为二次调节系统中的恒压源与负载压力和流量匹配。通过调节变量泵/马达的排量匹配液压蓄能器压力和负载压力，通过调节电动机/发电机的转速来控制执行元件的速度，此外通过电动机/发电机和变量泵/马达的多象限工作实现驱动负载压力高于液压蓄能器压力的场合，解决了传统二次调节系统难以适应做直线驱动的执行元件和难以驱动负载压力高于液压蓄能器压力的不足之处。

溢流损耗问题是导致液压系统效率较低的另外一个主要原因，尤其是在定量泵

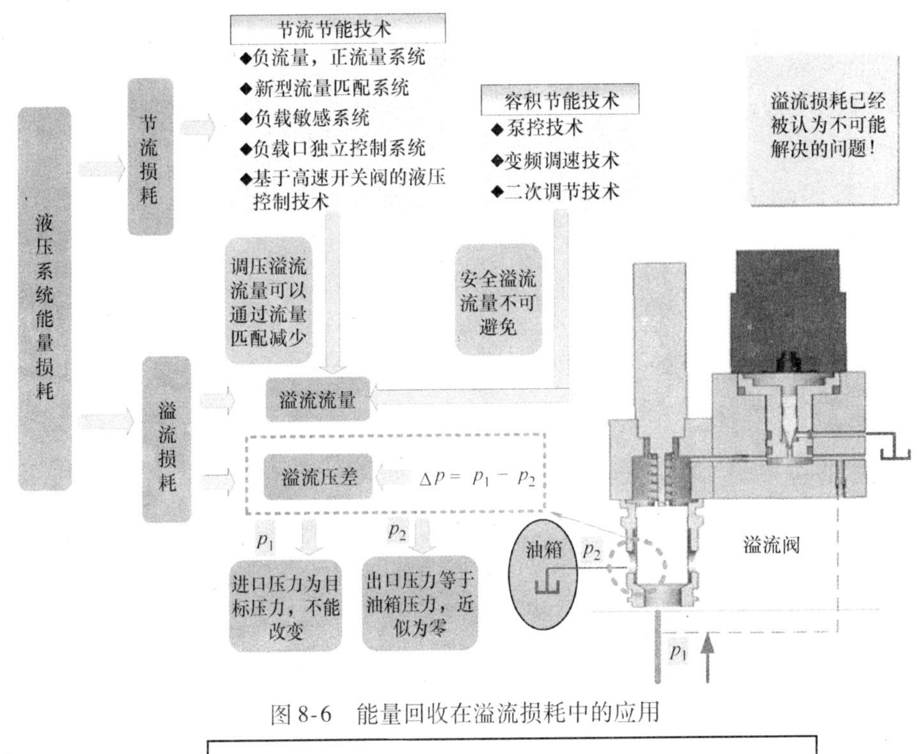

图 8-6　能量回收在溢流损耗中的应用

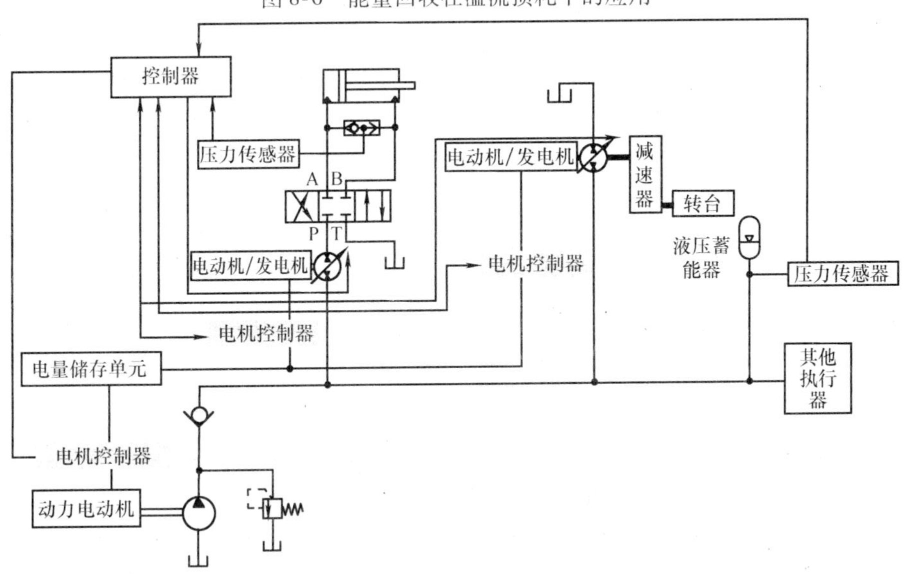

图 8-7　一种基于电气控制的新型二次调节系统[8]

供油节流调速系统中。比例（常规）溢流阀的出口一般接油箱。溢流阀口的损耗压差为进出口压差，由于油箱压力近似为零，其阀口压差损耗即为溢流阀的进口压力，而进油口压力为用户的目标调整压力，由用户设定，不能改变。溢流压力等级越大，阀口压差损耗越大；随着液压系统等级高压化，溢流损耗问题将日益严重。

目前诸如正流量技术、负流量技术、负载敏感技术等传统的节能液压驱动系统属于流量耦合系统，更多地解决液压系统的节流损耗问题，或者通过流量优化匹配，尽可能减少溢流流量，但无法降低溢流阀口的压差损耗，并未从根本上解决溢流阀口压差损耗问题。

为解决液压系统的溢流损耗，探索能量回收技术在溢流损耗的节能机理，同时考虑到回收能量的释放问题，华侨大学创造性地提出了一种溢流损耗能量回收和释放一体化的工作原理及实现方法，将可回收能量从动臂势能、转台制动动能等传统负负载扩展到液压系统的溢流损耗，从根本上降低了比例（常规）溢流阀的溢流损耗。由于出油口和能量回收单元控制相连，提高了出口压力 p_2，使得溢流阀口的压差损耗从 $\Delta p = p_1 - 0$ 降到 $\Delta p = p_1 - p_2$。

8.2.7 能量回收在工程机械其他闲散能量的应用

目前工程机械的可回收能量一般多认为只有动臂势能、制动动能，实际上就整机而言，能量是一个守恒的过程，因而应该把可回收能量扩展到所有损耗的能量。包括负负载和非负负载。比如能否将系统的发热量回收起来。

将损耗在节流口上的负负载引起的系统发热，在其他需要热能的地方加以利用。这种方法一般适用于固定设备，比如电梯、用于码头堆场的集装箱装卸的集装箱起重机等。在液压电梯工作过程中，由于油液的内部摩擦使油发热，特别是电梯下行过程中的能量大部分转化成了热能，使液压系统温度升高，为了保证电梯不间断地工作，应将油液用冷却系统冷却。冷却应在液压电梯油水热交换器中进行。在热交换器中，充油的螺旋管由生活用水管的循环水进行冲洗，而加热的水可以用于其他生活需求（热水供给系统、取暖、加热游泳池等）。

参考文献［9］提出了一种回收利用柴油机循环冷却水热量的混合动力模式，即采用气动发动机与柴油机并联的方法，柴油机循环冷却水通过一个换热器加热气动发动机进气。该模式不仅可以通过回收柴油机循环冷却水的热量提高气动发动机的进气温度，进而提高气动发动机的动力性和经济性，而且还可以通过气动发动机低温气体的冷却降低柴油机冷却系统的热负荷。

8.2.8 能量回收在非工程机械领域的应用

（1）具有垂直升降机构的机械装备

实际上，能量回收研究对较大功率频繁运行的垂直升降机械或具有一定倾斜角度的升降机械而言都是适用或可参考的。在矿山机械、石油机械、液压电梯等领域中可以看到本系统的应用前景。比如电梯、液压升降机、卷扬机、液压绞车、汽车等。

（2）生活闲散能量

世界上没有能量是没用的，即使是一只老鼠产生的能量，试想一下，如果它背着回收能量的电池奔跑，这个过程产生的能量足以让地铁的乘客享受免费无线网络。诸如人体走路、跑步、跳舞等日常活动，汽车、火车等交通工具在道路上行驶，环境中水流、气流等产生的闲散动能存在范围广，是一种可再生的绿色能源。尤其在北京、上海等大城市里，人流和车流密集，由人体活动、车辆行驶等产生的闲散能量无处不在，又尚未有效利用的闲散动能更是量大面广，如何能将此类离散的、闲置的动能收集并用来发电，将是一个全新的技术节能举措[10]。目前，已经有可发电的地板，人携带的通过人的运动发电的装置（如鞋子充电器）等可实际运用的产品，如图 8-8 所示。

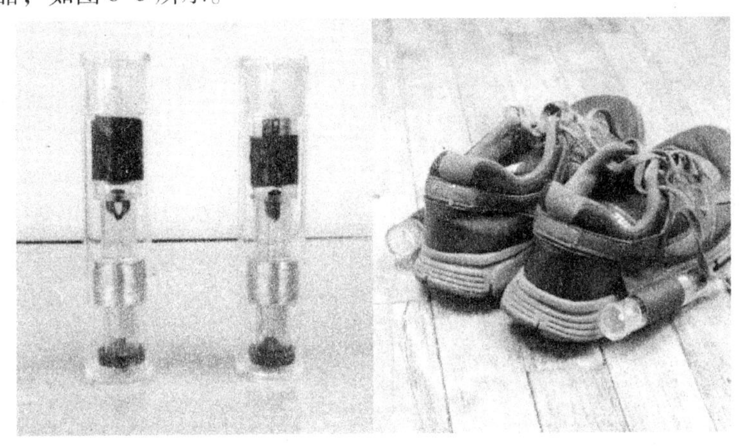

图 8-8　在鞋子上安装的能量收集装置

（3）自然灾害

当前比较温和的自然能源容易被人类利用，比如水能、潮汐能、风能等。那些自然的剧烈的能量释放过程，比如海啸、地震、火山爆发等，就人类目前的能力来说是无法利用的。但实际上往往自然灾害蕴含的能量非常大。

一次闪电的能量相当于几千克石油燃烧发出的能量[11]，闪电的泄放时间很短，是以纳秒（ns）来衡量的。如果将来有一种手段可以用很低的成本收集闪电，那么收集闪电就是自然而然的事情了。

台风在本质上是一种热机，能够从温暖的海水中汲取大量的能量。据科学家研究，台风释放能量的功率大约为一万亿千瓦，台风释放的能量功率相当于全世界发电功率的 200 倍。台风是地球上最大的移动物体，尺度可达数百至上千千米，一个中等强度的台风所释放的能量相当于上百个氢弹释放能量的总和。台风的破坏力太大了，人们对它难以控制，而且台风的发生和存在具有很强的偶然性，利用它发电实在是有很多的风险和麻烦，所以至今都没有先例。不过还是有人发明出了可以适应台风的发电机。台风虽然蕴含的能量很大，但一般的方法似乎无法利用它。

如图 8-9 所示，发明这款台风发电机的日本工程师名叫清水淳（Atsushi Shimizu），他表示这款打蛋器造型的发电机异常耐用，不但可以经受住凶猛的台风，还能将风力转化成电能。如果能打造一片发电机阵列，就能借助台风制造足够的电力，全日本用50年都没问题。

图8-9 打蛋器造型的台风发电机

参考文献

[1] 林添良，叶月影，黄伟平，等. 一种工程机械动臂节能驱动系统：中国，2015100879850 [P]. 2015-06-24.

[2] Yokota S, Somada H, Yamaguchi H. Study on an Active Accumulator: Active Control of High-Frequency Pulsation of Flow Rate in Hydraulic Systems [J]. JSME International Journal Series B Fluids and Thermal Engineering, 1996, 39 (1): 119-124.

[3] HONG SU, S RAKHEJA, T S SANKAR. Vibration and shock isolation performance of a pressure-limited hydraulic damper [J]. Mechanical Systems and Signal Processing, 1989, 3 (1): 71-86.

[4] Shinichi YOKOTA, Hisashi SOMADA, Hirotugu YAMAGUCHI. Study on an Active Accumultor [J]. JSME International Journal Service B, 1996, 39 (1): 119-124.

[5] Vipul S Atray, Paul N Roschke. Design, fabrication, testing and fuzzy modelling of a large magnetorheological damper for vibration control in a railcar [C]. Proceedings of the 2003 IEEE/ASME Joint Rail Conference April 22-24, 2003, Chicago, Illinois: ASME RTD2003-1662: 223-229.

[6] 周云，谭平. 磁流变阻尼控制理论与技术 [M]. 北京：科学出版社，2007.

[7] Fujita T, Jeyadevan B, Yoshimura K, et al. Characterization of MR fluid for seal [C]. In: Tao R, Proc. of the 7th Int. Conf. on ER Fluids and MR Suspensions. Singapore: World Scientific, 2000: 721-727.

[8] 付胜杰，林添良，叶月影，等. 一种基于电气控制的二次调节系统：中国，2014107238044 [P]. 2016-10-05.

[9] 聂相虹，俞小莉，方奕栋，等. 基于冷却水能量回收的气动/柴油混合动力试验研究 [J]. 内燃机工程，2010，31 (5): 58: 62.

[10] 刘隽，刘俊标，俞国勤，等. 汽车闲散动能收集系统 [J]. 华东电力，2012，40 (11): 1996-1998.

[11] 苏邦礼，崔秉球，吴望平，等. 雷电与避雷工程 [J]. 广州. 中山大学出版社，1996.